教育部高等学校电子信息类专业教学指导委员会规划教材

高等学校电子信息类专业系列教材

U0273533

Modern Communication Principles

现代通信原理

（微课视频版）

孙学宏　车进　汪西原　编著
Sun Xuehong　　Chejin　　Wang Xiyuan

清华大学出版社

北京

内 容 简 介

本书以通信系统为主线，共分为13章，深入浅出地介绍通信基本原理和相关技术。本书对于概念的表达清晰易懂，对于理论的分析由浅入深、条理清楚，重在讲清原理和分析方法，将物理概念与必要的理论推导相结合，减少冗长的推导。同时，本书还介绍了OAM复用技术、5G关键技术、认知无线电技术及空天地一体化信息网络技术等新的通信技术，紧跟实际和未来通信的发展方向，可读性好。

本书可作为普通高等学校电子信息类、计算机网络类及相近专业的本科生和工程硕士研究生的教材，也可作为从事通信及相关专业的工程技术人员的参考书。

图书在版编目（CIP）数据

现代通信原理：微课视频版/孙学宏，车进，汪西原编著. —北京：清华大学出版社，2020.8（2022.8重印）
高等学校电子信息类专业系列教材
ISBN 978-7-302-55077-8

Ⅰ. ①现… Ⅱ. ①孙… ②车… ③汪… Ⅲ. ①通信原理—高等学校—教材 Ⅳ. ①TN911

中国版本图书馆 CIP 数据核字(2020)第 039392 号

责任编辑：曾　珊
封面设计：李召霞
责任校对：梁　毅
责任印制：杨　艳

出版发行：清华大学出版社
　　　网　　　址：http://www.tup.com.cn，http://www.wqbook.com
　　　地　　　址：北京清华大学学研大厦 A 座　　　　邮　　编：100084
　　　社 总 机：010-83470000　　　　　　　　　　　邮　　购：010-62786544
　　　投稿与读者服务：010-62776969，c-service@tup.tsinghua.edu.cn
　　　质量反馈：010-62772015，zhiliang@tup.tsinghua.edu.cn
　　　课件下载：http://www.tup.com.cn，010-83470236
印 装 者：三河市龙大印装有限公司
经　　销：全国新华书店
开　　本：185mm×260mm　　印　张：25.75　　　　　字　　数：626 千字
版　　次：2020 年 10 月第 1 版　　　　　　　　　　印　　次：2022 年 8 月第 3 次印刷
印　　数：2001～2300
定　　价：79.00 元

产品编号：085002-01

高等学校电子信息类专业系列教材

前言
PREFACE

进入 21 世纪以来，我们已经进入高速发展的信息化时代，信息传递和沟通速度越来越快，渠道也越来越广。通信技术作为信息传递的主要载体，推动着整个社会的发展，而且物联网、人工智能和大数据时代的到来也对通信技术的发展提出了新要求。

作者基于多年从事通信领域的教学及科研的经验，力求使本书理论部分系统、严谨，培养读者创新思维，充分满足信息化、智能化需求，符合实际教学要求，便于学生能在短时间内系统掌握"通信原理"这门学科的相关要求。本书具有以下特点。

（1）汲取国内外经典教材和课程改革的精华，根据当前现代通信技术的发展现状，完整地阐述通信原理的理论体系，对相关的基本概念、基本原理、基本分析方法作了详细描述。而且本书对通信原理中的基本概念定义严密且精确，采用了对比或物理概念诠释的写法替代烦琐的公式推导，尽力做到易懂性、科学性和先进性。

（2）本书知识框架明确且内容丰富、全面，读者在没有教师指导的情况下，对于每章也可按照基础知识、基本原理、基本方法和基本应用这四个步骤进行自学。

（3）提供了大量例题和习题，有助于读者巩固与理解。为了满足不同层次学生学习的需求，有的章节还穿插了思考题，帮助程度较好的学生更深入地理解与学习。

（4）主要阐述各种现代通信原理中模拟通信、数字通信，以及一些新通信技术的基本原理、方法及传输性能。

（5）在重点论述传统通信技术基本理论的基础上，力求充分反映国内外通信技术的最新发展状况，对 5G 中用到的 Polar 码等技术都有所介绍。

（6）依据新教学大纲的理念，本书在吸收和借鉴经典教材的同时，剔除了部分陈旧的通信技术内容，更新和补充如智能通信新技术、下一代互联网协议（IPv6）及空天地一体化信息网络技术等最新的通信技术和网络知识，对最新的通信技术和网络加以介绍和阐释，使读者能够跟踪最新通信技术的发展脉络。

本书面向电子、信息、通信工程类专业的本科生和工程硕士研究生。参考学时为 80 学时，包括课程理论教学环节 64 学时和实验教学 16 学时环节。本书主要知识点、要求及推荐学时分配请扫描二维码进行阅读。

学习建议

由于作者水平所限，书中错漏、不妥之处在所难免，恳请广大读者批评指正。

目 录
CONTENTS

绪　　论

1.1　引言

　　信息是构成社会的基本要素之一,现代社会又被称为"信息社会",人类社会建立在信息交流的基础上。作为信息交流的技术手段,通信是推动人类社会文明进步与发展的巨大动力。而通信(Communication)的目的是传递消息(Message),消息是物质或精神状态的一种反映,在不同时期具有不同的表现形式。语音、文字、数据、图片、某些物理参数或活动图像等都是消息。人们接收消息,关心的是消息中所包含的有效内容,即信息(Information)。因此,更准确地说,通信是为了传递信息而产生的一种技术手段,在当代信息社会生活中起着巨大的作用。

　　实现通信的方式随着社会进步而改变和发展。古代的通信方式是原始的,例如通过书信,或者因战争的需要使用烽火台、消息树向远方传送消息。这些手段显然适应不了现代社会的要求。因此,在人类社会走向现代文明的初期阶段,通信就成为被人们关注并率先突破的技术领域之一。现代的电话、广播、电视、互联网、计算机通信是利用电的方式来传递消息。这种现代通信技术依靠电子技术为其基本手段,实际上应称为电通信,电通信是指通过电信号来传输信息。从本质上来说,任意的物理信号对信息传输描述都是适合的。例如人的体温是一个信号,它能反映所涉及的人的健康状况。温度可用光学的方法来表示(温度计上有颜色的点),但也可用机械的(水银柱)、声学的(声音的高低或大小)、电的(电压或电流的大小或频率)方法来描述。物理描述方法可以在不篡改信息内容的前提下进行改变,因此用于信息传输、处理、存储等最适合的信号类型通常是电信号。在本书中,通信均指"电通信"。

　　人们早期时将电子信号传输与信息传输等同起来,因此电信技术是电子工程的一个传统领域,对电子工程领域来说,电信技术也成为面向数学的一门学科。至此,我们可以初步认为:信息通信技术是以微电子和光电技术为基础,以计算机和通信技术为支撑,以信息处理技术为主题的技术系统的总称,是一门综合性的技术。电子计算机和通信技术的紧密结合,标志着数字化信息时代的到来。

　　本书讨论信息的传输、交换的基本原理及通信网的组成,但侧重信息传输原理。为了使读者在学习各章内容之前,对通信和通信系统有一个初步的了解与认识,本章将概括介绍有关的基础知识,包括通信的基本概念、通信系统的组成、通信系统的分类与通信方式、信息及其度量,以及通信系统主要性能指标。

通信系统是人类社会进行信息交互的工具,在通信系统的发展过程中产生了很多理论,如信息论、调制理论、编码理论等,也发展了多种多样的通信手段,如有线通信、无线通信、卫星通信、移动通信等。尤其是近20年以来,通信技术得到了飞速发展,通过与计算机技术结合,在微电子技术的支持下形成了新的学科——信息学技术,作为信息科学的一个重要领域,不但与人类的社会活动、个人生活与科学活动密切相关,而且也有其独立的技术理论体系,它涉及本专业的众多基本概念与技术,是今后学习通信专业课的基础,也是从事通信设备设计、制造与进行研究工作的基础。

1.2 通信的发展历史

视频

人类进行通信的历史已很悠久。早在远古时期,人们就通过简单的语言、壁画等方式交换信息。千百年来,人们一直在用语言、图符、钟鼓、烟火、竹简、纸书等传递信息,古代人的烽火狼烟、飞鸽传信、驿马邮递就是这方面的例子。现在还有一些国家的个别原始部落,仍然保留着诸如击鼓鸣号这样古老的通信方式。在现代社会中,交通警察的指挥手语、航海中的旗语等实质上是古老通信方式进一步发展的结果。这些信息传递的基本方法都是依靠人的视觉与听觉。

19世纪中叶以后,随着电报、电话的发明,电磁波的发现,人类通信领域产生了根本性的巨大变革,实现了利用金属导线来传递信息,甚至能够通过电磁波来进行无线通信,使神话中的"顺风耳""千里眼"变成了现实。从此,人类的信息传递可以脱离常规的视听觉方式,用电信号作为新的载体,同时带来了一系列技术革新,开启了人类通信的新时代。

1837年,美国人塞缪尔·莫尔斯(Samuel Morse)成功地研制出世界上第一台电磁式电报机。他利用自己设计的电码,可将信息转换成一串或长或短的电脉冲传向目的地,再转换为原来的信息。1844年5月24日,莫尔斯在国会大厦联邦最高法院会议厅用"莫尔斯电码"发出了人类历史上的第一份电报,从而实现了长途电报通信。

1864年,英国物理学家麦克斯韦(J. C. Maxwell)建立了一套电磁理论,预言了电磁波的存在,说明了电磁波与光具有相同的性质,即光也是一种电磁波,两者都是以光速传播的。

1875年,苏格兰青年亚历山大·贝尔(A. G. Bell)发明了世界上第一台电话机,并于1876年申请了发明专利。1878年他在相距300km的波士顿和纽约之间进行了首次长途电话实验,并获得了成功,后来成立了著名的贝尔电话公司。

1888年,德国青年物理学家海因里斯·赫兹(H. R. Hertz)用电波环进行了一系列实验,发现了电磁波的存在,他用实验证明了麦克斯韦的电磁理论。这个实验轰动了整个科学界,成为近代科学技术史上的一个重要里程碑,促进了无线电的诞生和电子技术的发展。

电磁波的发现产生了巨大影响。不到6年的时间,俄国的波波夫、意大利的马可尼分别发明了无线电报,实现了信息的无线电传播,其他的无线电技术也如雨后春笋般涌现出来。1904年英国电气工程师弗莱明发明了二极管。1906年美国物理学家费森登成功地研究出无线电广播。1907年美国物理学家德福莱斯特发明了真空三极管,美国电气工程师阿姆斯特朗应用电子器件发明了超外差式接收装置。1920年美国无线电专家康拉德在匹兹堡建立了世界上第一家商业无线电广播电台,从此广播事业在世界各地蓬勃发展,收音机成为人们了解时事新闻的方便途径。1924 年第一条短波通信线路在德国的瑙恩和阿根廷的布宜诺斯艾利斯之间建立,1933 年法国人克拉维尔建立了英法之间第一条商用微波无线电线路,推动了无线电技术的进一步发展。

电磁波的发现也促使图像传播技术迅速发展起来。1922 年 16 岁的美国中学生菲罗·法恩斯沃斯设计出第一幅电视传真原理图,1929 年申请了发明专利,被裁定为发明电视机的第一人。1928 年美国西屋电器公司的兹沃尔金发明了光电显像管,并同工程师范瓦斯合作,实现了电子扫描方式的电视发送和传输。1935 年美国纽约帝国大厦设立了一座电视台,次年就成功地把电视节目发送到 70km 以外的地方。1938 年兹沃尔金又制造出第一台符合实用要求的电视摄像机。经过人们的不断探索和改进,1945 年在三基色工作原理的基础上美国无线电公司制成了世界上第一台全电子管彩色电视机。直到 1946 年,美国人罗斯·威玛发明了高灵敏度摄像管,同年日本人八本教授解决了家用电视机接收天线问题,从此一些国家相继建立了超短波转播站,电视迅速普及开来。

图像传真也是一项重要的通信。自从 1925 年美国无线电公司研制出第一部实用的传真机以后,传真技术不断革新。1972 年以前,该技术主要用于新闻、出版、气象和广播行业;1972—1980 年间,传真技术已完成从模拟向数字、从机械扫描向电子扫描、从低速向高速的转变,除代替电报和用于传送气象图、新闻稿、照片、卫星云图外,还在医疗、图书馆管理、情报咨询、金融数据、电子邮政等方面得到应用;1980 年以后,传真技术向综合处理终端设备过渡,除承担通信任务外,它还具备图像处理和数据处理的能力,成为综合性处理终端。静电复印机、磁性录音机、雷达、激光器等都是信息技术史上的重要发明。

此外,作为信息超远控制的遥控、遥测和遥感技术也是非常重要的技术。遥控是利用通信线路对远处被控对象进行控制的一种技术,用于电气事业、输油管道、化学工业、军事和航天事业;遥测是将远处需要测量的物理量如电压、电流、气压、温度、流量等变换成电量,利用通信线路传送到观察点的一种测量技术,用于气象、军事和航空航天业;遥感是一门综合性的测量技术,在高空或远处利用传感器接收物体辐射的电磁波信息,经过加工处理成能够识别的图像或电子计算机用的记录磁带,提示被测物体的性质、形状和变化动态,主要用于气象、军事和航空航天事业。

随着电子技术的高速发展,军事、科研迫切需要解决的计算工具问题也大大改善。1946 年美国宾夕法尼亚大学的埃克特和莫希里研制出世界上第一台电子计算机。电子元器件材料的革新进一步促使电子计算机朝小型化、高精度、高可靠性方向发展。20 世纪 40 年代,科学家们发现了半导体材料,用它制成晶体管,替代了电子管。1948 年美国贝尔实验室的肖克莱、巴丁和布拉坦发明了晶体三极管,于是晶体管收音机、晶体管电视、晶体管计算机很快代替了各式各样的真空电子管产品。1959 年美国的基尔比和诺伊斯发明了集成电路,从此微电子技术诞生了。1967 年大规模集成电路诞生了,一块米粒般大小的硅晶片上可以集成 1 千多个晶体管的线路。1977 年美国、日本科学家制成超大规模集成电路,30 平方毫米的硅晶片上集成了 13 万个晶体管。微电子技术极大地推动了电子计算机的更新换代,使电子计算机显示了前所未有的信息处理功能,成为现代高新科技的重要标志。

为了解决资源共享问题,单一计算机很快发展成计算机联网,实现了计算机之间的数据通信、数据共享。通信介质从普通导线、同轴电缆发展到双绞线、光纤导线、光缆;电子计算机的输入/输出设备也飞速发展起来，扫描仪、绘图仪、音频视频设备等，使计算机如虎添翼，可以处理更多的复杂问题。20世纪80年代末多媒体技术的兴起，使计算机具备了综合处理文字、声音、图像、影视等各种形式信息的能力，日益成为信息处理最重要和必不可少的工具。

利用无线通信技术，完成移动终端与移动终端或固定终端的信息传送的移动通信已发展成为最快的现代通信手段之一。常见的有无线寻呼系统、无绳电话系统、集成调度通信系统、卫星通信系统，以及与用户紧密相连的蜂窝移动通信系统。近年来热门的5G无线通信开发技术也类属于此，即为处于其无线电波覆盖范围内的移动用户提供无线连接。同样地，大数据（Big Data）挖掘，人工智能（Artificial Intelligence，AI）等多种新型技术的兴起也离不开物联网和数据通信。

无论怎么发展，通信技术都是为人类传递信息用的。目前，有线通信和无线通信都向传输大数据发展，一场新的通信革命已经到来。它终究会改变你、我的生活，并且已经在改变我们的生活。

视频

1.3 通信系统的组成

1.3.1 通信系统一般模型

通信的目的是传输信息。通信系统的作用就是将信息从信源发送到一个或多个目的地。对于电通信来说，首先要把消息转变成电信号，然后经过发送设备，将信号送入信道，在接收端利用接收设备对接收信号作相应的处理后，送给信宿再转换为原来的消息。这一过程可用如图1-1所示的通信系统一般模型来概括。

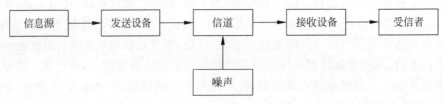

图1-1 通信系统一般模型

1. 信息源

信息源（英文全称为Information Source，简称信源）的作用是把各种消息转换成原始电信号。根据消息的种类不同，信源分类为模拟信源和数字信源。模拟信源输出连续的模拟信号，如话筒（声音—音频信号）、摄像机（图像—视频信号）；数字信源则输出离散的数字信号，如电传机（键盘字符—数字信号）、计算机等各种数字终端。并且，模拟信源送出的信号经数字化处理后也可送出数字信号。

2. 发送设备

发送设备的作用是产生适合于在信道中传输的信号，即使发送信号的特性和信道特性相匹配，具有抗信道干扰的能力，并且具有足够的功率以满足远距离传输的需要。因此，发送设备涵盖的内容很多，可能包含变换、放大、滤波、编码、调制等过程。对于多路传输系统，发送设备中还包括多路复用器。

3. 信道

信道(Channel)是一种物理媒质,用来将来自发送设备的信号传送到接收端。在无线信道中,信道可以是自由空间;在有线信道中,可以是明线、电缆和光纤。有线信道和无线信道均有多种物理媒质。信道既给信号以通路,也会对信号产生各种干扰和噪声。信道的固有特性及引入的干扰与噪声直接关系到通信的质量。图 1-1 中的噪声是信道中的噪声及分散在通信系统其他各处的噪声的集中表示。噪声通常是随机的,形式多样的,它的出现干扰了正常信号的传输。关于信道与噪声的问题将在以后章节中讨论。

4. 接收设备

接收设备的功能是将信号放大和反变换(如译码、解调等),其目的是从受到减损的接收信号中正确恢复出原始电信号。对于多路复用信号,接收设备中还包括解除多路复用,实现正确分路的功能。此外,它还要尽可能减小在传输过程中噪声与干扰所带来的影响。

5. 受信者

受信者(英文全称为 Trustee,简称信宿)是传送消息的目的地,其功能与信源相反,即把原始电信号还原成相应的消息,如扬声器等。

图 1-1 概括地描述了一个通信系统的组成,反映了通信系统的共性。根据我们研究的对象以及所关注的问题不同,图 1-1 中的各方框的内容和作用将有所不同,因而相应有不同形式的、更具体的通信模型。今后的讨论就是围绕着通信系统的模型而展开的。

1.3.2 模拟通信系统模型和数字通信系统模型

如前所述,通信传输的消息是多种多样的,可以是符号、语音、文字、数据和图像等。各种不同的消息可以分成两大类:一类称为连续消息;另一类称为离散消息。连续消息是指消息的状态连续变化或不可数,如连续化的语音、图像等;离散消息则是指消息的状态是可数的或离散的,如符号、数据等。

消息的传递是通过它的物理载体——电信号来实现的,即把消息寄托在电信号的某一参量上(如连续波的幅度、频率或相位;脉冲波的幅度、宽度或位置)。按信号参量取值方式的不同,可把信号分为两类:模拟信号和数字信号。如果电信号的参量取值连续(不可数、无穷多),则称之为模拟信号。例如,话筒送出的输出电压包含有语音信息,并在一定的取值范围内连续变化。有时也称连续信号,这里连续的含义是指信号的某一参量连续变化。

如果电信号的参量仅可能取有限个值,则称为数字信号,如电报信号、计算机输入/输出信号。离散是指信号的某一参量是离散变化的,而不一定在时间上也离散。通常,按照信道中传输的是模拟信号还是数字信号,相应地把通信系统分为模拟通信系统和数字通信系统。

1. 模拟通信系统模型

模拟通信系统(Analoy Communication System,ACS)是利用模拟信号来传递信息的通信系统,其模型如图 1-2 所示,其中包含两种重要变换。第一种变换是,在发送端把连续消息变换成原始电信号,在接收端进行相反的变换,这种变换由信源和信宿来完成。这通常称为基带信号,基带的含义是指信号的频谱从零频率开始,一般的语音范围为 $300\sim3400\mathrm{Hz}$,图像信号的频率范围为 $0\sim6\mathrm{MHz}$。有些信道可以直接传输基带信号,而以自由空间作为信道的无线电传输却无法直接传输这些信号。因此,模拟通信系统中常常需要进行第二种变换:把基带信号变换成适合在信道中传输的信号,并在接收端进行反变换。完成这种变换和反变换的通常是调制器（Modulator）和解调器（Demodulator）。经过调制以后的信号称为已调信号；它应有两个基本特征：一是携带信息；二是适应在信道中传输。由于已调信号的频谱为带通形式，因而已调信号又称为带通信号（BandPass Signal，也称为频带信号）。

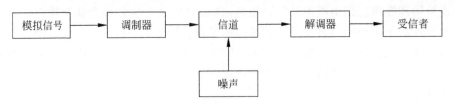

图 1-2　模拟通信系统模型

应该指出，除了上述的两种变换，实际通信系统中可能还有滤波、放大、天线辐射等过程。由于上述两种变换起主要作用，而其他过程不会使信号发生质的变化，只是对信号进行放大和改善信号特性等，在通信系统模型中一般被认为是理想的而不予讨论。

2. 数字通信系统模型

数字通信系统（Digital Communication System，DCS）是利用数字信号来传递信息的通信系统，如图 1-3 所示。数字通信涉及的技术问题很多，其中主要有信源编码与译码、信道编码与译码、数字调制与解调、同步及加密与解密等。

图 1-3　数字通信系统模型

1）信源编码与译码

信源编码（Encoding）有两个基本功能：一是信息传输的有效性，即通过某种数据压缩技术设法减少码元数目和降低码元速率。码元速率决定传输所占的带宽，而传输带宽反映了通信的有效性。二是完成模/数（Analog-to-Digital，A/D）转换，即当信息源给出的是模拟信号时，信源编码器将其转换成数字信号，以实现模拟信号的数字化传输（详见第 7 章）。信源译码是信源编码的逆过程。

2）信道编码与译码

信道编码的目的是增强数字信号抗干扰能力。数字信号在信道传输时受到噪声等影响后将会引起差错。为了减少差错，信道编码器对传输的信息码元按一定的规则加入保护成分（监督元），组成所谓"抗干扰编码"。接收端的信道译码器按相应的逆规则进行解码，从中发现错误并纠正错误，提高通信系统的可靠性。

3）加密与解密

在需要实现保密通信的场合，为了保证所传信息的安全，人为地将被传输的数字序列扰乱，加上密码，这种处理过程称为加密（Encryption）。在接收端利用与发送端相同的密码复制品对收到的数字序列进行解密，恢复原来信息。

4）数字调制与解调

数字调制就是把数字基带信号的频谱搬移到高频处，形成适合在信道中传输的带通信号。基本的数字调制方式有幅移键控（ASK）、绝对相移键控（PSK）、相对（差分）相移键控

（DPSK）。在接收端可以采用相干解调或非相干解调还原数字基带信号。对高斯噪声下的信号检测，一般用相关器或匹配滤波器来实现。

5）同步

同步是使收发两端的信号在时间上保持步调一致，是保证数字通信系统有序、准确、可靠工作的前提条件。按照同步的功用不同，分为载波同步、位同步、群（帧）同步和网同步。

需要说明的是，图 1-3 是数字通信系统的一般化模型，实际的数字通信系统不一定包括图中的所有环节，例如数字基带传输系统中，无须调制和解调；有的环节，由于分散在各处，图 1-3 中也没有画出，例如同步。此外，模拟信号经过数字编码后可以在数字通信系统中传输，数字电话系统就是以数字方式传输模拟语音信号的例子。当然，数字信号也可以通过传统的电话网来传输，但需使用调制解调器。

1.3.3　数字通信的特点

目前，无论是模拟通信还是数字通信，在不同的通信业务中都得到了广泛的应用。但是，数字通信的发展速度已明显超过模拟通信，成为当代通信技术的主流。与模拟通信相比，数字通信具有以下一些优点。

（1）抗干扰能力强，且噪声不积累。数字通信系统中传输的是离散取值的数字波形，接收端的目标不是精确地还原被传输的波形，而是从受到噪声干扰的信号中判决出发送端所发送的是哪一个波形。以二进制为例，信号的取值只有两个，这时要求接收端能正确判决发送的是两个状态中的哪一个即可。在远距离传输时，如微波中继通信，各中继站可利用数字通信特有的抽样判决再生的接收方式，使数字信号再生且噪声不积累。而模拟通信系统中传输的是连续变化的模拟信号，它要求接收机能够高度保真地重现原信号波形，一旦信号叠加上噪声后，即使噪声很小，也很难消除它。

（2）传输差错可控。在数字通信系统中，可通过信道编码技术进行检错与纠错，降低误码率，提高传输质量。

（3）便于用现代数字信号处理技术对数字信息进行处理、变换、存储。这种数字处理的灵活性表现为可以将来自不同信源的信号综合到一起传输。

（4）易于集成，使通信设备微型化，重量轻。

（5）易于加密处理，且保密性好。

数字通信的缺点是，一般需要较大的传输带宽。以电话为例，一路模拟电话通常只占据 4kHz 带宽，但一路接近同样语音质量的数字电话可能要占据 $20\sim60$kHz 的带宽。另外，由于数字通信对同步要求高，因而系统设备复杂。但是，随着微电子技术、计算机技术的广泛应用，及超大规模集成电路的出现，数字系统的设备复杂程度大大降低。同时高效的数据压缩技术及光纤等大容量传输媒质的使用正逐步使带宽问题得到解决。因此，数字通信的应用必将会越来越广泛。

1.4　通信系统的分类

1.4.1　通信系统分类

由于技术和方式的差异，现代通信系统主要可以按照以下几大方法分类。

按信号特征 { 模拟通信系统

数字通信系统

按传输媒质 { 有线通信系统：如市内电话、光纤通信等

无线通信系统：如微波通信、卫星通信、移动通信等

按通信业务 { 电报通信系统

电话通信系统

数据通信系统

图像通信系统

传真通信系统

按工作波段 { 长波通信系统

中波通信系统

短波通信系统

远红外线通信系统

按信号复用方式 { 频分复用系统：频谱搬移

时分复用系统：脉冲调制

码分复用系统：用正交的脉冲序列携带不同信号

按信号是否经过调制 { 基带传输系统：未经调制（如有线广播）

带通传输系统：各种信号调制后传输的总称

上述提到的最后一种分类方式中，包含很多的信号调制方法，例如线性调制中的常规调幅（Amplitude Modulation，AM），数字调制中的幅移键控（Amplitude Shift Keying，ASK），脉冲模拟调制中的脉冲幅度调制（Pulse Amplitude Modulation，PAM）及脉冲数字调制中的增量调制（Delta modulation，DM）等。

1.4.2　通信方式

通信双方进行信息传输所采用的方式称为通信方式。针对点对点之间的通信方式主要分为以下三大类。

- 单工通信：消息只能单方向传输，如广播、无线寻呼、遥控；
- 半双工通信：通信双方都能收发信息，但不能同时收和发，如对讲机；
- 全双工通信：通信双方可同时进行收发信息，如电话。

特别地，在数字通信中，也可以将通信分为以下两大类。

- 并行传输：多个数字码元同时在多个并行信道上传输，如计算机与打印机间的数据传输；
- 串行传输：采用单一的信道，数字码元按顺序逐个传送，如远程通信。

并行传输的优势是节省传输时间，速度快。此外，并行传输不需要另外的措施就实现了收发双方的字符同步。缺点是需要 n 条通信线路，通信成本高，一般只用于设备之间的近距离通信。串行传输的优点是只需一条通信信道，所需线路铺设费用只是并行传输的 $1/n$。缺点是速度慢，需要外加同步措施以解决收、发双方码组或字符的同步问题。虽然还有其他的通信方式分类，如按同步方式的不同，可分为同步通信和异步通信，在本书中主要研究基

础的点对点通信方式。

1.5 通信系统的度量及性能指标

视频

1.5.1 信息及其度量

从感知角度看,信息量的大小和接收者接收到消息后的惊讶程度有关,比如"明天有雨"和"明天会发生地震"这两则消息,对人们而言,显然对后者的消息内容更为惊讶。也就是说,后者所包含的信息量更大,因此信息其实是可度量的。一般来说,令人惊讶程度大的,携带信息量就大;令人惊讶程度小的,携带信息量也小。从概率论角度看,消息中携带的信息量与事件发生的概率有关,事件发生的概率越小,则消息中携带的信息量就越大,即信息量与消息出现的概率成反比。根据这些认知,能得到以下的规律:

(1) 消息 x 中所含信息量 I 是该消息出现概率的函数,即

$$I = I[P(x)]$$

(2) 概率 $P(x)$ 越小,信息量 I 越大;反之,信息量越小。且

$$P(x) = 1 \text{ 时}, \quad I = 0$$
$$P(x) = 0 \text{ 时}, \quad I = \infty$$

(3) 若干个互相独立的事件构成的消息,所含信息量有如下相加性,即

$$I[P(x_1)P(x_2)\cdots] = I[P(x_1)] + I[P(x_2)] + \cdots$$

易得出关系式:

$$I = \log_a \frac{1}{P(x)} = -\log_a P(x) \tag{1-1}$$

式中,信息量的单位取决于对数底数的取值:

$$a = 2 \quad \text{单位为比特(bit,简写为 b)}$$
$$a = e \quad \text{单位为奈特(nit,简写为 n)}$$
$$a = 10 \quad \text{单位为哈莱特}$$

最常用的单位为比特,即 $a = 2$ 的情况。

我们先讨论离散信息源与信息量之间的关系。

1. 等概率出现的离散消息的度量

对于离散信源,M 个波形等概率($P = 1/M$)发送,且每一个波形的出现是独立的,即信源是无记忆的,则传送 M 进制波形之一的信息量为

$$I = \log_2 \frac{1}{P} = \log_2 \frac{1}{1/M} = \log_2 M \tag{1-2}$$

若 M 是 2 的整数倍幂次,比如 $M = 2^k (k = 1, 2, 3, \cdots)$,则式(1-2)可改写为

$$I = \log_2 2^k = k \tag{1-3}$$

式中:k 是二进制脉冲数目,也就是说,传送每一个 $M(M = 2^k)$ 进制波形的信息量就等于用二进制脉冲表示该波形所需的脉冲数目 k。

例 1-1 已知二进制离散信源$(0,1)$和四进制离散信源$(0,1,2,3)$,分别求等概率独立发送符号时,每个符号的信息量。

解

$$P(0) = P(1) = \frac{1}{2} \quad I_0 = I_1 = \log_2 \frac{1}{P(x)} = \log_2 2 = 1b$$

$$P(0) = P(1) = P(3) = P(4) = \frac{1}{4} \quad I_0 = I_1 = I_2 = I_3 = \log_2 4 = 2b$$

综上可知,概率相同时,每个符号蕴含的信息量也相同,二进制码的每个码元携带的信息量为 1b,四进制码的每个码元携带的信息量为 2b,从而可知,M 进制的每个码元携带的信息量为 $\log_2 M b$。

2. 非等概率出现的信息的度量

设离散信源是一个由 M 个符号组成的集合,其中每个符号 $x_i(i=1,2,3,\cdots,M)$ 按一定的概率 $P(x_i)$ 独立出现,则每个符号所包含的信息量为

$$-\log_2 P(x_1), -\log_2 P(x_2), \cdots, -\log_2 P(x_M)$$

于是,每个符号所含信息量的统计平均值,即平均信息量为

$$H(x) = P(x_1)[-\log_2 P(x_1)] + P(x_2)[-\log_2 P(x_2)] + \cdots + P(x_M)[-\log_2 P(x_M)]$$

$$= -\sum_{i=1}^{M} P(x_i)\log_2 P(x_i)$$

H 称为信息源的熵,单位为 b/符号。当消息序列较长时,显然用熵计算更为方便。

例 1-2 四进制信源(0,1,2,3),$P(0)=\frac{3}{8}$,$P(1)=P(2)=\frac{1}{4}$,$P(3)=\frac{1}{8}$,试求信源的平均信息量。

解 由式(1-4),求熵公式可得平均信息量 H 为:

$$H = \sum_{i=1}^{4} P(x_i)\log_2 P(x_i) = -\frac{3}{8}\log_2 \frac{3}{8} - \frac{1}{4}\log_2 \frac{1}{4} - \frac{1}{4}\log_2 \frac{1}{4} - \frac{1}{8}\log_2 \frac{1}{8}$$

$$= 1.906 (b/符号) \tag{1-4}$$

将计算结果与例 1-1 结果相比较,容易得出结论:等概率时,熵最大。

上述为离散消息的度量,关于连续消息的度量,易证明其平均信息量为:

$$H(x) = -\int_{-\infty}^{\infty} f(x)\log_a f(x)\mathrm{d}x \tag{1-5}$$

式中:$f(x)$ 为连续消息出现的概率密度。

1.5.2 有效性指标和可靠性指标

在设计及评价一个通信系统时,必然涉及通信系统的性能指标问题。通信系统的性能指标包括信息传输的有效性、可靠性、适应性、经济性、标准性及维护使用方便性等。因为通信的任务是传递信息,从信息传输角度讲,在各项实际要求中起决定作用的,主要是通信系统传输信息的有效性和可靠性。有效性是指传输一定的信息量所消耗的信道资源的多少,信道的资源包括信道的带宽和时间;而可靠性是指传输信息的准确程度。

对于模拟通信系统和数字通信系统,两者的有效性和可靠性指标要求又存在着差异。

1. 模拟通信系统的质量指标

1) 有效性

模拟通信系统的有效性用有效传输带宽来度量。同样的消息采用不同的调制方式时，需要不同的频带宽度。频带宽度越窄，则有效性越好。如传输一路模拟电话，单边带信号只需要 4kHz 带宽，而常规调幅或双边带信号则需要 8kHz 带宽，因此在一定频带内用单边带信号传输的路数比常规调幅信号多一倍，也就是可以传输更多的消息。显然，单边带系统的有效性比常规调幅系统要好。

2) 可靠性

模拟通信系统的可靠性用接收端最终的输出信噪比（Signal-to-Noise Ratio，S/N）来度量。信噪比越大，通信质量越高。如普通电话要求信噪比在 20dB 以上，电视图像则要求信噪比在 40dB 以上。信噪比是由信号功率和传输中引入的噪声功率决定的。不同调制方式在同样信道条件下所得到的输出信噪比是不同的。例如调频信号的抗干扰性能比调幅信号好，但调频信号所需的传输带宽宽于调幅信号。

2. 数字通信系统的质量指标

1) 有效性

数字通信系统的有效性用传输速率和频带利用率来衡量。

（1）传输速率。

数字信号由码元组成，码元携带有一定的信息量。定义单位时间（每秒）传输的码元数目为码元速率 R_B，单位为码元/秒，又称波特（Baud），简记为 B，所以码元速率也称波特率。且每个码元的长度 $T = 1/R_B$，单位为 s。

定义单位时间传输的信息量为信息传输速率 R_b，单位为比特/秒，记为 bit/s 或 b/s 或 bps，所以信息传输速率又称比特率。一个二进制码元的信息量为 1bit，一个 M 进制码元的信息量为 $\log_2 M$ bit，所以码元速率与信息传输速率之间有如下关系，即

$$R_b = R_B \log_2 M \tag{1-6}$$

$$R_B = \frac{R_b}{\log_2 M} \tag{1-7}$$

如每秒传送 2400 个码元，则码元速率为 2400B；当采用二进制时，信息速率为 2400bps；若采用四进制时，信息速率为 4800bps。

（2）频带利用率。

对于两个传输速率相等的系统，如果使用的带宽不同，则二者传输效率也不同，所以频带利用率更本质地反映了数字通信系统的有效性。定义单位频带（每赫）内的码元传输速率为码元频带利用率，即

$$\eta_B = \frac{R_B}{B} \tag{1-8}$$

定义单位频带（每赫兹）内的信息传输速率为信息频带利用率，即

$$\eta_b = \frac{R_b}{B} \tag{1-9}$$

2) 可靠性

数字通信系统的可靠性用差错率来衡量。

（1）误码率。

定义误码率 P_e 为

$$P_e = \frac{错误码元数}{传输总码元数} \tag{1-10}$$

即码元在传输系统中被传错的概率。

（2）误信率。

定义误信率 P_b 为

$$P_b = \frac{错误比特数}{传输总比特数} \tag{1-11}$$

又称为误比特率，即在传输过程中错误接受的比特数的概率。

特别地，当进制数 $M=2$ 时

$$P_b = P_e$$

1.6 本章小结

$$I = \log_a \frac{1}{P(x)} = -\log_a P(x)$$

$$H(x) = P(x_1)[-\log_2 P(x_1)] + P(x_2)[-\log_2 P(x_2)] + \cdots +$$

$$P(x_M)[-\log_2 P(x_M)] = -\sum_{i=1}^{M} P(x_i)\log_2 P(x_i)$$

$$连续：H(x) = -\int_{-\infty}^{\infty} f(x)\log_a f(x)\mathrm{d}x$$

通信系统的组成
- 一般系统模型
  - 信息源
  - 发送设备
  - 信道
  - 接收设备
  - 受信者
- 模拟通信系统模型
- 数字通信系统模型

通信系统分类
- 模拟通信系统
- 数字通信系统

通信方式
- 按消息传递的方向和时间关系：单工、半双工、全双工
- 按数据代码排列的顺序：并行、串行

信息量
- 离散
- 连续

性能指标
- 模拟系统
  - 有效传输带宽 B
  - 信噪比 S/N
- 数字系统
  - 有效性
    - 传输速率：R_B、R_b
    - 频带利用率：η_B、η_b
  - 可靠性：P_e、P_b

习题

1-1 已知英文字母 e 出现的概率为 0.105，x 出现的概率为 0.002，试求 e 和 x 的信息量。

1-2 八进制数字信号在 2min 内共传送 72000 个码元，试分别求每个码元所含信息量和信息速率。

1-3 若八进制信号以 20000B 的速率传送，求 10s 传输的信息量；若误码率为 10^{-6}，求经过 100s 后的错码数。

1-4 已知二进制数字信号每个码元占有的时间为 1ms，0、1 码等概率出现，分别求码元速率和信息速率。

1-5 若二进制信号以 40000B 速率传送，求 30s 可传输的信息量；若在 100s 内，接收到 4 个错误码元，求系统的误码率。

1-6 某离散信息源由符号 0、1、2、3 组成，它们出现的概率分别与例 1-1 相同，试求某信息 201020130213001203210100321010023102002010312032100120210 的信息量。

1-7 一个二进制数字信号 1min 传送了 18000b 的信息量，求其码元速率；若改用八进制数字信号传输，信息速率不变，这时的码元速率又为多少？

1-8 设符号集为 A、B、C、D、E，符号之间相互独立，相应的出现概率为 1/2、1/4、1/8、1/16、1/16，求上述各个符号出现时它们各自所包含的信息量是多少？它们的平均信息量又是多少？

1-9 四进制数字信号信息传输速率为 800b/s，若传送 1h 后，接收到 10 个错误码元，试求其码元速率及其误码率。

第 2 章

信 号 分 析

信息是被转化为电信号以后在通信系统中传输的,因此,对于信号与系统的分析是"通信原理"课程的基本内容。信号是通过电的某一物理量(如电压或电流)表示出的与时间 t 之间的函数关系。其函数关系的数学表达式如 $f(t)$、$s(t)$ 等,我们直接称为信号 $f(t)$、$s(t)$ 等。实际上,系统中信号 $f(t)$ 对应的是电压或电流关于时间的波形。

信号可分为确知信号和随机信号两大类(不管它是模拟信号还是数字信号),凡是能用函数表达式准确表示出来的信号即为确知信号,它们与时间的对应关系是确知的。反之,则称为随机信号。对于接收者来说,通信过程中传输的信号总是不确定的,因此是随机信号。噪声显然也是随机信号。研究信号的方法有时域法和频域法,在很多场合采用频域法往往显得更加简单明了。对于随机信号,则主要在随机过程理论基础上分析研究。本章首先介绍两类信号——确知信号和随机信号的基本知识,重点讲述在通信原理分析中涉及的一些基本内容。

2.1 确知信号分析

2.1.1 周期信号与非周期信号

确知信号分为周期信号与非周期信号。周期信号满足条件。

$$s(t) = s(t + T_0) \quad -\infty < t < \infty, T_0 > 0 \tag{2-1}$$

对于在一段持续时间内满足上述条件的信号也可以看作周期信号,反之则称为非周期信号。从功率和能量的角度看,信号又可分为功率信号及能量信号。在归一化电阻(1Ω)上,信号 $s(t)$ 的瞬时功率为 $|s(t)|^2$,则其在 $(0, T)$ 内的平均功率为

$$S_T = \frac{1}{T} \int_{-\frac{T}{2}}^{\frac{T}{2}} |s(t)|^2 \mathrm{d}t \tag{2-2}$$

产生的能量为

$$E_T = \int_{-\frac{T}{2}}^{\frac{T}{2}} |s(t)|^2 \mathrm{d}t \tag{2-3}$$

当 $T \to \infty$,且 E 是绝对可积的,则该信号称为能量信号。若 S 值为一定值,则称为功率信号。周期信号肯定是功率信号,非周期信号中既有能量信号,又有功率信号。

2.1.2 信号的傅里叶变换

周期信号在满足狄里赫莱条件下可以展开为傅里叶级数。其复指数级数展开式如下。

$$f(t) = \sum_{n=-\infty}^{+\infty} c_n \mathrm{e}^{\mathrm{j}n\omega_1 t} \tag{2-4}$$

$$c_n = \frac{1}{T} \int_{-\frac{T}{2}}^{\frac{T}{2}} f(t) \mathrm{e}^{-\mathrm{j}n\omega_1 t} \mathrm{d}t \tag{2-5}$$

式中，n 为整数；T 为信号周期；ω_1 为基波角频率，$\omega_1 = \dfrac{2\pi}{T}$；$c_n$ 为各频率分量的系数。在 ω 坐标平面上，$f(t)$ 是以离散谱线形式表示出来的。

非周期函数可以看作 $T \to +\infty$ 的极限情况。对式(2-4)及式(2-5)求极限，可得出

$$f(t) = \frac{1}{2\pi} \int_{-\infty}^{+\infty} F(\omega) \mathrm{e}^{\mathrm{j}\omega t} \mathrm{d}\omega \tag{2-6}$$

$$F(\omega) = \int_{-\infty}^{+\infty} f(t) \mathrm{e}^{-\mathrm{j}\omega t} \mathrm{d}t \tag{2-7}$$

式(2-7)称为傅里叶变换，式(2-6)称为傅里叶反变换。两者关系可简略表示为

$$f(t) \leftrightarrow F(\omega)$$

$F(\omega)$ 一般是复函数，用指数形式表示出来时，即

$$F(\omega) = |F(\omega)| \mathrm{e}^{\mathrm{j}\varphi(\omega)} \tag{2-8}$$

$F(\omega)$ 是一个连续函数，代表着对应 ω 取值的相对大小，因此称为频谱密度函数，简称为频谱函数。$|F(\omega)|$ 是 $F(\omega)$ 的幅频函数，$\varphi(\omega)$ 是它的相频函数。一般来说，$F(\omega)$ 的频谱函数图要用幅频特性和相频特性两张图来表示。傅里叶变换是一正交变换，$f(t)$ 与 $F(\omega)$ 呈一一对应关系。研究一个信号既可以从它的时域进行研究，也可以在频域内研究，而且往往在频域内讨论更加简洁明了。比如从信号通过系统后幅频特性的变化，可以看出各频率分量幅度变化情况；对相频特性的考查，可以看出各频率分量相位变化情况，进而得出系统对不同频率分量的延时时间的大小。应注意的是，通过傅里叶变换得出的是双边谱。负频率是数学处理（傅里叶变换）的结果，实际的物理频率只能是正值，所以一些实际的概念，如带宽等应只考虑正频率部分。带宽指的是频率值，一般不用角频率值度量。

在工程上，研究信号的傅里叶变换，常常直接引用傅里叶变换的性质及变换表。

数字通信中常用的是矩形函数。若一矩形脉冲（如图 2-1 所示）为

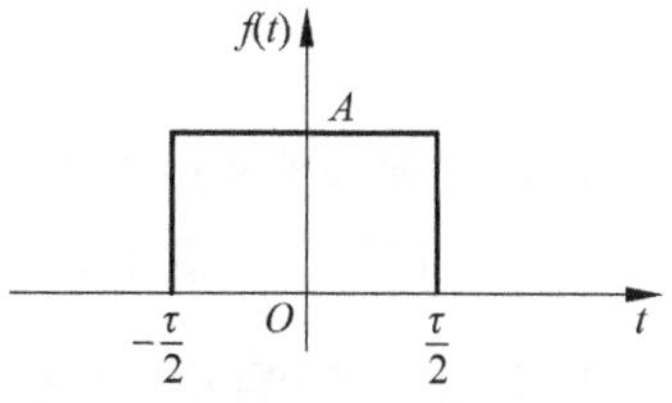

$$f(t) = \begin{cases} A & -\dfrac{\tau}{2} < t < \dfrac{\tau}{2} \\ 0 & \text{其他} \end{cases}$$

图 2-1 矩形函数

其频谱函数 $F(\omega)$ 如图 2-2 所示，$F(\omega)$ 的表达式为

$$F(\omega) = A\tau \frac{\sin\dfrac{\omega\tau}{2}}{\dfrac{\omega\tau}{2}} = A\tau Sa\left(\frac{\omega\tau}{2}\right) \tag{2-9}$$

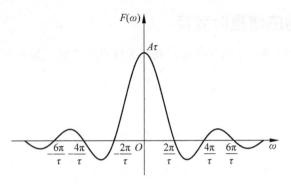

图 2-2　矩形函数的频谱函数

矩形函数又称为门函数，用 $D_\tau(t)$ 表示；$\mathrm{Sa}(x)$ 称为取样函数。取样函数 $\mathrm{Sa}\left(\dfrac{\omega\tau}{2}\right)$ 是一收敛的正弦波，并且矩形波的频谱分布在整个频率轴上。实际的系统不可能具有无限的带宽，只能传送矩形信号的主要能量部分。比如取该信号的第一个零点或若干个零点位置定义为该信号的有效带宽。例如在数字微波通信中，一个信道带宽考虑所接收信号的功率及相邻信道的影响等因素，通常取第一个零点至第二个零点的宽度作为有效带宽。假如按第一个零点宽度定义，则该信号的带宽为 $\dfrac{1}{\tau}$ Hz。当然理想矩形脉冲波形通过一有限带宽系统（简称带限系统）后，输出波形会略有失真，其中高频分量已被滤除。

在通信中常用到的傅里叶变换性质还有时域卷积定理，即

$$f_1(t) * f_2(t) \leftrightarrow F_1(\omega) * F_2(\omega) \tag{2-10}$$

和频域卷积定理

$$f_1(t) * f_2(t) \leftrightarrow \frac{1}{2\pi}\left[F_1(\omega) * F_2(\omega)\right] \tag{2-11}$$

前者主要用于信号通过线性系统，输出信号即是输入信号与系统冲击函数的卷积。在频域卷积定理中，当 $f_2(t)$ 是一正弦波信号时，则该定理又称为调制定理，即

$$f(t)\cos\omega_c t \leftrightarrow \frac{1}{2\pi}\left\{F(\omega) * \pi\left[\delta(\omega-\omega_c)+\delta(\omega+\omega_c)\right]\right\}$$

$$=\frac{1}{2}\left[F(\omega-\omega_c)+F(\omega+\omega_c)\right] \tag{2-12}$$

也就是说，任何函数经过连续载波调制后（调制器实质上是个乘法器），则该信号的频谱将被搬移到 $\pm\omega_c$ 位置上。图 2-3 为矩形脉冲经调制后频谱变化情况。

2.1.3　冲激函数及冲激函数序列

在数字通信过程中，经常会遇到信号的时间和频域离散化分析和处理过程，因此冲激函数也是常用数学工具。冲激函数是一种奇异函数。单位冲激函数被定义为

$$\delta(t)=\begin{cases}+\infty & t=0 \\ 0 & t\neq 0\end{cases} \tag{2-13}$$

并且

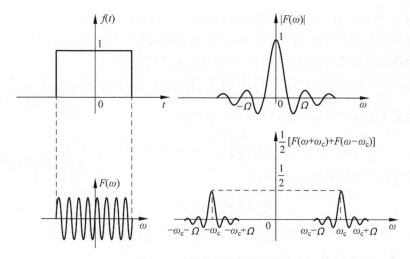

图 2-3　调制中频谱搬移过程

$$\int_{-\infty}^{+\infty} \delta(t)\mathrm{d}t = 1 \tag{2-14}$$

称为冲激强度,即系数的大小。冲激函数有以下一些特性:

(1) 取样性质(指定性质)。

$$f(t)\delta(t-t_0) = f(t_0)\delta(t-t_0) \tag{2-15}$$

$$\int_{-\infty}^{+\infty} f(t)\delta(t-t_0)\mathrm{d}t = f(t_0) \tag{2-16}$$

(2) 搬移性质。

$$f(t) * \delta(t-t_0) = f(t-t_0) \tag{2-17}$$

$$F(\omega) * \delta(\omega-\omega_0) = F(\omega-\omega_0) \tag{2-18}$$

(3) 冲激函数的傅里叶变换。

$$\delta(t) \leftrightarrow 1 \tag{2-19}$$

$$\delta(\omega) \leftrightarrow \frac{1}{2\pi} \tag{2-20}$$

$$\mathrm{e}^{-\mathrm{j}\omega_0 t} \leftrightarrow 2\pi\delta(\omega+\omega_0) \tag{2-21}$$

定义单位冲激周期函数序列

$$\delta_T(t) = \sum_{n=-\infty}^{\infty} \delta(t-nT) \tag{2-22}$$

它的傅里叶变换为

$$\delta_T(t) \leftrightarrow \delta_{\omega_0}(\omega) = \omega_0 \sum_{n=-\infty}^{+\infty} \delta(\omega-n\omega_0) \tag{2-23}$$

式中,$\omega_0 = \dfrac{2\pi}{T}$。

2.1.4　能量信号与功率信号

1. 能量信号与功率信号

如果信号具有无限的能量,但它的平均功率却是有限的,这种信号称作功率信号。另一类信号，它的能量积分是一定值，如单个矩形脉冲、sinc 函数等，这种称作能量信号。能量信号在整个时间域上的平均值，即平均功率为零，是无意义的。但在该信号的有限时间段内的平均功率仍然是存在的。计算信号 $s(t)$ 的能量的表达式如下：

$$E_s = \int_{-\infty}^{+\infty} s^2(t) \, dt \tag{2-24}$$

功率信号的定义式通常用其截短信号 $s_T(t)$ 取极限来表示：

$$P_s = \lim_{T \to \infty} \frac{1}{T} \int_{-T/2}^{T/2} s_T^2(t) \, dt = \overline{s^2(t)} \tag{2-25}$$

对于周期信号在一个周期内定义即可：

$$P_s = \frac{1}{T_0} \int_{-T_0/2}^{T_0/2} s^2(t) \, dt \tag{2-26}$$

上述的定义式均是归一化的能量或功率，即在 1Ω 电阻上的能量或功率。

2. 能量谱密度与功率谱密度

用 $E_s(\omega)$ 表示信号 $s(t)$ 的能量谱密度函数

$$E_s(\omega) = |S(\omega)|^2 \tag{2-27}$$

式中，$S(\omega)$ 是信号 $s(t)$ 的频谱函数。对于确知信号，若已知 $S(\omega)$，就可以计算出信号的能量谱密度。信号的能量谱密度只与信号的振幅频谱有关。

信号的总能量满足帕舍瓦耳定理

$$E_s = \int_{-\infty}^{+\infty} s^2(t) \, dt = \int_{-\infty}^{+\infty} |S(f)|^2 \, df = \frac{1}{2\pi} \int_{-\infty}^{\infty} |s(\omega)|^2 \, d\omega \tag{2-28}$$

即信号的总能量既是信号随时间的累积，也等于各个频率分量能量的总和。信号的功率谱密度函数则定义为

$$P_s(\omega) = \lim_{T \to +\infty} \frac{|S_T(\omega)|^2}{T} \tag{2-29}$$

该式一般来说被看作是一个定义式。实际信号的功率谱密度可以通过相关函数的傅里叶反变换求得。

3. 相关函数

自相关函数

$$R(\tau) = \int_{-\infty}^{+\infty} f(t) f(t+\tau) \, dt \tag{2-30}$$

互相关函数

$$R_{12}(\tau) = \int_{-\infty}^{+\infty} f_1(t) f_2(t+\tau) \, dt \tag{2-31}$$

自相关函数的性质如下：

$$R(\tau) = R(-\tau) \tag{2-32}$$

$$R(0) \geqslant |R(\tau)| \tag{2-33}$$

$R(0)$ 代表信号的总能量或功率；

周期信号的自相关函数也是周期信号，且二者周期相同。

信号的自相关函数与信号的能量谱密度或功率谱函数是一傅里叶变换对，即

$$R(\tau) \leftrightarrow E_s(\omega) \tag{2-34}$$

$$R(\tau) \leftrightarrow P_s(\omega) \tag{2-35}$$

这两个表达式在解决实际问题时是很有用的。

例 2-1 若信号 $x(t) = \cos\omega_c t$,试求自相关函数 $R(\tau)$、功率谱密度 $P(\omega)$、信号功率 S。

解 本题考查自相关函数、功率谱密度、信号功率之间的关系,由公式:

$$P(\omega) = \int_{-\infty}^{+\infty} R(\tau) e^{-j\omega\tau} d\tau \quad S = \frac{1}{2\pi} \int_{-\infty}^{+\infty} P(\omega) d\omega \ \text{即可解得。}$$

$$
\begin{aligned}
R(\tau) &= \lim_{T \to +\infty} \frac{1}{T} \int_{-T/2}^{T/2} x(t) x(t+\tau) dt \\
&= \lim_{T \to +\infty} \frac{1}{T} \int_{-T/2}^{T/2} \cos\omega_c t \cos\omega_c (t+\tau) dt \\
&= \lim_{T \to +\infty} \frac{1}{T} \int_{-T/2}^{T/2} \frac{1}{2} \big[\cos\omega_c(2t+\tau) + \cos\omega_c\tau\big] dt \\
&= \frac{1}{2}\cos\omega_c\tau = \frac{1}{4}(e^{j\omega_c\tau} + e^{-j\omega_c\tau})
\end{aligned}
$$

根据傅里叶变换的频移运算特性,得

$$
\begin{aligned}
P(\omega) &= \int_{-\infty}^{+\infty} R(\tau) e^{-j\omega\tau} d\tau = \frac{1}{4} \int_{-\infty}^{+\infty} (e^{j\omega_c\tau} + e^{-j\omega_c\tau}) e^{-j\omega\tau} d\tau \\
&= \frac{1}{4} \cdot 2\pi[\delta(\omega - \omega_c) + \delta(\omega + \omega_c)] \\
&= \frac{\pi}{2}[\delta(\omega - \omega_c) + \delta(\omega + \omega_c)]
\end{aligned}
$$

$$
\begin{aligned}
S &= \frac{1}{2\pi} \int_{-\infty}^{+\infty} P(\omega) d\omega = \frac{1}{2\pi} \int_{-\infty}^{+\infty} \frac{\pi}{2}[\delta(\omega - \omega_c) + \delta(\omega + \omega_c)] d\omega \\
&= \frac{1}{4} \times 2 = \frac{1}{2}
\end{aligned}
$$

或

$$S = \lim_{T \to +\infty} \frac{1}{T} \int_{-T/2}^{T/2} \cos^2(\omega_c t) dt = \frac{1}{2}$$

例 2-2 设信道噪声是一个均值为 0、双边功率谱密度为 $n_0/2$ 的高斯白噪声,接收机输入端的收滤波器是一个中心角频率为 ω_c、带宽为 B 的理想带通滤波器,且 $f_c \gg B$。

(1) 求收滤波器输出噪声的时域表达式和双边功率谱密度;

(2) 求收滤波器输出噪声的自相关函数;

(3) 求收滤波器的输出噪声功率;

(4) 写出收滤波器输出噪声的一维概率密度函数。

解 本题考查功率谱密度、自相关函数信号功率之间的关系。

(1) 因为 $f_c \gg B$,所以收带通滤波器输出噪声是一个窄带白噪声。它的时域表达式为

$$n(t) = v(t)\cos[\omega_c t + \varphi(t)] = n_c(t)\cos\omega_c t - n_s(t)\sin\omega_c t$$

$n(t)$ 的双边功率谱密度为

$$P_n(f) = \begin{cases} \dfrac{n_0}{2} & \pm f_c - B/2 \leqslant f \leqslant \pm f_c + B/2 \\ 0 & \text{其他} \end{cases}$$

$P_n(f)$ 的图形如图 2-4 所示。

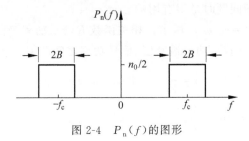

图 2-4 $P_n(f)$ 的图形

（2）$P_n(\omega) = \dfrac{n_0}{2}\left[D_{2xB}(\omega - \omega_c) + D_{2xB}(\omega + \omega_c)\right]$

$$D_{2xB}(\omega) \leftrightarrow \frac{2\pi B}{2\pi}Sa\left(\frac{2\pi B\tau}{2}\right) = B \cdot Sa(\pi B\tau)$$

根据傅里叶变换的频移特性，得 $n(t)$ 的自相关函数

$$R_n(\tau) = \frac{n_0}{2}\left[B \cdot Sa(\pi B\tau) \cdot e^{j\omega_c\tau} + B \cdot Sa(\pi B\tau) \cdot e^{-j\omega_c\tau}\right]$$

$$= n_0 B\cos(\omega_c\tau)Sa(\pi B\tau)$$

（3）收滤波器噪声功率为

$$N = Bn_0$$

（4）$n(t)$ 是一个均值为 0、方差为 Bn_0 的高斯过程，故其一维概率密度为

$$f(x) = \frac{1}{\sqrt{2\pi n_0 B}}\exp\left[-\frac{x^2}{2n_0 B}\right]$$

2.1.5   信号与系统带宽定义

带宽就是指所占用的频率宽度，是通信中经常接触到的概念。理论上讲，一个时间上有限长的信号，其频率分量是分布在整个频率轴上的，但实际的系统的带宽是有限的。在满足信号传输的基本要求的条件下，需要将信号带宽定义在一定的范围内。系统带宽的定义也有类似的情况。由于对信号或系统考虑的角度不同，常会采用不同的定义方式。初学者有时会产生一些问题。在数字通信中常常会用方波脉冲信号频谱特性的第一个零点或它的若干倍定义成该信号的带宽。做习题时，如未加说明，通常选择第一个零点位置，如前面描述的那样。此外对于带宽的定义，常用的还有以下 3 种。

（1）根据带宽内的信号能量（或功率）占总能量（或总功率）的一定比例定义。比如设这个比例为 0.9，信号总能量为 E，总功率为 P，有关系式

$$\frac{\int_{-B}^{+B}E(f)\mathrm{d}f}{E} = 90\% \tag{2-36}$$

$$\frac{\int_{-B}^{+B}P(f)\mathrm{d}f}{P} = 90\% \tag{2-37}$$

式中，$E(f)$ 和 $P(f)$ 是信号的能量谱和功率谱表达式。

（2）等效矩形带宽，如图 2-5 所示。

定义

$$B = \frac{\int_{-\infty}^{+\infty} E(f)\,\mathrm{d}f}{2E(0)} \tag{2-38}$$

$$B = \frac{\int_{-\infty}^{+\infty} P(f)\,\mathrm{d}f}{2P(0)} \tag{2-39}$$

（3）三分贝带宽，如图 2-6 所示。

三分贝带宽也常用于定义系统的带宽。

$$E(2\pi f) = \frac{E(0)}{2} \tag{2-40}$$

$$P(2\pi f) = \frac{P(0)}{2} \tag{2-41}$$

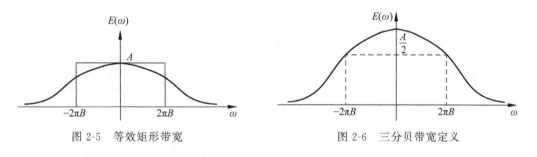

图 2-5　等效矩形带宽　　　　　　图 2-6　三分贝带宽定义

2.1.6　信号通过线性系统

系统有线性系统与非线性系统之分。当输出信号与输入信号满足线性关系时（但允许有延迟），如式（2-42）所示，就称为线性系统。在线性系统中，信号满足叠加原理。反之，则为非线性系统。

通信系统的作用是在接收端尽可能不失真地恢复发送的信号。因此，通常把通信系统当作线性系统对待，尽管其内部某些部分可能具有非线性变换关系。信号通过理想的线性系统不失真应满足关系式：

$$f_0(t) = Kf_i(t - t_d) \tag{2-42}$$

该系统的传递函数应具有下面的形式：

$$H(\omega) = K\mathrm{e}^{-\mathrm{j}\omega t_d} \tag{2-43}$$

也就是说，线性不失真系统的幅频特性 $|H(\omega)|$ 是与 ω 无关的常数，相频特性则是 ω 的线性函数。实际的系统中，通常都会具有一定的线性失真，即幅频失真和相频失真。

2.2　随机信号分析

由于随机信号不能用确定的函数解析式表示出来，因而只能用随机过程理论对其进行研究，如研究它的分布特性、数字特征、通过系统的变化等。其中在通信中最常用到的就是高斯平稳随机过程。

2.2.1　高斯平稳随机过程

通信系统中有一类噪声称为起伏噪声，它是一种具有高斯分布的平稳随机过程。在绝大多数情况下，系统将受到此类噪声的影响并决定系统传输可靠性的高低。

在没有信号输入的 m 台接收机输出端测量，会发现有噪声电压输出波形。考查这 m 个输出就会发现，在任何 t_i 时刻，各台机器输出的电压值是不相同的，它们构成了随机变量 n_{t_i} 的取值空间，并按照一定的概率分布特性分布。当 $m \to \infty$ 时，n_{t_i} 服从高斯分布。当随机变量 n_{t_i} 以时间 t 为参变量时，就构成具有无穷多维高斯分布的随机过程。但由于起伏噪声是一平稳随机过程，一般情况下，我们并没有必要研究该随机过程无穷多个输出时的情况，而是通过对其中一个进行长时间的观察而得出其相应的数字特征。在白噪声信道中，由于高斯分布的特殊性，我们更多地关注其一维概率分布特性。

高斯分布的概率分布密度函数是

$$f(x) = \frac{1}{\sqrt{2\pi}\sigma} \exp\left[-\frac{(x-a)^2}{2\sigma^2}\right] \tag{2-44}$$

概率分布函数为

$$F(x) = \int_{-\infty}^{x} f(z)\mathrm{d}z$$

$$= \int_{-\infty}^{x} \frac{1}{\sqrt{2\pi}\sigma} \exp\left[-\frac{(x-a)^2}{2\sigma^2}\right] \mathrm{d}x \tag{2-45}$$

高斯分布又称为正态分布，其一维分布可简记为 $N(a,\sigma^2)$，其中 a 为数字期望，σ^2 为其均方值，具有功率的量纲。通信系统中通常带有隔直流电容，不允许直流通过。这时 $a=0$，称为零均值高斯分布，表示成 $N(0,\sigma^2)$。任意 t 时刻的随机信号的自相关函数 $R(t,t+\tau)$，与数学期望 $E[n(t)]$ 及均方差 $\sigma^2(t)$ 三者之间的关系在 $\tau=0$ 时满足

$$R(t,t) = \sigma^2(t) + a^2(t) \tag{2-46}$$

它们代表噪声信号中的瞬时功率等于其中直流分量及交变部分分量的功率之和。在平稳随机过程中，当 $\tau=0$ 时，则式(2-46)与时间无关，变为

$$R(0) = \sigma^2 + a^2 \tag{2-47}$$

通信中的起伏噪声除了具有上述的统计特性之外，其噪声功率的分布在一很宽的频率范围之内基本上是一定值，频率范围约在 $0 \sim 10^{13}$ Hz。对于理想情况，即在整个频域内是均匀分布的噪声，称为白噪声，即

$$P_n(\omega) = \frac{n_0}{2} \tag{2-48}$$

式(2-48)中的 n_0 通常是实测的物理频率的噪声功率谱密度值，而 $P_n(\omega)$ 是双边谱表达式，因此两者相差两倍。

功率谱密度函数与自相关函数是一对傅里叶变换对，这一关系式在随机过程理论中称作维纳-辛钦定理，即

$$R(\tau) = \mathcal{F}^{-1}\left[P_n(\omega)\right] = \frac{n_0}{2}\delta(\tau) \tag{2-49}$$

可见,白噪声的自相关函数$R(\tau)$只在$\tau=0$时才有值,而在其他任意时刻均等于零,如图 2-7 所示。对于平稳的高斯过程,不同时刻的相关性为 0,等价于不同时刻的随机变量是统计独立的。因此,通常研究不同时刻信号受噪声的影响大小时,均视作前后时刻噪声是没有关联的,不同数字码元的误码率均视为独立事件。

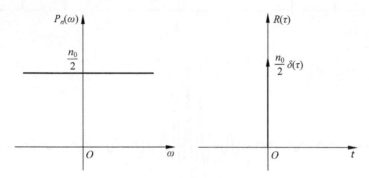

图 2-7 白噪声的功率谱密度函数和自相关函数

具有高斯白噪声分布特性的信道被称为 AWGN(Additive White Gaussian Noise,加性高斯白噪声)信道。通信中抗噪声性能分析通常是针对这种信道的。

当白噪声通过低通滤波器和带通滤波器后就会形成低通型和带通型白噪声。此时的自相关函数已不再是$\delta(t)$函数。图 2-8 和图 2-9 分别显示出低通型、带通型白噪声功率谱密度及其相应的自相关函数。

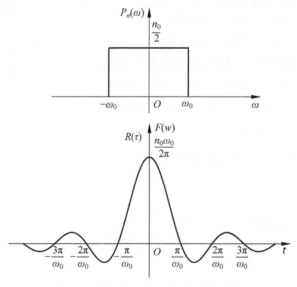

图 2-8 低通型白噪声及其自相关函数

由上述低通型和带通型白噪声的自相关函数图形可以看出,白噪声不同时刻的随机变量具有一定的相关性。

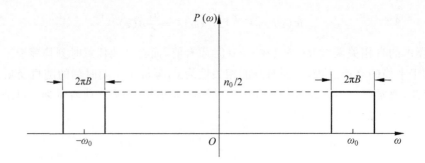

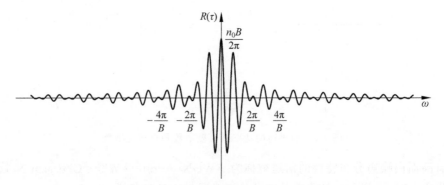

图 2-9 带通型白噪声及其自相关函数

例 2-3 将一个均值为零,功率谱密度为 $\dfrac{n_0}{2}$ 的高斯白噪声加到一个中心角频率为 ω_c,带宽 $2\pi B$ 的理想带通滤波器上,如图 2-10 所示。

(1) 求滤波器输出噪声的自相关函数;

(2) 写出输出噪声的一维概率密度函数。

解 高斯过程经过线性过程变换后仍是高斯过程,有

$$P_0(\omega)=|H(\omega)|^2 P_i(\omega),E[\xi_0(t)]=E[\xi_0(t)]H(0)$$

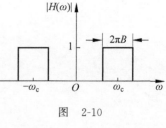

图 2-10

(1) $|H(\omega)|=\begin{cases}1 & \omega_c-\pi B\leqslant|\omega|\leqslant\omega_c+\pi B\\ 0 & \text{其他}\end{cases}$

将高斯白噪声加到一个理想带通滤波器上,其输出是一个窄带高斯白噪声,其功率谱密度为

$$P_0(\omega)=|H(\omega)|^2 P_i(\omega)=\begin{cases}\dfrac{n_0}{2} & \omega_c-\pi B\leqslant|\omega|\leqslant\omega_c+\pi B\\ 0 & \text{其他}\end{cases}$$

又 $\qquad P_0(\omega)\Leftrightarrow R_0(\tau)$

所以

$$R_0(\tau)=\frac{1}{2\pi}\int_{-\infty}^{+\infty}P_0(\omega)e^{j\omega\tau}\,d\omega=\frac{1}{2\pi}\int_{-\omega_c-\pi B}^{-\omega_c+\pi B}\frac{n_0}{2}e^{j\omega\tau}\,d\omega+\frac{1}{2\pi}\int_{\omega_c-\pi B}^{\omega_c+\pi B}\frac{n_0}{2}e^{j\omega\tau}\,d\omega$$

$$=n_0 B Sa(\pi B\tau)\cos\omega_c\tau$$

(2) 因为高斯过程经过线性过程变换后仍是高斯过程,所以输出噪声的一维概率密度

函数为

$$f(x) = \frac{1}{\sqrt{2\pi}\sigma} \exp\left[-\frac{(x-a)^2}{2\sigma^2}\right]$$

因为 $E[\xi_i(t)] = 0$，所以 $a = E[\xi_0(t)] = E[\xi_i(t)]H(0) = 0$。而 $\sigma^2 = R_0(0) - R_0(\infty) = n_0 B$，所以输出噪声的一维概率密度函数为

$$f(x) = \frac{1}{\sqrt{2\pi n_0 B}} \exp\left[-\frac{x^2}{2n_0 B}\right]$$

2.2.2 窄带高斯噪声

实际的接收系统为了能使信号通过，又最大限度地限制噪声的进入。在输入端总是加上低通滤波器或带通滤波器，如图 2-11 所示。

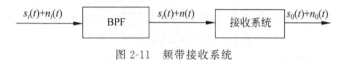

图 2-11 频带接收系统

这样的系统又被称作带限系统。当理想的白噪声通过带限系统时（见图 2-12），进入接收系统的噪声将成为带限白噪声，如低通型高斯白噪声或带通型高斯白噪声。

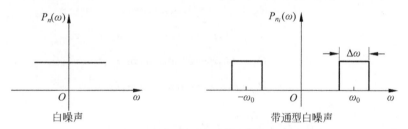

图 2-12 带通型白噪声

对于如图 2-12 所示的频带系统，当 $\omega_0 \gg \Delta\omega$ 时，则称为窄带系统。大多数频带系统均为窄带系统。进入窄带系统的高斯白噪声，则称为窄带高斯噪声。窄带高斯噪声的统计特性——其包络概率分布特性与相位概率分布特性将直接影响到调幅制系统及调相制系统的输出信噪比或误码率大小，因此，这里首先对它们的统计特性进行讨论。

一窄带随机信号，设中心角频率为 ω_0，因为频谱局限在 $\pm\omega_0$ 附近很窄的范围内，其包络和相位都在作缓慢的变化，所以该随机过程可表示为

$$n(t) = a(t)\cos[\omega_0 t + \varphi(t)] \tag{2-50}$$

式中，$a(t)$ 为随机振幅信号，$\varphi(t)$ 为随机相位信号。

对于式（2-50）表示的窄带高斯噪声信号，已知 $n(t)$ 服从 $N(0, \sigma^2)$ 的一维概率分布，现在需要求出它的包络随机过程 $a(t)$ 及相位随机过程 $\varphi(t)$ 的概率分布函数。

将式（2-50）展开为

$$\begin{aligned}
n(t) &= a_n(t)\cos\varphi_n(t)\cos\omega_0 t - a_n(t)\sin\varphi_n(t)\sin\omega_0 t \\
&= n_c(t)\cos\omega_0 t - n_s(t)\sin\omega_0 t
\end{aligned} \tag{2-51}$$

式中，$n_c(t)$ 称为 $n(t)$ 的同相分量；$n_s(t)$ 称为 $n(t)$ 的正交分量。它们分别等于

$$n_c(t) = a_n(t)\cos\varphi_n(t) \tag{2-52}$$

$$n_s(t) = a_n(t)\sin\varphi_n(t) \tag{2-53}$$

随机过程 $n(t)$ 的包络 $a(t)$ 及相位 $\varphi(t)$ 分别为

$$a_n(t) = \sqrt{n_c^2(t) + n_s^2(t)} \tag{2-54}$$

$$\varphi_n(t) = \arctan\frac{n_s(t)}{n_c(t)} \tag{2-55}$$

已知 $n(t)$ 为平稳高斯过程，一维概率分布满足 $N(0,\sigma^2)$，其数学期望 $E[n(t)]=0$，即噪声 $n(t)$ 中没有直流分量。$D[n(t)]=\sigma_n^2$，代表 $n(t)$ 的平均功率。首先通过已知的 $n(t)$ 的统计特性求出 $n_c(t)$ 及 $n_s(t)$ 的统计特性，进而求出 $a_n(t)$ 与 $\varphi_n(t)$ 的分布特性。

根据已知，满足

$$E[n(t)] = E[n_c(t)]\cos\omega_0 t - E[n_s(t)]\sin\omega_0 t = 0 \tag{2-56}$$

因为已知 $n(t)$ 是平稳的，即在任意时间均满足恒等式(2-56)，则只能有

$$E[n_c(t)] = E[n_s(t)] = 0 \tag{2-57}$$

对于另外两个数字特征函数 $R(t,t+\tau)$ 及 $D(t)$，只需再分析出其中的一个即可。再来看 $n(t)$ 的自相关函数

$$\begin{aligned}
R_n(t,t+\tau) = R_n(\tau) &= E[n(t) \cdot n(t+\tau)] \\
&= R_{n_c}(t,t+\tau)\cos\omega_0 t\cos\omega_0(t+\tau) - \\
&\quad R_{n_c n_s}(t,t+\tau)\cos\omega_0 t\sin\omega_0(t+\tau) - \\
&\quad R_{n_s n_c}(t,t+\tau)\sin\omega_0 t\cos\omega_0(t+\tau) + \\
&\quad R_{n_s}(t,t+\tau)\sin\omega_0 t\sin\omega_0(t+\tau)
\end{aligned} \tag{2-58}$$

式中

$$R_{n_c}(t,t+\tau) = E[n_c(t)n_c(t+\tau)]$$

$$R_{n_c n_s}(t,t+\tau) = E[n_c(t)n_s(t+\tau)]$$

$$R_{n_s n_c}(t,t+\tau) = E[n_s(t)n_c(t+\tau)]$$

$$R_{n_s}(t,t+\tau) = E[n_s(t)n_s(t+\tau)]$$

由于 $n(t)$ 是平稳的，式(2-58)的左端是与时间起点无关的函数，因此可以令 $t=0$，化简式(2-58)后可得

$$\begin{aligned}
R_n(\tau) &= [R_{n_c}(t,t+\tau)\,|_{t=0}]\cos\omega_0\tau - \\
&\quad [R_{n_c n_s}(t,t+\tau)\,|_{t=0}]\sin\omega_0\tau
\end{aligned} \tag{2-59}$$

若要求在任何时刻 t 均满足式(2-59)，则只能是

$$R_{n_c n_s}(t,t+\tau) = R_{n_c n_s}(\tau)$$

$$R_{n_c}(t,t+\tau) = R_{n_c}(\tau)$$

即

$$R_n(\tau) = R_{n_c}(\tau)\cos\omega_0\tau - R_{n_c n_s}(\tau)\sin\omega_0\tau \tag{2-60}$$

同理，令 $t = \dfrac{\pi}{2\omega_0}$，则式(2-59)也可化简为

$$R_n(\tau) = R_{n_s}(\tau)\cos\omega_0\tau + R_{n_s n_c}(\tau)\sin\omega_0\tau \tag{2-61}$$

从以上分析可知，$R_{n_c}(\tau)$ 与 $R_{n_s}(\tau)$ 均为与时间 t 无关的函数，因此 $n_c(\tau)$ 与 $n_s(\tau)$ 也都是二维广义平稳的。同时，由式（2-59）和式（2-60）可以看出，它们实际是一个等式，而 $\cos\omega_c t$ 与 $\sin\omega_c t$ 是两个互为正交的函数，若使上述两式在任意 τ 下均成立，则只能是

$$R_{n_c}(\tau) = R_{n_s}(\tau) \tag{2-62}$$

$$R_{n_c n_s}(\tau) = -R_{n_s n_c}(\tau) \tag{2-63}$$

根据互相关函数的性质，它们应是偶函数，结合式（2-63）可得

$$R_{n_c n_s}(\tau) = -R_{n_s n_c}(-\tau) \tag{2-64}$$

因此它们同时也是奇函数。要满足上述的结论，则只能有

$$R_{n_c n_s}(0) = -R_{n_s n_c}(0) = 0 \tag{2-65}$$

上述分析也表明，当 $\tau = 0$ 时有

$$R_n(0) = -R_{n_c}(0) = R_{n_s}(0) = \sigma_n^2 \tag{2-66}$$

因为 $n(t)$ 是平稳随机过程，在式（2-51）中，若令 $t=0$ 或 $t=\dfrac{\pi}{2\omega_c}$，就可以得到 $n_c(\tau)$、$n_s(\tau)$ 与 $n(t)$ 具有相同的分布特性的结论，即它们都是平稳的高斯过程，一维分布均为 $N(0,\sigma^2)$，并且 n_c 与 n_s 在 $\tau=0$ 时（即同一时刻）互相独立。根据这些结论，再来求 $a_n(t)$ 与 $\varphi_n(t)$ 的分布特性。

由于平稳高斯过程 $n_c(\tau)$ 与 $n_s(\tau)$ 统计独立，则它们的联合分布可表示为

$$f(n_c, n_s) = \frac{1}{2\pi\sigma_n^2}\exp\left[-\frac{n_c^2 + n_s^2}{2\sigma_n^2}\right] \tag{2-67}$$

随机包络 $a_n(t)$ 和随机相位 $\varphi_n(t)$ 与二元随机变量 n_c 及 n_s 的关系满足式（2-52）、式（2-53）。根据求解随机变量经变换后的二维联合概率分布函数的公式可得

$$f(a_n, \varphi_n) = f(n_c, n_s) \cdot |J| \tag{2-68}$$

其中雅可比行列式等于

$$|\boldsymbol{J}| = \left|\frac{\partial(n_c, n_s)}{\partial(a_n, \varphi_n)}\right| = \begin{vmatrix} \dfrac{\partial n_c}{\partial a_n} & \dfrac{\partial n_s}{\partial a_n} \\[2mm] \dfrac{\partial n_c}{\partial \varphi_n} & \dfrac{\partial n_s}{\partial \varphi_n} \end{vmatrix}$$

$$= \begin{vmatrix} \cos\varphi_n & \sin\varphi_n \\ -a_n\sin\varphi_n & a_n\cos\varphi_n \end{vmatrix} = a_n \tag{2-69}$$

由此得出 a_n、φ_n 的联合分布为

$$f(a_n, \varphi_n) = a_n\frac{1}{2\pi\sigma_n^2}\exp\left[-\frac{n_c^2 + n_s^2}{2\sigma_n^2}\right]$$

$$= \frac{a_n}{2\pi\sigma_n^2}\exp\left[-\frac{a_n^2}{2\sigma_n^2}\right] \tag{2-70}$$

式中，振幅 $a_n \geq 0$，相位 φ_n 的取值区间为 $[-\pi, \pi]$。根据式（2-70）可分别求出 a_n 与 φ_n 的边际分布

$$f(a_n) = \int_{-\pi}^{\pi} \frac{a_n}{2\pi\sigma_n^2} \exp\left[-\frac{a_n^2}{2\sigma_n^2}\right] d\varphi_n$$

$$= \frac{a_n}{\sigma_n^2} \exp\left[-\frac{a_n^2}{2\sigma_n^2}\right] \quad a_n \geqslant 0$$

(2-71)

$$f(\varphi_n) = \frac{1}{2\pi} \int_0^{+\infty} \frac{a_n}{\sigma_n^2} \exp\left[-\frac{a_n^2}{2\sigma_n^2}\right] da_n$$

$$= \frac{1}{2\pi} \quad -\pi \leqslant \varphi_n \leqslant \pi$$

(2-72)

式(2-71)及式(2-72)表明,包络 a_n 服从瑞利(Rayleigh)分布,而相位 φ_n 满足均匀分布,且二者也是相互独立的。二者的图形如图 2-13 所示。

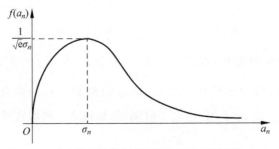

(a) 窄带高斯噪声包络的概率分布密度函数

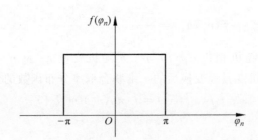

(b) 窄带高斯噪声相位的概率分布密度函数

图 2-13　窄带高斯噪声包络及相位的概率分布密度函数

2.2.3　正弦波加窄带高斯噪声

当高斯白噪声进入窄带接收系统后即变为窄带高斯噪声,这实际上是数字调制系统 2ASK 调制方式中传输 0 码时接收机输入的情况。当接收机收到 1 码时,信道中除了有窄带高斯噪声外,还有已调信号的载波信号,这时信号是正弦波加窄带高斯噪声,对于它的统计特性将在下面进行分析。

不失一般性,为简洁起见,设信号为正弦波,令初始相位为 0,则

$$s(t) = A\cos\omega_0 t$$

与噪声叠加后的接收信号为

$$x(t) = s(t) + n(t)$$

$$= [A + n_c(t)]\cos\omega_0 t - n_s(t)\sin\omega_0 t$$

$$= x_c(t)\cos\omega_0 t - x_s(t)\sin\omega_0 t \tag{2-73}$$

其同相分量

$$x_c(t) = A + n_c(t) \tag{2-74}$$

正交分量仍是 $n_s(t)$，则包络 $a_x(t)$ 及相位 $\varphi_x(t)$ 可表示为

$$a_x(t) = \sqrt{x_c^2(t) + x_s^2(t)} \quad a_x(t) \geqslant 0$$

$$\varphi_x(t) = \arctan\frac{x_s(t)}{x_c(t)} \quad -\pi \leqslant \varphi_x(t) \leqslant \pi \tag{2-75}$$

利用前面的分析结果，可得出 $E[x_c] = A, E[x_s] = 0, D[x_c] = D[x_s] = \sigma_n^2$，则 $x_c(t)$ 与 $x_s(t)$ 的二维联合分布为

$$f(x_c, x_s) = \frac{1}{2\pi\sigma_n^2}\exp\left\{-\frac{1}{2\pi\sigma_n^2}[x_c + A]^2 + x_s^2\right\} \tag{2-76}$$

与 2.2.2 节分析过程类似，可得出包络 a_x 与相位 φ_x 的联合分布密度函数的表达式为

$$f(a_x, \varphi_x) = f(x_c, x_s)\begin{vmatrix} \dfrac{\partial n_c}{\partial a_x} & \dfrac{\partial n_s}{\partial a_x} \\[2mm] \dfrac{\partial n_c}{\partial \varphi_x} & \dfrac{\partial n_s}{\partial \varphi_x} \end{vmatrix}$$

$$= \frac{a_x}{2\pi\sigma_n^2}\exp\left[-\frac{1}{2\sigma_n^2}(a_x^2 - 2Aa_x\cos\varphi_x + A^2)\right] \tag{2-77}$$

首先求 a_x 的边际分布

$$f(a_x) = \int_0^{2\pi} f(a_x, \varphi_x)\,\mathrm{d}\varphi_x$$

$$= \frac{a_x}{2\pi\sigma_n^2}\exp\left[-\frac{(a_x^2 + A^2)}{2\sigma_n^2}\right]\int_0^{2\pi}\exp\left(\frac{Aa_x\cos\varphi_x}{\sigma_n^2}\right)\mathrm{d}\varphi_x \tag{2-78}$$

式中的积分项即零阶修正贝塞尔函数

$$I_0(z) = \frac{1}{2\pi}\int_0^{2\pi} e^{z\cos\theta}\,\mathrm{d}\theta \tag{2-79}$$

式中，$z = \dfrac{Aa_x}{\sigma_n^2}, \theta = \varphi_x$。即

$$f(a_x) = \frac{a_x}{\sigma_n^2}I_0\left(\frac{Aa_x}{\sigma_n^2}\right)\exp\left[-\frac{(a_x^2 + A^2)}{2\sigma_n^2}\right] \quad a_x \geqslant 0 \tag{2-80}$$

式(2-80)称为广义瑞利分布，又称莱斯(Rice)分布。当 $A = 0$ 时，$I_0(0) = 1$，则变为瑞利分布，这是可以预料的。当 $z \gg 1$，即信号幅度远大于噪声时，$A \approx a_x, I_0(z) \approx \dfrac{e^z}{\sqrt{2\pi z}}$，代入式(2-80)可简化为

$$f(a_x) \approx \frac{1}{\sqrt{2\pi}\,\sigma_n}\exp\left[-\frac{(a_x^2 - A^2)}{2\sigma_n^2}\right] \tag{2-81}$$

它是均值为 A、方差为 σ^2 的正态分布。

下面来看 φ_x 的分布

$$f(\varphi_x) = \int_0^{+\infty} f(a_x, \varphi_x) \mathrm{d}a_x$$

$$= \frac{1}{2\pi\sigma_n^2} \int_0^{+\infty} a_x \exp\left[-\frac{(a_x^2 + A^2 - 2Aa_x\cos\varphi_x)}{2\sigma_n^2}\right] \mathrm{d}a_x \tag{2-82}$$

令 $r = \dfrac{A^2}{2\sigma^2}$，即信号噪声功率之比。该积分推导过程较为复杂，这里只列出它的近似结果，当 $r \to \infty$ 时，$f(\varphi_x)$ 退化为均匀分布。

$$f(\varphi_x) \approx \frac{1}{2\pi} \tag{2-83}$$

当 $r \gg 1$ 时

$$f(\varphi_x) \approx \sqrt{\frac{r}{x}} \cos\varphi_x \exp(-r\sin^2\varphi_x) \tag{2-84}$$

正弦波加窄带高斯噪声的包络分布与相位分布（信号初始相位为 0 时）的图形如图 2-14 所示。

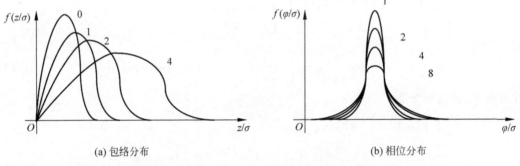

(a) 包络分布 (b) 相位分布

图 2-14　正弦波加窄带高斯噪声的包络分布与相位分布

2.2.4　随机过程通过线性系统

本节将讨论平稳随机过程通过线性系统的响应，仍是建立在信号通过线性系统原理基础上的。

设输入为平稳高斯过程，系统的输出 $y(t)$ 如图 2-15 可表示为

$$y(t) = x(t) * h(t) = \int_{-\infty}^{+\infty} h(\tau)x(t-\tau)\mathrm{d}(\tau) \tag{2-85}$$

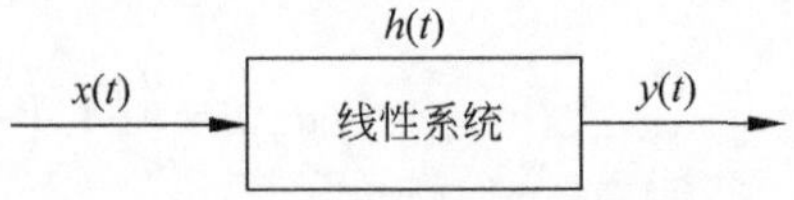

图 2-15　随机过程通过线性系统

实际上式(2-85)只是一个定义式。从该式可以看出，$y(t)$ 是 $x(t)$ 的函数，因此它也是一个随机过程。考查它的一维数字特征有

$$E[y(t)] = E\left[\int_{-\infty}^{+\infty} h(\tau)x(t-\tau)\mathrm{d}\tau\right]$$

$$= E[x(t)]\int_{-\infty}^{+\infty} h(\tau)\mathrm{d}\tau$$

$$= E[x(t)]H(0) \tag{2-86}$$

$E[x(t)]$ 与 t 无关,则 $E[y(t)]$ 与 t 也无关。再看 $y(t)$ 的自相关函数

$$R_y(t,t+\tau) = E[y(t)y(t+\tau)]$$
$$= \left[\iint_{-\infty}^{+\infty}\int_{-\infty}^{+\infty} h(\alpha)h(\beta)R_x(\tau+\alpha-\beta)\mathrm{d}\alpha\,\mathrm{d}\beta\right]$$
$$= R_y(\tau) \tag{2-87}$$

由式(2-86)及式(2-87)可得出结论: $y(t)$ 是宽平稳随机过程。

此外,我们还可以确定 $y(t)$ 的功率谱密度函数。

$$P_y(\omega) = \int_{-\infty}^{+\infty} R_y(\tau)\mathrm{e}^{-\mathrm{j}\omega\tau}\mathrm{d}\tau$$
$$= \int_{-\infty}^{+\infty}\int_{-\infty}^{+\infty}\int_{-\infty}^{+\infty} h(\alpha)h(\beta)R_x(\tau+\alpha-\beta)\mathrm{e}^{-\mathrm{j}\omega\tau}\mathrm{d}\alpha\,\mathrm{d}\beta\,\mathrm{d}\tau$$

令 $u=\tau+\alpha-\beta$,有

$$P_y(\omega) = \int_{-\infty}^{+\infty} h(\alpha)\mathrm{e}^{\mathrm{j}\omega\alpha}\mathrm{d}\alpha\int_{-\infty}^{+\infty} h(\beta)\mathrm{e}^{\mathrm{j}\omega\beta}\mathrm{d}\beta\int_{-\infty}^{+\infty} R_x(u)\mathrm{e}^{\mathrm{j}\omega u}\mathrm{d}u$$
$$= H^*(\omega)H(\omega)P_x(\omega)$$
$$= |H(\omega)|^2 P_x(\omega) \tag{2-88}$$

式中,$H^*(\omega)$ 为 $H(\omega)$ 的共轭复函数。式(2-88)的结果与确知信号通过线性系统结论是一样的,对随机过程通过线性系统而言,实际的应用更为重要。

考查 $y(t)$ 的分布,由随机过程理论我们已经知道,若 $x_1(t)$、$x_2(t)$ 均为正态分布,则 $y(t)=x_1(t)+x_2(t)$ 也是正态分布。而根据式(2-85),$y(t)$ 可表示为

$$y(t) = \lim_{\Delta\tau_k \to 0}\sum_{k=-\infty}^{+\infty} h(\tau_k)x(t-\tau_k)\Delta\tau_k \tag{2-89}$$

因此,可证明高斯过程经过线性系统后也是高斯过程,但是数值特征发生变化。

2.3 现今信号分析研究介绍

随着通信技术与通信方式的快速发展,通信信号调制方式与通信系统复杂程度也快速增长。在非友好通信环境下,通信信号传输需要根据特定的信道环境,选择相应的调制方式与参数,接收机则需要在复杂的信号形式与分布密集的同一信道内自动调制分析识别特定信号。因此时频域多分量信号分析识别问题受到越来越多科研工作者的关注,在发明新的信号传输协议、信号调制/解调方式、信号传输模型的同时,针对非平稳信号、非线性时间序列和状态空间等的模型分析,新的时频域变换方法、矩阵分析方法和参数估计重构方法等现今信号分析研究也在蓬勃发展,研究者们也提出了一些新的技术方法,本文将介绍几个信号分析中的重点技术。

2.3.1 时频变换与滤波技术

在早期的时频多分量信号识别研究中,依赖于各种滤波器实现信号的多个单频分量获取,例如 Kumarsan 等使用扩展的 Kaiser-Teager 来获取多个单频信号分量、Hopgood 等使用线性时变滤波器进行广义的 Wiener 滤波。但是由于实际应用中的多分量信号形式变得越来越复杂,将变换与滤波结合起来以解决单一滤波技术难以提取多个单频信号的方法成

为当今研究的主要思路。

其中包括以线性时频变换为主的 Gabor 变换，Gabor 变换属于加窗傅里叶变换。由于傅里叶变换自身作为一种把时域信号转换到频域进行分析的途径，只考虑时域和频域之间的一对一映射关系，因此在分析非平稳信号时表现差强人意。Gabor 变换使用一个局部时间窗函数去寻找傅里叶变换中的局部信息，可以在频域不同尺度、不同方向上提取相关特征，因此在一定程度上解决了傅里叶变换的时频分离不足问题。

将数学上的分数阶和傅里叶变换相结合，形成的分数阶傅里叶变换可以观察信号在时域和频域之间的分数阶域上的变化状况。2003 年 Tatianna 和 Stankovic 首次提出了分数阶功率谱概念，并将其用于多个线性调频信号的参数估计和重构。由此分数阶小波变换、短时分数阶傅里叶变换和分数阶修正 WVD 变换等方法相继被提出。上述方法均在多分量线性调频信号和非线性调频信号分析识别中起到显著作用。经研究表明，选择合适的窗函数可以在一定程度下使多分量信号识别达到性能最优。

可见时频变换与滤波技术在分析多分量非平稳信号中依然有着无可替代的作用和现实意义。

2.3.2　共信道独立分量分析技术

独立分量分析(Independent Component Analysis,ICA)的研究起源于 20 世纪 80 年代的"鸡尾酒会"问题。即设想在一个鸡尾酒会中，所有的人都在交谈，而我们所希望听到的可能只是其中一个人的谈话内容，这时候我们就会将注意力集中到这个人说话的声音中，辨析出他说话的内容。对于人类的听觉系统而言可能这并非是特别难以做到的事情，但是这却是语音识别领域的一个较为困难的课题。

实际上这是一个信源盲分离问题，Heraul 和 Comon 等发表了一系列的学术论文，并提出了完善的 ICA 算法，包括 Sejnowski 和 Lee 等的信息极大化 ICA 算法、非线性主分量分析算法等。但是这些 ICA 技术并不能直接应用到时频多分量的环境中，因此需要利用各分量之间的差异性构建伪多通道模型，进而运用 ICA 算法对各个分量信号进行分离和特征信息提取。2010 年马宏光提出了一种共信道信号先进奇异谱分析然后再使用 ICA 来获取其中独立成分的新算法，并在多个电子侦察信号的盲分离中成功运用。

尽管共信道 ICA 技术的研究时间才十数载，诸多伟大的科研人员已经提出了几十种时频域多分量信号分析识别的新算法和技术。

2.4　本章小结

本章集中讨论确知信号的特性。确知信号按照其强度可以分为能量信号和功率信号。功率信号按照其有无周期性划分，又可以分为周期性信号和非周期性信号。能量信号的振幅和持续时间都是有限的，其能量有限，(在无限长的时间上)平均功率为零。功率信号的持续时间无限，故其能量为无穷大。

确知信号的分析可以从频域和时域两方面研究。

确知信号在频域中的性质有 4 种,即频谱、频谱密度、能量谱密度和功率谱密度。周期性功率信号的波形可以用傅里叶级数表示,级数的各项构成信号的离散频谱,其单位是 V。能量信号的波形可以用傅里叶变换表示,波形变换得出的函数是信号的频谱密度,其单位是 V/Hz。只要引入冲激函数,我们同样可以对于一个功率信号求出其频谱密度。能量谱密度是能量信号的能量在频域中的分布,其单位是 J/Hz。功率谱密度则是功率信号的功率在频域中的分布,其单位是 W/Hz。周期性信号的功率谱密度是由离散谱线组成的,这些谱线就是信号在各次谐波上的功率分量 $|C_n|^2$,称为功率谱,其单位为 W。但是,若用 δ 函数表示此谱线,则它可以写成功率谱密度 $\sum_{n=\infty}^{\infty}|C_n|^2\delta(f-nf_0)$ 的形式,单位为 W/Hz。

确知信号在时域中的特性主要有自相关函数和互相关函数。自相关函数反映一个信号在不同时间上取值的关联程度。能量信号的自相关函数 $R(0)$ 等于信号的能量;而功率信号的自相关函数 $R(0)$ 等于信号的平均功率。互相关函数反映两个信号的相关程度,它和时间无关,只和时间差有关,并且互相关函数和两个信号相乘的前后次序有关。能量信号的自相关函数和其能量谱密度构成一对傅里叶变换。周期性功率信号的自相关函数和其功率谱密度构成一对傅里叶变换。能量信号的互相关函数和其互能量谱密度构成一对傅里叶变换。周期性功率信号的互相关函数和其互功率谱构成一对傅里叶变换。

随机过程是所有自变量为时间的样本函数的集合,是随机变量概念的延伸。有一类通信系统中的噪声称为起伏噪声,它是一种具有高斯分布的平稳随机过程。在绝大多数情况下,此类噪声将影响系统,并决定系统传输可靠性的大小。通信中的起伏噪声除了具有高斯分布的统计特性之外,其噪声功率在某较宽的频率范围之内的分布基本上是定值,频率范围为 $0\sim10^{13}$ Hz。理想情况下(即在整个频域内呈均匀分布)的噪声称为白噪声,而具有高斯分布特性的白噪声信道称为 AWGN(Additive White Gaussian Noise,加性高斯白噪声)信道,通信中的抗噪声性能分析通常是针对这种信道的。

当接收端加入了低通或带通滤波器时,称为带限系统,此时接收到的噪声为带限白噪声。当噪声带宽小于其通带截止频率时,这样的系统称为窄带系统,进入到此系统的高斯白噪声称为窄带高斯噪声。当正弦信号进入此系统后,就会形成正弦波加窄带高斯白噪声的情况,本章讨论了这种情况下高斯白噪声对信号传输的影响。

习题

2-1 试判断下列信号是周期信号还是非周期信号、能量信号还是功率信号。

(1) $s_1(t) = e^{-t}u(t)$

(2) $s_2(t) = \sin(6\pi t) + 2\cos(10\pi t)$

(3) $s_3(t) = e^{-2t}$

2-2 试证明图 P2-1 中的周期性信号可以展开为:

$$s(t) = \frac{4}{\pi}\sum_{n=0}^{+\infty}\frac{(-1)^n}{2n+1}\cos(2n+1)\pi t$$

2-3 设信号 $s(t)$ 可以表示为:

$$s(t) = 2\cos(2\pi t + \theta) \quad -\infty < t < \infty$$

试求：（1）信号的傅里叶级数的系数 C_n；

（2）信号的功率谱密度。

2-4 设有某信号如下：

$$x(t) = \begin{cases} 2\exp(-t) & t \geqslant 0 \\ 0 & t < 0 \end{cases}$$

试问它是功率信号还是能量信号？并求出其功率谱密度或能量谱密度。

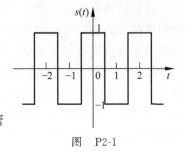

图　P2-1

2-5 求如图 P2-2 所示的单个矩形脉冲（门函数）的频谱（密度）、能量谱密度、自相关函数及其波形、信号能量。

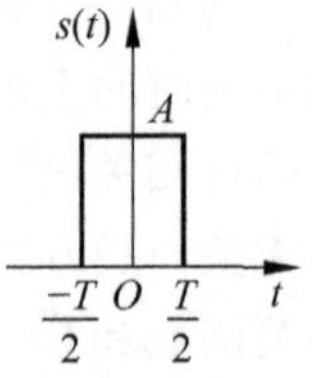

2-6 设信号 $s(t)$ 的傅里叶变换为 $S(f) = \sin\pi f / \pi f$，试求此信号的自相关函数 $R_s(\tau)$。

2-7 已知信号 $s(t)$ 的自相关函数为

$$R_s(\tau) = \frac{k}{2}e^{-k|\tau|} \quad k = 常数$$

（1）试求其功率谱密度 $P_s(f)$ 和功率 P；

（2）试画出 $R_s(\tau)$ 和 $P_n(f)$ 的曲线。

图　P2-2

2-8 （1）求正弦信号 $c(t) = \sin\omega_0 t$ 的频谱（密度）。

（2）已知 $s(t) \Leftrightarrow S(\omega)$，试求 $x(t) = s(t)\sin\omega_0 t$ 的频谱（密度）。

第3章

CHAPTER 3

信道与噪声

作为通信系统中不可缺少的一个重要组成部分,本章节对信道的定义、分类、信道模型、信道的传输特性、信道容量及信道中的噪声做深入的讨论。

3.1 信道的定义

视频

信道,顾名思义就是信息的传输通道,是信号传输的媒介,连接通信系统的发射端和接收端,完成点对点通信。例如明线、同轴电缆、光缆、地波传播等均为信道的具体形式。这种信道只涉及传输媒质,称为狭义信道。

在通信系统的研究中,为了简化系统模型并突出重点,常常根据研究的问题把信道的范围适当扩大。除了传输媒质外,还可以包括有关的部件和电路,如天线、馈线、功率放大器、混频器、调制器等,我们把这种范围扩大了的信道称为广义信道。在讨论通信系统的一般原理时,通常都采用广义信道。当然,狭义信道是广义信道的核心,广义信道的性能在很大程度上取决于狭义信道,所以在研究信道的一般特性时,传输媒质仍然是讨论的重点。为了叙述简单,我们把广义信道简称为信道。

通信系统的作用就是在接收端不失真地恢复发送端的信号,达到传送信息的目的。因此就总体而言,应将信道看作一个线性系统,满足线性叠加原理。其中某些部件,比如放大器,我们把它看作是理想线性的。信道中的某些局部也存在非线性变化,如调制、编码等,但从整体上看应视作一个线性系统。

(1) 信号在信道中传输,存在着衰耗及时延。衰耗是指其幅度上的变化。产生时延的原因一是传播时延,二是系统对信号处理引起的时延。输出总是落后于输入信号,这是物理系统可实现的必要条件。

(2) 信道总是存在着噪声。除了需要传送的有用信号以外的任何信号,我们都把它看作噪声。这些噪声有的是内部自身产生的,有的则是从外部进来的干扰。显然噪声对通信的过程带来不利的影响,但却是客观存在的。通信技术的发展正是在同噪声的斗争中发展起来的。

(3) 信号在实际信道中传输将会产生失真,其中包括线性失真和非线性失真。

(4) 任何信道都具有一定的频率带宽,也就是通常所说的带限系统。据香农信道容量公式,信道的带宽是构成信道容积的基本条件之一,也是一个系统通信能力的重要参数指标。

（5）实际的信道也是功率受限系统，不能传送功率无限大的信号。信道的功率受限、频带有限是因为信道中的电路、器件都具有一定的带宽（频率特性）及一定的动态范围。

3.2 信道的分类

按照信号传输媒介的不同，可以把信道分为无线信道和有线信道两种，无线信道是利用电磁波在空间中的传播来传输信号，有线信道则是利用各种人造的传输电或光的媒介来传输信号。下面对一些常见的无线信道和有线信道加以介绍。

3.2.1 无线信道

1. 电磁波

在无线信道中，信号的传输是利用电磁波在空间的传播来实现的。所谓电磁波，简单地说，就是电和磁的波动过程，是向前传播的交变电磁场；或者说，电磁波是在空间传播的交变电磁场。电磁波和自然界存在的水波、声波一样，都是一种波动过程。所不同的是，人可以看到水波，可以听到声波，但电磁波看不到也听不到。

正弦波是最简单，也是最重要的波动过程，它是研究各种电磁波的基础形式。正弦波具有振幅、频率和相位三个要素。正弦波的另一个基本参数是波长，用 λ 表示，单位是米（m）。波长和频率 f 之间的关系是

$$\lambda = \frac{c}{f} = \frac{3 \times 10^8}{f} \tag{3-1}$$

式中：c 为光速，$c = 3 \times 10^8 \, \text{m/s}$。

电磁波的发射和接收是用天线进行的，为了有效地发射或接收电磁波，要求天线的长度不小于电磁波波长的 1/10。因此，若电磁波的频率过低，波长过长，则天线难以实现。例如，若电磁波的频率等于 1000Hz，则其波长等于 300km。这时，要求天线的长度大于30km，现实中难以实现。所以，通常用于通信的电磁波频率都比较高。

无线电波是人们认识最早、应用最广的电磁波。无线电波的波长为 0.75mm～100km，对应的频率为 $4 \times 10^{11} \sim 3 \times 10^3$ Hz。实际中，按频率的高低或波长的长短将无线电波划分为若干频段，它们之间的对应关系及应用范围见表 3-1。

表 3-1　无线电波的通信频段、常用传输媒介及主要用途

频率范围	波　长	频段的分类名称和缩写	传输媒介	用　途
3Hz～30kHz	$10^4 \sim 10^8$ m	甚低频（VLF）	有线线对长波无线电	音频、电话、数据终端长距离导航、时标
30～300kHz	$10^3 \sim 10^4$ m	低频（LF）	有线线对长波无线电	导航、信标、电力线系统
300kHz～3MHz	$10^2 \sim 10^3$ m	中频（MF）	同轴电缆短波无线电	调幅广播、移动陆地通信、业余无线电

续表

频 率 范 围	波　　长	频段的分类 名称和缩写	传输媒介	用　　途
3～30MHz	$10～10^2$ m	高频 （HF）	同轴电缆 短波无线电	移动无线电话、短波广播、定 点军用通信、业余无线电
30～300MHz	1～10m	甚高频 （VHF）	同轴电缆 米波无线电	电视、调频广播、空中管制、 车辆、通信、导航
300MHz～3GHz	10～100cm	特高频 （UHF）	波导 分米波无线电	微波接力、卫星和空间通信、 雷达
3～30GHz	1～10cm	超高频 （SHF）	波导 厘米波无线电	微波接力、卫星和空间通信、 雷达
30～300GHz	1～10mm	极高频 （EHF）	波导 毫米波无线电	雷达、微波接力、射电天文学
$10^5～10^6$ GHz	$3×10^{-7}～3×10^{-6}$ m	紫外线、可见 光、红外线	光纤、激光空 间传播	光通信

通常把频率为 300MHz～300GHz 的频段称为微波,波长在 0.75mm 以下的电磁波,统称为光波。人们最熟悉的光波是可见光。除此以外,人们又先后发现了红外线、紫外线、X 射线及 γ 射线等不可见光。

2. 电波的传播方式

利用无线电波传递信息时,电波要经过发射、传播、接收等几个环节。那么,不同频率的无线电波是怎样传播的呢?下面介绍电波的 4 种主要传播方式,即地波传播、天波传播、空间波传播和散射波传播。

1) 地波传播

地波传播是指无线电波沿地球表面传播,又称绕射传播或地表面波传播,如图 3-1 所示。地波传播主要受地面土壤的电参数和地形地物的影响,波长越短,电波越容易被地面吸收,因此只有超长波、长波及中波能以地波方式传播。地波传播不受气候条件影响,传播时稳定可靠,在低频和甚低频段,地波能够传播超过数百千米或数千千米。

图 3-1　地波传播

2) 天波传播

天波传播也称电离层反射传播,是指无线电波经天空中电离层的反射后返回地面的传播方式,如图 3-2 所示。所谓电离层是指大气层中离地面 40～800km 高度范围内包含有大量自由电子和离子的气体层，它是大气层在受到太阳射线和宇宙射线的照射后发生电离而形成的。电离层能反射电波，对电波也有吸收作用。但电离层对长波和中波吸收较多而对短波吸收较少，因而短波通信更适合以天波方式传播。比短波频率更高的超短波及微波可以穿过电离层，因而它们不能靠电离层反射来传播。

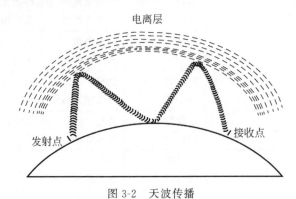

图 3-2　天波传播

3）空间波传播

空间波传播也称视距传播，是指发射点和接收点在视距范围内能够相互"看得见"，此时的电波以直线传播，如图 3-3 所示。超短波和微波主要以视距方式传播，另外，工作在特高频和超高频频段的卫星通信，其地面的电磁波传播也是利用视距传播方式，但是在地面和卫星之间的电磁波传播要穿过电离层。

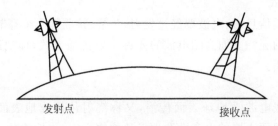

图 3-3　空间波传播

视距传播时易受到高山和大的建筑物的阻隔，因此为了加大传输距离，就要把发射天线架高，做成大铁塔。但由于受地球曲面的影响，一般的传输距离也不过 50km 左右。为了加大传输距离，通常采用接力通信的方式，即每隔一定的距离设立一个接力站，像接力赛跑一样，把信息传到远方，如图 3-4 所示。

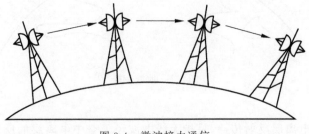

图 3-4　微波接力通信

4）散射波传播

对于那些无法建立微波接力站的地区,如大海、岛屿之间的通信,可以利用散射波传递信息。散射波传播包括对流层散射和电离层散射传播。对流层是指比电离层低的不均匀气团。散射传播的工作频段主要是超短波和微波,通信距离最大可达 600～800km,如图 3-5 所示。散射信号一般很弱,因此进行散射通信时要求使用大功率发射机及灵敏度和方向性很强的天线。

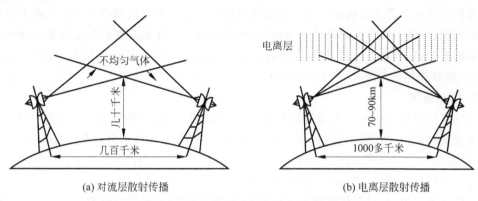

(a) 对流层散射传播　　　　　(b) 电离层散射传播

图 3-5 对流层散射传播和电离层散射传播

各波段无线电波的传播特点见表 3-2。

表 3-2 无线电波的传播特点

波段	电离层对电波的吸收	传播特点
超长波 长波	弱	主要靠表面波传播,有绕射能力,可以沿地面传播很远。也可以利用电离层的下缘传播
中波	白天很强,几乎被吸收完,夜间很弱	沿地面传播。可达数百千米。夜间还可靠天波传播很远。所以传播距离白天比较近,夜间比较远
短波	白天,对较长波长强,对较短波长弱。夜间很弱	主要靠天波传播,经电离层多次反射,能传播很远距离,但接收信号有衰落现象。沿地面传播损耗很大,只能在近距离传播
超短波	电离层不起反射作用,电波能穿透电离层	主要靠空间波传播(视距传播),传播距离不远。电离层散射和流星余迹传播,能穿几千千米
微波		直线传播距离很近,有频带宽、信息容量大的特点,用接力方式传播能传很远距离。对流层散射传播能传几百千米。卫星传播能传到全球各地

由于电磁波的传播没有国界,所以为了在国际上保持良好的电磁环境,避免不同通信系统间的干扰,由国际电信联盟(International Telecommunication Union,ITU)负责定期召开世界无线电通信大会(The World Radio Communication Conference,WRC),制定有关频率使用的国际协议。各个国家在此国际协议的基础上也分别制定本国的无线电频率使用规则。

3.2.2 有线信道

在有线信道传输方式中,电磁波沿着有线介质传播并构成信息直接流通的通路。有线信道包括明线、对称电缆、同轴电缆和光缆等。

1. 明线

明线是指平行架设在电线杆上的架空线路，它本身是导电裸线或带绝缘层的导线。其传输损耗低，但是易受天气和环境的影响，对外界噪声干扰较敏感，并且难以沿一条路径架设大量的（成百对）线路，故目前已经逐渐被电缆所代替。

2. 对称电缆

对称电缆是由若干对被称为芯线的双导线放在一根保护套内制成的。为了减小各对导线之间的干扰，每一对导线都做成扭绞形状，称为双绞线。保护套则是由几层金属屏蔽层和绝缘层组成的，它有增大电缆机械强度的作用。对称电缆的芯线比明线细，直径为 $0.4 \sim 1.4 \text{mm}$，故其损耗比明线大，但是性能较稳定。

3. 同轴电缆

同轴电缆则是由内外两根同心圆柱形导体构成的，在这两根导体间用绝缘体隔离开。外导体应是一根空心导管，内导体多为实心导线。在内、外导体间可以填充塑料作为电介质，或者用空气作为介质，同时有塑料支架用于连接和固定内、外导体。由于外导体通常接地，所以它同时能够很好地起到屏蔽作用。在实际应用中多将几根同轴电缆和几根电线放入同一根保护套内，以增强传输能力，电线用来传输控制信号或供给电源。图 3-6 为同轴电缆示意图。

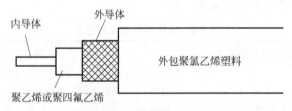

图 3-6　同轴电缆示意图

4. 光纤和光缆

1）光纤

传输光信号的有线信道是光导纤维，简称光纤。光纤是由华裔科学家高锟（Charles Kuen Kao）发明的。他于 1966 年发表的一篇题为《适合于光频率的绝缘介质纤维表面波导》的论文奠定了光纤发展和应用的基础，因此被认为是"光纤之父"。

光纤是工作在光频下的一种介质波导，它引导光信号沿着与轴线平行的方向传输。光纤是一种新型信息传输介质，其材料主要是石英玻璃，民间又称光纤为石英玻璃丝。它的直径只有 $125\mu\text{m}$，如同人的头发丝粗细，但是与原有的传输线相比，其传送的信息量是原先的成千上万倍，可达到每秒千兆比特，且能量损耗极低。

光纤由两种不同折射率的玻璃材料拉制而成。光纤纤芯是一个透明的圆柱形介质，其作用是以极小的能量损耗传输载有信息的光信号。紧靠纤芯的外面一层称为包层，从结构上看，它是一个空心、与纤芯共轴的圆柱形介质，其作用是保证光全反射只发生在纤芯内，使光信号封闭在纤芯中传输。为了实现光信号的传输，要求纤芯折射率比包层折射率稍大些，这是光纤结构的关键。

仅有纤芯和包层的光纤是裸光纤。裸光纤十分脆弱，并不实用，为了提高光纤的抗拉力及弯曲强度,还需要在包层外加上一层涂覆层,其作用是为了进一步确保光纤不受外界的机械作用诱发微变的剪切应力的影响。实用的光纤一般在涂覆层的外面还需进行套塑(也称二次涂覆)。

依据光纤的材料、波长、传输模式、纤芯折射率分布、制造方法的不同,可将其分为多种类型。

根据光纤横截面上折射率分布的不同,可分为阶跃型光纤和渐变型光纤。阶跃型光纤纤芯的折射率均为常数,折射率在纤芯与包层的界面上发生突变。渐变型光纤纤芯的折射率随着半径的增加,按接近抛物线形的规律变小,至界面处纤芯折射率等于包层的折射率。

根据光纤中传输模式数量的不同,可分为单模光纤和多模光纤。模式是指电磁场的分布形式。单模光纤的纤芯直径小,为 $4\sim10\mu m$,只能传输一种模式。单模光纤传输频带宽、容量大,是当前应用和研究的重点。多模光纤纤芯的直径为 $50\sim75\mu m$,可以用于短距离、小容量的局域网。

2) 光缆

为了使光纤能在工程中实用化,能承受工程中的拉伸、侧压和各种外力作用,需要具有一定的机械强度才能使其性能稳定。因此,光纤被制成不同结构、不同形状和不同种类的光缆以适应光纤通信的需要。

① 光缆的基本结构。

根据不同的用途和不同的环境条件,光缆可分为很多种,但不论光缆的具体结构形式如何,其大体都是由缆芯、加强元件(也称加强构件)和护层组成。

缆芯:由于光缆主要靠光纤来完成传输信息的任务,因此缆芯可以分为单芯型和多芯型两种形式。单芯型的缆芯由单根光纤经二次涂覆处理后构成;多芯型缆芯由多根光纤经二次涂覆处理后组成。

加强元件:由于光纤材料质地脆,容易断裂,为了使光缆便于承受安装时所加的外力等其他不良因素,在光缆的中心或四周要加一根或多根加强元件。加强元件的材料可用钢丝或非金属的合成纤维——增强塑料等构成。

护层:光缆的护层主要是对已形成光缆的光纤芯线起保护作用,避免其受外部机械力和环境的损害,因此要求护层具有耐压力、防潮、湿度特性好、重量轻、耐化学侵蚀、阻燃等特点。光缆的护层可分为内护层和外护层,内护层一般使用聚乙烯或聚氯乙烯等,外护层根据设定条件而定,可采用铝带和聚乙烯组成的外护套加钢丝等构成。

② 光缆的种类。

在公用通信网中常用的光缆结构见表3-3。下面仅介绍其中有代表性的几种光缆结构形式。

表 3-3 公用通信网中的光缆结构

种类	结构	光纤芯线数	必 要 条 件
长途光缆	层绞式 单位式 骨架式	<10 10～200 <10	低损耗、宽频带、可用单盘盘长的光缆来铺设 骨架式有利于防护侧压力
海底光缆	层绞式 单位式	4～100	低损耗、耐水压、耐张力

续表

种类	结构	光纤芯线数	必 要 条 件
用户光缆	单位式 带状式	＜200 ＞200	高密度、多芯和低到中损耗
局内光缆	软线式 带状式 单位式	2～20	重量轻、线径细、可绕性好

层绞式光缆：它是将若干根光纤芯线以加强构件为中心，排列成一层，隔适当距离进行一次绞合的结构，如图 3-7(a)所示。这种光缆的制造方法和电缆较为相似。光纤芯线数一般不超过 10 根，绞合节距为 10～20cm。

单位(元)式光缆：它是将几根至十几根光纤芯线集合成一个单位，再由数个单位以加强构件为中心绞合成缆，如图 3-7(b)所示。这种光缆的芯线数量一般为几十根。

骨架式光缆：这种结构是将单根或多根光纤放入骨架的螺旋槽内，骨架中心是加强构件，骨架上的沟槽可以是 V 形、U 形或凹形，如图 3-7(c)所示。由于光纤在骨架沟槽内具有较大空间，因此，当光纤受到张力时，可在槽内作一定的位移，从而减小了光纤的应力应变和微变。这种光缆具有耐侧压、抗弯曲、抗拉的特点。

带状式光缆：它是将 4～12 根光纤芯线排列成行，构成带状光纤单元，再将多个带状单元按一定方式排列成缆，如图 3-7(d)所示。这种光缆的结构紧凑，采用此种结构可做成上千芯的高密度用户光缆。

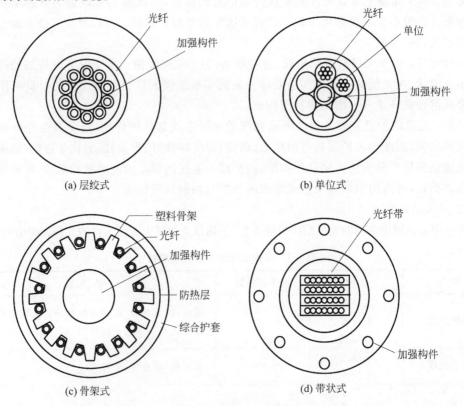

(a) 层绞式

(b) 单位式

(c) 骨架式

(d) 带状式

图 3-7　光缆的基本结构

3.2.3　水下通信技术

海洋占地球表面积的71％以上,蕴藏着丰富的资源。随着陆地资源的过度开采,海洋成为人类生存与发展的最后的地球空间,在国家安全、利益和发展中的地位作用日益明显。水下无线通信是水下通信技术的重要组成,是进行水下监测、水下开发和开展水下军事斗争的关键支撑。为了争夺水下资源和增强水下作战能力,水下无线通信已成为世界大国竞相发展的重要的通信技术之一。

1. 水下无线通信技术发展现状

水下通信一般是指水上实体与水下目标(潜艇、无人潜航器、水下观测系统等)的通信或水下目标之间的通信,通常指在海水或淡水中的通信,是相对于陆地或空间通信而言的。水下通信分为水下有线通信和水下无线通信。水下无线通信又可分为水下无线电磁波通信和水下非电磁波通信两种。

1) 水下无线电磁波通信

水下无线电磁波通信是指用水作为传输介质,把不同频率的电磁波作为载波传输数据、语言、文字、图像、指令等信息的通信技术。电磁波是横波,在有电阻的导体中的穿透深度与其频率直接相关,频率越高,衰减越大,穿透深度越小;频率越低,衰减相对越小,穿透深度越大。海水是良性的导体,趋肤效应较强,电磁波在海水中传输时会受到严重的影响,原本在陆地上传输良好的短波、中波、微波等无线电磁波在水下由于衰减严重,几乎无法传播。目前,各国发展的水下无线电磁波通信主要使用甚低频(Very Low Frequency,VLF)、超低频(Super Low Frequency,SLF)和极低频(Extremely Low Frequency,ELF)三个低频波段。低频波段的电磁波从发射端到接收的海区之间的传播路径处于大气层中,衰减较小,可靠性高,受昼夜、季节、气候条件影响也较小。从大气层进入海面再到海面以下一定深度接收点的过程中,电磁波的场强将急剧下降,衰减较大,但受水下条件影响甚微,在水下进行通信相当稳定。因此,水下无线电磁波通信主要用于远距离的小深度的水下通信场景。

① 甚低频通信。

甚低频通信频率范围为3~30kHz,波长为10~100km,甚低频电磁波能穿透10~20m深的海水。但信号强度很弱,水下目标(潜艇等)难以持续接收。用于潜艇与岸上通信时,潜艇必须减速航行并上浮到收信深度,容易被第三方发现。甚低频通信的发射设备造价昂贵,需要超大功率的发射机和大尺寸的天线。潜艇只能单方接收岸上的通信,如果要向岸上发报,必须上浮或释放通信浮标。当浮标贴近水面时,也易被敌人从空中观测到。尽管如此,甚低频仍是目前比较好的对潜通信手段。如:美国海军建成了全球性的陆基甚低频对潜通信网,网台分布在本土及日本、巴拿马、澳大利亚和英国等国。此外,甚低频的发射天线庞大,易遭受攻击。目前,正在发展具有较高生存能力的机载甚低频通信系统。如美国就以大型运输机EC—130Q为载台,研制了"塔卡木"甚低频水下通信系统,当陆基固定发射台被摧毁时,能用飞机向潜艇提供通信保障。

② 超低频通信。

超低频频率范围是30~300Hz,波长为1000~10000km。超低频电磁波可穿透约100m深的海水,信号在海水中传播衰减比甚低频低一个数量级。超低频水下通信是一种低数据率、单向、高可靠性的通信系统。如果使用先进的接收天线和检测设备,能让水下目标（潜艇）在水下 400m 深处收到岸上发出的信号，通信距离可达几千海里，但潜艇接收用的拖曳天线也要比接收甚低频信号的长。1986 年，美国建成超低频电台，系统总跨度达 258km，天线总长达 135km。超低频通信的频带很窄，传输速率很低，并且只能由岸基向水下目标（潜艇）发送信号。超低频通信一般只能用事先约定的几个字母的组合进行简单的通信，并且发送一封包含 3 个字母组合的电报需要十几分钟。但超低频通信系统的抗干扰能力强，核爆炸产生的电磁脉冲对其影响比较小，适于对核潜艇的通信。

③ 极低频通信。

极低频的频率范围为 3～30Hz，波长为 10000～100000km。极低频信号在海水中的衰减远比甚低频或超低频低得多，穿透海水的能力比超低频深很多，能够满足潜艇潜航时的安全深度。此外，极低频对传播条件要求不敏感，受电离层的扰动干扰小，传播稳定可靠，相较于甚低频或超低频，在水中更容易传送。但是极低频每分钟可以传送的数据相对较少，目前只用于向潜艇下达进入/离开海底的简短命令。极低频通信是目前技术上唯一可实现潜艇水下安全收信的通信手段，不受核爆炸和电磁脉冲的影响，信号传播稳定，是对潜指挥通信的重要手段。

水下无线电磁波通信是当前和未来一个时期主要的水下通信技术，未来有三大发展趋势。一是向极低频通信发展，对超导天线和超导耦合装置的研究将成为热点。二是发展机动发射平台，例如，机载、车载及舰载甚低频通信系统。三是提高发射天线辐射效率和等效带宽，提高传输速率。

2）水声通信

水声通信是指利用声波在水下的传播进行信息的传送，是目前实现水下目标之间进行水下无线中、远距离通信的唯一手段。声波在海面附近的传播速度为 1520m/s，比电磁波在真空中的传播速率低 5 个数量级。与电磁波相比较，声波是一种机械振动产生的波，是纵波，在海水中衰减较小，只是电磁波的千分之一，在海水中通信距离可达数十千米。研究表明，在非常低的频率（200Hz 以下），声波在水下能传播数百千米，即使 20kHz 的频率，在海水中的衰减也只是 2～3dB/km。另外，科学家还发现，在海平面下 600～2000m 之间存在一个声道窗口，声波可以传输至数千米之外，并且传播方式和光波在光波导内的传播方式相似。目前世界各国潜艇的下潜深度一般是 250～400m，未来潜深将会达到 1000m，因此，水声通信是目前最成熟也是很有发展前景的水下无线通信手段。

水声通信的工作原理是将语音、文字、图像等信息转换成电信号，再由编码器进行数字化处理，然后通过水声换能器将数字化电信号转换为声信号。声信号通过海水介质传输，将携带的信息传递到接收端的水声换能器，换能器再将声信号转换为电信号，解码器再将数字信息解译后，还原出声音、文字及图片信息。图 3-8 给出了水声通信系统的基本框架。水声换能器是将电信号与声信号进行互相转换的仪器，是水声通信的关键技术之一。

2. 水下无线通信技术发展趋势

水下无线电磁波通信对海水的穿透深度有限，数据传输速率非常低，耗资巨大，并且易遭受敌方攻击或信息干扰。水声通信是唯一实现水下目标之间通信的技术，但由于海水吸收、多径效应、多普勒效应、随机起伏等原因，使水声通信的距离只能是中、近程的，传输速率也较低。虽然近年来水声通信技术得到了较快的发展，但仍无法满足远距离、大容量、实时性的传输需要。随着水下通信技术需求的不断扩大，在继续完善水下无线电磁波通信和水

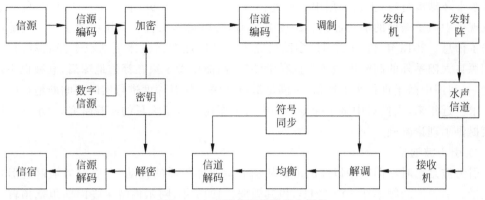

图 3-8 水声通信系统的基本框架

声通信技术的同时,研究开发新的水下通信技术成为一种趋势。

1) 水下无线光通信

水下无线光通信是指利用蓝绿波长的光进行的水下无线光通信,和水声通信及水下无线电磁波通信相比,具有如下优势。一是光波工作频率高($10^{12} \sim 10^{14}$ Hz),信息承载能力强,可以组建大容量无线通信链路。二是数据传输能力强,可提供超过 1Gb/s 量级的数据传输速率,能传输语音、图像和数据等信号。三是水下无线光通信不受海水的盐度、温度、电磁和核辐射等影响,抗干扰、抗截获和抗毁能力强。四是光波的波束宽度窄,方向性好,能够避免敌方的侦测,例如,如果敌方想拦截,就必须用另一部接收设备在视距内对准光发射源,必然会造成通信中断,引起发射端警觉。五是光波的波长短,收发天线尺寸小,可以大幅度减少光通信的设备重量。六是对海水的穿透能力强,能实现与水下 300m 以上深度的潜艇进行通信。潜艇可以在较深的海水中接收岸上发的报文,提高了潜艇的机动性和隐蔽性,保障潜艇的实时、保密通信,提升了潜艇的通信性能。

2) 水下中微子通信

中微子通信是指利用中微子基石粒子携带信息进行通信的传输技术。中微子是原子核内的质子或中子发生衰变时产生的,大量存在于光、宇宙射线、地球大气层的撞击以及岩石中。中微子的质量极小,几乎为零,比电子的质量还要小大约 10 个数量级。同时,中微子不带电荷,是一种体积极小、性能稳定的中性基本粒子。中微子粒子束具有两个特点,一是仅参与原子核衰变时的弱相互作用力,并不参与电磁力、重力以及中子和质子结合的强相互作用力,与其他粒子之间不存在牵制的作用力。在固体中运动不受阻挡,损耗非常小,具有极强的穿透力,能够以近似光速的速度沿直线传播。在传播过程中不会发生折射、反射和散射等现象,几乎不产生衰减,极易穿透钢铁、海水乃至整个地球,而不会停止、减速以及改变方向,具有极强的方向性。二是中微子粒子束穿越海水时,会产生光电效应,发出微弱的蓝色光,并且衰减很小。

中微子具有极强的穿透能力,非常适合水下通信,能够实现岸上与水下任意深处的通信联络。并且,中微子不易被侦察、干扰、截获和摧毁,不会污染环境,不受电磁干扰和核爆炸辐射的影响,具有通信容量大、保密性好、抗干扰能力强等优点。1933 年,奥地利物理学家泡利提出了"中微子"假说。1956 年,欧美科学家证明了中微子的存在。1968 年,美国在地下金矿中建造了一个大型中微子探测器,探测到来自太阳的中微子。1984 年美国一艘核潜艇做水下环球潜行时，正是采用中微子通信保证了联系。1998 年 6 月 5 日，日本科学家首次发现了中微子振荡的确切证据。2012 年 3 月，美国科学家首次利用中微子穿过大地成功传送了信息。2013 年 11 月 21 日，多国研究人员利用埋在南极冰下的粒子探测器，首次捕捉到源自太阳系外的高能中微子。据科学测定，高能中微子束在穿透地球后，衰减也不足千分之一，利用中微子进行水下通信，可满足潜艇在深海任意深度进行实时不间断地接收报文的要求。近年来，人们对中微子探测器和中微子振荡进行了大量的实验研究，为水下中微子通信提供了理论基础。

3）引力波通信

引力波是指时空曲率中以波的形式从辐射源向外传播的扰动，会以引力辐射的形式传递能量。引力波的频率在 $10\sim32\text{Hz}$，极其微弱。1916 年，阿尔伯特·爱因斯坦就预言了引力波的存在，并推导出一般相对论引力场的方程式，表示引力场的波动是以光的速度来传播的。1993 年，拉塞尔·赫尔斯和约瑟夫·泰勒发现了赫尔斯—泰勒脉冲双星由于引力辐射在互相公转时逐渐靠近，由此证明了引力波的存在，他们因此获得诺贝尔物理学奖。1983 年，日本科学家将两根长 152cm、直径 29.1cm 的铝棒分别放置相距 1.72m 的位置，通过电磁振动的方式使其中一根铝棒振动，产生引力波，另一根铝棒作为引力波的接收天线，来接收引力波。实验证明，用现代信息技术可以检测到接收的铝棒发生了 1000 亿分之一的畸变，同时铝棒上的压电传感器产生了 $1\mu\text{V}$ 的电压。实验中发射天线发出的是莫尔斯信号，接收天线也收到了同样的信号，证明了引力波通信的可行性。2014 年 3 月 17 日，哈佛史密松天体物理中心的天文学家利用 BICEP2 探测器在宇宙微波背景中观测到引力波的效应。

引力波通信是指利用引力波来传播信号，完全不同于电磁波通信。电磁波是由于电荷的振动产生的，而引力波则是由物质的振动而产生的，是一种以光速传播的横波，具有很强的穿透力，没有任何物质能阻挡住引力波的传播。实验证明，引力波在通过介质时，能量在介质中产生损耗时的距离很大，在水中是 1029km，在铁中是 1030km，即使整个宇宙中充满了铁，利用引力波也可进行贯通宇宙的通信，由此可见，引力波将是一种极好的极远距离通信的载波。另外，引力波的能量与振动频率的 6 次方成正比，加快物质的振动频率可提高发射能量，进而扩大引力波的通信距离。引力波将是未来水下通信的最好选择之一。

4）水下量子通信

量子通信是利用量子相干叠加、量子纠缠效应进行信息传递的一种新型通信技术，具有时效性高、抗干扰性能强、保密性和隐蔽性能优良等优点。量子通信技术在实际应用中已经取得了一些成果，在陆地通信中已经实现 144km 的传输。随着量子中继设备的不断发展，量子通信的传输距离将有更大的突破。2014 年 4 月，我国开始建设世界上最远距离的光纤量子通信干线——连接北京和上海，光纤距离达到 2000km。量子通信的天然安全性满足了水下军事通信的基本要求，量子隐形传态通信与传输介质无关，这是水下通信的安全保证。相比于传统水下经典通信，量子通信具有抗毁性强、安全性好、传输效率高的优势。2014 年 4 月，中国海洋大学团队在 arXiv 网站上发表报告，认为水下量子通信在短距离内是可能的，并计算了光子在保存其携带的量子信息的同时，进行水下量子通信能最远传输 125m。因此，将量子通信技术用于水下目标的通信，对于提高信息传输的准确性，保证信息安全具有很高的价值。

5）水下无线中长波通信

中长波通信是指利用中长波波段的电磁波为传输媒介,把信息从一个地方传送到另一个地方的一种无线电通信,中长波的频率范围为 $30\sim3000\mathrm{kHz}$。水下无线中长波通信,是指利用中长波波段的电磁波作为载波进行的水下无线通信。相比其他水下无线通信技术,中长波具有如下优点。一是通信频率高。远高于水声通信($50\mathrm{kHz}$ 以下),也高于甚低频通信($30\mathrm{kHz}$ 以下),能实现大约 $100\mathrm{kb/s}$ 的数据传输速率。二是抗干扰能力强。应用扩频技术可以将淹没于噪声中的信息解扩出来,完成通信过程。同时不受水质优劣和海浪等动态因素的影响,不被海水吸收衰减,优于水下光通信。三是传输速度快,传输时延小。发射机在水下可采用密封方式,数据通过传输线传到发射机上,再通过天线发射到水中。电磁波频率越高,水下传播速率越快。四是功耗低,供电方便。高数据传输率降低了单位数据量的传输时间,减小了功率的损耗,提高了工作效率。在通信所需的传感器的耗电量方面,$5\sim10\mathrm{mW}$ 即可进行一次水中通信。五是安全系数高,对水中的环境无影响。六是中长波主要以表面波的形式沿地球表面传播,波长很长,受地形地物影响小,衰减慢,传输距离远,通信稳定,数据传输速率较高。近年来,随着数字化通信技术的日趋成熟以及中长波新功能器件的不断研发,中长波通信技术应用于水下无线通信将是一个新的研究热点。

3.3 信道的数学模型

广义信道按照它包含的功能,可以划分为调制信道与编码信道,如图 3-9 所示。

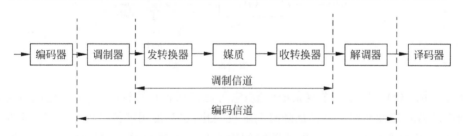

图 3-9 调制信道与编码信道

调制信道是指从调制器的输出到解调器的输入之间的部分。从调制和解调的角度来看,调制器的作用是产生已调信号,解调器的作用是由已调信号恢复原来的调制信号。至于调制器输出端到解调器输入端之间的一切,不管它内部包括了什么部件和媒质,只是起到对已调信号进行传输的作用,即只需关心调制信道中输出信号与输入信号之间的关系,而不考虑详细的物理过程。因而在研究调制和解调时,采用这种定义非常方便。

同理,在数字通信系统中,如果我们仅讨论编码和译码的问题,采用编码信道的概念是十分有益的。所谓编码信道是指编码器输出端到译码器输入端的部分。从编译码的角度看来,编码器的输出是某一数字序列,而译码器的输入同样也是某一数字序列,它们可能是不同的数字序列。因此,从编码器输出端到译码器输入端,可以用一个对数字序列进行变换的方框来加以概括。

在信道定义的基础上,可以用信道模型来讨论信道的一般特性,并给出调制信道与编码信道的数学模型,以便分析信道的一般特性及其对信号传输的影响。

3.3.1　调制信道模型

通过对调制信道的大量考查，发现调制信道具有以下共性：

(1) 有一对(或多对)输入端和一对(或多对)输出端；

(2) 大多数调制信道都是线性的，满足叠加定理；

(3) 信号通过信道会有一定的时延，并且还会受到损耗(固定或时变的)；

(4) 信道中的噪声始终存在。

设信道输入的已调信号为 $e_i(t)$，信道输出的信号为 $e_o(t)$，它们之间的关系为：

$$e_o(t) = f[e_i(t)] + n(t) \tag{3-2}$$

式中：$n(t)$——加性噪声(或加性干扰)，它与 $e_i(t)$ 是相互独立的；

$f[e_i(t)]$——已调信号经过信道所发生的(时变)线性变换，由网络特性所确定。

为了便于数学分析，通常把 $f[e_i(t)]$ 写成 $k(t)e_i(t)$ 的形式，其中 $k(t)$ 依赖于信道的特性，是一个较为复杂的时间函数。$k(t)$ 的存在对 $e_i(t)$ 来说是一种干扰，由于二者是相乘关系，通常称 $k(t)$ 为乘性干扰。于是上式可表示为

$$e_o(t) = f[e_i(t)] + n(t) \tag{3-3}$$

其信道的数学模型如图 3-10 所示。由以上分析可见，信道对信号的影响可归结到两点：一是乘性干扰 $k(t)$，二是加性干扰 $n(t)$。信道的不同特性在信道模型上表现为 $k(t)$ 及 $n(t)$ 的特性不同。

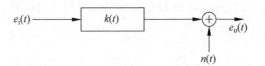

图 3-10　信道的数学模型

乘性干扰 $k(t)$ 一般是一个复杂的函数，它可能包括各种线性畸变、非线性畸变等，这是由于网络的迟延特性和损耗特性都随时间随机变化，也只能用随机过程来描述。但是，经大量观察表明，有些信道的 $k(t)$ 基本不随时间而变化。也就是说，信道对信号的影响是固定的或变化极为缓慢的；而另一些信道则不然，它们的 $k(t)$ 是随机变化的。这样，在分析研究乘性干扰 $k(t)$ 时，可把信道分为两大类：一类称为恒参信道，它们可看成 $k(t)$ 随时间不变化或基本不变化；另一类则称为变参信道，它们的 $k(t)$ 是随机变化的。

3.3.2　编码信道模型

编码信道模型与调制信道模型有明显的不同。调制信道对信号的影响是通过乘性干扰及加性干扰使已调信号发生波形失真，而编码信道对信号的影响则是一种数字序列的变换，即把一种数字序列变成另一种数字序列。因而，有时把调制信道看成是一种模拟信道，而把编码信道则看成是一种数字信道。

由于编码信道包含调制信道，故它要受调制信道的影响。对于数字信道来说，信道对所传输的数字信号的影响最终表现在解调器输出的数字序列的变化上，即经过数字信道的数字信号是否与编码器输出的数字序列一致，如不一致，则译码器输出数字序列将以某种概率发生差错，引起误码。若调制信道特性差、加性干扰严重，则出现错误的概率也越大。因此，编码

信道模型可以用数字信号的转移概率来描述。最常见的二进制数字传输系统的一种简单的编码信道模型如图 3-11 所示。这里假设解调器每个输出码元的差错发生是相互独立的，或者说，这种信道是无记忆的，即一个码元的差错与其前后码元是否发生差错无关。模型中 P(0/0)、P(1/0)、P(0/1) 及 P(1/1) 称为信道转移概率，其中，P(0/0) 与 P(1/1) 为正确转移的概率，而 P(1/0) 与 P(0/1) 是错误转移概率。由概率论可知

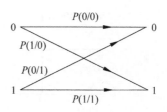

图 3-11　二进制编码信道模型

$$P(0/0) = 1 - P(1/0)$$
$$P(1/1) = 1 - P(0/1) \tag{3-4}$$

转移概率完全由编码信道的特性所决定。一个特定的编码信道，有确定的转移概率。但转移概率一般要对实际编码信道做大量的统计分析才能得到。

需要指出，如果信道中码元发生差错的事件是非独立事件，这种编码信道就是有记忆的，这时编码信道模型要比如图 3-11 所示的模型复杂得多，信道转移概率表示式也变得很复杂，在此不作进一步讨论。

3.4　通信信道特性

本小节将分别讨论恒参信道以及随参信道的相关特性。

3.4.1　恒参信道

由于恒参信道对信号传输的影响是固定不变的或者是变化极为缓慢的，因而可以等效为一个非时变的线性网络。从理论上讲，只要得到这个网络的传输特性，则利用信号通过线性系统的分析方法，就可求得已调信号通过恒参信道后的变化规律。

对于信号传输而言，我们追求的是信号通过信道时不产生失真或者失真小到不易察觉的程度。由"信号与系统"课程可知，网络的传输特性 $H(\omega)$ 通常可用幅度-频率特性 $|H(\omega)|$ 和相位-频率特性 $\varphi(\omega)$ 来表征：

$$H(\omega) = |H(\omega)| \, e^{j\varphi(\omega)} \tag{3-5}$$

要使任意一个信号通过线性网络不产生波形失真，网络的传输特性应该具备以下两个理想条件。

① 网络的幅度-频率特性 $|H(\omega)|$ 是一个不随频率变化的常数，如图 3-12(a) 所示。

② 网络的相位-频率特性 $\varphi(\omega)$ 应与频率呈直线关系，如图 3-12(b) 所示。其中 t_0 为传输时延常数。

网络的相位-频率特性还经常采用群迟延-频率特性 $\tau(\omega)$ 来衡量。所谓群迟延-频率特性就是相位-频率特性对频率的导数，即

$$\tau(\omega) = \frac{d\varphi(\omega)}{d\omega} \tag{3-6}$$

可以看出，上述相位-频率理想条件，等同于要求群迟延-频率特性 $\tau(\omega)$ 是一条水平直线，如图 3-12(c) 所示。

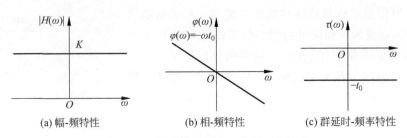

(a) 幅-频特性　　　　　(b) 相-频特性　　　　　(c) 群延时-频率特性

图 3-12　网络传输特性应具备的理想条件

一般情况下，恒参信道并不是理想网络，其参数随时间不变化或变化特别缓慢。它对信号的主要影响可用幅度-频率畸变和相位-频率畸变(群迟延畸变)来衡量。下面以典型的恒参信道——有线电话的音频信道为例，分析恒参信道等效网络的幅度-频率特性和相位-频率特性，以及它们对信号传输的影响。

1. 幅度-频率畸变

所谓幅度-频率畸变，是指信道的幅度-频率特性偏离如图 3-12(a)所示关系所引起的畸变。这种畸变又称为频率失真。在通常的有线电话信道中可能存在各种滤波器，尤其是带通滤波器，还可能存在混合线圈、串联电容器和分路电感等，因此电话信道的幅度-频率特性总是不理想的。图 3-13 给出了典型音频电话信道的总衰耗-频率特性。

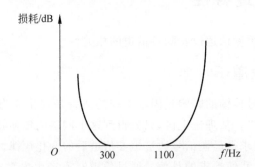

图 3-13　典型音频电话信道的总衰耗-频率特性

由图可见，衰减十分明显，有线电话信道的此种不均匀衰耗必然使传输信号的幅度-频率特性发生畸变，引起信号波形的失真。此时若要传输数字信号，还会引起相邻数字信号波形之间在时间上相互重叠，即造成码间串扰(码元之间相互串扰)。

2. 相位-频率畸变(群迟延畸变)

所谓相位-频率畸变，是指信道的相位-频率特性或群迟延-频率特性偏离如图 3-14 所示关系而引起的畸变。

电话信道的相位-频率畸变主要来源于信道中的各种滤波器及加感线圈，尤其在信道频带的边缘，相频畸变就更严重。图 3-14 所示的是一个典型的电话信道的群迟延-频率特性。不难看出，当非单一频率的信号通过该电话信道时，信号频谱中的不同频率分量将有不同的迟延，即它们到达的时间先后不一，从而引起信号的畸变。

相频畸变对模拟语音通道影响并不显著，这是因为人耳对相频畸变不太灵敏。但对数字信号传输却不然，特别是当传输速率比较高时，相频畸变将会引起严重的码间串扰，给通信带来很大损害。所以，在模拟通信系统内往往只注意幅度失真和非线性失真，而将相移失真放在忽略的地位。但是,在数字通信系统内一定要重视相移失真对信号传输可能带来的影响。

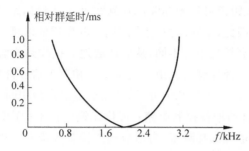

图 3-14　典型电话信道群迟延-频率特性

3. 减小畸变的措施

幅度-频率畸变,在设计总的电话信道传输特性时,一般都要求把幅度设定在一个允许的范围内。这就要求改善电话信道的滤波性能,或者再通过一个线性补偿网络使衰耗特性趋于平坦,接近于图 3-12(a)。这一措施通常被称为"均衡"。在载波电话信道上传输数字信号时,通常要采用均衡措施。均衡的方式有时域均衡和频域均衡两种。

相位-频率畸变(群迟延畸变)和幅频畸变一样,也是一种线性畸变,因此,可采取相位均衡技术对其进行补偿。即为了减小相移失真,在调制信道内采取相位均衡措施,使得信道的相频特性尽量接近图 3-12(b)所示的线性。或者严格限制已调信号的频谱,使它保持在信道的线性相移范围内传输。

恒参信道幅度-频率特性及相位-频率特性的不理想是损害信号传输的重要因素。此外,还存在其他一些因素使信道的输入与输出产生差异(也可称为畸变),例如非线性畸变、频率偏移及相位抖动等。非线性畸变主要由信道中的元器件(如磁芯、电子器件等)的非线性特性引起,造成谐波失真或产生寄生频率等;频率偏移通常是由于载波电话系统中接收端解调载波与发送端调制载波之间的频率有偏差(例如,解调载波可能没有锁定在调制载波上),造成信道传输信号的每一分量都可能产生频率变化;相位抖动也是由调制和解调载波发生器的不稳定性造成的,这种抖动的结果相当于在发送信号上附加一个小指数的调频。以上的非线性畸变一旦产生,一般难以排除,这就需要在进行系统设计时从技术上加以重视。

3.4.2　随参信道

1. 典型的随参信道

随参信道的参数随时间而随机变化,对它的分析要比恒参信道复杂得多。当然随参信道中的线性、非线性失真现象依然会存在。这里,我们将主要对随参信道中特有的衰落现象及多径效应加以讨论。

典型的随参信道是短波电离层反射信道。电离层距地面高度约为 $80\sim1000\mathrm{km}$,它是由带电粒子组成的大气层。由于电离层带有电荷,有一定的电场强度,会对一定波段的无线电有着较强的折射、反射和散射作用,特别是 $3\sim30\mathrm{MHz}$ 的短波波段。同时电离层也存在着对无线电波的吸收,从而造成接收信号强度变化。频率较高的频段,如微波,会穿透电离层,而中长波的无线电波则会受到较强的吸收,反射作用很弱。这样就形成了特定的中短波电离层反射信道。

电离层中短波信号的反射作用主要集中在其中的第 2 层，距离地面 210～300km。一次反射（称为一跳）的最大距离可达 4000km，两跳可使无线通信距离达到 8000km。由于电离层受太阳的影响最大，因此，不同时段、不同季节，电离层的浓度大小都会不同，因而对无线电波的反射强度不同，衰耗大小也不同，从而造成地面接收到的信号强度随时间变化。这种现象称为衰落，或时间选择性衰落。由于这种变化相对于信号自身的变化是缓慢的，所以这是一种慢衰落。衰落的深度可达几十分贝，甚至会造成通信中断。对付慢衰落的办法，传统的短波接收机都会有自动增益控制电路；现代无线电技术中广泛采用自适应通信技术，对信道进行实时估算，自适应选择频率，自适应选择调制解调方式及采用自适应均衡技术来抵消衰落造成的影响。

电离层反射信道还存在着多径效应。这是因为电离层反射是在一个区域而不是一个标准的镜面进行反射。信号会通过不同的反射路径到达接收点，甚至是多次反射到达同一个接收点。显然，从同一地点 A 发出的信号经不同路径到达 B 点接收机，信号的强度会有所不同，到达时间（即信道的延迟时间）也会不同，这时就产生了多径效应。多径效应带来的影响主要表现在两个方面：一是频率弥散效应，又称瑞利衰落；二是频率选择性衰落。它们都是快衰落，因为由多径效应产生的这两种衰落都是伴随着信号的传输同时发生。

2. 频率弥散效应

首先讨论频率弥散效应产生的机理。设发送的信号为单频等幅信号 $f(t) = A\cos\omega_0 t$，由于多径传输，收到的信号为

$$R(t) = \sum_{i=1}^{n} a_i(t)\cos\left[\omega_0 t + \varphi_i(t)\right] \tag{3-7}$$

式中：$a_i(t), \varphi_i(t)$——各路径到达信号的幅度及相位，均是随机过程，相对于 $f(t)$ 来说，它们都是缓变的信号。

因此，式 3-7 可看作是一个窄带已调信号的表达式。这种一个单频信号经过随参信道传输以后变成了多频率信号的现象，称为频率弥散（或频率扩散）。那么，多条路径组合以后的 $a(t)$ 及 $\varphi(t)$ 将会服从什么分布呢？下面对 $R(t)$ 进行分析：

$$\begin{aligned}
R(t) &= \sum_{i=1}^{n} a_i(t)\cos\varphi_i(t)\cos\omega_0 t - \sum_{i=1}^{n} a_i(t)\sin\varphi_i(t)\sin\omega_0 t \\
&= X(t)\cos\omega_0 t - Y(t)\sin\omega_0 t \\
&= A(t)\cos\left[\omega_0 t + \varphi(t)\right]
\end{aligned} \tag{3-8}$$

式中：$X(t)$ 为同相分量；

$Y(t)$ 为正交分量。

$$\begin{aligned}
A(t) &= \sqrt{X^2(t) + Y^2(t)} \\
\varphi(t) &= \arctan\frac{Y(t)}{X(t)}
\end{aligned} \tag{3-9}$$

式中：$A(t)$ 为合成信号的振幅；

$\varphi(t)$ 为合成信号的相位。

如果已知同相分量 $X(t)$ 与正交分量 $Y(t)$ 的统计特性，那么 $A(t)$ 与 $\varphi(t)$ 的统计特征也就可以求出。

由概率论和随机过程理论的中心极限定理可知,当 i 很大时,任意 t 时刻的 $X(t)$ 与 $Y(t)$ 均是具有高斯分布的随机变量,并且与 t 无关,这是一个平稳的高斯随机过程。则 $A(t)$ 应是服从瑞利分布的随机过程,而 $\varphi(t)$ 服从均匀分布,因此由频率弥散引起的衰落又称为瑞利衰落。实际的多径接收过程中,常常是其中的一条路径的信号比较强,这时 $R(t)$ 可表示为

$$R(t) = a_0(t)\cos[\omega_0 t + \varphi_0(t)] + \sum_{i=1}^{n} a_i(t)\cos[\omega_0 t + \varphi_i(t)] \tag{3-10}$$

那么,此时的 $R(t)$ 就服从广义瑞利分布。

3. 频率选择性衰落

由于多径传输,还会带来下面一种情况。假设有两条传输路径,如图 3-15 所示,两路信号的衰耗一样,而时延不同。

$$f_0(t) = Kf(t - t_0) + Kf(t - t_0 - \tau) \tag{3-11}$$

它的频域表达为

$$F_0(\omega) = KF(\omega)[\mathrm{e}^{-\mathrm{j}\omega t_0} + \mathrm{e}^{-\mathrm{j}\omega(t_0+\tau)}] \tag{3-12}$$

由此式可求出该系统的传递函数

$$\begin{aligned} H(\omega) &= \frac{F_0(\omega)}{F(\omega)} \\ &= K(1 + \mathrm{e}^{-\mathrm{j}\omega\tau})\mathrm{e}^{-\mathrm{j}\omega t_0} \\ &= K(1 + \cos\omega\tau - \mathrm{j}\sin\omega\tau)\mathrm{e}^{-\mathrm{j}\omega t_0} \end{aligned} \tag{3-13}$$

$$\begin{aligned} |H(\omega)| &= K\left|2\cos^2\frac{\omega\tau}{2} - \mathrm{j}2\sin\frac{\omega\tau}{2} \cdot \cos\frac{\omega\tau}{2}\right| \\ &= 2K\left|\cos\frac{\omega\tau}{2}\right| \end{aligned} \tag{3-14}$$

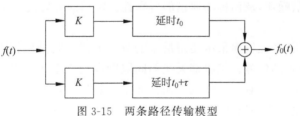

图 3-15　两条路径传输模型

该信道的幅频特性如式(3-14)和图 3-16 所示。信道出现幅频失真,其零点在 $\omega = \frac{(2n+1)\pi}{\tau}$ 的位置上,这种现象被称为频率选择性衰落。把两个零点之间的频带宽度称为相关带宽。而实际上可能有许多条时延不同的路径。这时两个零点之间的最小距离取决于它们中的最大时延 τ_m。这时的相关带宽 Δf 应定义为

$$\Delta f = \frac{1}{\tau_m} \tag{3-15}$$

考虑到通带内的幅频衰耗特性不应相差太大,因而实际可用带宽只能取 Δf 的 $\frac{1}{3} \sim \frac{1}{5}$。总之,由于多径时延的不同,造成实际信道的可用带宽大大减少,同时也带来了幅频失真的问题。

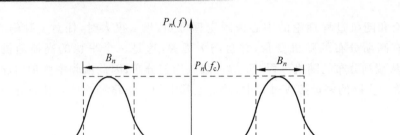

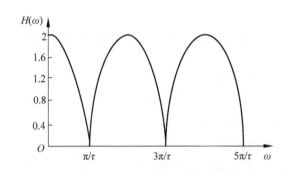

图 3-16　衰落信道的幅频特性

4. 分集接收

为了克服无线信道的多径衰落效应,可以采用分集技术。其基本思想是:接收端通过不同路径或不同频率、不同角度、不同极化方式、不同编码、不同调制等方式去接收携带同一种发送信息的不同路径的信号样本,然后将各分支的样本信号按照某种规则合并后再提取信息。这些样本应在多个独立衰落的信道中传输,此时信号样本之间在统计特性上具有较小的相关性,可近似认为是相互独立的,可以起到相互补偿的作用,这样就提高了接收端的瞬时信噪比和平均信噪比,从而提高通信的可靠性。常用的分集技术如下。

1) 空间分集

也称为天线分集,是无线通信中使用最多的分集方式。它是用相隔一定距离的多幅接收天线,接收不同路径的信号。接收端天线的间隔距离应大于 1/2 射频波长,距离越大时,多径传播的差异就越大,其衰落特性也就相互独立。此时各天线接收的信号不相关,而由于大尺度衰落同时发生的概率较低,分集能把衰落效应降到最小。例如,部分无线 AP(Access Point,接入点)具有两个天线,这两个天线起到空间分集的作用。在这一领域,MIMO(Multiple-Input Multiple-Output,多入多出)技术是人们关注的热点。

2) 频率分集

用两个或两个以上的不同载波对信号进行传输,接收所有载频的信号然后相加。根据衰落信道的频率间隔相关函数,这些载波要有足够的间隔才能向接收机提供互不相关的衰落信号样本,这可通过选择频率间隔等于或者大于信道的相干带宽来完成。在相干带宽内,两个频率分量有很强的幅度相关性,其相关系数大于 0.5,当频率间隔大于相干带宽时,信号发生同样衰落的概率较低。跳频形式的扩频调制就是频率分集的一个例子,再如无线局域网中常使用 OFDM(Orthogonal Frequency Division Multiplexing,正交频分复用技术)技术,以达到频率分集的效果,与经典的 OFDM 系统不同之处在于其在所有子载波上传送相同的信息符号。在900MHz的移动通信信道中,只要频差达到200kHz,两重频率分集可获得近3dB的增益。

3)极化分集

在移动通信中,虽然空间分集能收到很好的效果,但由于需要多幅天线而增加了成本和系统复杂度,故移动通信基站主要使用正交极化分集方式。移动台发射的信号,虽然都是特定极化的,但在经过多径传输后,极化会发生偏转,当多径信号到达基站时,既有水平极化信号,也有垂直极化信号。由于信号在传输信道中进行了多次反射,而不同极化方向的反射系数不同,所以当经过足够多的随机反射后,水平极化信号和垂直极化信号是相互独立的。当基站采用具有+45°和−45°极化方向相互正交的天线接收信号后,可以很大程度地减小多径衰落,其分集增益有5dB。

4)时间分集

在超过信道相干的时间间隔内重复发送信号,使接收机收到的信号具有彼此独立的衰落环境,从而产生分集效应。由于相干时间与运动速度成反比,当接收机处于静止状态时,时间分集无助于减小衰落。时间分集主要使用于扩频CDMA(Code Division Multiple Access,码分多址)的独立衰落环境,从而产生分集效果。

5)轨道角动量分集

目前人们接触的大部分信息都是通过无线信道进行交换和传输。智能终端的普及及移动互联网应用的蓬勃发展,使越来越多的移动设备投入使用,对信道容量和频谱利用率提出了更高的要求。传统的调制技术,使用频率、时间、码型和空间等资源作为自由度,根据香农公式,信道容量的增加是信噪比增加的对数,理论上增加发射功率使其接近无穷大或不断减小噪声功率让其接近无噪声状态都可以提高频谱效率,但是这种方法在实际的通信系统中不可实现,并且频谱资源是有限的。所以为了进一步提升系统容量以及频谱效率,满足未来移动数据业务需求,就需要探索新的技术。而轨道角动量(Orbital Angular Momentum,OAM)将载波携带的OAM模式作为新的调制参数,OAM电磁涡旋波在不增加带宽的情况下,可以极大地提高系统容量,这也使得多模态OAM电磁涡旋波的复用技术成为目前无线通信领域研究的热点。

电磁涡旋波理论上具有无限多种模态,可以在同一频率下同时传输多路信号,满足未来无线通信系统对信道容量的需求,也可以解决频谱资源短缺的问题。因此,在无线通信系统中使用电磁涡旋波进行复用传输,已成为现在的研究的热点之一,同时分析新旧复用技术的关系,探索和研究OAM电磁涡旋波的复用技术与传统复用技术的结合所产生的性质和特点也是有待解决的问题。同时,研究基于OAM复用的通信技术,其前提是能够便捷地获得高质量的OAM载波。在光频段,OAM光波生成的方法较为丰富,在微波段,能够有效产生OAM波束的方法还是主要集中在阵列天线上,而且在未来的实际使用中,高宽带、尺寸小、辐射效率高才是OAM阵列天线在使用时考虑的主要因素,鉴于OAM复用技术在无线射频领域的巨大应用前景,探索新的OAM分集技术具有重要意义。

6)分集合并技术

利用上述分集技术,可以得到一组相互独立的衰落信号,接着依据某种可以改进接收性能的准则,将统计独立的衰落信道输出合并起来。下面介绍四种主要的分集合并技术:选择合并、反馈合并、最大比率合并和等增益合并,这几种方式主要用于线性接收机。

(1)选择合并。图3-17描述了一个空间分集-选择合并系统,该系统包括M个线性接收机和一个逻辑电路，逻辑电路选择具有最大信噪比的接收机作为接收信号装置。

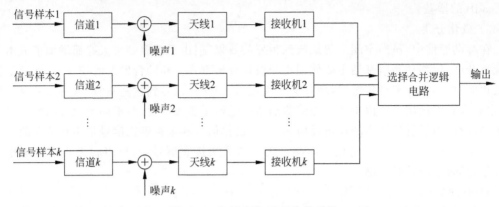

图 3-17　空间分集-选择合并系统

设在接收端处有 M 个独立的、频率非选择的、慢衰落的瑞利信道，称为分集支路。令 $s(t)$ 为发送到第 k 个信道的已调信号的复包络，则经过第 k 个分集支路传输后，接收信号的复包络为

$$x_k(t) = a_k \mathrm{e}^{-\mathrm{j}\theta_k} s(t) + z_k(t) \tag{3-16}$$

式中：$a_k \mathrm{e}^{-\mathrm{j}\theta_k}$——第 k 个信道的衰减因子和相移；

　　　$z_k(t)$——第 k 个信道上的零均值加性高斯白噪声。

因此，第 k 个接收机的平均信噪比为

$$SNR_k = \Gamma = \frac{E[\,|\,a_k s(t)\,|^2\,]}{E[\,|\,z_k s(t)\,|^2\,]} = \frac{E[\,|\,s(t)\,|^2\,]}{E[\,|\,z_k(t)\,|^2\,]} E[a_k^2] = \frac{E_\mathrm{b}}{N_0} E[a_k^2] \tag{3-17}$$

式中：E_b——比特信号能量；

　　　N_0——单边噪声谱密度。

将 $E[a_k^2]$ 用瞬时值 a_k^2 代替，则可得第 k 个接收机的瞬时信噪比为

$$\gamma_k = \frac{E_\mathrm{b}}{N_0} a_k^2 \tag{3-18}$$

其概率分布密度函数为

$$p(\gamma_k) = \frac{1}{\Gamma} \mathrm{e}^{\frac{-\gamma_k}{\Gamma}} \tag{3-19}$$

由于各分集支路的独立性，则 M 个接收机的瞬时信噪比同时小于给定门限 γ 的概率为

$$P_r(\gamma_k \leqslant \gamma, k=1,2,\cdots,M) = P_M(\gamma) = \prod_{k=1}^{M} P_\gamma(\gamma_k \leqslant \gamma) = \prod_{k=1}^{M} \int_0^\gamma \frac{1}{\Gamma} \mathrm{e}^{\frac{-\gamma_k}{\Gamma}} \mathrm{d}\gamma_k$$

$$= \prod_{k=1}^{M} \left(1 - \frac{1}{\Gamma} \mathrm{e}^{\frac{-\gamma}{\Gamma}}\right) = \left(1 - \frac{1}{\Gamma} \mathrm{e}^{\frac{-\gamma}{\Gamma}}\right)^M \tag{3-20}$$

那么，至少有一条支路的瞬时信噪比大于门限的概率为

$$P_r(\gamma_k > \gamma) = 1 - P_M(\gamma) = 1 - \left(1 - \frac{1}{\Gamma} \mathrm{e}^{\frac{-\gamma}{\Gamma}}\right)^M \tag{3-21}$$

上式是在使用选择合并时，最终的接收信号的瞬时信噪比大于给定门限的概率。由上式可见，M 值越大，分集效果就越好，$M=1$ 时，为没有使用分集的简单接收机情况。

接收信号的概率密度函数为

$$p_m(\gamma) = \frac{\mathrm{d}P_M(\gamma)}{\mathrm{d}\gamma} = \frac{M}{\Gamma}(1 - \mathrm{e}^{\frac{-\gamma}{\Gamma}})^{M-1} \mathrm{e}^{\frac{-\gamma}{\Gamma}} \tag{3-22}$$

则此时平均信噪比为

$$\bar{\gamma} = \int_0^{+\infty} \gamma p_m(\gamma) \mathrm{d}\gamma = \Gamma \int_0^{+\infty} Mx(1 - \mathrm{e}^{-x})^{M-1} \mathrm{e}^{-x} \mathrm{d}x \tag{2-23}$$

式中：$x = \gamma/\Gamma$。

使用选择分集前后的平均信噪比的比值为

$$\frac{\bar{\gamma}}{\Gamma} = \sum_{k=1}^{M} \frac{1}{k} \tag{3-24}$$

由上式可见，选择分集改善了平均信噪比。

（2）反馈合并。反馈合并与选择合并非常相似，但它不是采用 M 个支路中信噪比最高的支路，而是以一个固定顺序扫描 M 个支路，直到发现某一支路的信号包络超过了预置的门限，然后这路信号将被选中并送至接收机，直到包络电平降低到门限之下，此时扫描过程将重新开始。这种合并方式较简单，便于实现，但其抗衰落性能低于选择分集。

（3）最大比率合并。这种合并方式首先对 M 路信号进行加权，以控制各支路的增益，其权重由各接收支路输出的信号电平与噪声功率的比值决定，然后进行同相叠加。最大比率合并的抗衰落性能是最佳的，其输出的信噪比等于各支路信噪比之和，这样即使各支路信号的性能都很差，但仍可能合并出信噪比符合要求的输出信号。

（4）等增益合并。最大比率合并的权重是时变的，若令各支路的加权系数均取 1，便成为等增益合并。其合并性能仅次于最大比值合并，且易于实现。

5. 多普勒频移

在无线信道中，除了上述影响比较严重的多径效应之外，收发之间如果存在着相对运动时，还会产生多普勒频移效应。与高速运动的目标进行通信时，多普勒频移是一个不可忽视的问题。多普勒效应所引起的附加频移 Δf 可由下式决定：

$$\Delta f = \frac{v}{\lambda}\cos\alpha \tag{3-25}$$

式中，v 为收发台的相对运动速度。

大多数情况下，发送台是固定的，如移动网中的基站，而接收台，即手机或车载台是移动的。λ 是载波信号的波长。α 是入射电波与运动方向的夹角。例如，载波频率为 $900\mathrm{MHz}$，移动台速度是 $100\mathrm{km/h}$，则最大的多普勒频移（即 $\alpha = 0$ 时）为

$$\Delta f = \frac{v}{\lambda}\cos\alpha = \frac{9 \times 10^8}{3 \times 10^8} \times \frac{10^5}{3600} \approx 83.3(\mathrm{Hz}) \tag{3-26}$$

在无线通信环境下，通常对载波同步的精度要求都很高，这时多普勒效应的影响就会突显出来。

3.5 信道中的噪声

如前所述，调制信道对信号的影响除乘性干扰外，还有加性干扰。在通信系统中，噪声的存在使通信质量变坏，可靠性降低。下面主要讨论信道中的加性噪声及其特点。

加性噪声的存在独立于有用信号,但它却始终干扰有用信号,因而不可避免地对通信造成危害,信道中加性噪声来源是多方面的,一般可以分为以下 4 个方面。

(1) 无线电噪声。它来源于各种用途的外台无线电发射机。这类噪声的频率范围很宽,从甚低频到特高频都可能有无线电干扰的存在,并且干扰的强度有时很大。不过这类干扰的频率是固定的,因此可以预先避开。特别是在加强了无线电频率的管理工作之后,无论在频率的稳定性、准确性及谐波辐射等方面都有严格的规定,使得信道内信号受到无线电噪声的影响可减到最低。

(2) 工业噪声。它来源于各种电气设备,如电力线、点火系统、电车、电源开关、电力铁道、高频电炉等。这类干扰来源分布很广泛,无论是城市还是农村,内地还是边疆,各地都有工业干扰存在。尤其是在现代化的社会里,各种电气设备越来越多,因此这类干扰的强度也就越来越大。但它也有个特点,就是干扰频谱集中于较低的频率范围,例如几十兆赫以内。因此选择高于这个频段工作的信道就可防止其干扰。另外也可以在干扰源方面设法消除或减小干扰的产生,例如加强屏蔽和滤波措施,防止接触不良和消除波形失真。

(3) 自然噪声。它来源于闪电、大气中的磁暴、太阳黑子以及宇宙射线(天体辐射波)等。可以说整个宇宙都是产生这类噪声的根源。自然噪声干扰的大小和这类自然现象的发生规律有关。例如,夏季比冬季严重,赤道比两极严重,在太阳黑子发生变动的年份自然噪声干扰更加剧烈。这类干扰所占用的频谱范围很宽,并且不像无线电干扰那样频率固定,因此对它所产生的干扰影响很难防止。

(4) 内部噪声,它来源于信道本身所包含的各种电子器件、转换器以及天线或传输线等。例如:在电阻一类的导体中自由电子的热运动(常称为热噪声)、真空管中电子的起伏发射和半导体中载流子的起伏变化(常称为霰弹噪声)及电源噪声等。这类噪声的特点是它是由无数个自由电子做不规则运动所形成的,因此它的波形也是不规则变化的,在示波器上观察就像一堆杂乱无章的茅草一样,通常称为起伏噪声。由于在数学上可以用随机过程来描述,因此又可称为随机噪声。

某些类型的噪声是确知的,在原理上可以找到消除这类噪声的方法,而另一类随机噪声是难以预测的,这里只讨论随机噪声。

根据噪声的表现形式不同,常见的随机噪声可分为单频噪声、脉冲噪声和起伏噪声三类。

(1) 单频噪声是一种以某一固定频率出现的连续波干扰,如 50 Hz 的交流电噪声,但其幅度、频率或相位是不能预知的。这种噪声的主要特点是占有极窄的频带,但可以测出其频率值,不是所有的通信系统中都存在这种噪声,也比较容易防止。

(2) 脉冲噪声在时间上是随机出现的,无规则的突发噪声,例如,工业上点火辐射、闪电、电气开关通断等产生的噪声。这种噪声的主要特点是其突发的脉冲幅度的持续时间短,相邻突发脉冲之间往往有较长的安静时段,因而对模拟语音信号的影响不大。从频谱上看,脉冲噪声通常有较宽的频谱(从甚低频到高频),但频率越高,其频谱强度就越小。因此适当选择工作频段,可以有效防止脉冲噪声。

(3) 起伏噪声是以热噪声、霰弹噪声及宇宙噪声为代表的噪声,是一种随机噪声。这些噪声的特点是,无论在时域内还是在频域内它们总是独立于有用信号而普遍存在并且不可避免,因而它是影响通信质量的主要因素之一。

理论分析和实际测试表明,起伏噪声具有如下统计特性。

（1）瞬时值服从高斯分布，且均值为 0。

（2）功率谱密度在很宽的频率范围内是平坦的。

由于起伏噪声是加性噪声，又具有上述的统计特性，所以通常称为加性高斯白噪声（AWGN），简称高斯白噪声。但是其频谱范围仍是有限的，因而其功率也是有限的，它不是严格意义上的白噪声。

起伏噪声的一维概率密度函数为：

$$f_n(x) = \frac{1}{\sqrt{2\pi}\,\sigma_n} \exp\left[-\frac{x^2}{2\sigma_n^2}\right] \tag{3-27}$$

式中：σ_n^2——起伏噪声的功率。

起伏噪声的双边功率谱密度为：

$$P_n(\omega) = \frac{n_0}{2} \tag{3-28}$$

为了减少信道加性噪声的影响，在接收机输入端常用一个滤波器滤除带外噪声。在带通通信系统中，这个滤波器常具有窄带性，故滤波器的输出噪声不再是白噪声，而是一个窄带噪声。且由于滤波器是一种线性电路，高斯过程经过线性系统后，仍为高斯过程，所以该窄带噪声又称为窄带高斯噪声。典型的窄带噪声功率谱密度曲线如图 3-18 中实线所示。

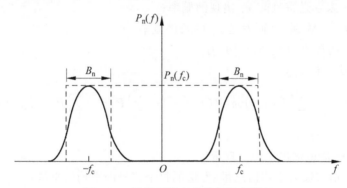

图 3-18　带通型噪声的等效噪声带宽

为了后续通信系统抗噪声性能分析的需要，下面引入"等效噪声带宽"的概念来描述该窄带噪声。

设经过接收滤波器后的窄带噪声的双边功率谱密度为 $P_n(f)$，则此噪声的功率为

$$P_n = \int_{-\infty}^{+\infty} P_n(f)\,df \tag{3-29}$$

图 3-18 中，虚线画出了一个理想的带通滤波器，其高度等于原噪声功率谱密度曲线的最大值 $P_n(f_c)$，而宽度由下式决定

$$B_n = \frac{\int_{-\infty}^{+\infty} P_n(f)\,df}{2P_n(f_c)} = \frac{\int_0^{+\infty} P_n(f)\,df}{P_n(f_c)} \tag{3-30}$$

式中：f_c——带通滤波器的中心频率。

显然，式（3-30）所规定的 B_n 保证了图中矩形虚线下的面积和功率谱密度曲线下的面积相等，即理想带通滤波器输出噪声的功率与实际带通滤波器输出噪声的功率相等，故称

B_n 为等效噪声带宽。

3.6 信道容量

信息必须经过信道进行传输，单位时间内信道上能传输的最大信息量（即最高信息速率）称为信道容量。信道可分为两类，即离散信道和连续信道，以下分别讨论这两种信道的信道容量。

3.6.1 离散信道容量

在实际信道传输中，信道总会有干扰存在，信息经过信道传输后，接收端收到的信息量必然会减少，有一部分在信道中损失。这时信道输出与输入之间不是一一对应关系，而是随机对应关系。但它们之间有一定的统计关系，这种统计关系可用信道的条件（或转移）概率来描述，即信道的条件概率 $P(y/x)$ 或 $P(x/y)$ 可合理地描述信道干扰的大小。因此在信道中，发送符号为 x_i 而收到符号为 y_j 时所获得的信息量等于未发送符号前对 x_i 的不确定程度减去收到符号 y_j 后对的 x_i 不确定程度，即

$$[信息量] = -\log_2 P(x_i) + \log_2 P(x_i/y_j) \tag{3-31}$$

式中：$P(x_i)$——未发送符号前 x_i 出现的概率；

$P(x_i/y_j)$——收到 y_j 而发送 x_i 的条件概率。

对所有发送为 x_i 而接收为 y_j 取平均，有

平均信息量 / 符号 $= I(x,y)$

$$= -\sum_{i=1}^{n} P(x_i)\log_2 P(x_i) - \left[-\sum_{j=1}^{m} P(y_j)\sum_{i=1}^{n} P(x_i/y_j)\log_2 P(x_i/y_j) \right]$$

$$= H(x) - H(x/y) \tag{3-32}$$

式中：$I(x,y)$——信道输出平均信息量；

$H(x)$——信道输入平均信息量（发送的每个符号的平均信息量）；

$H(x/y)$——在有扰信道中发送符号丢失的平均信息量或输出符号已知时输入符号的平均信息量。

通常 $H(x/y)$ 的取值范围在 $0 \sim H(x)$ 之间，即 $0 \leqslant H(x/y) \leqslant H(x)$。

当 $H(x/y) = 0$ 时，$I(x,y) = H(x)$，这时信道没有损失信息量。

当 $H(x/y) = H(x)$ 时，$I(x,y) = 0$，这时输入信道的信息量全部损失。

设信道每秒发送 r 个符号，则有扰信道的信息传输速率为

$$R = I(x,y)r = [H(x) - H(x/y)]r = H_t(x) - H_t(x/y) \tag{3-33}$$

式中：$H_t(x) = H(x)r$ 指单位时间内信源发送的平均信息量，或称为信源的信息速率；

$H_t(x/y) = H(x/y)r$ 指单位时间内发送 x 而收到 y 的条件平均信息量。

有扰离散信道的最高信息传输速率称为信道容量，定义为

$$C = R_{max} = \max[H_t(x) - H_t(x/y)] \tag{3-34}$$

3.6.2 连续信道容量

根据香农信息论，对于连续信道，如果信道带宽为 $B(\text{Hz})$，并且受到加性高斯白噪声的

干扰,则信道容量的理论公式为

$$C = B\log_2(1 + S/N) \tag{3-35}$$

式中：N——白噪声的平均功率；

S——信号的平均功率；

S/N——信噪比。

信道容量 C 是指信道可能传输的最大信息速率(即信道能达到的最大传输能力)。虽然上式是在一定条件下获得的(要求输入信号也为高斯信号才能实现上述可能性),但对其他情况也可将它作为近似式应用。

例 3-1 某高斯信道带宽为 3kHz,输出信噪比为 127 倍,求信道容量。

解 $C = B\log_2\left(1 + \dfrac{S}{N}\right) = 3 \times 10^3 \cdot \log_2(1 + 127) = 21\text{kb/s}$

根据上述公式可以得出以下重要结论。

(1) 一个给定信道的信道容量受 B、S、n_0 "三要素"的约束。信道容量随"三要素"的确定而确定。

(2) 提高信噪比(信号功率与噪声功率之比)可提高信道容量。

(3) 任何一个信道,都有信道容量 C。如果信道的信息速率 R 小于或等于信道容量 C,那么在理论上存在一种方法使信源的输出能以任意小的差错概率通过信道传输;如果 R 大于 C,则无差错传输在理论上是不可能的。

(4) 一个给定信道的信道容量既可以通过增加信道带宽,减少信号发射功率也可通过减少信道带宽,增加信号发射功率来保证。也就是说,信道容量可通过带宽与信噪比的互换而保持不变。给定的信道容量 C 可以用不同的带宽和信噪比的组合来传输。若减小带宽,则必须发送较大的功率,即增大信噪比 S/N。或者,若有较大的传输带宽,则同样的 C 能够用较小的信号功率(即较小的 S/N)来传送。这表明宽带系统表现出较好的抗干扰性。因此,当信噪比太小而不能保证通信质量时,常采用宽带系统,用增加带宽来提高信道容量,以改善通信质量。这就是通常所谓用带宽换功率的措施。但是,带宽和信噪比的互换过程并不是自动的,必须变换信号使之具有所要求的带宽。实际上这是由各种类型的调制和编码完成的。调制和编码过程就是实现此带宽与信噪比之间互换的手段。

(5) 当信道噪声为高斯白噪声时,式(3-35)中的噪声功率不是常数而与带宽 B 有关。若设单位频带内的噪声功率为 $n_0(\text{W/Hz})$,则噪声功率 $N = n_0 B$,代入式(3-35)后可得

$$C = B\log_2\left(1 + \frac{S}{n_0 B}\right) \tag{3-36}$$

带宽 B 趋于 ∞ 时,有

$$\lim_{B \to \infty} C = \lim_{B \to \infty} \log_2\left(1 + \frac{S}{n_0 B}\right) \approx 1.44 \frac{S}{n_0} \tag{3-37}$$

由此可知,当 S 和 n_0 一定时,信道容量虽然随带宽 B 增大而增大,然而当 $B \to \infty$ 时, C 不会趋于无限大,而是趋于常数 $1.44\dfrac{S}{n_0}$。

由于信息速率 $C = 1/T$,T 为传输时间,代入式(3-35)则可得

$$I = T\log_2\left(1 + \frac{S}{N}\right) \tag{3-38}$$

可见，当 S/N 一定时，给定的信息量可以用不同的带宽和时间的组合来传输。同带宽与信噪比互换类似，带宽与时间也可以互换。通常把实现了极限信息速率且能达到任意小差错率的通信系统称为理想通信系统。香农只证明了理想系统的存在性，没有说明实现方法，因此这种理想系统可作实际系统的理论界线。以上分析是在信道噪声为高斯白噪声的前提下求得的，对于非白噪声来说，香农公式需要加以修正。

例 3-2 彩电图像由 5×10^5 个像素组成，每个像素有 64 种彩色度，16 个亮度等级，如果所有彩色度和亮度等级的组合机会均等，且统计独立。计算每秒钟传送 100 个画面所需要的信道容量。如果信道信噪比为 30dB，要传送彩色图像信道的带宽为多少？

解 每个像素所包含的信息量：

$$\left(-\log_2\left(\frac{1}{16} \times \frac{1}{64}\right)\right) = 10(\text{b}/\text{像素})$$

每幅图像所包含的信息量：$5 \times 10^5 \times 10 = 5 \times 10^6 (\text{b}/\text{图像})$

信息速率：$5 \times 10^6 \times 100 = 5 \times 10^8 (\text{b}/\text{s})$

信噪比：$S/N = 1000(30\text{dB})$

由香农公式得：$5 \times 10^8 = B\log_2(1 + 10^3) \Rightarrow B = 50\text{MHz}$

3.7 本章小结

本章介绍了有关信道的基础知识，包括信道特性及其对信号传输的影响。首先介绍了信道的定义及实际的无线信道和有线信道的知识，再从中抽象出信道的数学模型，然后根据信道模型，给出信道的一般特性，并讨论信道特性对信号传输的影响，最后介绍了几种信道中的噪声及信道容量的计算方法。

信道从大的方面可分为无线信道和有线信道，无线信道按照传播方式不同可分为地波、天波和视距传播，除此之外还有散射波传播，包括对流层散射和电离层散射。为了增大通信距离，可以采用中继站转发信号，称为微波接力通信。

有线信道分为有线电信道和有线光信道。有线电信道包括明线、对称电缆、同轴电缆；有线光信道又包括光纤和光缆。根据光纤横截面上折射率分布的不同，可分为阶跃型光纤和渐变型光纤；根据光纤中传输模式数量的不同，可分为单模光纤和多模光纤。光缆中又包括层绞式光缆、单位式光缆、骨架式光缆、带状式光缆。

还有一种特殊的信道就是水下信道，水下通信一般是指水上实体与水下目标（潜艇、无人潜航器、水下观测系统等）的通信或水下目标之间的通信，通常指在海水或淡水中的通信，是相对于陆地或空间通信而言的。水下通信分为水下有线通信和水下无线通信。水下无线通信又可分为水下无线电磁波通信和水下非电磁波通信两种。

水下无线电磁波通信包括甚低频（VLF）通信、超低频（SLF）通信、极低频（ELF）通信，水下无线电磁波通信是当前和未来一个时期主要的水下通信技术；水声通信是指利用声波在水下的传播进行信息的传送，是目前实现水下目标之间进行水下无线中、远距离通信的唯一手段。然后介绍了水下无线通信技术未来的发展趋势，主要向水下无线光通信、水下中微子通信、引力波通信、水下量子通信、水下无线中长波通信五个方向发展。

信道的数学模型分为调制信道模型和编码信道模型两类。调制信道模型用加性干扰和乘性干扰表示信道对信号传输的影响。编码信道模型与调制信道模型有明显的不同。调制信道对信号的影响是通过乘性干扰及加性干扰使已调信号发生波形失真,而编码信道对信号的影响则是一种数字序列的变换,即把一种数字序列变成另一种数字序列。由于编码信道包含调制信道,故加性和乘性干扰都对编码信道有影响,它会使编码信道中的数字码元产生错误,所以编码信道模型用转移概率来描述其特性。

一般情况下,恒参信道并不是理想网络,其参数随时间不变化或变化特别缓慢。它对信号的主要影响可用幅度-频率畸变和相位-频率畸变(群迟延畸变)来衡量。可以利用均衡技术来减小畸变对信号传输的影响。随参信道的参数随时间而随机变化,对它的分析要比恒参信道复杂得多,典型的随参信道是短波电离层反射信道。随参信道中常见的问题有衰落现象和多径效应。为了克服无线信道的多径衰落效应,可以采用分集技术。常用的分集技术有:空间分集、频率分集、极化分集、时间分集、轨道角动量分集。其中轨道角动量分集作为近几年才发展起来的新兴领域,有着很广泛的研究和应用前景。

在通信系统中,噪声的存在使通信质量变坏,可靠性降低。它能使模拟信号失真,使数字信号发生错码。信道中加性噪声来源是多方面的,一般可以分为无线电噪声、工业噪声、自然噪声、内部噪声四类;根据噪声的表现形式不同,常见的随机噪声可分为单频噪声、脉冲噪声和起伏噪声三类。

信道容量是指信道能够传输的最大平均信息量。按照离散信道和连续信道的不同,信道容量分别有不同的计算方法。连续信道容量与带宽和信噪比有关,增大带宽可以降低信噪比而保持信道容量不变,但无限增大带宽并不能无限增大信道容量,当信噪比给定时,无限增大带宽得到的容量趋近于 $1.44 \dfrac{S}{h_0}$。

习题

3-1　无线与有线信道分别有哪些种类?

3-2　地波与天波传播距离能达到多远? 它们分别适用在什么频段?

3-3　视距传播距离和天线高度有什么关系?

3-4　散射传播有哪些种? 各适用在什么频段?

3-5　何谓多径效应?

3-6　什么是快衰落? 什么是慢衰落?

3-7　何谓恒参信道? 何谓随参信道? 它们分别对信号传输有哪些主要影响?

3-8　何谓加性干扰? 何谓乘性干扰?

3-9　适合在光纤中传输的光波波长有哪几个?

3-10　信道中的噪声有哪几种?

3-11　热噪声是如何产生的?

3-12　信道模型有哪几种?

3-13　简述信道容量的定义。试写出连续信道容量的表示式。由此式看出信道容量的大小决定于哪些参量?

3-14　设一条无线链路采用视距传播方式通信,其收发天线的架设高度都等于40m,若不考虑大气折射率的影响,试求其最远通信距离。

3-15　设一条天波无线电信道,用高度等于 400km 的 F2 层电离层反射电磁波,地球的等效半径等于 $(6370 \times 4/3)$ km,收发天线均架设在地平面,试计算其通信距离大约可以达到多少千米?

3-16　若有一平流层平台距离地面 20km,试按上题给定的条件计算其覆盖地面的半径等于多少千米?

3-17　设一个接收机输入电路的等效电阻等于 600Ω,输入电路的带宽等于 6MHz,环境温度为 27℃,试求该电路产生的热噪声电压有效值。

3-18　某个信息源由 A、B、C 和 D 四个符号组成。设每个符号独立出现,其出现概率分别为 1/4、1/4、3/16、5/16,经过信道传输后,每个符号正确接收的概率为 1021/1024,错为其他符号的条件概率 $P(x_i/y_i)$ 均为 1/1024,试画出此信道模型,并求出该信道的容量 C。

3-19　若习题 3-18 中的四个符号分别用二进制码组 00、01、10、11 表示,每个二进制码元用宽度为 5ms 的脉冲传输,试求出该信道的容量 C 等于多少 b/s?

3-20　设一幅黑白数字相片有 400 万个像素,每个像素有 16 个亮度等级。若用 3kHz 带宽的信道传输它,且信号噪声功率比等于 10dB,试问需要传输多少时间?

第 4 章

模拟调制系统

在通信系统中,信源输出的是由原始消息直接转换成的电信号,即消息信号。这种信号一般具有从零频开始的较宽的频谱,而且在频谱的低端分布较大的能量,所以称为基带信号,不宜直接在信道中传输。将消息信号对频率较高的载波进行调制,才能使信号的频谱搬移到合适信道的频率范围内进行传输。在通信系统的接收端对已调信号进行解调,恢复出原来的消息。

对不同的信道,考虑经济技术等因素,可以采用不同的调制方式。根据基带信号是模拟信号还是数字信号,相应的调制方式有模拟调制和数字调制。基带信号作用于载波进行信号变换的过程称为调制,所以基带信号又称为调制信号。在数字通信中分别称为数字基带信号或数字调制信号。由于模拟调制的理论和技术是数字调制的基础,而且相当数量的模拟通信设备还在使用,所以本章先讨论模拟调制的原理。

本章讨论模拟调制中的线性调制系统和非线性调制系统。在线性调制中有常规调幅(Amplitude Modulation,AM)、双边带(Double-Sideband Modulation,DSB)调制、单边带(Single-Sideband Modulation,SSB)调制和残留边带(Vestigial Sideband Modulation,VSB)调制。在非线性调制中有调频(Frequency Modulation,FM)和调相(Phase Modulation,PM)。讨论的主要内容包括:各种已调信号的时域和频域表达式,调制和解调的原理及方法,系统的抗噪声性能,各种调制的性能比较。

4.1 线性调制与解调原理

4.1.1 常规调幅

标准调幅就是常规双边带调制,简称调幅(AM)。假设调制信号 $f(t)$ 的平均值为 0,将其叠加一个直流偏量 A 后与载波相乘(图 4-1),就形成了常规调幅信号,也叫做标准调幅信号或者完全调幅信号,它的时域表达式为:

$$s_{AM}(t) = [A_0 + f(t)]\cos(\omega_c t + \theta_c) \tag{4-1}$$

式中 ω_c 为载波信号的角频率;θ_c 为载波信号的起始相位。由式(4-1)画出的时间波形如图 4-2 所示。

由波形可以看出,当条件满足 $|f(t)|_{\max} \leqslant A_0$ 时,AM 波的包络与调制信号成正比,如图 4-2 所示,因此,用包络检波的方法很容易恢复出原始调制信号;如果上述条件没有满

足,就会出现"过调幅"现象。这时用包络检波将会发生失真。但是,可以采用其他的解调方法,如同步检波。可见,A_0 与 $f(t)$ 之间的关系是常规调幅信号的重要特征。

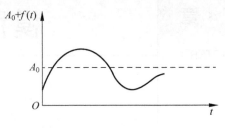

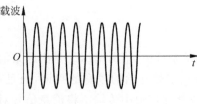

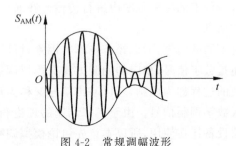

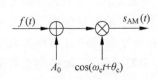

图 4-1　AM 调制模型　　　　　　　图 4-2　常规调幅波形

若设调制信号是单频余弦函数,即

$$f(t) = A_m \cos(\omega_m t + \theta_m) \tag{4-2}$$

则调幅信号为

$$s_{AM}(t) = [A_0 + A_m \cos(\omega_m t + \theta_m)] \cos(\omega_c t + \theta_c)$$

$$= A_0 [1 + \beta_{AM} \cos(\omega_m t + \theta_m)] \cos(\omega_c t + \theta_c) \tag{4-3}$$

式中,$\beta_{AM} = A_m / A_0$,该比值称为调幅指数,用百分比表示时,称为调制度。β_{AM} 取值一共有三种可能,小于 1,等于 1 或大于 1,与之分别对应正常调幅、满调幅和过调幅三种情况。但是实际上,一般取 β_{AM} 在 $30\% \sim 60\%$,因为仪器的线性范围有限。

通过式(4-3)可以发现常规调幅信号的频域特征。令载波的初相位 $\theta_c = 0$,$\beta_{AM} = |f(t)|_{max} / A_0$,则调幅信号的时域表达为:

$$s_{AM}(t) = [A_0 + f(t)] \cos\omega_c t$$

$$= A_0 \cos\omega_c t + f(t) \cos\omega_c t \tag{4-4}$$

当知道 $f(t)$ 的频谱为 $F(\omega)$,则得到傅里叶变换对:

$$f(t) \leftrightarrow F(\omega)$$

$$A_0 \cos\omega_c t \leftrightarrow \pi A_0 [\delta(\omega - \omega_c) + \delta(\omega + \omega_c)]$$

$$f(t) \cos\omega_c t \leftrightarrow \frac{1}{2} [F(\omega - \omega_c) + F(\omega + \omega_c)]$$

于是 $s_{AM}(t)$ 的频域表达式为：

$$S_{AM}(\omega) = \pi A_0[\delta(\omega - \omega_0) + \delta(\omega + \omega_0)] + \frac{1}{2}[F(\omega - \omega_0) + F(\omega + \omega_0)] \quad (4\text{-}5)$$

其波形与频谱如图 4-3 所示。

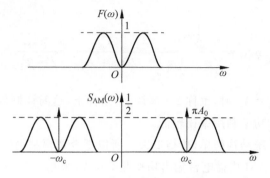

图 4-3　常规调幅信号的频谱

由频谱可以看出，AM 信号的频谱由载频分量、上边带、下边带三部分组成。在外侧的边带称为上边带，在内侧的边带称为下边带。频谱结构与原调制信号的频谱结构相同，下边带是上边带的镜像。因此，AM 信号是带有载波分量的双边带信号，它的带宽是基带信号带宽 f_H 的 2 倍。通常将基带信号的带宽 B 取作 f_H，这样常规调幅信号的带宽是基带信号带宽的 2 倍，即 $B_{AM} = 2B = 2f_H$。

在式（4-1）中，A_0 称为直流分量，在式（4-3）中，A_0 称为载波幅度，直流分量着重于调制信号的组成，而载波幅度则强调已调信号的组成。

由于调幅信号的平均功率可以通过信号的均方值得到。将信号的时间表达式平方后求均值，我们就得到了信号在 1Ω 的电阻上平均功率 P_{AM}，即

$$P_{AM} = \overline{s_{AM}^2(t)}$$

$$= \overline{[A_0 + f(t)]^2 \cos^2 \omega_c t}$$

$$= \overline{A_0^2 \cos^2 \omega_c t + f^2(t) \cos^2 \omega_c t + 2A_0 f(t) \cos^2 \omega_c t}$$

一般假设调制信号的平均值为 0，即 $\overline{f(t)} = 0$。再通过

$$\cos^2 \omega_c t = \frac{1}{2}(1 + \cos 2\omega_c t)$$

$$\overline{\cos 2\omega_c t} = 0$$

可以计算得

$$P_{AM} = \frac{A_0^2}{2} + \frac{\overline{f^2(t)}}{2} = P_c + P_f \quad (4\text{-}6)$$

式中：$P_c = A_0^2/2$ 为载波功率；$P_f = \overline{f(t)^2}/2$ 为边带功率。

由此可见，AM 信号的总功率包括载波功率和边带功率两部分。只有边带功率才与调制信号有关，也就是说，载波分量并不携带信息。有用功率（用于传输有用信息的边带功率）占信号总功率的比例可以写为：

$$\eta_{AM} = \frac{P_s}{p_{AM}} = \frac{\overline{f^2(t)}}{A_0^2 + \overline{f^2(t)}} \tag{4-7}$$

η_{AM} 称为调制效率。当调制信号为单音余弦信号时，即 $f(t) = A_m \cos\omega_m t$ 时，$\overline{f^2(t)} = A_m^2/2$。此时

$$\eta_{AM} = \frac{\frac{1}{2}A_m^2}{A_0^2 + \frac{1}{2}A_m^2} = \frac{A_m^2}{2A_0^2 + A_m^2} = \frac{\beta_{AM}^2}{2 + \beta_{AM}^2} \tag{4-8}$$

在"满调幅"（$|f(t)|_{max} = A_0$ 时，也称 100% 调制）条件下，这时调制效率的最大值为 $\eta_{AM} = 1/3$。因此，AM 信号的功率利用率比较低。

AM 的优点在于系统结构简单，价格低廉。所以至今调幅制仍广泛用于无线电广播。

例 4-1 已知一个 AM 广播电台输出功率是 50kW，采用单频余弦信号进行调制，调幅指数为 0.707。

（1）试计算调制效率和载波功率；

（2）如果天线用 50Ω 的电阻负载表示，求载波信号的峰值幅度。

解 （1）根据式（4-8）可得调制效率 η_{AM} 为

$$\eta_{AM} = \frac{\beta_{AM}^2}{2 + \beta_{AM}^2} = \frac{0.707^2}{2 + 0.707^2} = \frac{1}{5}$$

调制效率 η_{AM} 与载波功率 P_c 的关系为

$$\eta_{AM} = \frac{P_f}{P_c + P_f} = \frac{P_f}{P_{AM}}$$

载波功率为

$$P_c = P_{AM} - P_f = P_{AM}(1 - \eta_{AM}) = 50 \times \left(1 - \frac{1}{5}\right) = 40\text{kW}$$

（2）载波功率 P_c 与载波峰值 A 的关系为

$$P_c = \frac{A^2}{2R}$$

所以

$$A = \sqrt{2P_c R} = \sqrt{2 \times 40 \times 10^3 \times 50} = 2000\text{V}$$

4.1.2 抑制载波双边带调幅

在 AM 信号中，载波分量并不携带信息，信息完全由边带传送。如果在 AM 调制模型中将直流分量 A_0 去掉，直接用 $f(t)$ 调制载波的幅度，便可以得到抑制载波的双边带调幅信号，简称双边带信号（Double Side Band with Suppressed Carrier，DSB-SC）。其时间波形表示式为

$$s_{DSB}(t) = f(t)\cos\omega_c(t) \tag{4-9}$$

相应的已调信号的频谱表达式为

$$S_{DSB}(\omega) = \frac{1}{2}F(\omega - \omega_c) + \frac{1}{2}F(\omega + \omega_c) \tag{4-10}$$

其典型的波形和频谱如图 4-4 所示。由时间波形可知,双边带信号在 $f(t)$ 改变符号时恰好 $c(t)$ 也改变符号,这时载波就出现反相点。已调信号的幅度包络与 $f(t)$ 不完全相同,说明它的包络不完全载有 $f(t)$ 的信息,因而不能采用简单的包络检波来恢复调制信号。

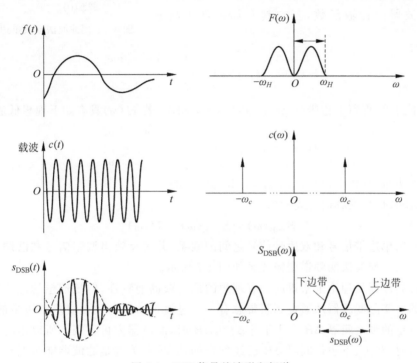

图 4-4 DSB 信号的波形和频谱

双边带信号的平均功率为已调信号的均方值,即

$$P_{DSB} = \overline{s_{DSB}^2(t)} = \overline{f^2(t)\cos^2\omega_c t}$$
$$= \overline{f^2(t)}/2 \tag{4-11}$$

由于边带功率是信号的全部功率,所以调制效率 $\eta_{DSB} = 1$。

DSB 信号虽然节省了载波功率,但它所需的传输带宽仍是调制信号带宽的两倍,即与 AM 信号带宽相同。我们注意到:DSB 信号两个边带中的任意一个都包含了 $F(\omega)$ 的所有频谱成分,因此仅传输其中一个边带即可。这样既节省发送功率,还可节省一半传输频带,这种方式称为单边带调制。

由式(4-9)可得,抑制载波双边带调幅的调制过程是调制信号与载波的相乘运算,数学模型如图 4-5 所示。

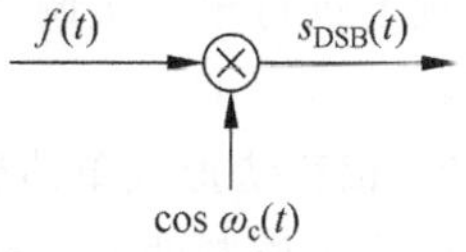

图 4-5 双边带调幅调制模型

4.1.3 单边带调制

单边带调制(SSB)信号是将双边带信号中的一个边带滤掉而形成的。根据滤除方法的不同,产生 SSB 信号的方法两种有:滤波法和相移法。

1. 用滤波法形成单边带信号

产生 SSB 信号最直观的方法是，先产生一个双边带信号，然后让其通过一个边带滤波器，滤除不要的边带，即可得到单边带信号。我们把这种方法称为滤波法，它是最简单也是最常用的方法。其原理框图如图 4-6 所示。图 4-6 中，$H(\omega)$ 为单边带滤波器的传输函数，若它具有如下理想高通特性：

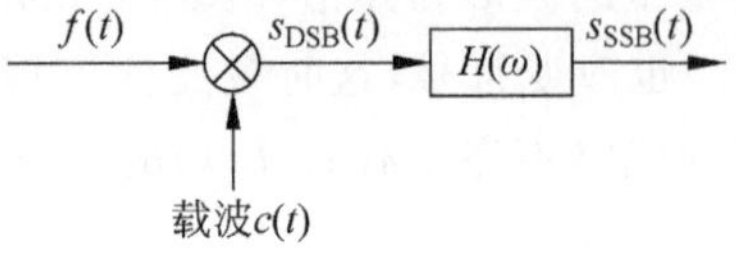

$$f(t) \rightarrow \otimes \rightarrow s_{DSB}(t) \rightarrow \boxed{H(\omega)} \rightarrow s_{SSB}(t)$$

载波$c(t)$

图 4-6 用滤波法形成单边带信号

$$H(\omega) = H_{\text{USB}}(\omega) = \begin{cases} 1 & |\omega| > \omega_c \\ 0 & |\omega| \leqslant \omega_c \end{cases} \tag{4-12}$$

则可滤除下边带，保留上边带（Upper-sideband，USB）；若 $H(\omega)$ 具有如下理想低通特性：

$$H(\omega) = H_{\text{LSB}}(\omega) = \begin{cases} 1 & |\omega| < \omega_c \\ 0 & |\omega| \geqslant \omega_c \end{cases} \tag{4-13}$$

则可滤除上边带，保留下边带（Lower-sideband，LSB）。

因此，SSB 信号的频谱可表示为

$$S_{\text{SSB}}(\omega) = S_{\text{DSB}}(\omega) \times H(\omega) \tag{4-14}$$

此式仅表示出单边带信号和双边带信号之间的联系，并未反映出调制信号和已调制信号之间的定量关系。滤波法的频谱变换关系如图 4-7 所示。

单边带滤波器从理论上来讲应该有理想的低通或高通特性，但是理想的滤波特性是不可能实现的。实际滤波器从通带到阻带总有一个过渡带 Δf，这就是要求双边带的上、下边带之间有一定的频率间隔 ΔB。只有当 $\Delta f \leqslant \Delta B$ 时，滤波器方可实现。所以用滤波法产生单边带信号时，在上、下边带间隔 ΔB 已经确定的情况下，关键是滤波器能否实现。一般的调制信号都具有丰富的低频成分，经调制后得到的双边带信号的上、下边带之间的间隔很窄。例如，若经过滤波后的语音信号的最低频率为 300Hz，则上、下边带之间的频率间隔为 600Hz，即允许过渡带为 600Hz。实现滤波器的难易程度与过渡带相对载频的归一化值有关，该值越小，边带滤波器就越难实现。因此在 600Hz 过渡带和不太高的载频情况下，滤波器不难实现；但当载频较高时，采用一级调制直接滤波的方法已不可能实现单边带调制。这时可以采用多级（一般采用两级）DSB 调制及边带滤波的方法，即先在较低的载频上进行 DSB 调制，目的是增大过渡带的归一化值，以利于滤波器的制作，经单边带滤波后再在要求的载频上进行第二次调制及滤波（常称为变频）。但当调制信号中含有直流及低频分量时滤波法就不适用了。

2. 相移法形成单边带信号

单边带调制的另一种方法为相移法。以单频调制的情况为例，可了解相移法的原理。

1）单频信号

设单频调制信号为

$$f(t) = A_{\text{m}} \cos\omega_{\text{m}} t$$

载波为

$$c(t) = \cos\omega_{\text{c}} t$$

双边带信号的时域表达式为

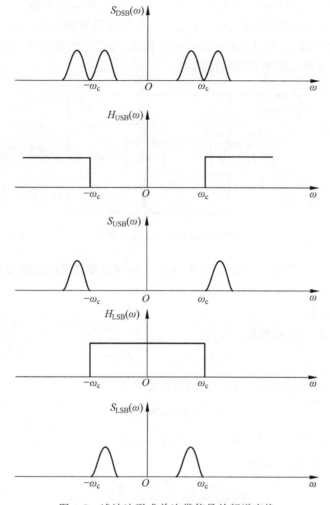

图 4-7　滤波法形成单边带信号的频谱变换

$$s_{\mathrm{DSB}}(t) = A_{\mathrm{m}}\cos\omega_{\mathrm{m}}t\cos\omega_{\mathrm{c}}t$$

$$= \frac{1}{2}A_{\mathrm{m}}\cos(\omega_{\mathrm{m}}+\omega_{\mathrm{c}})t + \frac{1}{2}A_{\mathrm{m}}\cos(\omega_{\mathrm{c}}-\omega_{\mathrm{m}})t$$

保留上边带的单边带调制信号为

$$s_{\mathrm{USB}} = \frac{1}{2}A_{\mathrm{m}}\cos(\omega_{\mathrm{c}}+\omega_{\mathrm{m}})t$$

$$= \frac{A_{\mathrm{m}}}{2}\cos\omega_{\mathrm{m}}t\cos\omega_{\mathrm{c}}t - \frac{A_{\mathrm{m}}}{2}\sin\omega_{\mathrm{m}}t\sin\omega_{\mathrm{c}}t \tag{4-15}$$

保留下边带的单边带调制信号为

$$s_{\mathrm{LSB}}(t) = \frac{A_{\mathrm{M}}}{2}\cos\omega_{\mathrm{m}}t\cos\omega_{\mathrm{c}}t + \frac{A_{\mathrm{M}}}{2}\sin\omega_{\mathrm{m}}t\sin\omega_{\mathrm{c}}t \tag{4-16}$$

式(4-15)和式(4-16)中的第一项是调制信号与载波信号的乘积,称为同相分量;而第二项则是调制信号与载波信号分别相移$-\pi/2$后的乘积,称为正交分量。由以上两个表达式可得到实现单边带调制的另一种方法,即相移法,如图 4-8 所示。上支路产生同相分量,下支路产生正交分量。两路信号相减时得到上边带信号，相加时则得到下边带信号。由此可以得到，如果调制信号为确定的周期信号，由于它可以分解成许多频率分量之和，因此只要求相移Ⅰ是一个带宽相移网络，对每个频率分量都能相移$-\pi/2$。将输入调制信号由单频信号变为$f(t)/2$，则图 4-8 所示的相移法同样适用。

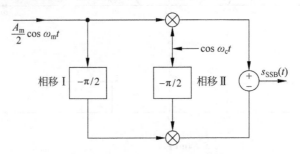

图 4-8 用相移法形成单边带信号

如果调制信号是一般的非周期性信号，为了求出单边带信号的时域表达式，则需要借助希尔伯特变换。为此介绍希尔伯特变换及其性质。

2) 希尔伯特变换

设信号为$f(t)$，对应的解析信号为

$$z(t) = f(t) + \mathrm{j}\hat{f}(t) \tag{4-17}$$

式中，$f(t)$为实部，$\hat{f}(t)$为虚部。$z(t)$的傅里叶变换为

$$z(\omega) = F(\omega) + \mathrm{j}\hat{F}(\omega) \tag{4-18}$$

式中，$F(\omega)$和$\hat{F}(\omega)$分别为$f(t)$和$\hat{f}(t)$的傅里叶变换。

为了满足频域因果性，应有

$$\hat{F}(\omega) = \begin{cases} -\mathrm{j}F(\omega) & \omega > 0 \\ \mathrm{j}F(\omega) & \omega < 0 \end{cases} \tag{4-19}$$

因此式(4-18)可记作

$$Z(\omega) = 2F(\omega)U(\omega) \tag{4-20}$$

由傅里叶变换理论可知，频域相乘等效于时域卷积。单位阶跃频谱函数$U(\omega)$的傅里叶反变换为

$$\mathcal{F}^{-1}[U(\omega)] = \frac{1}{2}\delta(t) + \frac{\mathrm{j}}{2\pi t}$$

式(4-20)的傅里叶反变换为

$$\begin{aligned} z(t) &= f(t) * \left[\delta(t) + \frac{\mathrm{j}}{\pi t}\right] \\ &= f(t) + \mathrm{j}\left[f(t) * \frac{1}{\pi t}\right] \\ &= f(t) + \mathrm{j}\left[\frac{1}{\pi}\int_{-\infty}^{+\infty}\frac{f(\tau)}{t-\tau}\mathrm{d}\tau\right] \end{aligned} \tag{4-21}$$

此式应和式(4-17)相对应。即有

$$\hat{f}(t) = \frac{1}{\pi} \int_{-\infty}^{+\infty} \frac{f(\tau)}{t-\tau} d\tau \tag{4-22}$$

同理可求得

$$f(t) = -\frac{1}{\pi} \int_{-\infty}^{+\infty} \frac{\hat{f}(\tau)}{t-\tau} d\tau \tag{4-23}$$

由式(4-22)和式(4-23)可知,时域解析函数的实部和虚部之间存在对应的确定关系。我们把这一关系叫做希尔伯特变换对,式(4-22)叫希尔伯特变换,而式(4-23)叫希尔伯特反变换。

不难看出,式(4-22)是时间域的卷积运算,即

$$\hat{f}(t) = f(t) * \frac{1}{\pi t}$$

此式表达的变换关系如图 4-9 所示,其中 $f(t)$ 是激励函数,$1/\pi t$ 是网络的单位冲激响应,$\hat{f}(t)$ 是网络的输出响应。因为可以完成希尔伯特变换,因此叫希尔伯特滤波器。

由于

$$\frac{1}{\pi t} \leftrightarrow -j\,\mathrm{sgn}(\omega)$$

因此希尔伯特滤波器的传递函数为

$$H_H(\omega) = -j\,\mathrm{sgn}(\omega) \tag{4-24}$$

该式表明希尔伯特滤波器是一个带宽移相全通网络,它使每个正频率分量都相移 $-\pi/2$,其传递函数的模和相角特性分别示于图 4-10 中。

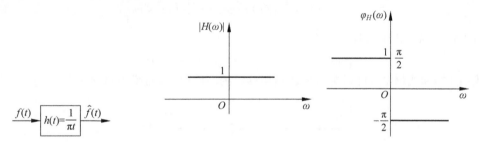

图 4-9 希尔伯特变换关系图   图 4-10 希尔伯特滤波器的传递函数

由以上分析可写出 $\hat{f}(t)$ 的频域表达式

$$\hat{F}(\omega) = F(\omega)H_H(\omega) = -j\,\mathrm{sgn}(\omega)F(\omega) \tag{4-25}$$

3) 一般情况下的时域表达式

单边带信号的频域表达式为

$$S_{SSB}(\omega) = S_{DSB}(\omega)H_{SSB}(\omega)$$

频域相乘等效于时域卷积。若单边带滤波器的冲激响应为 $h_{SSB}(t)$,则单边带信号的时域表达式为

$$s_{SSB}(t) = s_{DSB}(t) * h_{SSB}(t) \tag{4-26}$$

上边带滤波器的传递函数 $H_{USB}(\omega)$ 和下边带滤波器的传递函数 $H_{LSB}(\omega)$ 分别如式(4-12)和式(4-13)所示,它们所对应的冲激响应分别为

$$h_{\text{USB}}(t) = \delta(t) - \frac{1}{\pi}\frac{\sin\omega_c t}{t} \tag{4-27}$$

$$h_{\text{LSB}}(t) = \frac{1}{\pi}\frac{\sin\omega_c t}{t} \tag{4-28}$$

以下边带调制为例，将式(4-28)代入式(4-26)得

$$s_{\text{LSB}}(t) = s_{\text{DSB}}(t) * h_{\text{LSB}}(t)$$

$$= \left[f(t)\cos\omega_c t\right] * \left[\frac{1}{\pi}\frac{\sin\omega_c t}{t}\right]$$

$$= \frac{1}{\pi}\int_{-\infty}^{+\infty}\frac{f(\tau)\cos\omega_c\tau\sin(\omega_c t - \omega_c\tau)}{t-\tau}\mathrm{d}\tau$$

$$= \frac{1}{2}\sin\omega_c t\left[\frac{1}{\pi}\int_{-\infty}^{+\infty}\frac{f(\tau)}{t-\tau}\mathrm{d}\tau\right] + \frac{1}{2}\sin\omega_c t\left[\frac{1}{\pi}\int_{-\infty}^{+\infty}\frac{f(\tau)\cos 2\omega_c\tau}{t-\tau}\mathrm{d}\tau\right] -$$

$$\frac{1}{2}\cos\omega_c t\left[\frac{1}{\pi}\int_{-\infty}^{+\infty}\frac{f(\tau)\sin 2\omega_c\tau}{t-\tau}\mathrm{d}\tau\right]$$

由希尔伯特变换的定义可简化上式得

$$s_{\text{LSB}}(t) = \frac{1}{2}\hat{f}(t)\sin\omega_c t + \frac{1}{2}f(t)\sin 2\omega_c t\sin\omega_c t + \frac{1}{2}f(t)\cos 2\omega_c t\cos\omega_c t$$

$$= \frac{1}{2}f(t)\cos\omega_c t + \frac{1}{2}\hat{f}(t)\sin\omega_c t \tag{4-29}$$

同理可得到上边带信号的时间表达式为

$$s_{\text{USB}}(t) = \frac{1}{2}f(t)\cos\omega_c t - \frac{1}{2}\hat{f}(t)\sin\omega_c t \tag{4-30}$$

上边带信号和下边带信号之和为

$$s_{\text{DSB}}(t) = s_{\text{LSB}}(t) + s_{\text{USB}}(t) = f(t)\cos\omega_c t$$

由式(4-29)和式(4-30)可得单边带调制相移法的一般模型，如图4-11所示。

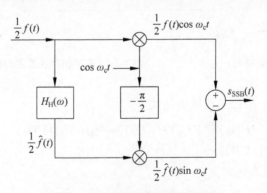

图 4-11 单边带调制相移法方框图

相移法是利用相移网络，对载波和调制信号进行适当的相移，以便在合成过程中将其中的一个边带抵消而获得 SSB 信号。相移法不需要滤波器具有陡峭的截止特性，不论载频有多高，均可一次实现 SSB 调制。

相移法的技术难点是宽带相移网络 $H_h(\omega)$ 的制作。该网络必须对调制信号 $m(t)$ 的所

有频率分量均精确相移 $\frac{\pi}{2}$，这一点即使近似达到也是困难的。为解决这个难题，可以采用维弗（Weaver）法。限于篇幅，这里不作介绍。

综上所述，SSB 信号的实现比 AM、DSB 要复杂，但 SSB 调制方式在传输信息时，不仅可节省发射功率，而且它所占用的频带宽度为 $B_{\mathrm{SSB}} = f_{\mathrm{H}}$，比 AM、DSB 减少了一半。它目前已成为短波通信中一种重要的调制方式。

SSB 信号的解调和 DSB 一样，不能采用简单的包络检波，因为 SSB 信号也是抑制载波的已调信号，它的包络不能直接反应调制信号的变化，所以还是需要相干解调。

4.1.4　残留边带调制

对于具有直流或者极低频率分量的调制信号，实际上无法实现单边带调制。双边带调制容易实现，但传输带宽是单边带信号的两倍。在单边带调制和双边带调制之间有一种折中的调制方法，称为残留边带调制（VSB）。其除了保留一个边带的绝大部分以外，还保留另一个边带的一小部分，即残留部分。这样残留边带调制就避免了实现上的困难，其代价是传输带宽介于单边带信号和双边带信号的带宽之间。

这种调制方式不像 SSB 中那样完全抑制 DSB 信号的一个边带，而是逐渐切割，使其残留一小部分，如图 4-12 所示。

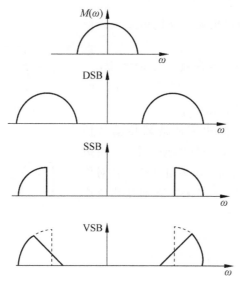

图 4-12　DSB、SSB 和 VSB 信号的频谱

用滤波法实现残留边带调制的原理框图与图 4-6 相同。不过，这时图中滤波器的特性 $H(\omega)$ 应按残留边带调制的要求来进行设计，而不再要求十分陡峭的截止特性，因而它比单边带滤波器容易制作。

现在我们来确定残留边带滤波器的特性。假设 $H(\omega)$ 是所需的残留边带滤波器的传输特性，由滤波法可知，残留边带信号的频谱为

$$S_{\mathrm{VSB}}(\omega) = S_{\mathrm{DSB}}(\omega) * H(\omega) = \frac{1}{2}[M(\omega + \omega_{\mathrm{c}}) + M(\omega - \omega_{\mathrm{c}})]H(\omega) \qquad (4\text{-}31)$$

为了确定上式中残留边带滤波器传输特性 $H(\omega)$ 应满足的条件，我们来分析一下接收端是如何从该信号中恢复原基带信号的。VSB 信号也不能简单地采用包络检波，而必须采用如图 4-13 所示的相干解调。

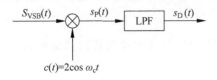

图 4-13 VSB 信号的相干解调

图中，残留边带信号 $s_{VSB}(t)$ 与相干载波 $2\cos\omega_c t$ 的乘积为 $s_p(t)=2s_{VSB}(t)\cos\omega_c t$ 因为 $s_{VSB}(t)\Leftrightarrow S_{VSB}(\omega)$ 和 $\cos\omega_c t\Leftrightarrow\pi[\delta(\omega+\omega_c)+\delta(\omega-\omega_c)]$

根据频域卷积定理可知，乘积 $s_p(t)$ 对应的频谱为

$$S_P(\omega)=[S_{VSB}(\omega+\omega_c)+S_{VSB}(\omega-\omega_c)] \tag{4-32}$$

将式（4-31）代入式（4-32）得

$$S_P(\omega)=\frac{1}{2}[M(\omega+2\omega_c)+M(\omega)]H(\omega+\omega_c)+\frac{1}{2}[M(\omega)+M(\omega-2\omega_c)]H(\omega-\omega_c) \tag{4-33}$$

式中：$H(\omega+2\omega_c)$ 和 $H(\omega-2\omega_c)$ 是 $H(\omega)$ 搬移到 $\pm2\omega_c$ 处的频谱，它们可以由解调器中的低通滤波器除掉。

于是，低通滤波器的输出频谱 $S_d(\omega)$ 为

$$S_d(\omega)=\frac{1}{2}M(\omega)[H(\omega+\omega_c)+H(\omega-\omega_c)] \tag{4-34}$$

显然为了保证相干解调的输出无失真地恢复调制信号 $m(t)$，必须满足

$$H(\omega+\omega_c)+H(\omega-\omega_c)=常数 \qquad |\omega|\leqslant\omega_H \tag{4-35}$$

式中：ω_H 为调制信号的截止角频率。

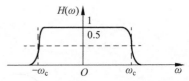

(a) 残留部分上边带的滤波器特性

式（4-35）就是确定残留边带滤波器传输特性 $H(\omega)$ 所必须遵循的条件。该条件的含义是：残留边带滤波器的特性 $H(\omega)$ 在 $\pm\omega_c$ 处必须具有互补对称（奇对称）特性，相干解调时才能无失真地从残留边带信号中恢复所需的调制信号。

满足式（4-35）的残留边带滤波器特性 $H(\omega)$ 有两种形式，如图 4-14 所示。并且，每一种形式的滚降特性曲线并不是唯一的。

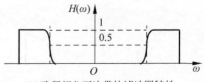

(b) 残留部分下边带的滤波器特性

图 4-14 残留边带的滤波器特性

4.1.5 线性调制的一般模型

在前几节讨论的基础上，可以归纳出线性调制的一般模型，见图 4-15。该模型由相乘器和冲激响应为 $h(t)$ 的滤波器组成。其输出已调信号的时域和频域的表达式为

$$s_m(t)=[m(t)\cos\omega_c t]*h(t) \tag{4-36}$$

$$S_m(\omega)=\frac{1}{2}[M(\omega+\omega_c)+M(\omega-\omega_c)]H(w) \tag{4-37}$$

式中：$H(\omega)\Leftrightarrow h(t)$。

在该模型中,只要适当选择滤波器的特性 $H(\omega)$,便可以得到各种幅度调制信号。

如果将式(4-36)展开。则可以得到另一种形式的时域表达式,即

$$s_f(t) = s_I(t)\cos\omega_c t + s_Q(t)\sin\omega_c t \qquad (4\text{-}38)$$

其中

$$s_I(t) = h_I(t) * m(t) \qquad h_I(t) = h(t)\cos\omega_c t \qquad (4\text{-}39)$$

$$s_Q(t) = h_Q(t) * m(t) \qquad h_Q(t) = h(t)\sin\omega_c t \qquad (4\text{-}40)$$

式(4-38)表明,$s_f(t)$ 可等效为两个互为正交调制分量的合成。由此可以得到图4-15的等效模型(见图4-16)。该模型称为线性调制相移法的一般模型,它同样适应于所有线性调制。

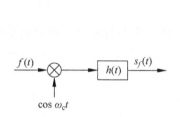

图 4-15　线性调制(滤波法)一般模型 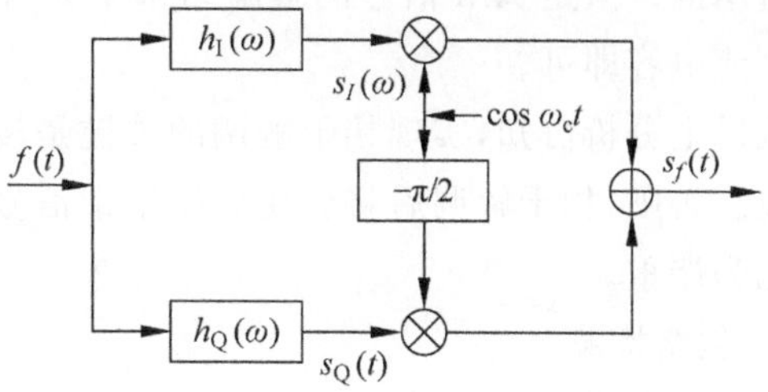　　　　图 4-16　线性调制(相移法)一般模型

4.1.6　相干解调与包络检波

解调是调制的逆过程,其作用是从接收的已调信号中恢复原基带信号(即调制信号)。解调的方法可分为两类:相干解调和非相干解调(包络检波)。

1. 相干解调

相干解调也叫同步检波。解调与调制的实质一样,均是频谱搬移。调制是把基带信号的谱搬到了载频位置,这一过程可以通过一个相乘器与载波相乘来实现。解调则是调制的反过程,即把在载频位置的已调信号的谱搬回到原始基带位置,因此同样可以用相乘器与载波相乘来实现。相干解调器的一般模型见图4-17。

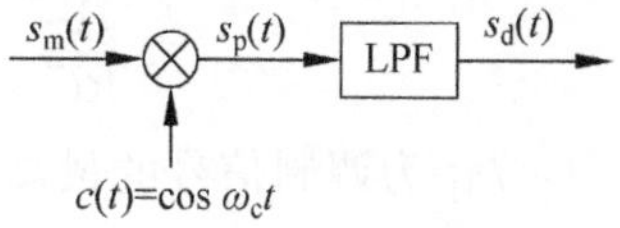

相干解调时,为了无失真地恢复原基带信号,接收端必须提供一个与接收的已调载波严格同步(同频同相)的本地载波(称为相干载波),它与接收的已调信号相乘后,经低通滤波器取出低频分量,即可得到原始的基带调制信号。

图 4-17　相干解调器的一般模型

相干解调器适用于所有线性调制信号的解调。由式(4-38)可知,送入解调器的已调信号的一般表达式为

$$s_f(t) = s_I(t)\cos\omega_c t + s_Q(t)\sin\omega_c t$$

与同频同相的相干载波 $c(t)$ 相乘后,得

$$s_p(t) = s_f(t)\cos\omega_c t$$

$$= \frac{1}{2}s_I(t) + \frac{1}{2}s_I(t)\cos2\omega_c t + \frac{1}{2}s_Q(t)\sin2\omega_c t \qquad (4\text{-}41)$$

经低通滤波器(Low-Pass Filter,LPF)后,得

$$s_{\mathrm{d}}(t) = \frac{1}{2} s_{\mathrm{I}}(t) \tag{4-42}$$

由式(4-39)和图 4-16 可知,$s_{\mathrm{I}}(t)$ 是 $m(t)$ 通过一全通滤波器 $h_{\mathrm{I}}(\omega)$ 后的结果。因此,$s_{\mathrm{d}}(t)$ 就是解调输出,即

$$s_{\mathrm{d}}(t) = \frac{1}{2} s_{\mathrm{I}}(t) \propto m(t) \tag{4-43}$$

由此可见,相干解调器适用于所有线性调制信号的解调,即对于 AM、DSB、SSB 和 VSB 都是适用的。只是 AM 信号的解调结果中含有直流成分 A_0,这时候在解调后加上一个简单隔直流电容即可。

从以上分析可知,实现相干解调的关键是接收端要提供一个与载波信号严格同步的相干载波。否则,相干解调后将会使原始基带信号减弱,甚至带来严重失真,这在传输数字信号时尤为严重。

2. 包络检波

AM 信号在满足 $|m(t)|_{\max} \leqslant A_0$ 的条件下,其包络与调制信号 $m(t)$ 的形状完全一样。因此,AM 信号除了可以采用相干解调外,一般都采用简单的包络检波法来恢复信号。

包络检波器通常由半波或全波整流器和低通滤波器组成。它属于非相干解调,因此不需要相干载波,广播接收机中多采用此法。一个二极管峰值包络检波器如图 4-18 所示,它由二极管 VD 和 RC 低通滤波器组成。

设输入信号是 AM 信号

$$s_{\mathrm{AM}}(t) = [A_0 + m(t)] \cos \omega_c t$$

在大信号检波时(一般大于 0.5V),二极管处于受控的开关状态。选择 RC 满足如下的关系

$$f_{\mathrm{H}} \ll \frac{1}{RC} \ll f_c \tag{4-44}$$

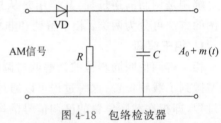

图 4-18　包络检波器

式中：f_{H} 为调制信号的最高频率；f_c 为载波的频率。

在满足式(4-44)的条件下,检波器的输出为

$$s_{\mathrm{d}}(t) = A_0 + m(t) \tag{4-45}$$

隔去直流后即可得到原信号 $m(t)$。

可见,包络检波器就是直接从已调波的幅度中提取原调制信号。其结构简单,且解调输出是相干解调输出的 2 倍。因此,AM 信号几乎无例外地采用包络检波。

顺便指出,DSB、SSB 和 VSB 均是抑制载波的已调信号,其包络不直接表示调制信号,因此不能采用简单的包络检波方法解调。但若插入很强的载波,使之成为或近似为 AM 信号,则可用包络检波器恢复调制信号,这种方法称为插入载波包络检波法。它对于 DSB、SSB 和 VSB 信号均适用。载波分量可以在接收端插入,也可以在发送端插入。注意：为了保证检波质量,插入的载波振幅应远大于信号的振幅,同时也要求插入的载波与调制载波同频同相。

4.2 线性调制系统的抗噪声性能

4.2.1 通信系统抗噪声性能分析模型

前面的分析都是在无干扰条件下进行的,实际在任何通信系统中,干扰是无法避免的,从之前有关信道和噪声的内容可知,通信系统将加性干扰中的起伏干扰作为研究对象。

由于起伏干扰的物理特征,通常称为加性高斯白噪声。高斯噪声是指它的概率密度函数为高斯分布,白噪声是指它的功率谱密度为均匀分布。

由于加性噪声被认为只对已调信号的接收产生影响,因而通信系统的抗噪声性能可以用解调器的抗噪声性能来衡量。分析解调器的抗噪声性能的模型示于图 4-19 中。图中,$s(t)$ 为已调信号,$n(t)$ 为信道加性高斯白噪声。带通滤波器的作用是滤除已调信号频带以外的噪声,因此,经过带通滤波器后到达解调器输入端的信号仍可认为是 $s_i(t)$,而噪声为 $n_i(t)$。解调器输出的有用信号为 $s_o(t)$,噪声为 $n_o(t)$。

图 4-19　解调器的抗噪声性能分析模型

对于不同的调制系统,将有不同形式的信号 $s(t)$,但解调器输入端的噪声 $n_i(t)$ 形式却是相同的,它是由平稳高斯白噪声经过带通滤波器而得到的。由高斯白噪声和带限白噪声可知,当带通滤波器的带宽远小于其中心频率 ω_0 时,可视为窄带滤波器,故 $n_i(t)$ 为平稳窄带高斯噪声,它的表示式为

$$n_i(t) = V(t)\cos[\omega_0 t + \theta(t)] \tag{4-46}$$

将式(4-46)展开,可得到窄带高斯噪声的另一种表达形式为

$$\begin{aligned} n_i(t) &= V(t)\cos(\omega_0 t + \theta(t)) \\ &= V(t)\cos\theta(t)\cos\omega_0 t - V(t)\sin\theta(t)\sin\omega_0 t \\ &= n_I(t)\cos\omega_0 t - n_Q(t)\sin\omega_0 t \end{aligned} \tag{4-47}$$

式中

$$n_I(t) = V(t)\cos\theta(t) \tag{4-48}$$

$$n_Q(t) = V(t)\sin\theta(t) \tag{4-49}$$

通常把余弦项的振幅 $n_I(t)$ 称为同相分量,正弦项振幅 $n_Q(t)$ 称为正交分量。

由随机过程知识可知,窄带噪声 $n_i(t)$ 及其同相分量 $n_I(t)$,正交分量 $n_Q(t)$ 的均值都为0,且具有相同的方差,即

$$\overline{n_i^2(t)} = \overline{n_I^2(t)} = \overline{n_Q^2(t)} = N_i \tag{4-50}$$

式中:N_i 为解调器输入噪声的平均功率。

若白噪声的单边功率谱密度为 n_0,带通滤波器是高度为1、带宽为 B 的理想矩形函数,则解调器的输入噪声功率为

$$N_i = n_0 B \tag{4-51}$$

这里的带宽 B 应等于已调信号的频带宽度,既保证已调信号无失真地进入解调器,同时又最大限度地抑制噪声。

模拟通信系统的主要质量指标是解调器的输出信噪比。输出信噪比定义为

$$\frac{S_o}{N_o} = \frac{\text{解调器输出有用信号的平均功率}}{\text{解调器输出噪声的平均功率}} \tag{4-52}$$

输出信噪比与调制方式和解调方式均密切相关。因此在已调信号平均功率相同，而且信道噪声功率谱密度也相同的情况下，输出信噪比 S_o/N_o 反映了解调器的抗噪声性能。显然，S_o/N_o 越大越好。

为了便于比较同类调制系统采用不同解调器时的性能，还可用输出信噪比和输入信噪比的比值来表示，即

$$G = \frac{S_o/N_o}{S_i/N_i} \tag{4-53}$$

这个比值 G 称为调制制度增益或信噪比增益。显然，同一调制方式，信噪比增益 G 越大，则解调器的抗噪声性能越好；同时，G 的大小也反映了这种调制制度的优劣。式中 S_i/N_i 为输入信噪比，定义为

$$\frac{S_i}{N_i} = \frac{\text{解调器输入已调信号的平均功率}}{\text{解调器输入噪声的平均功率}} \tag{4-54}$$

显然，信噪比增益越高，则解调器的抗噪声性能越好。当然，这种比较必须是有条件的，在相同的输入功率条件下，通过比较不同系统的信噪比增益，才能说明系统的抗噪声性能。

4.2.2 线性调制相干解调的抗噪声性能

线性调制相干解调的抗噪声性能分析模型如图 4-20 所示。当存在加性干扰时，相干解调器的输入是已调信号和窄带噪声的叠加，即

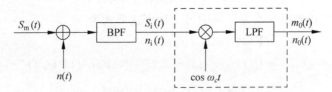

图 4-20　线性调制相干解调抗噪声性能分析模型

下面分别讨论双边带调制和单边带调制的相干解调。

1. 双边带调制相干解调

在双边带信号的接收机中，带通滤波器的中心频率 ω_0 和调制载波频率 ω_c 相同，窄带噪声 $n_i(t)$ 的表达式为

$$n_i(t) = n_I(t)\cos\omega_c t - n_Q(t)\sin\omega_c t$$

解调器的输入乘上同频同相本地载波后，得

$$[s(t) + n_i(t)]\cos\omega_c t$$

$$= [f(t)\cos\omega_c t + n_I(t)\cos\omega_c t - n_Q(t)\sin\omega_c t]\cos\omega_c t$$

$$= \frac{1}{2}f(t) + \frac{1}{2}f(t)\cos2\omega_c t + \frac{1}{2}n_I(t) + \frac{1}{2}n_I(t)\cos2\omega_c t - \frac{1}{2}n_Q(t)\sin2\omega_c t \tag{4-55}$$

经低通滤波后得到解调输出为

$$s_{\mathrm{o}}(t) + n_{\mathrm{o}}(t) = \frac{1}{2}f(t) + \frac{1}{2}n_1(t) \tag{4-56}$$

若调制信号 $f(t)$ 是均值为 0 的信号,其带宽为 W,则输出有用信号的平均功率

$$S_0 = \overline{\frac{1}{4}f^2(t)} = \frac{1}{4}\mathrm{E}[f^2(t)] \tag{4-57}$$

输出噪声的平均功率

$$N_0 = \overline{\frac{1}{4}n_1^2(t)} = \frac{1}{4}n_0 B_{\mathrm{DSB}} = \frac{1}{2}n_0 B \tag{4-58}$$

输出信噪比

$$\frac{S_0}{N_0} = \frac{\mathrm{E}[f^2(t)]}{2n_0 B} \tag{4-59}$$

输入已调信号的平均功率

$$S_{\mathrm{i}} = \overline{f^2(t)\cos^2\omega_{\mathrm{c}}t} = \frac{1}{2}\overline{f^2(t)} = \frac{1}{2}E[f^2(t)] \tag{4-60}$$

输入噪声的平均功率

$$N_{\mathrm{i}} = n_0 B_{\mathrm{DSB}} = 2n_0 B \tag{4-61}$$

输入信噪比

$$\frac{S_{\mathrm{i}}}{N_{\mathrm{i}}} = \frac{E[f^2(t)]}{4n_0 B} \tag{4-62}$$

因而信噪比增益

$$G_{\mathrm{DSB}} = \frac{S_0/N_0}{S_{\mathrm{i}}/N_{\mathrm{i}}} = 2 \tag{4-63}$$

2. 单边带调制相干解调

对于上边带调制,带通滤波器中心频率 ω_0、载波频率 ω_{c} 与带宽 B 之间的关系如图 4-21 所示,可表示为

$$\frac{1}{2\pi}(\omega_0 - \omega_{\mathrm{c}}) = \frac{B}{2}$$

窄带噪声的表达式为

$$n_{\mathrm{i}}(t) = n_1(t)\cos\omega_0 t - n_{\mathrm{Q}}(t)\sin\omega_0 t$$

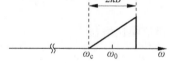

图 4-21 上边带信号频谱示意图

解调器的输入和相干载波相乘后,得

$$[s(t) + n_{\mathrm{i}}(t)]\cos\omega_{\mathrm{c}}t$$

$$= \left[\frac{1}{2}f(t)\cos\omega_{\mathrm{c}}t - \frac{1}{2}\hat{f}(t)\sin\omega_{\mathrm{c}}t + n_1(t)\cos\omega_0 t - n_{\mathrm{Q}}(t)\sin\omega_0 t\right]\cos\omega_{\mathrm{c}}t$$

$$= \frac{1}{2}f(t)\cos^2\omega_{\mathrm{c}}t - \frac{1}{2}\hat{f}(t)\sin\omega_{\mathrm{c}}t\cos\omega_{\mathrm{c}}t + n_1(t)\cos\omega_0 t\cos\omega_{\mathrm{c}}t - n_{\mathrm{Q}}(t)\sin\omega_0 t\cos\omega_{\mathrm{c}}t$$

$$= \frac{1}{4}f(t) + \frac{1}{4}f(t)\cos2\omega_{\mathrm{c}}t - \frac{1}{4}\hat{f}(t)\sin2\omega_{\mathrm{c}}t + \frac{1}{2}n_1(t)\cos(\omega_0 - \omega_{\mathrm{c}})t +$$

$$\quad \frac{1}{2}n_1(t)\cos(\omega_0 + \omega_{\mathrm{c}})t - \frac{1}{2}n_{\mathrm{Q}}(t)\sin(\omega_0 - \omega_{\mathrm{c}})t - \frac{1}{2}n_{\mathrm{Q}}(t)\sin(\omega_0 + \omega_{\mathrm{c}})t \tag{4-64}$$

低通滤波器的输出为

$$s_0(t) + n_0(t) = \frac{1}{4}f(t) + \frac{1}{2}n_I(t)\cos(\pi Wt) - \frac{1}{2}n_Q(t)\sin(\pi Wt) \tag{4-65}$$

输出有用信号的平均功率

$$S_0 = \frac{1}{16}E[f^2(t)] \tag{4-66}$$

输出噪声的平均功率

$$\begin{aligned}
N_0 &= \frac{1}{4}\overline{[n_I(t)\cos(\pi Wt) - n_Q(t)\sin(\pi Wt)]^2} \\
&= \frac{1}{4}E\left[\frac{1}{2}n_I^2(t) + \frac{1}{2}n_Q^2(t)\right] = \frac{1}{4}E[n_I^2(t)] = \frac{1}{4}n_0 B_{SSB} \\
&= \frac{1}{4}n_0 W \tag{4-67}
\end{aligned}$$

所以输出信噪比

$$\frac{S_0}{N_0} = \frac{E[f^2(t)]}{4n_0 W} \tag{4-68}$$

解调器输入的上边带信号的平均功率为

$$\begin{aligned}
S_i &= \overline{\left[\frac{1}{2}f(t)\cos\omega_c t - \frac{1}{2}\hat{f}(t)\sin\omega_c t\right]^2} \\
&= \frac{1}{8}E[f^2(t)] + \frac{1}{8}E[\hat{f}^2(t)] \tag{4-69}
\end{aligned}$$

式中，$\hat{f}(t)$ 为 $f(t)$ 的希尔伯特变换。由式(4-25)可知，$f(t)$ 与 $\hat{f}(t)$ 的幅度谱是相同的，只是相位谱不同，因而 $\hat{f}(t)$ 与 $f(t)$ 的平均功率相等。这样，式(4-69)可写成

$$S_i = \frac{1}{4}E[f^2(t)] \tag{4-70}$$

输入噪声的平均功率

$$N_i = n_0 B_{SSB} = n_0 B \tag{4-71}$$

可得信噪比增益

$$G_{SSB} = \frac{S_0/N_0}{S_i/N_i} = 1 \tag{4-72}$$

这是因为在 SSB 系统中，信号和噪声有相同表示形式，所以相干解调过程中，信号和噪声中的正交分量均被抑制掉，故信噪比没有改善。

比较式(4-63)与式(4-72)可知，$G_{DSB} = 2G_{SSB}$。这能否说明 DSB 系统的抗噪声性能比 SSB 系统好呢？回答是否定的。因为，两者的输入信号功率不同、带宽不同，在相同的噪声功率谱密度 n_0 条件下，输入噪声功率也不同，所以两者的输出信噪比是在不同条件下得到的。如果我们在相同的输入信号功率 S_i，相同的输入噪声功率谱密度 n_0，相同的基带信号带宽 f_H 条件下，对这两种调制方式进行比较，可以发现它们的输出信噪比是相等的。这就是说，两者的抗噪声性能是相同的。但 SSB 所需的传输带宽仅是 DSB 的一半，因此 SSB 得到普遍应用。

VSB 调制系统的抗噪声性能的分析方法与上面的相似。但是，由于采用的残留边带滤波器的频率特性形状不同，所以，抗噪声性能的计算是比较复杂的。但是在边带的残留部分

不是太大的时候,可以近似认为其抗噪声性能与 SSB 调制系统的抗噪声性能相同。

4.2.3　常规调幅包络检波的抗噪声性能

常规调幅包络检波的一般模型如图 4-22 所示,这里的解调器是包络检波器。

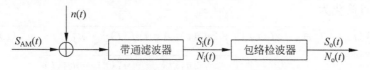

图 4-22　常规调幅包络检波的一般模型

解调器的输入为常规调幅信号,即

$$s_i(t) = [A_0 + f(t)]\cos\omega_c t$$

式中,$f(t)$ 为调制信号;A_0 为载波幅度。这里仍假设 $f(t)$ 是均值为 0 的信号。输入已调信号的平均功率

$$
\begin{aligned}
S_i &= \overline{s_i^2(t)} \\
&= \overline{[A_0 + f(t)]^2 \cos^2\omega_c t} = \frac{1}{2}A_0^2 + \frac{1}{2}\overline{f^2(t)} \\
&= \frac{1}{2}A_0^2 + \frac{1}{2}\mathrm{E}[f^2(t)]
\end{aligned}
\tag{4-73}
$$

在图 4-22 中,带通滤波器的中心频率与常规调幅信号的载波频率相同,输入噪声为

$$n_i(t) = n_I(t)\cos\omega_c t - n_Q(t)\sin\omega_c t$$

常规调幅信号的带宽为 B_{AM},调制信号带宽为 B,因此有 $B_{AM} = 2B$,这样输入噪声的平均功率

$$N_i = n_0 B_{AM} = 2n_0 B \tag{4-74}$$

解调器输入信噪比

$$\frac{S_i}{N_i} = \frac{A_0^2 + \mathrm{E}[f^2(t)]}{4n_0 B} \tag{4-75}$$

解调器输入是信号与噪声叠加后的混合波形,于是有

$$
\begin{aligned}
s_i(t) + n_i(t) &= [A_0 + f(t)]\cos\omega_c t + n_I(t)\cos\omega_c t - n_Q(t)\sin\omega_c t \\
&= [A_0 + f(t) + n_I(t)]\cos\omega_c t - n_Q(t)\sin\omega_c t
\end{aligned}
\tag{4-76}
$$

同频率的正余弦波可写成一合成矢量,即有

$$s_i(t) + n_i(t) = A(t)\cos[\omega_c t + \varphi(t)] \tag{4-77}$$

式中 $A(t)$ 为瞬时幅度

$$A(t) = \sqrt{[A_0 + f(t) + n_I(t)]^2 + n_Q^2(t)} \tag{4-78}$$

$\varphi(t)$ 为相位,

$$\varphi(t) = \arctan\left[\frac{n_Q(t)}{A_0 + f(t) + n_I(t)}\right] \tag{4-79}$$

理想包络检波器的输出即为 $A(t)$。由式(4-78)可知,包络 $A(t)$ 与信号和噪声之间存在非线性关系,信号与噪声无法完全分开,因此计算信噪比存在一定的难度。我们讨论两种特殊

的输入情况。

1. 大信噪比情况

所谓大信噪比是指输入信号幅度远远大于噪声幅度，即

$$[A_0 + f(t)] \gg \sqrt{n_I^2(t) + n_Q^2(t)} \tag{4-80}$$

因而式(4-78)可简化为

$$A(t) = \sqrt{[A_0 + f(t)]^2 + 2n_I(t)[A_0 + f(t)] + n_I^2(t) + n_Q^2(t)}$$

$$= [A_0 + f(t)]\sqrt{1 + \frac{2n_I(t)}{A_0 + f(t)} + \frac{n_I^2(t) + n_Q^2(t)}{[A_0 + f(t)]^2}}$$

$$\approx [A_0 + f(t)]\sqrt{1 + \frac{2n_I(t)}{A_0 + f(t)}}$$

使用幂级数展开式可将上式写为

$$A(t) \approx [A_0 + f(t)]\left[1 + \frac{n_I(t)}{A_0 + f(t)}\right]$$

$$= A_0 + f(t) + n_I(t) \tag{4-81}$$

上式中有用信号与噪声独立地分成两项，可分别计算它们的功率。输出有用信号的平均功率

$$S_0 = \overline{f^2(t)} = \mathrm{E}[f^2(t)] \tag{4-82}$$

输出噪声的平均功率

$$N_0 = \overline{n_I^2(t)} = \mathrm{E}[n_I^2(t)] = n_0 B_{AM} = 2n_0 B \tag{4-83}$$

输出信噪比

$$\frac{S_0}{N_0} = \frac{\mathrm{E}[f^2(t)]}{2n_0 B} \tag{4-84}$$

由式(4-75)和式(4-84)可得信噪比增益

$$G_{AM} = \frac{S_0/N_0}{S_i/N_i} = \frac{2\mathrm{E}[f^2(t)]}{A_0^2 + \mathrm{E}[f^2(t)]} \tag{4-85}$$

上式说明，常规调幅信号的信噪比增益与信号中的直流分量有关。对于正常的调幅信号，应有 $A_0 \geq |f(t)|_{\max}$，所以 G_{AM} 总是小于 1。这说明解调对输入信噪比没有改善，而是恶化了。可以证明，相干解调时常规调幅的信噪比增益与式(4-85)相同。

当调制信号为单频正弦信号时，$f(t) = A_m \cos\omega_m t$，$\overline{f^2(t)} = A_m^2/2$，代入式(4-85)，得

$$G_{AM} = \frac{A_m^2}{A_0^2 + A_m^2/2} = \frac{2A_m^2}{2A_0^2 + A_m^2}$$

将 $\beta_{AM} = A_m/A_0$ 代入上式，得

$$G_{AM} = \frac{2\beta_{AM}^2}{\beta_{AM}^2 + 2} \tag{4-86}$$

因为 $\beta_{AM} \leq 1$，所以 $G_{AM} \leq 2/3$。由上式知，信噪比增益是调制频率的 2 倍。

2. 小信噪比情况

小信噪比指的是噪声幅度远大于信号幅度，即

$$A_0 + f(t) \ll \sqrt{n_{\mathrm{I}}^2(t) + n_{\mathrm{Q}}^2(t)}$$

经过计算可知,包络检波器的输出不存在单独的调制信号 $f(t)$,即信号与噪声无法分开。在这种情况下,无法通过包络检波器恢复出原来的调制信号,因为调制信号已被噪声所扰乱。

在输出为小信噪比时,计算包络检波器输出信噪比很困难,一般用近似公式

$$\left(\frac{S_0}{N_0}\right)_{\mathrm{AM}} = \left(\frac{S_{\mathrm{I}}}{N_{\mathrm{I}}}\right)^2_{\mathrm{AM}} \tag{4-87}$$

如果在式(4-85)中,为计算简单,设 $A_0^2 = \overline{f^2(t)}$,并将此式与式(4-87)合并,可得

$$\left(\frac{S_0}{N_0}\right)_{\mathrm{AM}} \approx \begin{cases} \left(\dfrac{S_{\mathrm{i}}}{N_{\mathrm{i}}}\right) & \dfrac{S_{\mathrm{i}}}{N_{\mathrm{i}}} \gg 1 \\[3mm] \left(\dfrac{S_{\mathrm{i}}}{N_{\mathrm{i}}}\right)^2 & \dfrac{S_{\mathrm{i}}}{N_{\mathrm{i}}} \ll 1 \end{cases} \tag{4-88}$$

由式(4-88)可知,大信噪比时,随着信噪比的下降,输出信噪比线性下降。当输入信噪比下降到某一值时,如果输入信噪比继续下降,输出信噪比将以较快的速度下降,这种现象称为解调器的门限效应,开始出现门限效应时的输入信噪比值称为门限值。也就是说,当输入信噪比在门限效应以下时,输出信噪比将急剧恶化。这种门限效应是由包络检波器的非线性解调作用引起。

例 4-2 对单频调制的常规调幅信号进行包络检波。设每个边带的功率为 10mW,载波功率为 100mW,接收机带通滤波器的带宽为 10kHz,信道噪声单边功率谱密度为 5×10^{-9} W/Hz。

(1) 求解调输出信噪比。

(2) 如果改为抑制载波双边带信号,其性能优于常规调幅多少分贝?

解 (1) 由本例条件可知常规调幅信号的带宽 $B_{\mathrm{AM}} = 10\mathrm{kHz}$,其调制效率和解调信噪比增益分别为

$$\eta_{\mathrm{AM}} = \frac{P_{\mathrm{f}}}{P_{\mathrm{c}} + P_{\mathrm{f}}} = \frac{10 \times 2}{100 \times 2 + 100} = \frac{1}{6}$$

$$G_{\mathrm{AM}} = 2\eta_{\mathrm{AM}} = \frac{1}{3}$$

输入信噪比为

$$\frac{S_{\mathrm{i}}}{N_{\mathrm{i}}} = \frac{120 \times 10^{-3}}{5 \times 10^{-9} \times 10 \times 10^{-3}} = 2400$$

输出信噪比为

$$\frac{S_{\mathrm{o}}}{N_{\mathrm{o}}} = G_{\mathrm{AM}} \frac{S_{\mathrm{i}}}{N_{\mathrm{i}}} = \frac{1}{3} \times 2400 = 800$$

(2) 如果改为抑制载波双边带信号,其功率应与常规调幅信号功率相同,即

$$S_{\mathrm{i}} = 120\mathrm{mW}$$

因两种信号的带宽相同,所以输入噪声功率也相同。双边带信号的输入信噪比同样为

$$\frac{S_{\mathrm{i}}}{N_{\mathrm{i}}} = \frac{120 \times 10^{-3}}{5 \times 10^{-9} \times 10 \times 10^{-3}} = 2400$$

输出信噪比为

$$\frac{S_o}{N_o} = G_{DSB} \frac{S_i}{N_i} = 2 \times 2400 = 4800$$

设 DSB 信号的性能优于 AM 信号的分贝数为 Γ，可计算出

$$\Gamma = 10\lg \frac{(S_o/N_o)_{DSB}}{(S_o/N_o)_{AM}} = 10\lg \frac{4800}{800} = 10\lg 6 = 7.78\text{dB}$$

例 4-3 双边带信号和单边带进行相干解调，接收信号功率为 2mW，噪声双边功率谱密度为 $2 \times 10^{-3} \mu\text{W/Hz}$，调制信号是最高频率为 4kHz 的低通信号。

（1）比较解调器输入信噪比；

（2）比较解调器输出信噪比。

解　单边带信号的输入信噪比和输出信噪比分别为

$$\frac{S_i}{N_i} = \frac{S_i}{n_0 B_{SSB}} = \frac{2 \times 10^{-3}}{2 \times 2 \times 10^{-3} \times 10^{-6} \times 4 \times 10^3} = \frac{1000}{8} = 125$$

$$\frac{S_o}{N_o} = G_{SSB} \frac{S_i}{N_i} = \frac{S_i}{N_i} = 125$$

双边带信号的输入信噪比和输出信噪比分别为

$$\frac{S_i}{N_i} = \frac{S_i}{n_0 B_{DSB}} = \frac{2 \times 10^{-3}}{2 \times 2 \times 10^{-3} \times 10^{-6} \times 2 \times 4 \times 10^3} = \frac{1000}{16} = 62.5$$

$$\frac{S_o}{N_o} = G_{DSB} \frac{S_i}{N_i} = 2 \times 62.5 = 125$$

输入信噪比的比较为

$$\left(\frac{S_i}{N_i}\right)_{SSB} : \left(\frac{S_i}{N_i}\right)_{DSB} = 2 : 1$$

输出信噪比的比较为

$$\left(\frac{S_o}{N_o}\right)_{SSB} : \left(\frac{S_o}{N_o}\right)_{DSB} = 1 : 1$$

计算结果说明两种信号的抗噪声性能相同。

4.3　模拟非线性调制系统

正弦载波有 3 个参量：幅度、频率和相位。我们不仅可以把调制信号的信息载荷于载波的幅度变化中，还可以载荷于载波的频率或相位变化中。在调制时，若载波的频率随调制信号变化，称为频率调制或调频（Frequency Modulation，FM），若载波的相位随调制信号而变称为相位调制或调相（Phase Modulation，PM）。在这两种调制过程中，载波的幅度都保持恒定不变，而频率和相位的变化都表现为载波瞬时相位的变化，故把调频和调相统称为角度调制或调角。

角度调制与幅度调制不同的是，已调信号频谱不再是原调制信号频谱的线性搬移，而是频谱的非线性变换，会产生与频谱搬移不同的新的频率成分，故又称为非线性调制。

FM 和 PM 在通信系统中的使用都非常广泛。FM 广泛应用于高保真音乐广播、电视

伴音信号的传输、卫星通信和蜂窝电话系统等。PM 除直接用于传输外,也常用作间接产生 FM 信号的过渡。调频与调相之间存在密切的关系。

与幅度调制技术相比,角度调制最突出的优势是其较高的抗噪声性能。然而,获得这种优势的代价是角度调制占用比幅度调制信号更宽的带宽。

4.3.1 角度调制的基本概念

任何一个正弦信号,如果幅度不变而角度可变,则称为角度调制信号,可表达为

$$c(t) = A\cos[\theta(t)] \tag{4-89}$$

式中,$\theta(t)$ 为正弦波的瞬时相角,又称为瞬时相位。将 $\theta(t)$ 对时间 t 求导可得瞬时频率

$$\omega(t) = \frac{\mathrm{d}\theta(t)}{\mathrm{d}t} \tag{4-90}$$

瞬时相位和瞬时频率又可以表达为以下的积分公式关系

$$\theta(t) = \int \omega(t)\mathrm{d}t \tag{4-91}$$

角度调制信号的一般表达式为

$$s(t) = A\cos[\omega_c t + \varphi(t) + \theta_0] \tag{4-92}$$

式中 A、ω_c 和 θ_0 均为常数,它们分别是载波的幅度、角频率和初始相位。$\varphi(t)$ 为相对于载波相位 $\omega_c t$ 的瞬时相位偏移,其导数 $\mathrm{d}\varphi(t)/\mathrm{d}t$ 为瞬时角频率偏移。

当幅度 A 和角频率 ω_c 保持不变,而瞬时相位偏移是调制信号 $f(t)$ 的线性函数时,这种调制方式称为相位调制。此时瞬时相位偏移可表达为

$$\varphi(t) = K_{PM}f(t) \tag{4-93}$$

式中,K_{PM} 为相移常数,它是取决于具体电路的一个常数,代表调相器的灵敏度,单位为 rad/V,其含义是调制信号单位幅度引起调相信号的相位偏移量。相应的已调信号称为调相信号。

当初始相位为 0 时,调相信号的时域表达式为

$$s_{PM}(t) = A\cos[\omega_c t + K_{PM}f(t)] \tag{4-94}$$

其瞬时相位为

$$\theta(t) = \omega_c t + K_{PM}f(t) \tag{4-95}$$

对上式求导,可得瞬时频率为

$$\omega(t) = \frac{\mathrm{d}\theta(t)}{\mathrm{d}t} = \omega_c + K_{PM}\frac{\mathrm{d}f(t)}{\mathrm{d}t} \tag{4-96}$$

如果载波的瞬时角频率偏移 $\Delta\omega(t)$ 是调制信号的线性函数,则这种调制方式称为频率调制。此时瞬时的角频率偏移为

$$\Delta\omega(t) = \frac{\mathrm{d}\varphi(t)}{\mathrm{d}t} = K_{FM}f(t) \tag{4-97}$$

式中 K_{FM} 为偏频常数,代表调频器的灵敏度,单位为 rad/(V·S),其含义是调制信号单位幅度引起调频信号的角频率偏移量。此时瞬时角频率为

$$\omega(t) = \omega_c + K_{FM}f(t) \tag{4-98}$$

瞬时相位为

$$\theta(t) = \int \omega(t)\mathrm{d}t = \omega_c t + K_{FM}\int f(t)\mathrm{d}t \tag{4-99}$$

所以调频信号的时域表达式为

$$s_{FM}(t) = A\cos\left[\omega_c t + K_{FM}\int f(t)\,dt\right] \tag{4-100}$$

比较式(4-95)和式(4-99)可知，相位的变化和频率的变化均引起角度的变化，所以相位调制和频率调制统称为角调制。由式(4-94)和式(4-100)可以看出，调相信号与调频信号的区别仅仅在于前者的相位偏移是随调制信号 $f(t)$ 线性变化，而后者的相位偏移是随 $f(t)$ 的积分呈线性变化。如果预先不知道调制信号 $f(t)$ 的具体形式，则很难判断已调信号是调相还是调频信号。下面以单频调制为例加以说明。

设调制信号为单频余弦波，即

$$f(t) = A_m\cos\omega_m t$$

当它对载波进行相位调制时，由式(4-94)可得调制信号

$$\begin{aligned} s_{PM}(t) &= A\cos[\omega_c t + K_{PM}A_m\cos\omega_m t] \\ &= A\cos[\omega_c t + \beta_{PM}\cos\omega_m t] \end{aligned} \tag{4-101}$$

式中 β_{PM} 为调相指数，关系式为

$$\beta_{PM} = K_{PM}A_m \tag{4-102}$$

其数值为调相信号最大相位偏移。

如果调制信号对载波进行频率调制，则由式(4-100)可得调频信号表达式为

$$\begin{aligned} s_{FM}(t) &= A\cos\left[\omega_c t + K_{PM}A_m\int\cos\omega_m t\,dt\right] \\ &= A\cos[\omega_c t + \beta_{FM}\sin\omega_m t] \end{aligned} \tag{4-103}$$

式中，β_{FM} 为调频指数，可表示为

$$\beta_{FM} = \frac{K_{FM}A_m}{\omega_m} = \frac{\Delta\omega_{max}}{\omega_m} = \frac{\Delta f_{max}}{f_m} \tag{4-104}$$

其数值为调频信号最大的相位偏移。由于 $K_{FM}A_m$ 为最大角频率偏移，即 $\Delta\omega_{max} = K_{FM}A_m$，则 Δf_{max} 为最大的频率偏移。由式(4-101)和式(4-103)画得的调相信号和调频信号分别如图 4-23(a)、(b)所示。

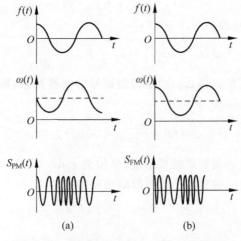

图 4-23 单频调制时的调相信号和调频信号

由于瞬时角频率与瞬时相角之间存在着确定关系,所以调相信号和调频信号可以互相转换,对调制信号先进行微分,然后用微分信号对载波进行调频,调频输出信号等效于调相信号,这种调相方式叫做间接调相。同样,对调制信号先进行积分,然后用积分信号对载波进行调相,则调相输出信号等效于调频信号,这种调频方式称为间接调频。直接调相和间接调频如图 4-24 所示。直接调频和间接调频如图 4-25 所示。由于实际相位调制器的调节范围不可能超出$(-\pi,\pi)$,因而直接调相和间接调频仅适用于相位偏移和频率偏移不大的窄带调制情况,而直接调频和间接调相常用于宽带调制情况。

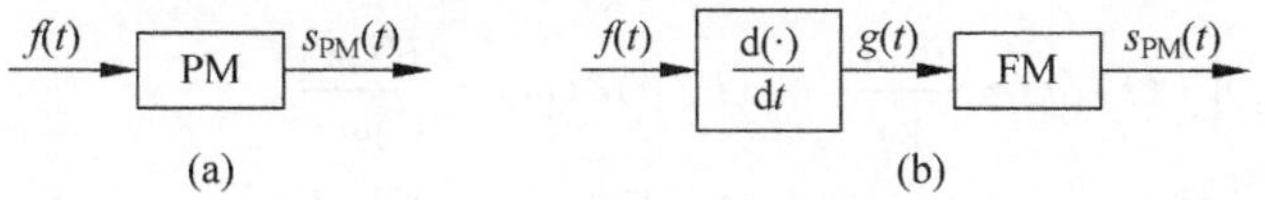

图 4-24　直接调相和间接调相

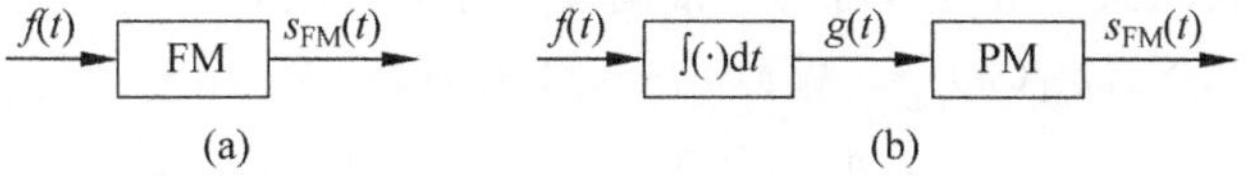

图 4-25　直接调频和间接调频

4.3.2　调频信号

　　根据调制前后信号带宽的相对变化,可将角调制分为宽带和窄带两种。角调制信号的带宽取决于相位偏移的大小,一般认为确定窄带角调制的条件为

$$\left.\begin{array}{l} \left|K_{FM}\int f(t)dt\right|_{max} \ll \dfrac{\pi}{6} \quad (\text{或 } 0.5) \\[3mm] \left|K_{PM}f(t)\right|_{max} \ll \dfrac{\pi}{6} \quad\quad (\text{或 } 0.5) \end{array}\right\} \tag{4-105}$$

即由调频或调相所引起的最大瞬时相位偏移远小于 $30°$ 时,就称为窄带调频(Narrow Band Frequency Modulation,NBFM)或者窄带调相(Narrow Band Phase Modulation,NBPM)。当上式条件不满足时,则称为宽带调频(Wide Band Frequency Modulation,WBFM)或者宽带调相(Wide Band Phase Modulation,WBPM)。以下集中讨论调频信号。

1. 窄带调频

调频信号的时域表达式为

$$\begin{aligned} s_{FM}(t) &= A\cos\left[\omega_c t + K_{FM}\int f(t)dt\right] \\ &= A\cos\omega_c t\cos\left[K_{FM}\int f(t)dt\right] - A\sin\omega_c t\sin\left[K_{FM}\int f(t)dt\right] \end{aligned} \tag{4-106}$$

当满足式(4-105)的条件时,可得近似式

$$\sin\left[K_{FM}\int f(t)dt\right] \approx K_{FM}\int f(t)dt$$

$$\cos\left[K_{FM}\int f(t)dt\right] \approx 1$$

式(4-106)可简化为

$$s_{\text{NBFM}}(t) \approx A\cos\omega_c t - \left[AK_{\text{FM}}\int f(t)\mathrm{d}t\right]\sin\omega_c t \tag{4-107}$$

调制信号 $f(t)$ 频谱为 $F(\omega)$，设 $f(t)$ 的均值为 0，即 $F(0)=0$。为求出窄带调频信号的频谱，先列出以下傅里叶变换对。

$$f(t) \leftrightarrow F(\omega)$$

$$\cos\omega_c t \leftrightarrow \pi[\delta(\omega-\omega_c)+\delta(\omega+\omega_c)]$$

$$\sin\omega_c t \leftrightarrow \frac{\pi}{\mathrm{j}}[\delta(\omega-\omega_c)-\delta(\omega+\omega_c)]$$

$$\int f(t)\mathrm{d}t \leftrightarrow \frac{F(\omega)}{\mathrm{j}\omega}+\pi F(0)\delta(\omega)=\frac{F(\omega)}{\mathrm{j}\omega}$$

$$\left[\int f(t)\mathrm{d}t\right]\sin\omega_c t \leftrightarrow \frac{1}{2\mathrm{j}}\left[\frac{F(\omega-\omega_c)}{\mathrm{j}(\omega-\omega_c)}-\frac{F(\omega+\omega_c)}{\mathrm{j}(\omega+\omega_c)}\right]$$

将以上傅里叶变换代入式(4-107)，可得窄带调频信号的频域表达式

$$S_{\text{NBFM}}(\omega) = \pi A[\delta(\omega-\omega_c)+\delta(\omega+\omega_c)]+$$
$$\frac{AK_{\text{FM}}}{2}\left[\frac{F(\omega-\omega_c)}{\mathrm{j}(\omega-\omega_c)}-\frac{F(\omega+\omega_c)}{\mathrm{j}(\omega+\omega_c)}\right] \tag{4-108}$$

式(4-107)和式(4-108)是窄带调频信号的时域和频域的一般表达式。将它们与式(4-4)和式(4-5)相比较，可以看出窄带调频信号与常规调幅信号既有相似之处，又有重要区别。相似之处在于，它们在 $\pm\omega$ 处有载波分量，在 $\pm\omega$ 两侧有围绕载波的两个边带。由于都有两个边带，所以它们的带宽相同，都是调制信号最高频率的两倍。而两种信号的区别也是明显的。首先，窄带调频时的正、负频率分量分别乘了因式 $1/(\omega-\omega_c)$ 和 $1/(\omega+\omega_c)$，由于因式是频率的函数，所以这种加权是频率加权，加权的结果引起调制信号频谱的失真。另外，正、负频率分量的符号相反，说明它们在相位上相差 $180°$。

下面仍以单频调制的情况为例。设调制信号

$$f(t) = A_m\cos\omega_m t$$

窄带调频信号为

$$s_{\text{NBFM}}(t) \approx A\cos\omega_c t - A\left[K_{\text{FM}}\int f(t)\mathrm{d}t\right]\sin\omega_c t$$
$$= A\cos\omega_c t - AA_m K_{\text{FM}}\frac{1}{\omega_m}\sin\omega_m t\sin\omega_c t$$
$$= A\cos\omega_c t + \frac{AA_m K_{\text{FM}}}{2\omega_m}[\cos(\omega_c+\omega_m)t-\cos(\omega_c-\omega_m)t] \tag{4-109}$$

常规调幅信号为

$$s_{\text{AM}}(t) = (A+A_m\cos\omega_m t)\cos\omega_c t$$
$$= A\cos\omega_c t + A_m\cos\omega_c t\cos\omega_m t$$
$$= A\cos\omega_c t + \frac{A_m}{2}[\cos(\omega_c+\omega_m)t+\cos(\omega_c-\omega_m)t] \tag{4-110}$$

2. 宽带调频

当不满足式(4-105)时，调频信号就不能简化式(4-107)。由于调制信号对载波进行频率调制将产生较大的频偏，所以已调信号在传输时要占用较宽的频带，这就形成了宽带调频信号。

由于分析一般的调频信号比较困难,因此先来讨论调制信号是单频信号时的简单情况,然后再推广到一般情况。

1) 调频信号的表达

设调制信号为单频信号 $f(t)$,即

$$f(t) = A_m\cos\omega_m t = A_m\cos 2\pi f_m t$$

由式(4-103)可知,调频信号的时域表达式为

$$s_{FM}(t) = A\cos(\omega_c t + \beta_{FM}\sin\omega_m t) \tag{4-111}$$

由式(4-111)利用三角公式展开,有

$$s_{FM}(t) = A\cos\omega_c t\cos(\beta_{FM}\sin\omega_m t) - A\sin\omega_c t\sin(\beta_{FM}\sin\omega_m t) \tag{4-112}$$

将上式中的两个因子进一步展成傅里叶级数,其中偶函数因子

$$\cos(\beta_{FM}\sin\omega_m t) = J_0(\beta_{FM}) + 2\sum_{n=1}^{+\infty}J_{2n}(\beta_{FM})\cos(2n\omega_m t) \tag{4-113}$$

奇函数因子

$$\sin(\beta_{FM}\sin\omega_m t) = 2\sum_{n=1}^{+\infty}J_{2n-1}(\beta_{FM})\sin(2n-1)\omega_m t \tag{4-114}$$

以上两式中的 $J_n(\beta_{FM})$ 称为第一类 n 阶贝塞尔函数,它是 n 和 β_{FM} 的函数,其值可用无穷级数表示如下

$$J_n(\beta_{FM}) = \sum_{m=0}^{+\infty}\frac{(-1)^m\left(-\dfrac{1}{2}\beta_{FM}\right)^{n+2m}}{m!\ (n+m)!} \tag{4-115}$$

通过贝塞尔函数值可查出阶数 n 和 β_{FM} 为不同值时的 $J_n(\beta_{FM})$ 值。

贝塞尔函数的主要性质如下:

①

$$J_{-n}(\beta_{FM}) = (-1)^n J_n(\beta_{FM})$$

n 为奇数时, $\qquad J_{-n}(\beta_{FM}) = -J_n(\beta_{FM})$

n 为偶数时, $\qquad J_n(\beta_{FM}) = J_n(\beta_{FM}) \tag{4-116}$

② 对于任意 β_{FM} 值,各阶贝塞尔函数的平方和恒等于1,即

$$\sum_{n=-\infty}^{+\infty}J_n^2(\beta_{FM}) = 1 \tag{4-117}$$

③ 当调频指数 β_{FM} 很小,理论上满足 $\beta_{FM}\ll 1$ 时,有

$$J_0(\beta_{FM}) \approx 1$$

$$J_1(\beta_{FM}) \approx \frac{1}{2}\beta_{FM}$$

$$J_n(\beta_{FM}) \approx 0 \quad n > 1 \tag{4-118}$$

将式(4-113)和式(4-114)代入式(4-112)得

$$s_{FM}(t) = A\cos\omega_c t\left[J_0(\beta_{FM}) + 2\sum_{n=1}^{+\infty}J_{2n}(\beta_{FM})\cos(2n\omega_m t)\right] -$$

$$A\sin\omega_c t\left[2\sum_{n=1}^{+\infty}J_{2n-1}(\beta_{FM})\sin(2n-1)\omega_m t\right]$$

利用三角公式

$$\cos x \cos y = \frac{1}{2}\cos(x-y) + \frac{1}{2}\cos(x+y)$$

$$\sin x \sin y = \frac{1}{2}\cos(x-y) - \frac{1}{2}\cos(x+y)$$

再利用式(4-116)，可得到调频信号的级数展开式

$$s_{\mathrm{FM}}(t) = A\sum_{n=-\infty}^{+\infty} J_n(\beta_{\mathrm{FM}})\cos(\omega_c + \omega_m n)t \tag{4-119}$$

对上式进行傅里叶变换，即得到调频信号的频域表达式

$$S_{\mathrm{FM}}(\omega) = \pi A\sum_{n=-\infty}^{+\infty} J_n(\beta_{\mathrm{FM}})[\delta(\omega - \omega_c - n\omega_m) + \delta(\omega + \omega_c + n\omega_m)] \tag{4-120}$$

由式(4-119)和式(4-120)可知，调制信号虽是单频的，但已调信号的频谱中含有无穷多个频率分量。当 $n=0$ 时就是载波分量 ω_c，其幅度为 $AJ_0(\beta_{\mathrm{FM}})$。当 $n \neq 0$ 时，在载频 ω_c 两侧分布着 n 次上下边频 $\omega_c \pm n\omega_m$，相邻边频之间的间隔为 ω_m，边频的幅度为 $AJ_n(\beta_{\mathrm{FM}})$。当 n 为奇数时，上下边频的极性相反，当 n 为偶数时，极性相同。由此可见，调频信号的频谱不再是调制信号频谱的线性搬移，这就说明了频率调制的非线性性质。

2) 调频信号的带宽

调频信号的频谱中包含有无穷多个分量，因此理论上调频信号的频带宽度为无限宽。但实际上频谱的分布仍是相对集中的。由贝塞尔函数图可以看到，随着 n 的增大，$J_n(\beta_{\mathrm{FM}})$ 的最大值逐渐下降。因此，只要适当地选择 n 值，当边频分量小到一定程度时便可以忽略不计，这样就可使已调信号的频谱限制在有限的频带内。这时调频信号的近似带宽为

$$B_{\mathrm{FM}} \approx 2n_{\max}f_m \tag{4-121}$$

式中 $n_{\max}$ 为最高边频次数，它取决于实际应用中对信号失真的要求。一个常用的原则是将最大边频数取到 $(1+\beta_{\mathrm{FM}})$ 次。计算结果表明，大于 $(2+\beta_{\mathrm{FM}})$ 次的边频分量其幅度小于未调载波幅度的 10%，将最大边频数取到 $(1+\beta_{\mathrm{FM}})$ 次，意味着大于未调载波幅度 10% 的边频分量均被保留。根据这个原则，调频信号的带宽表示为

$$B_{\mathrm{FM}} = 2(1+\beta_{\mathrm{FM}})f_m = 2f_m + 2\Delta f_{\max} \tag{4-122}$$

式(4-122)说明调频信号的带宽取决于最大频偏和调制信号的频率，该式称为卡森公式。

在 $\beta_{\mathrm{FM}} \ll 1$ 的情况下，式(4-122)可以简化为

$$B_{\mathrm{FM}} \approx 2f_m$$

这是窄带调频的情况，与前面的分析是一致的。这时的带宽由第一对边频决定，带宽只随调制信号的频率 f_m 变化。

在 $\beta_{\mathrm{FM}} \gg 1$ 的情况下，式(4-122)可以简化为

$$B_{\mathrm{FM}} \approx 2\Delta f_{\max}$$

这是在大指数宽带调频情况，说明带宽由最大频偏决定。

以上讨论的是单频调制的带宽调频信号。由于调频是一种非线性过程，如果调制信号不是单一频率，则其宽带调频信号的频谱分析就会更加复杂。根据经验，当调制信号为任意限带信号时，所得到的调频信号的近似带宽仍然可用卡森公式来估计。

对于调制信号是任意的限带信号，可以定义一频偏比 D_{FM}，即有

$$D_{\text{FM}} = \frac{\text{峰值（角）频率偏移}}{\text{调制信号的最高（角）频率}} = \frac{\Delta \omega_{\max}}{\omega_{\max}} = \frac{\Delta f_{\max}}{f_{\max}} \tag{4-123}$$

式中的 $\Delta \omega_{\max}$ 为最大角频率偏移，参照式（4-97）有

$$\Delta \omega_{\max} = K_{\text{FM}} \mid f(t) \mid_{\max}$$

然后用 D_{FM} 代替卡森公式中的 β_{FM}，用 $f_{\max}$ 代替 f_{m}，可得到任意限带信号调制时的频带宽度估计公式

$$B_{\text{FM}} = 2(D_{\text{FM}} + 1) f_{\max} \tag{4-124}$$

3）调频信号的功率分配

对于调频信号来说，已调信号和未调制载波的幅度是相同的，所以已调信号的总功率等于未调制载波的功率，其总功率与调制过程及调频指数无关。当 $\beta_{\text{FM}} = 0$，即不调制时，$J_0(0) = 1$，此时载波功率为 $A^2/2$。当 $\beta_{\text{FM}} \neq 0$ 时，$J_0(\beta_{\text{FM}}) < 1$，载波功率下降，下降的部分转变为各边频功率，而总功率保持不变，始终为 $A^2/2$。当 β_{FM} 改变时，载波功率与各边频率的分配关系也发生变化。设 P_{c}、P_{f}、P_{FM} 分别表示载波功率、各次边频率总和及调频信号总功率，也可以写出下列表达式：

$$P_{\text{c}} = \frac{A^2}{2} J_0^2(\beta_{\text{FM}}) \tag{4-125}$$

$$P_{\text{f}} = 2 \times \frac{A^2}{2} \sum_{n=1}^{+\infty} J_n^2(\beta_{\text{FM}}) \tag{4-126}$$

$$P_{\text{FM}} = P_{\text{c}} + P_{\text{f}} \tag{4-127}$$

当改变 β_{FM} 值时，$J_0(\beta_{\text{FM}})$ 和 $J_n(\beta_{\text{FM}})$ 将随之改变，这就会引起 P_{c} 和 P_{f} 的变化，所以调频信号的功率分布与 β_{FM} 有关。而 β_{FM} 的大小于调制信号的幅度及频率有关，这说明调制信号不提供功率，但它可以控制功率的分布。

4.3.3 调频信号的产生与解调

1. 调频信号的产生

产生调频信号通常有两种：一种为直接调频，又称为参数变值法；另一种为间接调频，又称为倍频法。

1）直接调频法

由电路的知识可得，振荡器的频率由电抗元件的参数决定。如果用调制信号直接改变电抗元件的参数，可以使输出信号的瞬时频率随调制信号呈线性变化。这种产生调频信号的方法为直接调频法，原理如图 4-26 所示。

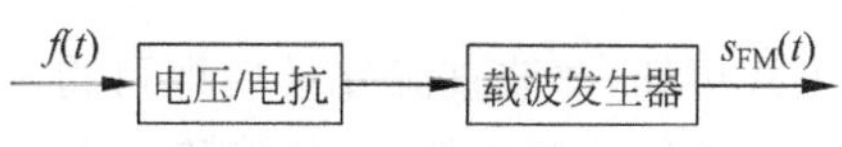

$f(t) \longrightarrow$ 电压/电抗 $\longrightarrow$ 载波发生器 $\longrightarrow s_{\text{FM}}(t)$

图 4-26　直接调频法原理图

在实际应用中，常采用压控振荡器（Voltage Controlled Oscillator，VCO）作为产生调频信号的调制器，压控振荡器的输出频率在一定范围内正比于所加的控制电压。根据载波频率不同，压控振荡器使用的电抗元件不同。较低频率时可以采用变容二极管、电抗管或者集成电路作压控振荡器。在微波频段可采用反射式速调管作压控振荡器。

直接调频法的优点是容易实现，且可以得到很大的频偏。但这种方法产生的载频会发生漂移，因此还要附加稳频电路。

2）倍频法

倍频法指的是先产生窄带调频信号，然后用倍频和混频的方法变换为宽带调频信号。

由于产生窄带调频信号比较容易，所以它经常用于间接产生宽带调频信号。窄带调频信号可看成是正交分量与同相分量的合成，即

$$s_{\mathrm{NBFM}}(t) \approx A\cos\omega_c t - \left[AK_{\mathrm{FM}}\int f(t)\mathrm{d}t\right]\sin\omega_c t \tag{4-128}$$

由上式可知，采用图 4-27 所示的方框图可实现窄带调频。

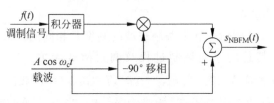

图 4-27　窄带调频调制原理

窄带调频信号的调制指数一般都很小，为了实现宽带调频，要采用倍频法提高调频指数，如图 4-28 所示。倍频器的作用是使输出信号的频率为输入信号频率的某一给定倍数。倍频器可以用非线性器件实现，然后用带通滤波器滤除不需要的频率分量。以理想平方律器件为例，其输出-输入特性为

$$s_{\mathrm{o}}(t) = as_{\mathrm{i}}^2(t) \tag{4-129}$$

当输入信号 $s_{\mathrm{i}}(t)$ 为调频信号时，有

$$s_{\mathrm{i}}(t) = A\cos[\omega_c t + \varphi(t)]$$

平方律器件输出为

$$s_{\mathrm{o}}(t) = as_{\mathrm{i}}^2(t) = aA^2\cos^2[\omega_c t + \varphi(t)]$$

$$= \frac{1}{2}aA^2 + \frac{1}{2}aA^2\cos^2[2\omega_c t + 2\varphi(t)] \tag{4-130}$$

由上式可知，滤波直流分量后即可得一个新的调频信号，但此时载频和相位偏移均增为 2 倍。以单频调制为例，相位偏移可表示为

$$\varphi(t) = \beta_{\mathrm{FM}}\sin\omega_m t$$

相位偏移增为 2 倍后，有

$$2\varphi(t) = 2\beta_{\mathrm{FM}}\sin\omega_m t \tag{4-131}$$

对同一调制信号 $A_m\cos\omega_m t$ 而言，由于相位偏移增为 2 倍，所以新调频波的调频指数也必然增加为 2 倍，这就意味着频偏也增加为 2 倍。同理，用一个 n 次律器件可以使调频信号的载频和调频指数也增加为 n 倍。

使用倍频法提高了调频指数，但也提高了载波频率，这有可能使载频过高而不符合要

求,且频率过高也给电路技术提出了较高要求。为了解决这个矛盾,往往在使用倍频器的同时使用混频器,用以控制载波的频率。混频器的作用与幅度调制器的作用相同,它将输入信号的频谱移动到给定的频率位置上,但不改变其频谱结构。如图 4-29 所示,混频器由相乘器和带通滤波器组成。中心频率为 f_c 的输入信号和频率为 f_r 的参考信号相乘,相乘结果使输入信号的频谱搬移到中心频率为

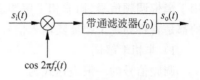

图 4-29 混频器原理图

$f_c \pm f_r$ 的位置上,$f_c + f_r$ 称为和频,$f_c - f_r$ 称为差频,用带通滤波器可滤除和频信号或差频信号。产生和频信号的混频过程称为上变频,产生差频信号的混频过程称为下变频。

在工程上产生宽带调频信号的办法是将倍频器和混频器适当配合使用,如图 4-30 所示。该图所对应的宽带调频信号产生方法称为阿姆斯特朗法。设窄带调频器产生的窄带调频信号的载频为 f_1,最大频偏为 Δf_1,调频指数为 β_1,若要求宽带调频信号的载频为 f_c,最大频偏为 Δf_{FM},调频指数为 β_{FM},由图 4-30 可以列出它们的关系如下:

$$\left.\begin{array}{l} f_c = n_2(n_1 f_1 - f_r) \\ \Delta f_{FM} = n_1 n_2 \Delta f_1 \\ \beta_{FM} = n_1 n_2 \beta_1 \end{array}\right\} \qquad (4\text{-}132)$$

由上列公式可求出所需参数 n_1、n_2 及 f_r。

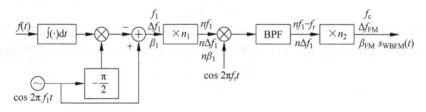

图 4-30 倍频法

例 4-4 用图 4-30 所示框图构成调频发射机。设调制信号是 $f_m = 15\text{kHz}$ 的单频余弦信号,窄带调频信号的载频 $f_1 = 200\text{kHz}$,最大频偏 $\Delta f_1 = 25\text{Hz}$,混频器参考信号频率 $f_r = 10.9\text{MHz}$,倍频次数 $n_1 = 64$,$n_2 = 48$。

(1) 求窄带调频信号的调频指数;

(2) 求调频发射信号的载频、最大频偏、调频指数。

解 (1) 由窄带调频信号的最大频偏 Δf_1 和调制信号频率 f_m 可求出调频指数

$$\beta_1 = \frac{\Delta f_1}{f_m} = \frac{25}{15 \times 10^3} = 1.67 \times 10^3$$

(2) 调频发射信号的载频可由 f_1、f_2、n_1、n_2 求出,即

$$f_c = n_2(n_1 f_1 - f_r) = 48 \times (64 \times 200 \times 10^3 - 10.9 \times 10^6) = 91.2\text{MHz}$$

调频信号的最大频偏

$$\Delta f_{FM} = \Delta f_1 \cdot n_1 n_2 = 25 \times 64 \times 48 = 76.8\text{kHz}$$

调频指数

$$\beta_{FM} = \frac{\Delta f_{FM}}{f_m} = \frac{76.8 \times 10^3}{15 \times 10^3} = 5.12$$

2. 调频信号的解调

与幅度调制一样，调频信号也有相干解调和非相干解调两种解调方式。相干解调仅适用于窄带调频信号，而非相干解调适用于窄带和宽带调频信号。解调的方法虽然不同，其目的都是要得到一个幅度随输入信号频率成比例变化的输出信号。

1) 非相干解调

调频信号的一般表达式为

$$s_{FM}(t) = A\cos\left[\omega_c t + K_{FM}\int f(t)dt\right] \tag{4-133}$$

解调器的输出应为

$$s_o(t) \propto K_{FM}f(t) \tag{4-134}$$

采用具有线性的频率-电压转换特性的鉴频器，可对调频信号进行直接解调。图 4-31 (a)、(b)分别给出理想鉴频器特性和鉴频器的组成框图。理想鉴频器可看成微分器与包络检波器的级联。微分器的输出为

$$s_d(t) = -A\left[\omega_c + K_{FM}f(t)\right]\sin\left[\omega_c t + K_{FM}\int f(t)dt\right] \tag{4-135}$$

上式表示的是一个调幅调频信号，其幅度为

$$\rho(t) = A\left[\omega_c + K_{FM}f(t)\right] \tag{4-136}$$

载波频率为

$$\omega(t) = \omega_c + K_{FM}f(t) \tag{4-137}$$

如果 $K_{FM}f(t) \ll \omega_c$，则式(4-135)可近似地看作是包络为 $\rho(t)$ 的常规调幅信号，稍有不同的是载波频率有微小的变化。用包络检波器检出其包络，再滤去直流后，得到的输出为

$$s_o(t) = K_d K_{FM}f(t) \tag{4-138}$$

这里 K_d 称为鉴频器灵敏度。

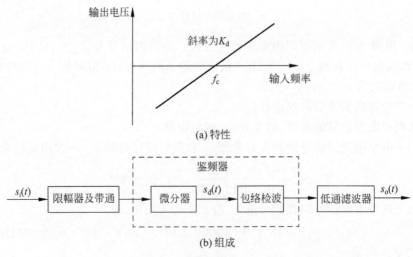

(a) 特性

(b) 组成

图 4-31　鉴频器特性及组成

以上解调过程是先由微分器将调频信号转换为调幅调频信号，再由包络检波器提取其包络，所以上述解调方法又称为包络检测。包络检测的缺点是对调频波的寄生调幅也有反应。理想的调频波是等幅波，但信道中的噪声和其他原因会引起调频波的幅度起伏，这种幅

度起伏称为寄生调幅。为此,在微分器之前加一个限幅器和带通滤波器。

2) 相干解调

相干解调适用于线性调制,因此对调频信号仅限于窄带调频的情况。解调器的框图如图 4-32 所示。带通滤波器用来限制信道所引入的噪声,但能使调频信号顺利通过。

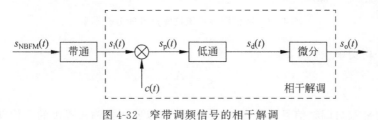

图 4-32　窄带调频信号的相干解调

窄带调频信号可分解成同相分量和正交分量之和,设其表达式为

$$s_{NBFM}(t) = A\cos\omega_c t - A\left[K_{FM}\int f(t)\mathrm{d}t\right]\sin\omega_c t \tag{4-139}$$

相乘器的相干载波为

$$c(t) = -\sin\omega_c t \tag{4-140}$$

相乘器的输出为

$$\begin{aligned}s_p(t) &= -\left\{A\cos\omega_c t - A\left[K_{FM}\int f(t)\mathrm{d}t\right]\sin\omega_c t\right\}\sin\omega_c t \\ &= -\frac{A}{2}\sin 2\omega_c t + \left[\frac{AK_{FM}}{2}\int f(t)\mathrm{d}t\right](1-\cos 2\omega_c t)\end{aligned}$$

由低通滤波器取出其低频分量

$$s_d(t) = \frac{AK_{FM}}{2}\int f(t)\mathrm{d}t$$

再经微分器,得输出信号为

$$s_0(t) = \frac{AK_{FM}}{2}f(t) \tag{4-141}$$

由此可见,相干解调可以恢复原调制信号。这种方法同幅度调制的相干解调一样,需要本地载波与发送载波完全同步,否则将使解调信号失真。

4.4　调频系统的抗噪声性能

4.4.1　非相干解调的抗噪声性能

如前所述,调频信号的解调有相干解调和非相干解调两种。相干解调仅适用于窄带调频信号,且需同步信号,故应用范围受限;而非相干解调不需同步信号,且对于 NBFM 信号和 WBFM 信号均适用,因此是 FM 系统的主要解调方式。下面将重点讨论 FM 非相干解调时的抗噪声性能,其分析模型如图 4-33 所示。

解调器输入的调频信号为

$$s_{FM}(t) = A\cos\left[\omega_c t + K_{FM}\int f(t)\mathrm{d}t\right]$$

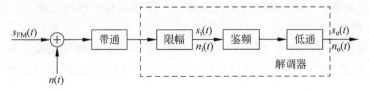

图 4-33　宽带调频系统抗噪声性能分析模型

输入信号的平均功率

$$S_i = \frac{A^2}{2} \tag{4-142}$$

带通滤波器的带宽与调频信号的带宽 B_{FM} 相同，所以鉴频器输入噪声的平均功率

$$N_i = n_0 B_{FM} \tag{4-143}$$

因此输入信噪比

$$\frac{S_i}{N_i} = \frac{A^2}{2n_0 B_{FM}} \tag{4-144}$$

鉴频器输入端加入的是调频信号与窄带高斯噪声的叠加，即

$$
\begin{aligned}
s_i(t) + n_i(t) &= s_{FM}(t) + n_i(t) \\
&= A\cos[\omega_c t + \varphi(t)] + V(t)\cos[\omega_c t + \theta(t)]
\end{aligned}
\tag{4-145}
$$

式中：$\varphi(t)$ 为调频信号的瞬时相位偏移；$V(t)$ 为窄带高斯噪声的瞬时幅度；$\theta(t)$ 为窄带高斯噪声的瞬时相位偏移。上式中两个同频余弦波可以合成为一个余弦波，即

$$s_i(t) + n_i(t) = B(t)\cos[\omega_c t + \psi(t)] \tag{4-146}$$

这里的 $B(t)$ 对解调器输出无影响，鉴频器只对瞬时频率的变化有反应，因此分析的对象只是合成波瞬时相位偏移 $\psi(t)$。

为了表达简单，将调频信号、窄带噪声和合成波表示为

$$
\left.
\begin{aligned}
A\cos[\omega_c t + \varphi(t)] &= a_1 \cos\varphi_1 \\
V(t)\cos[\omega_c t + \theta(t)] &= a_2 \cos\varphi_2 \\
B(t)\cos[\omega_c t + \psi(t)] &= a \cos\varphi
\end{aligned}
\right\}
\tag{4-147}
$$

并分别将其称为信号矢量、噪声矢量和合成矢量。利用三角函数的矢量表示法，通过求合成矢量可以确定 $\psi(t)$ 的大小。

如图 4-34 所示，设坐标平面以速度 ω_c 旋转，各矢量将变为 φ_1、φ_2 和 φ 的相对关系。在一个较大的信号矢量上叠加一个较小的噪声矢量，如图 4-34(a)所示。在一个较大的噪声矢量上叠加一个较小的信号矢量，如图 4-34(b)所示。由 4-34(a)可见，为了求 $\psi(t)$ 可先求 $\varphi - \varphi_1$，利用 $\triangle OAB$ 可得

$$\tan(\varphi - \varphi_1) = \frac{AB}{OB} = \frac{a_2 \sin(\varphi_2 - \varphi_1)}{a_1 + a_2 \cos(\varphi_2 - \varphi_1)} \tag{4-148}$$

由此可得

$$\varphi = \varphi_1 + \arctan \frac{a_2 \sin(\varphi_2 - \varphi_1)}{a_1 + a_2 \cos(\varphi_2 - \varphi_1)} \tag{4-149}$$

将原表达式(4-147)代入式(4-149)，得

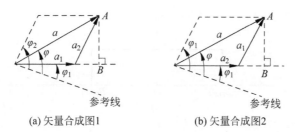

(a) 矢量合成图1　　　　　(b) 矢量合成图2

图 4-34　矢量合成图

$$\psi(t)=\varphi(t)+\arctan\frac{V(t)\sin[\theta(t)-\varphi(t)]}{A+V(t)\cos[\theta(t)-\varphi(t)]} \tag{4-150}$$

当输入信噪比很高,即 $A\gg V(t)$ 时,可得 $\psi(t)$ 的近似式

$$\psi(t)\approx\varphi(t)+\frac{V(t)}{A}\sin[\theta(t)-\varphi(t)] \tag{4-151}$$

理想鉴频器的输出应与输入信号的瞬时频偏成正比,设比例常数为1,鉴频器对式(4-151)进行微分,可得到输出为

$$v_{\mathrm o}(t)=\frac{1}{2\pi}\frac{\mathrm d\psi(t)}{\mathrm dt}=\frac{1}{2\pi}\frac{\mathrm d\varphi(t)}{\mathrm dt}+\frac{\mathrm dn_d(t)}{\mathrm dt}\frac{1}{2\pi A} \tag{4-152}$$

这里

$$n_{\mathrm d}(t)=V(t)\sin[\theta(t)-\varphi(t)] \tag{4-153}$$

式(4-152)中的第一项即为有用信号项,第二项为噪声项。按式(4-100)对调频波的定义,相位偏移 $\varphi(t)$ 与调制信号 $f(t)$ 的关系为 $\varphi(t)=K_{\mathrm{FM}}\displaystyle\int f(t)\mathrm dt$,所以解调器的输出信号为

$$s_0(t)=\frac{1}{2\pi}\frac{\mathrm d\varphi(t)}{\mathrm dt}=\frac{1}{2\pi}K_{\mathrm{FM}}f(t) \tag{4-154}$$

输出信号的平均功率为

$$s_0=\frac{K_{\mathrm{FM}}^2}{4\pi^2}\overline{f^2(t)}=\frac{K_{\mathrm{FM}}^2}{4\pi^2}\mathrm E[f^2(t)] \tag{4-155}$$

解调器的输出噪声与 $n_{\mathrm d}(t)$ 有关。经分析可知, $n_{\mathrm d}(t)$ 是双边带宽为 B_{FM}、双边功率谱密度 $P_{\mathrm d}(f)=n_0$ 的低通型噪声。$n_{\mathrm d}(t)$ 进入鉴频器后,鉴频器的输出噪声与 $n_{\mathrm d}(t)$ 的微分成正比。微分网络的功率传递函数为

$$|H(\omega)|^2=|\mathrm j\omega|^2=(2\pi f)^2 \tag{4-156}$$

因此解调器输出噪声的功率谱密度在解调信号带宽内应为

$$P_{\mathrm o}(f)=|H(\omega)|^2\frac{n_{\mathrm o}}{(2\pi A)^2}=\frac{n_0 f^2}{A^2},\quad |f|\leqslant\frac{B_{\mathrm{FM}}}{2} \tag{4-157}$$

上式说明,与鉴频器输入噪声功率谱密度 $P_{\mathrm d}(f)$ 的均匀分布不同,鉴频器输出噪声功率谱密度 $P_{\mathrm o}(f)$ 为抛物线分布,与输出频率的平方成正比。调频信号解调过程中的噪声功率谱变化如图 4-35 所示。

鉴频器的输出经低通滤波器滤除调制信号频带以外的频率分量。滤波器的截止频率即为调频信号的最高频率 $f_{\mathrm m}$,因此输出噪声功率应为图 4-35(b)中斜线部分所含的面积,即

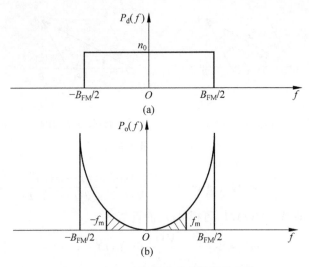

图 4-35 解调过程中噪声功率谱的变化

$$N_o = \int_{-f_m}^{f_m} \frac{n_o f^2}{A^2} df = \frac{2n_o f_m^3}{3A^2} \tag{4-158}$$

由式(4-155)和式(4-158)可得调频信号鉴频器解调的输出信噪比

$$\frac{S_o}{N_o} = \frac{3A^2 K_{FM}^2 E[f^2(t)]}{8\pi^2 n_o f_m^3} \tag{4-159}$$

为了理解上式的物理意义，可对式中的 K_{FM} 进行代换。由于最大频偏 Δf_{max} 可写为

$$\Delta f_{max} = \frac{1}{2\pi} K_{FM} \mid f(t) \mid_{max}$$

所以有

$$K_{FM} = \frac{2\pi \Delta f_{max}}{\mid f(t)_{max} \mid}$$

代入式(4-159)后，有

$$\frac{S_o}{N_o} = 3\left(\frac{\Delta f_{max}}{f_m}\right)^2 \frac{E[f^2(t)]}{\mid f(t) \mid_{max}^2} \frac{A^2/2}{n_o f_m} \tag{4-160}$$

由式(4-144)和式(4-160)可求得信噪比增益为

$$G_{FM} = \frac{S_o/N_o}{S_i/N_i} = 3\left(\frac{\Delta f_{max}}{f_m}\right)^2 \frac{E[f^2(t)]}{\mid f(t) \mid_{max}^2} \left(\frac{B_{FM}}{f_m}\right) \tag{4-161}$$

当 $\Delta f_{max} \gg f_m$ 时，$B_{FM} \approx 2\Delta f_{max}$，上式可写为

$$G_{FM} = 6\left(\frac{\Delta f_{max}}{f_m}\right)^3 \frac{E[f^2(t)]}{\mid f(t) \mid_{max}^2} = 6D_{FM}^3 \frac{E[f^2(t)]}{\mid f(t) \mid_{max}^2} \tag{4-162}$$

这里的 D_{FM} 即为之前定义的频偏比。

在单频调制情况下，频偏比为调频指数，即 $D_{FM} = \beta_{FM}$，并且有以下结论。

$$\frac{E[f^2(t)]}{\mid f(t) \mid_{max}^2} = \frac{1}{2}$$

$$B_{FM} = 2(1+\beta_{FM})f_m$$

因此式(4-161)可写为

$$G_{FM} = 3\beta_{FM}^2(1+\beta_{FM}) \tag{4-163}$$

当 $\beta_{FM} \gg 1$ 时有近似式

$$G_{FM} \approx 3\beta_{FM}^3 \tag{4-164}$$

由式(4-162)和式(4-163)可知,在大信噪比时,宽带调频的信噪比增益是很高的,它与频偏比(或调频指数)的立方成正比。

可见,宽带调频输出信噪比相对于调幅的改善与它们带宽比的平方成正比。这就意味着,对于调频系统来说,增加传输带宽就可以改善抗噪声性能。调频方式的这种以带宽换取信噪比的特性是十分有益的。在调幅系统中,由于信号带宽是固定的,无法进行带宽与信噪比的互换,这也正是在抗噪声性能方面调频系统优于调幅系统的重要原因。由此得到如下结论:在大信噪比情况下,调频系统的抗噪声性能将比调幅系统优越,且其优越程度将随传输带宽的增加而提高。

但是,FM系统以带宽换取输出信噪比改善并不是无止境的。随着传输带宽的增加,输入噪声功率增大,在输入信号功率不变的条件下,输入信噪比下降,当输入信噪比降到一定程度时,就会出现门限效应,输出信噪比将急剧恶化。

例4-5 已知调制信号是8MHz的单频余弦信号,若要求输出信噪比为40dB,试比较调制效率为1/3的常规调幅系统和调频指数为5的调频系统的带宽和发射功率。设信道噪声的单边功率谱密度为 $n_0 = 5 \times 10^{-15}\,\text{W/Hz}$,信道损耗 α 为60dB。

解 调频系统的带宽和信噪比增益分别为

$$B_{FM} = 1(1+\beta_{FM})f_m = 2 \times (1+5) \times 8 \times 10^6 = 96\,\text{MHz}$$

$$G_{FM} = 3\beta_{FM}^2(1+\beta_{FM}) = 3 \times 5^2 \times 6 = 450$$

常规调幅系统的带宽和信噪比增益分别为

$$B_{AM} = 2f_m = 2 \times 8 = 16\,\text{MHz}$$

$$G_{AM} = 2\eta_{AM} = 2 \times \frac{1}{3} = \frac{2}{3}$$

调频系统的发射功率为

$$S_{FM} = \frac{S_o}{N_o}\frac{1}{G_{FM}}\frac{1}{\alpha}N_i$$

$$= \frac{S_o}{N_o}\frac{1}{G_{FM}}\frac{1}{\alpha}\,n_0 B_{FM}$$

$$= 10^4 \times \frac{1}{450} \times 10^6 \times 5 \times 10^{-15} \times 96 \times 10^6 = 10.67\,\text{W}$$

常规调幅系统的发射功率为

$$S_{AM} = \frac{S_o}{N_o}\frac{1}{G_{AM}}\frac{1}{\alpha}N_i$$

$$= \frac{S_o}{N_o}\frac{1}{G_{AM}}\frac{1}{\alpha}\,n_0 B_{AM}$$

$$= 10^4 \times \frac{3}{2} \times 10^6 \times 5 \times 10^{-15} \times 16 \times 10^6 = 1200\,\text{W}$$

4.4.2 调频系统中的门限效应

4.4.1 节讨论了是带宽调频信号在大信噪比时的抗噪声性能。对于小信噪比的情况，可以用图 4-36 表示。用同样的方法可求出

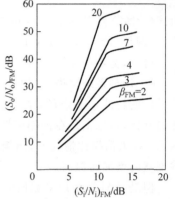

$$\varphi = \varphi_2 + \arctan \frac{a_1 \sin(\varphi_1 - \varphi_2)}{a_2 + a_1 \cos(\varphi_1 - \varphi_2)} \quad (4\text{-}165)$$

当输入信噪比很低时，$V(t) \gg A$，上式可近似为

$$\psi(t) \approx \theta(t) + \frac{A}{V(t)} \sin[\varphi(t) - \theta(t)] \quad (4\text{-}166)$$

上式说明在解调器的输出中不存在单独的有用信号项，信号被噪声扰乱，因此输出信噪比急剧恶化。这种情况与常规调幅包络检波时相似，也称为门限效应。

出现门限效应时，输出信噪比的计算比较复杂。理论分析和实验验证指出，门限效应的转折与调频指数有关。图 4-36 表示单频调制时输出和输入信噪比的近似关系。图中各曲线的转折点为门限值。在门限值以上输出信噪比与输入信噪比保持线性关系。在门限值附近曲线弯曲，到门限值以下时输出信噪比急剧下降，说明噪声逐渐成为决定性因素。图中曲线表明，β_{FM} 愈高发生门限效应的转折点也愈高，即在输入信噪比较大时就产生门限效应，但在转折点以上输出信噪比的改善愈明显。对于不同的 β_{FM}，门限值在 8～11dB 的范围内变化，一般认为门限值约为 10dB。

图 4-36 非相干解调的门限效应

采用比鉴频器更复杂的一些解调方法可以改善门限效应，缓和这一矛盾。例如采用环路法解调，即采用锁相环解调器或频率反馈解调器，当调频指数从 2 变化到 10 时，能使门限值下降 6～10dB，相当于接收机的输入信噪比在接近 0dB 时仍能正常工作。这种改善称为门限的扩展。

4.4.3 预加重和去加重

在调频信号的抗噪声性能分析中已经指出，鉴频器输出噪声功率谱密度与 ω^2 成正比，因此输出噪声中的高频分量功率增大，但是输出信号的功率只和调制信号本身的特性有关。对调频广播中所传送的语音和音乐来说，其大部分功率集中在低频端，这样在信号功率谱密度最小的频率范围内噪声的功率谱却是最大，这对于解调输出信噪比显然是不利的。

如果在接收端解调之后采用一个具有滚降特性为 $1/\omega^2$ 的去加重网络，就可以减小输出噪声的功率。但去加重网络会使信号失真，为了弥补这种失真，在发送端调制之前加一个预加重网络来抵消去加重网络所带来的失真。预加重网络的传递函数 $H_P(f)$ 必须去加重网络传递函数 $H_d(f)$ 的倒数，即

$$H_P(f) = \frac{1}{H_d(f)} \quad (4\text{-}167)$$

图 4-37 表示预加重和去加重网络在系统中的位置。设 Γ 为没有去加重网络和有去加重时噪声功率之比，Γ 的表达式为

$$\Gamma = \frac{\int_{-f_{\mathrm{m}}}^{f_{\mathrm{m}}} P_{\mathrm{o}}(f)\,\mathrm{d}f}{\int_{-f_{\mathrm{m}}}^{f_{\mathrm{m}}} P_{\mathrm{o}}(f)\,|\,H_{\mathrm{d}}(f)\,|^{2}\,\mathrm{d}f} \qquad (4\text{-}168)$$

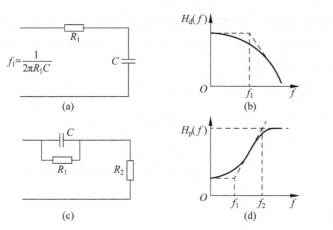

图 4-37　具有预加重和去加重网络的系统

式中，$P_{\mathrm{o}}(f)$ 为解调器输出噪声功率谱密度，由式(4-168)可知，$P_{\mathrm{o}}(f) = n_{\mathrm{o}} f^{2}/A^{2}$，于是上式又可以写为

$$\Gamma = \frac{2f_{\mathrm{m}}^{3}}{3\int_{-f_{\mathrm{m}}}^{f_{\mathrm{m}}} f^{2}\,|\,H_{\mathrm{d}}(f)\,|^{2}\,\mathrm{d}f} \qquad (4\text{-}169)$$

此式也表明信噪比改善程度，它取决于去加重网络的传递函数 $H_{\mathrm{d}}(f)$。去加重网络最简单的情况是图 4-38(a)所示的 RC 滤波器，设滤波器 3dB 带宽为 $f_1 = 1/RC$，其传递函数和模值平方分别为

$$H_{\mathrm{d}}(f) = \frac{1}{1 + \mathrm{j}\left(\dfrac{f}{f_1}\right)} \qquad (4\text{-}170)$$

$$|\,H_{\mathrm{d}}(f)\,|^{2} = \frac{1}{1 + \left(\dfrac{f}{f_1}\right)^{2}} \qquad (4\text{-}171)$$

图 4-38　去加重和预加重网络

其幅度特性如图 4-38(b)所示。相应的预加重网络及幅频特性如图 4-38(c)、(d)所示，将式(4-170)代入式(4-168)可得

$$\Gamma = \frac{f_{\mathrm{m}}^{3}}{3\int_{0}^{f_{\mathrm{m}}} \dfrac{f^{2}}{1 + (f/f_1)^{2}}\,\mathrm{d}f} = \frac{(f_{\mathrm{m}}/f_1)^{3}}{3\left[(f_{\mathrm{m}}/f_1) - \arctan(f_{\mathrm{m}}/f_1)\right]} \qquad (4\text{-}172)$$

由于调频信号的频偏与调制信号成正比，而预加重网络的作用是提升高频分量，因此调频后最大频偏就要增加，可能超出原有信道所容许的频带宽度。为了保持频偏不变，需要在

预加重后将信号适当衰减一些，然后再去调制，因此实际的改善效果要差点。

预加重和去加重技术不但在调频系统中得到实际应用，而且也应用在其他音频传输系统中，例如录音和放音设备中广泛应用的杜比（Dolby）降噪声系统就是一个例子。

视频

4.5 各种模拟调制系统的比较

为了便于在实际中合理地选用以上各种模拟调制系统，表 4-1 归纳列出了各种系统的传输带宽、输出信噪比 S_0/N_0、设备复杂程度和主要应用。

表 4-1 各种模拟调制系统的比较

调制方式	传输带宽	S_0/N_0	设备复杂程度	主 要 应 用
AM	$2f_m$	$\left(\dfrac{S_0}{N_0}\right)_{AM} = \dfrac{1}{3}\left(\dfrac{S_i}{n_0 f_m}\right)$	简单	中短波无线电广播
DSB	$2f_m$	$\left(\dfrac{S_0}{N_0}\right)_{DSB} = \left(\dfrac{S_i}{n_0 f_m}\right)$	中等	应用较少
SSB	f_m	$\left(\dfrac{S_0}{N_0}\right)_{SSB} = \left(\dfrac{S_i}{n_0 f_m}\right)$	复杂	短波无线电广播、音频分复用、载波通信、数据传输
VSB	略大于 f_m	近似 SSB	复杂	电视广播、数据传输
FM	$2(m_f+1)f_m$	$\left(\dfrac{S_0}{N_0}\right)_{FM} = \dfrac{3}{2}m_f^2\left(\dfrac{S_i}{n_0 f_m}\right)$	中等	超短波小功率电台（窄带 FM）；调频立体声广播等高质量通信（宽带 FM）

这里的"同等条件"是指：假设所有系统在接收机输入端具有相等的输入信号功率 S_i，且加性噪声都是均值为 0、双边功率谱密度为 $n_0/2$ 的高斯白噪声，基带信号 $m(t)$ 的带宽均为 f_m，并在所有系统中都满足：

$$\begin{cases} \overline{m(t)} = 0 \\ \overline{m^2(t)} = \dfrac{1}{2} \\ |m(t)|_{max} = 1 \end{cases} \tag{4-173}$$

例如 $m(t)$ 为正弦型信号；同时，所有的调制与解调系统都具有理想的特性。其中 AM 的调幅度为 100%。

1. 抗噪声性能

WBFM 抗噪声性能最好，DSB、SSB、VSB 抗噪声性能次之，AM 抗噪声性能最差。图 4-39 画出了各种模拟调制系统的性能曲线，图中的圆点表示门限点。门限点以下，曲线迅速下跌；门限点以上，DSB、SSB 的信噪比比 AM 高 4.7dB 以上，而 FM（$m_f=6$）的信噪比比 AM 高 22dB。由此可见：当输入信噪比较高时，FM 的调频指数 m_f 越大，抗噪声性能越好。

2. 频带利用率

SSB 的带宽最窄，其频带利用率最高；FM 占用的带宽随调频指数 m_f 的增大而增大，其频带利用率最低。可以说，FM 是以牺牲有效性来换取可靠性的。因此，m_f 值的选择要

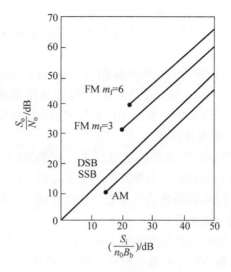

图 4-39　各种模拟调制系统的性能曲线

从通信质量和带宽限制两方面考虑。对于高质量通信（高保真音乐广播，电视伴音、双向式固定或移动通信、卫星通信和蜂窝电话系统）采用 WBFM，m_f 值选大些。对于一般通信，要考虑接收微弱信号，带宽窄些，声影响小，常选用 m_f 较小的调频方式。

3. 特点与应用

（1）AM 调制的优点是接收设备简单；缺点是功率利用率低，抗干扰能力差。AM 制式主要用在中波和短波的调幅广播中。

（2）DSB 调制的优点是功率利用率高，且带宽与 AM 相同，但接收要求同步解调，设备较复杂。应用较少，一般只用于点对点的专用通信。

（3）SSB 调制的优点是功率利用率和频带利用率都较高，抗干扰能力和抗选择性衰落能力均优于 AM，而带宽只有 AM 的一半；缺点是发送和接收设备都复杂。鉴于这些特点，SSB 常用于频分多路复用系统中。

（4）VSB 的抗噪声性能和频带利用率与 SSB 相当。VSB 的诀窍在于部分抑制了发送边带，同时又利用平缓滚降滤波器补偿了被抑制部分，这对包含有低频和直流分量的基带信号特别适合，因此，VSB 在电视广播等系统中得到了广泛应用。

（5）FM 波的幅度恒定不变，这使它对非线性器件不甚敏感，给 FM 带来了抗快衰落能力。利用自动增益控制和带通限幅还可以消除快衰落造成的幅度变化效应。宽带 FM 的抗干扰能力强，可以实现带宽与信噪比的互换，因而宽带 FM 广泛应用于长距离高质量的通信系统中，如空间和卫星通信、调频立体声广播、超短波电台等。宽带 FM 的缺点是频带利用率低，存在门限效应，因此在接收信号弱、干扰大的情况下宜采用窄带 FM，这就是小型通信机常采用窄带调频的原因。

4.6　频分复用及其应用

4.6.1　频分复用

当一条物理信道的传输能力高于一路信号的需求时，该信道就可以被多路信号共享，例如电话系统的干线通常有数千路信号在一根光纤中传输。复用就是解决如何利用一条信道同时传输多路信号的技术。其目的是为了充分利用信道的频带或时间资源，提高信道的利用率。

信号多路复用有两种常用的方法：频分复用（Frequency Division Multiplexing，FDM）和时分复用（Time Division Multiplexing，TDM）。时分复用通常用于数字信号的多路传输，将在以后章节中阐述。频分复用主要用于模拟信号的多路传输，也可用于数字信号。本节将要讨论的是 FDM 的原理及其应用。

频分复用是一种按频率来划分信道的复用方式。在 FDM 中，信道的带宽被分成多个相互不重叠的频段（子通道），每路信号占据其中一个子通道，并且各路之间必须留有未被使用的频带（防护频带）进行分隔，以防止信号重叠。在接收端，采用适当的带通滤波器将多路信号分开，从而恢复出所需要的信号。

图 4-40 示出了频分复用系统的原理框图。在发送端，首先使各路基带语音信号通过低通滤波器（LPF），以便限制各路信号的最高频率。然后，将各路信号调制到不同的载波频率上，使得各路信号搬移到各自的频段范围内，合成后送入信道传输。在接收端，采用一系列不同中心频率的带通滤波器分离出各路已调信号，它们被解调后即恢复出各路相应的基带信号。

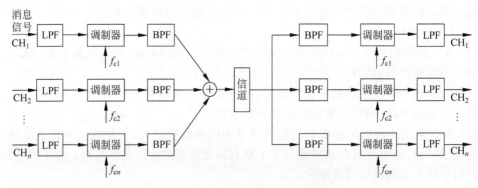

图 4-40　频分复用系统组成原理框图

为了防止相邻信号之间产生相互干扰，应合理选择载波频率 $f_{c1}, f_{c2}, \cdots, f_{cn}$ 以使各路已调信号频谱之间留有一定的防护频带。

FDM 最典型的一个例子是在一条物理线路上传输多路语音信号的多路载波电话系统。该系统一般采用单边带调制频分复用，旨在最大限度地节省传输频带，并且使用层次结构。

由 12 路电话复用为一个基群（BasicGroup）；5 个基群复用为一个超群（SuperGroup），共 60 路电话；由 10 个超群复用为一个主群（MasterGroup），共 600 路电话。如果需要传输更多路电话，可以将多个主群进行复用，组成巨群（JumboGroup）。每路电话信号的频带限制在 $300 \sim 3400 \mathrm{Hz}$，为了在各路已调信号间留有防护频带，每路电话信号取 $4000 \mathrm{Hz}$ 作为标准带宽。

作为示例，图 4-41 给出了多路载波电话系统的基群频谱结构示意图。该电话基群由 12 个 LSB（下边带）组成，占用 $60 \sim 108 \mathrm{kHz}$ 的频率范围，其中每路电话信号取 $4 \mathrm{kHz}$ 作为标准带宽。复用中所有的载波都由一个振荡器合成，起始频率为 $64 \mathrm{kHz}$，间隔为 $4 \mathrm{kHz}$。因此，

可以计算出各载波频率为

$$f_{cn} = 64 + 4(12 - n)$$

式中：f_{cn} 为第 n 路信号的载波频率，$n = 1 \sim 12$。

图 4-41 12 路电话基群频谱结构示意图

FDM 技术主要用于模拟信号，普遍应用在多路载波电话系统中。其主要优点是信道利用率高，技术成熟；缺点是设备复杂，滤波器难以制作，并且在复用和传输过程中，调制、解调等过程会不同程度地引入非线性失真，而产生各路信号的相互干扰。

4.6.2 OFDM 技术在 4G 移动通信系统中的应用

第 4 代移动通信系统(4th Generation,4G)技术已成为目前移动通信领域的研究热点。与 3G 相比，4G 更接近于个人通信。

在技术上比 3G 更完善，4G 将提供更高速、高容量、低网络建设成本和基于全 IP 的核心网平台。目前，业界对 4G 移动通信技术的共识主要有以下 6 点。

(1) 具有很高的数据传输速率。最低数据传输速率为 2Mb/s，最高可达 100Mb/s。

(2) 实现真正的无缝漫游。4G 移动通信系统实现全球统一的标准，能实现与各种网络、通信主机以及各类媒体之间进行"无缝连接"。

(3) 高度智能化的网络。4G 网络将能够使用智能技术，自适应、动态地进行资源分配，以处理不断变化的业务及容量和适应不同的信道环境。在操作上和技术上有很强的智能性、适应性和灵活性。

(4) 良好的覆盖性能。4G 系统应具有更广阔的覆盖能力，并能提供高速可变速率传输。

(5) 实现不同 QoS(Quality of Service,服务质量)的业务。4G 通信系统通过动态带宽分配和调节发射功率来提供各种不同质量不同类型的业务，使用户在任何地方都可以获得所需的信息服务，将信息系统、广播和娱乐、个人通信等行业结合成一个整体，更加安全、快捷地向用户提供更丰富的服务与应用。

(6) 基于 IP 的网络。4G 通信系统将会采用先进的 IPv6(Internet Protocol version6,互联网协议第 6 版)技术，IPv6 采用 128 位地址长度，能够为所有网络设备提供一个全球唯一的地址，并将能在 IP 网络上实现语音和多媒体业务。

为了达到 4G 的目标，我们需要对其各个环节进行突破，其中包括网络的交换、数据的传输及接入等，尤其是在频谱资源有限以及无线移动环境的条件下，大家的关注点都聚集在如何高效、稳定、可靠地进行高速率的数据传输。因此数据传输速率受到限制，难以得到提高。假如数据传输速率高于信道的相关带宽，信号将产生严重失真，信号传输质量将大幅度下降，所以普遍存在符号间干扰 ISI(Inter Symbol Interference)。

4G 系统中的关键技术之一便是正交频分复用技术，它可在有效进行数据传输速率提高的同时，避免高速引起的各种干扰(包括 ISI)，并且 OFDM 技术具有良好的抗噪声性能、对抗频率选择性衰落和频谱利用率高等优点。特别是在容易被外界干扰或者抵抗外界干扰能力较差的传输环境中采用 OFDM 传输可获得良好的性能。这对 4G 移动通信系统尤为重要。

4.7　本章小结

调制在通信系统中的作用至关重要，它的主要作用和目的是：将基带信号（调制信号）变换成适合在信道中传输的已调信号；实现信道的多路复用；改善系统抗噪声性能。

所谓调制，是指按调制信号的变化规律去控制高频载波的某个参数的过程。根据正弦载波受调参数的不同，模拟调制分为：幅度调制和角度调制。

幅度调制，是指高频载波的振幅按照基带信号振幅瞬时值的变化规律而变化的调制方式。它是一种线性调制，其"线性"的含义是：已调信号的频谱仅是基带信号频谱的平移。

幅度调制包括：调幅（AM）、双边带（DSB）、单边带（SSB）和残留边带（VSB）调制。AM信号的包络与调制信号 $m(t)$ 的形状完全一样，因此可采用简单的包络检波器进行解调；DSB 信号抑制了 AM 信号中的载波分量，因此调制效率是 100%；SSB 信号只传输 DSB 信号中的一个边带，所以频谱最窄、效率最高；VSB 是 SSB 与 DSB 之间的一种折中方式，它不像 SSB 中那样完全抑制 DSB 信号中的一个边带，而是使其残留一小部分，因此它既克服了DSB 信号占用频带宽的缺点，又解决了 SSB 信号实现中的困难。

线性调制的通用模型有：滤波法和相移法。它们适用于所有线性调制，只要在模型中适当选择边带滤波器的特性，便可以得到各种幅度调制信号。

解调（也称检波）是调制的逆过程，其作用是将已调信号中的基带调制信号恢复出来。解调方法分为：相干解调和非相干解调（包络检波）。

相干解调也叫同步检波，它适用于所有线性调制信号的解调。实现相干解调的关键是接收端要恢复出一个与调制载波严格同步的相干载波。恢复载波性能的好坏，直接关系到接收机解调性能的优劣。

包络检波就是直接从已调波的幅度中恢复原调制信号。它属于非相干解调，因此不需要相干载波。AM 信号一般都采用包络检波。

角度调制，是指高频载波的频率或相位按照基带信号的规律而变化的一种调制方式。它是一种非线性调制，已调信号的频谱不再保持原来基带频谱的结构。

角度调制包括调频（FM）和调相（PM）。FM 信号的瞬时频偏与调制信号 $m(t)$ 成正比；PM 信号的瞬时相偏与 $m(t)$ 成正比。FM 与 PM 之间是密切相关的。

角度调制的频谱与调制信号的频谱是非线性变换关系，因此信号带宽随调频指数 m_f 增加而增加。调频波的有效带宽一般可由卡森（Carson）公式

$$R_{FM} = 2(m_f + 1)f_m = 2(\Delta f + f_m)$$

来计算。当 $m_f \ll 1$ 时（NBFM），$B_{FM} \approx 2f_m$；当 $m_f \gg 1$ 时（WBFM），$B_{FM} \approx 2\Delta f_0$。NBFM信号的带宽约为调制信号带宽的两倍（与 AM 信号相同）。

与幅度调制技术相比，角度调制最突出的优势是其较高的抗噪声性能。这种优势的代价是占用比调幅信号更宽的带宽。

习 题

4-1 已知调制信号 $x(t)=\cos(2000\pi t)+\cos(4000\pi t)$，载波为 $\cos(10000\pi t)$，进行单边带调制，试画已调信号的频谱图。

4-2 设 DSB 和 AM 调制的调制信号 $x(t)=0.8\cos 200\pi t$，载频信号 $c(t)=10\cos\omega_c t$（$\omega_c\gg 200\pi$），调幅度为 0.8。试求：DSB 和 AM 已调信号的峰值功率。

4-3 用相干解调来接收双边带信号 $A\cos\omega_x t\cos\omega_c t$。已知 $f_x=20\text{kHz}$，输入噪声的单边功率谱密度 $n_0=2\times 10^{-8}\text{W/Hz}$。试求保证输出信噪功率比为 20dB，要求 A 值为多少？

4-4 已知 $f_x=20\text{kHz}$，输入噪声的单边功率谱密度 $n_0=2\times 10^{-8}\text{W/Hz}$。用相干解调来接收双边带信号 $0.4\cos\omega_x t\cos\omega_c t$ V。试求输出信噪功率比？

4-5 在 50Ω 的负载电阻上，有一个角调制信号，其表示式为：
$$x_c(t)=10\cos[10^8\pi t+3\sin(2\pi\times 10^3 t)]$$
求：(1) $x_c(t)$ 平均功率，(2) 最大频偏和传输带宽。

4-6 有一个角调制信号，其表示式为：
$$x_c(t)=10\cos[10^8\pi t+3\sin(2\pi\times 10^3 t)]$$
求：(1) 最大相位偏差；(2) 能否确定这是调频波还是调相波，为什么？

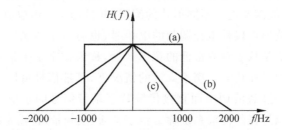

4-7 设音频信号的最高频率 $f_x=15\text{kHz}$，信道噪声为带限高斯白噪声，其双边功率谱密度为 $n_0/2=10^{-13}\text{W/Hz}$，如果进行 100% 的振幅调制，要求接收机输出信噪比为 50dB，求信号传输带宽和接收机收到的信号功率。

4-8 某线性调制系统的输出信噪比为 20dB，输出噪声功率为 10^{-9}W，由发射机输出端到解调器输入端之间总的传输损耗为 100dB，试求 DSB/SC 时的发射机输出功率。

4-9 已知调频广播中调频指数 $m_f=5$，$f_m=15\text{kHz}$，求调制制度增益和所需的带宽。

4-10 请画出间接调频和间接调相的方式的方框图，并进行简要说明。

第 5 章

数字基带传输

与模拟通信相比,数字通信具有许多优良的特性,其主要缺点就是设备复杂并且需要较大的传输带宽。近年来,随着大规模集成电路的出现,数字系统的设备复杂程度和技术难度大大降低,同时高效的数据压缩技术以及光纤等大容量传输介质的使用正在使带宽问题得到解决。因此,数字传输方式日益受到欢迎。

此外,数字处理的灵活性使得数字传输系统中传输的数字信息既可以是来自计算机、电传机等数据终端的各种数字代码,也可以是来自模拟信号经过数字化处理后的脉冲编码信号等。在原理上,数字信息可以直接用数字代码序列表示和传输,但在实际传输中,视系统的要求和信道情况,一般需要进行不同形式的编码,并且选用一组取值有限的离散波形来表示。这些取值离散的波形可以是未经调制的电信号,也可以是调制后的信号。未经调制的数字信号所占据的频谱是从零频或很低的频率开始,称为数字基带信号。在某些具有低通特性的有线信道中特别是在传输距离不太远的情况下,基带信号可以不经过载波调制而直接进行传输。这种不经过载波调制而直接传输数字基带信号的系统叫做数字基带传输系统。把具有调制和解调过程的传输系统称为数字带通(或频带)传输系统。

本章在信号波形、传输码形及频谱特性的分析基础上,重点研究如何设计基带传输总特性,以消除码间干扰;如何有效减小信道加性噪声的影响,以提高系统的抗噪声性能。然后介绍一种利用实验手段直观估计系统性能的方法——眼图,并提出改善数字基带传输性能的一个措施——时域均衡。

5.1 数字基带调制系统的组成及信号分类

5.1.1 数字基带调制系统的组成

来自数据终端的原始输入信号,如计算机输出的二进制序列、电传机输出的代码,或者是模拟信号经过数字化处理后的 PCM(Pulse Code Modulation,脉冲编码调制)信号等都是数字信号。这些信号往往包含丰富的低频分量,甚至直流分量,称为数字基带信号。直接传输数字基带信号,称为数字基带传输,典型的数字基带传输系统如图 5-1 所示。

下面介绍该系统各组成部分的功能及信号传输的物理过程。

(1) 脉冲形成器:它的功能是产生适合于信道传输的基带信号波形。因为其输入一般是经过码型编码器产生的传输码,相应的基本波形通常是矩形脉冲,其频谱很宽,不利于传输。

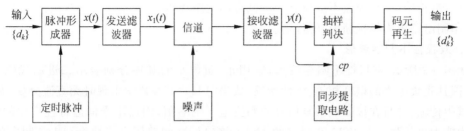

图 5-1　数字基带传输系统方框图

（2）发送滤波器：发送滤波器用于压缩输入信号频带，把传输码变换成适宜于信道传输的基带信号波形。它用来发送信号。

（3）信道：是允许基带信号通过的媒质，通常为有线信道，如双绞线、同轴电缆等。信道的传输特性一般不满足无失真传输条件，因此会引起传输波形的失真。另外信道还会引入噪声，假设它是均值为零的高斯白噪声。

（4）接收滤波器：它用来接收信号，尽可能滤除信道噪声和其他干扰，对信道特性进行均衡，使输出的基带波形有利于抽样判决。

（5）抽样判决器：则是在传输特性不理想及噪声背景下，在规定时刻（由位定时脉冲控制）对接收滤波器的输出波形进行抽样判决，以恢复或再生基带信号。

（6）定时脉冲和同步提取：用来抽样的位定时脉冲依靠同步提取电路从接收信号中提取，位定时的准确与否将直接影响判决效果。

5.1.2　数字基带信号的常见种类

数字基带信号是数字信息的电波形表示，它可以用不同的电平或脉冲来表示相应的消息代码。数字基带信号（以下简称"基带信号"）的类型有很多，常见的有矩形脉冲、三角波、高斯脉冲、升余弦脉冲。矩形波易于形成和变换，所以最常用的是矩形脉冲基带信号，矩形脉冲几种基本的基带信号如图 5-2 所示。

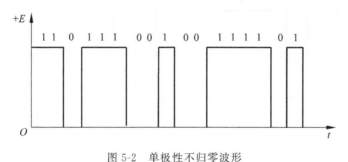

图 5-2　单极性不归零波形

1. 单极性不归零波形

如图 5-2 所示，单极性不归零波形是一种简单的基带信号波形。它用正电平和零电平分别对应二进制码"1"和"0"；或者说，它在一个码元时间内用脉冲的有或无来表示"1"和"0"。该波形的特点是电脉冲之间无间隔，极性单一，易于用 TTL（Transistor-Transistor Logic，晶体管-晶体管逻辑电路）、CMOS（Complementary Metal-Oxide-Semiconductor，互补型金属氧化物半导体电路）电路产生；缺点是有直流分量（平均电平不为零），要求传输线路具有直流传输能力,因而不适应有交流耦合的远距离传输,只适用于计算机内部或极近距离(如印制电路板内核机箱内)的传输。

2. 双极性不归零波形

如图 5-3 所示,双极性不归零波形,它用正、负电平的脉冲分别表示二进制代码"1"和"0"。因其正负电平的幅度相等、极性相反,故当"1"和"0"等概率出现时无直流分量,有利于在信道中传输,并且在接收端恢复信号的判决电平为零值,因而不受信道特性变化的影响。抗干扰能力也较强。在 ITU-T 制定的 V.24 接口标准和美国电工协会(EIA)制定的 RS-232C 接口标准中均采用双极性波形。

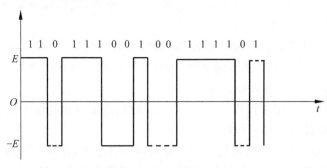

图 5-3　双极性不归零波形

3. 差分波形

如图 5-4 所示,差分波形是用相邻码元的电平跳变和不变来表示消息代码,而与码元本身的电位或极性无关。图中,以电平跳变表示"1",以电平不变表示"0",上述规定也可以反过来。由于差分波形是以相邻脉冲电平的相对变化来表示代码,因此也称相对码波形,而相应地称单极性或双极性波形为绝对码波形。用差分波形传送代码可以消除设备初始状态的影响,特别是在相位调制系统中可用于解决载波相位模糊问题。

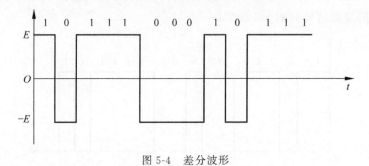

图 5-4　差分波形

5.2　数字基带信号的码型及波形

在实际的基带传输系统中,并不是所有的基带波形都适合在信道中传输。例如,含有丰富直流和低频分量的单极性基带波形就不适宜在低频传输特性差的信道中传输,因为这有可能造成信号严重畸变。因此,对传输用的基带信号主要有以下两个方面的要求。

(1) 对代码的要求:原始消息代码必须编成适合于传输用的码型;

（2）对所选码型的电波形要求：电波形应适合于基带系统的传输。

传输码（或称线路码）的结构将取决于实际信道特性和系统工作的条件。在选择传输码型时一般应考虑以下原则。

（1）不含直流，且低频分量尽量少；

（2）应含有丰富的定时信息，以便于从接收码流中提取定时信号；

（3）功率谱主瓣宽度窄，以节省传输频带；

（4）不受信息源统计特性的影响，即能适应信息源的变化；

（5）具有内在的检错能力，即码型应具有一定规律性，以便利用这一规律性进行宏观监测；

（6）编译码简单，以降低通信延时和成本。

1．单极性码

在这种编码方案中，只适用正的（或负的）电压表示数据。单极性码用在电传打字机接口及 PC 和 Teletypes 兼容的接口中，这种代码需要单独的时钟信号配合定时，否则当传送一长串 0 或 1 时，发送机和接收机的时钟将无法定时，单极性码的抗噪声特性也不好。如图 5-5（a）所示。

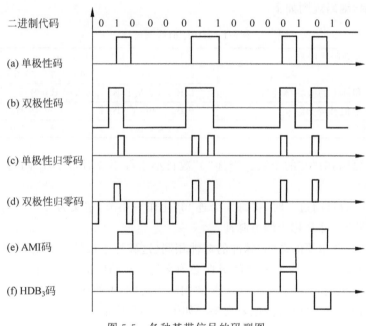

图 5-5　各种基带信号的码型图

2．双极性码

信号在 3 个电平（正、负、零）之间变化。一种典型的双极性码就是信号反转交替编码（Alternative Mark Version，AMI）。在 AMI 信号中，数据流遇到"1"时使电平在正和负之间交替翻转，而遇到"0"时则保持零电平。如图 5-5（b）所示。

3．单极性归零码

单极性归零码，当发"1"，发出正电流，但持续时间短于一个码元的时间宽度，即发出一个窄脉冲；当发"0"码时，仍然不发送电流。如图 5-5（c）所示。

4. 双极性归零码

双极性归零码，其中"1"码发正的窄脉冲，"0"码发负的窄脉冲，两个码元的时间间隔可以大于每一个窄脉冲的宽度，取样时间是对准脉冲的中心。如图 5-5(d)所示。

5. AMI 码

AMI 英文全称是 Alternate Mark Inversion，是指"信号交替反转"，即零电平表示 0，而 1 则使电平在正、负极间交替翻转。极性码是三进制码，1 为反转，0 为保持零电平。根据信号是否归零，还可以划分为归零码和非归零码，归零码码元中间的信号回归到 0 电平，而非归零码遇 1 电平翻转，零时不变。作为编码方案的双极性不归零码，"1"码和"0"码都有电流，但是"1"码是正电流，"0"码是负电流，正和负的幅度相等，故称为双极性码。此时的判决门限为零电平，接收端使用零判决器或正负判决器，接收信号的值若在零电平以上为正，判为"1"码；若在零电平以下为负，判为"0"码。编码规则：将信码中的"1"交替编成"+1"和"−1"，而"0"保持不变。如图 5.5(e)所示。

6. HDB$_3$ 码

HDB$_3$(3nd Order High Density Bipolar)码的全称是三阶高密度双极性码，它是 AMI 码的一种改进型，以保持 AMI 码的优点而克服其缺点，使连"0"个数不超过 3 个。其编码过程如表 5-1 所示，编码规则如下。

表 5-1   HDB$_3$ 码编码过程

(a)输入二进制码元序列	0 1 0 0 0 0 1 1 0 0 0 0 0 1 0 1 0
(b)AMI 码	0 +1 0 0 0 0 −1 +1 0 0 0 0 0 −1 0 +1 0
(c)信码 B 和加上的破坏脉冲 V	0 B 0 0 0 V B B 0 0 0 V 0 B 0 B 0
(d)B、V 加上信补码 B	0 B$_+$ 0 0 0 V$_+$ B$_-$ B$_+$ B$_-$ 0 0 V$_-$ 0 B$_+$ 0 B$_-$ 0
(e)HDB$_3$ 码	0 +1 0 0 0 +1 −1 +1 −1 0 0 −1 0 +1 0 −1 0

(1) 检查消息码中"0"的个数。当连"0"数目小于等于 3 时，HDB$_3$ 码与 AMI 码一样，+1 与 −1 交替；

(2) 当连"0"数目超过 3 时，将每 4 个连"0"化作一小节，定义为 B00V，称为破坏节，其中 V 称为破坏脉冲，而 B 称为调节脉冲；

(3) V 与前一个相邻的非"0"脉冲的极性相同(这破坏了极性交替的规则，所以 V 称为破坏脉冲)，并且要求相邻的 V 码之间极性必须交替。V 的取值为 +1 或 −1；

(4) B 的取值可选 0、+1 或 −1，以使 V 同时满足(3)中的两个要求；

(5) V 码后面的传号码极性也要交替。如图 5.5(f)所示。

5.3　数字基带信号的频谱

5.3.1　随机脉冲序列的波形及其表达式

假设二进制随机脉冲序列"1"码的基本波形为 $g_1(t)$，"0"码的基本波形为 $g_2(t)$。为了方便区分作图时，假设 $g_2(t)$ 是宽度为 T_b 的矩形脉冲，$g_2(t)$ 是宽度为 T_b 的三角形波，如图 5-6 所示。

$x(t)$ 是一个二进制随机脉冲序列，虽然每个码元间隔内出现哪种波形是随机的，但是

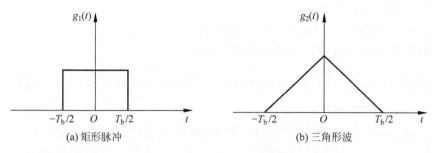

图 5-6 矩形脉冲和三角形波

两种波形出现的概率是可以得到的。假设"1"码出现的概率是 p，则"0"码出现的概率为 $1-p$。此时 $x(t)$ 可以表示为

$$x(t) = \sum_{n=-\infty}^{+\infty} x_n(t) \tag{5-1}$$

其中

$$x_n(t) = \begin{cases} g_1(t-nT_b) & \text{以概率 } p \text{ 出现} \\ g_2(t-nT_b) & \text{以概率 } 1-p \text{ 出现} \end{cases} \tag{5-2}$$

如果把随机脉冲序列 $x(t)$ 分解为稳态项 $v(t)$ 和交变项 $u(t)$，则将使频谱分析的物理概念更加清楚，推导过程更加简化。

1. 稳态项 $v(t)$

$v(t)$ 可以看做是平均分量，因为"1"和"0"码的概率分别是 p 和 $1-p$，所以在一个码元间隔内"1"码平均出现概率为 p，"0"码出现概率为 $1-p$。可以写出 $v(t)$ 的表达式为

$$v(t) = \sum_{n=-\infty}^{+\infty} \left[pg_1(t-nT_b) + (1-p)g_2(t-nT_b) \right] \tag{5-3}$$

2. 交变项 $u(t)$

$u(t)$ 是 $x(t)$ 中减去 $v(t)$ 留下来的部分，在某一码元间隔内的 $u(t)$ 可能出现两种波形。一种是当 $x(t)$ 在码元间隔内出现的是 $g_1(t)$，出现概率为 p。另一种是当 $x(t)$ 在码元间隔内出现的是 $g_2(t)$，出现的概率为 $1-p$。写成普遍形式有

$$u(t) = \sum_{n=-\infty}^{+\infty} u_n(t) \tag{5-4}$$

其中，

$$u_n(t) = \begin{cases} (1-p)\left[g_1(t-nT_b) - g_2(t-nT_b)\right] & \text{以概率 } p \text{ 出现} \\ -p\left[g_1(t-nT_b) - g_2(t-nT_b)\right] & \text{以概率 } 1-p \text{ 出现} \end{cases} \tag{5-5}$$

5.3.2 数字基带信号功率谱密度

由于数字基带信号是随机信号，因此只能用功率谱密度来表示其频谱特性，求功率谱密度时应该分别求出 $v(t)$ 和 $u(t)$，$v(t)$ 是稳态项，是周期为 T_b 的周期函数，可以用傅里叶级数展开后再求出功率谱密度 $p_v(\omega)$；$u_t(t)$ 是交变项，是随机信号，要用统计平均的方法来求。

1. $v(t)$的功率谱密度 $P_v(\omega)$

由于 $v(t)$ 是周期信号，因此可以展开为傅里叶级数，再根据周期信号功率谱密度与傅里叶级数的关系，得到稳态项 $v(t)$ 的功率谱密度为

$$P_v(\omega) = \sum_{n=-\infty}^{+\infty} \left| f_b \left[p G_1(m f_b) + (1-p) G_2(m f_b) \right] \right|^2 \delta(f - m f_b) \tag{5-6}$$

以及稳态项 $v(t)$ 的双边功率谱密度为

$$P_v(\omega) = f_b^2 \left| p G_1(0) + (1-P) G_2(0) \right|^2 \delta(f) +$$

$$2 f_b^2 \sum_{m=1}^{+\infty} \left| p G_1(m f_b) + (1-p) G_2(m f_b) \right|^2 \delta(f - m f_b) \tag{5-7}$$

2. $u(t)$的功率谱密度 $P_u(\omega)$

由于 $u(t)$ 是功率受限的随机信号，因此求它的功率谱密度 $P_u(\omega)$ 时要采用截短函数和统计平均的方法，可以得到交变项 $u(t)$ 的双边功率谱密度为

$$P_u(\omega) = \lim_{T \to \infty} \frac{\mathrm{E}\left[\left| U_T(\omega) \right|^2 \right]}{T} = \lim_{T \to 0} \frac{(2N+1) p(1-p) \left| G_1(\omega) - G_2(\omega) \right|^2}{(2N+1) T_b}$$

$$= \frac{p(1-p) \left| G_1(\omega) - G_2(\omega) \right|^2}{T_b} = f_b p(1-p) \left| G_1(f) - G_2(f) \right|^2 \tag{5-8}$$

同样，交变项的单边功率谱密度为

$$P_u(\omega) = \frac{2 p(1-p) \left| G_1(\omega) - G_2(\omega) \right|^2}{T_b} = 2 f_b p(1-p) \left| G_1(f) - G_2(f)^2 \right| \tag{5-9}$$

3. $x(t) = v(t) + u(t)$的功率谱密度 $P_X(\omega)$

由于 $u(t)$ 产生的是连续谱，$v(t)$ 产生的是离散谱，在这种特殊的条件下，两者的功率谱密度相加就是总的功率谱密度，由此得 $x(t)$ 的功率谱密度为

$$P_X(\omega) = P_u(\omega) + P_v(\omega)$$

$$= 2 f_b p(1-p) \left| G_1(f) - G_2(f) \right|^2 + f_b^2 \left| p G_1(0) + (1-p) G_2(0) \right|^2 \delta(f) +$$

$$2 f_b^2 \sum_{m=1}^{+\infty} \left| p G_1(m f_b) + (1-p) G_2(m f_b) \right|^2 \delta(f - m f_b) \tag{5-10}$$

5.3.3 数字基带信号功率的计算

数字基带信号的功率可以直接由 $x(t)$ 计算，也可以通过 $P_x(\omega)$ 计算。下面通过一个具体例子，用两种不同的方法来计算总的平均功率和某一离散分量的功率，从而掌握一般的计算方法。

例 5-1 如图 5-7 所示是一个半占空码的基本波形及其稳态项，求半占空单极性码的平均功率、直流功率和基波功率，其中半占空码的基本波形 $g_1(t)$ 是高度为 A、宽度 $\tau = T_b/2$ 的矩形脉冲。

解 设"1"码出现的概率为 p

(1) 直接由 $x(t)$ 求解。$x(t)$ 是一个随机二进制脉冲序列，"1"码时的波形为 $g_1(t)$，其能量为

$$\int_{-\tau/2}^{\tau/2} g_1^2(t) \, dt = A^2 \tau = \frac{A^2 T_b}{2} \tag{5-11}$$

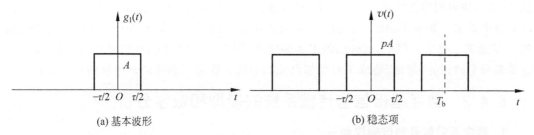

(a) 基本波形　　　　　　　　　　　　(b) 稳态项

图 5-7　半占空码的基本波形及其稳态项

由于"1"码出现的概率为 p，因此每个码元内的平均能量为 $(pA^2T_b)/2$，平均功率为

$$S = \frac{1}{T_b} \frac{pA^2T_b}{2} = \frac{pA^2}{2} \tag{5-12}$$

其稳态项为一个周期函数，可以利用傅里叶级数展开，得到

$$v(t) = \frac{pA}{2} + pA \sum_{m=1}^{+\infty} Sa\left(\frac{m\pi}{2}\right) \cos m w_b t \tag{5-13}$$

由于直流成分为 $pA/2$，因此直流成分功率为

$$\left(\frac{pA}{2}\right)^2 = \frac{p^2A^2}{4} \tag{5-14}$$

基波 f_b 成分的振幅为

$$pA \frac{\sin(\pi/2)}{\pi/2} = \frac{2pA}{\pi} \tag{5-15}$$

因此基波功率为

$$\frac{1}{2}\left(\frac{2pA}{\pi}\right)^2 = \frac{2p^2A^2}{\pi^2} \tag{5-16}$$

(2) 由 $P(x)$ 的表示式求解，把已知条件代入 $P(x)$ 的计算公式中，可以得到相对应的所有结果，计算略。

5.4　数字基带信号中的码间串扰

5.4.1　码间串扰

直方脉冲的波形在时域内比较尖锐，因而在频域内占用的带宽是无限的。如果让这个脉冲经过一个低通滤波器，即让它的频率变窄，那么它在时域内就一定会变宽。因为脉冲是一个序列，这样相邻的脉冲间就会相互干扰，这种现象称为码间串扰(InterSymbol Interference，ISI)。信道总是带限的，带限信道对通过的脉冲波形进行时域拓展。当信道带宽远大于脉冲带宽时，脉冲的拓展很小，当信道带宽接近于信号的带宽时，拓展将会超过一个码元周期，造成信号脉冲间的重叠，称为码间串扰。

码间干扰是数字通信系统中除噪声干扰之外最主要的干扰，它与加性的噪声干扰不同，是一种乘性的干扰。造成码间干扰的原因有很多，实际上，只要传输信道的频带是有限的，就会造成一定的码间干扰。

由于数字信息序列是随机的，想通过在接收滤波器输出的信号抽样信号中的各项相互抵消，从而使码间串扰为0——是行不通的，这就需要对基带传输系统的总传输特性$h(t)$的波形提出要求。如果相邻码元的前一个码元的波形到达后一个码元抽样判决时刻已经衰减到0，就能满足要求。但是，这样的波形不易实现，因为现实中的$h(t)$波形有很长的"拖尾"，也正是每个码元的"拖尾"造成了对相邻码元的串扰。这就是消除码间串扰的基本思想。

5.4.2 数字基带信号传输系统的模型和数学分析

1. 数字基带信号的传输模型

数字基带信号的传输模型如图 5-8 所示，输入信号是二进制冲击脉冲序列 $d(t)$，$G_T(\omega)$是发送滤波的传输函数，$C(\omega)$是信道的传输函数，$n(t)$是信道引入的噪声，$G_R(w)$是接收滤波器的传输函数。总的传输函数为

$$H(\omega) = G_T(\omega)C(\omega)G_R(\omega) \tag{5-17}$$

图 5-8　数字基带信号的传输模型

2. 基带传输系统的数学分析

不计入噪声 $n(t)$，$d(t)$经过基带传输系统后的输出为 $y'(t)$，$d(t)$是一个冲击脉冲序列，抽出其中 $n=0$ 的那一个是 $a_0\delta(t)$，$a_0\delta(t)$的频谱函数为 a_0。

$a_0\delta(t)$经过 $H(\omega) = G_T(\omega)C(\omega)G_R(\omega)$ 以后的输出 $y_0'(t)$的频谱函数为

$$Y_0'(\omega) = a_0H(\omega) = a_0G_T(\omega)C(\omega)G_R(\omega) \tag{5-18}$$

所以

$$y_0'(t) = a_0h(t) \tag{5-19}$$

其中，

$$h(t) = \frac{1}{2\pi}\int_{-\infty}^{+\infty}H(\omega)e^{j\omega t}\,d\omega = \frac{1}{2\pi}\int_{-\infty}^{+\infty}G_T(\omega)C(\omega)G_R(\omega)e^{j\omega t}\,d\omega \tag{5-20}$$

当 $d(t)$加到此传输系统后，不考虑噪声影响，有

$$y'(t) = \sum_{n=-\infty}^{+\infty} a_nh(t-nT_b) \tag{5-21}$$

噪声 $n(t)$是由信道进入加在滤波器输入端的，接收滤波器对它滤波后的噪声为 $n_R(t)$，此时接收滤波器的输出为

$$y(t) = y'(t) + n_R(t) = \sum_{n=-\infty}^{+\infty} a_nh(t-nT_b) + n_R(t) \tag{5-22}$$

如果要对第 k 个码元进行收样判决，则判决时刻应该为接收端收到的第 k 个码元的最大值时刻，设此时刻为 kT_b+t_0，则有

$$y(kT_b+t_0) = \sum_{n=-\infty}^{+\infty} a_nh(kT_b+t-nT_b) + n_R(kT_b+t_0)$$

$$= \sum_{n=-\infty}^{+\infty} a_nh[(k-n)T_b+t_0] + n_R(kT_b+t_0) \tag{5-23}$$

把 $n=k$ 项单独列出时有

$$y(kT_b+t_0)=a_n h(t_0)+\sum_{n=-\infty}^{+\infty} a_n h[(k-n)T_b+t_0]+n_R(kT_b+t_0) \quad (5\text{-}24)$$

其中,第一项 $a_n h(t_0)$ 是第 k 个码元本身产生的需要的抽样值,通常是 $h(t)$ 的最大值,而

$$a_k=\begin{cases} a & \text{如果第 } k \text{ 个是 1 码} \\ -a & \text{如果第 } k \text{ 个是 0 码} \end{cases} \quad (5\text{-}25)$$

第二项 $\sum_{n=-\infty}^{+\infty} a_n h[(k-n)T_b+t_0]$ 由无穷多项组成,表示除第 k 个码元以外的其他码元产生的不需要的串扰值,称为码间串扰。通常,离第 k 个码元越近产生的串扰越大。

第三项 $n_R(kT_b+t_0)$ 是第 k 个码元抽样判决时刻噪声的瞬时值,它是一个随机变量,也会影响第 k 个码元的正确判决。

5.5　无码间串扰的传输特征

5.5.1　无码间串扰的传输函数

5.4 节导出了无码间串扰对基带传输系统冲激响应的 $h(t)$ 的要求,本节进一步推导无码间串扰对传输特性 $H(\omega)$ 的要求及可能实现的方法。

5.4 节推导出的无码间串扰条件 $h[(n-k)T_b+t_0]=0(n\neq0)$ 是针对于第 k 个码元在 $t=kT_0+t_0$ 时刻进行抽样判决得到的。t_0 是延迟常数,为了简便分析,假设 $t_0=0$,则无码间串扰条件变为

$$\begin{cases} h[(n-k)T_b]=1(\text{或常数}) & n=k \\ h[(n-k)T_b]=0 & n\neq k \end{cases} \quad (5\text{-}26)$$

令 $k'=n-k$ 为任意整数,则上式可以改写为

$$\begin{cases} h(k'T_b)=1(\text{或常数}) & k'=0 \\ h(k'T_b)=0 & k'\neq0 \end{cases} \quad (5\text{-}27)$$

由于 k' 是任意整数,k' 可以用 k 代替,就得到无码间串扰的条件为

$$\begin{cases} h(kT_b)=1(\text{或常数}) & k=0 \\ h(kT_b)=0 & k\neq0 \end{cases} \quad (5\text{-}28)$$

从 $h(t)$ 的波形来看,如图 5-9 所示为无码间串扰的 $h(t)$,它应该通过一些特殊点,这些特殊点是 $t=0$ 时 $h(0)=1$ 和 $t=kT_b$ 时 $h(kT_b)=0$ 的点。

图 5-9 给出了几种无码间串扰的传输函数 $H(\omega)$,其中图 5-8 所示的 $h(t)=Sa(\pi t/T_b)$ 是能满足无码间串扰的一个最好的例子,由于 $h(t)=Sa(\pi t/T_b)$ 可以求出它的传递函数 $H(\omega)=F[h(t)]$,这是熟悉的门函数,如图 5-10(a) 所示,是一个带宽为 $B=f_b/2$ 的理想低通滤波器。同样,可以由 $h(t)=Sa^2(\pi t/T_b)$ 和 $h(t)=Sa(m\pi t/T_b)$ 求得它们的传输函数,分别如图 5-10(b) 和 5-10(c) 所示。

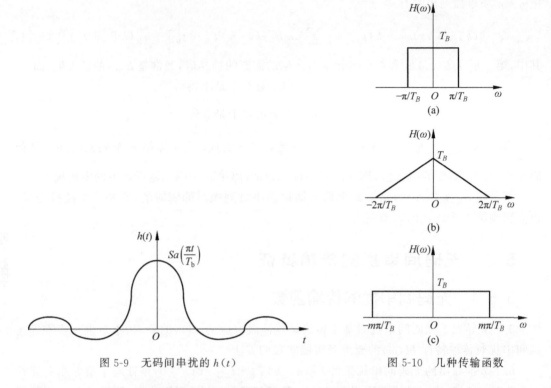

图 5-9　无码间串扰的 $h(t)$　　　　　图 5-10　几种传输函数

5.5.2　几种常用的无码间串扰及其传输特性

能满足无码间串扰又常用到的传输特性主要有表 5-1 所示的几种。为使用方便，表中一律用频率坐标代替角频率坐标，其中 $W_1 = 1/T_b = f_b/2$，相当于角频率为 π/T_b 时的频率。

表 5-2　无码间串扰及其传输特性

名称和传输特性 $H(f)$	冲激响应 $h(t)$	带宽 B/Hz	频带利用率 B/Hz
理想低通	$Sa(2\pi W_1 t)$	$B = W_1 = \dfrac{f_b}{2}$	2
余弦滚降	$Sa(2\pi W_1 t) \cdot \dfrac{\cos(2\pi a W_1 t)}{1-(4aW_1 t)^2}$	$B = (1+\alpha)W_1$ $= \dfrac{1+\alpha}{2} f_b$	$\dfrac{2}{1+\alpha}$

续表

名称和传输特性 $H(f)$	冲激响应 $h(t)$	带宽 B/Hz	频带利用率 B/Hz
直线滚降	$Sa(2\pi W_1 t)\cdot Sa(2\pi at)$	$B=(1+\alpha)W_1$ $=\dfrac{1+\alpha}{2}f_b$	$\dfrac{2}{1+\alpha}$
升余弦特性(=1)	$\dfrac{Sa(4\pi W_1 t)}{1-(4aW_1 t)^2}$	$B=2W_1=f_b$	1
	$Sa^2(2\pi W_1 t)$	$B=2W_1=f_b$	1

5.5.3　噪声对无码间串扰的影响

误码是由码间串扰和噪声两方面引起的,如果同时考虑码间串扰与噪声再计算误码率,则将使计算十分复杂。为了简化起见,通常都是在无码间串扰的条件下计算由噪声引起的误码率。本节在以下两个条件下推导误码率 P_e 的公式。

(1) 不考虑码间串扰,只考虑噪声引起的误码;

(2) 只考虑加性噪声,在加性噪声的接收端是高斯白噪声,但在经过接收滤波器以后变为高斯窄带噪声。

1. 加性噪声作用下的误码分析

从抽样判决时刻信号和噪声相加后的瞬时值的一维概率密度函数来看,不论收"1"码还是"0"码,抽样判决瞬间得到的电平都是随机变化的,从理论上讲都是从负无穷到正无穷范围内变化,但是出现的概率不同。以收到双极性"1"码为例,抽样判决瞬时值出现在 $-A$ 值和 $+A$ 值附近的概率密度远比远离 $+A$ 值的概率密度大得多;而对于收到"0"而言,出现在 $-A$ 和 $+A$ 附近的概率密度比远离 $-A$ 值的概率密度大得多。因此对收到双极性信号而言,应该在 $-A$ 和 $+A$ 之间选一个适当的电平为判别标准,称为判决门限值。同样,对单极性信号而言,应该在 $0\sim A$ 之间选一个合适的门限值。

归纳起来,对"1"码:当 $v>v_b$ 时判为"1"码,则判决正确;当 $v<v_b$ 时判为"0"码,则判决错误。对"0"码:当 $v<v_b$ 时判为"0"码,则判决正确;当 $v>v_b$ 时判为"1"码,则判决错误。由于理论上 $f_0(v)$、$f_1(v)$ 分布在负无穷到正无穷范围内,因此不论 V_b 怎样选择,错误判决是不可避免的,只是错误判决的概率不同而已。

2. 误码率的一般公式

误码率 P_e 定义为

$$\begin{cases} h(kT_b)=1(或常数) & k=0 \\ h(kT_b)=0 & k\neq 0 \end{cases} \tag{5-29}$$

P_e 是经过长时间接收很多码元以后用统计平均求得的结果。假设：发"1"码的概率为 $P(1)$，发"0"码的概率为 $P(0)$；发"1"码错判为"0"码的概率为 $P(0/1)$，发"0"码错判为"1"码的概率为 $P(1/0)$，则总的误码率 $P=P(1)P(0/1)+P(0)P(1/0)$。

从 $f_1(v)$ 和 $f_0(v)$ 以及 V_b 的值，可以求得 $P(0/1)$ 和 $P(1/0)$ 的公式为

$$\begin{cases} P(0/1)=\displaystyle\int_{-\infty}^{V_b} f_1(V)\mathrm{d}V \\ P(1/0)=\displaystyle\int_{V_b}^{+\infty} f_0(V)\mathrm{d}V \end{cases} \tag{5-30}$$

因此，

$$P_e = P(1)\int_{-\infty}^{V_b} f_1(V)\mathrm{d}V + P(0)\int_{V_b}^{+\infty} f_0(V)\mathrm{d}V \tag{5-31}$$

5.6 基带传输系统的抗噪声性能

在不考虑噪声的影响时，5.5 节讨论了无码间串扰的基带传输特性。本节将研究在无码间串扰条件下由信道噪声引起的误码率。

在基带传输系统模型中，信道加信噪声 $n(t)$ 通常被假设为均值为 0、双边功率谱密度为 $n_0/2$ 的平稳高斯白噪声，而接收滤波器又是一个线性网络，故判决电路输入噪声 $n_R(t)$ 也是均值为 0 的平稳高斯噪声，且它的功率谱密度 $P_n(f)$ 为

$$P_n(f)=\frac{n_0}{2}|G_R(f)|^2 \tag{5-32}$$

方差（噪声平均功率）为：

$$\sigma_n^2=\int_{-\infty}^{+\infty}\frac{n_0}{2}|G_R(f)|^2\mathrm{d}f \tag{5-33}$$

故 $n_R(t)$ 是均值为 0、方差为 σ_n^2 的高斯噪声，因此它的瞬时值的统计特性可用下述一维概率密度函数描述

$$f(v)=\frac{1}{\sqrt{2\pi}\,\sigma_n}\mathrm{e}^{-V^2/2\sigma_n^2} \tag{5-34}$$

式中，V 就是噪声的瞬时取值 $n_R(kT_s)$。

5.6.1 二进制双极性基带系统

对于二进制双极性信号，假设它在抽样时刻的电平取值为 $+A$ 或 $-A$（分别对应信码"1"或"0"），则在一个码元持续时间内，抽样判决器输入端的混合波形（信号＋噪声）$x(t)$ 在抽样时刻的取值为

$$x(kT_s)=\begin{cases} A+n_R(kT_s) & 发送 1 时 \\ -A+n_R(kT_s) & 发送 0 时 \end{cases} \tag{5-35}$$

当发送"1"时，$A+n_R(kT_s)$ 的一维概率密度函数为

$$f_1(x) = \frac{1}{\sqrt{2\pi}\,\sigma_n} \exp\left(-\frac{(x-A)^2}{2\sigma_n^2}\right) \tag{5-36}$$

而当发送"0"时，$-A+n_R(kT_s)$ 的一维概率密度函数为

$$f_0(x) = \frac{1}{\sqrt{2\pi}\,\sigma_n} \exp\left(-\frac{(x+A)^2}{2\sigma_n^2}\right) \tag{5-37}$$

在 $-A$ 到 $+A$ 之间选择一个适当的电平 V_d 作为判决门限，根据判决规则将会出现以下几种情况

$$\text{对 1 码}\begin{cases} \text{当 } x > V_d \text{ 时} & \text{判为 1 码（正确）} \\ \text{当 } x < V_d \text{ 时} & \text{判为 0 码（错误）} \end{cases}$$

$$\text{对 0 码}\begin{cases} \text{当 } x < V_d \text{ 时} & \text{判为 0 码（正确）} \\ \text{当 } x > V_d \text{ 时} & \text{判为 1 码（错误）} \end{cases} \tag{5-38}$$

可见，在二进制基带信号传输过程中，噪声引起的误码有两种差错形式：发送的是 1 码，却被判为 0 码；发送的是 0 码，却被判为 1 码。下面分别计算这两种差错概率。

发"1"错判为"0"的概率 $P(0/1)$ 为

$$P(0/1) = P(x < V_d) = \int_{-\infty}^{V_d} f_1(x)\mathrm{d}x = \int_{-\infty}^{V_d} \frac{1}{\sqrt{2\pi}\,\sigma_n} \exp\left(-\frac{(X-A)^2}{2\sigma_n^2}\right)\mathrm{d}x$$

$$= \frac{1}{2} + \frac{1}{2}\mathrm{erf}\left(\frac{V_d - A}{\sqrt{2\pi}\,\sigma_n}\right) \tag{5-39}$$

发"0"判错为"1"的概率 $P(1/0)$ 为

$$P(1/0) = P(x > V_d) = \int_{V_d}^{+\infty} f_0(x)\mathrm{d}x$$

$$= \int_{V_d}^{+\infty} \frac{1}{\sqrt{2\pi}\,\sigma_n} \exp\left(-\frac{(X+A)^2}{2\sigma_n^2}\right)\mathrm{d}x = \frac{1}{2} - \frac{1}{2}\mathrm{erf}\left(\frac{V_d + A}{\sqrt{2\pi}\,\sigma_n}\right) \tag{5-40}$$

假设信源发射"1"码的概率为 $P(1)$，发送"0"码的概率为 $P(0)$，则二进制基带传输系统总误码率为

$$P_e = P(1)P(0/1) + P(0)P(1/0) \tag{5-41}$$

可以看出，误码率与发送概率 $P(1)$、$P(0)$，信号的峰值 A，噪声功率 σ_n^2，以及判决门限电平 V_d 有关。因此，在 $P(1)$、$P(0)$ 给定时，误码率最终由 A、σ_n^2 和判决门限 V_d 决定。在 A 和 σ_n^2 一定的条件下，可以得到一个使误码率最小的判决门限，称为最佳门限电平。若令

$$\frac{\partial P_e}{\partial V_d} = 0 \tag{5-42}$$

可求得最佳门限电平

$$V_d^* = \frac{\sigma_n^2}{2A}\ln\frac{P(0)}{P(1)} \tag{5-43}$$

若 $P(1) = P(0) = 1/2$，则有

$$V_d^* = 0 \tag{5-44}$$

这时，基带传输总误码率为

$$P_e = \frac{1}{2}[P(0/1) + P(1/0)] = \frac{1}{2}\left[1 - \text{erf}\left(\frac{A}{\sqrt{2}\,\sigma_n}\right)\right] = \frac{1}{2}\text{erfc}\left(\frac{A}{\sqrt{2}\,\sigma_n}\right) \tag{5-45}$$

由上式可见，在发送概率相等，且在最佳电平门限下，双极性基带系统总误码率仅依赖于信号峰值 A 与噪声均方根值 σ_n 的比值，而与采用什么样的信号形式无关。且比值 A/σ_n 越大，P_e 就越小。

5.6.2　二进制单极性基带系统

对于单极性信号，若设它在抽样时刻的电平取值为 $+A$ 或 0（分别对应信码"1"或者"0"），则只需将 $f_0(x)$ 曲线分布中心由 $-A$ 移到 0 即可。这时将会变成

$$V_d^{\cdot} = \frac{A}{2} + \frac{\sigma_n^2}{A}\ln\frac{P(0)}{P(1)} \tag{5-46}$$

当 $P(1) = P(0) = 1/2$ 时

$$V_d^{\cdot} = \frac{A}{2} \tag{5-47}$$

$$P_e = \frac{1}{2}\text{erfc}\left(\frac{A}{2\sqrt{2}\,\sigma_n}\right) \tag{5-48}$$

当比值 A/σ_n 一定时，双极性基带系统的误码率比单极性的低，抗噪声性能好。此外，在等概率条件下，双极性的最佳判决门限电平为 0，与信号幅度无关，因而不随信道特性变化而变，故能保持最佳状态。而单极性的最佳判决为 $A/2$，它易受信道特性变化的影响，从而导致误码率变大。因此，双极性基带系统比单极性基带系统应用更为广泛。

5.7　眼图

视频

从理论上讲，在信道特性确知的条件下，人们可以精心设计系统传输特性以达到消除码间串扰的目的。但是，在实际基带传输系统中，由于难免存在滤波器的设计误差和信道特性的变化，所以无法实现理想的传输特性，使得抽样时刻上存在码间串扰，从而导致系统性能下降。而且计算由于这些因素引起的误码率非常困难，尤其在码间串扰与噪声同时存在的情况下，系统性能的定量分析更是难以进行，因此在实际应用中需要用简便的实验手段来定性评价系统的性能。下面介绍一种有效的实验方法——眼图。

所谓眼图，是指通过示波器观察接收端的基带信号波形，从而估计和调整系统性能的一种方法。这种方法的具体做法是：用一个示波器跨接在抽样判决器的输入端，然后调整示波器水平扫描中心，使其与接收码元的周期同步。此时可以从示波器显示的图像上，观察码间干扰和信道噪声等因素影响的情况，从而估计系统的优劣程度。因为在传输二进制信号波形时，示波器显示的波形很像人的眼睛，故名"眼图"。

眼图的"眼睛"，张开的大小反映着码间串扰的强弱。"眼睛"张得越大，且眼图越端正，表示码间串扰越小；反之表示码间串扰越大。

当存在噪声时，噪声将叠加在信号上，观察到的眼图的线迹会变得模糊不清。若同时存在码间串扰，"眼睛"将张开得更小。与无码间串扰时的眼图相比，原来清晰端正的细线迹，变成了比较模糊的带状线，而且不很端正。噪声越大，线迹越宽，越模糊；码间串扰越大，眼

图越不端正。

眼图对于展示数字信号传输系统的性能提供了很多有用的观测信息：可以从中看出码间串扰的大小和噪声的强弱，有助于直观地了解码间串扰和噪声的影响，评价一个基带系统的性能优劣；可以指示接收滤波器的调整，以减小码间串扰。

（1）最佳抽样时刻应在"眼睛"张开最大的时刻。

（2）对定时误差的灵敏度可由眼图斜边的斜率决定。斜率越大，对定时误差就越灵敏。

（3）在抽样时刻上，眼图上下两分支阴影区的垂直高度，表示最大信号畸变。

（4）眼图中央的横轴位置应对应判决门限电平。

（5）在抽样时刻上，上下两分支离门限最近的一根线迹至门限的距离表示各相应电平的噪声容限，噪声瞬时值超过它就可能发生错误判决。

（6）对于利用信号过零点取平均来得到定时信息的接收系统，眼图倾斜分支与横轴相交的区域的大小，表示零点位置的变动范围，这个变动范围的大小对提取定时信息有重要的影响。

眼图的模型如图 5-11 所示。

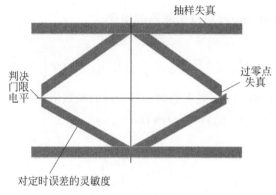

图 5-11　眼图的模型

5.8　时域均衡

均衡是指接收端设置的均衡器具有与信道相反的特性，用来抵消信道的时变多径传播特性所引起的码间干扰。在带宽受限的信道中，由于受多径影响的码间干扰会使被传输的信号产生变形，从而在接收时发生误码。码间干扰是移动无线通信信道中传输高速数据时的主要障碍，而均衡是对付码间干扰的有效手段。由于移动衰落信道具有随机性和时变性，这就要求均衡器必须能够实时地跟踪移动通信信道的时变特性，这种均衡器称为自适应均衡器。

均衡可以分为频域均衡（包括幅度均衡、相位或时延均衡）和时域均衡，前者是矫正频率特性，频域均衡使包括均衡器在内的整个系统的总传输函数满足无失真传输的条件。它往往分别校正幅频特性和群时延特性，序列均衡通常采用这种频域均衡法。时域均衡是直接矫正畸变波形，即直接从时间响应考虑，使包括均衡器在内的整个系统的冲激响应满足无码间串扰的条件。

均衡按调节的方法还可分为固定均衡和可变均衡。可变均衡又可分为手动均衡和自适应均衡。由于目前数字信号基带传输系统中主要采用时域均衡,因此本节主要讨论时域均衡的基本原理。

5.8.1 时域均衡的基本原理

在数字基带信号的传输模型中,当 $H(\omega)$ 不满足无码间串扰条件时,就可能存在码间串扰。现在证明,如果在接收滤波 $G_R(\omega)$ 后面插入一个称为横向滤波器的可调滤波器,其冲激响应应为

$$h_T(\omega) = \sum_{n=-\infty}^{+\infty} C_n \delta(t - nT_b) \tag{5-49}$$

式中,C_n 完全依赖于 $H(\omega)$,那么理论上就可以消除抽样时刻上的码间串扰。

设插入滤波器的频率特性为 $T(\omega)$,则当

$$T(\omega)H(\omega) = H'(\omega) \tag{5-50}$$

即

$$H'_{eq}(\omega) = \sum_{i=-\infty}^{+\infty} H'\left(\omega + \frac{2\pi i}{T_b}\right) = 常数 \quad \left|\omega \leqslant \frac{\pi}{T_b}\right| \tag{5-51}$$

这个包括 $T(\omega)$ 在内的 $H'(\omega)$ 就可以消除码间串扰。

因为

$$\sum_{i=-\infty}^{+\infty} H'\left(\omega + \frac{2\pi i}{T_b}\right) = \sum_{i=-\infty}^{+\infty} H\left(\omega + \frac{2\pi i}{T_b}\right) T\left(\omega + \frac{2\pi i}{T_b}\right) \tag{5-52}$$

于是,如果 $T[\omega + (2\pi i/T_b)]$ 对不同的 i 有相同的函数形式。即 $T(\omega)$ 是周期为 $2\pi/T_b$ 的周期函数,则当 T_w 在 $(-\pi/T_b, \pi/T_b)$ 内有

$$T(\omega) = \frac{T_b}{\sum_{i=-\infty}^{+\infty} H\left(\omega + \frac{2\pi i}{T_b}\right)} \quad |\omega| \leqslant \frac{\pi}{T_b} \tag{5-53}$$

时,就有

$$\sum_{i=-\infty}^{+\infty} H'\left(\omega + \frac{2\pi i}{T_b}\right) \tag{5-54}$$

既然 $T(\omega)$ 是周期为 $2\pi/T(\omega)$ 的周期函数,那么 $T(\omega)$ 可以用傅里叶级数表示,即

$$T(\omega) = \sum_{n=-\infty}^{+\infty} C_n e^{jnT_b\omega} \tag{5-55}$$

式中

$$C_n = \frac{T_b}{2\pi} \int_{-\frac{\pi}{T_b}}^{\frac{\pi}{T_b}} T(\omega) e^{-jn\omega T_b} d\omega \tag{5-56}$$

或

$$C_n = \frac{T_b}{2\pi} \int_{-\frac{\pi}{T_b}}^{\frac{\pi}{T_b}} \frac{T_b}{\sum_{i=-\infty}^{+\infty} H\left(\omega + \frac{2\pi i}{T_b}\right)} e^{-jn\omega T_b} d\omega \tag{5-57}$$

由上式可见,傅里叶系数 C_n 由 $H(\omega)$ 决定。

由上述证明过程可知,给定一个系统的传输函数 $H(\omega)$ 就可以唯一地确定 $T(\omega)$。于是,就能得到消除码间串扰的新的总传输函数 $H'(\omega)$,即包括 $T(\omega)$ 的基带系统的总传输函数。

横向滤波器作为一个横向滤波网络的有限冲激响应滤波器,而该网络是由无限多个横向排列的延迟单元和抽头系数组成的。它的功能是将输入端抽样时刻上有码间串扰的响应波形变换成抽样时刻上无码间串扰的响应波形。由于横向滤波器的均衡原理是建立在响应波形上的,因此把这种均衡称为时域均衡。

时域均衡器常采用横向均衡器,图 5-12 示出其原理图。有码间干扰的单个码元响应波形进入有抽头的时延线(以 5 个抽头为例),再经过各横向支路并乘以不同系数 C_k 后相加。调节 C_1,可以抵消后尾对下一个码元(相距 T)的干扰。类似地,调节其他抽头系数,可分别抵消对其他码元的干扰。这样,进行数码传输时,相互间就接近没有码间干扰。在频带利用率高的数字通信设备中,常用这种均衡器。

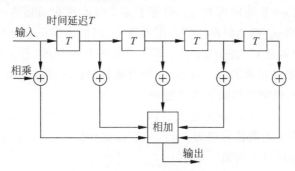

图 5-12 时域均衡器

当横向均衡器的各系数为了抵消码间干扰而不为零时,来自信道的噪声经各支路相加而增强,这对减小误码率不利。改进的一种方法是采用判决反馈均衡器,将时延线接在判决电路后,用判决后的码元反馈回来经时延并乘以系数来抵消后尾产生的码间干扰。优点是判决后消除了噪声,而且可用简单的数字电路实现时延。若判决有错误,反馈回来可能引起下一个码也判错,即引起误码扩散;但当误码率不大时,此现象很少发生,影响很小。

横向均衡器中,抽头间的时延为一个码元宽度 T,有时将抽头间的时延改为 $T/2$,得到分数抽头间隔的横向均衡器。优点是使判决电路中对定时相位的准确度要求不高,而且能更好地接近使输出信噪比最大的匹配滤波器的性能,有利于减小误码率。

时域均衡器中的各系数可用手动调节,也可自动调节。自动调节的方式可以在通信开始时作一次性自动调节(称为预置式自动均衡);但常用的是随信道特性的变化而自动调节(称为自适应均衡)。

如果设有限长的横向滤波器的冲激响应为 $e(t)$,相应的频率特性为 $E(\omega)$,则

$$e(t) = \sum_{i=-N}^{N} C_i \delta(t - iT_b) \tag{5-58}$$

$$E(\omega) = \sum_{i=-N}^{N} C_i e^{-j\omega iT_b} \tag{5-59}$$

由此可以看出,$E(\omega)$ 被 $2N+1$ 个 C_i 确定。显然,不同的 C_i 将对应有不同的 $E(\omega)$。

现在考查均衡滤波器的输出波形。因为横向滤波器的输出 $y(t)$ 是 $x(t)$ 和 $e(t)$ 的卷积,利用式 $e(t) = \sum_{i=-N}^{N} C_i \delta(t - iT_b)$,不难看出

$$y(t) = x(t) \cdot e(t) = \sum_{i=-N}^{N} C_i x(t - iT_b) \tag{5-60}$$

于是，在抽样时刻 $kT_b + t_0$，其中 t_0 是 x_0 出现的时刻，有

$$y(kT_b + t_0) = \sum_{i=-N}^{N} C_i x(kT_b + t_0 - iT_b) = \sum_{i=-N}^{N} C_i x\left[(k-i)T_b + t_0\right] \tag{5-61}$$

或者简写为

$$y_k = \sum_{i=-N}^{N} C_i x_{k-i} \tag{5-62}$$

上式说明，均衡器在第 k 时刻上抽到的样值 y_k 将由 $2N+1$ 个 C_i 与 x_{k-i} 乘积之和来确定。但实际期望除 $k=0$ 外的所有 y_k 都等于零。因此现在面临的问题是，什么样的 C_i 才能给出除 $k=0$ 外的 y_k 都达到期望值。不难看出，当输入波形 $x(t)$ 给定时，即各种可能的 x_{k-i} 确定时，通过调整 C_i 使指定的 y_k 等于零是容易办到的，但同时要求除 $k=0$ 外的所有 y_k 都等于零却是件很难的事。这说明，用有限长的横向滤波器减小左、右相邻的各 N 个码间串扰是可能的，但完全消除是不可能的。

例 5-2 设有一个三抽头的横向滤波器，其 $C_{-1} = -1/4$，$C_0 = 1$，$C_{+1} = -1/2$；均衡器输入 $x(t)$ 在各抽样点上的取值分别为：$x_{-1} = 1/4$，$x_0 = 1$，$x_{+1} = 1/2$，其余都为零。试求均衡器输出 $y(t)$ 在各抽样点上的值。

解 根据式(5-62)有

$$y_k = \sum_{i=-1}^{1} C_i x_{k-i}$$

当 $k=0$ 时，可得

$$y_0 = \sum_{i=-N}^{N} C_i x_{k-i} = C_{-1} x_1 + C_0 x_0 + C_1 x_{-1} = \frac{3}{4}$$

当 $k=1$ 时，可得

$$y_{+1} = \sum_{i=-N}^{N} C_i x_{1-i} = C_{-1} x_2 + C_0 x_1 + C_1 x_0 = 0$$

当 $k=-1$ 时，可得

$$y_{-1} = \sum_{i=-N}^{N} C_i x_{-1-i} = C_{-1} x_0 + C_0 x_{-1} + C_1 x_{-2} = 0$$

同理可求得：$y_{-2} = -1/16$，$y_{+2} = -1/4$，其余均为零。

由此可见，除 y_0 外，均衡使 y_1 和 y_{-1} 为零，但 y_2 和 y_{-2} 不为零。可见，利用 $2N+1$ 个有限长的横向滤波器减小左、右相邻的各 N 个码间串扰是有可能的，其他无法完全消除。

5.8.2 均衡准则与实现

有限长滤波器不可能完全消除码间串扰，其输出将有剩余失真。为了反映这些失真的大小，需要建立度量均衡效果的标准。通常采用峰值失真来衡量。

峰值失真定义为

$$D = \frac{1}{y_0} \sum_{\substack{k=-\infty \\ k \neq 0}}^{+\infty} |y_k| \tag{5-63}$$

式中，除了 $k=0$ 以外的各值的绝对值之和反映了码间串扰的最大值。y_0 是有用信号样值，所以峰值失真 D 是码间串扰最大可能值与有用信号样值之比。显然对于完全消除码间串扰的均衡器而言，应有 $D=0$；对于码间干扰不为零的场合，希望 D 越小越好。因此，若以峰值失真为准则调整抽头系数时，应使 D 最小。

现以最小峰值失真准则为依据，讨论均衡器的实现与调整。

与式(5-64)相应，未均衡前的输入峰值（称初始失真）可表示为

$$D_0 = \frac{1}{x_0} \sum_{\substack{k=-\infty \\ k\neq 0}}^{+\infty} |x_k| \tag{5-64}$$

若 x_k 是归一化的，且令 $x_0=1$，则上式可变为

$$D_0 = \sum_{\substack{k=-\infty \\ k\neq 0}}^{N} |x_k| \tag{5-65}$$

为方便起见，将样值 y_k 也归一化，且令 $y_0=1$，则根据式(5-63)可得

$$y_0 = \sum_{i=-N}^{N} C_i x_{-i} = 1 \tag{5-66}$$

或有

$$C_0 x_0 + \sum_{\substack{i=-N \\ k\neq 0}}^{N} C_i x_{-i} = 1 \tag{5-67}$$

于是

$$C_0 = 1 - \sum_{\substack{i=-N \\ k\neq 0}}^{N} C_i x_{-i} \tag{5-68}$$

将式(5-69)代入式(5-63)可得

$$y_k = \sum_{\substack{i=-N \\ k\neq 0}}^{N} C_i (x_{k-i} - x_k x_{-i}) + x_k \tag{5-69}$$

再将式(5-70)代入式(5-64)，则有

$$D = \sum_{\substack{k=-\infty \\ k\neq 0}}^{+\infty} \left| \sum_{\substack{i=-N \\ k\neq 0}}^{N} C_i (x_{k-i} - x_k x_{-i}) + x_k \right| \tag{5-70}$$

可见，在输入序列给定的情况下，峰值畸变 D 是各抽头系数 C_i（除 C_0）的函数。显然，求解使 D 最小的 C_i 是实际所关心的问题。Lucky 曾证明：如果失真 $D_0 < 1$，则 D 的最小值必然发生在 y_0 前后的 y_k 都为零的情况下。这一定理的数学意义是，所求的系数 $\{C_i\}$ 应该是下式

$$y_k = \begin{cases} 0 & 1 \leqslant |k| \leqslant N \\ 1 & k=0 \end{cases} \tag{5-71}$$

成立时的 $2N+1$ 个联立方程的解。

由式(5-72)和式(5-63)可以列出抽头系数必须满足的这 $2N+1$ 个线性方程，即

$$\begin{cases} \sum_{i=-N}^{N} C_i x_{k-i} = 0 & k = \pm 1, \pm 2, \cdots, \pm N \\ \sum_{i=-N}^{N} C_i x_{-i} = 0 & k = 0 \end{cases} \tag{5-72}$$

将它写成矩阵形式,有

$$
\begin{bmatrix}
x_0 & x_{-1} & \cdots & x_{-2N} \\
\vdots & \vdots & \cdots & \vdots \\
x_N & x_{N-1} & \cdots & x_{-N} \\
\vdots & \vdots & \cdots & \vdots \\
x_{2N} & x_{2N-1} & \cdots & x_0
\end{bmatrix}
\begin{bmatrix}
C_{-N} \\
C_{-N+1} \\
\vdots \\
C_0 \\
\vdots \\
C_{N-1} \\
C_N
\end{bmatrix}
=
\begin{bmatrix}
0 \\
\vdots \\
0 \\
1 \\
0 \\
\vdots \\
0
\end{bmatrix}
\tag{5-73}
$$

这个联立方程的解的物理意义是:在输入序列给定时,若按上式方程组调整或设计各抽头系数,可迫使均衡器输出的各抽样值 y_k($|k|\leqslant N, k\neq 0$)为零。这种调整叫做"迫零"调整,所设计的均衡器叫做"迫零"均衡器。它能保证在 $D_0<1$ 时,调整除 C_0 外的 $2N$ 个抽头增益,并迫使 y_0 前后有 N 个取样点上无码间串扰,此时 D 取最小,均衡效果达到最佳。

例 5-3 设计一个具有 3 个抽头的迫零均衡器,以减小码间串扰,已知: $x_{-2}=0, x_{-1}=0.1, x_0=1, x_1=-0.2, x_2=0.1$,求 3 个抽头的系数,并计算均衡前后的峰值失真。

解 根据式(5-73)和 $2N+1=3$,列出矩阵方程如下:

$$
\begin{bmatrix}
x_0 & x_{-1} & x_{-2} \\
x_1 & x_0 & x_{-1} \\
x_2 & x_1 & x_0
\end{bmatrix}
\begin{bmatrix}
C_{-1} \\
C_0 \\
C_1
\end{bmatrix}
=
\begin{bmatrix}
0 \\
1 \\
0
\end{bmatrix}
$$

将样值代入上式,列出方程组

$$
\begin{cases}
C_{-1}+0.1C_0=0 \\
-0.2C_{-1}+C_0+0.1C_1=1 \\
0.1C_{-1}-0.2C_0+C_1=0
\end{cases}
$$

解联立方程可得

$$
C_{-1}=-0.09606, C_0=0.9606, C_1=0.2017
$$

然后通过计算可得:

$$
\begin{cases}
y_{-1}=0, y_0=1, y_1=0 \\
y_{-3}=0, y_{-2}=0.0096, y_2=0.0557, y_3=0.02016
\end{cases}
$$

输入峰值失真为

$$
D_0=\frac{1}{x_0}\sum_{\substack{k=-\infty \\ k\neq 0}}^{+\infty}|x_k|=0.4
$$

输出峰值为

$$
D_0=\frac{1}{y_0}\sum_{\substack{k=-\infty \\ k\neq 0}}^{+\infty}|y_k|=0.0869
$$

均衡后的峰值失真减小 4.6 倍。

可见,3 抽头的均衡器可以使 y_0 两侧各有一个零点,但在远离 y_0 的一些抽样点上仍会有码间串扰。这就是说抽头有限时,不能完全消除码间串扰,但适当增加抽头数可以将码间串扰减小到相当小的程度。

5.9　本章小结

本章主要讨论了以下 5 个方面的问题：
（1）发送信号的码型与波形选择及其功率谱特征；
（2）无码间串绕的基带系统抗噪声性能；
（3）直观估计接收信号质量的实验方法——眼图；
（4）改善系统性能的一种措施——均衡。

基带信号指未经调制的信号。这些信号的特征是其频谱从零频或很低频率开始，占据较宽的频带。

基带信号在传输前，必须经过一些处理或某些变换（如码型变换、波形和频谱变换）才能送入信道中传输。处理或变换的目的是使信号的特性与信道的传输特性相匹配。

数字基带信号是消息代码的电波形表示。表示形式有多种，有单极性和双极性波形、归零和非归零波形、差分波形、多电平波形之分，各自有不同的特点。等概双极性波形无直流分量，有利于在信道中传输；单极性 RZ（Return-to-zero，归零）波形中含有位定时频率分量，常作为提取位同步信息时的过渡性波形；差分波形可以消除设备初始状态的影响。

码型编码用来把原始消息代码变换成适合于基带信道传输的码型。常见的传输码型有 AMI 码、HDB₃ 码、双相码、密勒码 CMI 码、nBmB 码和 nBmT 码等。这些码各有自己的特点，可针对具体系统的要求来选择，如 HDB₃ 码常用于 A 律 PCM 四次群以下的接口码型。

功率谱分析的意义在于可以确定信号的带宽，还可以明确能否从脉冲序列中直接提取定时分量，以及采取怎样的方法可以从基带脉冲序列中获得所需的离散分量。

码间串扰和信道噪声是造成误码的两个主要因素。如何消除码间串扰和减小噪声对误码率的影响是数字基带传输中必须研究的问题。

在二进制基带信号传输过程中，噪声引起的误码有两种差错形式：发"1"错判为"0"发"0"错判为"1"。在相同条件下，双极性基带系统的误码率比单极性的低，抗噪声性能好，且在等概条件下，双极性的最佳判决门限电平为 0，与信号幅度无关，因而不随信道特性变化而变，而单极性的最佳判决门限电平为 $A/2$，易受信道特性变化的影响，从而导致误码率增大。

实际中为了减小码间串扰的影响，需要采用均衡器进行补偿。实用的均衡器是有限长的横向滤波器，其均衡原理是直接校正接收波形，尽可能减小码间串扰。峰值失真和均方失真是评价均衡效果的两种度量准则。

眼图为直观评价接收信号的质量提供了一种有效的实验方法。它可以定性反映码间串扰和噪声的影响程度，还可以用来指示接收滤波器的调整，以减小码间串扰，改善系统性能。

习题

5-1　能满足无码间串扰传输特性的冲激响应 $h(t)$ 是怎样的？为什么说能满足无码间串扰条件的 $h(t)$ 不是唯一的？

5-2　某给定低通信道带宽为 3000Hz，在此信道上进行基带传输，当数字基带传输系统为理想低通或 50％升余弦时，分别确定无码间串扰传输的最高速率以及相应的频带利用率。

5-3 画出相位比较法解调 2DPSK 信号方框图，并利用数学推导法说明其工作过程。

5-4 当数字基带传输系统为理想低通或 100％升余弦时，对于 4000Hz 的带宽，分别确定无码间串扰传输的最高速率以及相应的频带利用率。

5-5 设数字基带系统是一个截止频率为 1000Hz 的理想低通滤波器，当采用 1000b/s 和 1500b/s 速率进行传输时会不会产生码间串扰？请解释。

5-6 一个滚降系数为 1，带宽 20kHz 为的数字基带系统，计算无码间串扰的最高传码率；若传送的 HDB3 码为 $-1+1000+1-1+1-100-1+1-1$，则输出的信息码如何？

5-7 设计一个三抽头的迫零均衡器，已知输入信号 $x(t)$ 在各抽样点的值依次 $x_{-2}=0$，$x_{-1}=0.2$，$x_0=1$，$x_1=-0.3$，$x_2=0.1$，其余均为零。

第 6 章

数字带通传输系统

视频

数字信号的传输方式分为基带传输（英文全称为 baseband transmission）和带通传输（英文全称为 bandpass transmission）。第 5 章已经详细地描述了数字信号的基带传输。然而，实际中的大多数信道（如无线信道）因具有带通特性而不能直接传送基带信号，这是因为数字基带信号往往具有丰富的低频分量。为了使数字信号在带通信道中传输，必须用数字基带信号对载波进行调制，以便使信号与信道的特性相匹配。这种用数字基带信号控制载波，把数字基带信号变换为数字带通信号（已调信号）的过程称为数字调制（英文全称为 digital modulation）。在接收端通过解调器把带通信号还原成数字基带信号的过程称为数字解调（英文全称为 digital demodulation）。通常把具有调制和解调过程的数字传输系统叫做数字带通传输系统。为了与"基带"一词相对应，带通传输也称为频带传输，又因为是借助于正弦载波的幅度、频率和相位来传递数字基带信号的，所以带通传输也叫载波传输。

一般来说，数字调制与模拟调制的基本原理相同，但是数字信号有离散取值的特点。因此数字调制技术有两种方法：①利用模拟调制的方法去实现数字调制，即把数字调制看成是模拟调制的一个特例，把数字基带信号当做模拟信号的特殊情况处理；②利用数字信号离散取值的特点，通过开关键控载波，从而实现数字调制。这种方法通常称为键控法，如对载波的振幅、频率和相位进行键控，便可获得振幅键控（Amplitude Shift Keying，ASK）、频移键控（Frequency Shift Keying，FSK）和相移键控（Phase Shift Keying，PSK）三种基本的数字调制方式。图 6-1 给出了相应的信号波形的示例。

数字信息有二进制和多进制之分，因此，数字调制可分为二进制调制和多进制调制。在二进制调制中，信号参量只有两种可能的取值；而在多进制调制中，信号参量可能有 $M(M>2)$ 种取值。本章主要讨论二进制数字调制系统的原理及其抗噪声性能，并简要介绍多进制数字调制的基本原理。一些改进的、现代的、特殊的调制方式如 QAM（Quadrature Amplitude Modulation，正交振幅调制）、MSK（Minimum Shift Keying，最小频移键控）、GMSK（Gaussian Filtered Minimum Shift Keying，高斯最小频移键控）、OFDM（Orthogonal Frequency Division Multiplexing，正交频分复用技术）等将在第 7 章中进行讨论。

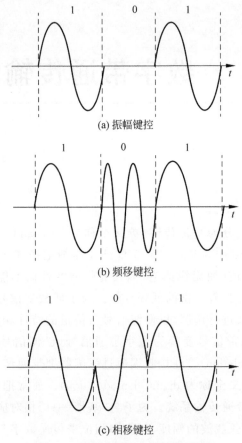

(a) 振幅键控

(b) 频移键控

(c) 相移键控

图 6-1　正弦载波的三种键控波形

6.1　二进制数字调制原理

调制信号是二进制数字基带信号时，这种调制被称为二进制数字调制。在二进制数字调制中，载波的幅度、频率和相位只有两种变化状态。相应的调制方式有二进制振幅键控（binary Amplitude Shift Keying，2ASK）、二进制频移键控（binary Frequency Shift Keying，2FSK）和二进制相移键控（binary Phase Shift Keying，2PSK）。

6.1.1　二进制振幅键控

1. 基本原理

视频

振幅键控是利用载波的幅度变化来传递数字信息，而其频率和初始相位保持不变。在2ASK中，载波的幅度只有两种变化状态，分别对应二进制信息"0"或"1"。一种常用的、也是最简单的二进制振幅键控方式称为通-断键控（On Off Keying，OOK），其表达式为

$$e_{\mathrm{OOK}}(t)=\begin{cases}A\cos\omega_c t & \text{以概率 } p \text{ 发送 1 时} \\ 0 & \text{以概率 } 1-p \text{ 发送 0 时}\end{cases} \tag{6-1}$$

典型波形如图 6-2 所示。可见，载波在二进制基带信号 $s(t)$ 控制下进行通-断变化，所以这种键控又称为通-断键控。在 OOK 中，某一种符号（"0"或"1"）用零电压来表示。

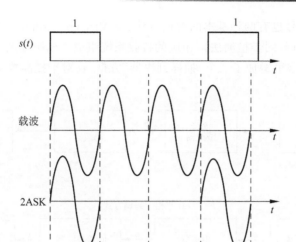

图 6-2 2ASK/OOK 信号时间波形

2ASK 信号的一般表达式为

$$e_{2ASK}(t) = s(t)\cos\omega_c t \tag{6-2}$$

其中

$$s(t) = \sum_n a_n g(t - nT_s) \tag{6-3}$$

式中：T_s 为码元持续时间；$g(t)$ 为持续时间为 T_s 的基带脉冲波形。为简便起见，通常假设 $g(t)$ 是高度为 1、宽度等于 T_s 的矩形脉冲；a_n 是第 n 个符号的电平取值。

$$a_n = \begin{cases} 1 & \text{概率为 } p \\ 0 & \text{概率为 } 1-p \end{cases} \tag{6-4}$$

2ASK/OOK 信号的产生方法通常有两种：模拟调制法（相乘器法）和键控法，相应的调制器如图 6-3 所示。图 6-3(a) 就是一般的模拟幅度调制的方法，用乘法器（multiplier）实现；图 6-3(b) 是一种数字键控法，其中的开关电路受 $s(t)$ 控制。

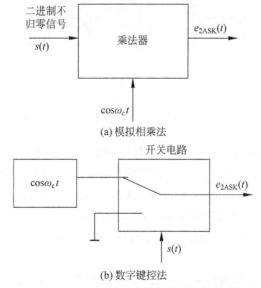

图 6-3 2ASK/OOK 信号调制器原理框图

2ASK/OOK 信号也有两种基本的解调方法：非相干(noncoherent)解调(包络检波法)和相干(coherent)解调(同步检测法)，相应的接收系统组成方框图如图 6-4 所示。与模拟信号的接收系统相比，这里增加了一个"抽样判决器"方框，这对于提高数字信号的接收性能是必要的。

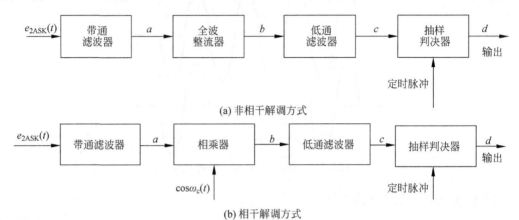

(a) 非相干解调方式

(b) 相干解调方式

图 6-4　2ASK/OOK 信号的接收系统组成方框图

图 6-5 给出了 2ASK/OOK 信号非相干解调过程的时间波形。

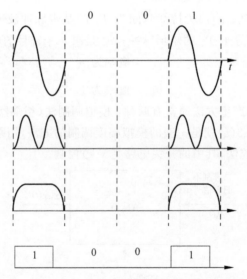

图 6-5　2ASK/OOK 信号非相干解调过程的时间波形

2ASK 是 20 世纪初最早运用于无线电报中的数字调制方式之一。但是，ASK 传输技术受噪声影响很大。噪声电压和信号一起改变了振幅。在这种情况下，"0"可能变为"1"，"1"可能变为"0"。可以想象，对于主要依赖振幅来识别比特的 ASK 调制方法，噪声是一个很大的问题。由于 ASK 是受噪声影响最大的调制技术(详见 6.3 节)，现已较少应用，不过，2ASK 常常作为研究其他数字调制的基础，因此有必要了解它。

2. 功率谱密度

由于 2ASK 信号是随机的功率信号，故研究它的频谱特性时，应该讨论它的功率谱密

度。一个 2ASK 信号可以表示成

$$e_{2ASK}(t) = s(t)\cos\omega_c t \tag{6-5}$$

其中二进制基带信号 $s(t)$ 是随机的单极性(single-polarity)矩形脉冲序列。

若设 $s(t)$ 的功率谱密度为 $P_s(f)$，2ASK 信号的功率谱密度为 $P_{2ASK}(f)$，则可得

$$P_{2ASK}(f) = \frac{1}{4}[P_s(f+f_c) + P_s(f-f_c)] \tag{6-6}$$

可见，2ASK 信号的功率谱是基带信号功率谱 $P_s(f)$ 的线性搬移(属线性调制)。知道了 $P_s(f)$ 即可确定 $P_{2ASK}(f)$。

单极性的随机脉冲序列功率谱的一般表达式为

$$P_s(f) = f_s p(1-p)|G(f)|^2 + \sum_{m=-\infty}^{+\infty}|f_s(1-p)G(mf_s)|^2\delta(f-mf_s) \tag{6-7}$$

式中：$f_s = 1/T_s$；$G(f)$ 为单个基带信号码元 $g(t)$ 的频谱函数。

对于全占空矩形脉冲序列，根据矩形波形 $g(t)$ 的频谱特点，对于所有的 $m \neq 0$ 的整数，有 $G(mf_s) = T_s Sa(n\pi) = 0$，故式(6-7)可简化为

$$P_s(f) = f_s p(1-p)|G(f)|^2 + f_s^2(1-p)^2|G(0)|^2\delta(f) \tag{6-8}$$

将其代入式(6-6)，得

$$P_{2ASK}(f) = \frac{1}{4}f_s P(1-P)[|G(f+f_c)|^2 + |G(f-f_c)|^2] +$$

$$\frac{1}{4}f_s^2(1-p)^2|G_0|^2[\delta(f+f_c) + \delta(f-f_c)] \tag{6-9}$$

当概率 $p = 1/2$ 时，并考虑到 $G(f) = T_s Sa(\pi f T_s)$，$G(0) = T_s$；则 2ASK 信号的功率谱密度为

$$P_{2ASK}(f) = \frac{T_s}{16}\left[\left|\frac{\sin\pi(f+f_c)T_s}{\pi(f+f_c)T_s}\right|^2 + \left|\frac{\sin\pi(f-f_c)T_s}{\pi(f-f_c)T}\right|\right] +$$

$$\frac{1}{16}[\delta(f+f_c) + \delta(f-f_c)] \tag{6-10}$$

从以上分析及图 6-6 可以看出：第一，2ASK 信号的功率谱由连续谱和离散谱两部分组成，连续谱取决于经线性调制后的双边带谱，而离散谱由载波分量确定，第二，2ASK 信号的带宽 B_{2ASK} 是基带信号带宽的 2 倍，若只计谱的主瓣(main lobe)(第一个谱零点位置)，则有

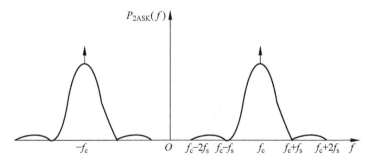

图 6-6　2ASK 信号的功率谱密度示意图

$$B_{2\text{ASK}} = 2f_s \tag{6-11}$$

式中：$f_s = 1/T_s$。

由此可见，2ASK 信号的传输带宽是码元速率的 2 倍。

6.1.2 二进制频移键控

1. 基本原理

频移键控是利用载波的频率变化来传递数字信息。在 2FSK 中，载波的频率随二进制基带信号在两个频率之间变化。故其表达式为

$$e_{2\text{FSK}}(t) = \begin{cases} A\cos(\omega_1 t + \varphi_n) & \text{发送 1 时} \\ A\cos(\omega_2 t + \theta_n) & \text{发送 0 时} \end{cases} \tag{6-12}$$

典型波形如图 6-7 所示。由图可见，2FSK 信号的波形(a)可以分解为波形(b)和波形(c)，也就是说，一个 2FSK 信号可以看成是两个不同载频的 2ASK 信号的叠加。因此，2FSK 信号的时域表达式又可写成

$$e_{2\text{FSK}}(t) = \left[\sum_n a_n g(t - nT_s)\right]\cos(\omega_1 t + \varphi_n) +$$

$$\left[\sum_n -a_n g(t - nT_s)\right]\cos(\omega_2 t + \theta_n) \tag{6-13}$$

式中：$g(t)$ 为单个矩形脉冲，脉宽为 T_s。

$$a_n = \begin{cases} 1 & \text{概率为 } p \\ 0 & \text{概率为 } 1-p \end{cases} \tag{6-14}$$

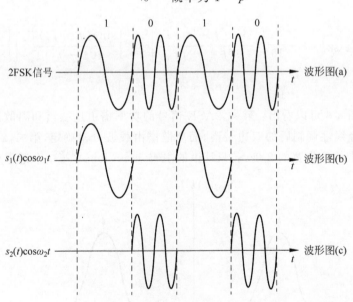

图 6-7   2FSK 信号的时间波形

2FSK 信号的产生方法主要有两种。一种可以采用模拟调频电路来实现；另一种可以采用键控法来实现，即在二进制基带矩形脉冲序列的控制下通过开关电路对两个不同的独

立频率源进行选通,使其在每一个码元 T_s 期间输出 f_1 或 f_2 两个载波之一,如图 6-8 所示。这两种方法产生 2FSK 信号的差异在于:由调频法产生的 2FSK 信号在相邻码元之间的相位是连续变化的。(这是一类特殊的 FSK,称为连续相位 FSK(Contimious-Phase FSK,CPFSK))而键控法产生的 2FSK 信号,是由电子开关在两个独立的频率源之间转换形成,故相邻码元之间的相位不一定连续。

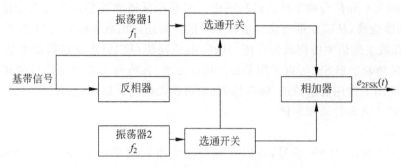

图 6-8 键控法产生 2FSK 信号的原理图

2FSK 信号的常用解调方法是采用如图 6-9 所示的非相干解调(包络检波)和相干解调。其解调原理是将 2FSK 信号分解为上下两路 2ASK 信号分别进行解调,然后进行判决(decision)。这里的抽样判决是直接比较两路信号抽样值的大小,可以不专门设置门限。判决规则应与调制规则相呼应,调制时若规定"1"符号对应载波频率,则接收时上支路的样值较大,应判为"1";反之则判为"0"。

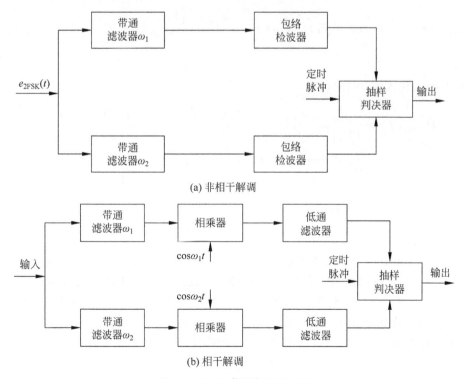

图 6-9 2FSK 信号解调原理图

除此之外，2FSK 信号还有其他解调方法，例如鉴频法、差分检测法、过零（zero crossing)检测法等。过零检测的原理基于 2FSK 信号的过零点数随不同频率而异，通过检测过零点数目的多少，从而区分两个不同频率的信号码元。2FSK 信号经限幅、微分、整流后形成与频率变化相对应的尖脉冲序列，这些尖脉冲的密集程度反映了信号频率的高低，尖脉冲的个数就是信号过零点数。把这些尖脉冲变换成较宽的矩形脉冲，以增大其直流分量，该直流分量的大小和信号频率的高低成正比。然后经低通滤波器取此直流分量，这样就完成了频率-幅度变换，从而根据直流分量幅度上的区别还原出数字信号"1"和"0"。

2FSK 在数字通信中应用较为广泛。国际电信联盟（ITU)建议在数据率低于 1200b/s 时采用 2FSK 体制。2FSK 可以采用非相干接收方式，接收时不必利用信号的相位信息，因此特别适合应用于使用衰落信道/随参信道（如短波无线电信道）的场合，这些信道会引起信号相位和振幅的随机抖动和起伏。

2. 功率谱密度

对相位不连续的 2FSK 信号，可以看成是两个不同载频的 2ASK 信号的叠加，因此，2FSK 频谱可以近似表示成中心频率分别为 f_1 和 f_2 两个 2ASK 频谱的组合。根据这一思路，可以直接利用 2ASK 频谱的结果来分析 2FSK 的频谱。

一个相位不连续 2FSK 信号可表示为

$$e_{2\text{FSK}}(t) = s_1(t)\cos\omega_1 t + s_2(t)\cos\omega_2(t) \tag{6-15}$$

其中，$s_1(t)$ 和 $s_2(t)$ 为两路二进制基带信号。

根据 2ASK 信号功率谱密度的表示式，不难写出这种 2FSK 信号的功率谱密度的表示式：

$$P_{2\text{FSK}}(f) = \frac{1}{4}\left[P_{s1}(f-f_1) + P_{s1}(f+f_1)\right] + \frac{1}{4}\left[P_{s2}(f-f_2) + P_{s2}(f+f_2)\right]$$

$$\tag{6-16}$$

令概率 $P = \dfrac{1}{2}$，代入式(6-16)可得

$$P_{2\text{FSK}}(f) = \frac{T_s}{16}\left[\left|\frac{\sin\pi(f_1+f_2)T_s}{\pi(f+f_1)T_s}\right|^2 + \left|\frac{\sin\pi(f-f_1)T_s}{\pi(f-f_1)T_s}\right|^2\right] +$$

$$\frac{T_s}{16}\left[\left|\frac{\sin\pi(f_1+f_2)T_s}{\pi(f+f_1)T_s}\right| + \left|\frac{\sin\pi(f-f_1)T_s}{\pi(f-f_1)T_s}\right|^2\right] +$$

$$\frac{1}{16}\left[\delta(f_1+f) + \delta(f-f_1) + \delta(f-f_2) + \delta(f-f_2)\right] \tag{6-17}$$

其典型曲线如图 6-10 所示。

由式(6-17)和图 6-10 可以看出：第一，相位不连续 2FSK 信号的功率谱由连续谱和离散谱组成。其中，连续谱由两个中心位于 f_1 和 f_2 处的双边谱叠加而成，离散谱位于两个载频 f_1 和 f_2 处；第二，连续谱的形状随两个载频之差 $|f_1-f_2|$ 的大小而变化，若 $|f_1-f_2| < f_s$，连续谱在 f_0 处出现单峰。若 $|f_1-f_2| > f_s$，出现双峰；第三，若以功率谱第一个零点之间的频率间隔计算 2FSK 信号的带宽，则其带宽近似为

$$B_{2\text{FSK}} \approx |f_2-f_1| + 2f_s \tag{6-18}$$

其中：$f_s = \dfrac{1}{T_s}$ 为基带信号的带宽。

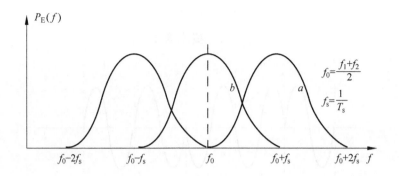

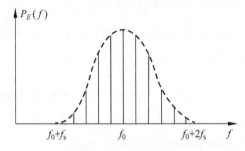

图 6-10 相位不连续 2FSK 信号的功率谱示意图

6.1.3 二进制相移键控

1. 基本原理

相移键控是利用载波的相位变化来传递数字信息,而振幅和频率保持不变。在 2PSK 中,通常用初始相位 0 和 π 分别表示二进制"1"和"0"。因此,2PSK 信号的时域表达式为

$$e_{2\text{PSK}}(t) = A\cos(\omega_c t + \varphi_n) \tag{6-19}$$

其中,φ_n 表示第 n 个符号的绝对相位

$$\varphi_n = \begin{cases} 0 & \text{发送 0 时} \\ \pi & \text{发送 1 时} \end{cases} \tag{6-20}$$

因此,式(6-19)可以改写为

$$e_{2\text{PSK}}(t) = \begin{cases} A\cos\omega_c t & \text{概率为 } p \\ -A\cos\omega_c t & \text{概率为 } 1-p \end{cases} \tag{6-21}$$

典型波形图如图 6-11 所示。由于表示信号的两种码元的波形相同,极性相反,故 2PSK 信号一般可以表述为一个双极性(bipolarity)全占空(100%duty ratio)矩形脉冲序列与一个正弦载波的相乘,即

$$e_{2\text{PSK}}(t) = s(t)\cos\omega_c t \tag{6-22}$$

其中

$$s(t) = \sum_n a_n g(t - nT_s) \tag{6-23}$$

这里,是脉宽为 T_s 的单个矩形脉冲,而 a_n 的统计特性为

视频

$$a_n = \begin{cases} 1 & \text{概率为 } p \\ -1 & \text{概率为 } 1-p \end{cases} \tag{6-24}$$

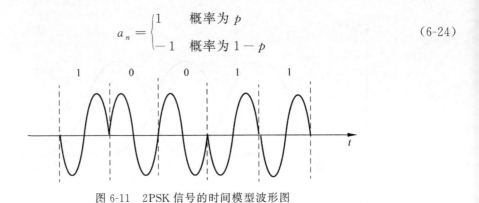

图 6-11　2PSK 信号的时间模型波形图

即发送二进制符号"0"时(a_n 取 $+1$)，$e_{2PSK}(t)$ 取 0 相位；发送二进制符号"1"时(a_n 取 -1)，$e_{2PSK}(t)$ 取 π 相位。这种以载波的不同相位直接去表示相应二进制数字信号的调制方式，称为二进制绝对相移方式。

2PSK 信号的调制原理框图如图 6-12 所示，与 2ASK 信号的产生方法相比较，只是对 $s(t)$ 的要求不同，在 2ASK 中 $s(t)$ 是单极性的，而在 2PSK 中 $s(t)$ 是双极性的基带信号。

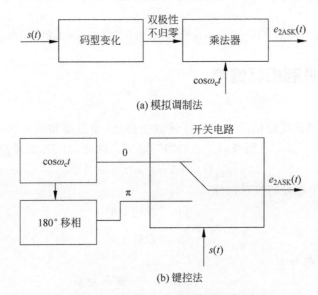

图 6-12　2PSK 信号的调制原理框图

2PSK 信号的解调通常采用相干解调法，解调器原理框图如图 6-13 所示。在相干解调中，如何得到与接收的 2PSK 信号同频同相的相干载波是关键。

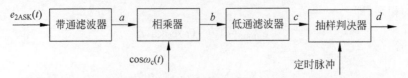

图 6-13　2PSK 信号的解调原理框图

2PSK 信号相干解调各点时间波形如图 6-14 所示。图中,假设相干载波的基准相位与 2PSK 信号的调制载波的基准相位一致(通常默认为 0 相位)。但是,由于在 2PSK 信号的载波恢复过程中存在着 180°的相位模糊(phase ambiguity),即恢复的本地载波与所需的相干载波可能同相,也可能反相,这种相位关系的不确定性将会造成解调出的数字基带信号与发送的数字基带信号正好相反,即"1"变为"0",判决器输出数字信号全部出错。这种现象称为 2PSK 方式的"倒 π"现象或"反相工作"。这也是 2PSK 方式在实际中很少采用的主要原因。另外,在随机信号码元序列中,信号波形有可能出现长时间连续的正弦波形,致使在接收端无法辨认信号码元的起止时刻。

为了解决上述问题,可以采用差分相移键控(Different Phase Shift Keying,DPSK)体制。

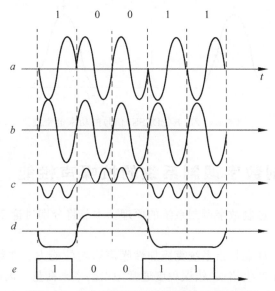

图 6-14　2PSK 信号相干解调各点时间波形

2. 功率谱密度

比较 2ASK 信号的表达式和 2PSK 信号的表达式可知,两者的表示形式完全一样,区别仅在于基带信号 $s(t)$ 不同(a_n 不同),前者为单极性,后者为双极性。因此,可以直接引用 2ASK 信号功率谱密度的公式来表述 2PSK 信号的功率谱,即

$$P_{2PSK}(f) = \frac{1}{4}[P_s(f+f_c) + P_s(f-f_c)] \tag{6-25}$$

应当注意,这里的 $P_s(f)$ 是双极性的随机矩形脉冲序列的功率谱。

双极性的全占空矩形随机脉冲序列的功率谱密度为

$$P_s(f) = 4f_s P(1-P)|G(f)|^2 + f_s^2(1-2P)^2|G(0)|^2\delta(f) \tag{6-26}$$

将其代入式(6-25),得

$$P_{2PSK}(f) = f_s P(1-P)[|G(f+f_c)|^2 + |G(f-f_c)|^2] +$$

$$\frac{1}{4}f_s^2(1-2P)^2|G(0)|^2[\delta(f+f_c) + \delta(f-f_c)] \tag{6-27}$$

若等概($P=1/2$),并考虑到矩形脉冲的频谱 $G(f) = T_s Sa(\pi f T_s)$, $G(0) = T_s$,则 2PSK 信

号的功率谱密度为

$$P_{2PSK}(f) = \frac{T_s}{4}\left[\left|\frac{\sin\pi(f+f_c)T_s}{\pi(f+f_c)T_s}\right|^2 + \left|\frac{\sin\pi(f-f_c)T_s}{\pi(f+f_c)T}\right|^2\right] \tag{6-28}$$

其曲线如图 6-15 所示。

从以上分析可见，二进制相移键控信号的频谱特性与 2ASK 的十分相似，带宽也是基带信号带宽的 2 倍。区别仅在于当 $P=1/2$，其谱中无离散谱（即载波分量）时 2PSK 信号实际上相当于抑制载波的双边带信号。因此，它可以看作是双极性基带信号作用下的调幅信号。

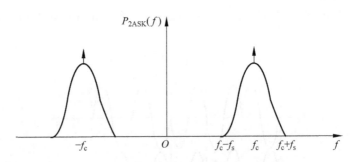

图 6-15   2PSK(2DPSK)信号的功率谱密度

6.2   二进制数字调制系统的抗噪声性能

以上详细讨论了二进制数字调制系统的原理。本节将分别讨论 2ASK、2FSK、2PSK 系统的抗噪声性能。

通信系统的抗噪声性能是指系统克服加性噪声影响的能力。在数字通信系统中，信道噪声有可能使传输码元产生错误，错误程度通常用误码率来衡量。因此，与分析数字基带系统的抗噪声性能一样，分析数字调制系统的抗噪声性能，也就是求系统在信道噪声干扰下的总误码率。

分析条件：假设信道特性是恒参信道，在信号的频带范围内具有理想矩形的传输特性（其传输系数为 k）信道噪声是加性高斯白噪声。并且认为噪声只对信号的接收带来影响，因而分析系统性能是在接收端进行的。

6.2.1   2ASK 系统的抗噪声性能

由 6.1 节可知，2ASK 信号的解调方法有同步检测法和包络检波法。下面将分别讨论这两种解调方法的误码率。

1. 同步检测法的系统性能

对 2ASK 信号，同步检测法的系统性能分析模型如图 6-16 所示。

对于 2ASK 系统，设在一个码元的持续时间 T_s 内，其发送端输出的信号波形 $s_T(t)$ 可以表示为

$$s_T(t) = \begin{cases} u_T(t) & \text{发送 1 时} \\ 0 & \text{发送 0 时} \end{cases} \tag{6-29}$$

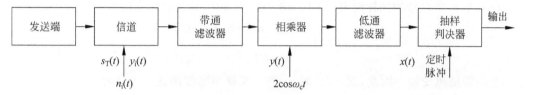

图 6-16　2ASK 信号同步检测法的系统性能分析模型

其中

$$u_\mathrm{T}(t) = \begin{cases} A\cos\omega_c t & 0 < t < T_s \\ 0 & 其他 \end{cases} \tag{6-30}$$

则在每一段时间 $(0, T_s)$ 内，接收端的输入波形 $y_\mathrm{i}(t)$ 为

$$y_\mathrm{i}(t) = \begin{cases} u_\mathrm{i}(t) + n_\mathrm{i}(t) & 发送 1 时 \\ n_\mathrm{i}(t) & 发送 0 时 \end{cases} \tag{6-31}$$

其中，$u_\mathrm{i}(t)$ 为 $u_\mathrm{T}(t)$ 经信道传输后的波形。为简明起见，认为信号经过信道传输后只受到固定衰减，未产生失真（信道传输系数取为 K），令 $a = AK$，则有

$$u_\mathrm{i}(t) = \begin{cases} a\cos\omega_c t & 0 < t < T_s \\ 0 & 其他 \end{cases} \tag{6-32}$$

而 $n_\mathrm{i}(t)$ 是均值为 0 的加性高斯白噪声。

假设接收端带通波器具有理想矩形传输特性，恰好使信号无失真通过，则带通滤波器的输出波形 $y(t)$ 为

$$y(t) = \begin{cases} u_\mathrm{i}(t) + n(t) & 发送 1 时 \\ n(t) & 发送 0 时 \end{cases} \tag{6-33}$$

其中，$n(t)$ 是高斯白噪声 $n_\mathrm{i}(t)$ 经过带通滤波器的输出噪声。由第 3 章随机信号分析可知，$n(t)$ 为窄带高斯噪声，其均值为 0，方差为 δ_n^2 且可表示为

$$n(t) = n_\mathrm{c}(t)\cos\omega_c t - n_\mathrm{s}(t)\sin\omega_c t \tag{6-34}$$

于是

$$y(t) = \begin{cases} a\cos\omega_c t + n_\mathrm{c}(t)\cos\omega_c t - n_\mathrm{s}(t)\sin\omega_c t \\ n_\mathrm{c}(t)\cos\omega_c t - n_\mathrm{s}(t)\sin\omega_c t \end{cases}$$

$$= \begin{cases} [a + n_\mathrm{c}(t)]\cos\omega_c t - n_\mathrm{s}(t)\sin\omega_c t & 发送 1 时 \\ n_\mathrm{c}(t)\cos\omega_c t - n_\mathrm{s}(t)\sin\omega_c t & 发送 0 时 \end{cases} \tag{6-35}$$

$y(t)$ 与相干载波 $2\cos\omega_c t$ 相乘，然后由低通滤波器滤除高频分量，在抽样判决器输入端得到的波形 $x(t)$ 为

$$x(t) = \begin{cases} a + n_\mathrm{c}(kT_s) & 发送 1 时 \\ n_\mathrm{c}(kT_s) & 发送 0 时 \end{cases} \tag{6-36}$$

其中，a 为信号成分，由于 $n_\mathrm{c}(t)$ 也是均值为 0，方差为 δ_n^2 的高斯噪声，所以 $x(t)$ 也是一个高斯随机过程，其均值分别为 a（发"1"时）和 0（发"0"时），方差等于 δ_n^2。

设对第 k 个符号的抽样时刻为 kT_s，则 $x(t)$ 在 kT_s 时刻的抽样值为

$$x = x(kT_s) = \begin{cases} a + n_c(kT_s) & \text{发送 1 时} \\ n_c(kT_s) & \text{发送 0 时} \end{cases} \tag{6-37}$$

是一个高斯随机变量。因此，发送"1"时，x 的一维概率密度函数 $f_1(x)$ 为

$$f_1(x) = \frac{1}{\sqrt{2\pi}\delta_n} \exp\left\{-\frac{(x-a)^2}{2\delta_n^2}\right\} \tag{6-38}$$

发送"0"时，x 的一维概率密度函数 $f_0(x)$ 为

$$f_0(x) = \frac{1}{\sqrt{2\pi}\delta_n} \exp\left\{-\frac{x^2}{2\delta_n^2}\right\} \tag{6-39}$$

则当发送"1"时，错误接收为"0"的概率是抽样值 $x \leqslant b$ 的概率，即

$$P(0/1) = P(x \leqslant b) = \int_{-\infty}^{b} f_1(x)\mathrm{d}x = 1 - \frac{1}{2}\mathrm{erfc}\left(\frac{b-a}{\sqrt{2}\delta_n}\right) \tag{6-40}$$

其中：$\mathrm{erfc}(x) = \frac{2}{\sqrt{\pi}}\int_{x}^{+\infty} \mathrm{e}^{-u^2}\mathrm{d}u$。

$f_1(x)$ 和 $f_2(x)$ 的曲线如图 6-17 所示。

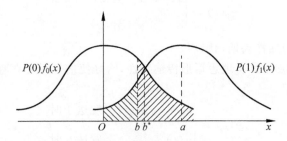

图 6-17　2ASK 同步检测时误码率的几何表示

同理，发送"0"时，错误接收为"1"的概率是抽样值 $x > b$ 的概率，即

$$P(1/0) = P(x > b) = \int_{b}^{+\infty} f_0(x)\mathrm{d}x = \frac{1}{2}\mathrm{erfc}\left(\frac{b}{\sqrt{2}\delta_n}\right) \tag{6-41}$$

设发"1"的概率为 $P(1)$，发"0"的概率为 $P(0)$，则同步检测时 2ASK 系统的总误码率为

$$P_e = P(1)P(0/1) + P(0)P(1/0) = P(1)\int_{-\infty}^{b} f_1(x)\mathrm{d}x + P(0)\int_{b}^{+\infty} f_0(x)\mathrm{d}x \tag{6-42}$$

式(6-42)表明，当 $P(1)$、$P(0)$ 及 $f_1(x)$、$f_0(x)$ 一定时，系统的误码率 P_e 与判决门限 b 的选择密切相关，其几何表示如图 6-18 阴影部分所示。可见，误码率 P_e 等于图中阴影的面积。若改变判决门限 b，阴影的面积将随之改变，即误码率 P_e 的大小将随判决门限 b 而变化。进一步分析可得，当判决门限 b 取 $P(1)f_1(x)$ 与 $P(0)f_0(x)$ 两条曲线相交点 b^* 时，阴影的面积最小。即判决门限取为 b^* 时，系统的误码率 P_e 最小。这个门限 b^* 称为最佳判决门限。

最佳判决门限也可通过求误码率 P_e 关于判决门限 b 的最小值的方法得到,令

$$\frac{\partial P_e}{\partial b} = 0 \tag{6-43}$$

可得

$$P(1)f_1(b^*) - P(0)f_0(b^*) = 0 \tag{6-44}$$

即

$$P(1)f_1(b^*) = P(0)f_0(b^*) \tag{6-45}$$

将式(6-38)和式(6-39)代入式(6-45)可得

$$\frac{P(1)}{\sqrt{2\pi}\delta_n}\exp\left\{-\frac{(b^*-a)^2}{2\delta_n^2}\right\} = \frac{P(0)}{\sqrt{2\pi}\delta_n}\exp\left\{-\frac{(b^*)^2}{2\delta_n^2}\right\} \tag{6-46}$$

化简上式,整理后可得

$$b^* = \frac{a}{2} + \frac{\delta_n^2}{a}\ln\frac{P(0)}{P(1)} \tag{6-47}$$

式(6-47)就是所需的最佳判决门限。

若发送"1"和"0"的概率相等,即 $P(1) = P(0)$,则最佳判决门限为

$$b^* = \frac{a}{2} \tag{6-48}$$

此时,2ASK 信号采用相干解调(同步检测)时系统的误码率 P_e 为

$$P_e = \frac{1}{2}\text{erfc}\left(\sqrt{\frac{r}{4}}\right) \tag{6-49}$$

式中: $r = \frac{a^2}{2\delta_n^2}$,为解调器输入端的信噪比。

当 $r \geqslant 1$,即大信噪比时,式(6-48)可近似表示为

$$P_e \approx \frac{1}{\sqrt{\pi r}}e^{-r/4} \tag{6-50}$$

2. 包络检波法的系统性能

参照图 6-4,只需将图 6-17 中的相干解调器(相乘-低通)替换为包络检波器(整流-低通),则可以得到 2ASK 采用包络检波法的系统性能分析模型,故这里不再重画。显然,带通滤波器的输出波形与相干解调法的相同,同为式(6-35)。

当发送"1"符号时,包络检波器的输出波形 $V(t)$ 为

$$V(t) = \sqrt{[a+n_c(t)]^2 + n_s^2(t)} \tag{6-51}$$

当发送"0"符号时,包络检波器的输出波形 $V(t)$ 为

$$V(t) = \sqrt{n_c^2(t) + n_s^2(t)} \tag{6-52}$$

由 3.6 节的讨论可知,发"1"时的抽样值是广义瑞利型随机变量;发"0"是瑞利型随机变量,它们的一维概率密度函数分别为

$$f_1(V) = \frac{V}{\sigma_n^2}I_0\left(\frac{aV}{\sigma_n^2}\right)e^{-(V^2+a^2)/2\sigma_n^2} \tag{6-53}$$

$$f_0(V) = \frac{V}{\sigma_n^2}e^{-V^2/2\sigma_n^2} \tag{6-54}$$

式中：δ_n^2 为窄带高斯噪声 $n(t)$ 的方差。

设判决门限为 b，规定判决规则为，抽样值 $V > b$ 时，判为"1"；抽样值 $V \leqslant b$ 时，判为"0"。则发送"1"时错判为"0"的概率为

$$P(0/1) = P(V \leqslant b) = \int_0^b f_1(V)\mathrm{d}V = 1 - \int_b^{+\infty} f_1(V)$$

$$= 1 - \int_b^{+\infty} \frac{V}{\delta_n^2} I_0\left(\frac{aV}{\delta_n^2}\right) \mathrm{e}^{-(V^2+a^2)/2\delta_n^2} \mathrm{d}V \tag{6-55}$$

式(6-55)中的积分值可以用 Marcum Q 函数计算，Marcum Q 函数的定义是

$$Q(\alpha, \beta) = \int_\beta^{+\infty} t I_0(\alpha t) \mathrm{e}^{-(t^2+a^2)/2} \mathrm{d}t \tag{6-56}$$

令式(6-56)中

$$\alpha = \frac{a}{\sigma_n}, \quad \beta = \frac{b}{\sigma_n}, \quad t = \frac{V}{\sigma_n}$$

则式(6-56)可借助 Marcum Q 函数为

$$P(0/1) = 1 - Q\left(\frac{a}{\sigma_n}, \frac{b}{\sigma_n}\right) = 1 - Q(\sqrt{2r}, b_0) \tag{6-57}$$

式中：$r = \dfrac{a^2}{2\sigma_n^2}$ 为信号噪声功率比；

$b_0 = \dfrac{b}{\sigma_n}$ 为归一化门限值。

同理，当发送"0"时错判为"1"的概率为

$$P(1/0) = P(V > b) = \int_b^{+\infty} f_0(V)$$

$$= \int_b^{+\infty} \frac{V}{\sigma_n^2} \mathrm{e}^{-V^2/2\sigma_n^2} \mathrm{d}V = \mathrm{e}^{-b^2/2\sigma_n^2} = \mathrm{e}^{-b_0^2/2} \tag{6-58}$$

故系统的总误码率 P_e 为

$$P_e = P(1)P(0/1) + P(0)P(1/0)$$

$$= P(1)[1 - Q(\sqrt{2r}, b_0)] + P(0)\mathrm{e}^{-b_0^2/2} \tag{6-59}$$

当 $P(1) = P(0)$ 时，有

$$P_e = \frac{1}{2}[1 - Q(\sqrt{2r}, b_0)] + \frac{1}{2}\mathrm{e}^{-b_0^2/2} \tag{6-60}$$

式(6-60)表明，包络检波法的系统误码率取决于信噪比 r 和归一化门限值 b_0。按照式(6-60)计算出的误码率 P_e 等于图 6-18 中阴影面积的一半。由图可见，若 b_0 变化，阴影部分的面积也随之而变；当 b_0 处于 $f_0(V)$ 和 $f_1(V)$ 两条曲线的相交点 b_0^* 时，阴影部分的面积最小，即此时系统的总误码率最小。b_0^* 为归一化最佳判决门限值。

最佳门限可以用求极值的方法得到，令

$$\frac{\partial P_e}{\partial b} = 0$$

可得

$$P(1)f_1(b^*) = P(0)f_0(b^*) \tag{6-61}$$

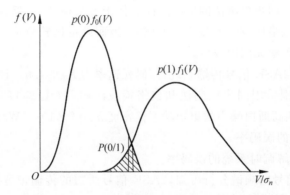

图 6-18　2ASK 包络检波法误码率 P_e 的几何表示

当 $P(1) = P(0)$ 时,有

$$f_1(b^*) = f_0(b^*) \tag{6-62}$$

即 $f_0(V)$ 和 $f_1(V)$ 两条曲线交点处的包络值 V 就是最佳判决门限值,记为 b^*。b^* 和归一化最佳门限值 b_0^* 的关系为 $b^* = b_0^* \sigma_n$。由式(6-62)可得

$$r = \frac{a^2}{2\sigma_n^2} = \ln I_0 \left(\frac{ab^*}{\sigma_n^2} \right) \tag{6-63}$$

式(6-63)为一超越方程,求解最佳门限值 b^* 的运算比较困难,下面给出其近似解为

$$b^* \approx \frac{a}{2} \left(1 + \frac{8\sigma_n^2}{a^2} \right)^{\frac{1}{2}} = \frac{a}{2} \left(1 + \frac{4}{r} \right)^{\frac{1}{2}} \tag{6-64}$$

因此,有

$$b^* = \begin{cases} \dfrac{a}{2} & \text{大信噪比}(r \geqslant 1) \text{ 时} \\ \sqrt{2}\,\sigma_n & \text{小信噪比}(r \leqslant 1) \text{ 时} \end{cases} \tag{6-65}$$

而归一化最佳门限值 b_0^* 为

$$b^* = \frac{b^*}{\sigma_n} \begin{cases} \sqrt{\dfrac{r}{2}} & \text{大信噪比}(r \geqslant 1) \text{ 时} \\ \sqrt{2} & \text{小信噪比}(r \leqslant 1) \text{ 时} \end{cases} \tag{6-66}$$

对于任意的信噪比 r,b_0^* 介于 $\sqrt{2}$ 及和 $\sqrt{r/2}$ 之间。

在实际工作中,系统总是工作在大信噪比的情况下,因此最佳门限应取 $b_0^* = \sqrt{r/2}$,即 $b^* = \dfrac{a}{2}$。此时系统的总误码率 P_e 为

$$P_e = \frac{1}{4} \text{erfc} \left(\sqrt{\frac{r}{4}} \right) + \frac{1}{2} e^{-r/4} \tag{6-67}$$

当 $r \to \infty$ 时,式(6-67)的下界为

$$P_e = \frac{1}{2} e^{-r/4} \tag{6-68}$$

比较同步检测法(即相干解调)的误码率公式和包络检波法的误码率公式可以看出:在

相同的信噪比条件下，同步检测法的抗噪声性能优于包络检波法，但在大信噪比时，两者性能相差不大。然而，包络检波法不需要相干载波，因而设备比较简单。另外，包络检波法存在门限效应，同步检测法无门限效应。

例 6-1 设有一 2ASK 信号传输系统，其码元速率为 $R_B = 4.8 \times 10^6$ B，发"1"和发"0"的概率相等，接收端分别采用同步检测法和包络检波法解调。已知接收端输入信号的幅度 $a = 1$ mV，信道中加性高斯白噪声的单边功率谱密度 $n_0 = 2 \times 10^{-15}$ W/Hz。试求：

（1）解调时系统的误码率；

（2）包络检波法解调时系统的误码率。

解 （1）ASK 信号的频谱分析可知，2ASK 信号所需的传输带宽近似为码元速率的 2 倍，所以接收端带通滤波器带宽为

$$B = 2R_B = 9.6 \times 10^6$$

带通滤波器输出噪声平均功率为

$$\sigma_n^2 = n_0 B = 1.92 \times 10^{-8}$$

信噪比为

$$r = \frac{a^2}{2\sigma_n^2} = \frac{1 \times 10^{-6}}{2 \times 1.92 \times 10^{-8}} \approx 26 \gg 1$$

于是，同步检测法解调时系统的误码率为

$$P_e \approx \frac{1}{\sqrt{\pi r}} e^{\frac{-r}{4}} = \frac{1}{\sqrt{3.1416 \times 26}} \times e^{-6.5} = 1.66 \times 10^{-4}$$

（2）包络检波法解调时系统的误码率为

$$P_e = \frac{1}{2} e^{-r/4} = \frac{1}{2} \times e^{-6.5} = 7.5 \times 10^{-4}$$

可见，在大信噪比的情况下，包络检波法解调性能接近同步检测法解调性能。

6.2.2 2FSK 系统的抗噪声性能

由 6.1 节中的分析可知，2FSK 信号的解调方法有多种，而误码率和接收方法相关。下面仅就同步检测法和包络检波法这两种方法的系统性能进行分析。

1. 同步检测法的系统性能

2FSK 信号采用同步检测法的性能分析模型如图 6-19 所示。

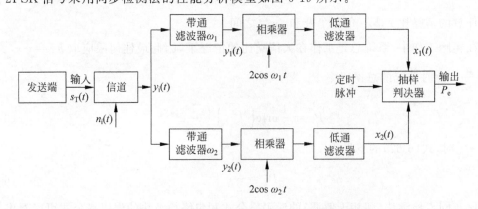

图 6-19 2FSK 信号采用同步检测法的性能分析模型

设"1"符号对应载波频率 $f_1(\omega_1)$，"0"符号对应载波频率 $f_2(\omega_2)$，则在一个码元的持续时间 T_s 内，发送端产生的 2FSK 信号可表示为

$$s_T(t) = \begin{cases} u_{1T}(t) & \text{发送 1 时} \\ u_{0T}(t) & \text{发送 0 时} \end{cases} \tag{6-69}$$

其中

$$u_{1T}(t) = \begin{cases} A\cos\omega_1 t & 0 < t < T_s \\ 0 & \text{其他} \end{cases} \tag{6-70}$$

因此，在 $(0, T_s)$ 时间内，接收端的输入合成波形 $y_i(t)$ 为

$$y_i(t) = \begin{cases} Ku_{1T}(t) + n_i(t) \\ Ku_{0T}(t) + n_i(t) \end{cases} \tag{6-71}$$

即

$$y_i(t) = \begin{cases} a\cos\omega_1 t + n_i(t) & \text{发送 1 时} \\ a\cos\omega_2 t + n_i(t) & \text{发送 0 时} \end{cases} \tag{6-72}$$

式中：$n_i(t)$ 为加性高斯白噪声，其均值为 0。

在图 6-19 中，解调器采用两个带通滤波器来区分中心频率分别为 f_1 和 f_2 的信号。中心频率为 f_1 的带通滤波器只允许中心频率为 f_1 的信号频谱成分通过，而滤除中心频率为 f_2 的信号频谱成分；中心频率为 f_2 的带通滤波器只允许中心频率为 f_2 的信号频谱成分通过，而滤除中心频率为 f_1 的信号频谱成分。这样，接收端上下支路两个带通滤波器的输出波形 $y_1(t)$ 和 $y_2(t)$ 分别为

$$y_1(t) = \begin{cases} a\cos\omega_1 t + n_1(t) & \text{发送 1 时} \\ n_1(t) & \text{发送 0 时} \end{cases} \tag{6-73}$$

$$y_2(t) = \begin{cases} n_2(t) & \text{发送 1 时} \\ a\cos\omega_2 t + n_2(t) & \text{发送 0 时} \end{cases} \tag{6-74}$$

式中：$n_1(t)$ 和 $n_2(t)$ 分别为高斯白噪声 $n_i(t)$ 经过上下两个带通滤波器的输出噪声——窄带高斯噪声，其均值同为 0，方差同为 σ_n^2，只是中心频率不同而已，即

$$n_1(t) = n_{1c}(t)\cos\omega_1 t - n_{1s}(t)\sin\omega_1 t$$
$$n_2(t) = n_{2c}(t)\cos\omega_2 t - n_{2s}(t)\sin\omega_2 t \tag{6-75}$$

现在假设在 $(0, T_s)$ 时间内发送"1"符号（对应 ω_1），则上下支路两个带通滤波器的输出波形 $y_1(t)$ 和 $y_2(t)$ 分别为

$$y_1(t) = [a + n_{1c}(t)]\cos\omega_1 t - n_{1s}(t)\sin\omega_1 t \tag{6-76}$$

$$y_2(t) = n_{2c}(t)\cos\omega_2 t - n_{2s}(t)\sin\omega_2 t \tag{6-77}$$

它们分别经过相干解调（相乘-低通）后，送入抽样判决器进行比较。比较的两路输入波形分别为

上支路

$$x_1(t) = a + n_{1c}(t) \tag{6-78}$$

下支路

$$x_2(t) = n_{2c}(t) \tag{6-79}$$

式中：a 为信号成分；

$n_{1c}(t)$ 和 $n_{2c}(t)$ 均为低通型高斯噪声，其均值为零，方差为 σ_n^2。

因此，$x_1(t)$ 和 $x_2(t)$ 抽样值的一维概率密度函数分别为

$$f(x_1) = \frac{1}{\sqrt{2\pi}\sigma_n} \exp\left\{-\frac{(x_1 - a)^2}{2\sigma_n^2}\right\} \tag{6-80}$$

$$f(x_2) = \frac{1}{\sqrt{2\pi}\sigma_n} \exp\left\{-\frac{x_2^2}{2\sigma_n^2}\right\} \tag{6-81}$$

当 $x_1(t)$ 的抽样值 x_1 小于 $x_2(t)$ 的抽样值 x_2 时，判决器输出"0"符号，造成将"1"判为"0"的错误，故这时错误概率为

$$P(0/1) = P(x_1 < x_2) = P(x_1 - x_2 < 0) = P(z < 0) \tag{6-82}$$

其中，$z = x_1 - x_2$，则 z 是高斯型随机变量，其均值为 a，方差为 $\sigma_z^2 = 2\sigma_n^2$，设 z 的一维概率密度函数为 $f(z)$，则由式(6-82)得到

$$P(0/1) = P(z < 0) = \int_{-\infty}^{0} f(z)\mathrm{d}z$$

$$= \frac{1}{\sqrt{2\pi}\sigma_z} \int_{-\infty}^{0} \exp\left\{-\frac{(x-a)^2}{2\sigma_z^2}\right\} \mathrm{d}z = \frac{1}{2}\mathrm{erfc}\left(\sqrt{\frac{r}{2}}\right) \tag{6-83}$$

同理可得，发送"0"错判为"1"的概率

$$P(1/0) = P(x_1 > x_2) = \frac{1}{2}\mathrm{erfc}\left(\sqrt{\frac{r}{2}}\right) \tag{6-84}$$

显然，由于上下支路的对称性，以上两个错误概率相等。于是，采用同步检测时 2FSK 系统的总误码率为

$$P_e = \frac{1}{2}\mathrm{erfc}\left(\sqrt{\frac{r}{2}}\right) \tag{6-85}$$

式中，$r = \dfrac{a^2}{2\sigma_n^2}$ 为解调器输入端（带通滤波器输出端）的信噪比。

在大信噪比（$r \geqslant 1$）条件下，式(6-85)可近似表示为

$$P_e \approx \frac{1}{\sqrt{2\pi r}} e^{-\frac{r}{2}} \tag{6-86}$$

2. 包络检波法的系统性能

假定在 $(0, T_s)$ 时间内发送"1"符号，由式(6-76)和式(6-77)可得到这时两路包络检波器的输出分别为

上支路

$$V_1(t) = \sqrt{[a + n_{1c}(t)]^2 + n_{1s}^2(t)} \tag{6-87}$$

下支路

$$V_2(t) = \sqrt{n_{2c}^2(t) + n_{2s}^2(t)} \tag{6-88}$$

由随机信号分析可知，$V_1(t)$ 的抽样值 V_1 服从广义瑞利分布，$V_2(t)$ 的抽样值 V_2 服从

瑞利分布。其一维概率密度函数为

$$f_1(V_1) = \frac{V_1}{\sigma_n^2} I_0\left(\frac{aV_1}{\sigma_n^2}\right) e^{-(V_1^2+a^2)/2\sigma_n^2} \tag{6-89}$$

$$f(V_2) = \frac{V_2}{\sigma_n^2} e^{-(V_2^n)/2\sigma_n^2} \tag{6-90}$$

显然，发送"1"时，若 V_1 小于 V_2，则发生判决错误，其错误概率为

$$P(0/1) = P(V_1 \leqslant V_2) = \iint_c f(V_1) f(V_2) dV_1 dV_2$$

$$= \int_0^{+\infty} f(V_1) \left[\int_{V_2=V_1}^{+\infty} f(V_2) dV_2\right] dV_1$$

$$= \int_0^{+\infty} \frac{V_1}{\sigma_n^2} I_0\left(\frac{aV_1}{\sigma_n^2}\right) \exp[(-2V_1^2 - a^2)/2\sigma_n^2] dV_1$$

$$= \int_0^{+\infty} \frac{V_1}{\sigma_n^2} I_0\left(\frac{aV_1}{\sigma_n^2}\right) e^{-(2V_1^2+a^2)/2\sigma_n^2} dV_1 \tag{6-91}$$

令

$$t = \frac{\sqrt{2}V_1}{\sigma_n}, \quad z = \frac{a}{\sqrt{2}\sigma_n}$$

并代入上式，经过简化可得

$$P(0/1) = \frac{1}{2} e^{-z^2/2} \int_0^{+\infty} t I_0(zt) e^{-(t^2+z^2)/2} dt \tag{6-92}$$

根据 Marcum Q 函数的性质，有

$$Q(z,0) = \int_0^{+\infty} t I_0(zt) e^{-(t^2+z^2)/2} dt = 1$$

所以

$$P(0/1) = \frac{1}{2} e^{-z^2/2} = \frac{1}{2} e^{-r/2} \tag{6-93}$$

式中，$r = z^2 = \dfrac{a^2}{2\sigma_n^2}$。

同理可求得发送"0"时判为"1"的错误概率 $P(1/0)$，其结果与式(6-93)完全一样，即有

$$P(1/0) = P(V_1 > V_2) = \frac{1}{2} e^{-r/2} \tag{6-94}$$

于是，2FSK 信号包络检波时系统的总误码率 P_e 为

$$P_e = \frac{1}{2} e^{-r/2} \tag{6-95}$$

将式(6-95)与 2FSK 同步检波时系统的误码率公式(6-86)比较可知，在大信噪比条件下，2FSK 信号包络检波时的系统性能与同步检测时的性能相差不大，但同步检测法的设备却复杂得多。因此，在满足信噪比要求的场合，多采用包络检测法。另外，对 2FSK 信号还可以采用其他方式进行解调，有兴趣的读者可以参考其他有关书籍。

例 6-2　采用 2FSK 方式在等效带宽为 2400Hz 的传输信道上传输二进制数字。2FSK

信号的频率分别为 $f_1=980\mathrm{Hz}$，$f_2=1580\mathrm{Hz}$，码元速率 $R_\mathrm{B}=300\mathrm{B}$。接收端输入（即信道输出端）的信噪比为 6dB。试求：

(1) 2FSK 信号的带宽；

(2) 包络检波法解调时系统的误码率；

(3) 同步检测法解调时系统的误码率。

解 (1) 2FSK 信号的带宽为

$$B_{2\mathrm{FSK}}=|f_2-f_1|+2f_\mathrm{s}=1580-980+2\times300=1200\mathrm{Hz}$$

(2) 由式(6-95)可知，误码率 P_e 取决于带通滤波器输出端的信噪比 r。由于 FSK 接收系统中上、下支路带通滤波器的带宽近似为

$$B=2f_\mathrm{s}=2R_\mathrm{B}=600\mathrm{Hz}$$

它仅是信道等效带宽 2400Hz 的 1/4，故噪声功率也减小为 1/4，因而带通滤波器输出端的信噪比 r 比输入信噪比提高了 4 倍。又由于接收端输入信噪比为 6dB，故带通滤波器输出端的信噪比应为

$$r=4\times4=16$$

将此信噪比值代入式(6-95)，可得包络检波法解调时系统的误码率。

(3) 同理，由式(6-86)可得同步检测法解调时系统的误码率

$$P_\mathrm{e}\approx\frac{1}{\sqrt{2\pi r}}\mathrm{e}^{-\frac{r}{2}}=\frac{1}{\sqrt{32\pi}}\mathrm{e}^{-8}=3.39\times10^{-5}$$

6.2.3 2PSK 和 2DPSK 系统的抗噪声性能

由 6.1.3 节了解到，2PSK 可分为绝对相移和相对相移两种。并且指出，无论是 2PSK 信号还是 2DPSK，从信号波形上看，无非是一对倒相信号的序列，或者说，其表达式的形式完全一样。因此，不管是 2PSK 信号还是 2DPSK 信号，在一个码元的持续时间内可表示为

$$s_\mathrm{T}(t)=\begin{cases}u_{1\mathrm{T}}(t) & \text{发送 1 时}\\u_{0\mathrm{T}}(t)=-u_{1\mathrm{T}}(t) & \text{发送 0 时}\end{cases}\qquad(6\text{-}96)$$

其中，$u_{1\mathrm{T}}(t)=\begin{cases}A\cos\omega_\mathrm{c}(t) & 0<t<T_\mathrm{s}\\0 & \text{其他}\end{cases}$

当然，$s_\mathrm{T}(t)$ 代表 2PSK 信号时，上式中"1"及"0"是原始数字信息（绝对码）；当 $s_T(t)$ 代表 **2DPSK** 信号时，上式中"1"及"0"并非原始数字信息，而是绝对码变换成相对码后的"1"及"0"。

下面，将分别讨论 2PSK 相干解调（极性比较法）系统、2DPSK 相干解调（极性比较-码反变换）系统以及 2DPSK 差分相干解调系统的误码性能。

1. 2PSK 相干解调系统性能

2PSK 相干解调方式又称为极性比较法，其性能分析模型如图 6-20 所示。

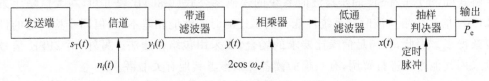

图 6-20 2PSK 信号相干解调系统性能分析模型

设发送端发出的信号如式(6-96)所示,则接收端带通滤波器输出波形 $y(t)$ 为

$$y(t)=\begin{cases}[a+n_c(t)]\cos\omega_c t-n_s(t)\sin\omega_c t & \text{发送 1 时}\\[-a+n_c(t)]\cos\omega_c t-n_s(t)\sin\omega_c t & \text{发送 0 时}\end{cases} \tag{6-97}$$

$y(t)$ 经过相干解调(相乘-低通)后,送入抽样判决器的输入波形为

$$x(t)=\begin{cases}a+n_c(t) & \text{发送 1 符号}\\-a+n_c(t) & \text{发送 0 符号}\end{cases} \tag{6-98}$$

由于 $n_c(t)$ 是均值为 0,方差为 σ_n^2 的高斯噪声,所以它的一维概率密度函数为

$$f_1(x)=\frac{1}{\sqrt{2\pi}\sigma_n}\exp\left\{-\frac{(x-a)^2}{2\sigma_n^2}\right\} \qquad \text{发送 1 时} \tag{6-99}$$

$$f_0(x)=\frac{1}{\sqrt{2\pi}\sigma_n}\exp\left\{-\frac{(x+a)^2}{2\sigma_n^2}\right\} \qquad \text{发送 0 时} \tag{6-100}$$

由最佳判决门限分析可知,在发送"1"符号和发送"0"符号概率相等时,即 $P(1)=P(0)$ 时,最佳判决门限 $b^*=0$。此时,发"1"而错判为"0"的概率为

$$P(0/1)=P(x\leqslant 0)=\int_{-\infty}^{0}f_1(x)\mathrm{d}x=\frac{1}{2}\mathrm{erfc}(\sqrt{r}) \tag{6-101}$$

式中: $r=\dfrac{a^2}{2\sigma_n^2}$。

同理,发送"0"而错判为"1"的概率为

$$P(1/0)=P(x>0)=\int_{0}^{+\infty}f_0(x)\mathrm{d}x=\frac{1}{2}\mathrm{erfc}(\sqrt{r}) \tag{6-102}$$

所以 2PSK 信号相干解调时系统的总误码率为

$$P_e=P(1)P(0/1)+P(0)P(1/0)=\frac{1}{2}\mathrm{erfc}(\sqrt{r}) \tag{6-103}$$

故在大信噪比($r\geqslant 1$)条件下,上式可近似为

$$P_e\approx\frac{1}{2\sqrt{\pi r}}e^{-r} \tag{6-104}$$

2. 2DPSK 信号相干解调系统性能

2DPSK 的相干解调法,又称极性比较-码反变换法,其模型如图 6-22 所示。其解调原理是:对 2DPSK 信号进行相干解调,恢复出相对码序列 $\{b_n\}$,再通过码反变换器变换为绝对码序列 $\{a_n\}$,从而恢复出发送的二进制数字信息。因此,码反变换器输入端的误码率 P_e 可由 2PSK 信号采用相干解调时的误码率公式(6-103)来确定。于是,2DPSK 信号采用极性比较-码反变换法的系统误码率,只需在式(6-103)基础上再考虑码反变换器对误码率的影响即可。简化模型如图 6-21 所示。

为了分析码反变换器对误码的影响,用图 6-21 来加以说明。图中将分别考虑相对码序列 $\{b_n\}$ 中 1 个错码、连续 2 个错码、…、连续 n 个错码情况下,码反变换器输出的绝对码序列 $\{a_n\}$ 中错码的情况。

$\{a_n\}$	1011001110	
$\{b_n\}$	110101001	（无错码时）
$\{b_n\}$	101*001110	
$\{a_n\}$	11**01001	（1个错码时）
$\{b_n\}$	101**01110	
$\{a_n\}$	11*1*1001	（连续2个错码时）
$\{b_n\}$	101****11*0	
$\{a_n\}$	11*101…0*	（连续n个错码时）

相对码$\{b_n\}$　→　码反变换器　→　绝对码$\{a_n\}$
P_e　　　　　　　　　　　　P'_e

图 6-21　简化模型　　　　　　　图 6-22　码反变换器对错码的影响

图 6-22 中,用 * 表示错码位置。通过分析可见：相对码序列$\{b_n\}$中的 1 位错码通过码反变换器后将使输出的绝对码序列$\{a_n\}$产生 2 位错码；若$\{b_n\}$中连续错 2 个,通过码反变换器后,$\{a_n\}$也只错 2 个；即使$\{b_n\}$始终有连续 n 个($n>2$)错码,码反变换器输出的$\{a_n\}$中也只有 2 个错码,并且错码位置在两头。

设 P_e 为码反变换器输入端相对码序列$\{b_n\}$的误码率,并假设每个码出错概率相等且统计独立,P'_e为码反变换器输出端绝对码序列$\{a_n\}$的误码率,由以上分析可得

$$P'_e = 2P_1 + 2P_2 + \cdots 2P_n + \cdots \tag{6-105}$$

式中 P_n 为码反变换器输入端$\{b_n\}$序列连续出现 n 个错码的概率,进一步讲,它是"n 个码元同时出错,而其两端都有 1 个码元不错"这一事件的概率。

由图 6-23 分析可得

$$P_1 = (1-P_e)P_e(1-P_e) = (1-P_e)^2 P_e$$

$$P_2 = (1-P_e)P_e^2(1-P_e) = (1-P_e)^2 P_e^2$$

$$\vdots$$

$$P_n = (1-P_e)P_e^n(1-P_e) = (1-P_e)^2 P_e^n \tag{6-106}$$

将式(6-106)代入式(6-105)可得

$$P'_e = 2(1-P_e)^2(P_e + P_e^2 + \cdots + P_e^n + \cdots)$$

$$= 2(1-P)^2 P_e(1 + P_e + P_e^2 + \cdots + P_e^n + \cdots) \tag{6-107}$$

因为误码率 P_e 总小于 1,所以下式必成立

$$(1 + P_e + P_e^2 + \cdots + P_e^n + \cdots) = \frac{1}{1-P_e}$$

将上式代入式(6-107),可得

$$P'_e = 2(1-P_e)P_e \tag{6-108}$$

由式(6-108)可见,若 P_e 很小,则有

$$\frac{P'_e}{P_e} \approx 2 \tag{6-109}$$

若 P_e 很大,即 $P_e \approx 1/2$,则有

$$\frac{P'_e}{P_e} \approx 1 \tag{6-110}$$

这意味着 P'_e 总是大于 P_e。也就是说,反变换器总是使误码率增加,增加的系数在 $1 \sim 2$ 之间变化。将式(6-103)代入式(6-108),则可得到 2DPSK 信号采用相干解调加码反变换器方式时的系统误码率为

$$P'_e = \frac{1}{2}\left[1 - (\text{erf}\sqrt{r})^2\right] \tag{6-111}$$

当 $P_e \ll 1$ 时,式(6-108)可近似为

$$P'_e = 2P_e \tag{6-112}$$

3. 2DPSK 信号差分相干解调系统性能

2DPSK 信号差分相干解调方式,也称为相位比较法,是一种非相干解调方式,其性能分析模型如图 6-23 所示。

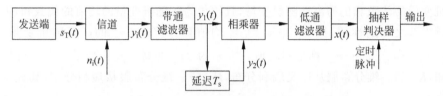

图 6-23　2DPSK 信号差分相干解调性能分析模型

由图 6-23 可见,解调过程中需要对间隔为 T_s 的前后两个码元进行比较,并且前后两个码元中都含有噪声。假设当前发送的是"1",且令前一个码元也是"1"(也可以令其为"0"),则送入相乘器的两个信号 $y_1(t)$ 和 $y_2(t)$(延迟器输出)可表示为

$$y_1(t) = a\cos\omega_1 t + n_1(t) = [a + n_{1c}(t)]\cos\omega_c t - n_{1s}(t)\sin\omega_c t \tag{6-113}$$

$$y_2(t) = a\cos\omega_1 t + n_2(t) = [a + n_{2c}(t)]\cos\omega_c t - n_{2s}(t)\sin\omega_c t \tag{6-114}$$

式中: a 为信号振幅; $n_1(t)$ 为叠加在前一码元 $y_1(t)$ 上窄带高斯噪声; $n_2(t)$ 为叠加在后一码元 $y_2(t)$ 上的窄带高斯噪声,并且 $n_1(t)$ 和 $n_2(t)$ 相互独立。

则低通滤波器的输出 $x(t)$ 为

$$x(t) = \frac{1}{2}\{[a + n_{1c}(t)][a + n_{2c}(t)] + n_{1s}(t)n_{2s}(t)\} \tag{6-115}$$

经抽样后的样值为

$$x = \frac{1}{2}[(a + n_{1c})(a + n_{2c}) + n_{1s}n_{2s}] \tag{6-116}$$

然后,按下述判决规则判决:若 $x > 0$,则判为"1"——正确接收;若 $x < 0$ 则判为"0"——错误接收。这时将"1"错判为"0"的错误概率为

$$P(0/1) = P\{x < 0\} = P\left\{\frac{1}{2}[(a + n_{1c})(a + n_{2c}) + n_{1s}n_{2s}]\right\} \tag{6-117}$$

利用恒等式

$$x_1 x_2 + y_1 y_2 = \frac{1}{4}\{[(x_1 + x_2)^2 + (y_1 + y_2)^2] - [(x_1 - x_2)^2 + (y_1 - y_2)^2]\}$$

$$\tag{6-118}$$

令式(6-118)中

$$x_1 = a + n_{1c} \quad x_2 = a + n_{2c}; \quad y_1 = n_{1s}, \quad y_2 = n_{2s}$$

则式(6-116)可以改写为

$$P(0/1) = P\{[(2a + n_{1c} + n_{2c})^2 + (n_{1s} + n_{2s})^2 - (n_{1c} - n_{2c})^2 - (n_{1s} - n_{2s})^2] < 0\}$$

(6-119)

令

$$R_1 = \sqrt{(2a + n_{1c} + n_{2c})^2 + (n_{1s} + n_{2s})^2} \tag{6-120}$$

$$R_2 = \sqrt{(n_{1c} - n_{2c})^2 + (n_{1s} - n_{2s})^2} \tag{6-121}$$

则式(6-117)化简为

$$P(0/1) = P\{R_1 < R_2\} \tag{6-122}$$

因为 n_{1c}、n_{2c}、n_{1s}、n_{2s} 是相互独立的高斯随机变量，且均值为 0，方差相等为 σ_n^2。根据高斯随机变量的代数和仍为高斯随机变量，且均值为各随机变量的均值的代数和、方差为各随机变量方差之和的性质，则 $n_{1c} + n_{2c}$ 是零均值且方差为 $2\sigma_n^2$ 的高斯随机变量。同理，$n_{1s} + n_{2s}$、$n_{1c} - n_{2c}$、$n_{1s} - n_{2s}$ 都是零均值且方差为 $2\sigma_n^2$ 的高斯随机变量。由随机信号分析理论可知，R_1 的一维分布服从广义瑞利分布，R_2 的一维分布服从瑞利分布，其概率密度函数分别为

$$f(R_1) = \frac{R_1}{2\sigma_n^2} I_0\left(\frac{aR_1}{\sigma_n^2}\right) e^{-(R_1^2 + 4a^2)/4\sigma_n^2} \tag{6-123}$$

$$f(R_2) = \frac{R_2}{2\sigma_n^2} e^{-R_2^2/4\sigma_n^2} \tag{6-124}$$

将以上两式代入式(6-122)，并应用式(6-93)的分析方法，可以得到

$$P(0/1) = P\{R_1 < R_2\} = \int_0^{+\infty} f(R_1)\left[\int_{R_2 = R_1}^{+\infty} f(R_2)\mathrm{d}R_2\right]\mathrm{d}R_1$$

$$= \int_0^{+\infty} \frac{R_1}{2\sigma_n^2} I_0\left(\frac{aR_1}{\sigma_n^2}\right) e^{-2(R_1^2 + 4a^2)}\mathrm{d}R_1$$

$$= \frac{1}{2}e^{-r} \tag{6-125}$$

式中，$r = \dfrac{a^2}{2\sigma_n^2}$ 为解调器输入端信噪比。

同理，可以求得将"0"错判为"1"的概率，即

$$P(1/0) = P(0/1) = \frac{1}{2}e^{-r} \tag{6-126}$$

因此，2DPSK 信号差分相干解调系统的总误码率为

$$P_e = \frac{1}{2}e^{-r} \tag{6-127}$$

例 6-3 假设采用 2DPSK 方式在微波线路上传送二进制数字信息。已知码元速率 $R_B = 10^6 B$，信道中加性高斯白噪声的单边功率谱密度 $n_0 = 2 \times 10^{-10}$ W/Hz。要求误码率不大于 10^{-4}。试求

（1）采用差分相干解调时，接收机输入端所需的信号功率；

（2）采用相干解调-码反变换时，接收机输入端所需的信号功率。

解　（1）带通滤波器的带宽为

$$B = 2R_B = 2 \times 10^6 \, \text{Hz}$$

其输出的噪声功率为

$$\sigma_n^2 = n_0 B = 2 \times 10^{-10} \times 2 \times 10^6 \, \text{W} = 4 \times 10^{-4} \, \text{W}$$

根据式（6-127），2DPSK 采用差分相干接收的误码率为

$$P_e = \frac{1}{2} e^{-r} \leqslant 10^{-4}$$

求解可得

$$r \geqslant 8.52$$

又因为

$$r = \frac{a^2}{2\sigma_n^2}$$

所以，接收机输入端所需的信号功率为

$$\frac{a^2}{2} \geqslant 8.52 \times \sigma_n^2 = 8.52 \times 4 \times 10^{-4} \, \text{W} = 3.4 \times 10^{-3} \, \text{W}$$

（2）对于相干解调-码反变换的 2DPSK 系统，由式（6-112）可得

$$P'_e \approx 2P_e = 1 - \text{erf}(\sqrt{r})$$

根据题意有

$$P'_e \leqslant 10^{-4}$$

因而有

$$1 - \text{erf}(\sqrt{r}) \leqslant 10^{-4}$$

即

$$\text{erf}(\sqrt{r}) \geqslant 1 - 10^{-4} \approx 0.9999$$

查误差函数表，可得

$$\sqrt{r} \geqslant 2.75, \quad 即 \quad r \geqslant 7.56$$

由 $r = \dfrac{a^2}{2\sigma_n^2}$ 可得，接收机输入端所需的信号功率为

$$\frac{a^2}{2} \geqslant 7.56 \times \sigma_n^2 = 7.56 \times 4 \times 10^{-4} \, \text{W} = 3.02 \times 10^{-3} \, \text{W}$$

6.3　二进制数字调制系统的性能比较

第1章中已经指出，衡量一个数字通信系统性能好坏的指标有多种，但最为主要的是有效性和可靠性。基于前面的讨论，下面将针对二进制数字调制系统的误码率、频带利用率、对信道的适应能力等方面的性能做简要的比较。通过比较，可以为在不同的应用场合选择什么样的调制和解调方式提供一定的参考依据。

1. 误码率

误码率是衡量一个数字通信系统性能的重要指标。通过 6.2 节的分析可知，在信道高斯白噪声的干扰下，各种二进制数字调制系统的误码率取决于解调器输入信噪比，而误码率表达式的形式则取决于解调方式：相干解调时为互补误差函数，形式只取决于调制方式，非相干解调时为指数函数形式，如表 6-1 所示。

表 6-1 二进制数字调制系统的误码率公式一览表

	相 干 解 调	非 相 干 解 调
2ASK	$\dfrac{1}{2}\mathrm{erfc}\left(\sqrt{\dfrac{r}{4}}\right)$	$\dfrac{1}{2}\mathrm{e}^{-r/4}$
2FSK	$\dfrac{1}{2}\mathrm{erfc}\left(\sqrt{\dfrac{r}{2}}\right)$	$\dfrac{1}{2}\mathrm{e}^{-r/2}$
2PSK	$\dfrac{1}{2}\mathrm{erfc}(\sqrt{r})$	无
2DPSK	$\mathrm{erfc}(\sqrt{r})$	$\dfrac{1}{2}\mathrm{e}^{-r}$

由表 6-1 可以看出，从横向来比较，对同一调制方式，采用相干解调方式的误码率低于采用非相干解调方式的误码率。从纵向来比较，若采用相同的解调方式（如相干解调），在误码率 P_e 相同的情况下，所需要的信噪比 2ASK 比 2FSK 高 3dB，2FSK 比 2PSK 高 3dB，2ASK 比 2PSK 高 6dB。反过来，若信噪比 r 一定，2PSK 系统的误码率比 2FSK 的小，2FSK系统的误码率比 2ASK 的小。由此看来，在抗加性高斯白噪声方面，相干 2PSK 性能最好，2FSK 次之，2ASK 最差。

由表 6-1 所画出的三种数字调制系统的误码率 P_e 与信噪比的关系曲线如图 6-24 所示，可以看出，在相同信噪比的情况下，相干解调的 2PSK 系统的误码率最小。

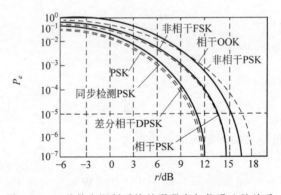

图 6-24 三种数字调制系统的误码率与信噪比的关系

2. 频带宽度

由 6.1 节可知，当信号码元宽度为 T_s，2ASK 系统和 2PSK（2DPSK）系统的频带宽度近似为 $2/T_s$，即

$$B_{2\mathrm{ASK}} = B_{2\mathrm{PSK}} = \frac{2}{T_s} \qquad (6\text{-}128)$$

2FSK 系统的频带宽度近似为

$$B_{2FSK} = |f_2 - f_1| + \frac{2}{T_s} \qquad (6-129)$$

因此,从频带宽度或频带利用率上看,2FSK 系统的频带利用率最低。

3. 对信道特性变化的敏感性

6.2 节分析二进制数字调制系统抗噪声性能时,假定了信道参数恒定的条件。在实际通信系统中,除恒参信道之外,还有很多信道属于随参信道,即信道参数随时间变化。因此,在选择数字调制方式时,还应考虑系统的最佳判决门限对信道特性的变化是否敏感。在 2FSK 系统中,判决器是根据上下两个支路解调输出样值的大小来作出判决,不需要人为地设置判决门限,因而对信道的变化不敏感。在 2PSK 系统中,当发送不同符号的概率相等时,判决器的最佳判决门限为零,与接收机输入信号的幅度无关。因此,判决门限不随信道特性的变化而变化,接收机总能保持工作在最佳判决门限状态。对于 2ASK 系统,判决器的最佳判决门限为 $a/2$,它与接收机输入信号的幅度有关。当信道特性发生变化时,接收机输入信号的幅度将随着发生变化,从而导致最佳判决门限也将随之而变。这时,接收机不容易保持在最佳判决门限状态,因此,2ASK 对信道特性变化敏感,性能最差。

通过以上几个方面的比较可以看出,对调制和解调方式的选择需要考虑的因素较多。通常,只有对系统的要求作全面的考虑,并且还应抓住其中最主要的要求,才能作出比较恰当的抉择。如果抗噪声性能是最主要的,则应考虑相干 2PSK 和 2DPSK,而 2ASK 最不可取;如果要求较高的频带利用率,则应选择相干 2PSK、2DPSK 及 2ASK,而 2FSK 最不可取;如果要求较高的功率利用率,则应选择相干 2PSK 和 2DPSK,而 2ASK 最不可取;若传输信道是随参信道,则 2FSK 具有更好的适应能力。另外,若从设备复杂度方面考虑,则非相干方式比相干方式更适宜。这是因为相干解调需要提取相干载波,故设备相对复杂些,成本也略高。目前用得最多的数字调制方式是相干 2DPSK 和非相干 2FSK。相干 2DPSK 主要用于高速数据传输,而非相干 2FSK 则用于中、低速数据传输中,特别是在衰落信道中传输数据时,它有着广泛的应用。

6.4 多进制数字调制原理

带通二进制键控系统中,每个码元只传输 1b 信息,其频带利用率不高。而频率资源是极其宝贵和紧缺的。为了提高频带利用率,最有效的办法是使一个码元传输多个比特的信息。这就是在这里将要讨论的多进制键控体制。多进制键控可以看作是二进制键控体制的推广。这时,为了得到相同的误码率,和二进制系统相比,接收信号信噪比需要更大,即需要用更大的发送信号功率。这就是为了传输更多信息量所要付出的代价。由 6.2 节中的讨论可知,各种键控体制的误码率都决定于信噪比。

$$r = a^2/2\sigma_n^2 \qquad (6-130)$$

式中 r 是信号码元功率 $a^2/2$ 和噪声功率 σ_n^2 之比。它还可以改写为码元能量 E 和噪声单边功率谱密度 n_0 之比

$$r = E/n_0 \qquad (6-131)$$

式(6-131)中已经利用了关系 $\sigma_n^2 = n_0 B$ 和 $B = 1/T$,其中 B 为接收机带宽,T 为码元持续时间。在本节中,仍令 r 表示此信噪比。

现在，设多进制码元的进制数为 M，码元能量为 E，一个码元中包含信息 k 比特，则有

$$k = \log_2 M \tag{6-132}$$

若码元能量 E 平均分配给每个比特，则每比特的能量 $E_b = E/k$。故有

$$\frac{E_b}{n_0} = \frac{E}{kn_0} = \frac{r}{k} = r_b \tag{6-133}$$

式中，r_b 是每比特的能量和噪声单边功率谱密度之比。在 M 进制中，由于每个码元包含的比特数 k 和进制数 M 有关，故在研究不同 M 值下的错误率时，适合用 r_b 为单位来比较不同体制的性能优劣。

和二进制类似，基本的多进制键控也有 ASK、FSK、PSK 和 DPSK 等几种。相应的键控方式可以记为多进制振幅键控（M-ary Amplitude Shift Keying，MASK）、多进制频移键控（M-ary Frequency Shift Keying，MFSK）、多进制相移键控（M-ary Phase Shift Keying，MPSK）和多进制差分相移键控（M-ary Differential Phase Shift Keying，MDPSK）。下面将分别予以讨论。

6.4.1 多进制振幅键控

在 6.1 节中介绍过多电平波形，它是一种基带多进制信号。若用这种单极性多电平信号去键控载波，就得到 MASK 信号。在图 6-25 中给出了这种基带信号和相应的 MASK 信号的波形举例。图中的信号是 4ASK 信号，即 $M=4$。每个码元含有 2b 的信息。多进制振幅键控又称多电平调制，它是 2ASK 体制的推广。和 2ASK 相比，这种体制的优点在于单位频带的信息传输速率高，即频带利用率高。

在 6.4.2 节中讨论奈奎斯特准则时曾经指出，在二进制条件下，对于基带信号，信道频带利用率最高可达 2b/s·Hz，即每赫带宽每秒可以传输 2b 的信息。按照这一准则，由于 2ASK 信号的带宽是基带信号的 2 倍，故其频带利用率最高是 1b/s·Hz。由于 MASK 信号的带宽和 2ASK 信号的带宽相同，故 MASK 信号的频带利用率可以超过 1b/s·Hz。

在图中示出的基带信号是多进制单极性不归零脉冲，它有直流分量。若改用多进制双极性不归零脉冲作为基带调制信号，如图 6-25(c) 所示，则在不同码元出现概率相等条件下，得到的是抑制载波的 MASK 信号，如图 6-25(d) 所示。需要注意，这里每个码元的载波初始相位是不同的。例如，第 1 个码元的初始相位是 π，第 2 个码元的初始相位是 0。在 6.1.3 节中提到过，二进制抑制载波双边带信号就是 2PSK 信号。不难看出，这里的抑制载波 MASK 信号是振幅键控和相位键控结合的已调信号。

二进制抑制载波双边带信号和不抑制载波的信号相比，可以节省载波功率。现在的抑制载波 MASK 信号同样可以节省载波功率。

6.4.2 多进制频移键控

多进制频移键控 MFSK 体制同样是 2FSK 体制的简单推广。例如在 4 进制频移键控（4FSK）中采用 4 个不同的频率分别表示 4 进制的码元，每个码元含有 2b 的信息，如图 6-26 所示。这时仍和 2FSK 时的条件相同，即要求每个载频之间的距离足够大，使不同频率的码元频谱能够用滤波器分离开，或者说使不同频率的码元互相正交。由于 MFSK 的码元采用 M 个不同频率的载波，所以它占用较宽的频带。设 f_1 为其最低载频，f_m 为其最高载频，则

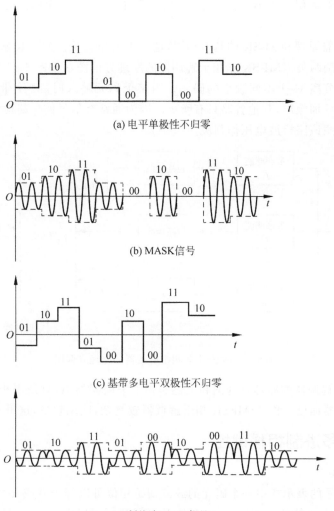

(a) 电平单极性不归零

(b) MASK信号

(c) 基带多电平双极性不归零

(d) 制载波MASK信号

图 6-25　MASK 信号波形

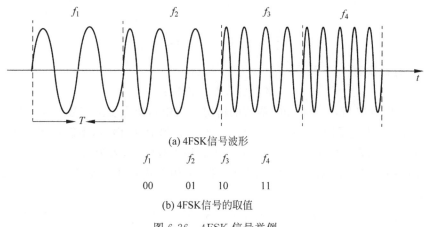

(a) 4FSK信号波形

f_1	f_2	f_3	f_4
00	01	10	11

(b) 4FSK信号的取值

图 6-26　4FSK 信号举例

MFSK 信号的带宽近似等于 $B = f_m - f_1 + \Delta f$。其中：Δf 为单个码元的带宽,它决定于信号传输速率。

MFSK 调制器原理和 2FSK 的基本相同,这里不另作讨论。MFSK 解调器也分为非相干解调和相干解调两类。MFSK 非相干解调器的原理方框图示于图 6-27 中。图中的 M 路带通滤波器用于分离 M 个不同频率的码元。当某个码元输入时,M 个带通滤波器的输出中仅有一个是信号加噪声,其他各路只有噪声。因为通常有信号的一路检波输出电压最大,故在判决时将按照该路检波电压作判决。

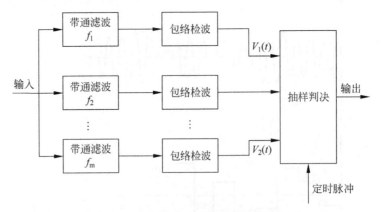

图 6-27 MFSK 非相干解调器的原理方框图

MFSK 相干解调器的原理方框图和上述非相干解调器类似,只是用相干检波器代替了图中的包络检波器而已。由于 MFSK 相干解调器较复杂,应用较少,这里不再专门介绍。

6.4.3 多进制相移键控

1. 基本原理

在 2PSK 信号的表示式中一个码元的载波初始相位可以等于 0 或 π。将其推广到多进制时,0 可以取多个可能值。所以,一个 MPSK 信号码元可以表示为

$$s_k(t) = A\cos(\omega_0 t + \theta_k) \quad k = 1, 2, \cdots, M \tag{6-134}$$

式中：A 为常数；θ_k 为一组间隔均匀的受调制相位,其值决定于基带码元的取值。所以它可以写为

$$\theta_k = \frac{2\pi}{M}(k-1) \quad k = 1, 2, \cdots, M \tag{6-135}$$

通常 M 取 2 的 k 次幂

$$M = 2^k \quad k = \text{正整数} \tag{6-136}$$

在图 6-28 中示出当 $k = 3$ 时,θ_k 取值的情况。图中示出当发送信号的相位为 $\theta_1 = 0$ 时,能够正确接收的相位范围为 $(-\pi/8, \pi/8)$。对于多进制 PSK 信号,不能简单地采用一个相干载波进行相干解调。例如,若用 $\cos 2\pi f_0 t$ 作为相干载波时,因为 $\cos\theta_k = \cos(2\pi - \theta_k)$,所以解调存在模糊。只有在 2PSK 中才能够仅用一个相干载波进行解调。这时需要用两个正交的相干载波解调。

在后面分析中,不失一般性,可以令式(6-134)中的 $A = 1$,然后将 MPSK 信号码元表示式展开写成

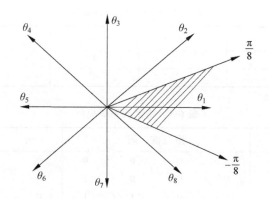

图 6-28　8PSK 信号相位

$$s_k(t) = \cos(\omega_0 t + \theta_k) = a_k \cos\omega_0 t - b_k \sin\omega_0 t \tag{6-137}$$

式中：$a_k = \cos\theta_k$，$b_k = \sin\theta_k$。

式(6-137)表明，MPSK 信号码元 $s_k(t)$ 可以看作是由正弦和余弦两个正交分量合成的信号，它们的振幅分别是 a_k 和 b_k，并且 $a_k^2 + b_k^2 = 1$。这就是说，MPSK 信号码元可以看作是两个特定的 MASK 信号码元之和。因此，其带宽和 MASK 信号的带宽相同。

本节下面主要以 $M=4$ 为例，对 4PSK 作进一步的分析。4PSK 常称为正交相移键控（Quadrature Phase Shift Keying，QPSK）。它的每个码元含有 2b 的信息，现用 ab 代表这两个比特。发送码元序列在编码时需要先将每两个比特分成一个双比特组，M 有 4 种排列，即 00，01，10，11。然后用 4 种相位之一去表示每种排列。各种排列的相位之间的关系通常都按格雷（Gray）码安排，表 6-2 列出了 4PSK 信号的几种编码方案之一，其矢量图画在图 6-29 中。

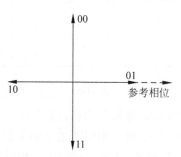

图 6-29　QPSK 信号的矢量图

由表 6-2 和图 6-29 可以看出，采用格雷码的好处在于相邻相位所代表的两个比特只有一位不同。由于因相位误差造成错判至相邻相位上的概率最大，故这样编码可使总误比特率降低。表 6-2 和图 6-29 中 QPSK 信号和格雷码的对应关系不是唯一的，图中的参考相位的位置也不是必须在横轴位置上。例如，可以规定图 6-29 中的参考相位代表格雷码 00，并将其他双比特组的相位依次按顺时针方向移 90°，所得结果仍然符合用格雷码产生 QPSK 信号的规则。在表 6-2 中只给出了 2 位格雷码的编码规则。在表 6-3 中给出了多位格雷码的编码方法。由此表可见，在 2 位格雷码的基础上，若要产生 3 位格雷码，只需将序号为 0～3 的 2 位格雷码（表中黑体字）按相反的次序（即成镜像）排列写出序号为 4～7 的码组，并在序号为 0～3 的格雷码组前加一个"0"，在序号为 4～7 的码组前加一个"1"，得出 3 位的格雷码。3 位格雷码可以用于 8PSK 调制。若要产生 4 位的格雷码，则可以在 3 位格雷码的基础上，仿照上述方法，将序号为 0～7 的格雷码按相反次序写出序号为 8 的码组，并在序号为 0～7 的格雷码组前加一个"0"，在序号为 8～15 的码组前加一个"1"。依此类推可以产生更多位的格雷码。由于格雷码的这种产生规律，格雷码又称反射码。由此表可见，这样构成的相邻码组仅有 1b 差别。作为比较，在表 6-3 中还给出了二进码作为比较。

表 6-2　QPSK 信号的编码

a	b	θ_k	a	b	θ_k
0	0	90°	1	1	270°
0	1	0°	1	0	180°

表 6-3　格雷码编码规则

序　　号	格　雷　码				二　进　码			
0	0	0	**0**	**0**	0	0	0	0
1	0	0	**0**	**1**	0	0	0	1
2	0	0	**1**	**1**	0	0	1	0
3	0	0	**1**	**0**	0	0	1	1
4	0	1	1	0	0	1	0	0
5	0	1	1	1	0	1	0	1
6	0	1	0	1	0	1	1	0
7	0	1	0	0	0	1	1	1
8	1	1	0	0	1	0	0	0
9	1	1	0	1	1	0	0	1
10	1	1	1	1	1	0	1	0
11	1	1	1	0	1	0	1	1
12	1	0	1	0	1	1	0	0
13	1	0	1	1	1	1	0	1
14	1	0	0	1	1	1	1	0
15	1	0	0	0	1	1	1	1

　　最后，需要对码元相位的概念着重给予说明。在码元的表示式(6-134)中，θ_k 称为初始相位，常简称为相位，而把 $\omega_0 t + \theta_k$ 称为信号的瞬时相位。当码元中包含整数个载波周期时，初始相位相同的相邻码元的波形和瞬时相位才是连续的；若每个码元中的载波周期数不是整数，则即使初始相位相同，波形和瞬时相位也可能不连续；或者波形连续而相位不连续。在码元边界，当相位不连续时，信号的频谱将展宽，包络也将出现起伏。通常这是实际应用中不希望出现并想尽量避免发生的。在后面讨论各种调制体制时，还将遇到这个问题。并且有时将码元中包含整数个载波周期的假设隐含不提，认为 PSK 信号的初始相位相同，则码元边界的瞬时相位一定连续。

2. QPSK 调制

　　QPSK 信号的产生方法有两种方法。第一种是用相乘电路，如图 6-30 所示。

　　图中输入基带信号 $A(t)$ 是二进制不归零双极性码元，它被"串/并变换"电路变成两路码元 a 和 b。变成并行码元 a 和 b 后，其每个码元的持续时间是输入码元的 2 倍，这两路并行码元序列分别和两路正交载波相乘。相乘结果用虚线矢量示于图 6-31 中。图中矢量 $a(1)$ 代表 a 路的信号码元二进制"1"，$a(0)$ 代表 a 路信号码元二进制"0"；类似地，$b(1)$ 代表 b 路信号码元二进制"1"，$b(0)$ 代表 b 路信号码元二进制"0"。这两路信号在相加电路中相加后得到输出矢量，每个矢量代表 $2b$，如图中实线矢量所示。

　　第二种产生方法是选择法，其原理方框图示于图 6-32 中。这时输入基带信号经过串/

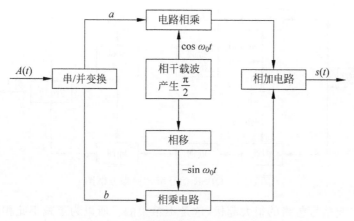

图 6-30　相乘电路法产生 QPSK 信号

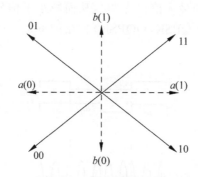

图 6-31　QPSK 矢量的产生

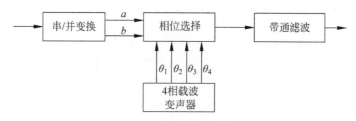

图 6-32　选择法产生 QPSK 信号

并变换后用于控制一个相位选择电路,按照当时的输入双比特,决定选择哪个相位的载波输出。候选的 4 个相位 θ_1、θ_2、θ_3 和 θ_4 仍然可以是图 6-31 中的 4 个实线矢量,也可以是按 A 方式规定的 4 个相位。

3. QPSK 解调

QPSK 信号的解调原理方框图示于图 6-33 中。由于 QPSK 信号可以看作是两个正交 2PSK 信号的叠加,如图 6-31 所示,所以用两路正交的相干载波去解调,可以很容易地分离这两路正交的 2PSK 信号。相干解调后的两路并行码元 a 和 b,经过并/串变换后,成为串行数据输出。

4. 偏置 QPSK

在 QPSK 体制中,它的相邻码元最大相位差达到 $180°$。由于这样的相位突变在频带受

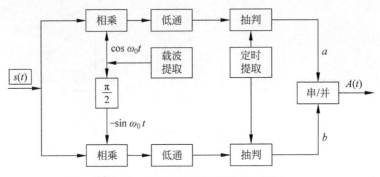

图 6-33   QPSK 信号解调原理方框图

限的系统中会引起信号包络的很大起伏，这是不希望的。所以为了减小此相位突变，将两个
正交分量的两个比特 a 和 b 在时间上错开半个码元，使之不可能同时改变。由表 6-2 可见，
这样安排后相邻码元相位差的最大值仅为 $90°$，从而减小了信号振幅的起伏。这种体制称
为偏置正交相移键控（Offset QPSK，OQPSK）。在图 6-34 中示出 QPSK 信号的波形与
OQPSK 信号波形的比较。

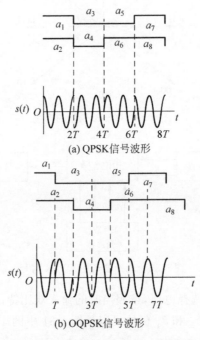

图 6-34   QPSK 信号波形与 OQPSK 信号波形比较

OQPSK 和 QPSK 的唯一区别在于：对于 QPSK，表 6-2 中的两个比特 a 和 b 的持续时
间原则上可以不同，而对于 OQPSK，a 和 b 的持续时间必须相同。

5. $\pi/4$ 相移 QPSK

$\pi/4$ 相移 QPSK 信号是由两个相差 $\pi/4$ 的 QPSK 星座图（图 6-35）交替产生的。它也
是一个 4 进制信号。当前码元的相位相对于前一码元的相位改变 $\pm45°$ 或 $\pm135°$。例如，若
连续输入"11 11 11 11…"，则信号码元相位为"45°90°45°90°…"由于这种体制中相邻码元间

总有相位改变,故有利于在接收端提取码元同步。另外,由于其最大相移为 ±135°,比 QPSK 的最大相移小,故在通过频带受限的系统传输后其振幅起伏也较小。

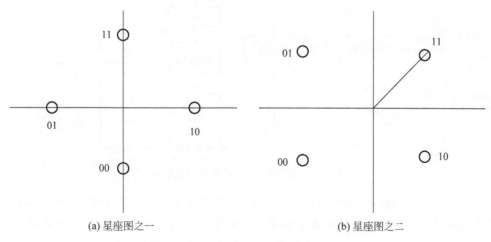

图 6-35 π/4 相移 QPSK 信号的星座图

6.4.4 多进制差分相移键控

1. 基本原理

在 6.4.3 节中讨论了 MPSK。在 MPSK 体制中,类似于 2DPSK 体制,也有多进制差分相移键控(MDPSK)。在较详细地讨论了 MPSK 之后,很容易理解 MDPSK 的原理和实现方法。6.4.3 节中讨论 MPSK 信号用的式(6-134)、式(6-135)、表 6-2 和矢量图 6-28 对于分析 MDPSK 信号仍然适用,只是需要把其中的参考相位当作是前一码元的相位,把相移 $\Delta\theta_k$ 当作是相对于前一码元相位的相移。这里仍以 4 进制 DPSK 信号为例作进一步的讨论。4 进制 DPSK 通常记为 QDPSK(Quadrature DPSK,4 进制 DPSK)。QDPSK 信号编码方式示于表 6-4。表中 $\Delta\theta_k$ 是相对于前一相邻码元的相位变化。这里有 A 和 B 两种方式。A 方式中 $\Delta\theta_k$ 的取值 0°,90°,180°,270°;B 方式中 $\Delta\theta_k$ 的取值 45°,135°,225°,315°。在 ITU-T 的建议 V.22 中速率 1200b/s 的双工调制解调器标准采用的就是表 6-4 中 A 方式的编码规则。

B 方式中相邻码元间总有相位改变,故有利于在接收端提取码元同步。另外,由于其相邻码元相位的最大相移为 ±135°,比 A 方式的最大相移小,故在通过频带受限的系统传输后,其振幅起伏也较小。B 方式 QDPSK 有时又称为 $\frac{\pi}{4}$ QDPSK。

A 方式和 B 方式区别仅在于两者的星座图相差 45°,并且两者和格雷码双比特组间的对应关系也不是唯一的,即 A 方式中的 0°和 B 方式中的 45°不必须对应双比特 01,只要两星座的相位不变,它们仍然称为 A 方式或 B 方式。

2. 产生方法

QDPSK 信号的产生方法和 QPSK 信号的产生方法类似,只是需要把输入基带信号先经过码变换器把绝对码变成相对码再去调制(或选择)载波。在图 6-36 中给出了用正交调相法按照表 6-4 中第一种方式规则产生 QDPSK 信号的原理方框图。

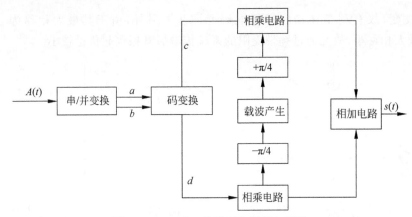

图 6-36　QDPSK 信号产生原理方框图

图中 a 和 b 为经过串/并变换后的一对码元,它需要再经过码变换器变换成相对码 c 和 d 后才与载波相乘。c 和 d 对载波的相乘实际是完成绝对相移键控。这部分电路和产生 QPSK 信号的原理方框图 6-30 完全一样,只是为了改用 A 方式编码,而采用两个 $\frac{\pi}{4}$ 相移器代替一个 $\frac{\pi}{2}$ 相移器。码变换器的功用是使由 cd 产生的绝对相移符合由 ab 产生的相对相移的规则。由于当前的一对码元 ab 产生的相移是附加在前一时刻已调载波相位之上的,而前一时刻载波相位有 4 种可能取值,故码变换器的输入 ab 和输出 cd 间有 16 种可能的关系。这 16 种关系列于表 6-5 中,它被 ITU-T 建议 V.32 中 4800b/s 双工调制解调器标准所采用。从表 6-4 中可以看出,它属于 A 方式。

表 6-4　QDPSK 编码规则

a	b	A 方式	B 方式	a	b	A 方式	B 方式
0	0	90°	135°	1	1	270°	315°
0	1	0°	45°	1	0	180°	225°

表 6-5　QDPSK 码变换关系

当前输入的一对码元及要求的相对位移			前一时刻经过变换后的一对码元及产生的相位			当前时刻应该给出的变换后一对码元和相位		
a_k	b_k	$\Delta\theta_k$	c_{k-1}	d_{k-1}	θ_{k-1}	c_k	d_k	θ_k
0	0	90°	0	0	0°	0	1	90°
			0	1	90°	1	1	180°
			1	1	180°	1	0	270°
			1	0	270°	0	0	0°
0	1	0°	0	0	0°	0	0	0°
			0	1	90°	0	1	90°
			1	1	180°	1	1	180°
			1	0	270°	1	0	270°

续表

当前输入的一对码元及要求的相对位移			前一时刻经过码变换后的一对码元及产生的相位			当前时刻应该给出的变换后一对码元和相位		
1	1	270°	0	0	0°	1	0	270°
			0	1	90°	0	0	0°
			1	1	180°	0	1	90°
			1	0	270°	1	1	180°
1	0	180°	0	0	0°	1	1	180°
			0	1	90°	1	0	270°
			1	1	180°	0	0	0°
			1	0	270°	0	1	90°

例如,在表 6-5 中,若当前时刻输入的一对码元 $a_k b_k$ 为"00",则应该产生相对相移 $\Delta\theta_k = 90°$。另一方面,前一时刻的载波相位有 4 种可能取值,即 90°、0°、270°、180°,它们分别对应前一时刻变换后的一对码元 $c_{k-1}d_{k-1}$ 的 4 种取值。所以,现在的相移 $\Delta\theta_k = 90°$ 应该视前一时刻的状态加到对应的前一时刻载波相位 $\Delta\theta_k = 90°$ 上。设前一时刻的载波相位 $\Delta\theta_{k-1} = 180°$,则现在应该在 180°基础上增加到 270°,故要求的 $c_k d_k$ 为"10"。也就是说,这时的码变换器应该将输入一对码元"00"变换为"10"。码变换器可以用图 6-37 所示的电路实现。

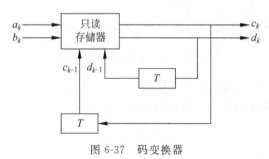

图 6-37　码变换器

应当注意,在上面叙述中用"0"和"1"代表二进制码元。但是,在电路中用于相乘的信号应该是不归零二进制双极性矩形脉冲。设此脉冲的幅度为"+1"和"-1"则对应关系是:二进制码元"0"→"1";二进制码元"1"→"-1"。符合上述关系才能得到 A 方式的编码。

QDPSK 信号的第二种产生方法和 QPSK 信号的第二种产生方法(选择法)原理相同,只是在图 6-32 中的串/并变换后需要增加一个图 6-37 中的"码变换器"。

3. 解调方法

QDPSK 信号的解调方法和 QPSK 信号的解调方法类似,即极性比较法和相位比较法。下面将分别予以讨论。

A 方式 QDPSK 信号极性比较法解调原理方框图如图 6-38 所示。由图可见 QDPSK 信号的极性比较法解调原理和 QPSK 信号的一样,只是多一步逆码变换,将相对码变成绝对码。因此这里将重点讨论与逆码变换有关的原理。逆码变换器原理方框图如图 6-39 所示。

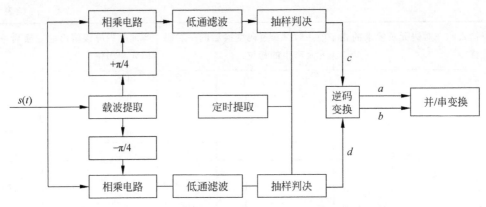

图 6-38　A 方式 QDPSK 信号极性比较法解调原理方框图

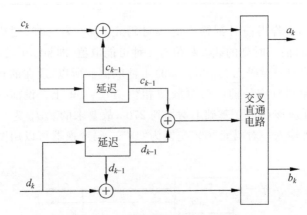

图 6-39　逆码变换器原理方框图

这时，设第 k 个接收信号码元可以表示为 $s_k(t) = \cos(\omega_0 t + \theta_k)$，$kT < t \leqslant (k+1)T$。图 6-38 中上下两个相乘电路的相干载波分别可以写为

上支路
$$\cos\left(\omega_0 t + \frac{\pi}{4}\right)$$

下支路
$$\cos\left(\omega_0 t - \frac{\pi}{4}\right)$$

于是输入信号和相干载波在相乘电路中相乘的结果为

上支路
$$\cos(\omega_0 t + \theta_k)\cos\left(\omega_0 t + \frac{\pi}{4}\right) = \frac{1}{2}\cos\left[2\omega_0 t + \left(\theta_k + \frac{\pi}{4}\right)\right] + \frac{1}{2}\cos\left(\theta_k - \frac{\pi}{4}\right) \quad (6\text{-}138)$$

下支路
$$\cos(\omega_0 t + \theta_k)\cos\left(\omega_0 t - \frac{\pi}{4}\right) = \frac{1}{2}\cos\left[2\omega_0 t + \left(\theta_k - \frac{\pi}{4}\right)\right] + \frac{1}{2}\cos\left(\theta_k + \frac{\pi}{4}\right) \quad (6\text{-}139)$$

经过低通滤波后，滤除了 2 倍载频的高频分量，得到抽样判决前的电压

上支路
$$\frac{1}{2}\cos\left(\theta_k - \frac{\pi}{4}\right) \quad (6\text{-}140)$$

下支路

$$\frac{1}{2}\cos\left(\theta_k + \frac{\pi}{4}\right) \tag{6-141}$$

按照 θ_k 的取值不同,此电压可能为正,也可能为负,故是双极性电压。在编码时曾经规定:二进制码元"0"→"1";二进制码元"1"→"-1"。现在进行判决时,也把正电压判为二进制码元"0",负电压判为"1",即"+"→二进制码元"0";"-"→二进制码元"1"。因此得出判决规则如表 6-6 所示。

表 6-6　判决规则

信号码元相位	上支路输出	下支路输出	判决器输出	
			c	d
0°	+	+	0	0
90°	+	-	0	1
180°	-	-	1	1
270°	-	+	1	0

两路判决输出将送入逆码变换器恢复出绝对码。设逆码变换器的当前输入码元为 c_k 和 d_k,当前输出码元为 a_k 和 b_k,前一输入码元为 c_{k-1} 和 d_{k-1}。为了正确地进行逆码变换,这些码元之间的关系应该符合表 6-5 中的规则。为此,现在把表 6-5 中的各行按 c_{k-1} 和 d_{k-1} 的组合为序重新排列,构成表 6-7 所示。

表 6-7　QDPSK 码元变换关系

前一时刻的一对码元		当前时刻输入的一对码元		当前时刻应当给出的逆变换后的一对码元	
c_{k-1}	d_{k-1}	c_k	d_k	a_k	b_k
0	0	0	0	0	1
		0	1	0	0
		1	1	1	0
		1	0	1	1
0	1	0	0	1	1
		0	1	0	1
		1	1	0	0
		1	0	1	0
1	1	0	0	0	1
		0	1	1	1
		1	1	0	1
		1	0	0	0
1	0	0	0	0	0
		0	1	1	0
		1	1	1	1
		1	0	0	1

从这个表中可以找出由逆码变换器的当前输入和前一时刻输入得到逆码变换器当前输出的规律。表 6-7 中的码元关系可以分为两类。

（1）当 $c_{k-1} \oplus d_{k-1} = 0$ 时，有

$$\begin{cases} a_k = c_k \oplus c_{k-1} \\ b_k = d_k \oplus d_{k-1} \end{cases} \tag{6-142}$$

（2）当 $c_{k-1} \oplus d_{k-1} = 1$ 时，有

$$\begin{cases} a_k = d_k \oplus d_{k-1} \\ b_k = c_k \oplus c_{k-1} \end{cases} \tag{6-143}$$

以上两种情况表明，按照前一时刻码元 c_{k-1} 和 d_{k-1} 之间的关系不同，逆码变换的规则也不同，并且可以从中画出逆码变换器的原理方框图（见图 6-39）。图中将 c_k 和 c_{k-1} 以及 d_k 和 d_{k-1} 分别作模 2 加法运算，运算结果送到交叉直通电路。另一方面，将延迟一个码元后的 c_{k-1} 和 d_{k-1} 也作模 2 加法运算，并利用运算结果去控制交叉直通电路；结果直接作为输出。对于输出结果也按照式（6-142）和式（6-143）作类似处理。这样就能得到正确的并行绝对码输出。它们经过并/串变换后就变成为串行码输出。

上面讨论了 A 方式的 QDPSK 信号极性比较法解调原理。下面再简要介绍相位比较法解调的原理。QDPSK 信号相位比较法解调原理方框图如图 6-40 所示。由图可见，它和 2DPSK 信号相位比较法解调的原理基本一样，只是由于现在的接收信号包含正交的两路已调载波，故需要用两条支路差分相干解调。

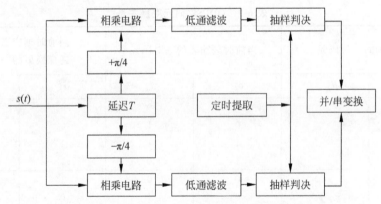

图 6-40　A 方式 QDPSK 信号相位比较法解调原理方框图

6.5　多进制数字调制系统的抗噪声性能

6.5.1　MASK 系统的抗噪声性能

下面就抑制载波 MASK 信号在白色高斯噪声信道条件下的误码率进行分析。

设抑制载波 MASK 信号的基带调制码元可以有 M 个电平，如图 6-41 所示。

这些电平位于 $\pm d, \pm 3d, \cdots, \pm(M-1)d$，相邻电平的振幅相距 $2d$。于是此抑制载波 MASK 信号的表示式可以写为

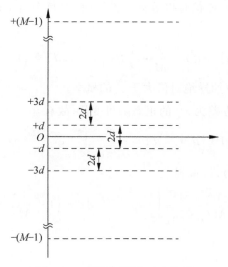

图 6-41 基带信号的 M 个电平

$$s(t) = \begin{cases} \pm d\cos 2\pi f_0 t & \text{当发送电平} \pm d \text{ 时} \\ \pm 3d\cos 2\pi f_0 t & \text{当发送电平} \pm 3d \text{ 时} \\ \quad\vdots \\ \pm(M-1)d\cos 2\pi f_0 t & \text{当发送电平} \pm(M-1)d \text{ 时} \end{cases} \qquad (6\text{-}144)$$

式中：f_0 为载频。

若接收端的解调前信号无失真,仅附有窄带高斯噪声,则在忽略常数衰减因子后,解调前的接收信号可以表示为

$$s(t) = \begin{cases} \pm d\cos 2\pi f_0 t + n(t) & \text{当发送电平} \pm d \text{ 时} \\ \pm 3d\cos 2\pi f_0 t + n(t) & \text{当发送电平} \pm 3d \text{ 时} \\ \quad\vdots \\ \pm(M-1)d\cos 2\pi f_0 t + n(t) & \text{当发送电平} \pm(M-1)d \text{ 时} \end{cases} \qquad (6\text{-}145)$$

式中：$n(t) = n_0(t)\cos 2\pi f_0 t - n_s(t)\sin 2\pi f_0 t$,为窄带高斯噪声。

设接收机采用相干解调,则噪声中只有和信号同相的分量受到影响。此时,信号和噪声在相干解调器中相乘,并滤除高频分量之后,得到解调器输出电压为

$$v(t) = \begin{cases} \pm d + n_c(t) & \text{当发送电平} \pm d \text{ 时} \\ \pm 3d + n_c(t) & \text{当发送电平} \pm 3d \text{ 时} \\ \quad\vdots \\ \pm(M-1)d + n_c(t) & \text{当发送电平} \pm(M-1)d \text{ 时} \end{cases} \qquad (6\text{-}146)$$

式中已经忽略了常数因子 $1/2$。

这个电压将被抽样判决。对于抑制载波 MASK 信号,由图 6-41 可知,判决电平应选择在 $\pm d, \pm 2d, \cdots, \pm(M-2)d$。当噪声抽样值 $|n_c|$ 超过 d 时,会发生错误判决。但是,也有例外情况发生,那就是对于信号电平等于 $\pm(M-1)d$ 的情况。当信号电平等于 $+(M-1)d$ 时,若 $n_c > +d$。不会发生错判;同理,当信号等于 $-(M-1)d$ 时,若 $n_c < -d$,也不会发生错判。

所以，当抑制载波 MASK 信号以等概率发送时，即每个电平的发送概率等于 $1/M$ 时，平均误码率等于

$$P_e = \frac{M-2}{M} P(|n_c| > d) + \frac{2}{M} \cdot \frac{1}{2} P(|n_c| > d) = \left(1 - \frac{1}{M}\right) P(|n_c| > d)$$

式中：$P(|n_c| > d)$ 为噪声抽样绝对值大于 d 的概率。

因为 n_c 是均值为 0、方差为 σ_n^2 的正态随机变量，故有

$$P(|n_c| > d) = \frac{2}{\sqrt{2\pi}\sigma_n} \int_d^{+\infty} e^{-x^2/2\sigma_n^2} dx \tag{6-147}$$

将式(6-148)代入式(6-147)，可得到

$$P_e = \left(1 - \frac{1}{M}\right) \frac{2}{\sqrt{2\pi}\sigma_n} \int_d^{+\infty} e^{-x^2/2\sigma_n^2} dx = \left(1 - \frac{1}{M}\right) \mathrm{erfc}\left(\frac{d}{\sqrt{2}\sigma_n}\right) \tag{6-148}$$

式中：$\mathrm{erfc}(x) = \dfrac{2}{\pi} \displaystyle\int_x^{+\infty} e^{-z^2} dz$

为了找到误码率 p_e 和接收信噪比 r 的关系，将式(6-148)做进一步推导。首先求信号平均功率。对于等概率的抑制载波 MASK 信号，其平均功率

$$P_e = \frac{2}{M} \sum_{i=1}^{2/M} [d(2i-1)]^2/2 = d^2 \frac{M^2 - 1}{6} \tag{6-149}$$

由式(6-149)可得

$$d^2 = \frac{6P_s}{M^2 - 1} \tag{6-150}$$

将式(6-150)代入式(6-149)，得到误码率

$$P_e = \left(1 - \frac{1}{M}\right) \mathrm{erfc}\left(\sqrt{\frac{3}{M^2 - 1} \cdot \frac{p_s}{\sigma_n^2}}\right) \tag{6-151}$$

式(6-151)中的 $\dfrac{p_s}{\sigma_n^2}$ 就是信噪比 r，所以可以写成

$$P_e = \left(1 - \frac{1}{M}\right) \mathrm{erfc}\left(\sqrt{\frac{3}{M^2 - 1} r}\right) \tag{6-152}$$

当 $M = 2$ 时，上式变为

$$P_e = \frac{1}{2} \mathrm{erfc}\sqrt{r} \tag{6-153}$$

它就是 2PSK 系统的误码率公式，见式(6-102)。不难理解，当 $M = 2$ 时，抑制载波 MASK 信号就变成 2PSK 信号了，故两者的误码率相同。

MASK 信号是用信号振幅传递信息的。信号振幅在传输时受信道衰落的影响大，故在远距离传输的衰落信道中应用较少。

6.5.2 MFSK 系统的抗噪声性能

1. 非相干解调时的误码率

MFSK 信号非相干解调器有 M 路带通滤波器，用于分离 M 个不同频率的码元，如图 6-42 所示。

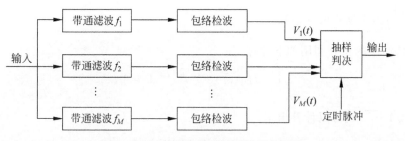

图 6-42 MFSK 非相干解调原理方框图

当某个码元输入时，M 个带通滤波器的输出只有一个是信号加噪声，其余各路都只有噪声。现在假设 M 路带通滤波器中的噪声是互相独立的窄带高斯噪声，由前面所学内容可知，其包络服从瑞利分布，故这 $M-1$ 路噪声的包络都不超过某个门限电平 h 的概率等于 $[1-P(h)]^{M-1}$，其中 $P(h)$ 是一路滤波器的输出噪声包络超过此门限 h 时的概率，由瑞利分布

$$P(h) = \int_h^{+\infty} \frac{N}{\sigma_n^2} e^{-N^2/2\sigma_n^2} \mathrm{d}N = e^{-h^{2/\sigma_n^2}} \tag{6-154}$$

式中：N 为滤波器输出噪声的包络；σ_n^2 为滤波器输出噪声的功率。

假设这 $(M-1)$ 路噪声都不超过此门限电平 h 就是不会发生错误判决，则 $[1-P(h)]^{M-1}$ 的概率就是不会发生错判的概率。因此，有任意一路或几路噪声输出的包络超过此门限就将发生错误判决，此判决的概率将等于

$$\begin{aligned} P_e &= 1 - [1 - P(h)]^{M-1} \\ &= 1 - [1 - e^{-h^2/2\sigma_n^2}]^{M-1} \\ &= \sum_{n=1}^{M-1} (-1)^{n-1} \binom{M-1}{n} e^{-nh^2/2\sigma_n^2} \end{aligned} \tag{6-155}$$

显然，它和门限值有关，下面就来讨论门限值如何确定。

有信号码元输出的那路带通滤波器，其输出电压是信号和噪声之和。由前面知识可知，其包络服从广义瑞利分布

$$p(x) = \frac{x}{\sigma_n^2} I_0 \left(\frac{Ax}{\sigma_n^2} \right) \exp \left[-\frac{1}{2\sigma_n^2}(x^2 + A^2) \right], \quad x \geqslant 0 \tag{6-156}$$

式中：$I_0(\bullet)$ 为第一类零阶修正贝塞尔函数；x 为输出信号和噪声之和的包络；A 为输出信号码元振幅；σ_n^2 为输出噪声功率。

其他无信号通路中任何路的输出电压值都超过了有信号这路的输出电压值 x 就将发生错判。因此，这里的输出信号和噪声之和 x 就是上面的门限值 h。因此，发生错判的概率是

$$P_e = \int_0^{+\infty} p(h) P_e(h) \mathrm{d}h \tag{6-157}$$

综合式(6-155)、式(6-166)以及式(6-167)，得到计算结果为

$$\begin{aligned} P_e &= e^{-A^2/2\sigma_n^2} \sum_{n=1}^{M-1} (-1)^{n-1} \binom{M-1}{n} \int_0^{+\infty} \frac{h}{\sigma_n^2} I_0 \left(\frac{Ah}{\sigma_n^2} \right) e^{-(1+n)h^2/2\sigma_n^2} \mathrm{d}h \\ &= \sum_{n=1}^{M-1} (-1)^{n-1} \binom{M-1}{n} \frac{1}{n+1} e^{-nA^2/2(n+1)\sigma_n^2} \end{aligned} \tag{6-158}$$

式中，$\binom{M-1}{n}$ 为二项式展开系数。

式(6-158)中的积分利用如下计算

$$\int_0^{+\infty} t I_0(\alpha t) e^{-(\alpha^2+t^2)/2} \, \mathrm{d}t = 1 \tag{6-159}$$

并令 $t = \dfrac{h}{\sigma_n}\sqrt{1+n}$，就可以计算出来。

式(6-158)是一个正负项交替的多项式，在计算求和时，随着项数的增加，其值起伏振荡，但可以证明它的第一项是它的上界，即有

$$P_e \leqslant \frac{M-1}{2} e^{-A^2/4\sigma_n^2} \tag{6-160}$$

由式(6-130)和式(6-131)，上式可写为

$$P_e \leqslant \frac{M-1}{2} e^{-E/2\sigma_0^2} = \frac{M-1}{2} e^{-r/2} \tag{6-161}$$

式中：E 为码元能量；σ_0^2 为噪声单边功率谱密度；$r = E/2\sigma_0^2$ 为信噪比。

由于一个 M 进制码元含有 k 比特信息，所以每比特占有的能量等于 E/k，这表示每比特的信噪比

$$r_b = E/k\sigma_0^2 = r/k \tag{6-162}$$

将 $r = kr_b$ 代入式(6-160)，可得

$$P_e \leqslant \frac{M-1}{2} \exp(-kr_b/2) \tag{6-163}$$

若用 M 代替 $(M-1)/2$，不等式右端的值将增大，但是不等式仍然成立，所以有

$$P_e \leqslant M \exp(-kr_b/2) \tag{6-164}$$

这是一个比较弱的上界，但是它可以用来说明以下问题。因为

$$M = 2^k = e^{\ln 2k} \tag{6-165}$$

所以上式可以改写为

$$P_e < \exp\left[-k\left(\frac{r_b}{2} - \ln 2\right)\right] \tag{6-166}$$

当 $k \to \infty$ 时，P_e 按指数规律趋于零，但要保证 $\dfrac{r_b}{2} - \ln 2 > 0$。对于 MFSK 来说，就是以增大占用带宽换取误码率的降低。但随着 k 的增大，设备的复杂程度也按指数规律增大。所以 k 的增大是受到实际应用条件限制的。

上面求出的是误码率，即码元错误概率。现在来看 MFSK 信号的码元错误率 P_e 和比特错误率 P_b 之间的关系。假定当一个 M 进制码元发生错误时，将随机地错成其他 $M-1$ 个码元之一。由于 M 进制信号共有 M 种不同的码元，每个码元中含有 k 个比特，$M = 2^k$。所以，在一个码元中的任一给定比特位置上，出现"1"和"0"的码元各占一半。一般而言，在一个给定的码元中，任一比特位置上的信息和其他 $(2^{k-1}-1)$ 种码元在同一位置上的信息相同，和其他 2^{k-1} 种码元在同一位置上的信息则不同。所以，比特错误率 P_e 和比特错误率 P_b 之间的关系为

$$P_b = \frac{2^{k-1}}{2^k - 1} P_e = \frac{P_e}{2[1 - (1/2^k)]} \tag{6-167}$$

当 k 很大时,有

$$P_b \approx P_e/2 \tag{6-168}$$

误码率曲线如图 6-43 所示,横坐标 r_b 为每比特的能量和噪声功率谱密度之比。由图可见,对于给定的误码率,r_b 随 M 增大,MFSK 信号占据的带宽也随之增加。这正如上面提到过的用频带换取了功率。

2. 相干解调时的误码率

MFSK 信号在相干解调时的设备复杂,所以应用较少。其误码率的分析计算原理和 2FSK 时的相似,这里不再介绍,仅将计算计算结果给出:

$$P_e = 1 - \frac{1}{\sqrt{2\pi}} \int_{-\infty}^{+\infty} e^{-A^2/2} \left[\frac{1}{\sqrt{2\pi}} \int_{-\infty}^{A+\sqrt{2r}} e^{-u^2/2} du \right]^{M-1} dA \tag{6-169}$$

按照上式画出的误码率曲线如图 6-43(b)所示,当信息传输速率和误码率给定时,增大 M 的值也可以降低对信噪比 r_b 的要求。

为了估计相干解调时 MFSK 信号的误码率,可以采用下式给出的误码率上界公式

$$P_e \leqslant (M-1)\text{erfc}(\sqrt{r}) \tag{6-170}$$

比较相干和非线相干解调的两个误码率曲线图可知,当 $k > 7$ 时,两者的区别可以忽略。这时相干和非相干解调误码率的上界都可以用式(6-160),可得

$$P_e \leqslant \frac{M-1}{2} e^{-A^2/4\sigma_n^2} \tag{6-171}$$

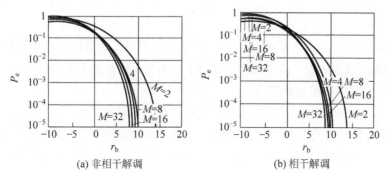

(a) 非相干解调　　　　　　(b) 相干解调

图 6-43　MFSK 信号的误码率

6.5.3　MPSK 系统的抗噪声性能

首先对 QPSK 系统的性能作较详细的分析。在 QPSK 体制中,如图 6-44 所示。

可以看出,错误判决是由于信号矢量的相位因噪声而发生偏离造成的。例如,设发送矢量的相位为 45°,它代表基带信号码元"11",若因噪声的影响使接收量的相位变成 135°,则将错判为"01"。当不同发送矢量以等概率出现时,合理的判决门限应设在和相邻矢量等距离的位置。在图中对于矢

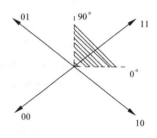

图 6-44　QPSK 的噪声容限

量"11"来说，判决门限应在 $0°$ 和 $90°$，当发送"11"时，接收信号矢量的相位若超出这一范围（图中阴影部分），将发生错判。设 $f(\theta)$ 为接收矢量（包括信号和噪声）相位的概率密度，则发生错误的概率为

$$P_e = 1 - \int_0^{\pi/2} f(\theta)\mathrm{d}\theta \tag{6-172}$$

这一误码率公式的计算步骤很繁琐。现在用一个简单的方法来分析。由下式可知

$$s_k(t) = \cos(w_0 t + \theta_k) = a_k \cos w_0 t - b_k \sin w_0 t \tag{6-173}$$

当 QPSK 码元的相位 $\theta_k = 45°$ 时，$a_k = b_k = \dfrac{1}{\sqrt{2}}$。故信号码元相当于是互相正交的两个 2PSK 码元，其幅度分别为接收信号的幅度的 $\dfrac{1}{\sqrt{2}}$，功率为接收信号功率的 $\dfrac{1}{2}$。

倘若把此 QPSK 信号当作两个 PSK 信号，分别在两个相干检测器中解调时，只有和 2PSK 信号同相的噪声才有影响。由于误码率决定于各个相干检测器输入的信噪比，而此处的信号功率为接收信号功率的 $\dfrac{1}{2}$，噪声功率为 σ_n^2。若输入信号的信噪比为 r，则每个解调器输入端的信噪比为 $\dfrac{r}{2}$。在 6.2 节中已经给出 2PSK 相干解调的误码率为

$$P_e = \frac{1}{2}\mathrm{erfc}\sqrt{r} \tag{6-174}$$

其中 r 为解调器输入端的信噪比，故现在应该用 $\dfrac{r}{2}$ 代替 r，即误码率为

$$P_e = \frac{1}{2}\mathrm{erfc}\sqrt{r/2} \tag{6-175}$$

所以，正确概率为 $[1-(1/2)\mathrm{erfc}\sqrt{r/2}]$。因为只有两路正交的相干检测都正确，才能保证 QPSK 信号的解调输出正确。由于两路正交相干检测都正确的概率为 $[1-(1/2)\mathrm{erfc}\sqrt{r/2}]^2$，所以 QPSK 信号解调错误的概率为

$$P_e = 1 - [1-(1/2)\mathrm{erfc}\sqrt{r/2}]^2 \tag{6-176}$$

上式计算所得即为 QPSK 信号的误码率。若考虑其误比特率，则由图 6-39 可见，正交的两路相干解调方法和 2PSK 中采用的一样。所以其误比特率的计算公式为

$$P_b = 1 - \frac{1}{2\pi}\int_{-\pi/M}^{\pi/M} \mathrm{e}^{-r}\left[1 + \sqrt{4\pi}\cos\theta\, \mathrm{e}^{r\cos^2\theta}\frac{1}{\sqrt{2\pi}}\int_{-\infty}^{\sqrt{2r}\cos\theta} \mathrm{e}^{-x^2/2}\mathrm{d}x\right]\mathrm{d}\theta \tag{6-177}$$

按上式画出的曲线如图 6-45 所示，图中横坐标 r_b 是每比特的信噪比。它与码元信噪比 r 的关系是

$$r_b = r/k = r/\log_2 M \tag{6-178}$$

从此图可以看出，当保持误码率和信息传输速率不变时，随着 M 的增大，需要使 r_b 增大，即需要增大发送功率，但需要的传输带宽降低了，即用增大功率换取了节省带宽。

当 M 大时，MPSK 误码率公式可以近似写为

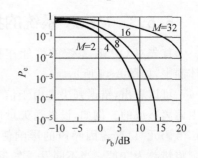

图 6-45　MPSK 信号的误码率曲线

$$P_e \approx \mathrm{erfc}\left(\sqrt{r}\sin\frac{\pi}{M}\right) \tag{6-179}$$

OPSK 的抗噪声性能和 QPSK 的完全一样。

6.5.4 MDPSK 系统的抗噪声性能

对于 MDPSK 信号,误码率计算近似公式为

$$P_e \approx \mathrm{erfc}\left(\sqrt{2r}\sin\frac{\pi}{M}\right) \tag{6-180}$$

在图 6-46 中给出了 MDPSK 信号的误码率曲线。

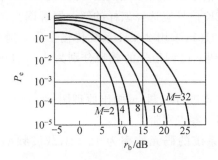

图 6-46　MDPSK 信号误码率曲线

6.6　本章小结

二进制数字调制的基本方式有:二进制振幅键控(2ASK)——载波信号的振幅变化;二进制频移键控(2FSK)——载波信号的频率变化;二进制相移键控(2PSK)——载波信号的相位变化。由于 2PSK 体制中存在相位不确定性,又发展出了差分相移键控 2DPSK。

2ASK 和 2PSK 所需的带宽是码元速率的 2 倍;2FSK 所需的带宽比 2ASK 和 2PSK 都要高。

各种二进制数字调制系统的误码率取决于解调器输入信噪比 r。在抗加性高斯白噪声方面,相干 2PSK 性能最好,2FSK 次之,2ASK 最差。

ASK 是一种应用最早的基本调制方式。其优点是设备简单,频带利用率较高;缺点是抗噪声性能差,并且对信道特性变化敏感,不易使抽样判决器工作在最佳判决门限状态。

FSK 是数字通信中不可或缺的一种调制方式。其优点是抗干扰能力较强,不受信道参数变化的影响,因此 FSK 特别适合应用于衰落信道;缺点是占用频带较宽,尤其是 MFSK,频带利用率较低。目前,调频体制主要应用于中、低速数据传输中。

PSK 或 DPSK 是一种高传输效率的调制方式,其抗噪声能力比 ASK 和 FSK 都强,且不易受信道特性变化的影响,因此在高、中速数据传输中得到了广泛的应用。绝对相移(PSK)在相干解调时存在载波相位模糊度的问题,在实际中很少采用于直接传输。MDPSK 应用更为广泛。

习题

6-1 设某 ook 系统的码元传输速率为 1000B，载波信号为 $A\cos(4\pi \times 106t)$；

(1) 码元中包含多少个载波周期？

(2) 求 OOK 信号的第一零点宽带。

6-2 设某 2FSK 传输系统的码元速率为 1000B，已调信号的载频分别为 1000Hz 和 2000Hz。发送数字信息为 011010

(1) 试画出一种 2FSK 信号调制器原理框图，并画出 2FSK 信号的时间波形；

(2) 试讨论这时的 2FSK 信号应选择怎样的解调器解调？

6-3 设二进制信息为 0101，采用 2FSK 系统传输。码元速率为 1000B，已调信号的载频分别为 1000Hz（对应"1"码），已调信号的载频分别为 3000Hz（对应"1"码）和 1000Hz（对应"0"码）。

(1) 若采用相干解调方式进行解调，试画出原理图；

(2) 求 2FSK 信号的第一零点宽带。

6-4 设某 2PSK 传输系统的码元速率为 1200B，载波频率为 2400Hz，发送数字信息为 0100110。

(1) 画出 2PSK 信号调制器原理框图；

(2) 若发送"0"和"1"的概率分别为 0.6 和 0.4，试求出该 2PSK 信号的功率谱密度表示式。

6-5 设发送的绝对码序列为 0110110，采用 DPSK 方式传输。已知码元传输速率为 2400B，载波频率为 2400Hz。

(1) 试构成一种 2DPSK 信号调制器原理框图；

(2) 若采用相干解调-码反变换器方式进行解调，试画出原理图。

6-6 在 2ASK 系统中，已知码元传输速率 $R_b = 2 \times 10^6$B，信道加性高斯白噪声边功率谱密度 $n_0 = 6 \times 10^{-12}$ W/Hz 接收端解调器输入信号的峰值振幅 $a = 40\mu$V。试求出。

(1) 非相干接收时，系统的误码率；

(2) 相干接收时，系统的误码率。

6-7 在 OOK 系统中已知发送端发送的信号振幅为 5V，接收端带通过滤波器输出噪声功率 $\sigma_n^2 = 3 \times 10^{-12}$ W，若要求系统的误码率 $P_e = 10^{-4}$，试求。

(1) 非相干接收时，从发送端到解调器输入端信号的衰减量；

(2) 相干接收时，从发送端到解调器输入端信号的衰减量。

6-8 对 OOK 信号进行相干接收，已知发送"1"符号的概率为 p，发送"0"符号的概率为 $1-p$，接收端解调器输入信号振幅为 a，窄带高斯噪声方差为 σ_n^2。

(1) 若 $p = 1/2, r = 10$，求最佳判决门限 b^*，误码率 P_e；

(2) 若 $p < 1/2$，试分析此时的最佳判决门限值与 $p = 1/2$ 时的比值的大小？

6-9 在二进制相位调制系统中，已知解调器输入信噪比 $p = 1/2, r = 10$。试分别求出相干解调 2PSK，相干解调—码反变换 2DPSK 和差别相干解调 2DPSK 信号时的系统误码率。

6-10　在二进制数字调制系统中,已知码元传输速率 $R_B = 1000B$,接收机输入高斯白噪声的双边功率谱密度 $\frac{1}{2}n_0 = 10^{-10} W/Hz$,若要求解调器的输出误码率 $P_e \leqslant 10^{-5}$,试求相干解调 OOK、非相干解调 2FSK、差分相干解调 2DPSK 以及相干解调 2PSK 等系统所要求的输入信号功率。

6-11　已知数字信息为"1"时,发送信号的功率为 1kW,信道功率损耗为 60dB,接收端解调器输入的噪声功率为 $10^{-4} W$,试求非相干解调 OOK 及相干解调 2PSK 的系统误码率。

6-12　采用 4PSK 调制传输 2400b/s 数据。

(1) 最小理论带宽是多少?

(2) 若传输带宽不变,而比特率加倍,则调制方式应作如何改变?

第 7 章

CHAPTER 7

模拟信号的数字传输

通信的目的是把产生的信源送到目的地,信源包括声音、音乐、视频等。通信系统的信源有两大类:模拟信号和数字信号。在一般的数字通信系统中必须把这样的模拟信号源输出转换为数字形式,通常采用抽样、量化和编码的方式实现模拟信号的数字化。

7.1 模拟信号的抽样

1. 什么是抽样

抽样(sampling)就是利用抽样脉冲序列从连续信号中抽取一系列的离散值。电视就是连续画面的抽样,电视画面以 25 帧/s 的速度进行播放,每一帧画面都是一个离散的抽样值,但这并不影响收看电视,这也从一个侧面反映了连续信号是可以用离散信号表示,同时可以从离散信号中恢复出连续信号。

2. 为什么要抽样

抽样后的信号相较于连续信号而言,更容易检测、记录、存储、处理和传送,这也正是离散信号相对于连续信号的优势。

3. 如何抽样以及抽样后如何恢复

将原信号与理想周期性单位冲激序列相乘即可获得抽样信号。一般抽样过程如图 7-1 所示。原信号的恢复则需要针对不同的信号类型满足抽样定理通过滤波重建来实现。

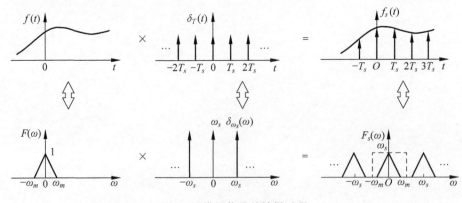

图 7-1 模拟信号的抽样过程

4. 抽样定理

抽样定理,又称取样定理、采样定理。采样定理是1928年由美国电信工程师奈奎斯特首先提出来的,因此称为奈奎斯特采样定理。采样定理有许多表述形式,但最基本的表述方式是时域采样定理和频域采样定理。它是指,如果信号带宽小于奈奎斯特频率(即采样频率的二分之一),那么此时这些离散的采样点能够完全表示原信号。高于或处于奈奎斯特频率的频率分量会导致混叠现象。大多数应用都要求避免混叠,混叠问题的严重程度与这些混叠频率分量的相对强度有关。采样定理说明采样频率与信号频谱之间的关系,是连续信号离散化的基本依据。采样定理在数字式遥测系统、时分制遥测系统、信息处理、数字通信和采样控制理论等领域得到广泛的应用。

7.1.1 低通模拟信号的抽样定理

一个频谱受限的信号,设时间连续信号为 $f(t)$,其最高截止频率为 f_H,如果用时间间隔为 $T \le 1/2f_H$ 的开关信号(周期性冲激脉冲)对 $f(t)$ 进行抽样,则 $f(t)$ 就可被这些抽样值信号唯一地表示。由于抽样时间间隔相等,故此抽样定理又称为均匀抽样定理,如图7-1所示,这里 $f_H = \omega_m$。

在一个频带限制在 $(0, f_H)$ 内的时间连续信号 $f(t)$,如果以小于等于 $1/2f_H$ 的时间间隔对它进行抽样,那么根据这些抽样值就能完全恢复原信号。或者说,如果一个连续信号 $f(t)$ 的频谱中最高频率不超过 f_H,这种信号必定是个周期性的信号,当抽样频率 $f_s \ge 2f_H$ 时,抽样后的信号就包含原来的连续信号的全部信息,而不会有信息丢失,当需要时,可以根据这些抽样信号的样本来还原原来的连续信号。如图7-1中虚线所示,根据这一特性,即可以完成信号的模—数转换和数—模转换过程。

值得注意的是,这一过程中,恢复原信号应满足的条件为

$$f_s \ge 2f_H \tag{7-1}$$

即抽样频率 f_s 应不小于最高截止频率 f_H 的两倍,$2f_H$ 称为奈奎斯特采样频率,与此对应的最大抽样时间间隔 T_s 称为奈奎斯特采样间隔。

对于低通模拟信号,在恢复出其原信号的过程中,显然抽样频率不得低于奈奎斯特采样频率,否则相邻周期的频谱间将会产生频谱重叠(又称混叠)。故应在满足 $f_s \ge 2f_H$ 的情况下,用一个截止频率为 f_H 的理想低通滤波器将原信号从抽样信号中分离出来。实际上,理想滤波器是不能实现的,其截止边缘不可能如此陡峭,故实际抽样中的 f_s 比 $2f_H$ 大一些。

7.1.2 带通模拟信号的抽样定理

在实际通信系统中遇到的许多信号是带通型信号,这种信号的带宽往往远小于信号中心频率。若带通信号的上截止频率为 f_H,下截止频率为 f_L,这时并不需要抽样频率高于两倍的截止频率 f_H,可按照带通抽样定理确定抽样频率。其频谱如图7-2所示。带通抽样定理指出:一个频带限制在 (f_L, f_H) 内的时间连续信号 $x(t)$,信号带宽 $B = f_H - f_L$,令 $m = f_H/B - N$,这里 N 为不大于 f_H/B 的最大正整数。如果抽样频率 f_s 满足条件

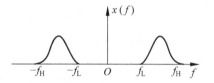

图7-2 带通模拟信号的频谱

$$f_s = 2B\left(1 + \frac{m}{N}\right), \quad 0 \leqslant m < 1 \tag{7-2}$$

则可以由抽样序列无失真的重建原始信号 $x(t)$。

对信号 $x(t)$ 以频率 f_s 抽样后，得到的采样信号 $x(nT_s)$ 的频谱是 $x(t)$ 的频谱经过周期延拓而成，延拓周期为 T_s。为了能够由抽样序列无失真的重建原始信号 $x(t)$，必须选择合适的延拓周期（也就是选择采样频率），使得位于 (f_L, f_H) 和 $(-f_H, -f_L)$ 的频带分量不会和延拓分量出现混叠，这样使用带通滤波器就可以由采样序列重建原始信号。

由于正负频率分量的对称性，仅考虑 (f_L, f_H) 的频带分量不会出现混叠的条件。在抽样信号的频谱中，在 (f_L, f_H) 频带的两边，有着两个延拓频谱分量：$(-f_H + mf_s, -f_L + mf_s)$ 和 $(-f_H + (m+1)f_s, -f_L + (m+1)f_s)$。为了避免混叠，延拓后的频带分量应满足

$$-f_L + mf_s \leqslant f_L \tag{7-3}$$

$$-f_H + (m+1)f_s \geqslant f_H \tag{7-4}$$

综合式(7-3)和式(7-4)，并整理得到

$$\frac{2f_H}{m+1} \leqslant f_s \leqslant \frac{2f_L}{m} \tag{7-5}$$

这里 m 是大于等于零的一个正数。如果 m 取零，则上述条件化为

$$f_s \geqslant 2f_H \tag{7-6}$$

这时实际上是把带通信号看作低通信号进行采样。m 取得越大，则符合式(7-6)的采样频率会越低。但是 m 有一个上限，因为 $f_s \leqslant \dfrac{2f_L}{m}$，为了避免混叠，延拓周期要大于两倍的信号带宽，即 $f_s \geqslant 2B$。因此有

$$m \leqslant \frac{2f_L}{f_s} \leqslant \frac{2f_L}{2B} = \frac{f_L}{B} \tag{7-7}$$

由于 N 为不大于 f_H/B 的最大正整数，因此不大于 f_L/B 的最大正整数为 $N-1$，故有 $0 \leqslant m \leqslant N-1$。

综上所述，要无失真的恢复原始信号 $x(t)$，采样频率 f_s 应满足

$$\frac{2f_H}{m+1} \leqslant f_s \leqslant \frac{2f_L}{m}, 0 \leqslant m \leqslant N-1 \tag{7-8}$$

带通抽样定理在频分多路信号的编码、数字接收机的中频采样数字化中有重要的应用。作为一个特例，考虑 $f_H = NB(N>1)$ 的情况，即上截止频率为带宽的整数倍。若按低通抽样定理，则要求抽样频率 $f_s \geqslant 2NB$，抽样后信号各段频谱间不重叠，采用低通滤波器或带通滤波器均能无失真的恢复原始信号。根据带通抽样，若将抽样频率取为 $f_s = 2B$（m 值取为 $N-1$），抽样后信号各段频谱之间仍不会发生混叠。采用带通滤波器仍可无失真地恢复原始信号，但此时抽样频率远低于低通抽样定理 $f_s = 2NB$ 的要求。如图 7-3 所示为 $f_H = 3B, f_s = 2B$ 时抽样信号的频谱。

在带通抽样定理中，由于 $0 \leqslant m < 1$，带通抽样信号的抽样频率在 $2B \sim 4B$ 变化，如图 7-4 所示。

由以上讨论可知，低通信号的抽样和恢复比带通信号要简单。通常，当带通信号的带宽 B 大于信号的最低频率 f_L 时，在抽样时把信号当作低通信号处理，使用低通抽样定理，而

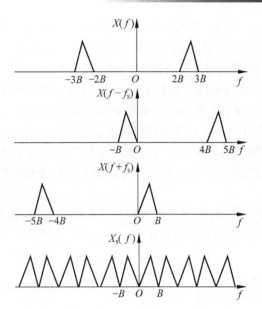

图 7-3　$f_H = 3B$, $f_L = 2B$ 时的抽样频谱

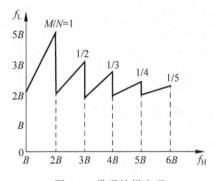

图 7-4　带通抽样定理

在不满足上述条件时使用带通抽样定理。模拟电话信号经限带后的频率范围为 $300 \sim$ 3400Hz,在抽样时按低通抽样定理,抽样频率至少为 6800Hz。由于在实际实现时滤波器均有一定宽度的过渡带,抽样前的限带滤波器不能对 3400Hz 以上频率分量完全予以抑制,在恢复信号时也不可能使用理想的低通滤波器,所以对语音信号的抽样频率取为 8kHz。这样,在抽样信号的频谱之间便可形成一定间隔的保护带,既防止频谱的混叠,又放宽了对低通滤波器的要求。这种以适当高于奈奎斯特频率进行抽样的方法在实际应用中是很常见的。限制在 f_L 与 f_H 之间的带通型信号抽样,可以满足频谱不混叠的要求,但这样选择 f_s 太高了,它会使 $0 \sim f_L$ 一大段频谱空隙得不到利用,降低了信道的利用率。

7.2　模拟信号的量化

7.2.1　量化原理

模拟信号经过抽样后,抽样值还是随信号幅度连续变化的。这样的信号仍然是模拟信号,当这些连续变化的抽样值通过有噪声的信道传输时,接收端不能准确地估计所发送的抽样，接收端恢复的信号就会失真。若发送端用预先规定的有限个电平来表示抽样值，且电平间隔比干扰噪声大，接收端能准确地估计所发送的抽样，因此可消除随机噪声的影响。

设模拟信号的抽样值为 $m(kT)$，若仅用 N 个不同的二进制数字码元来代表此抽样值的大小，则 N 个不同的二进制码元只能代表 $M=2^N$ 个不同的抽样值。因此，必须将抽样值的范围划分成 M 个区间，每个区间用一个电平表示。这样，共有 M 个离散电平，它们称为量化电平。用 M 个量化电平表示连续抽样值的方法称为量化（Quantization）。量化的方法就是利用预先规定的有限个电平来表示每一个模拟抽样值。综上所述，抽样是把一个时间连续信号变成时间离散的信号，量化是将取值连续的抽样值变成取值有限的抽样，从而将模拟信号变成数字信号。

量化过程如图 7-5 所示。M 个抽样值区间是等间隔划分的，称为均匀量化；M 个抽样值区间也可以不均匀划分，称为非均匀量化。

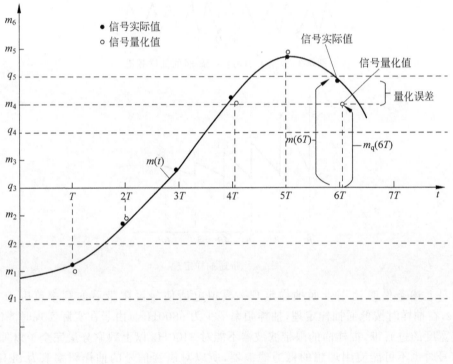

图 7-5　量化过程

设 $m(kT)$ 表示模拟信号抽样值，$m_q(kT)$ 表示量化后的量化信号值，$q_1,q_2,\cdots,q_i,\cdots,q_6$ 是量化后信号的 6 个可能输出电平，$m_1,m_2,\cdots,m_i,\cdots,m_5$ 为量化区间的端点，则量化公式为

$$m_q(kT)=q \quad 当\ m_{i-1}\leqslant m(kT)<m_i\ 时 \tag{7-9}$$

按照上式作变换，就把模拟抽样信号 $m(kT)$ 变换成了量化后的离散抽样信号，即量化信号。

在原理上，量化过程可以认为是在一个量化器（Quantizer）中完成的。量化器的输入信号为 $m(kT)$，输出信号为 $m_q(kT)$，如图 7-6 所示。

$$m(kT) \longrightarrow \boxed{量化器} \longrightarrow m_q(kT)$$

图 7-6　量化器

在实际中,量化过程常是和后续的编码过程结合在一起完成的,不一定存在独立的量化器。

7.2.2 均匀量化

1. 均匀量化的表示式

若模拟抽样信号的取值范围在 a 和 b 之间,量化电平数为 M,则在均匀量化时的量化间隔为 $\Delta v = \dfrac{b-a}{M}$ 且量化区间的端点为 $m_i = a + i\Delta v \, (i=0,1,\cdots,M)$。

若量化输出电平 q_i 取为量化间隔的中点,则

$$q_i = \frac{m_i + m_{i-1}}{2} \quad i=1,2,\cdots,M \tag{7-10}$$

显然,量化输出电平和量化前信号的抽样值一般不同,即量化输出电平有误差,这个误差常称为量化噪声(Quantization Noise),是固有的,并用信号功率与量化噪声之比即量噪比来衡量其对信号影响的大小。量噪比是量化器的主要指标之一。

2. 均匀量化的平均信号量噪比

均匀量化时,量化噪声功率的平均值 N_q 可以用下式表示

$$N_q = \mathrm{E}\left[(m_k - m_q)^2\right] = \int_a^b (m_k - m_q)^2 f(m_k)\,\mathrm{d}m_k$$

$$= \sum_{i=1}^{M} \int_{m_{i-1}}^{m_i} (m_k - q_i)^2 f(m_k)\,\mathrm{d}m_k \tag{7-11}$$

其平均功率可以表示为

$$S_0 = \int_{-a}^{a} m_k^2 \left(\frac{1}{2a}\right) \mathrm{d}m_k \tag{7-12}$$

例 设一个均匀量化器的量化电平为 M,其输入信号抽样值在区间 $[-a,a]$ 内具有均匀的概率密度,试求该量化器的平均信号量噪比。

解 由式(7-11)得

$$N_q = \sum_{i=1}^{M} \int_{m_{i-1}}^{m_i} (m_k - q_i)^2 f(m_k)\,\mathrm{d}m_k = \sum_{i=1}^{M} \int_{m_{i-1}}^{m_i} (m_k - q_i)^2 \frac{1}{2a}\,\mathrm{d}m_k$$

$$= \sum_{i=1}^{M} \int_{-a+(i-1)\Delta v}^{-a+i\Delta v} \left(m_k + a - i\Delta v + \frac{\Delta v}{2}\right)^2 \left(\frac{1}{2a}\right) \mathrm{d}m_k$$

$$= \sum_{i=1}^{M} \left(\frac{1}{2a}\right)\left(\frac{\Delta v^3}{12}\right) = \frac{M(\Delta v)^3}{24a}$$

由于 $M\Delta v = 2a$,故

$$N_q = \frac{(\Delta v)^2}{12}$$

又因为此信号具有均匀的概率密度,通过式(7-12)得到其功率信号为

$$S_0 = \int_{-a}^{a} m_k^2 \left(\frac{1}{2a}\right) \mathrm{d}m_k = \frac{M^2}{12}(\Delta v)^2$$

从而平均量噪比为

$$\frac{S_0}{N_q} = M^2$$

或写成

$$\left(\frac{S_0}{N_q}\right)_{dB} = 20\lg M$$

可以看出，量化器的平均输出信号量噪比随量化电平数 M 的增大而提高。

7.2.3 非均匀量化

1. 非均匀量化的目的

在实际应用中，对于给定的量化器，量化电平数 M 和量化间隔 Δv 都是确定的，量化噪声 N_q 也是确定的。但是，信号的强度可能随时间变化（例如语音信号），当信号小时，信号量噪比也小。所以，均匀量化器对于小输入信号很不利。为了克服这个缺点，改善小信号时的信号量噪比，在实际应用中常采用非均匀量化。

2. 非均匀量化原理

1）什么是非均匀量化

量化间隔随信号抽样值的不同而变化。信号抽样值小时，量化间隔 Δv 也小；信号抽样值大时，量化间隔 Δv 也变大。

2）如何实现非均匀量化

非均匀量化的实现方法通常是：在进行量化之前，先将信号抽样值压缩（Compression），再进行均匀量化。压缩是用一非线性电路将输入电压 x 变换成输出电压 y，$y = f(x)$，如图 7-7 所示。

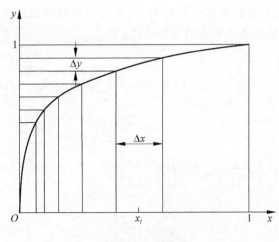

图 7-7 压缩特性

图中纵坐标 y 是均匀刻度的，横坐标 x 是非均匀刻度的。所以输入电压 x 越小，量化间隔也就越小。也就是说，小信号的量化误差也小。

3. 非均匀量化的数学分析

为了对不同的信号强度保持信号量噪比恒定,当输入电压 x 减小时,应当使量化间隔 Δx 按比例地减小,即要求 $\Delta x \propto x$, $\dfrac{dy}{dx} = N\Delta x$。因此,上式可以写成 $\dfrac{dy}{dx} = kx$。式中,k 为比例常数。可见,上式是一个线性微分方程,其解为: $\ln x = ky + c$。为求常数 c,可将边界条件(Boundary Condition)(当 $x=1$, $y=1$),代入上式,得 $k+c=0$,故求出 $c=-k$。将 c 的值代入上式,得到

$$\ln x = ky - k \tag{7-13}$$

即,要求 $y=f(x)$ 具有式(7-14)形式

$$y = 1 + \frac{1}{k}\ln x \tag{7-14}$$

上式表明,为了对不同的信号强度保持信号量噪比恒定,在理论上要求压缩特性具有对数特性。但该式不符合因果律(The law of Causation),不能物理实现($x=0$, $y=-\infty$),在实际中要按照不同情况,作适当修正,使得当 $x=0$ 时,$y=0$。

4. A 压缩律(中国、欧洲、国际间采用)

A 压缩律是指符合下式的对数压缩规律

$$y = \begin{cases} \dfrac{Ax}{1+\ln A}, & 0 < x \leqslant \dfrac{1}{A} \\[3mm] \dfrac{1+\ln Ax}{1+\ln A}, & \dfrac{1}{A} \leqslant x \leqslant 1 \end{cases} \tag{7-15}$$

A 压缩律在物理上可实现。常数 A 不同,则压缩曲线的形状不同,特别是对小电压时的信号量噪比影响较大时。在工程应用中,通常选择 A 等于 87.6。确定这个参数值的主要原因在 5.13 节中将会提到。

5. 13 折线压缩特性——A 律的近似

1) 13 折线法

A 律表示式是一条平滑曲线,用电子线路很难准确地实现。早期是采用二极管的非线性来实现的,但是要保证压缩特性的一致性与稳定性以及压缩与扩张特性的匹配很困难,而 13 折线特性就是近似于 A 律的特性,这种特性很容易用数字电路来近似实现。在图 7-8 中示出了这种特性曲线。

由图可见,除第 1、2 段外,其他各段折线的斜率都不相同。在表 7-1 中列出了这些斜率。

表 7-1　各段折线的斜率

折线段号	1	2	3	4	5	6	7	8
斜率	16	16	8	4	2	1	1/2	1/4

因为语音信号为交流信号。所以,上述的压缩特性只是实用的压缩特性曲线的一半。在第 3 象限还有对原点奇对称的另一半曲线,如图 7-9 所示。因此,在这正负双向的完整压缩一共由 13 段折线组成,故称为 13 折线法。

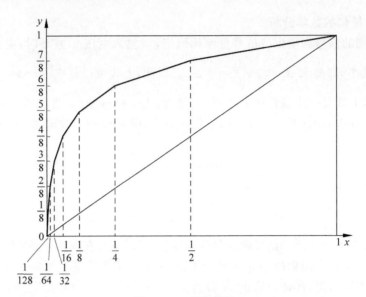

图 7-8 13 折线特性

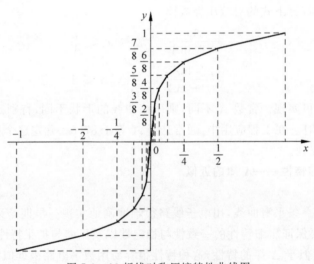

图 7-9 13 折线对称压缩特性曲线图

2）13 折线特性和 A 律特性之间的误差

表 7-2 A 律与羽 13 折线法的比较

i	8	7	6	5	4	3	2	1
$y=1-i/8$	0	1/8	2/8	3/8	4/8	5/8	6/8	7/8
A 律的 x 值	0	1/128	1/60.6	1/30.6	1/15.4	1/7.79	1/3.93	1/1.98
13 折线法的 $x=1/2^i$	0	1/128	1/64	1/32	1/16	1/8	1/4	1/2
折线段号	1	2	3	4	5	6	7	8
斜率	16	16	8	4	2	1	1/2	1/4

从表 7-2 可以看出，13 折线法和 $A=87.6$ 时的 A 律压缩法十分接近。故选用 $A=87.6$ 主要有两个目的：第一是曲线在原点附近的斜率等于 16，使 16 段折线简化为 13 段；第二

是使在 13 折线的转折点上 A 律曲线的横坐标的值接近 $1/2^i$。

6. μ 压缩律和 15 折线压缩特性(北美、日本采用)

$$y = \frac{\ln(1 + \mu x)}{\ln(1 + \mu)} \tag{7-16}$$

通常,取 $\mu = 255$,称为 μ 律压缩。

同理,μ 律同样不易用电子线路准确实现,所以目前实用中是采用特性近似的 15 折线代替 μ 律。和 A 律一样,15 折线也把纵坐标 y 从 0 到 1 之间划分为 8 等分。如图 7-10 所示。

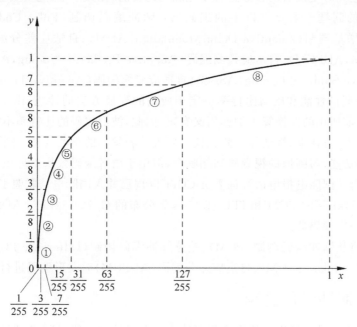

图 7-10　15 折线特性曲线图

7. 13 折线特性与 15 折线特性的比较

(1) 15 折线的小信号的信号量噪比约是 13 折线特性的两倍。

(2) 对于大信号而言,15 折线的信号量噪比要比 13 折线稍差。A 律中 $A = 87.6$；μ 律中,相当于 $A = 94.18$。A 值越大,在大电压段曲线的斜率越小,即信号量噪比越差。

(3) 恢复原信号时,各自都进行扩张运算,与压缩的过程相反。

8. 均匀量化和均匀量化比较

若用 13 折线法中的(第 1、2 段)最小量化间隔作为均匀量化时的量化间隔,则 13 折线法中第 1～8 段包含的均匀量化间隔数分别为 16、16、32、64、128、256、512、1024,共有 2048 个均匀量化间隔。而非均匀量化时只有 128 个量化间隔。因此,在保证小信号的量化间隔相等的条件下,均匀量化需要 11 比特编码,而非均匀量化只要 7 比特就够了。

量化之后的信号已经变成了取值离散的数字信号。下一步就是讨论如何将此数字信号进行编码。

7.3 波形编码

最早的语音编码系统采用波形编码方法，这种方法主要是基于语音信号的波形，力图使合成语音与原始语音的波形误差最小。由于语音信号的全部信息都蕴含在原始波形里，所以这种方法编码后的合成语音质量非常好，且适应能力强，抗信道干扰性能好。所采用的压缩方法一般是基于各种有效的数学变换，通过将波形从一个域变换为另一个更易于提取特征参数的域来达到对变换后的参数进行量化编码的目的，在数学上，这实质上是一个曲线拟合或数据近似的问题。主要有以下的编码器：脉冲编码调制（Pulse Code Modulation，PCM）、自适应增量调制（Adaptive Delta Modulation，ADM）、自适应差分编码（（Adaptive Difference PCM，ADPCM）、自适应预测编码（Adaptive Predictive Coding，APC）、自适应子带编码（Adaptive Subband Coding，ASBC）、自适应变换编码（Adaptive Transform Coding，ATC）。波形编码的性能和压缩比特率决定于所用的变换方法的性能，由于语音波形的动态范围很大，目前所用的变换算子的作用又有限，因此，波形编码的比特率不能压得很低，一般在 16kb/s 以上，再往下，性能就下降很快。新近蓬勃发展的小波变换，尽管具有分层的思想、"显微镜"的功能，与图像的视觉感知相吻合，但用于语音编码效果不理想，因为与人的听觉感知不相吻合。国际电报电话咨询委员 CCITT（现已并入国际电信联盟 ITU）于 1972 年制定的 G.711 64kb/s 的 PCM 和 ITU 在 1984 年公布的 G.721 32kb/s ADPCM 编码器标准等都属于这一类编码器。

本节内容将从脉冲编码调制（PCM）、差分脉冲编码调制（Difference PCM，DPCM）、增量调制（Delta Modulation，DM）、自适应差分编码（ADPCM）对波形编码进行简单的介绍。

7.3.1 脉冲编码调制

PCM 是应用最早和最广泛的语音编码技术。在很长的一段时间里，例如从 20 世纪 50 年代末至 20 世纪 80 年代初的几十年间，PCM 一直在语音编码中占据统治地位，对于通信的数字化起过极为重要的推动作用。近年来语音编码技术取得一系列突破性进展，出现了许多崭新的编码算法和技术，已经动摇了 PCM 的这种统治地位，但是在通信和信息系统中，PCM 的应用依然相当普遍。

脉冲编码调制是将模拟信号变换成二进制信号的常用方法。在 20 世纪 40 年代，通信技术中就已经实现了这种编码技术。由于当时是从信号调制的观点研究这种技术的，所以称为脉冲编码调制。目前，它不仅用于通信领域，还广泛应用于计算机、遥控遥测、数字仪表、广播电视等许多领域。在这些领域中，有时将其称为"模拟/数字（A/D）变换"。实质上，脉冲编码调制和 A/D 变换的原理是一样的。

上面已经提到，最常用的编码是用二进制符号表示量化值。但是，这不是必需的。编码也可以用多进制的编码。

PCM 系统的原理方框图如图 7-11 所示。在虚线左端部分为编码器，它由冲激脉冲对模拟信号抽样，得到在抽样时刻上的信号抽样值。这个抽样值仍是模拟量。在它量化之前，通常用保持电路（Holding Circuit）将其作短暂保存，以便电路有时间对其进行量化。在实际电路中，常把抽样和保持电路作在一起，称为抽样保持电路。图中的量化器把模拟抽样信号变成离散的数字量,然后在编码器中进行二进制编码。这样,每个二进制码组就代表一个量化后的信号抽样值。图中虚线右端部分组成的译码器的原理和编码过程相反,这里不再赘述。

图 7-11　PCM 系统的原理

7.3.2　差分脉冲编码调制

语音信号的相邻样值之间具有很强的相关性。分析表明,当取样频率为 8kHz 时,相邻样值之间的自相关系数通常在 0.85 以上。在波形编码中,利用这种相关性,可以降低编码速率。一个非常明显的事实是,相邻样值之间的差值远小于取样值本身。据此,可以设计一种新的波形编码方法,对相邻样值之间的差值进行编码,而不是对取样值本身进行编码,这样就能够降低编码速率。这种编码方法称为差分脉冲编码调制。

实现 DPCM 的最简单的方法,是存储前一次的取样值,然后与本次取样值相减,产生差值,再对差值进行量化编码。在译码端则进行相反的变换恢复出原信号,其原理图如图 7-12 所示。在调制系统中,根据过去的信号样值预测下一个样值,并仅把预测值与当前样值之差加以量化、编码之后再传输的方式通常称为预测编码方式。之后所讨论的调制方式,都可以称为预测编码方式。

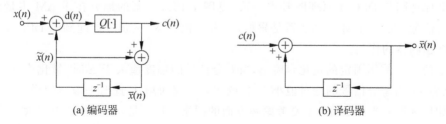

图 7-12　DPCM 的原理图

图 7-12 中的 z^{-1} 其实是一个预测器,其预测时间为一个抽样时间间隔 T_s;$Q[\cdot]$ 代表量化过程,用 Z 变换表示的各点信号的时域关系为

$$\widetilde{X}(z) = \frac{C(z)z^{-1}}{1-z^{-1}} \tag{7-17}$$

$$C(z) = X(z) - \widetilde{X}(z) + E(z) = [X(z) + E(z)](1-z^{-1}) \tag{7-18}$$

式中:$E(z)$ 为量化器噪声 $e(n)$ 的 Z 变换。

从上面的式子中可以看出,量化器产生的量化噪声积累起来并且叠加到输出信号中,即每次的量化噪声都被记忆下来,然后叠加到下一次输出中。如果量化噪声始终是同一方向,那么输出信号就会愈来愈偏离正常信号。为避免这一问题,编码器应当用前一次译码器的取样值代替前一次的取样值,用来生成差分信号。如图 7-12(a)所示,编码器通过反馈的方式由差分编码重构生成前一次的取样值。若一个取样点的量化噪声信号为正，在下一个时刻，由于用重构的取样值来计算差分，使得差分信号变小，从而抵消上一次量化噪声的影响。用 Z 变换进行分析也得到相同的结论

$$\overline{X}(z) = \frac{C(z)}{1-z^{-1}} = X(z) + E(z) \tag{7-19}$$

上面讨论的是一种简单的 DPCM 形式，即它仅利用了两个相邻样值之间的相关性。实际上，当前的取样值不仅与上一时刻的取样值相关，而且与前面若干个取样值都相关。只有充分利用这些相关性，才能更好地压缩编码速率。可以通过用过去的一些取样值的线性组合来预测和推断当前的取样值，得到一组线性预测系数以及预测误差信号 $e(n)$。预测阶数越高，预测误差就越小，相应的编码速率就可以越低。

DPCM 由于是对预测误差信号进行编码，而预测误差信号的能量比输入信号的能量小得多，因此量化限幅电平也可以小得多。这样，在量化电平数不变的条件下，量化器的量化间隔就比输入信号的量化间隔小得多，使得量化噪声减少。而在保持信噪比不变的情况下，DPCM 就可以通过减少量化比特数，来降低编码速率。

7.3.3 增量调制

增量调制（Delta Modulation，DM 或 ΔM）是 DPCM 的一种特殊形式。当系统的取样频率大于奈奎斯特频率许多倍时，相邻取样值之间的相关性很强，差分信号的幅度值会在一个很小的范围内变化，于是就可以用正负两个固定的电平来表示相邻样值的差分变化。因此，在 DM 中仅用 1bit 即可对差分信号进行量化，也就是只需指示出极性即可。所采用的固定电平值称为量化台阶，即 Δ。在译码端，译码器用上升或下降的量化台阶的波形来逼近语音信号。其原理图与 DPCM 原理图基本一致（见图 7-12），不同的地方在于 ΔM 中量化输出 ±1，是二值量；此外，DM 的加法器是累加，即为一积分器，该积分器起到了 DPCM 中的加法器和严预测器的作用。

基本的 DM 使用固定的量化台阶 Δ，当差分信号的幅度值大于 Δ 时，量化为 0；小于 Δ 时，量化为 1；当差分信号的绝对值小于 Δ，既可取 0 又可取 1，此时一般应使得 0 和 1 交替出现。如何选取适当的 Δ 值，主要考虑两方面的因素：其一是，若 Δ 值选取得太小，则当语音急剧变化时，重建信号会因为不能反映信号的变化而产生斜率过载失真；其二是，若 Δ 值选得太大，则当输入语音信号变化比较平缓时，量化输出将出现 0、1 交替的序列，使得重建信号围绕某一固定电平重复上下变化，产生颗粒噪声。而且，这两种因素是互相矛盾的，要想确定一个适当的 Δ 值非常困难。解决这一问题的办法是采用自适应技术，实现自适应增量调制（ADM）。

7.3.4 自适应增量调制

自适应增量调制（Adaptive Delta Modulation，ADM）的基本原理是使量化台阶 Δ 随着输入信号的平均斜率而变化，当斜率大时，Δ 值自动增大；反之，Δ 值自动减小。这样一来，Δ 值随着输入波形自适应地变化，使得过载失真和颗粒噪声都减至最小。ADM 一般采用反馈自适应方法，这样可以不必发送信息。

自适应线性预测以帧为单位进行,根据本帧语音波形的时间相关性确定预测系数,使得预测误差信号的方差为最小。自适应线性预测也可以分为前向预测和反向预测两种,前向预测采用当前帧的取样值计算出预测器的系数,然后计算当前帧的预测信号,从而得到预测误差信号,进行编码。这种预测方法预测精度较高,编码速率也较低,缺点是引入了一帧时间的算法延时。反向预测采用上一帧的取样值计算出预测器系数,据此计算当前帧的预测信号,得到预测误差信号,进行编码。反向预测没有算法延时,但是其预测精度比较低。

7.3.5　自适应差分编码调制

DPCM 的编码速率能够降低到何种程度,主要取决于其预测精度,也就是取决于其预测误差的大小。根据前面所述的 DPCM 的基本原理可知,由于 DPCM 采用的是固定预测系数的预测器,当输入语音信号起伏变化时,无法保证预测器始终处于最佳预测状态,使得误差为最小。解决这一问题的比较好的方法,一是采用自适应技术动态地调整预测系数,以便保证预测器始终处于最佳预测状态;二是采用自适应量化技术对差分信号(即预测误差信号)进行量化,以便进一步降低编码速率。这种采用自适应量化及高阶自适应预测技术的 DPCM 称为自适应差分脉冲编码调制,即 ADPCM。

ADPCM 一般分为前馈型 ADPCM 和反馈型 ADPCM 两种。前馈型 ADPCM 编码器原理图如图 7-13 所示。与图 7-12 相比较可见,ADPCM 的核心部分与 DPCM 相同,但是 $P(z)$ 的系数受自适应电路控制,此外还增加了自适应量化的功能。当自适应量化采用前馈自适应时,编码器输出包含三类信息:预测误差的编码码字;预测系数;量化间隔或增益因子。

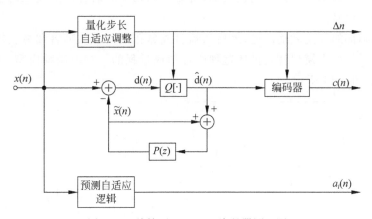

图 7-13　前馈型 ADPCM 编码器原理图

如果自适应量化采用反馈自适应方法,编码器就不必传送 $\Delta(n)$,而由译码器依据前面的信号估计得到。自适应线性预测以帧为单位进行,根据本帧语音波形的时间相关性确定预测系数,使得预测误差信号的方差为最小。自适应线性预测也可以分为前向预测和反向预测两种,前向预测采用当前帧的取样值计算出预测器的系数,然后计算当前帧的预测信号,从而得到预测误差信号,进行编码。这种预测方法预测精度较高,编码速率也较低,缺点是引入了一帧时间的算法延时。反向预测采用上一帧的取样值计算出预测器系数，据此计算当前帧的预测信号，得到预测误差信号，进行编码。反向预测没有算法延时，但是其预测精度比较低。

视频

7.4 参数编码及语音信号的产生模型

参数编码始于 1939 年美国人 Homer Dudey 发明的声码器，它是根据语音信号的特征参数来编码，所以又称为"声码器技术"。这种编码方法是通过对人的发声生理过程的研究，建立一个模拟其发声的数字模型来达到提取其特征参数进行量化编码的目的，它力图使合成语音具有尽可能的可懂性，保持原语音的语意，而合成语音的波形与原始语音的波形可能有相当大的差别。由于它是以滤波器为主来构造语音产生模型，发送的只是滤波器的参数和相关的特征值，可以将比特率压得很低，但合成语音质量不是很好。这种方法在低速率声码器中普遍采用。主要声码器有通道声码器、共振峰声码器、同态声码器、线性预测（Linear Predictive Coding，LPC）声码器等。其中 LPC 声码器是以线性组合模型均方误差最小意义下逼近原始波形的方法提取参数，较好地解决了编码速率和语音质量的问题，以其成熟的算法和参数的精确估计成为研究的主流，并已走向实用。美国政府 1980 年公布的 2.4kb/s 线性预测编码算法 LPC-10 就是采用的这种方法。1986 年，美国第三代保密电话装置采用了 2.4kb/s 的 LPC-10e（LPC-10 的增强型）作为语音处理方法。

参数编码的基础是语音的产生模型。根据这一模型对语音信号进行分析，可以得到其谱包络、基音周期和清浊音判决等信息，其中的谱包络信息是一组定义声道共振特性的滤波器系数。将这些参数编码并传输到接收端，就能够在相同的语音产生模型的基础上合成发送端原来的语音信号。

语音是由肺部的气流激励声道，最后从嘴唇或鼻孔或同时从嘴唇和鼻孔辐射出来而形成的。语音信号的产生模型就是描述这种语音形成过程的。它由激励模型、声道模型和辐射模型组成，如图 7-14 所示。

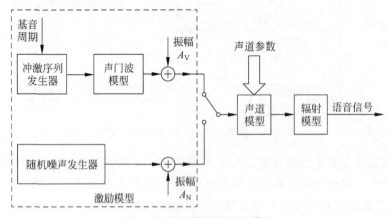

图 7-14 语音信号的产生模型

参数编码的基础是语音产生模型,如图 7-14 所示。根据这一模型对语音信号进行分析,就可以得到语音的谱包络、基音周期以及清浊音判决等参数。然后就可以对这些参数进行编码和传输。译码中所使用的声道滤波器的形式,与编码器中的谱包络分析器的形式必须相对应,才能够在同样的语音产生模型基础上合成出发送端的语音信号。声道滤波器的不同类型,决定了声码器的不同类型。

1. 声道声码器

声道声码器是最早的语音编码装置。它是一种基于短时傅里叶变换的语音分析合成系统,其发送端通过若干个并联的通道对语音进行粗略的谱估计,在接收端再产生一个与发送端信号频谱匹配的信号。其原理方框图如图 7-15 所示。

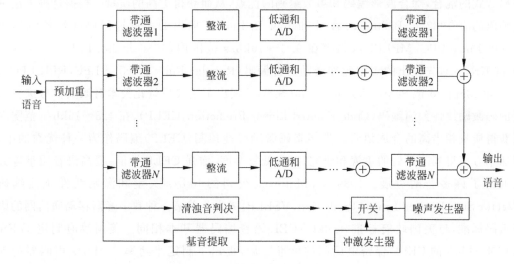

图 7-15　声道声码器的原理方框图

2. 线性预测声码器

线性预测(Linear Prediction Coefficient,LPC)声码器是应用最成功的参数编码器。LPC 声码器基于全极点声道模型,采用线性预测分析合成原理,对于模型参数和激励参数进行编码传输。接收端再根据译码得到的参数,重新合成语音。其工作原理如图 7-16所示。

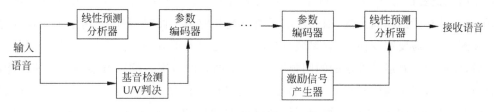

图 7-16　LPC 的原理图

这里应该指出,虽然 LPC 声码器与 ADPCM 一样,都是基于线性预测分析来实现语音信号的编码,但是,它们之间却有着本质的区别:ADPCM 是直接对预测误差信号进行编码，被称为预测编码，属于波形编码；LPC 声码器则不是直接对预测误差编码，而是对由预测误差或语音信号本身进行线性预测分析得到的参数进行编码，属于参数编码。LPC 声码器是应用最广的参数编码器。

7.5　混合编码

20 世纪 80 年代后期，综合波形编码和参数编码的混合编码算法成为主流，这种算法也假定了一个语音产生模型，但同时又使用与波形编码相匹配的技术对模型参数编码，吸收了两者的优点。所谓混合编码有两层含义：激励的混合，达到更精确的表示残差信号的目的；编码方式的混合，综合波形编码和参数编码的优点，从而获得更高的质量。根据这种方法进行编码的有 1982 年 Bishnu S. Atal 和 Joel R. Remde 提出的多脉冲激励线性预测编码（Multi-Pulse LPC，MPLPC），码率在 9.6～16kb/s 范围内，1985 年 Ed. F. Deprettere 和 Peter Kroon 首先提出的规则脉冲激励语音编码（Regular Pulse Excited-LPC，RPE-LPC），1985 年 Manfred R. Schroeder 和 Bishnu S. Aral 提出了用矢量量化技术对激励信号进行编码的码激励线性预测编码（Code Excited Linear Prediction，CELP），在 4.8～16kb/s 范围内可获得质量相当高的合成语音。近年来码激励线性预测（CELP）编码作为一种优秀的中、低速率方案得到了很好的重视和研究，在降低复杂度、增强 CELP 性能、提高语音质量等方面取得了许多新的进展。1989 年，Motorola 公司的 8kb/s 矢量和激励线性预测编码（Vector Sum Excited Linear Prediction，VSELP）成为北美第一种数字蜂窝移动通信网的语音编码标准，与美国政府标准 4.8kb/sCEL 语音编码器基本相同。美国政府制定了 FS-1016 4.8kb/s 的 CELP 保密电话网的标准之后，提出了制定半速率 2.4kb/s 声码器的新课题。

语音混合编码是在采用线性预测编码（LPC）技术的语音参数编码的基础上，通过采用许多改进措施，并引入波形编码的原理，使用合成分析法而形成的一种新的编码技术，是最近二十几年来在语音编码技术上的一种突破性进展，受到人们的普遍重视，发展迅速，应用广泛。

混合编码器有两类不同的结构，分别表示空/时压缩和时/空压缩两种不同的方案。空/时压缩由于把变换部 T 放在预测环内，因此预测环本身工作在图像域内，便于使用性能优良、带有运动补偿的帧间预测，因而被广泛地研究和使用。而时/空压缩由于把变换部分 T 放在预测环外，需要在变换域（频率域）进行预测，处理上不方便。空/时经过若干年的研究总结后，发展为带有运动补偿的帧间预测与 DCT 结合的方案。这一方案具有压缩性能高、编码技术成熟，以及编码延迟较短等特点，目前已成为活动图像压缩的主流方案。在 ITU 的会议电视和电视电话图像压缩编码标准建议 H.261 以及 ISO/IEC 的 MPEG-1、MPEG-2、MPEG-4 等视频压缩编码标准中都采用了这一混合编码方案。

7.6 本章小结

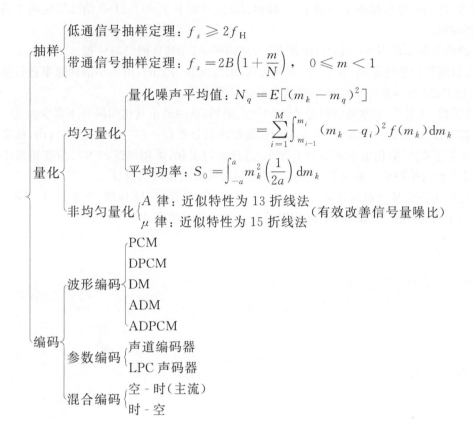

$$\text{抽样}\begin{cases}\text{低通信号抽样定理：} f_s \geqslant 2f_H \\ \text{带通信号抽样定理：} f_s = 2B\left(1 + \dfrac{m}{N}\right), \quad 0 \leqslant m < 1\end{cases}$$

$$\text{量化}\begin{cases}\text{均匀量化}\begin{cases}\text{量化噪声平均值：} N_q = E\left[(m_k - m_q)^2\right] \\ \qquad\qquad\qquad = \displaystyle\sum_{i=1}^{M} \int_{m_{i-1}}^{m_i} (m_k - q_i)^2 f(m_k)\,\mathrm{d}m_k \\ \text{平均功率：} S_0 = \displaystyle\int_{-a}^{a} m_k^2 \left(\dfrac{1}{2a}\right) \mathrm{d}m_k\end{cases} \\ \text{非均匀量化}\begin{cases}A\ \text{律：近似特性为 13 折线法} \\ \mu\ \text{律：近似特性为 15 折线法}\end{cases}\text{（有效改善信号量噪比）}\end{cases}$$

$$\text{编码}\begin{cases}\text{波形编码}\begin{cases}\text{PCM} \\ \text{DPCM} \\ \text{DM} \\ \text{ADM} \\ \text{ADPCM}\end{cases} \\ \text{参数编码}\begin{cases}\text{声道编码器} \\ \text{LPC 声码器}\end{cases} \\ \text{混合编码}\begin{cases}\text{空 - 时（主流）} \\ \text{时 - 空}\end{cases}\end{cases}$$

习题

7-1 一个频带限制在 0 到 f_x 以内的低通信号 $x(t)$，用 f_s 速率进行理想抽样，若要不失真地恢复 $x(t)$，试写出低通滤波器带宽 B 与 f_x 和 f_s 关系满足的关系式。

7-2 已知信号 $m(t)$ 的最高频率为 f_m，由矩形脉冲对 $m(t)$ 进行瞬时抽样，矩形脉冲的宽度为 2τ、幅度为 1，试确定已抽样信号及其频谱的表达式。

7-3 设信号 $x(t) = M\sin\omega_0 t$ 进行简单增量调制，若量化台阶 σ 和抽样频率 f_s 选择的既能保证不过载，又保证不至于因信号振幅太小而使增量调制器不能正常编码，试确定 M 的动态变化范围，同时证明 $f_s > \pi f_0$。

7-4 PCM 采用均匀量化，进行二进制编码，设最小的量化级为 10mV，编码范围是 0～2.56V，已知抽样脉冲值为 0.6V，信号频率范围为 0～4kHz。

（1）试求此时编码器输出码组，并计算量化误差。

（2）用最小抽样速率进行抽样，求传送该 PCM 信号所需要的最小带宽。

7-5 已知信号 $x(t)$ 的振幅均匀分布在 0～2V 范围以内，频带限制在 4kHz 以内，以奈奎斯特速率进行抽样。这些抽样值量化后编为二进制代码，若量化电平间隔为 1/32V，求

（1）传输带宽；

（2）量化信噪比。

7-6　若要分别设计一个 PCM 系统和 ΔM 系统，使两个系统的输出量化信噪比都满足 30dB 的要求，已知信号最高截止频率 $f_x = 4\text{kHz}$，取信号频率 $f_k = 1\text{kHz}$。请比较这两个系统所要求的带宽。

7-7　设信号频率范围 $0 \sim 4\text{kHz}$，幅值在 $-4.096 \sim +4.096\text{V}$ 间均匀分布。

（1）若采用均匀量化编码，以 PCM 方式传送，量化间隔为 2mv，用最小抽样速率进行抽样，求传送该 PCM 信号实际需要最小带宽和量化信噪比。

（2）若采用 13 折线 A 率对该信号非均匀量化编码，这时最小量化间隔等于多少？

7-8　信号 $x(t)$ 的最高频率 $f_x = 2.5\text{kHz}$，振幅均匀分布在 -4V 到 4V 范围以内，按奈奎斯特速率进行采样，量化电平间隔为 $1/32\text{V}$，进行均匀量化，采用二进制编码后在信道中传输。假设系统的平均误码率为 $P_e = 10^{-3}$，求传输 10s 以后错码的数目。

7-9　已知语音信号的最高频率为 $f_m = 3400\text{Hz}$，今用系统 PCM 传输，要求信号量噪比为 S_0/N_q 不低于 30dB。试求此 PCM 所需的奈奎斯特基带频宽。

第 8 章

复　用

复用是指把多路信号复合在一起进行传输的技术。在发送端将信号综合在一起的过程叫做复接,在接收端把它们分开的过程称作分接。当然,信号的复用不是简单地混合在一起。而是要求各路信号保持各自的独立性(如时域、频域等),以便在接收端能有效地将其分开。复用的主要问题在于如何将多路信号综合在一起,并保持它们各自的"独立性",即在接收端能将各路信号完全分离出来。其理论基础是信号的正交分割技术,这就要求任意两路信号之间满足正交的概念。

常用的信号复用方法有 3 种。

(1) 频分复用(Frequency Division Multiplexing,FDM),即在频率域上各信号分别占有不同的频谱;

(2) 时分复用(Time Division Multiplexing,TDM),是在时间域上使各路信号分别占有不同的时隙;

(3) 对多路数字信号扩频并选用不同的正交码组,使其在编码空间的正交概称作码分复用(Code Division Multiplexing,CDM),这项技术主要用在码分多址系统中。

正交相位调制(Orthogonal Phase Modulation,OPM)技术是一种利用载波相位正交特性实现的复用,它可以使用同一载波的调制信号容量增加一倍。从本质上讲,它也是一种复用技术。但因同一频率的正交相位只有一对,所以要提高复用度还是要采用 FDM、TDM 等技术。

8.1　常见复用技术

8.1.1　频分复用

视频

频分复用是一种按频率来划分信道的复用技术。将所给的信道带宽分割成互不叠加的许多小区间,每个小区间能顺利通过一路信号。可以利用对正弦波调制的方法,先将各路信号分别调制在不同的副载波上,即将各路信号的频谱分别搬到相应的小区间里,然后把它们一起发送出去。在接收端用中心频率调在各个副载波的带通滤波器将各路已调信号分离开来,再进行相应地解调,取出各路信号。

FDM 的应用很多，例如载波电话、调频立体声、电视广播、空间遥测装置等。

一个 3 路带限调制信号的多路频分复用原理如图 8-1 所示。从图中可以看出，3 路调制信号分别通过低通滤波器（LPF），形成带限调制信号，以避免调制后对邻路信号的干扰（频谱重叠）。带限信号对副载波 f_{c1}、f_{c2}、f_{c3} 进行 SSB 调制，产生 $x_{c1}(t)$、$x_{c2}(t)$、$x_{c3}(t)$，然后将它们相加得到 $x(t)$，称为频分复用信号。只要适当选择副载波，并且调制信号又是带限的，就会产生各路信号频谱重叠的现象。频分复用信号可以直接通过信号传输，称为一次调制；也可以将频分复用信号再对某个载波 f_c 调制后传输，成为二次调制。在二次调制中，为了节约复用信号的频谱宽度，第一次调制通常采用 SSB 调制，而第二次调制为了提高抗干扰性能，通常采用 FM 调制。在接收端将二次调制后的信号 $x_c(t)$ 解调成频分复用信号 $x(t)$，然后分路滤波并经过 SSB 解调，恢复出各路信号 $x_1(t)$、$x_2(t)$、$x_3(t)$。

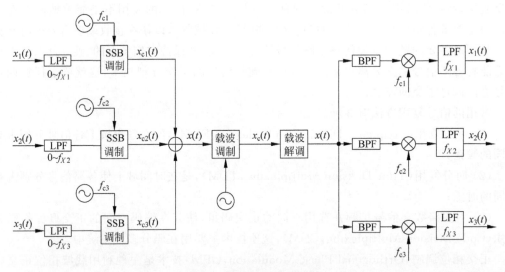

图 8-1　频分复用多路系统

图 8-1 描述了电话信道中 FDM 多路复用体系的最低二级。第 1 级由 1 组 12 个被调制到副载波的信道组成，频率范围为 $60\sim108\mathrm{kHz}$。第 2 组由 5 组共 60 个副载波调制的信道组成，频率范围为 $312\sim552\mathrm{kHz}$，这 5 组信道也称为超群。多路复用信号可以看作一个合成信号，它可以通过电缆传输，也可以调制到载波进行无线传输。

频分多路复用中有一个重要的指标是路际串话，就是各路信号不希望有交叉耦合，即某一路在通话的同时又听到另一路之间的通话。产生路际串话的主要原因是系统中的非线性传输，这在设计过程中要特别注意；其次的原因是各滤波器的滤波特性不良和副载波频率漂移等。为了减少频分复用信号频谱重叠，各路信号频谱之间应当保留一定的频率间隔，这个频率间隔称为防护频带。防护频带的大小主要和滤波器的过渡范围有关。若滤波器的滤波特性不好，过渡范围宽，则相应的防护频带也要增加。频分多路复用信号的带宽和各路调制信号的带宽、相邻话路间的防护频带以及调制方式有关。如图 8-2 所示。

假设信号 $x_1(t)$ 的频谱为 $X_1(f)$，$x_2(t)$ 与 $x_3(t)$ 的频谱分别为 $X_2(f)$ 和 $X_3(f)$，采用 SSB 调制方式，则复用信号 $x(t)$ 的频谱 $X(f)$ 如图 8-3 所示。从图中可以看出，在单边带调

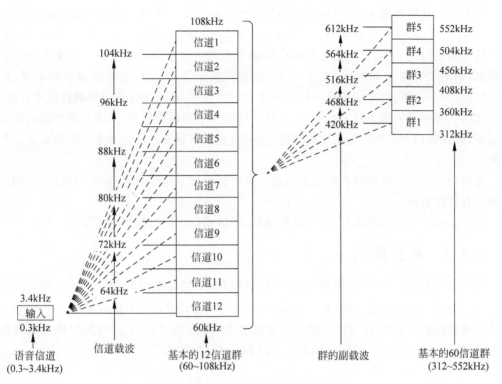

图 8-2 典型的频分复用系统的调制方案

制时，复用信号的带宽为

$$B = f_{X1} + f_{X2} + f_{X3} + B_{g1} + B_{g2} \qquad (8\text{-}1)$$

其中 B_{g1}、B_{g2} 为防护频带。

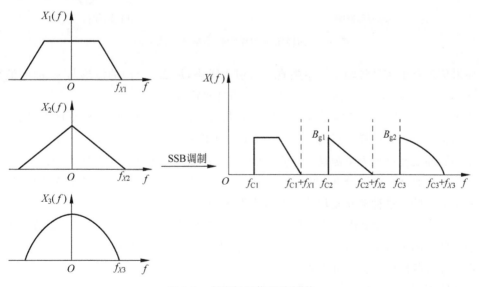

图 8-3 多路复用信号的频谱

如果采用其他调制方式,则频分多路复用信号的频带要增加。例如振幅调制时满足

$$B = 2(f_{X1} + f_{X2} + f_{X3}) + B_{g1} + B_{g2} \qquad (8\text{-}2)$$

从上面的讨论可知,复用信号的最小带宽是各调制信号的频带之和。如果不采用单边带调制,则 B 要增加。如果滤波特性不佳,副载波频率漂移严重,则应增加防护带宽,B 也同样增加。为了能在给定的信道内同时传输更多路信号,要求边带滤波器的特性比较陡峭。另外,收、发两端都采用了很多载波,为了保证收端相干解调的质量,要求收发两端的载波保持同步,因此常用一个频率稳定度很高的主振源,并采用频率合成技术来产生所需要的各种频率。

采用频分复用技术可以在给定的信道内同时传输许多路信号,传输的路数越多,则信号传输的有效性越高。

频分复用技术在有线通信、无线电报通信、微波通信中都得到广泛应用。

8.1.2　时分复用

抽样定理说明,一个频带限制在 f_X 以内的时间上连续的模拟信号 $x(t)$,可以用时间上离散了的抽样值来传输,抽样值中包含有 $x(t)$ 的全部信息;当抽样频率 $f_S \geqslant 2f_X$ 时,可以从已抽样的输出信号 $x_S(t)$ 中,用一个带宽 B 为 $0 \leqslant B \leqslant (f_S - f_X)$ 的理想低通滤波器不失真地恢复 $x(t)$,如图 8-4 所示画出了 $x(t)$ 和 $x_S(t)$ 的波形。

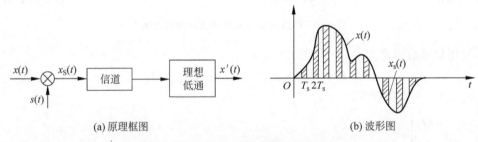

(a) 原理框图　　　　　　　　　　　　　　　(b) 波形图

图 8-4　抽样定理的原理框图描述及波形图

如果信道对于信号传输不产生失真并且引入噪声,那么 $x'(t)$ 的波形与 $x(t)$ 的波形完全相同,只有大小和 $x(t)$ 不同,或者产生一定的时间延迟。

如果像图 8-4 那样的传输系统只传输一路信号,那是非常不经济的,而且也没有必要,因为一路信号不需要抽样,直接传输就可以了。如果利用图 8-4 所示的 $x_S(t)$ 在时间上离散的相邻脉冲之间有很大空隙这一特点,在空隙中再插入若干路也是抽样后的信号,只要各路抽样信号在时间上能区分开(即不重叠),那么一个信道就有可能同时传输多路信号,达到多路复用的目的。这种多路复用称为时分多路复用。

图 8-5 是一个时分复用的原理框图,为作图方便只画出了三路。在发端,旋转开关按照产生抽样脉冲的定时电路给出顺序完成各路信号的转换,转换周期 $T_S = 1/f_S$。转换开关按一定顺序将各路信号接入并取样。

在接收端,用一个和发送端同步的定时电路控制转换开关,区分不同路的信号,把各路信号的抽样脉冲序列分离出来,再用低通滤波器恢复各路所需要的信号。

其中,时分复用中有以下问题值得注意:

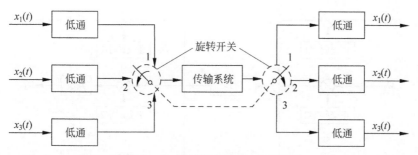

图 8-5　三路时分复用的原理框图

（1）抽样速率、抽样脉冲宽度和复用路数的关系。

传输一路信号时，抽样频率 $f_S \geqslant 2f_X$，以传输语音 $x(t)$ 为例，f_S 通常为 8kHz，抽样周期 $T_S = 125\mu s$，抽样脉冲的宽度 τ 要比 $125\mu s$ 小。

传输 N 路信号，即 N 路复用时，在原先一路信号的抽样周期 T_S 内要顺序地插入 N 路抽样脉冲，而且各个脉冲间还要留出一些空隙即保护时间。假设保护时间 t_g 和取样脉冲宽度 τ 相等，这样取样脉冲的宽度 $\tau = T_S/2N = t_0$，N 比较大时，τ 很小。而 τ 不能做的很小，因此复用的路数 N 也不能太多。

（2）信号带宽与路数的关系。

时分复用信号的带宽有不同的含义。一种是信号本身具有的带宽，从理论上讲，时分复用信号是一个窄脉冲序列，它具有无穷大的带宽，但是其频谱的主要能量集中在 $0 \sim 1/\tau$ 以内，因此从传输主要能量的观点考虑，带宽 B 在 $(1/\tau, 2/\tau)$ 之间，也就是落在 $(2Nf_S, 4Nf_S)$ 范围内。

但是从另一方面考虑，如果不是传输复用信号的主要能量，也不要求脉冲序列的波形失真，而只要求传输抽样脉冲序列的包络即各脉冲的高度，此时带宽只需 $Nf_S/2$ 即可，即 N 路信号时分复用时，每秒 Nf_S 个脉冲中的信息可以在的 $Nf_S/2$ 带宽内传输，因此 $B = Nf_S/2$。总体来说，带宽与 Nf_S 成正比，f_S 一般为 8kHz，因此路数越多，带宽越大。

（3）时分复用信号仍然是基带信号。

时分复用得到的信号仍然是基带信号，不过这个时候是 N 路信号合在一起的基带信号，这个基带信号可以通过基带传输系统直接传输，也可以经过载波调制后通过频带传输系统传输。例如 TDM-PAM/SSB 表示多路复用的 PCM 信号经过单边带调制后的频带传输系统。

8.1.3　码分复用

码分复用是用一组相互正交的码字区分信号的多路复用方法。在码分复用中，各路信号的码元在频谱上和时间上都是混叠的，但是代表每路信号的码字是正交的。每路信号可在同一时间使用同样的频带进行传输，通信各方之间不会相互干扰。且抗干扰能力强。

码分复用技术主要用于无线通信系统，特别是移动通信系统。它不仅可以提高通信的语音质量和数据传输的可靠性以及减少干扰对通信的影响，而且增大了通信系统的容量。笔记本电脑、手机以及掌上电脑等移动性设备的联网通信就是使用了这种技术。其原理如图 8-6 所示。

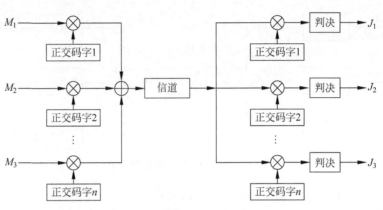

图 8-6　码分复用原理图

码分复用系统中以正交码组作为每路信号的"载波"，将多路信号合并成一路信号后在信道中传输。在 CDM 系统中，各路信号在时域和频域上是重叠的，这时不能采用传统的滤波器（对 FDM 而言）和选通门（对 TDM 而言）来分离信号，而是用与发送信号相匹配的接收机通过相关检测才能正确接收，将各路信号分离出来。

码分复用系统除了可以采用正交码，还可以采用准正交码和超正交码，因为此时的邻路干扰很小，可以采用设置门限的方法来恢复原始的数据。而且，为了提高系统的抗干扰能力，码分复用通常与扩频技术结合起来使用。

8.2　现代复用技术

视频

8.2.1　极化复用

近年来，遥感卫星发展迅速，由单一遥感器向多遥感器综合观测发展。同时星载遥感器的地面像元分辨率也大幅提高，遥感卫星的数据量也相应大大提高，对数据传输速率提出了更高的要求。在解决数据传输频带资源紧张的众多技术途径中，极化分割频率复用技术（以下简称极化复用技术）是一种技术较简单的有效方法。这种方法是将满足一定极化隔离要求的极化正交的两路调制载波信号利用同一频带向地面站发射，接收系统再利用对应极化特性的天线分别接收两路信号，从而拓展了一倍频率资源。

1. 极化复用的概念

1）极化轴比

极化椭圆的示意图见图 8-7，其中线段 OA 是半长轴，OB 是半短轴，椭圆的倾角是 τ，而轴比 r 被定义为

$$r = \frac{OA}{OB}(1 \leqslant AR \leqslant +\infty) \qquad (8\text{-}3)$$

正对行波传播方向观测时，若电场矢量按顺时针方向旋转，则对应于左旋圆极化波（Left-Hand Circular Polarization，LHCP），相反，则为右

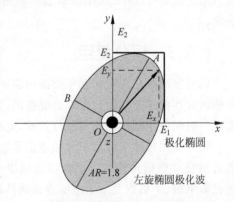

图 8-7　极化椭圆的示意图

旋圆极化波(Right-Hand Circular Polarization RHCP)。

对于左旋圆极化波,$r=+1$;对于右旋圆极化波,$r=-1$。

一般用 AR_{dB} 来表示轴比

$$AR_{dB} = 20\lg|r| \tag{8-4}$$

2) 极化复用

传统遥感卫星星地数据传输大都采用频率分割的传输方法,在可传输带宽内以多个频点载波传输多路信号,如图 8-8 所示。

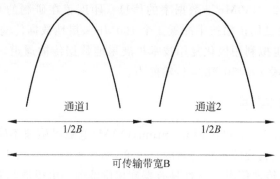

图 8-8　频率分割传输

极化复用技术能够实现频带重复利用,即同一天线以相同的频率发送两种极化波(通常选择正交极化波以减小两种极化波的相互干扰),各自传输一部分信息。采用线极化形式时,通常选择垂直极化波和水平极化波;采用圆极化形式时,通常选择左旋圆极化波和右旋圆极化波,如图 8-9 所示。

3) 交叉极化鉴别率

交叉极化鉴别率(Cross Polarization Discrimination, XPD)定义为来波信号的不同极化分量之比,在正交极化复用系统中,表示接收的同极化信号与交叉极化信号

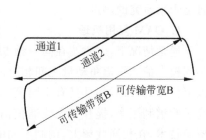

图 8-9　极化分割(极化复用)传输

功率之比。对于椭圆极化波,假定接收波的极化轴比为 $R'=r$,同极化状态为左旋圆极化(LHCP),有

$$XPD = 20\lg\left[\frac{r+1}{r-1}\right] \tag{8-5}$$

2. 极化复用技术在遥感卫星上的应用

根据香农定理,要达到一定的信道容量,所需的信道带宽和信号的信噪比是相关联的,也就是说信道的功率利用率和频带利用率是相矛盾的。在早期遥感卫星数字通信中,卫星通信系统的信噪比较低,卫星与地面站的功率相对宝贵,因此卫星通信信道属于"功率受限信道",同时星地数据传输量不大,相对来说频带资源较为丰富,卫星数据传输链路多采用功率利用率较高的 BPSK 或 QPSK 调制方式;近年来,卫星发射功率的提高和高增益点波束天线的使用使得卫星通信信道的功率资源不再紧张;相反,数据传输速率的增高越来越快,使得卫星通信信道的频带资源非常紧张,成为了"频带受限信道"。

根据中国空间技术研究院《空间业务用无线电频率》标准(Q/W 815—99)规定,星地数

传链路属于卫星地球探测业务（Earth Exploration-Satellite Service），目前遥感卫星使用的星地数据下传频段主要为 X 频段：8025～8400MHz。以目前广泛应用的 QPSK 调制体制为例，频带利用率约为 1，利用传统的数据传输技术，星地数据传输信道的最大传输能力仅为 375Mb/s；如果采用极化复用技术，则传输能力可以扩展一倍，为 750Mb/s（2×375Mb/s），效果相当可观。

国外遥感卫星已经成功地在星地传输链路中应用了极化复用技术，如美国 Digital Global 公司研制的 WorldView-1 卫星，已于 2007 年 9 月 18 日发射升空，利用极化复用技术在 X 频段内传输了 2×400Mb/s 数据率的信息。印度正在研制的 C 频段合成孔径雷达卫星 RISAT 利用极化复用传输技术配置 4 个 160Mb/s 星地数据传输通道。我国目前正在研制的低轨遥感卫星也拟利用极化复用技术扩展星地数据传输通道，如某遥感卫星利用极化复用技术实现 X 频段 2×450Mb/s 传输能力。

8.2.2　OAM 复用

轨道角动量（Orbital Angular Momentum，OAM）电磁涡旋波不同于传统的电磁波，携带有轨道角动量的电磁涡旋波束具有新的自由度，涡旋型传输电磁波通信以轨道角动量为载体，在真空或大气中传递信息。这种具有螺旋相位波前的电磁波具有空间传播的不变性，因此螺旋型电磁波是不同于传统二进制编码的一种新型的通信技术，可以实现在同一频率下传输多路 OAM 波束信号的复用传输。因此，将 OAM 复用技术应用到无线通信系统中，将是未来研究的热点。

1. OAM 复用机理

通常情况下，电磁波在同一频点只能传输一路信息，而对 OAM 电磁涡旋波来说，利用不同模态值的轨道角动量之间相互的正交特性，可以实现在同一频率上传输多路涡旋电磁波束信号的目标，并且具有不同模态值的 OAM 电磁涡旋波相互之间不会产生干扰，从而提高了频谱利用率，提升了无线通信信道容量。OAM 复用是一种频率共用方式的共享频谱资源技术，在相同载频上，调制不同的 OAM 和传输信息，大大提高频谱利用效率，可以解决无线通信频谱资源短缺的问题。

OAM 复用是以 OAM 的模态作为信号分割的参量，即各路信号携带的 OAM 模态互不相同，从而实现同一频率、同一时间条件下的多路传输。图 8-10 描述的是 OAM 复用传输原理图。在自由空间传输的情况下，由于电磁涡旋波只受其模态的影响，而与信号的波长、频率、时移等无关，因而可以利用 OAM 电磁涡旋波与其他无线通信复用技术相结合来提高通信系统的容量。OAM 的复用既可以在多部发射机的发射信号之间，也可以在同一部发射机的多个发射通道之间实现。

在这种情况下，只要多部发射机发出的信号载有不同的 OAM 模态，则可以同频、同时实现多路信号的复用。若 $\psi_{l_1}(\theta,\varphi)$、$\psi_{l_2}(\theta,\varphi)$、$\cdots$、$\psi_L(\theta,\varphi)$ 分别表示各模式对应的场分布，则复用后的总场分布为

$$\psi_{\mathrm{multi}}(\theta,\varphi) = \psi_{l_1}(\theta,\varphi) + \psi_{l_2}(\theta,\varphi) + \cdots + \psi_L(\theta,\varphi) \tag{8-6}$$

在无线传输中，既可以对来自多部发射机的多路信号进行复用，也可以对同一发射机、不同通道的多路信号进行复用。通过 OAM 模式的复用和解复用可以显著提高传输信道的频谱利用率。通过使用不同模态值的电磁涡旋波作为无线通信系统中的载波信号，对多路

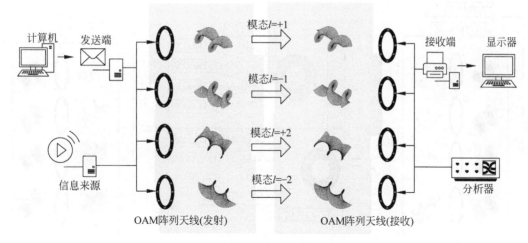

图 8-10 轨道角动量复用传输原理图

信号进行调制,使其调制到不同模态值的电磁涡旋波上,不同模态值的电磁涡旋波具有正交特性,各路信号之间不会发生干扰,从而可以将多路信号合并到同一频段进行传输。

对于携带 N 个数据信息的电磁涡旋波

$$U_{\mathrm{sp}}(r,\varphi,t)=S_{\mathrm{p}}(t) \cdot A_{\mathrm{p}}(t) \cdot \exp(il_{\mathrm{p}}\varphi) \quad p=1,2,3,\cdots,N \tag{8-7}$$

复用后的电场可以由下式表示

$$U_{\mathrm{MUX}}(r,\varphi,t)=\sum_{p=1}^{N}S_{\mathrm{p}}(t) \cdot A_{\mathrm{p}}(t) \cdot \exp(il_{\mathrm{p}}\varphi) \tag{8-8}$$

电磁涡旋波 OAM 复用其实现基础依靠特定的天线技术。目前通信对抗中的干扰信号其 OAM 模态都属于 0 模式,对于 OAM 不为 0 的传输信号,与其具有正交性。利用电磁涡旋波建立复用传输信道,可以有效缓解目前卫星通信和短波通信中突出的通信容量受到有限频带的限制问题。

由于 OAM 理论上具有无限的相互正交的模式态,理论上复用后实现并行传输过程中不会产生干扰,因而可以将 OAM 作为除了时间、频率、码字以外的一种新的物理复用维度,利用这些正交的状态传输信息,通过引入 OAM 的空间复用,就有望大幅度提高通信系统的容量和效率。如果进一步将 OAM 与其他传统的复用方式配合使用,例如频分复用,码分复用,就可以在不增加带宽的情况下实现系统容量的最大化。

如图 8-11 所示,当有 8 个极化射频 OAM 模态(4 个 OAM 模态 $l=-3,-1,+1,+3$,每个 OAM 态有两个正交的极化方向)在 2.5m 的自由空间中共轴复用传输时,若每束 OAM 态携带 1Gb/s 的 16QAM 信号,则可以获得载波频率在 28GHz 的 32Gps 的总容量和 16Gps/Hz 的频谱效率。

对于信道不理想所造成的波前相位畸变,可以采用波前纠正算法进行校正补偿,Shack-Hartmann 算法原理是基于对输入到 Hartmann 掩膜波前的本地波前的测量。波前重构是根据模态估计和最小二乘解实现的。实际上,Shack-Hartmann 测量的是输入波前的一阶导数,而波前重构是一个根据 Zemike 多项式的标准数学过程。这些多项式是一组圆半径为 1 的正交函数。任意波前 $\varphi(x,y)$ 可以完全由 Zemike 多项式 $Z_0,Z_1,\cdots,Z_n$ 的线性组合来描述。

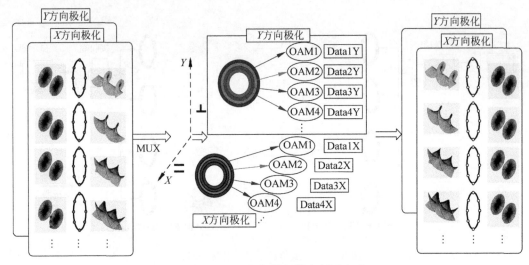

图 8-11　OAM 与极化相结合复用方式

$$\varphi(x,y)=\sum_{k=0}^{n}a_k Z_k(x,y) \tag{8-9}$$

假设 $\varphi(x,y)$ 是由大气湍流效应引起的畸变波前。通过模态估计和最小二乘解方法，由方程组

$$\begin{cases}\varphi'_x(x,y)=\sum_{k=1}^{n}a_k Z'_{kx}(x,y)\\[2mm]\varphi'_y(x,y)=\sum_{k=1}^{n}a_k Z'_{ky}(x,y)\end{cases} \tag{8-10}$$

解出系数 a_k。其中 $\varphi'_x(x,y)$ 和 $\varphi'_y(x,y)$ 分别是 $\varphi(x,y)$ 对 x 和 y 的偏导，$Z'_{kx}(x,y)$ 和 $Z'_{ky}(x,y)$ 分别是 $Z_k(x,y)$ 对 x 和 y 的偏导。将式（3-30）写成矩阵的形式如下

$$\begin{bmatrix}G_x(1)\\G_y(1)\\\vdots\\G_x(m)\\G_y(m)\end{bmatrix}=\begin{bmatrix}D_{x1}(1)&\cdots&D_{xn}(1)\\D_{y1}(1)&\cdots&D_{yn}(1)\\\vdots&\ddots&\vdots\\D_{x1}(m)&\cdots&D_{xn}(m)\\D_{y1}(m)&\cdots&D_{yn}(m)\end{bmatrix}=\begin{bmatrix}a_1\\\vdots\\a_n\end{bmatrix} \tag{8-11}$$

其中，$G_x(m)=\varphi'(m)$，$G_y(m)=\varphi'(m)$，$D_{kx}(m)=Z'_{kx}(m)$ 和 $D'_{ky}=Z'_{ky}(m)$。它还可以写成更简单的形式

$$G=DA \tag{8-12}$$

于是，可以解出 Zemike 多项式系数 A

$$A=D^{-1}G \tag{8-13}$$

因此，可以通过式（8-11）和系数 A 得到变形波前的估计相位。

OAM 复用能够在同一频带内传输多路调制后的电磁涡旋波，这是无线通信领域的突破性发现，利用轨道角动量的复用能够节省频谱资源，也能够节省资源，实现绿色通信。同样的，不同极化状态的电磁波也能够进行复用。若将两者结合复用，信道的容量和频谱效率

都会在两者复用的基础上成倍地提高,具有很大的研究意义。

2. OAM 复用波束的产生

如图 8-12 所示,当 OAM 模态值为 0 时,电磁波为普通的平面波,此时,没有旋转的相位波前。当 OAM 模态为 +1 时,远场振幅图的中心出现中空,与 $l=0$ 相比,振幅图向外发生扩散,电磁波成为涡旋电磁波;当 OAM 模态为 -1 时,有与 $l=+1$ 方向相反的旋转相位波前,远场振幅图与 $l=+1$ 时相同。当 OAM 模态为 +2 时,有两个旋转的相位波前,振幅图中心的空洞区域增大,且振幅图向外发生进一步的扩散;当 OAM 模态为 -2 时,有与 $l=+2$ 方向相反的旋转相位波前,远场振幅图与 $l=+2$ 时相同。

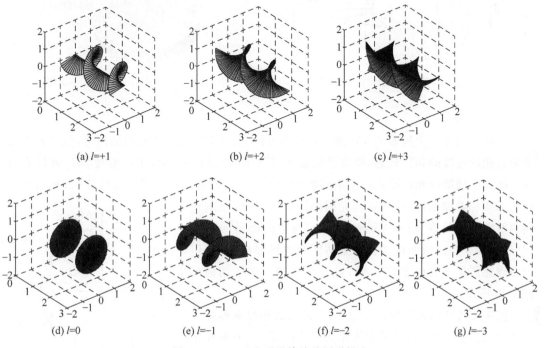

(a) $l=+1$ (b) $l=+2$ (c) $l=+3$

(d) $l=0$ (e) $l=-1$ (f) $l=-2$ (g) $l=-3$

图 8-12　OAM 电磁涡旋波的图形描述

要研究基于 OAM 复用的通信技术,其前提是能够便捷地获得高质量的 OAM 波束。正常电磁波其相位平面是没有螺旋特性的,而发射天线的功能是将电磁波的相位平面产生扭曲,数学形式上表示为添加一个特殊的相位因子,使得原本正常的电磁涡旋波发生扭曲,相位平面图为螺旋状。

目前,OAM 复用中所需的 OAM 电磁涡旋波,其产生与发射方式主要有透射螺旋结构、透射光栅结构、螺旋反射面结构和阵列天线 4 种形式。其中,前两种方法源自于光学,主要应用于相对较高的频率甚至到毫米波波段,而后两种方法主要针对于较低频率。简单介绍一下利用螺旋相位板和阵列天线产生 OAM 电磁涡旋波。

1)螺旋相位板

理想情况下,螺旋相位板的相位变化是连续的,如图 8-13 所示,螺旋相位板的高度差 Δh 与其所产生的电磁涡旋波的模态 l,满足下式关系

$$\Delta h = l\lambda/(n-1) \tag{8-14}$$

式中:n 为螺旋相位板所用材料的折射率;λ 为波长。

　　具体的 OAM 复用波束的产生示意图如图 8-14 所示,平面电磁波通过极化天线发射,产生相应极化状态的平面电磁波,再使极化平面波通过螺旋相位板,不同高度差的螺旋相位板产生不同模态的 OAM 电磁涡旋波,以实现 OAM 复用波束的产生。

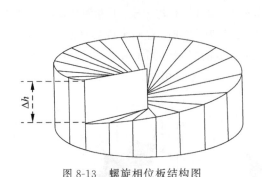

图 8-13　螺旋相位板结构图

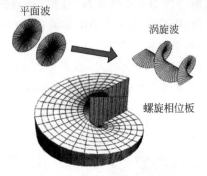

图 8-14　OAM 复用波束的产生示意图

2）阵列天线

　　阵列天线是产生携带 OAM 波束的典型方法,对阵列单元馈送相同的信号,但是各阵元之间有相继连续的相位延迟,使得涡旋波束围绕轴线旋转一周后,相位增加 $2\pi l$,可以通过改变阵元之间馈电相位差来产生不同的 OAM 模态。将若干单元天线排成阵列,利用电磁波的干涉和叠加原理,控制各阵元间的馈电相位差,使电磁场辐射出的能量在空间中重新分配,实现空间能量的不均匀分布,即某些区域的场增强而某些区域的场强减弱,利用该原理能产生不同模态的 OAM 电磁涡旋波。天线结构如图 8-15 所示。

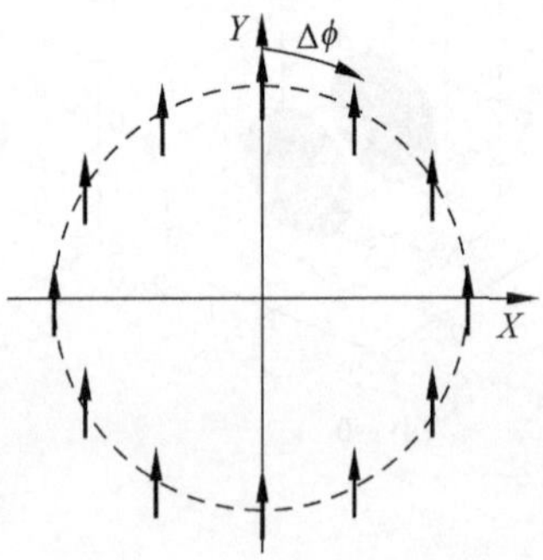

　　携带 OAM 的波束可以通过 N 个阵元的相控圆形阵列来产生,使用简单的偶极子天线作为天线阵元,阵子相互之间等间隔均匀分布排列在圆周上,阵列单元被馈送相同的信号,相邻两个阵元间的相位差满足

图 8-15　圆形阵列天线结构

$$\Delta\phi = 2\pi l / N \qquad (8-15)$$

式中: N 为阵列中阵元的个数; l 为所需要的 OAM 模态值。

　　需要注意的是,产生 OAM 的天线阵元数目,相较于常规的阵列,还决定了能产生的最高的 OAM 模态,理论上能产生的 OAM 态范围为 $-N/2 < l < N/2$,当 $l \geqslant N/2$ 时,将不会产生有纯粹旋转相前的波束,也就得不到完美的 OAM 旋转模态。并且由于实际应用中天线元的间距不可能过大,将无法避免互耦效应。

　　如图 8-16 所示为 OAM 模态分别为 $l=0, l=\pm 1, l=\pm 2, l=\pm 3$ 阵列产生的七种 OAM 模态波束的螺旋相位波前结构,根据观察,不同 OAM 模态的涡旋波束相位波前结构清晰可见,电磁波形状与条数也可以容易明显地分辨。当 $l=0$ 时,每个阵元馈送相同的相移信号,即阵元是同相的,此时方向性最强。在 OAM 模态从 $l=\pm 1$ 提高到 $l=\pm 3$ 过程中,中空区域面积将会扩大,其方向性也会随着 OAM 模态数目的增加而减弱。各阶 OAM

模态电磁波都会沿传播方向辐射能量,但是,高阶 OAM 模态电磁波的辐射相比较前面低阶发散,并且在方向图中间会出现下凹。因此,处于辐射场中心位置的接收端收到的信号较弱,不利于信号的传输和接收,这是 OAM 复用传输需要解决的一大难点问题。

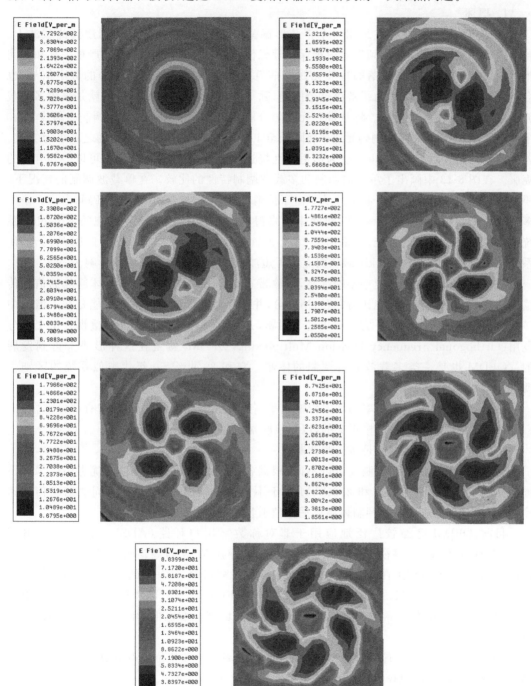

图 8-16　阵列天线电场幅度图($l=0,\pm1,\pm2,\pm3$)

8.3　正交频分复用

1. 概述

上述各种调制系统都是采用一个正弦形振荡作为载波，将基带信号调制到此载波上。若信道不理想，在已调信号频带上很难保持理想传输特性时，会造成信号的严重失真和码间串扰。例如，在具有多径衰落的短波无线电信道上，即使传输低速（1200B）的数字信号，也会产生严重的码间串扰。为了解决这个问题，除了采用均衡器外，途径之一就是采用多个载波，将信道分成许多子信道。将基带码元均匀分散地对每个子信道的载波调制。假设有 10 个子信道，则每个载波的调制码元速率将降低至 1/10，每个子信道的带宽也随之减小为 1/10。若子信道的带宽足够小，则可以认为信道特性接近理想信道特性，码间串扰可以得到有效的克服。在图 8-13 中画出了单载波调制和多载波调制特性的比较。在单载波调制的情况下，码元持续时间 T 短，但占用带宽 B 大；由于信道特性 $|C(f)|$ 不理想，产生码间串扰。采用多载波后码元持续时间 $T_s = NT$，码间串扰将得到改善。早在 1957 年出现的 Kineplex 系统就是这样一种著名的系统，它采用了 20 个正弦子载波并行传输低速率（150B）的码元，使系统总信息传输速率达到 3kb/s，从而克服了短波信道上严重多径效应的影响。

随着要求传输的码元速率不断提高，传输带宽也越来越宽。今日多媒体通信的信息传输速率要求已经达到若干兆比特每秒（Mb/s），并且移动通信的传输信道可能是在大城市中多径衰落严重的无线信道。为了解决这个问题，并行调制的体制再次受到重视。正交频分复用（Orthogonal Frequency Division Multiplexing，OFDM）就是在这种形势下得到发展的。OFDM 也是一类多载波并行调制的体制。它和 20 世纪 50 年代类似系统的区别主要有：

（1）为了提高频率利用率和增大传输速率，各路子载波的已调信号频谱有部分重叠；

（2）各路已调信号是严格正交的，以便接收端能完全地分离各路信号；

（3）每路子载波的调制是多进制调制；

（4）每路子载波的调制制度可以不同，根据各个子载波处信道特性的优劣不同采用不同的体制。例如，将 2DPSK 和 256QAM 用于不同的子信道，从而得到不同的信息传输速率，并且可以自适应地改变调制体制以适应信道特性的变化。

目前，OFDM 已经较广泛地应用于非对称数字用户环路（ADSL）、高清晰度电视（HDTV）信号传输、数字视频广播（DVB）、无线局域网（WLAN）等领域，并且开始应用于无线广域网（WWAN）和正在研究将其应用在下一代蜂窝网中。IEEE 的 5GHz 无线局域网标准 802.11a 和 2～11GHz 的标准 802.16a 均采用 OFDM 作为它的物理层标准。欧洲电信标准化组织（ETSI）的宽带射频接入网（BRAN）的局域网标准也把 OFDM 定为它的调制标准技术。

OFDM 的缺点主要有两个：①对信道产生的频率偏移和相位噪声很敏感；②信号峰值功率和平均功率的比值较大，这将会降低射频功率放大器的效率。

2. OFDM 的基本原理

设在一个 OFDM 系统中有 N 个子信道，每个子信道采用的子载波为

$$x_k(t) = B_k \cos(2\pi f_k t + \varphi_k) \quad k = 0, 1, \cdots, N-1 \tag{8-16}$$

式中：B_k 为第 k 路子载波的振幅，它受基带码元的调制；f_k 为第 k 路子载波的频率；φ_k 为第 k 路子载波的初始相位。则在此系统中的 N 路子信号之和可以表示为

$$s(t) = \sum_{k=0}^{N-1} x_k(t) = \sum_{k=0}^{N-1} B_k \cos(2\pi f_k t + \varphi_k) \tag{8-17}$$

式(8-17)还可以改写成复数形式如下

$$s(t) = \sum_{k=0}^{N-1} B_k \mathrm{e}^{\mathrm{j}(2\pi f_k t + \varphi_k)} \tag{8-18}$$

式中：B_k 是一个复数，为第 k 路子信道中的复输入数据。

因此，式(8-18)右端是一个复函数，但是，物理信号 $s(t)$ 是实函数。所以若希望用上式的形式表示一个实函数，式中的输入复数据 B_k 应该使上式右端的虚部等于零。如何做到这一点，将在以后讨论。

为了使这 N 路子信道信号在接收时能够完全分离，要求它们满足正交条件。在码元持续时间 T_s 内任意两个子载波都正交的条件是

$$\int_0^{T_s} \cos(2\pi f_k t + \varphi_k)\cos(2\pi f_i t + \varphi_i)\mathrm{d}t = 0 \tag{8-19}$$

式(8-19)可以用三角公式改写成

$$\int_0^{T_s} \cos(2\pi f_k t + \varphi_k)\cos(2\pi f_i t + \varphi_i)\mathrm{d}t$$
$$= \frac{1}{2}\int_0^{T_s} \cos[(2\pi(f_k - f_i)t + \varphi_k - \varphi_i]\mathrm{d}t +$$
$$\frac{1}{2}\int_0^{T_s} \cos[(2\pi(f_k + f_i)t + \varphi_k + \varphi_i]\mathrm{d}t = 0 \tag{8-20}$$

它的积分结果为

$$\frac{\sin[2\pi(f_k + f_i)T_s + \varphi_k + \varphi_i]}{2\pi(f_k + f_i)} + \frac{\sin[2\pi(f_k - f_i)T_s + \varphi_k - \varphi_i]}{2\pi(f_k - f_i)}$$
$$- \frac{\sin(\varphi_k + \varphi_i)}{2\pi(f_k + f_i)} - \frac{\sin(\varphi_k - \varphi_i)}{2\pi(f_k - f_i)} = 0 \tag{8-21}$$

令式(8-21)等于 0 的条件是

$$(f_k + f_i)T_s = m \quad 和 \quad (f_k + f_i)T_s = m \tag{8-22}$$

其中，m 和 n 均为整数，并且 φ_k 和 φ_i 的可以取任意值。

由式(8-22)解出，要求

$$f_k = (m+n)/2T_s \quad f_i = (m-n)/2T_s \tag{8-23}$$

即要求子载频满足

$$f_k = k/2T_s \tag{8-24}$$

式中：k 为整数。

且要求子载频间隔

$$\Delta f = f_k - f_i = n/T_s \tag{8-25}$$

故要求的最小子载频间隔为

$$\Delta f = 1/T_s \tag{8-26}$$

上面求出了子载频正交的条件。现在来考查 OFDM 系统在频域中的特点。

设在一个子信道中,子载波的频率为 f_k、码元持续时间为 T_s,则此码元的波形和其频谱密度如图 8-17 所示(频谱密度图中仅画出正频率部分)。在 OFDM 中,各相邻子载波的频率间隔等于最小容许间隔

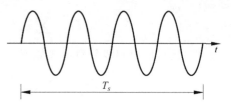

$$\Delta f = 1/T_s \qquad (8\text{-}27)$$

故各子载波合成后的频谱密度曲线如图 8-17 所示。虽然由图上看,各路子载波的频谱重叠,但是实际上在一个码元持续时间内它们是正交的,见式(8-21)。故在接收端很容易利用此正交特性将各路子载波分离开。采用这样密集的子载频,并且在子信道间不需要保护频带间隔,因此能够充分利用频带。这是 OFDM 的一大优点。在子载波受调制后,若采用的是 BPSK、QPSK、4QAM、64QAM 等类调制制度,则其各路频谱的位置和形状没有改变,仅幅度和相位有变化,故仍

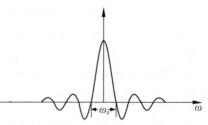

图 8-17 子载波合成后的频谱密度曲线

保持其正交性,因为 φ_k 和 φ_i 可以取任意值而不影响正交性。各路子载波的调制制度可以不同,按照各个子载波所处频段的信道特性采用不同的调制制度,并且可以随信道特性的变化而改变,具有很大的灵活性。这是 OFDM 体制的又一个重大优点。

现在来具体分析一下 OFDM 体制的频带利用率。设 OFDM 系统中共有 N 路子载波,子信道码元持续时间为 T_s,每路子载波均采用 M 进制的调制,则它占用的频带宽度等于

$$B_{\text{OFDM}} = \frac{N+1}{T_s} \qquad (8\text{-}28)$$

频带利用率为单位带宽传输的比特率

$$\eta_{\text{b/OFDM}} = \frac{N\log_2 M}{T_s} \cdot \frac{1}{B_{\text{OFDM}}} = \frac{N}{N+1}\log_2 M \qquad (8\text{-}29)$$

当 N 很大时,有

$$\eta_{\text{b/OFDM}} \approx \log_2 M \qquad (8\text{-}30)$$

若用单个载波的 M 进制码元传输,为得到相同的传输速率,则码元持续时间应缩短为 T_s/N,而占用带宽等于 $2N/T_s$,故频带利用率为

$$\eta_{\text{b/M}} = \frac{N\log_2 M}{T_s} \cdot \frac{T_s}{2N} = \frac{1}{2}\log_2 M \qquad (8\text{-}31)$$

比较式(8-30)和式(8-31)可见,并行的 OFDM 体制和串行的单载波体制相比,频带利用率大约可以增至 2 倍。

3. OFDM 的实现

将以 MQAM 调制为例,简要地讨论 OFDM 的实现方法。由于 OFDM 信号表示式(8-27)的形式如同逆离散傅里叶变换(Inverse Discrete Fourier Transform,IDFT)式,所以可以用计算 IDFT 和 DFT 的方法进行 OFDM 调制和解调。下面首先来复习一下 DFT 的公式。

设一个时间信号 $s(t)$ 的抽样函数为 $s(k)$,其中 $k = 0, 1, 2, \cdots, K-1$,则 $s(k)$ 的 DFT 定义为

$$S(n) = \frac{1}{\sqrt{K}} \sum_{k=0}^{K-1} s(k) e^{-j(2\pi/K)nk} \quad (n = 0,1,2,\cdots,K-1) \tag{8-32}$$

并且 $S(n)$ 的 IDFT 为

$$s(k) = \frac{1}{\sqrt{K}} \sum_{n=0}^{K-1} S(n) e^{j(2\pi/K)nk} \quad (k = 0,1,2,\cdots,K-1) \tag{8-33}$$

若信号的抽样函数 $s(k)$ 是实函数,则其 K 点 DFT 的值 $S(n)$ 一定满足对称性条件

$$S(K - k - 1) = S^*(k) \quad (k = 0,1,2,\cdots,K-1) \tag{8-34}$$

式中 $S^*(k)$ 是 $S(k)$ 的复共轭。

现在,令式(8-19)中 OFDM 信号的 $\varphi_k = 0$,则该式变为

$$s(t) = \sum_{k=0}^{N-1} B_k e^{j2\pi f_k t} \tag{8-35}$$

式(8-33)和式(8-34)非常相似。若暂时不考虑两式常数因子的差异以及求和项数(K 和 N)的不同,则可以将式(8-32)中的 K 个离散值 $S(n)$ 当作是 K 路 OFDM 并行信号的子信道中信号码元取值 B_k,而式(8-33)的左端就相当式(8-34)左端的 OFDM 信号 $s(t)$。这就是说,可以用计算 IDFT 的方法来获得 OFDM 信号。下面就来讨论如何具体解决这个计算问题。

设 OFDM 系统的输入信号为串行二进制码元,其码元持续时间为 T,先将此输入码元序列分成帧,每帧中有 F 个码元,即有 F 比特。然后将此 F 比特分成 N 组,每组中的比特数可以不同,如图 8-18 所示。设第 i 组中包含的比特数 b_i,则有

$$F = \sum_{i=0}^{N-1} b_i \tag{8-36}$$

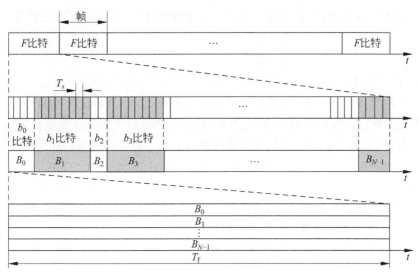

图 8-18 码元的分组

将每组中的 b_i 个比特看作是一个 M_i 进制码元 B_i,其中 $b_i = \log_2 M_i$,并且经过串/并变换将 F 个串行码元 b_i 变为 N 个(路)并行码元 B_i。各路并行码元 B_i 持续时间相同,均为一帧时间 $T_f = F \cdot T$,但是各路码元 B_i 包含的比特数不同。这样得到的 N 路并行码元 B_i 用来对于 N 个子载波进行不同的 MQAM 调制。这时的各个码元 B_i 可能属于不同的 M_i

进制,所以它们各自进行不同的 MQAM 调制。在 MQAM 调制中一个码元可以用平面上的一个点表示,而平面上的一个点可以用一个矢量或复数表示。在下面用复数 B_i 表示此点。将 M_i 进制的码元 B_i 变成一一对应的复数 B_i 的过程称为映射过程。例如,若有一个码元 B_i 是 16 进制的,它由二进制的输入码元"1100"构成,则它应进行 16QAM 调制。设其流程如图 8-4 所示,则此 16 进制码元调制后的相位应该为 $45°$,振幅为 $A/\sqrt{2}$。此映射过程就应当将输入码元"1100"映射为 $B_i = (A/\sqrt{2}) e^{j\pi/4}$。

为了用 IDFT 实现 OFDM,首先令 OFDM 的最低子载波频率等于 0,以满足式右端第一项(即 $n=0$ 时)的指数因子等于 1。为了得到所需的已调信号最终频率位置,可以用上变频的方法将所得 OFDM 信号的频谱向上搬移到指定的高频上。

其次,令 $K=2N$,使 IDFT 的项数等于子信道数目 N 的 2 倍,并使用对称性条件,由 N 个并行复数码元序列 $\{B_i\}$(其中 $i=0,1,2,\cdots,N-1$),生成 $K=2N$ 个等效的复数码元序列 $\{B_n'\}$(其中 $n=0,1,2,\cdots,2N-1$),即令 $\{B_n'\}$ 中的元素等于

$$\begin{cases} B_{K-n-1}' = B_n^* & n=1,2,3,\cdots,N-1 \\ B_{K-n-1}' = B_{K-n-1} & n=N,N+1,\cdots,2N-2 \end{cases} \tag{8-37}$$

另外

$$B_0' = \mathrm{Re}(B_0) \quad B_{K-1}' = B_{2N-1}' = \mathrm{Im}(B_0) \tag{8-38}$$

这样将生成的新码元序列 $\{B_n'\}$ 作为 $S(n)$,代入 IDFT 公式,得到

$$s(k) = \frac{1}{\sqrt{K}} \sum_{n=0}^{K-1} B_n' e^{j(2\pi/K)nk} \quad k=0,1,2,\cdots,K-1 \tag{8-39}$$

式中 $s(k) = s(kT_f/K)$,相当于 OFDM 信号 $s(t)$ 的抽样值。故 $s(t)$ 可以表示为

$$s(t) = \frac{1}{\sqrt{K}} \sum_{n=0}^{K-1} B_n' e^{j(2\pi/T_f)nt} \quad (0 \leqslant t \leqslant T_f) \tag{8-40}$$

子载波频率 $f_k = n/T_f, (n=0,1,2,\cdots,N-1)$。

式中的离散抽样信号 $s(k)$ 经过 D/A 变换后就得到式的 OFDM 信号 $s(t)$。

如前所述,OFDM 信号采用多进制、多载频、并行传输的主要优点是使传输码元的持续时间大为增长,从而提高了信号的抗多径传输能力。为了进一步克服码间串扰的影响,一般利用计算 IDFT 时添加一个循环前缀的方法,在 OFDM 的相邻码元之间增加一个保护间隔,使相邻码元分离。

按照上述原理画出的 OFDM 调制原理方框图如图 8-19 所示。在接收端 OFDM 信号的解调过程是其调制的逆过程,这里不再赘述。

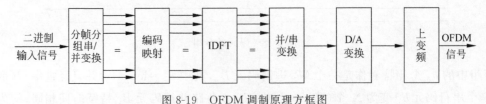

图 8-19　OFDM 调制原理方框图

8.4　本章小结

本章讨论复用问题。通信系统中的复用包括时分复用、频分复用、码分复用和 OAM 复用等。

时分复用是按传输信号的时间进行分割的，它使不同的信号在不同的时间内传送，将整个传输时间分为许多时间间隔(Time Slot,TS,又称为时隙)，每个时间片被一路信号占用。时分复用就是通过在时间上交叉发送每一路信号的一部分来实现一条电路传送多路信号的。电路上的每一短暂时刻只有一路信号存在。因数字信号是有限个离散值，所以时分复用技术广泛应用于包括计算机网络在内的数字通信系统，而模拟通信系统的传输一般采用频分复用。频分复用就是将用于传输信道的总带宽划分成若干个子频带(或称子信道)，每一个子信道传输 1 路信号。频分复用要求总频率宽度大于各个子信道频率之和，同时为了保证各子信道中所传输的信号互不干扰，应在各子信道之间设立隔离带，这样就保证了各路信号互不干扰(条件之一)。频分复用技术的特点是所有子信道传输的信号以并行的方式工作，每一路信号传输时可不考虑传输时延，因而频分复用技术取得了非常广泛的应用。频分复用技术除传统意义上的频分复用外，还有一种是正交频分复用。码分复用是靠不同的编码来区分各路原始信号的一种复用方式，主要和各种多址技术结合产生了各种接入技术，包括无线和有线接入。例如在多址蜂窝系统中是以信道来区分通信对象的，一个信道只容纳 1 个用户进行通话，许多同时通话的用户，互相以信道来区分，这就是多址。移动通信系统是一个多信道同时工作的系统，具有广播和大面积覆盖的特点。在移动通信环境的电波覆盖区内，建立用户之间的无线信道连接，是无线多址接入方式，属于多址接入技术。联通 CDMA(Code Division Multiple Access,码分多址)就是码分复用的一种方式。

OAM 复用是一种频率共用方式的共享频谱资源技术，在相同载频上，调制不同的 OAM 和传输信息，大大提高频谱利用效率，可以解决无线通信频谱资源短缺的问题。无线通信采用 OAM 复用技术后，其获取方法和条件将是未来研究的热点。同时，分析新旧复用技术的关系，探索和研究基于 OAM 的无线通信复用技术与传统复用技术的结合所产生性质和特点也是亟待解决的问题。

习题

8-1　什么是频分复用？

8-2　在 OFDM 信号中，对各路子载频的间隔有何要求。

8-3　OFDM 体制和串行单载波体制相比，其频带利用率可以提高多少？

8-4　试述时分复用的优点。

第 9 章

CHAPTER 9

数字信号的最佳接收

一个通信系统传输质量的优劣很大程度上取决于接收性能的影响,这是因为影响通信系统传输质量的不利因素(信道噪声及信道特性不理想等)将直接作用到接收端,对信号的接收产生影响。如果从接收角度看,前面几章阐述的通信系统是否具有最好的接收特性呢?要想确切回答这一问题就需要谈及到通信系统中一个重要的问题:最佳接收或信号接收的最佳化问题。

最佳接收理论是以接收问题作为研究对象,研究在接收端如何从噪声中更好地提取有用信号,当然最好或最佳并不是一个绝对的概念,它只是在某个准则下说的一个相对概念。也就是说在某个准则下是最佳接收机,而在另一个准则下就并非一定是最佳接收机。为了提高通信系统的抗干扰性能,在有干扰的情况下,需要寻找一种对传输信号的最佳接收方法,对于系统中不同类型的信号与干扰,有其不同的最佳接收方法,对于不同的使用场合,也会有其不同的最佳准则。

本章主要介绍在高斯白噪声条件下数字信号的最佳接收问题。首先介绍了数字信号的接收特性和最佳接收机,然后对实际接收机和最佳接收机的性能进行比较,最后介绍了数字信号的匹配滤波接收法以及最佳基带传输系统。

9.1 数字信号的统计特性

本书前半部分曾提到过,数字通信系统传输质量的度量准则主要是错误判决的概率。因此数字通信系统的理论基础主要是统计判决(statistical decision)理论。本节将对统计判决理论中数字信号的统计表述作扼要介绍。

在数字通信系统接收端收到的信号是发送信号和信道噪声之和,而噪声对数字信号的影响主要表现在使接收码元发生错误。在信号发送后,由于噪声对通信系统的影响,在接收端收到的电压仍然具有随机性,因此为了了解接收码元发生错误的概率,需要研究接收电压的统计特性(statis-tical characteristics)。下面将以二进制数字通信系统为例来描述接收电压的统计特性。

假设一个通信系统中的噪声是均值为 0 的带限高斯白噪声,并设 n_0 发送的二进制码元分别为"0"和"1",其发送概率(先验概率,prior probability)分别为 $P(0)$ 和 $P(1)$,则有

$$P(0) + P(1) = 1 \tag{9-1}$$

若此通信系统的基带截止频率小于 f_H，根据低通信号抽样定理，接收噪声电压可以用其抽样值表示，抽样速率不小于其奈奎斯特抽样速率 $2f_H$。设在一个持续时间为 T_s 的码元内以 $2f_H$ 的速率进行抽样，得到 $n_1,n_2,\cdots,n_k$ 共 k 个抽样值，则 k 值可表示为

$$k = 2f_H T_s \tag{9-2}$$

由于每个噪声电压抽样值都是正态分布的随机变量，故其一维概率密度可表示为

$$f(n_i) = \frac{1}{\sqrt{2\pi}\,\sigma_n}\exp\left(-\frac{n_i^2}{2\sigma_n^2}\right) \tag{9-3}$$

式中：σ_n 为噪声的标准偏差；σ_n^2 为噪声的方差，即噪声平均功率（$i=1,2,\cdots,k$）。

设接收噪声电压 $n(t)$ 的 k 个抽样值的 k 维联合概率密度函数为 $f_k(n_1,n_2,\cdots,n_k)$，由高斯噪声的性质可知，高斯噪声的概率分布通过带限线性系统后仍为高斯分布。因此，带限高斯白噪声以奈奎斯特速率抽样得到的抽样值之间是彼此独立、互不相关的。所以 k 维联合概率密度函数即式（9-4）可表示为

$$f_k(n_1,n_2,\cdots,n_k) = f(n_1)f(n_2)\cdots f(n_k) = \frac{1}{(\sqrt{2\pi}\,\sigma_n)^k}\exp\left(-\frac{1}{2\sigma_n^2}\sum_{i=1}^{k}n_i^2\right) \tag{9-4}$$

当 k 取值很大时，在一个码元持续时间为 T_s 内接收的噪声平均功率可表示为

$$\frac{1}{k}\sum_{i=1}^{k}n_i^2 = \frac{1}{2f_H T_s}\sum_{i=1}^{k}n_i^2 \tag{9-5}$$

也可以将式（9-6）左侧写成积分形式

$$\frac{1}{T_s}\int_0^{T_s}n^2(t)\mathrm{d}t = \frac{1}{2f_H T_s}\sum_{i=1}^{k}n_i^2 \tag{9-6}$$

将式（9-7）代入式（9-5），且 $\sigma_n^2 = n_0 f_H$，n_0 为噪声单边功率谱密度。则式（9-5）可改写为

$$f(\boldsymbol{n}) = \frac{1}{(\sqrt{2\pi}\,\sigma_n)^k}\exp\left[-\frac{1}{n_0}\int_0^{T_s}n^2(t)\mathrm{d}t\right] \tag{9-7}$$

上式中

$$f(\boldsymbol{n}) = f_k(n_1,n_2,\cdots n_k) = f(n_1)f(n_2)\cdots f(n_k) \tag{9-8}$$

其中，$\boldsymbol{n}=(n_1,n_2,\cdots,n_k)$ 为 k 维矢量，表示一个码元内噪声的 k 个抽样值。需要注意的是，$f(\boldsymbol{n})$ 不是时间函数，虽然式（9-8）中有时间函数 $n(t)$，但后者在定积分内，积分后与时间变量 t 无关。$\boldsymbol{n}$ 是一个 k 维矢量，它可以看作是 k 维空间中的一个点。当码元持续时间 T_s、噪声单边功率谱密度 n_0 和抽样数 k（与系统带宽有关）给定后，$f(\boldsymbol{n})$ 仅取决于该码元期间内噪声的能量 $\int_0^{T_s}n^2(t)\mathrm{d}t$。由于噪声具有随机性，每个码元持续时间内噪声 $n(t)$ 的波形和能量都是不同的，这就会使得部分传送码元发生错误。

设接收电压 $r(t)$ 为信号电压 $s(t)$ 和噪声电压 $n(t)$ 之和

$$r(t) = s(t) + n(t) \tag{9-9}$$

因此在发送码元确定之后，接收电压 $r(t)$ 的随机性将完全由噪声电压决定，故仍然服从高斯分布，其方差仍为 σ_n^2，但均值变为 $s(t)$。所以，当发送码元"0"的信号波形为 $s_0(t)$ 时，接收电压 $r(t)$ 的 k 维联合概率密度函数为

$$f_0(\boldsymbol{r}) = \frac{1}{(\sqrt{2\pi}\,\sigma_n)^k}\exp\left\{-\frac{1}{n_0}\int_0^{T_s}\left[r(t)-s_0(t)\right]^2\mathrm{d}t\right\} \tag{9-10}$$

上式中，$r=s+n$ 为 k 维矢量，表示一个码元内接收电压的 k 个抽样值，s 为 k 维矢量，表示一个码元内信号电压的 k 个抽样值。

同理，当发送码元"1"的信号波形为 $s_1(t)$ 时，接收电压 $r(t)$ 的 k 维联合概率密度函数为

$$f_1(r)=\frac{1}{(\sqrt{2\pi}\sigma_n)^k}\exp\left\{-\frac{1}{n_0}\int_0^{T_s}\left[r(t)-s_1(t)\right]^2\mathrm{d}t\right\} \tag{9-11}$$

同时顺便指出，若通信系统传输的是 M 进制码元，即可能发送 $s_1,s_2,\cdots,s_i,\cdots,s_M$ 之一，则按上述原理可写出当发送码元为 s_i 时，接收电压 $r(t)$ 的 k 维联合概率密度函数为

$$f_i(r)=\frac{1}{(\sqrt{2\pi}\sigma_n)^k}\exp\left\{-\frac{1}{n_0}\int_0^{T_s}\left[r(t)-s_i(t)\right]^2\mathrm{d}t\right\} \tag{9-12}$$

需要注意的是：式(9-11)~式(9-13)中的 k 维联合概率密度函数不是时间 t 的函数，且只是一个标量，而 r 仍是 k 维空间中的一个点，是一个矢量。

9.2　关于数字信号的最佳接收准则

在数字通信中最直观的准则应该是"最小差错概率"。因此将"最小差错概率"作为"最佳接收准则"是合适的。在数字通信系统中，如果没有任何噪声干扰和其他可能性的畸变，则在发送端发送的消息就一定能在接收端无差错的接收，当然这种理想情况在现实中是不可能发生的。实际上，由于噪声和其他畸变的作用，发送端发送信号"1"，在接收端并不一定就接收到信号"1"，而可能误判为信号"0"，这就存在了错误接收。当然"最小差错概率"越小越好。

下面就以二进制数字信号接收为例来讨论最佳接收原则。设在一个二进制通信系统中发送码元"1"的概率为 $P(1)$，发送码元"0"的概率为 $P(0)$，则总误码率 P_e 可表示为

$$P_e=P(1)P_{e1}+P(0)P_{e0} \tag{9-13}$$

上式中，$P_{e1}=P(0/1)$，为发送信号"1"时，接收到信号"0"的条件概率；$P_{e0}=P(1/0)$，为发送信号"0"时，接收到信号"1"的条件概率。

以上两个条件概率称为错误转移概率，上述两个发送概率 $P(0)$ 和 $P(1)$ 在数学上称为先验概率。

按照以上分析，接收端收到的每个码元持续时间内的电压可以用一个 k 维矢量 r 表示。接收设备需要对每个接收矢量 r 作判决，判定它是发送的码元"0"还是码元"1"，必须要判决且不能同时做出两个不同的判决。

由接收矢量 r 决定的两个联合概率密度函数 $f_0(r)$ 和 $f_1(r)$ 的曲线图见图9-1。将此空间划分成两个区域 A_0 和 A_1，设其边界为 r_0'，并将判决规则规定为：

(1) 若接收矢量 r 落在区域 A_0 内，则判发送码元为"0"；

(2) 若接收矢量 r 落在区域 A_1 内，则判发送码元为"1"。

显然，区域 A_0 和区域 A_1 是两个互不相容的区域，当这两个区域的边界 r_0' 确定后，错误概率也就随之确定了。因此，式(9-14)可表示为

$$P_e=P(1)P(A_0/1)+P(0)P(A_1/0) \tag{9-14}$$

上式中，$P(A_0/1)$ 表示发送码元"1"时，矢量 r 落在区域 A_0 的条件概率；$P(A_1/0)$ 表示发送码元"0"时，矢量 r 落在区域 A_1 的条件概率。考虑到式(9-14)和式(9-15)，这两个条件概

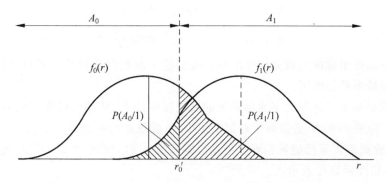

图 9-1 联合概率密度函数曲线图

率可改写为

$$
\begin{cases}
P(A_0/1) = \int_{A_0} f_1(\boldsymbol{r}) \mathrm{d}\boldsymbol{r} \\
P(A_1/1) = \int_{A_1} f_0(\boldsymbol{r}) \mathrm{d}\boldsymbol{r}
\end{cases}
\tag{9-15}
$$

此概率在图 9-1 中分别由两块阴影面积表示。将式(9-13)和式(9-14)代入式(9-15)可得

$$
P_e = P(1) \int_{A_0} f_1(\boldsymbol{r}) \mathrm{d}\boldsymbol{r} + P(0) \int_{A_1} f_0(\boldsymbol{r}) \mathrm{d}\boldsymbol{r}
\tag{9-16}
$$

参考图 9-1 可知,式(9-17)可改写为

$$
P_e = P(1) \int_{-\infty}^{r_0'} f_1(\boldsymbol{r}) \mathrm{d}\boldsymbol{r} + P(0) \int_{r_0'}^{+\infty} f_0(\boldsymbol{r}) \mathrm{d}\boldsymbol{r}
\tag{9-17}
$$

式(9-18)表示 P_e 是 $\boldsymbol{r_0'}$ 的函数。为了求出使 P_e 最小的判决分界点 $\boldsymbol{r_0'}$,将式(9-17)对 $\boldsymbol{r_0'}$ 求导

$$
\frac{\partial P_e}{\partial \boldsymbol{r_0'}} = P(1) f_1(\boldsymbol{r_0'}) - P(0) f_0(\boldsymbol{r_0'})
\tag{9-18}
$$

并令导函数等于 0,求出最佳分界点 $\boldsymbol{r_0}$ 的条件

$$
P(1) f_1(\boldsymbol{r_0}) - P(0) f_0(\boldsymbol{r_0}) = 0
\tag{9-19}
$$

即

$$
\frac{P(1)}{P(0)} = \frac{f_0(\boldsymbol{r_0})}{f_1(\boldsymbol{r_0})}
\tag{9-20}
$$

当先验概率相等时,即 $P(1) = P(0)$ 时,$f_0(\boldsymbol{r_0}) = f_1(\boldsymbol{r_0})$,所以最佳分界点位于图 9-1 中两条曲线交点处的 r 值上。

当判决边界确定之后,按照接收矢量 $\boldsymbol{r}$ 落在区域 A_0 应判为收到的是"0"的判决准则,这时有

$$
若 \frac{P(1)}{P(0)} < \frac{f_0(\boldsymbol{r})}{f_1(\boldsymbol{r})}, \quad 则判为 "0"
\tag{9-21}
$$

反之,

$$
若 \frac{P(1)}{P(0)} > \frac{f_0(\boldsymbol{r})}{f_1(\boldsymbol{r})}, \quad 则判为 "1"
\tag{9-22}
$$

当发送码元"0"和发送码元"1"的先验概率相等时,即 $P(1) = P(0)$ 时,式(9-22)和式(9-23)可简化为

$$\begin{cases} 若\ f_0(\boldsymbol{r}) > f_1(\boldsymbol{r}),\quad 则判为 "0" \\ 若\ f_0(\boldsymbol{r}) < f_1(\boldsymbol{r}),\quad 则判为 "1" \end{cases} \tag{9-23}$$

这个判决准则通常称为最大似然准则。按照这个准则判决理论上可以最佳误码率,即达到理论上的最小差错概率。

以上分析是基于二进制数字通信系统的最佳接收准则,从而可以推广到多进制信号的场合来分析。设在一个 N 进制数字通信系统中,可能发送的码元为 $s_1, s_2, \cdots, s_i, \cdots, s_N$ 之一,它们的先验概率相等且能量相等。当发送码元为 s_i 时,由式(9-13)可知,接收电压 $\boldsymbol{r}$ 的 k 维联合概率密度函数可表示为

$$f_i(\boldsymbol{r}) = \frac{1}{(\sqrt{2\pi}\sigma_n)^k} \exp\left\{-\frac{1}{n_0} \int_0^{T_s} [r(t) - s_i(t)]^2 \mathrm{d}t\right\} \tag{9-24}$$

因此,若

$$f_i(\boldsymbol{r}) > f_j(\boldsymbol{r}) \qquad \begin{cases} j \neq i \\ j = 1, 2, \cdots, N \end{cases} \tag{9-25}$$

则判为 $s_i(t)$。

9.3 确知数字信号的最佳接收机

确知信号是指其取值在任何时候都是确定的、可以预知的信号。理想状态下的恒参信道中接收到的数字信号可以认为是确知信号。

设在一个二进制数字通信系统中,两种接收码元的波形 $s_0(t)$ 和 $s_1(t)$ 为确知信号,其码元持续时间为 T_s,且功率相等,带限高斯白噪声的功率为 σ_n^2,其单边功率谱密度为 n_0。由式(9-11)和式(9-12)可知接收电压 $r(t)$ 的 k 维联合概率密度。

当发送码元为"0",其波形为 $s_0(t)$ 时,接收电压的概率密度为

$$f_0(\boldsymbol{r}) = \frac{1}{(\sqrt{2\pi}\sigma_n)^k} \exp\left\{-\frac{1}{n_0} \int_0^{T_s} [r(t) - s_0(t)]^2 \mathrm{d}t\right\} \sqrt{a^2 + b^2} \tag{9-26}$$

当发送码元为"1",其波形为 $s_1(t)$ 时,接收电压的概率密度为

$$f_1(\boldsymbol{r}) = \frac{1}{(\sqrt{2\pi}\sigma_n)^k} \exp\left\{-\frac{1}{n_0} \int_0^{T_s} [r(t) - s_1(t)]^2 \mathrm{d}t\right\} \tag{9-27}$$

因此,将式(9-11)和式(9-12)代入判决准则式(9-24),经简化可得
若

$$P(1)\exp\left\{-\frac{1}{n_0} \int_0^{T_s} [r(t) - s_1(t)]^2 \mathrm{d}t\right\} < P(0)\exp\left\{-\frac{1}{n_0} \int_0^{T_s} [r(t) - s_0(t)]^2 \mathrm{d}t\right\}$$

$$\tag{9-28}$$

则判发送码元为 $s_0(t)$;
若

$$P(1)\exp\left\{-\frac{1}{n_0} \int_0^{T_s} [r(t) - s_1(t)]^2 \mathrm{d}t\right\} > P(0)\exp\left\{-\frac{1}{n_0} \int_0^{T_s} [r(t) - s_0(t)]^2 \mathrm{d}t\right\}$$

$$\tag{9-29}$$

则判发送码元为 $s_1(t)$。

将式(9-29)和式(9-30)两端分别取对数可得

若

$$n_0 \ln \frac{1}{P(1)} + \int_0^{T_s} [r(t) - s_1(t)]^2 dt > n_0 \ln \frac{1}{P(0)} + \int_0^{T_s} [r(t) - s_0(t)]^2 dt \quad (9\text{-}30)$$

则判发送码元是 $s_0(t)$，反之则判发送码元是 $s_1(t)$。

由于已假设两个码元的能量相同，即

$$\int_0^{T_s} s_0^2(t) dt = \int_0^{T_s} s_1^2(t) dt \quad (9\text{-}31)$$

因此式(9-31)还可以进一步简化为

若

$$W_1 + \int_0^{T_s} r(t) s_1(t) dt < W_0 + \int_0^{T_s} r(t) s_0(t) dt \quad (9\text{-}32)$$

上式中

$$\begin{cases} W_0 = \dfrac{n_0}{2} \ln P(0) \\ W_1 = \dfrac{n_0}{2} \ln P(1) \end{cases} \quad (9\text{-}33)$$

则判发送码元是 $s_0(t)$，反之则判发送码元是 $s_1(t)$。W_0 和 W_1 可以看作是由先验概率决定的加权因子(weighting factor)。

式(9-33)表示的判决准则可以得出最佳接收机的原理方框图，如图 9-2 所示。如果此二进制信号的先验概率相等，则可简化为

$$\int_0^{T_s} r(t) s_1(t) dt < \int_0^{T_s} r(t) s_0(t) dt \quad (9\text{-}34)$$

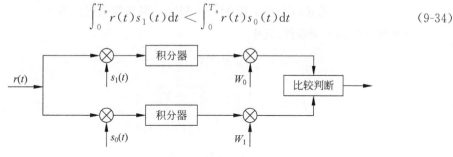

图 9-2 二进制最佳接收机原理方框图

9.4 2FSK 信号的最佳接收

9.4.1 随相数字信号的最佳接收

前面提到过，经过信道传输后码元相位带有随机性的信号称为随相信号。现在基于能量相等、先验概率相等、互不相关的 2FSK 信号及存在带限白色高斯噪声的通信系统讨论最佳接收问题。假设接收信号码元相位的概率密度服从均匀分布。因此可以将此信号表示为

$$\begin{cases} s_0(t,\varphi_0)=A\cos(\omega_0 t+\varphi_0) \\ s_1(t,\varphi_1)=A\cos(\omega_1 t+\varphi_1) \end{cases} \tag{9-35}$$

将此信号随机相位和的概率密度表示为

$$f(\varphi_0)=\begin{cases} 1/2\pi & 0\leqslant \varphi_0<2\pi \\ 0 & \text{其他} \end{cases} \tag{9-36}$$

$$f(\varphi_1)=\begin{cases} 1/2\pi & 0\leqslant \varphi_1<2\pi \\ 0 & \text{其他} \end{cases} \tag{9-37}$$

由于已假设码元能量相等,因此

$$\int_0^{T_s} s_0^2(t,\varphi_0)\mathrm{d}t=\int_0^{T_s} s_1^2(t,\varphi_1)\mathrm{d}t=E_b \tag{9-38}$$

在讨论确知信号的最佳接收时,对于先验概率相等的信号,有

$$\begin{cases} \text{若}\ f_0(\boldsymbol{r})>f_1(\boldsymbol{r}), & \text{则判为}\ 0 \\ \text{若}\ f_0(\boldsymbol{r})<f_1(\boldsymbol{r}), & \text{则判为}\ 1 \end{cases} \tag{9-39}$$

由于接收矢量 $\boldsymbol{r}$ 具有随机相位,故式(9-27)和式(9-28)中的 $f_0(\boldsymbol{r})$ 和 $f_1(\boldsymbol{r})$ 可分别表示为

$$\begin{cases} f_0(\boldsymbol{r})=\int_0^{2\pi} f(\varphi_0)f_0(\boldsymbol{r}/\varphi_0)\mathrm{d}\varphi_0 \\ f_1(\boldsymbol{r})=\int_0^{2\pi} f(\varphi_1)f_1(\boldsymbol{r}/\varphi_1)\mathrm{d}\varphi_1 \end{cases} \tag{9-40}$$

将式(9-41)经过进一步的计算后,代入式(9-25)和式(9-26)即可得出最终的判决条件

$$\begin{cases} \text{若接收矢量}\ \boldsymbol{r}\ \text{使}\ M_1^2<M_0^2, & \text{则判发送码元为}\ 0 \\ \text{若接收矢量}\ \boldsymbol{r}\ \text{使}\ M_0^2<M_1^2, & \text{则判发送码元为}\ 1 \end{cases} \tag{9-41}$$

式(9-42)就是最终的判决条件,其中

$$\begin{cases} M_0=\sqrt{X_0^2+Y_0^2} \\ M_1=\sqrt{X_1^2+Y_1^2} \end{cases} \tag{9-42}$$

$$\begin{cases} X_0=\int_0^{T_s} r(t)\cos\omega_0 t\,\mathrm{d}t \\ Y_0=\int_0^{T_s} r(t)\sin\omega_0 t\,\mathrm{d}t \end{cases} \tag{9-43}$$

$$\begin{cases} X_1=\int_0^{T_s} r(t)\cos\omega_1 t\,\mathrm{d}t \\ Y_1=\int_0^{T_s} r(t)\sin\omega_1 t\,\mathrm{d}t \end{cases} \tag{9-44}$$

按照式(9-42)的判决准则构成的随相信号最佳接收机的结构示意图如图 9-3 所示。图中四个相关器分别完成式(9-43)~式(9-45)中的相关运算,得到 X_0、Y_0、X_1 和 Y_1。后者经过平方后再两两相加,得到 M_0^2 和 M_1^2,再比较其大小,根据式(9-42)作出最终的判决。

9.4.2　起伏数字信号的最佳接收

前面曾提到过,起伏数字信号是包络随机起伏、相位也随机变化的信号。经过多径传输

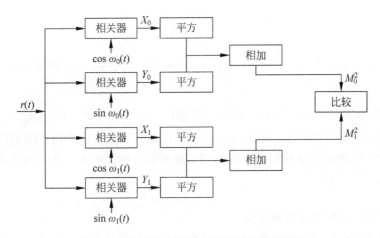

图 9-3 随相信号最佳接收机的结构示意图

的衰落信号都具有这种特性。现在仍以 2FSK 信号为例简要地讨论其最佳接收问题。

设数字通信系统中的噪声为带限高斯白噪声,且信号是互不相关的等能量、等先验概率的 2FSK 信号,可以将其表示为

$$\begin{cases} s_0(t,\varphi_0,A_0)=A_0\cos(\omega_0 t+\varphi_0) \\ s_1(t,\varphi_1,A_1)=A_1\cos(\omega_1 t+\varphi_1) \end{cases} \tag{9-45}$$

上式中,A_0 和 A_1 是由于多径效应引起的随机起伏振幅,它们服从同一瑞利分布

$$f(A_i)=\frac{A_i}{\sigma_s^2}\exp\left(-\frac{A_i^2}{2\sigma_s^2}\right), \quad A_i \geqslant 0, i=1,2 \tag{9-46}$$

式中:σ_s^2 为信号功率。

且 φ_0 和 φ_1 的概率密度函数服从均匀分布

$$f(A_i)=\frac{A_i}{\sigma_s^2}\exp\left(-\frac{A_i^2}{2\sigma_s^2}\right), \quad A_i \geqslant 0, i=1,2 \tag{9-47}$$

此外,由于 A_i 是余弦波的振幅,所以信号 $s_i(t,\varphi_i,A_i)$ 的功率 σ_s^2 和其振幅 A_i 的均方值之间的关系可表示为

$$E[A_i^2]=2\sigma_s^2 \tag{9-48}$$

基于上述假设,就可以计算出这时的接收矢量的概率密度 $f_0(r)$ 和 $f_1(r)$。由于此接收矢量不但具有随机相位,还具有随机起伏的振幅,故式(9-11)和式(9-12)中的 $f_0(r)$ 和 $f_1(r)$ 可分别表示为

$$f_0(r)=\int_0^{2\pi}\int_0^{+\infty} f(A_0)f(\varphi_0)f_0(r/\varphi_0,A_0)\mathrm{d}A_0\mathrm{d}\varphi_0 \tag{9-49}$$

$$f_1(r)=\int_0^{2\pi}\int_0^{+\infty} f(A_1)f(\varphi_1)f_1(r/\varphi_1,A_1)\mathrm{d}A_1\mathrm{d}\varphi_1 \tag{9-50}$$

经过复杂的计算之后,式(9-50)和式(9-51)的计算结果如下

$$f_0(r)=K'\frac{n_0}{n_0+T_s\sigma_s^2}\exp\left[\frac{2\sigma_s^2 M_0^2}{n_0(n_0+T_s\sigma_s^2)}\right] \tag{9-51}$$

$$f_1(r) = K' \frac{n_0}{n_0 + T_s\sigma_s^2} \exp\left[\frac{2\sigma_s^2 M_1^2}{n_0(n_0 + T_s\sigma_s^2)}\right] \tag{9-52}$$

式(9-52)中：$K' = \exp\left[-\frac{1}{n_0}\int_0^{T_s} r^2(t)\mathrm{d}t\right]/(\sqrt{2\pi}\sigma_n)^k$，其中 n_0 为噪声功率谱密度，σ_n^2 为噪声功率。

由式(9-52)和式(9-53)可知，起伏信号和随相信号最佳接收时一样，比较 $f_0(r)$ 和 $f_1(r)$ 仍然是比较 M_0^2 和 M_1^2 的大小。因此可以推断出起伏信号最佳接收机和随相信号最佳接收机的结构一样。但此时的最佳误码率则不同于随相信号的误码率。此时的误码率为

$$P_e = \frac{1}{2 + (E/n_0)} \tag{9-53}$$

式中：E 为接收码元的统计平均能量。

为了比较 2FSK 信号在无衰落和有多径衰落时的误码率性能，在图 9-4 中画出了在非相干接收时的误码率曲线。由此图可以看出，在有衰落时，性能随误码率下降而迅速变坏。当误码率 $P_e = 10^{-2}$ 时，衰落使得性能下降约 10dB；当误码率 $P_e = 10^{-3}$ 时，下降约 20dB。

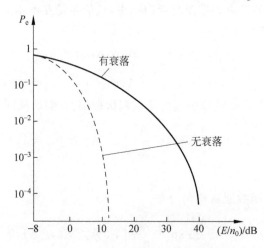

图 9-4　非相干接收误码率曲线图

9.4.3　实际接收机和最佳接收机的性能比较

现在将前面章节中讨论的二进制信号实际接收机性能和本章讨论的最佳接收机性能列表比较，如表 9-1 所示。

表 9-1　实际接收机和最佳接收机的性能比较

接收机类型 信号类型	实际接收机的 P_e	最佳接收机的 P_e
相干 2ASK 信号	$\frac{1}{2}\mathrm{erfc}(\sqrt{r/4})$	$\frac{1}{2}\mathrm{erfc}(\sqrt{E_b/4n_0})$
非相干 2ASK 信号	$\frac{1}{2}\exp(-r/4)$	$\frac{1}{2}\exp(-E_b/4n_0)$

信号类型 \ 接收机类型	实际接收机的 P_e	最佳接收机的 P_e
相干 2FSK 信号	$\dfrac{1}{2}\mathrm{erfc}\sqrt{r/2}$	$\dfrac{1}{2}\mathrm{erfc}(\sqrt{E_b/2n_0})$
非相干 2FSK 信号	$\dfrac{1}{2}\exp(-r/2)$	$\dfrac{1}{2}\exp(-E_b/2n_0)$
相干 2PSK 信号	$\dfrac{1}{2}\mathrm{erfc}(\sqrt{r})$	$\dfrac{1}{2}\mathrm{erfc}(\sqrt{E_b/n_0})$
差分相干 2DPSK 信号	$\dfrac{1}{2}\exp(-r)$	$\dfrac{1}{2}\exp(-E_b/n_0)$
同步检测 2DPSK 信号	$\exp\sqrt{r}\left[1-\dfrac{1}{2}\mathrm{erfc}(\sqrt{r})\right]$	$\exp\sqrt{\dfrac{E_b}{n_0}}\left[1-\dfrac{1}{2}\mathrm{erfc}\left(\sqrt{\dfrac{E_b}{n_0}}\right)\right]$

表中 r 是信号噪声功率比。由比较可知,在实际接收机中的信号噪声功率比 r 相当于最佳接收机中的码元能量和噪声功率谱密度之比 E_b/n_0,另一方面,当系统带宽恰好满足奈奎斯特准则时,E_b/n_0 就等于信号噪声功率比。奈奎斯特带宽是理论上的极限,实际接收机的带宽一般都不能达到这一极限。所以,实际接收机的性能总是比不上最佳接收机的性能。

9.5 数字信号的匹配滤波接收法

在 9.1 节中已经明确将错误判决最小作为最佳接收的准则。其次,在二进制数字调制原理中提到,在抽样时刻按照抽样所得的信噪比对每个码元作判决,从而决定误码率。信噪比越大,误码率越小。本节将讨论用线性滤波器对接收信号滤波时,如何使抽样时刻上线性滤波器的输出信号噪声比最大,并且将令输出信噪比最大的线性滤波器称为匹配滤波(match filter)。

设接收滤波器的传输函数为 $H(f)$,冲激响应为 $h(t)$,滤波器输入码元 $s(t)$ 的持续时间为 T_s,信号和噪声之和 $r(t)$ 为

$$r(t)=s(t)+n(t) \quad 0\leqslant t\leqslant T_s \tag{9-54}$$

式中：$s(t)$ 为信号码元；$n(t)$ 为高斯白噪声。

并设信号码元 $s(t)$ 的频谱密度函数为 $s(f)$,噪声 $n(t)$ 的双边功率谱密度为 $P_n(f)=n_0/2$,n_0 为噪声单边率谱密度。

由于假定滤波器是线性的,根据线性电路叠加定理,当滤波器输入电压 $r(t)$ 中包括信号和噪声两部分时,滤波器的输出电压 $y(t)$ 中也包含相应的输出信号 $s_a(t)$ 和输出噪声 $n_0(t)$ 两部分,即

$$y(t)=s_a(t)+n_0(t) \tag{9-55}$$

其中,

$$s_a(t)=\int_{-\infty}^{+\infty}H(f)S(f)\mathrm{e}^{\mathrm{j}2\pi ft}\mathrm{d}f \tag{9-56}$$

为了求出输出噪声功率,可知

$$P_y(f)=H^*(f)H(f)P_R(f)=\left|H(f)\right|^2 P_R(f) \tag{9-57}$$

一个随机过程通过线性系统时，其输出功率谱密度 $P_y(f)$ 等于输入功率谱密度 $P_R(f)$ 乘以系统传输函数 $H(f)$ 的模的平方。所以，这时的输出噪声功率 N_0 等于

$$N_0 = \int_{-\infty}^{+\infty} |H(f)|^2 \cdot \frac{n_0}{2} \mathrm{d}f = \frac{n_0}{2} \int_{-\infty}^{+\infty} |H(f)|^2 \mathrm{d}f \tag{9-58}$$

因此，在抽样时刻 t_0 上，输出信号瞬时（instantaneous）功率与噪声平均功率之比为

$$r_0 = \frac{|s_0(t_0)|^2}{N_0} = \frac{\left| \int_{-\infty}^{+\infty} H(f)S(f)\mathrm{e}^{\mathrm{j}2\pi ft_0} \mathrm{d}f \right|^2}{\frac{n_0}{2} \int_{-\infty}^{+\infty} |H(f)|^2 \mathrm{d}f} \tag{9-59}$$

为了求出 r_0 的最大值，利用施瓦茨（Schwarz）不等式

$$\left| \int_{-\infty}^{+\infty} f_1(x)f_2(x)\mathrm{d}x \right|^2 \leqslant \int_{-\infty}^{+\infty} |f_1(x)|^2 \mathrm{d}x \int_{-\infty}^{+\infty} |f_2(x)|^2 \mathrm{d}x \tag{9-60}$$

若 $f_1(x) = kf_2^*(x)$，其中 k 为任意常数，则式（9-61）的等号成立。

将式（9-61）右端的分子看成式（9-60）的左端，并令

$$f_1(x) = H(f) \quad f_2(x) = S(f)\mathrm{e}^{\mathrm{j}2\pi ft_0} \tag{9-61}$$

则有：$E = \int_{-\infty}^{+\infty} |S(f)|^2 \mathrm{d}f$，为信号码元的能量。

而且当

$$H(f) = kS^*(f)\mathrm{e}^{-\mathrm{j}2\pi ft_0} \tag{9-62}$$

时，式（9-61）的等号成立，即得到最大输出信噪比 $2E/n_0$。

式（9-60）表明，$H(f)$ 就是我们要找的最佳接收滤波器传输特性，它等于信号码元频谱的复共轭（complex conjugate）（除了常数因子 $\mathrm{e}^{-\mathrm{j}2\pi ft_0}$ 外）。故称此滤波器为匹配滤波器。

匹配滤波器的特性还可以用其冲激响应函数 $h(t)$ 来描述

$$\begin{aligned} h(t) &= \int_{-\infty}^{+\infty} H(f)\mathrm{e}^{\mathrm{j}2\pi ft} \mathrm{d}f \\ &= \int_{-\infty}^{+\infty} kS^*(f)\mathrm{e}^{-\mathrm{j}2\pi ft_0}\mathrm{e}^{\mathrm{j}2\pi ft} \mathrm{d}f \\ &= k\int_{-\infty}^{+\infty} \left[\int_{-\infty}^{+\infty} s(\tau)\mathrm{e}^{-\mathrm{j}2\pi f\tau} \right] \mathrm{e}^{-\mathrm{j}2\pi f(t_0-t)} \mathrm{d}f \\ &= k\int_{-\infty}^{+\infty} \left[\int_{-\infty}^{+\infty} \mathrm{e}^{\mathrm{j}2\pi f(\tau-t_0+t)} \mathrm{d}f \right] s(\tau) \mathrm{d}f \\ &= k\int_{-\infty}^{+\infty} s(\tau)\delta(\tau-t_0+t) \mathrm{d}\tau \\ &= ks(t_0-t) \end{aligned} \tag{9-63}$$

由式（9-63）可见，匹配滤波器的冲激响应 $h(t)$ 就是信号 $s(t)$ 的镜像 $s(-t)$，但在时间轴上（向右）平移了，在图 9-5 中画出了从 $s(t)$ 得出 $h(t)$ 的图解过程。

一个实际的匹配滤波器应该是物理可实现

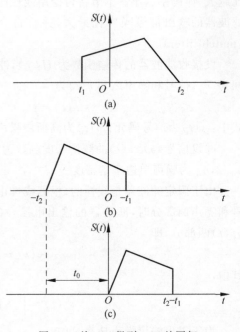

图 9-5 从 $s(t)$ 得到 $h(t)$ 的图解

的,其冲激响应必须符合因果关系,在输入冲激脉冲加入前,不该有冲激响应出现,即必须有

$$h(t) = 0 \quad t < 0 \tag{9-64}$$

即要求满足条件

$$s(t_0 - t) = 0 \quad t < 0 \tag{9-65}$$

或满足条件

$$s(t) = 0 \quad t > t_0 \tag{9-66}$$

式(9-66)的条件说明,接收滤波器输入信号码元 $s(t)$ 抽样时刻 t_0 之后必须为零。一般不希望码元结束之后很久才抽样,故通常选择在码元末尾抽样,即选 $t_0 = T_s$。故匹配滤波器的冲激响应可以写为

$$h(t) = ks(T_s - t) \tag{9-67}$$

这时,若匹配滤波器的输入电压为 $s(t)$,则根据输出信号码元的波形可求出

$$s_0(t) = \int_{-\infty}^{+\infty} s(t-\tau)h(\tau)\mathrm{d}\tau = k\int_{-\infty}^{+\infty} s(t-\tau)s(T_s-\tau)\mathrm{d}\tau$$

$$= k\int_{-\infty}^{+\infty} s(-\tau')s(t-T_s-\tau')\mathrm{d}\tau' = kR(t-T_s) \tag{9-68}$$

式(9-69)表明,匹配滤波器输出信号码元波形是输入信号码元波形的自相关函数的 k 倍。k 是一个任意常数,它与 r_0 的最大值无关;通常取 $k=1$。

例 9-1　设接收信号码元 $s(t)$ 的表示式为

$$s(t) = \begin{cases} 1 & 0 \leqslant t \leqslant T_s \\ 0 & \text{其他} \end{cases}$$

试求其匹配滤波器的特性和输出信号码元的波形。

解　题设所示的信号波形是一个矩形脉冲,如图 9-6(a)所示。其频谱为

$$S(f) = \int_{-\infty}^{+\infty} s(t)\mathrm{e}^{-\mathrm{j}2\pi ft}\mathrm{d}t = \frac{1}{\mathrm{j}2\pi ft}(1-\mathrm{e}^{-\mathrm{j}2\pi ft})$$

由式(9-63),令 $k=1$,$t_0=T_s$ 可使其匹配滤波器的传输函数为

$$H(f) = \frac{1}{\mathrm{j}2\pi ft}(\mathrm{e}^{-\mathrm{j}2\pi fT_s}-1)\mathrm{e}^{-\mathrm{j}2\pi ft_0}$$

由式(9-64),令 $k=1$,还可以得到此匹配滤的冲激响应为

$$h(t) = s(T_s - t), 0 \leqslant t \leqslant T_S$$

如图 9-6(b)所示。表面上看来,$h(t)$ 的形状和 $s(t)$ 信号的形状一样。实际上,$h(t)$ 的形状是 $s(t)$ 的波形以 $t=T_s/2$ 为轴线反转而来。由于 $s(t)$ 的波形对称于 $t=T_s/2$,所以反转后,波形不变。

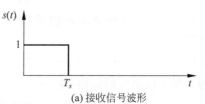

(a) 接收信号波形

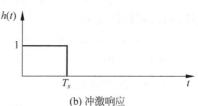

(b) 冲激响应

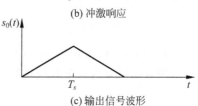

(c) 输出信号波形

图 9-6　匹配滤波器波形

由式(9-63)可以画出此匹配滤波器的方框图(见图 9-7),因为式(9-63)中的 $(1/\mathrm{j}2\pi f)$ 是理想积分器的传输函数,而 $\exp(-\mathrm{j}2\pi f)$ 是延迟时间为 T_s 的延迟电路的传输函数。此匹配滤波器的输出信号波形 $s_0(t)$ 可由式(9-69)计算出来,它画在图 9-6(c)中。

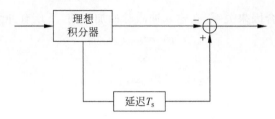

图 9-7　匹配滤波器方框图

例 9-2　设信号 $s(t)$ 的表达式为

$$s(f) = \begin{cases} \cos 2\pi f_0 t & 0 \leqslant t \leqslant T_s \\ 0 & \text{其他} \end{cases}$$

试求其匹配滤波器的特性和匹配滤波器输出的波形。

解　题设给出的信号波形是一段余弦振荡，如图 9-8(a)所示。其频谱为

$$S(f) = \int_{-\infty}^{+\infty} s(t) e^{-j2\pi ft} \, dt = \int_0^{T_s} \cos 2\pi f_0 t e^{-j2\pi ft} \, dt$$

$$= \frac{1 - e^{-j2\pi(f-f_0)T_s}}{j4\pi(f-f_0)} + \frac{1 - e^{-j2\pi(f+f_0)T_s}}{j4\pi(f+f_0)}$$

因此，其匹配滤波器的传输函数由式(9-63)得出

$$H(f) = S(f) e^{-j2\pi ft_0} = S(f) e^{-j2\pi fT_s}$$

$$= \frac{\left[e^{j2\pi(f-f_0)T_s} - 1 \right] e^{-j2\pi fT_s}}{j4\pi(f-f_0)} + \frac{\left[e^{j2\pi(f+f_0)T_s} - 1 \right] e^{-j2\pi fT_s}}{j4\pi(f+f_0)}$$

令 $t_0 = T_s$，此匹配滤波器的冲激响应可以由式(9-68)计算出

$$h(t) = s(T_s - t) = \cos 2\pi f_0(T_s - t), \quad 0 \leqslant t \leqslant T_s$$

为了便于画出波形简图，令

$$T_s = n/f_0 \quad n \text{ 为正整数}$$

这样，$h(t)$ 可以化简为

$$h(t) = \cos 2\pi f_0 t \quad 0 \leqslant t \leqslant T_s$$

$h(t)$ 的曲线示在图 9-8(b)中。

这时的匹配滤波器输出波形 $s_0(t)$ 可知

$$s_0(t) = \int_{-\infty}^{+\infty} s(\tau) h(t - \tau) \, d\tau$$

由于 $s(t)$ 和 $h(t)$ 现在在区间 $(0, T_s)$ 外都等于零，故上式中的积分可以分为如下几段进行计算

$$t < 0, \quad 0 \leqslant t < T_s, \quad T_s \leqslant t \leqslant 2T_s, \quad t > 2T_s$$

显然，当 $t < 0$ 和 $t > 2T_s$ 时，式 $s_0(t)$ 中的 $s(\tau)$ 和 $h(t-\tau)$ 不相交，故 $s_0(t)$ 等于零。

当 $0 \leqslant t < T_s$ 时，

$$s_0(t) = \int_0^1 \cos 2\pi f_0 \tau \cos 2\pi f_0(t - \tau) \, d\tau$$

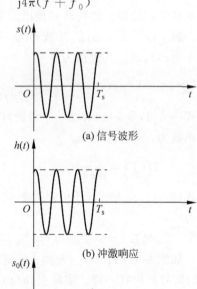

(a) 信号波形

(b) 冲激响应

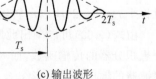

(c) 输出波形

图 9-8　匹配滤波波形

$$= \int_0^1 \frac{1}{2} \left[\cos 2\pi f_0 t + \cos 2\pi f_0 (t - 2\tau) \right] \mathrm{d}\tau$$

$$= \frac{t}{2} \cos 2\pi f_0 t + \frac{1}{4\pi f_0} \sin 2\pi f_0 t$$

当 $T_s \leqslant t \leqslant 2T_s$ 时,

$$s_0(t) = \int_{-T_s}^{T_s} \cos 2\pi f_0 \tau \cos 2\pi f_0 (t - \tau) \mathrm{d}\tau$$

$$= \frac{2T_s - t}{2} \cos 2\pi f_0 t - \frac{1}{4\pi f_0} \sin 2\pi f_0 t$$

若因 f 很大而使 $(1/4\pi f_0)$ 可以忽略,则最后得到

$$s_0(t) \begin{cases} \dfrac{t}{2} \cos 2\pi f_0 t & 0 \leqslant t \leqslant T \\[2mm] \dfrac{2T_s - t}{2} \cos 2\pi f_0 t & T_s \leqslant t \leqslant 2T \\[2mm] 0 & \text{其他} \end{cases}$$

按上式画出的曲线示于图 9-8(c)中。

对于二进制确知信号,使用匹配滤波器构成的接收电路方框图如图 9-9 所示。图 9-9 中有两个匹配滤波器,分别匹配于两种信号码元 $s_1(t)$ 和 $s_2(t)$。在抽样时刻对抽样值进行比较判决。哪个匹配滤波器的输出抽样值更大,就判决哪个为输出。若此二进制信号的先验概率相等,则此方框图能给出最小的总误码率。

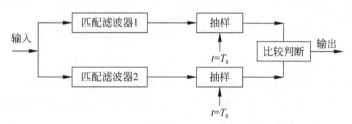

图 9-9 匹配滤波接收电路方框图

匹配滤波器可以用不同的硬件电路实现,也可以用软件实现。目前,由于软件无线电技术的发展,因此它日益趋向于用软件技术实现。

在上面的讨论中对于信号波形从未涉及,也就是说最大输出信噪比和信号波形无关,只决定于信号能量 E 与噪声功率谱密度 n_0 之比,所以这种匹配滤波法对于任何一种数字信号波形都适用,不论是基带数字信号还是已调数字信号。

例 9-1 中给出的是基带数字信号的例子;而例 9-2 中给出的信号则是已调数字信号的例子。

现在来证明用上述匹配滤波器得到的最大输出信噪比就等于最佳接收时理论上能达到的最高输出信噪比。

匹配滤波器输出电压的波形 $y(t)$ 可以写成

$$y(t) = k \int_{t-T_s}^{t} r(u) s(T_s - t + u) \mathrm{d}u$$

在抽样时刻输出电压等于

$$y(T_s) = k\int_0^{T_s} r(u)s(u)\mathrm{d}u$$

可以看出,上式中的积分是相关运算,即将输入 $r(t)$ 与 $s(t)$ 作相关运算,而后者是和匹配滤波器匹配的信号。它表示只有输入电压 $r(t) = s(t) + n(t)$ 时,在时刻 $t = T_s$ 才有最大的输出信噪比。式中的 k 是任意常数,通常令 $k = 1$。

用上述相关运算代替图 9-9 中的匹配滤波器得到如图 9-10 所示的相关接收法方框图。匹配滤波法和相关接收法完全等效,都是最佳接收方法。

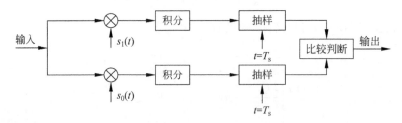

图 9-10　相关接收法方框图

例 9-3　设有一个信号码元如例 9-2 中所给出的 $s(t)$。试比较它分别通过匹配滤波器和相关接收器时的输出波形。

解　根据例 9-2,此信号码元通过相关接收器后,输出信号波形

$$y(t) = \int_0^t s(t)s(t)\mathrm{d}t = \int_0^t \cos2\pi f_0 t \cdot \cos2\pi f_0 t\mathrm{d}t = \int_0^t \cos^2 2\pi f_0 t\mathrm{d}t$$

$$= \frac{1}{2}\int_0^1 (1 + \cos4\pi f_0 t)\mathrm{d}t = \frac{1}{2}t + \frac{1}{8\pi f_0 t}\sin4\pi f_0 t \approx \frac{t}{2}$$

上式中已经假定 f_0 很大,从而结果可以近似等于 $t/2$,即与 i 呈直线关系。

此信号通过匹配滤波器的结果在例 9-2 中已经给出。然后根据题设 $y(t)$ 和 $s(t)$ 画出的这两种结果示于图 9-11 中。由此图可见,只有当时 $t = T_s$,两者的抽样值才相等。

现在来考虑匹配滤波器的实际应用。由式(9-68)匹配滤波器的冲激响应 $h(t)$ 应该和信号波形 $s(t)$ 严格匹配,包括对相位也有要求。对于确知信号的接收,这是可以做到的。对于随相信号而言,就不可能使信号的随机相位和 $h(t)$ 的相位匹配。但是,匹配滤波器还是可以用于接收随相信号的。下面就对此作进一步的分析。

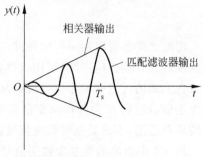

图 9-11　匹配滤波和相关接收比较

设匹配滤波器的特性仍如例 9-2 所给出

$$h(t) = s(T_s - t) = \cos2\pi f_0 (T_s - t) \quad 0 \leqslant t \leqslant T_s$$

并设此匹配滤波器的输入是 $r(t)$,则此滤波器的输出 $y(t)$ 由卷积公式求出为

$$y(t) = \int_0^t r(\tau)\cos2\pi f_0 (T_s - t + u)\mathrm{d}\tau$$

$$= \cos2\pi f_0 (T_s - t)\int_0^t r(\tau)\cos2\pi f_0 \tau\mathrm{d}\tau - \sin2\pi f_0 (T_s - t)\int_0^t r(\tau)\sin2\pi f_0 \tau\mathrm{d}\tau$$

$$= \sqrt{\left[\int_0^t r(\tau)\cos2\pi f_0\tau \mathrm{d}\tau\right]^2 + \left[\int_0^t r(\tau)\sin2\pi f_0\tau \mathrm{d}\tau\right]^2} \cdot$$
$$\cos\left[2\pi f_0(T_s - t) + \theta\right] \tag{9-69}$$

其中

$$\theta = \arctan\left[\frac{\int_0^t r(\tau)\sin2\pi f_0\tau \mathrm{d}\tau}{\int_0^t r(\tau)\cos2\pi f_0\tau \mathrm{d}\tau}\right] \tag{9-70}$$

由上式可以看出，当$t = T_s$时，$y(t)$的包络和式(9-43)中的形式相同。所以，按照式(9-42)的判决准则，比较M_0和M_1，就相当于比较式(9-70)的包络。因此，随相信号最佳接收机结构图可以改成如图9-12所示的结构。在此图中，有两个匹配滤波器，其特性分别对二进制的两种码元匹配。匹配滤波器的输出经过包络检波，然后作比较判决。

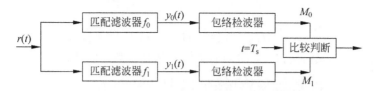

图 9-12　用匹配滤波器构成的随相信号最佳接收机

由于起伏信号最佳接收机的结构和随相信号的相同，所以图9-12同样适用于对起伏信号作最佳接收。

9.6　最佳基带传输系统

设基带数字信号传输系统由发送滤波器、信道和接收滤波器组成，其传输函数分别为$G_T(f)$、$G(f)$和$G_R(f)$。在第6章中将这三个滤波器集中用一个基带总传输函数$H(f)$表示
$$H(f) = G_T(f) \cdot G(f) \cdot G_R(f)$$
为了消除码间串扰，要求$H(f)$必须满足码元关系条件。当时忽略了噪声的影响，只考虑码间串扰。现在，将分析在$H(f)$按照消除码间串扰的条件确定之后，如何设计$G_T(f)$、$G(f)$和$G_R(f)$，以使系统在加性白色高斯噪声条件下误码率最小。将消除了码间串扰并且误码率最小的基带传输系统称为最佳基带传输系统。

由于信道的传输特性$C(f)$往往不易得知，并且还可能是时变的。特别是在交换网中，链路的连接是不固定的，使$C(f)$的变化可能很大。所以，在系统设计时，有两种分析方法。第一种方法是最基本的方法，它假设信道具有理想特性，即假设$C(f) = 1$。第二种方法则考虑到信道的非理想特性。

9.6.1　理想信道的最佳传输系统

假设信道传输函数$C(f) = 1$。于是，基带系统的传输特性变为
$$H(f) = G_T(f) \cdot G_R(f) \tag{9-71}$$
需要指出，式(9-72)中$G_T(f)$虽然表示发送滤波器的特性，但是若传输系统的输入为冲激

脉冲，则 $G_T(f)$ 还兼有决定发送信号波形的功能，即它就是信号码元的频谱。现在，将分析在 $H(f)$ 按照消除码间串扰的条件确定之后，如何设计 $G_T(f)$ 和 $G_R(f)$，以使系统在加性白色高斯噪声条件下误码率最小。由式(9-63)对匹配滤波器频率特性的要求可知，接收匹配滤波器的传输函数 $G_R(f)$ 应当是信号频谱 $S(f)$ 的复共轭。现在，信号的频谱就是发送滤波器的传输函数 $G_T(f)$，所以要求接收匹配滤波器的传输函数为

$$G_R(f) = G_T^*(f)e^{-j2\pi f t_0} \tag{9-72}$$

式(9-73)中已经假定 $k=1$。

由式(9-72)有

$$G_T^*(f) = H^*(f)/G_R^*(f) \tag{9-73}$$

将式(9-74)代入式(9-73)，得到

$$G_R(f)G_R^*(f) = H^*(f)e^{-j2\pi f t_0} \tag{9-74}$$

即

$$|G_R(f)|^2 = H^*(f)e^{-j2\pi f t_0} \tag{9-75}$$

式(9-76)左端是一个实数，所以式(9-75)右端也必须是实数。因此，式(9-76)可以写为

$$|G_R(f)|^2 = |H(f)| \tag{9-76}$$

所以接收匹配滤波器应满足的条件为

$$|G_R(f)|^2 = |H(f)|^{1/2} \tag{9-77}$$

由于式(9-77)条件没有限定对接收滤波器的相位要求，所以可以选用

$$G_R(f) = H^{1/2}(f) \tag{9-78}$$

这样，由式(9-72)得到发送滤波器的传输特性为

$$G_T(f) = H^{1/2}(f) \tag{9-79}$$

式(9-79)和式(9-80)就是最佳基带传输系统对于收发滤波器传输函数的要求。

下面将讨论这种最佳基带传输系统的误码率性能。设基带信号码元为 M 进制的多电平信号。一个码元可以取下列 M 种电平之一

$$\pm d, \pm 3d, \cdots, \pm(M-1)d \tag{9-80}$$

其中，d 为相邻电平间隔的一半，如图 9-13 所示，图中的 $M=6$。

在接收端，判决电路的判决门限值则应当设定在

$$0, \pm 2d, \pm 4d, \cdots, \pm(M-2)d \tag{9-81}$$

按照这样的规定，在接收端抽样判决时刻，若噪声值不超过 d 则不会发生错误判决。但是需要注意，当噪声值大于最高信号电平值或小于最低电平值时，不会发生错误判决；也就是说，对于最外侧的两个电平，只在一个方向有出错的可能。这种情况的出现占所有可能的 $1/M$，所以，错误概率为

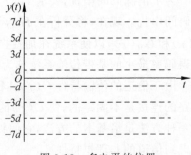

图 9-13　多电平的位置

$$P_e = \left(1 - \frac{1}{M}\right) P(|\xi| > d) \tag{9-82}$$

式中：ξ 为噪声的抽样值；$P(|\xi| > d)$ 为噪声抽样值大于 d 的概率。

现在来计算式(9-83)中的 $P(|\xi|>d)$。设接收滤波器输入端高斯白噪声的单边功率谱密度为 n_0,接收滤波器输出的带限高斯噪声的功率为 σ^2,则有

$$\sigma^2 = \frac{n_0}{2}\int_{-\infty}^{+\infty}|G_R(f)|^2 df = \frac{n_0}{2}\int_{-\infty}^{+\infty}|H^{1/2}(f)|^2 df \tag{9-83}$$

式(9-84)中的积分值是一个实常数,假设其等于 1,即假设

$$\int_{-\infty}^{+\infty}|H^{1/2}(f)|^2 df = 1 \tag{9-84}$$

故有

$$\sigma^2 = \frac{n_0}{2} \tag{9-85}$$

这样假设并不影响对误码率性能的分析。由于接收滤波器是一个线性滤波器,故其输出噪声的统计特性仍服从高斯分布。因此输出噪声 ξ 的一维概率密度函数等于

$$f(\xi) = \frac{1}{\sqrt{2\pi}\sigma}\exp\left(-\frac{\xi^2}{2\sigma^2}\right) \tag{9-86}$$

对式(9-87)积分,就可以得到抽样噪声值超过 d 的概率

$$P(|\xi|>d) = \frac{1}{\sqrt{2\pi}\sigma}\exp\left(-\frac{\xi^2}{2\sigma^2}\right)d\xi$$

$$= \frac{2}{\sqrt{\pi}}\int_{d/\sqrt{2}\sigma}^{+\infty}\exp(-z^2)dz = \mathrm{erfc}\left(\frac{d}{\sqrt{2}\sigma}\right) \tag{9-87}$$

式(9-88)中已作了如下变量代换

$$z^2 = \xi^2/2\sigma^2 \tag{9-88}$$

将式(9-88)代入式(9-83),得到

$$P_e = \left(1-\frac{1}{M}\right)\mathrm{erfc}\left(\frac{d}{\sqrt{2}\sigma}\right) \tag{9-89}$$

现在,再将上式中的 P_e 和 d/σ 的关系变换成 P_e 和 E/n_0 的关系。由上述讨论可知,在 M 进制基带多电平最佳传输系统中,发送码元的频谱形状由发送滤波器的特性决定

$$G_T(f) = H^{1/2}(f)$$

发送码元多电平波形的最大值为 $\pm d, \pm 3d, \cdots, \pm(M-1)d$ 等。这样,利用巴塞伐尔定理

$$\int_{-\infty}^{+\infty}x^2(t)dt = \int_{-\infty}^{+\infty}|X(f)|^2 df$$

计算码元能量时,设多电平码元的波形为 $A_x(t)$,其中 $x(t)$ 的最大值等于 1,以及

$$A = \pm d, \pm 3d, \cdots, \pm(M-1)d \tag{9-90}$$

则有码元能量等于

$$A^2\int_{-\infty}^{+\infty}x^2(t)dt = A^2\int_{-\infty}^{+\infty}|H(f)|df = A^2 \tag{9-91}$$

式(9-91)计算中已经代入了式(9-85)的假设。

因此,对于 M 进制等概率多电平码元,求出其平均码元能量

$$E = \frac{2}{M}\sum_{i=1}^{M/2}[d(2i-1)]^2 = d^2\frac{2}{M}[1+3^2+5^2+\cdots+(M-1)^2] = \frac{d^2}{3}(M^2-1) \tag{9-92}$$

因此有

$$d^2 = \frac{3E}{M^2 - 1} \tag{9-93}$$

将式(9-85)和式(9-94)代入式(9-83)，得到误码率的最终表示式

$$P_e = \left(1 - \frac{1}{M}\right) \mathrm{erfc}\left(\frac{d}{\sqrt{2}\,\sigma}\right) = \left(1 - \frac{1}{M}\right) \mathrm{erfc}\left[\left(\frac{3}{M^2 - 1} \cdot \frac{E}{n_0}\right)^{1/2}\right] \tag{9-94}$$

当 $M=2$ 时，有

$$P_e = \frac{1}{2} \mathrm{erfc}\left(\sqrt{E/n_0}\right) \tag{9-95}$$

式(9-96)是在理想信道中，消除码间串扰条件下，二进制双极性基带信号传输最佳误码率。

图 9-14 是按照上述计算结果画出的 M 进制多电平信号误码率曲线。由此图可见，当误码率较低时，为保持误码率不变值增大到 2 倍，信噪比大约需要增大 7dB。

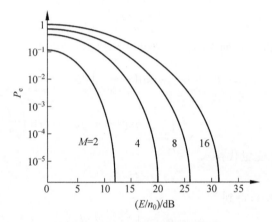

图 9-14 多电平信号误码率曲线

9.6.2 非理想信道的最佳传输系统

这时，接收信号码元的频谱等于 $G_T(f) \cdot C(f)$。为了使高斯白噪声条件下的接收误码率最小，在接收端可以采用一个匹配滤波器。为使此匹配滤波器的传输函数和接收信号码元的频谱匹配，要求

$$G'_R(f) = G_T^*(f) \cdot C^*(f)$$

这时，基带传输系统的总传输特性为

$$H(f) = G_T(f) \cdot C(f) \cdot G'_R(f) = G_T(f) \cdot C(f) \cdot G_R^*(f) \cdot C^*(f)$$
$$= |G_T(f)|^2 |C(f)|^2 \tag{9-96}$$

此总传输特性 $H(f)$ 能使其对于高斯白噪声的误码率最小，但是还没有满足消除码间串扰的条件。为了消除码间串扰，由第 7 章的讨论得知 $H(f)$ 必须满足

$$\sum_i H\left(f + \frac{i}{T_s}\right) = T \quad |f| \leqslant \frac{1}{2T_s}$$

为此，可以在接收端增加一个横向均衡滤波器 $T(f)$，使系统总传输特性满足上式要求。故从式(9-97)可以写出对 $T(f)$ 的要求

$$T(f) = \frac{T_s}{\sum_i |G_T^{(i)}(f)|^2 |C^{(i)}(f)|^2} \qquad |f| \leqslant \frac{1}{2T_s} \qquad (9\text{-}97)$$

其中

$$G_T^{(i)}(f) = G_T\left(f + \frac{i}{T_s}\right) \qquad C^{(i)} = C\left(f + \frac{i}{T_s}\right)$$

从上述分析得知,在非理想信道条件下,最佳接收滤波器的传输特性应该是传输特性为 $G_R'(f)$ 的匹配滤波器和传输特性为 $T(f)$ 的均衡滤波器级连。按此要求画出的最佳基带传输系统的方框图示于图 9-15 中。

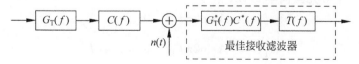

图 9-15 非理想信道下最佳传输系统原理方框图

最后说明,上面的讨论是假定发送滤波器和信道特性已给定,由设计接收滤波器使系统达到最佳化。在理论上,自然也可以假定接收滤波器和信道特性已给定,设计发送滤波器使系统达到最佳;或者只给定信道特性,联合设计发送和接收滤波器两者使系统达到最佳。但是,分析结果表明,这样做的效果和仅使接收滤波器最佳化的结果差别不大。

在工程设计时,还是设计最佳接收滤波器的方法较为实用。

9.7 本章小结

数字信号的最佳接收是按照错误概率最小作为"最佳"的准则。在本章中考虑的错误主要是由于带限高斯白噪声引起的。在这个假定条件下,将二进制数字调制信号分为确知信号、随相信号和起伏信号三类,逐一定量分析其最小可能错误概率。此外,还分析了接收多进制基带信号的错误概率。

分析的基本原理是将一个接收信号码元的全部抽样值当作 k 维接收矢量空间中的一个矢量,并将接收矢量空间划分为两个区域。按照接收矢量落入哪个区域来判决是否发生错误。由判决准则可以得出最佳接收机的原理方框图和计算出误码率。这个误码率在理论上是最佳的,即理论上最小可能达到的。

二进制确知信号的最佳误码率决定于两种码元的相关系数 ρ 和信噪比 E_b/n_0,而与信号波形无直接关系。相关系数 ρ 越小,误码率越低。2PSK 信号的相关系数最小 $\rho = -1$,其误码率最低 2FSK 信号可以看作是正交信号。

对于随相信号和起伏信号,仅以 FSK 信号为代表进行分析,因为在这种信道中,信号的振幅和相位都因噪声的影响而随机变化,故主要是 FSK 信号适于应用。由于这时信道引起信号相位有随机变化,不能采用相干解调,所以非相干解调是最佳接收方法。

将实际接收机和最佳接收机的误码率作比较可以看出,若实际接收机中的信号噪声功率等于最佳接收机中的码元能量和噪声功率谱密度之比,则两者的误码率性能一样。但是,由于实际接收机总不可能达到这一点。所以,实际接收机的性能总是比不上最佳接收机的性能。

本章还从理论上证明了匹配滤波和相关接收两者等效，都可以用于最佳接收。

习题

9-1 试述确知信号、随相信号和起伏信号的特点。

9-2 试求出例 9-1 中输出信号波形 $s_0(t)$ 的表达式。

9-3 设有一个等先验概率的 2ASK 信号，试画出其最佳接收机结构方框图。若其非零码元的能量为 E_b，试求出其在高斯白噪声环境下的误码率。

9-4 设有一个等先验概率 2FSK 信号

$$\begin{cases} s_0(t) = A\sin 2\pi f_0 t & 0 \leqslant t \leqslant T_s \\ s_1(t) = A\sin 2\pi f_1 t & 0 \leqslant t \leqslant T_s \end{cases}$$

其中 $f_0 = \dfrac{2}{T_s}, f_1 = 2f_0$。

(1) 试画出其相关接收机原理方框图；

(2) 画出方框图中各点可能的工作波形；

(3) 设接收机输入高斯白噪声的单边功率谱密度为 $\dfrac{n_0}{2}$，试求出其误码率。

9-5 设一个 2PSK 接收信号的输入信噪比 E_b/n_0 为 10dB，码元持续时间为 T_s，试比较最佳接收机和普通接收机的误码率相差多少，并设后者的带通滤波器带宽为 $6T_s$。

9-6 设一个二进制双极性信号最佳基带传输系统中信号"0"和"1"是等概率发送的。信号码元的持续时间为 T_s，波形为幅度等于 1 的矩形脉冲。系统中加性高斯白噪声的双边功率谱密度等于 10^{-4} W/Hz。试问为使误码率不大于 10^{-5}，最高传输速率可以达到多高？

9-7 设一个二进制双极性信号最佳传输系统中信号"0"和"1"是等概率发送的。信号传输速率等于 56kb/s，波形为不为零矩形脉冲。系统中加性高斯白噪声的双边功率谱密度等于 10^{-4} W/Hz。试问误码率不大于 10^{-5}，需要的最小接收信号功率等于多少？

9-8 试证明：$\dfrac{1}{T_s}\displaystyle\int_0^{T_s} n^2(t)\mathrm{d}t = \dfrac{1}{2f_H T_s}\displaystyle\sum_{i=1}^{k} n_i^2$

第 10 章

同 步 技 术

同步是指通信系统的收、发双方在时间上步调一致。同步是进行信息传输的关键前提，其工作质量直接决定通信的质量，几乎在所有的通信系统中都要先解决同步问题，稳定、可靠、准确的同步对通信至关重要。

为了从整体上理解同步技术，本章系统阐述载波同步、位同步、群同步和网同步的基本原理，并分析对比各自的实现方法，最后给出各种同步技术的性能指标及其对通信系统性能的影响。

在通信系统中，特别是在数字通信系统中，同步（synchronization）是一个非常重要的问题。在数字通信系统中，同步包括载波同步（carrier synchronization）、位同步（bit synchronization）、群同步（group synchronization）和网同步（network synchronization）四种。

10.1 载波同步技术

对于采用相干解调方式的通信系统，载波同步是必不可少的。载波同步的实现方法分为自同步法和外同步法两种。自同步法不需要传输导频信号，只是在接收信号中设法提取同步载波。外同步法是在传输信号的适当频率位置上插入一个或者若干个同步载波，下面分别加以介绍。

10.1.1 载波同步的实现方法

1. 直接法

通信系统中，载波本身不负载信息，从功率利用率的角度考虑，多数调制方式中都抑制了载波分量，因此，无法从接收信号中提取载波分量。不过，有些信号，如 2PSK、DSB、QAM 等，只要对接收波形进行适当的非线性处理，就可从中提取载波的频率和相位信息，在接收端获得本地相干载波。

1) 平方变换法和平方环法

以 2PSK 信号的载波提取为例，其可以表示为

$$s(t) = m(t)\cos 2\pi f_c t \tag{10-1}$$

其中 $m(t)$ 为双极性基带信号，不含有直流分量（通常是"1"码和"0"码等概率出现），$s(t)$ 中无载波分量。如果对 $s(t)$ 进行平方处理（或全波整流处理），即

$$s^2(t) = m^2(t)\cos^2 2\pi f_c t = \frac{1}{2}m^2(t) + \frac{1}{2}m^2(t)\cos 4\pi f_c t \tag{10-2}$$

则平方处理后，不论 $m(t)$ 是什么波形，$m^2(t)$ 中必然存在着直流分量，因而，$\frac{1}{2}m^2(t)\cos 4\pi f_c t$ 中一定存在载波的 2 倍频项。只要用一个中心频率为 $2f_c$ 的窄带滤波器就能从中获取 $\cos 4\pi f_c t$ 成分。再经二分器即可得到本地载波。其变换过程如图 10-1 所示。

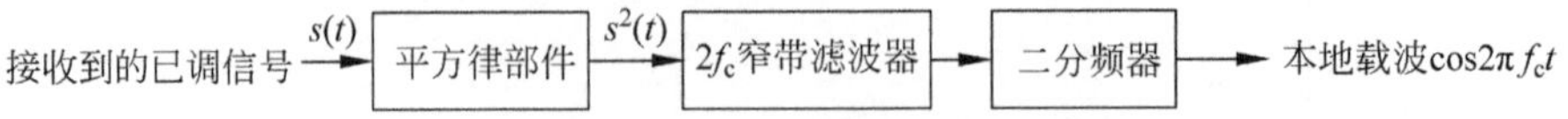

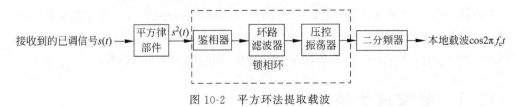

图 10-1　平方变换法提取载波

利用这种方法提取的载波，频率能完全跟踪发送载频，而且由于直接处理接收信号，包括由信道引入的频率偏移在内的各种频率变化也能很好地跟踪，是一种比较简单而又可靠的方法。这种方法的主要缺点是分频引起的 $0、\pi$ 相位模糊，这在 PSK 系统中将造成判决输出的 $1、0$ 码反码现象。为了克服这一缺点，通常采用相对码变换技术，如采用 PSK 等。

平方变换法提取载波框图中的 $2f_c$ 窄带滤波器，通常用锁相环代替，如图 10-2 所示。由于锁相环具有良好的跟踪、窄带滤波和记忆性能，比采用一般窄带滤波器具有更好的性能，因此在实际中应用更为广泛。

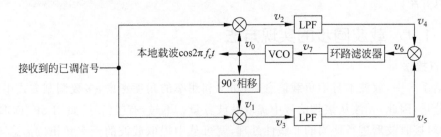

图 10-2　平方环法提取载波

2) 同相正交环法（科斯塔斯环）

利用锁相环提取载波的另一种常用方法是采用图 10-3 所示的科斯塔斯环。加上两个相乘器的本地信号分别是压控振荡器的输出信号 $v_0 = \cos(2\pi f_c t + \theta)$ 和它的正交信号 $v_1 = \sin(2\pi f_c t + \theta)$，因此通常也称这种环路为同相正交环。

图 10-3　科斯塔斯环

设接收已调信号是抑制载波的双边带信号 $m(t)\cos 2\pi f_c t$，则

$$\begin{cases} v_2 = m(t)\cos 2\pi f_c t \times \cos(2\pi f_c t + \theta) = \frac{1}{2}m(t)[\cos\theta + \cos(4\pi f_c t + \theta)] \\ v_3 = m(t)\cos 2\pi f_c t \times \sin(2\pi f_c t + \theta) = \frac{1}{2}m(t)[\sin\theta + \sin(4\pi f_c t + \theta)] \end{cases} \tag{10-3}$$

经 LPF 后的输出为

$$\begin{cases} v_4 = \dfrac{1}{2} m(t) \cos\theta \\[2mm] v_5 = \dfrac{1}{2} m(t) \sin\theta \end{cases} \tag{10-4}$$

v_4 和 v_5 相乘后输出为

$$v_6 = v_4 \times v_5 = \frac{1}{4} m^2(t) \sin\theta\cos\theta = \frac{1}{8} m^2(t) \sin2\theta \tag{10-5}$$

式中：θ 为压控振荡器(Voltage Controlled Oscillator, VCO)输出信号 v_0 与已调信号载波之间的相位误差。

当 θ 较小时，v_0 经环路滤波器后的输出为

$$v_7 \approx \frac{1}{4} \overline{m^2(t)} \times \theta \tag{10-6}$$

式中：$\overline{m^2(t)}$ 表示 $m^2(t)$ 的直流分量。

用 v_7 去调整压控振荡器输出信号的相位，最后使稳态相位误差减小到很小的数值。这样压控振荡器的输出 v_0 就是所需提取的本地相干载波，v_4 就是解调器的输出。

2. 插入导频法

插入导频，就是在已调信号频谱中额外地加入一个(或多个)低功率的线谱，其对应的正弦波称为导频信号。在接收端利用窄带滤波器把它(或它们)提取出来，经过适当处理，如锁相、变频、形成等，获得接收相干载波。这种方式适应的范围较广，但需占用一定的发射功率。

采用插入导频法要注意以下几点：

(1) 导频的频率应该是与载频相关的，或者就是载频频率。

(2) 导频的具体选择，要根据已调信号的频谱结构特点，为了方便提取导频，应尽可能在已调信号频谱的零点位置插入导频。

(3) 导频的插入不能过分影响信号的有效传输带宽。

(4) 在保证接收端可靠同步前提下，应尽量减小导频信号功率。

假设采用抑制载波的双边带调制，其频谱示意图如图 10-4 所示。从频谱图中可以看出，在载频处，已调信号的频谱分量为零，载频附近的频谱密度很小，这种结构便于导频的插入，并且解调时易于滤出所插入的导频。一般不直接将载波作为导频插入，而是将载波移相 90°后形成"正交载波"插入，如图 10-4(a)所示。由此可得到插入导频的发送端框图如图 10-4(b)所示。

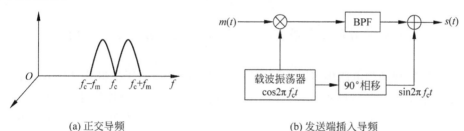

(a) 正交导频　　　　　　　　　　　　(b) 发送端插入导频

图 10-4　抑制载波双边带插入导频

设调制信号为 $m(t)$，$m(t)$ 中无直流分量，调制载波为 $\cos2\pi f_c t$，调制器为一个相乘器，插入导频是调制载波移相 90° 形成的，为 $\sin2\pi f_c t$。于是输出的发送信号为

$$s(t) = m(t)\cos2\pi f_c t + \sin2\pi f_c t \tag{10-7}$$

假设接收端收到的信号与发射信号相同，则接收端用一个中心频率为 f_c 的窄带滤波器就可提取得导频 $\sin2\pi f_c t$，再将它移相 90°，就可得到与调制载波同频同相的本地相干载波 $\sin2\pi f_c t$。接收端解调框图如图 10-5 所示。

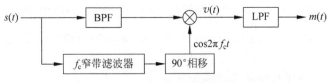

图 10-5　接收端提取插入导频及解调

在发送端采用"正交载波"作为导频，能够避免在接收端的解调过程中，直流分量对数字信号判决的影响。在图 10-5 中，相乘器的输出为

$$v(t) = s(t)\cos2\pi f_c t = [m(t)\cos2\pi f_c t + \sin2\pi f_c t]\cos2\pi f_c t$$

$$= \frac{1}{2}m(t) + \frac{1}{2}m(t)\cos4\pi f_c t + \frac{1}{2}\sin4\pi f_c t \tag{10-8}$$

框图中低通滤波器的通频带取 $m(t)$ 的最高截止频率 f_m，$v(t)$ 经低通滤波器滤除高频部分后，就可以恢复调制基带信号 $m(t)$。如果发送端插入的导频不是"正交载波"而是调制载波，则接收端 $v(t)$ 中含有 $1/2$ 的直流分量。该直流分量将通过低通滤波器对数字判决造成影响。

10.1.2　载波同步的性能

1. 相位误差

载波同步系统的相位误差是一个重要的性能指标。希望提取的载频和接收信号的载频尽量保持同频同相，但是实际上无论用何种方法提取的载波相位总是存在一定的误差。相位误差有两种，一种是由电路参量引起的恒定误差；另一种是由噪声引起的随机误差。

现在先考虑由电路参量引起的恒定误差。当提取载波电路中存在窄带滤波器时，例如在图 10-2 中平方法原理框图中，若其中心频率 f_q 和载波频率 f_0 不相等，存在一个小的频率偏差 Δf，则载波通过它时会有附加相移。设此窄带滤波器由一个单谐振电路组成，则由其引起的附加相移

$$\Delta\varphi \approx 2Q\frac{\Delta f}{f_q} \tag{10-9}$$

由式（10-9）可见，电路的 Q 值越大，附加相移也成比例地增大。若 Q 值恒定，则此附加相移也是恒定的。

目前在提取载频的电路中多采用锁相环。这时，锁相环的压控振荡器输入端必须有一个控制电压来调整其振荡频率，此控制电压来自相位误差。当锁相环工作在稳态时，压控振荡电压的频率 f_0 应当和信号载频 f_c 相同，并且其相位误差应当很小。设锁相环压控振荡电压的稳态相位误差为 $\Delta\varphi$，则有

$$\Delta\varphi = \frac{\Delta f}{K_d} \tag{10-10}$$

式中：Δf 是 f_c 和 f_0 之差；K_d 为锁相环路直流增益。

为了减小误差 $\Delta\varphi$，由式(10-10)可见，应当尽量增大环路的增益 K_d。

考虑由窄带高斯噪声引起的相位误差。设这种相位误差为 θ_n，它是由窄带高斯噪声引起的，所以是一个随机量。可以证明，当大信噪比时，此随机相位误差 θ_n 的概率密度函数近似为

$$
\begin{cases}
f(\theta_n) \approx \sqrt{\dfrac{r}{\pi}}\cos\theta_n \cdot e^{-r\sin^2\theta_n} & 1 > \cos\theta_n > \dfrac{2.5}{\sqrt{r}} \\
f(\theta_n) \approx 0 & \sqrt{\dfrac{-2.5}{\sqrt{r}}} > \cos\theta_n > -1
\end{cases} \tag{10-11}
$$

所以，在 $\theta_n = 0$ 附近，对于大的 r，式(10-11)可以写为

$$f(\theta_n) \approx \sqrt{\frac{r}{\pi}} \cdot e^{-r\theta_n^2} \tag{10-12}$$

均值为 0 的正态分布的概率密度函数表示式为

$$f(x) = \frac{1}{\sqrt{2\pi}\sigma} e^{-x^2/2\sigma^2} \tag{10-13}$$

将式(10-12)参照式(10-13)正态分布的概率密度的形式可以改写为

$$f(x) = \frac{1}{\sqrt{2\pi} \cdot \sqrt{\dfrac{1}{2r}}} e^{-\theta_n^2/2\left(\frac{1}{2r}\right)} \tag{10-14}$$

故此随机相位误差 θ_n 的方差 $\overline{\theta_n^2}$ 与信号噪声功率比 r 的关系为

$$\overline{\theta_n^2} = \frac{1}{2r} \tag{10-15}$$

所以，当大信噪比时，由窄带高斯噪声引起的随机相位误差的方差大小直接和信噪比成反比。常将此随机相位误差 θ_n 的标准偏差 $\sqrt{\overline{\theta_n^2}}$ 称为相位抖动，并记为 σ_φ。

在提取载频电路中的窄带滤波器对于信噪比有直接的影响。对于给定的噪声功率谱密度，窄带滤波器的通频带越窄，使通过的噪声功率越小，信噪比就越大，这样由式(10-8)可以看出随机相位误差 θ_n 越小。但是，通频带越窄，要求滤波器的 Q 值越大，则由式(10-9)可见，恒定相位误差 $\Delta\varphi$ 越大。所以，恒定相位误差和随机相位误差对于 Q 值的要求是矛盾的。

2. 同步建立时间和保持时间

从开始接收到信号(或从系统失步状态)至提取出稳定的载频所需要的时间称为同步建立时间。显然我们要求此时间越短越好。在同步建立时间内，由于相干载频的相位还没有调整稳定，所以不能正确接收码元。

从开始失去信号到失去载频同步的时间称为同步保持时间。显然希望此时间越长越好。长的同步保持时间有可能使信号短暂丢失时，或接收断续信号(例如时分制信号)时，不需要重新建立同步，保持连续提供稳定的本地载频。

在同步电路中的低通滤波器和环路滤波器都是通频带很窄的电路。一个滤波器的通频

带越窄,其惰性越大。这就是说,一个滤波器的通频带越窄,则当在其输入端加入一个正弦振荡时,输出端振荡的建立时间越长;当输入振荡截止时,输出端振荡的保持时间也越长。显然,这个特性和对于同步性能的要求是相左的,即建立时间短和保持时间长是互相矛盾的要求。因此,在设计同步系统时只能折中(tradeoff)处理。

3. 载波同步误差对解调信号的影响

对于相位键控信号而言,载波同步不良引起的相位误差直接影响着接收信号的误码率。在前面曾经指出,载波同步的相位误差包括两部分,即恒定误差 $\Delta\varphi$ 和相位抖动 σ_φ。现在将其写为

$$\varepsilon = \Delta\varphi + \sigma_\varphi \tag{10-16}$$

这里,将具体讨论此相位误差 ε 对于 2PSK 信号误码率的影响。

$$v_\varepsilon = \frac{1}{2}m(t)\cos(\varphi - \theta) \tag{10-17}$$

由式(10-17)可知,其中 $(\varphi-\theta)$ 为相位误差,v_e 即解调输出电压,而 $\cos(\varphi-\theta)$ 就是由于相位误差引起的解调信号电压下降。因此信号噪声功率比 r 下降至 $\cos^2(\varphi-\theta)$ 倍。将它代入误码率公式,得到相位误差为 $(\varphi-\theta)$ 时的误码率

$$p_\varepsilon = \frac{1}{2}\mathrm{erfc}(\sqrt{r}\cos(\varphi - \theta)) \tag{10-18}$$

式中:r 为信号噪声功率比。

载波相位同步误差除了直接使相位键控信号信噪比下降,影响误码率外,对于单边带和残留边带等模拟信号,还会使信号波形产生失真。现以单边带信号为例作简要讨论。设有一单频基带信号

$$m(t) = \cos\Omega t \tag{10-19}$$

它对载波进行单边带调制后,取出上边带信号

$$s(t) = \frac{1}{2}\cos(\omega_c + \Omega)t \tag{10-20}$$

传输到接收端。若接收端的本地相干载波有相位误差 ε,则两者相乘后得到

$$\frac{1}{2}\cos(\omega_c + \Omega)t \cdot \cos(\omega_c t + \varepsilon) = \frac{1}{4}[\cos(2\omega_c t + \Omega t + \varepsilon) + \cos(\Omega t - \varepsilon)] \tag{10-21}$$

经过低通滤波器滤出的低频分量为

$$\frac{1}{4}\cos(\Omega t - \varepsilon) = \frac{1}{4}\cos\Omega t \cdot \cos\varepsilon + \frac{1}{4}\sin\Omega t \cdot \sin\varepsilon \tag{10-22}$$

其中第一项是原调制基带信号,但是受到因子 $\cos\varepsilon$ 的衰减;第二项是和第一项正交的项,它使接收信号产生失真。失真程度随相位误差 ε 的增大而增大。

10.2 位同步技术

数字通信系统对位定时信号的传输和提取的具体要求是:

(1) 在接收端恢复或提取位定时信号的重复频率(或间隔)与发送端(也是接收到的)码元速率相等。

(2) 接收端的位定时信号与接收到的数字信号码元保持固定的最佳相位(位置)关系。

与载波同步类似,实现位同步的方法也可以分为自同步法和插入导频法两种。

10.2.1 位同步的方法

1. 自同步法

采用自同步法,首先要确定接收到的数字流中是否存在位定时频率分量。如果有位定时频率分量,那么就可以利用窄带滤波器或锁相环电路把位定时频率信号从数字流中提取出来,再形成定时信号。如果接收信号本身不含有位定时频率分量,那么必须将接收信号经过某种非线性处理来产生位定时频率分量,然后从经过非线性处理后的信号中采用窄带滤波器或锁相环提取出位同步信号。自同步法的原理框图如图 10-6 所示,若接收信号中含有位定时频率分量,则图中的非线性处理电路就不需要了。

接收到的基带信号 ⟶ 非线性部件 ⟶ 窄带滤波器 ⟶ 脉冲形成器 ⟶ 定时脉冲

图 10-6 自同步法提取定时信号原理框图

非线性处理常见的方法有平方变换法、微分整流法等,下面以微分整流法来加以说明,原理如图 10-7 所示。当接收不归零单极性信号时,对它进行放大、限幅、微分、整流后,就成为基频为 $f_B = 1/T_B$ 的归零二元脉冲序列。此序列中,含有 f_B 频率分量,可用窄带滤波器提取,经形成电路后得到所需的定时信号脉冲。图中相位调整电路可保证定时脉冲对准基带码元波形幅度最大的最佳抽样时刻。

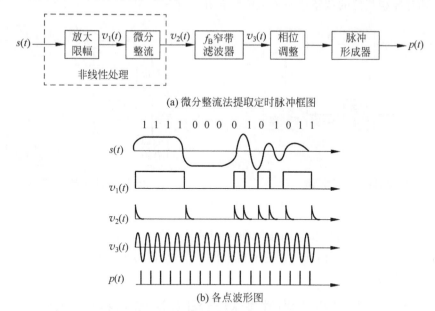

(a) 微分整流法提取定时脉冲框图

1 1 1 1 0 0 0 0 1 0 1 0 1 1

(b) 各点波形图

图 10-7 微分整流法提取定时信号原理

2. 外同步法

外同步法常用的方法是在频域内插入位定时导频。位同步信号一般从解调后的基带信号中提取。在无线通信中,数字基带信号一般都采用不归零的矩形脉冲,并以此对高频载波作各种调制。下面以采用不归零的矩形脉冲的数字基带信号为例讨论采用外同步法实现位同步的方法。

对于全占空的矩形脉冲,当 $P(1)=P(0)=0.5$ 时,不论是单极性还是双极性码,其功率谱密度中都没有 f_B 成分,也没有 $2f_B$ 成分。并且在 f_B 处为其功率谱的零点,此时可以在 f_B 处插入位定时导频,如图 10-8 所示。在接收端,用窄带滤波器把导频滤选出来,再整形为所需的定时信号。

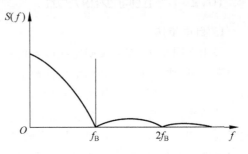

图 10-8   位同步插入导频

由于在发送端加入导频,而导频信号并不是需要传输的数字基带信号的成分,所以导频的存在或多或少地会影响到数字基带信号的解调性能。因此,导频信号一经提取,就需要在对接收信号(基带数字信号和导频信号之和)进行判决之前,把导频信号抑制掉,否则会影响判决的准确性。抑制导频的方法通常有带阻法和抵消法。图 10-9(a)所示为带阻法抑制导频的原理图。带阻滤波器的阻带非常窄,可以将导频滤除。图 10-9(b)所示为抵消法的原理。调节移相器和衰减器,获得一个与混合于数字信号中的导频等幅反相信号,相加抵消。需要注意的是,无论是带阻法还是抵消法,都不能完全滤除导频。为了进一步降低导频信号对解调性能的影响,在发送端可对插入导频的相位作适当调整,使导频信号的过零点正好处在抽样时刻的位置,从而不影响抽样的取值。实际工作中,通常把接收端对导频的抑制和在发送端对导频相位的调整这两个措施结合在一起来使用。

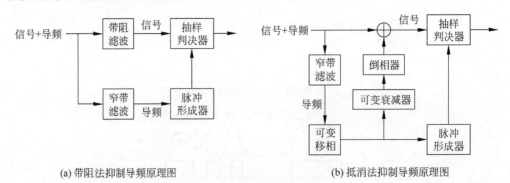

(a) 带阻法抑制导频原理图   (b) 抵消法抑制导频原理图

图 10-9   抑制导频原理框图

以上所讨论的载波同步和位同步中所采用的插入导频法都是在频域内插入的。实际上,同步信号也可以在时域内插入。这时载波同步信号、位同步信号和数据信号被分别配置在不同的时间内传送。

10.2.2   位同步系统的性能及其相位误差对性能的影响

与载波同步系统相似,位同步系统的性能指标主要有相位误差、同步建立时间、同步保持时间及同步带宽等。下面结合数字锁相环介绍这些指标,并讨论相位误差对误码率的影响。

1. 位同步系统的性能

1) 相位误差 θ_e

位同步信号的平均相位和最佳相位之间的偏差称为静态相差。对于数字锁相法提取位同步信号而言,相位误差主要是由于位同步脉冲的相位跳变调整所引起的。每调整一步,相位改变 $2\pi/n$(对应时间 T/n),n 是分频器的分频次数,故最大的相位误差为

$$\theta_e = 360°/n \tag{10-23}$$

若用时间差 T_e 来表示相位误差,因每码元的周期为 T,故得

$$T_e = T/n \tag{10-24}$$

2) 同步建立时间 t_s

同步建立时间是指开机或失去同步后重新建立同步所需的最长时间。当位同步脉冲相位与接收基准相位差 π(对应时间 $T/2$)时,调整时间最长。这时所需的最大调整次数为

$$N = \pi / \frac{2\pi}{n} = \frac{n}{2} \tag{10-25}$$

由于接收码元是随机的,对二进制码而言,相邻两个码元(01、10、11、00)中,有或无过零点的情况各占一半。数字锁相法中都是从数据过零点中提取作比相用的基准脉冲的,因此平均来说,每两个脉冲周期(2T)可能有一次调整,所以同步建立时间为

$$t_s = 2T \cdot N = nT \tag{10-26}$$

3) 同步保持时间 t_c

当同步建立后,一旦输入信号中断,或出现长连"0"、连"1"码时,锁相环就失去调整作用。由于收发双方位定时脉冲的固有重复频率之间总存在频差,接收端同步信号的相位就会逐渐发生漂移,漂移量达到某一容许的最大值,就失去同步。由同步到失步所需要的时间,称为同步保持时间。

设收发两端固有的码元周期分别为 $T_1 = 1/F_1$ 和 $T_2 = 1/F_2$,则每个周期的平均时间差为

$$\Delta T = |T_1 - T_2| = \left| \frac{1}{F_1} - \frac{1}{F_2} \right| = \frac{|F_2 - F_1|}{F_1 F_2} \tag{10-27}$$

式中,F_0 为收发两端固有码元重复频率的几何平均值,且有

$$T_0 = 1/F_0 \tag{10-28}$$

由式(10-28)可得

$$F_0 |T_1 - T_2| = \frac{\Delta F}{F_0} \tag{10-29}$$

$\Delta F \neq 0$ 时,每经过 T_0 时间,收发两端就会产生 $|T_1 - T_2|$ 的时间漂移。

若规定两端容许的最大时间漂移(误差)为 T_0/K(K 为一常数),则达到此误差的时间就是同步保持时间 t_c。

$$\begin{cases} \dfrac{T_0/K}{t_c} = \dfrac{\Delta F}{F_0} \\[2mm] t_c = \dfrac{1}{\Delta F K} \end{cases} \tag{10-30}$$

4) 同步带宽 Δf_s

同步带宽是指能够调整到同步状态所容许的收、发振荡器最大频差。由于数字锁相环平均每 2 周(2T)调整一次,每次所能调整的时间为 T/n($T/n \approx T_0/n$),所以在一个码元周

期内平均最多可调整的时间为 $T_0/2n$。很显然，如果输入信号码元的周期与接收端固有位定时脉冲的周期之差为 $|\Delta T| > T_0/2n$，则锁相环将无法使接收端位同步脉冲的相位与输入信号的相位同步，这时由频差所造成的相位差就会逐渐积累。

因此，根据 $\Delta T = \dfrac{T_0}{2n} = \dfrac{1}{2\pi F_0}$ 求得

$$\frac{|\Delta f_s|}{F_0^2} = \frac{1}{2\pi F_0} \tag{10-31}$$

解出

$$|\Delta f_s| = F_0/2n \tag{10-32}$$

式(10-32)就是求得的同步带宽表达式。

2. 位同步相位误差对性能的影响

位同步的相位误差 θ_e 主要是造成位定时脉冲的位移，使抽样判决时刻偏离最佳位置。在第 5 章推导的误码率公式，都是在最佳抽样判决时刻得到的。当位同步存在相位误差 θ_e（或 T_e）时，必然使误码率 p_e 增大。

为了方便起见，用时差 T_e 代替相差 θ_e 对系统误码率的影响。设解调器输出的基带数字信号如图 10-10(a)所示，并假设采用匹配滤波器法检测，即对基带信号进行积分、取样和判决。若位同步脉冲有相位误差 T_e[图 10-10(b)]，则脉冲的取样时刻就会偏离信号能量的最大点。从图 10-10(c)可以看到，相邻码元的极性无交变时，位同步的相位误差不影响取样点的积分输出能量值，在该点的取样值仍为整个码元能量 E，图 10-10(c)中的 t_4 和 t_6 时刻就是这种情况。而当相邻码元的极性交变时，位同步的相位误差使取样点的积分能量减小，如图中 t_3 点的值只是 $(T - 2T_e)$ 时间内的积分值。由于积分能量与时间成正比，故积分能量减小为 $(1 - 2T_e/T)E$。

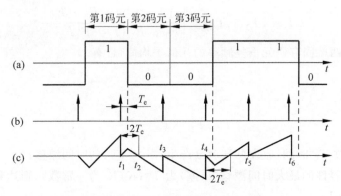

图 10-10 相位误差对性能的影响

通常，随机二进制数字信号相邻码元有变化和无变化的概率各占 1/2，所以相邻码元无变化时，仍按原来相应的误码率公式计算；相邻码元有变化时，按信噪比(或能量)下降后计算。以 2PSK 信号最佳接收的情况为例，考虑到相位误差影响时，其误码率为

$$p_e = (1/4)\,\mathrm{erfc}\sqrt{E/n_0} + (1/4)\,\mathrm{erfc}\sqrt{E\left(1 - \frac{2T_e}{T}\right)/n_0} \tag{10-33}$$

10.3 群同步技术

为了使接收到的码元能够被理解,需要知道其如何分组。一般来说,接收端需要利用群同步去划分接收码元序列。群同步码的插入方法有两种:一种是集中插入;另一种是分散插入。

集中插入法是将标志码组开始位置的群同步码插入于一个码组的前面,如图 10-11(a)所示。这里的群同步码是一组符合特殊规律的码元,它出现在信息码元序列中的可能性非常小。接收端一旦检测到这个特定的群同步码组就马上知道了这组信息码元的"头"。所以这种方法适用于要求快速建立同步的地方,或间断传输信息并且每次传输时间很短的场合。检测到此特定码组时,可以利用锁相环保持一定时间的同步。为了长时间地保持同步,需要周期性地将这个特定码组插入于每组信息码元之前。

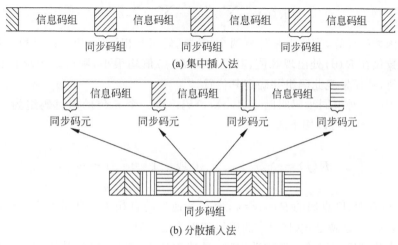

(a) 集中插入法

(b) 分散插入法

图 10-11 群同步码的插入方法

分散插入法是将一种特殊的周期性同步码元序列分散插入信息码元序列中。在每组信息码元前插入一个(也可以插入很少几个)群同步码元即可,如图 10-11(b)所示。因此,必须花费较长时间接收若干组信息码元后,根据群同步码元的周期特性,从长的接收码元序列中找到群同步码元的位置,从而确定信息码元的分组。这种方法的好处是对于信息码元序列的连贯性影响较小,不会使信息码元分组之间分离过大;但是它需要较长的同步建立时间,故适用于连续传输信息之处,例如数字电话系统中。

为了建立正确的群同步,无论使用上述哪种方法,接收端的同步电路都有两种状态,即捕捉(acquisition)态和保持(maintenance)态。在捕捉态时,确认搜索(searching)到群同步码的条件必须规定得很高,以防发生假同步(false synchronization)。一旦确认达到同步状态后,系统转入保持态。在保持态下,仍需不断监视同步码的位置是否正确。但是,这时为了防止因为噪声引起的个别错误导致认为失去同步,应该降低判断同步的条件,使系统稳定工作。

10.3.1 群同步方法

1. 集中插入法

集中插入法，又称连贯式插入法。这种方法采用特殊的群同步码组，集中插入在信息码组的前头，使得接收时能够较容易地立即捕获它。因此，要求群同步码的自相关特性曲线具有尖锐的单峰，以便容易地从接收码元序列中识别出来。这里，将有限长度码组的局部自相关函数定义如下：设有一个码组，它包含 n 个码元 $\{x_1,x_2,\cdots,x_n\}$，则其局部自相关函数（下面简称自相关函数）

$$R(j)=\sum_{i=1}^{n-j}x_i x_{i+j} \quad (1\leqslant i\leqslant n, j=整数) \tag{10-34}$$

式中：n 为码组中的码元数目；$x_i=+1$ 或 -1，当 $1\leqslant i\leqslant n$；$x_i=0$，当 $1>i$ 和 $i>n$。

显然可见，当 $j=0$ 时

$$R(0)=\sum_{i=1}^{n}x_i x_i=\sum_{i=1}^{n}x_i^2=n \tag{10-35}$$

自相关函数的计算，实际上是计算两个相同的码组互相移位、相乘再求和。若一个码组的自相关函数仅在 $R(0)$ 处出现峰值，其他处的 $R(j)$ 值均很小，则可以用求自相关函数的方法寻找峰值，从而发现此码组并确定其位置。

目前常用的一种群同步码叫巴克（Barker）码。设一个 n 位的巴克码组为 $\{x_1,x_2,\cdots,x_n\}$，则其自相关函数可以用下式表示

$$R(j)=\sum_{i=1}^{n-j}x_i x_{i+j}=\begin{cases} n & j=0 \\ 0 \text{ 或 } \pm 1 & 0<j<n \\ 0 & j\geqslant n \end{cases} \tag{10-36}$$

式（10-36）表明，巴克码的 $R(0)=n$，而在其他处的自相关函数 $R(j)$ 的绝对值均不大于 1。这就是说，凡是满足式（10-36）的码组就称为巴克码。

目前尚未找到巴克码的一般构造方法，只搜索到 10 组巴克码，其码组最大长度为 13，全部列在表 10-1 中。需要注意的是，在用穷举法寻找巴克码时，表 10-1 中各码组的反码（即正负号相反的码）和反序码（即时间顺序相反的码）也是巴克码。现在以 $n=5$ 的巴克码为例，在 $j=0\sim4$ 时，求其自相关函数值。

当 $j=0$ 时，$\quad R(0)=\sum_{i=1}^{5}x_i^2=1+1+1+1+1=5$

当 $j=1$ 时，$\quad R(1)=\sum_{i=1}^{4}x_i x_{i+1}=1+1-1-1=0$

当 $j=2$ 时，$\quad R(2)=\sum_{i=1}^{3}x_i x_{i+2}=1-1+1=1$

当 $j=3$ 时，$\quad R(3)=\sum_{i=1}^{2}x_i x_{i+3}=-1+1=0$

当 $j=4$ 时，$\quad R(4)=\sum_{i=1}^{1}x_i x_{i+4}=1$

由以上计算结果可见,其自相关函数绝对值除 $R(0)$ 外,均不大于 1。由于自相关函数是偶函数,所以其自相关函数值画成曲线如图 10-12 所示。

表 10-1 巴克码

N	巴 克 码
1	＋
2	＋＋,＋－
3	＋＋－
4	＋＋＋－,＋＋－＋
5	＋＋＋－＋
7	＋＋＋－－＋－
11	＋＋－－－＋－－＋－
13	＋＋＋＋＋－－＋＋－＋－＋

注:"＋"代表"＋1";"－"代表"－1"。

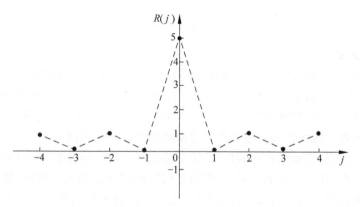

图 10-12 巴克码自相关曲线

有时将 $j=0$ 时的 $R(j)$ 值称为主瓣,其他处的值称为旁瓣。上面得到的巴克码自相关函数的旁瓣值不大于 1,是指局部自相关函数的旁瓣值不大于 1。在实际通信情况中,在巴克码前后都可能有其他码元存在。但是,若假设信号码元的出现是等概率的,出现＋1 和－1 的概率相等,则相当于在巴克码前后的码元取值平均为 0。所以平均而言,计算巴克码的局部自相关函数的结果,近似地符合在实际通信情况中计算全部自相关函数的结果。

在找到巴克码之后,后来的一些学者利用计算机穷举搜寻的方法,又找到一些适用于群同步的码组,例如威拉德(Willard)码、毛瑞型(Maury-Styles)码和林德(Linder)码等,其中一些同步码组的长度超过了 13。而这些更长的群同步码正是提高群同步性能所需要的。

在实现集中插入法时,在接收端中可以按上述公式用数字处理技术计算接收码元序列的自相关函数。在开始接收时,同步系统处于捕捉态。若计算结果小于 N,则等待接收到下一个码元后再计算,直到自相关函数值等于同步码组的长度 N 时,就认为捕捉到了同步,并将系统从捕捉态转换为保持态。此后,继续考查后面的同步位置上接收码组是否仍然具有等于 N 的自相关值。当系统失去同步时,自相关值立即下降。但是自相关值下降并不等于一定失步,因为噪声也可能引起自相关值下降。所以为了保护同步状态不易被噪声等干扰打断,在保持状态时要降低对自相关值的要求,即规定一个小于 N 的值,例如 $(N-2)$,只有所考查的自相关值小于($N-2$)时才判定系统失步。于是系统转入捕捉态,重新捕捉同步码组。按照这一原理计算的流程图(flow chart)示于图 10-13 中。

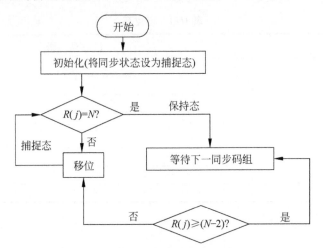

图 10-13 集中插入法群同步码检测流程图

2. 分散插入法

分散插入法又称间隔式插入法,如图 10-11(b)所示。通常,分散插入法的群同步码都很短。例如,在数字电话系统中常采用"10"交替码,即在图 10-11(b)所示的同步码元位置上轮流发送二进制数字"1"和"0"。这种有规律的周期性出现的"10"交替码,在信息码元序列中极少可能出现。因此在接收端有可能将同步码的位置检测出来。

在接收端,为了找到群同步码的位置,需要按照其出现周期搜索若干个周期。若在规定数目的搜索周期内,在同步码的位置上,都满足"1"和"0"交替出现的规律,则认为该位置就是群同步码元的位置。至于具体的搜索方法,由于计算技术的发展,目前多采用软件方法,不再采用硬件逻辑电路实现。软件搜索方法大体有如下两种。

第一种是移位搜索法。在这种方法中系统开始处于捕捉态时,对接收码元逐个考查,若考查第一个接收码元就发现它符合群同步码元的要求,则暂时假定它就是群同步码元;在等待一个周期后,再考查下一个预期位置上的码元是否还符合要求。若连续 n 个周期都符合要求,就认为捕捉到了群同步码,这里 n 是预先设定的一个值。若第一个接收码元不符合要求或在 n 个周期内出现一次被考查的码元不符合要求,则推迟一位考查下一个接收码元,直至找到符合要求的码元并保持连续 n 个周期都符合为止,这时捕捉态转为保持态。在保持态,同步电路仍然要不断考查同步码是否正确,但是为了防止考查时因噪声偶然发生一次错误而导致错认为失去同步,一般可以规定在连续 n 个周期内发生 m 次($m < n$)考查错误才认为是失去同步。这种措施称为同步保护(synchronize protection)。在图 10-14 中画出了上述方法的流程图。

第二种方法称为存储检测法。在这种方法中先将接收码元序列存在计算机的 RAM 中,再进行检验。图 10-15 为存储检测法示意图,它按先进先出(first input first output, FIFO)的原理工作。图中画出的存储容量为 40bit,相当于 5 帧信息码元长度,每帧长 8bit,其中包括 1bit 同步码。在每个方格中,上部阴影区内的数字是码元的编号,下部的数字是码元的取值"1"或"0",而"x"代表任意值。编号为"1"的码元最先进入 RAM,编号"40"的码

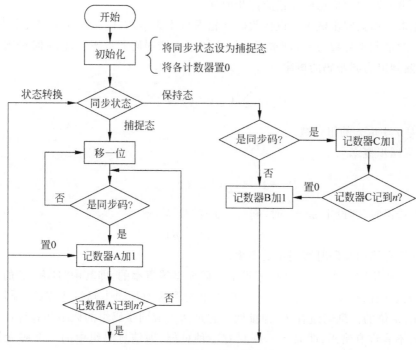

图 10-14 移位搜索法流程图

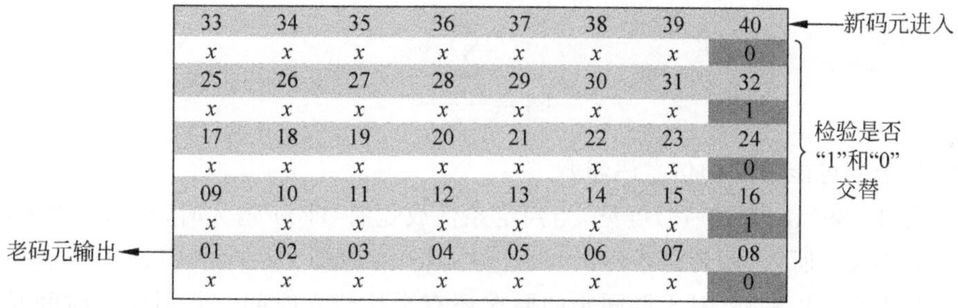

图 10-15 存储检测法示意图

元为当前进入 RAM 的码元。每当进入 1 码元时,立即检验最右列存储位置中的码元是否符合同步序列的规律(例如"10"交替)。按照图示,相当于只连续检验了 5 个周期。若它们都符合同步序列的规律,则判定新进入的码元为同步码元。若不完全符合,则在下一个比特进入时继续检验。实际应用的方案中,这种方案需要连续检验的帧数和时间可能较长。例如在单路数字电话系统中,每帧长度可能有 50 多字节,而检验帧数可能有数十帧。这种方法也需要加用同步保护措施。它的原理与第一种方法中的类似,这里不再重复。

10.3.2 群同步性能

群同步性能的主要指标有两个,即假同步(false synchronization)概率 P_f 和漏同步(miss synchronization)概率 P_1。假同步是指同步系统在捕捉时将错误的同步位置当作正确的同步位置捕捉到;而漏同步是指同步系统将正确的同步位置漏过而没有捕捉到。漏同步的主要原因是噪声的影响,使正确的同步码元变成错误的码元。而产生假同步的主要原因是由于噪声的影响使信息码元错成同步码元。

现在先来计算漏同步概率。设接收码元错误概率为 p，需检验的同步码元数为 n，检验时容许错误的最大码元数为 m，即被检验同步码组中错误码元数不超过 m 时仍判定为同步码组，则未漏判定为同步码的概率

$$P_u = \sum_{r=0}^{m} C_n^r p^r (1-p)^{n-r} \tag{10-37}$$

式中：C_n^r 为 n 中取 r 的组合数。

所以，漏同步概率

$$P_1 = 1 - \sum_{r=0}^{m} C_n^r p^r (1-p)^{n-r} \tag{10-38}$$

当不允许有错误时，即设定 $m=0$ 时，则式(10-38)变为

$$P_1 = 1 - (1-p)^n \tag{10-39}$$

这就是不允许有错同步码时漏同步的概率。

现在来分析假同步概率。这时，假设信息码元是等概率的，即其中"1"和"0"的先验概率相等，并且假设假同步完全是由于某个信息码组被误认为是同步码组造成的。同步码组长度为 n，所以 n 位的信息码组有 2^n 种排列。它被错当成同步码组的概率和容许错误码元数 m 有关。若不容许有错码，即 $m=0$，则只有一种可能，即信息码组中的每个码元恰好都和同步码元相同。若 $m=1$，则有 C_n^1 种可能将信息码组误认为是同步码组。因此假同步的总概率为

$$P_f = \frac{\sum_{r=0}^{m} C_n^r}{2^n} \tag{10-40}$$

式中：2^n 是全部可能出现的信息码组数。

比较式(10-39)和式(10-40)可见，当判定条件放宽时，即 m 增大时，漏同步概率减小，但假同步概率增大。所以，两者是矛盾的，设计时需折中考虑。

除了上述两个指标外，对于群同步的要求还有平均建立时间。所谓建立时间是指从捕捉态开始捕捉转变到保持态所需的时间。显然，平均建立时间越快越好。按照不同的群同步方法，此时间不难计算出来。现以集中插入法为例进行计算。假设漏同步和假同步都不发生，则由于在一个群同步周期内一定会有一次同步码组出现。所以按照图 10-13 的流程捕捉同步码组时，最长需要等待一个周期的时间，最短则不需等待，立即捕到。平均而言，需要等待半个周期的时间。设 N 为每群的码元数目，其中群同步码元数目为 n，T 为码元持续时间，则一群的时间为 NT，它就是捕捉到同步码组需要的最长时间。若考虑到出现一次漏同步或假同步大约需要多个 NT 的时间才能捕获到同步码组，故这时的群同步平均建立时间约为

$$t_\varepsilon \approx NT(1/2 + P_f + P_1) \tag{10-41}$$

10.3.3 群同步保护

在群同步系统的性能分析中可以看出，由于噪声和干扰的影响，当有误码存在时，有漏同步的问题；另外，由于信息码中也可能偶然出现群同步码，这样就产生假同步的问题。假

同步和漏同步都使群同步系统不稳定和不可靠，为此要增加群同步的保护措施，以提高群同步的性能。最常用的保护措施是将群同步的工作划为两种状态，即捕捉态和维持态。下面针对两种不同的群同步方法分别加以介绍。

1. 连贯式插入法中的群同步保护

连贯式插入法的性能分析中已经提到，从要求漏同步概率 P_1 低和假同步概率 P_f 低来看，对识别器判决门限的选择是有矛盾的。因此把同步过程分为两种不同的状态，分别提出不同的判决门限要求。捕捉态将判决门限提高，即 m 下降，使 P_f 减小；维持态时将判决门限降低些，即 m 增加，使 P_1 减小。

连贯式插入法群同步保护的原理框图如图 10-16 所示。在同步未建立时，系统处于捕捉态，状态触发器 C 的 Q 端为低电平，此时同步码组识别器的判决电平较高，因而减小了假同步的概率。一旦识别器输出脉冲，由于触发器的 $\overline{Q}$ 端此时为高电平，因而经或门使与门 1 有输出。与门 1 的一路输出至分频器使之置"1"，这时分频器就输出一个脉冲加至与门 2，该脉冲还分出一路经过或门又加至与门 1。与门 1 的另一端输出加至状态触发器 C，使系统由捕捉态转为维持态，这时 Q 端变为高电平，打开与门 2，分频器输出的脉冲就通过与门 2 形成群同步脉冲输出，从而建立同步。

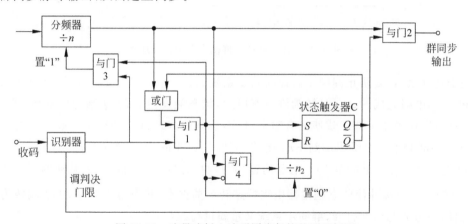

图 10-16 连贯式插入法群同步保护的原理框图

同步建立以后，系统处于维持态。为了提高系统的抗噪声和抗干扰性能，以减小漏同步概率，原理框图中触发器在维持态时，Q 端输出高电平来降低识别器的判决门限电平，以减小漏同步概率。另外，同步建立以后，如果在分频器输出群同步脉冲的时刻，识别器无输出，则可能是系统真的失去同步，也可能是由偶然的干扰而引起的，只有连续出现 n_2 次这种情况才能认为真的失去同步。这时与门 1 连续无输出，经"非"门后加至与门 4 的便是高电平，分频器每输出一个脉冲，与门 4 就输出一个脉冲，这样连续 n_2 个脉冲使 $\div n_2$ 电路计满，随即输出一个脉冲至触发器 C，使状态由维持态转为捕捉态。当与门 1 不是连续无输出时，$\div n_2$ 电路未计满就会被置"0"，状态就不会转换，因而增加了系统在维持态时的抗干扰能力。

同步建立以后，信息码中的假同步码组也可能使识别器有输出而造成干扰。然而在维持态下，这种假识别的输出与分频器的输出是不同时出现的，因而这时与门 1 没有输出，不会影响分频器的工作，因而这种干扰对系统没有影响。

2. 间歇式插入法中群同步的保护

间歇式插入法中用逐码移位法实现群同步时,信息码中与群同步相同的码元约占一半,因而在建立同步的过程中,假同步的概率很大。解决这个问题的保护电路原理如图 10-17 所示,必须连续 n_1 次接收码元和本地群码一致,才认为同步建立,这样可使假同步的概率大大减小。状态触发器在同步未建立时处于"捕捉态",此时 Q 端为低电平。本地群码 d 和收码只有连续 n_1 次一致时,$\div n_2$ 电路才输出一个脉冲,使状态触发器的 Q 端由低电平变为高电平,同步系统就由捕捉态变为维持态,表示同步已经建立,这样收码就可以通过与门 1 加至解调器。偶然的不一致不会使状态触发器改变状态,因为 n_1 次中只要有一次不一致,就会使 $\div n_1$ 电路置零。

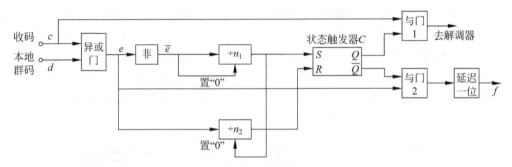

图 10-17　逐码移位法群同步保护的原理图

同步建立以后,要防止漏同步以提高同步系统的抗干扰能力。这个作用是由状态触发器 C 和 $\div n_2$ 电路完成的。一旦转为维持态以后,状态触发器 C 的 $\overline{Q}$ 端为低电平,将与门 2 封闭。这时即使由于某些干扰使 e 有输出,也不会调整本地群码的相位。如果是真正的失步,e 就会不断频繁地有输出加到 $\div n_2$ 电路,同时 e 也不断频繁地将 $\div n_1$ 电路置"0",这时 $\div n_1$ 电路不会再有输出加至 $\div n_2$ 电路的置"0"脉冲,而当 $\div n_2$ 电路输入脉冲的累计数达到 n_2 时,就输出一个脉冲使状态触发器由维持态转为捕捉态,状态触发器 C 的 $\overline{Q}$ 端转为高电平。这样,一方面与门 2 打开,群同步系统又重新进行逐码移位;另一方面封闭与门 1,使解调器暂停工作。由此可以看出,逐码移位法群同步系统划分为捕捉态和维持态后,既提高了同步系统的可靠性,又增加了系统的抗干扰能力。

10.3.4　起止式同步

除了上述两种插入同步码组的方法外,在早期的数字通信中还有一种同步法,称为起止式同步(start stop synchronization)法。它主要适用于电传打字机(teletypewriter)。在电传打字机中一个字符可以由 5 个二进制码元组成,每个码元的长度相等。由于是手工操作,键盘输入的每个字符之间的时间间隔不等。所以,在无字符输入时,令电传打字机的输出电压一直处于高电平状态。在有一个字符输入时,在 5 个信息码元之前加入一个低电平的"超脉冲",其宽度为一个码元的宽度 T,如图 10-18 所示。为了保持字符间的间隔,又规定在"超脉冲"前的高电平宽度至少为 $1.5T$,并称它为"止脉冲"。所以通常将起止式同步的一个字符的长度定义为 $7.5T$。在手工操作输入字符时,"止脉冲"的长度是随机的,但是至少为 $1.5T$。

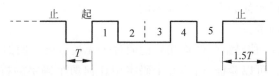

图 10-18 起止式同步法

由于每个字符的长度很短,所以本地时钟不需要很精确就能在这 5 个码元的周期内保持足够的准确。起止式同步的码组中,字符的数目不必是 5 个,例如也可能采用 7 位的 ASCII 码。

起止式同步有时也称为异步式(asynchronous)通信,因为在其输出码元序列中码元的间隔不等。

10.3.5 自群同步

一般来说,接收端需要利用群同步码去划分接收码元序列。但是,有一类特殊的信息编码,它本身具有分群的能力,不需要外加同步码组。下面将简要介绍这类编码的特点。

首先介绍唯一可译码(uniquely decodable code)。例如,假设现共有 4 种天气状态需要传输,将其用二进制编码表示,如表 10-2 所示。

表 10-2 信息编码

天 气 状 态	信 息 位
晴	0
云	100
阴	110
雨	111

保证唯一可译的充分条件(非必要条件)是在编码中任何一个码字(codeword)都不能是其他码字的前缀(词头)。满足这个条件的编码又称为瞬时可译码(instantaneously decodable code)。瞬时可译码是指其码字的边界可以由当前码字的末尾确定,而不必等待下一个码字的开头。例如,表中的编码是唯一可译码,但不是瞬时可译码。在收到"11"后,必须等待下一个符号是"0"还是"1",才能确定译为"雨"还是"阴"。

唯一可译码的唯一可译性是有条件的,即必须正确接收到开头的第一个或前几个码元。例如,在表的例子中,当发送序列是"1111110110110…"时,若接收时丢失了第一个符号,则接收序列将变成"110110110…"。这样它将被译为"阴阴阴……"。从这个例子可以看出,为了能正确接收丢失开头码元的信息序列,要求该编码不仅应该是唯一可译的,而且是可同步的。

可同步编码是指由其构成的序列在接收时若丢失了开头的一个或几个码元,则将变成不可译的或是经过对开头几个码元错译后,能够自动获得正确同步及正确译码。例如,按编码发送天气状态。当发送的天气状态是"云阴阴晴……"时,发送码元序列为"100110110101…"。若第一个码元丢失,则收到的序列将为"00110110101…"。由于前两个码元为"00",它无法译出,故得知同步有误,译码器将从第二个码元开始译码,即对"0110110101…"译码,并译为"晴阴阴晴……"。可以看出,这时前两个码字错译了,但是从第三个码字开始已自动恢复正确的同步。若前两个码元都丢失了,则收到的序列将是"01101101…"。这时也是从第 3 个码字开始恢复正确的同步。

在可同步码中,有一种码组长度均相等的码称为无逗号码。例如,给出一种三进制的码长等于 3 的无逗号码。可以验证,由这 8 个码字中任何两个码字的拼合所形成的码长等于 3 的码字都和这 8 个码字不同。例如"AB"的编码为"100101",从其中拼合出的 3 位码字有"001"和"010",它们都不是表中的码字。所以这种编码能够自动正确地区分每个接收码字。目前无逗号码尚无一般的构造。

10.3.6 扩谱通信系统的同步

在扩谱通信系统中,接收端需要产生一个和发送端相同的本地伪随机码,用于解扩。两者不仅码字相同,而且必须严格同步。在接收端使本地伪随机码和收到的伪随机码同步的方法分为两步:第一步是捕获,即达到两者粗略同步,相位误差小于一个码元;第二步是跟踪,即将相位误差减少到最小,并保持下去。下面将分别对其进行讨论。

1. 捕获

接收机捕获有不同的方法,下面以直接序列扩谱系统为例介绍几种方法。

1) 串行搜索法

直接序列扩谱系统中采用串行搜索法建立伪随机码同步的原理框图如图 10-19 中。在初始状态,没有捕获到伪码时,接收高频扩谱信号在混频器中和扩谱的本地振荡电压相乘,得出类似噪声状的宽带中频信号,它通过窄带中频放大器和解调器后,电压很小。因此,搜索控制器的输入电压很小,它控制伪码产生器,使其产生的伪码的相位不断地移动半个码片。当伪码产生器产生的伪码相位和接收信号的伪码相位相差不到一个码片时,混频器输出一个窄带中频信号,它经过中频放大和解调后,送给搜索控制器一个大的电压,它使伪码产生器停止相位调整。于是系统捕获到伪码相位,并进入跟踪状态。

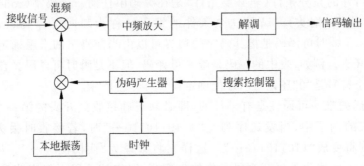

图 10-19 串行搜索法原理框图

上述串行搜索法的电路和运算较简单,但是当伪码的长度很长时,需要搜索的时间也随之增长。下面介绍的并行搜索法可以大大缩短搜索时间。

2) 并行搜索法

在并行搜索法中,将相位相隔半个码片时间 $T_c/2$ 的伪码序列同时在许多并行支路中和接收信号做相关运算。然后在比较器中比较各路的电压大小。选择电压最大的一路作为捕捉到的伪码相位。图 10-20 给出了并行搜索法原理的示意图。在图中画出的接收信号和本地伪码相乘,实质上是进行相关运算。所以在实现时也可以用匹配滤波器代替此相关运算。

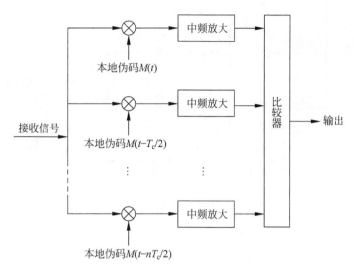

图 10-20　并行搜索法原理示意图

在此方案中,若需要搜索这个码片,则需有 $2N$ 个支路。当 N 很大时,电路和运算相当复杂。由于串行搜索法和并行搜索法的优缺点是互补的。所以在设计时为了取得折中,也可以采用将串行和并行搜索法两种方法结合起来的方案。

3) 前置同步码法

在上面介绍的扩谱码同步方案中,当伪码的长度很长时,搜索时间也因之很长。为了缩短搜索时间,可以前置一个较短的同步码组,以缩短搜索时间。同步码组缩短后,搜索时间虽然短了,但是错误捕获的概率会增大。典型的前置同步码组的长度在几百至几千码元,取决于系统的要求。

2. 跟踪

在捕捉到扩谱码之后,接收机产生的本地伪码和接收到的伪码之间的相位误差已经小于一个码片。这时系统应转入跟踪状态,进行相位精确跟踪。跟踪环路有两种:一种为延迟锁定跟踪环,或称早迟跟踪环;另一种称为 τ 抖动跟踪环。下面分别给予简要介绍。

1) 延迟锁定跟踪环

延迟锁定跟踪环原理框图如图 10-21 所示。图中接收机的伪码产生器将两个相差 1 码片时间(T_c)的本地伪码输出到两个相关器,分别和接收信号做相关运算。送到早相关器的伪码是 $p(t+T_c/2)$,送到迟相关器的伪码是 $p(t-T_c/2)$,而送入两相关器的接收信号则是

$$s(t) = Ag(t)p(t+\tau)\cos(\omega_c t + \theta) \tag{10-42}$$

式中:A 为接收信号振幅;$g(t) = \pm 1$,为基带数字信号;$p(t+\tau)$ 为伪码;ω_c 为载波角频率;θ 为载波相位。

接收信号和两个本地伪码相乘后,经过包络检波。考虑到包络检波相当于取信号振幅的绝对值,而包络检波器中低通滤波器的作用近似于求平均值,所以检波器输出为

$$E\{|Ag(t)p(t+\tau)\cdot p(t\pm T_c/2)|\} \tag{10-43}$$

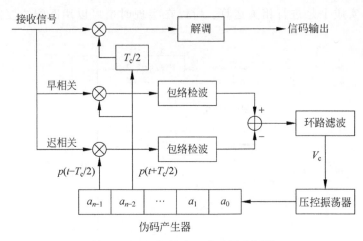

图 10-21　延迟锁定跟踪环原理框图

其中，$E\{\cdot\}$ 表示求平均值。

忽略常数因子 A，并且考虑到 $|g(t)|=1$，则上式就是接收伪码和本地伪码的相关函数的绝对值：

迟相关器支路

$$|R(\tau+T_c/2)|=E\{|p(t+\tau)\cdot p(t-T_c/2)|\} \tag{10-44}$$

早相关器支路

$$|R(\tau-T_c/2)|=E\{|p(t+\tau)\cdot p(t-T_c/2)|\} \tag{10-45}$$

由于接收伪码和本地伪码的结构相同，只是相位不同，所以式(10-44)和式(10-45)中求的相关函数是自相关函数。这就是说，包络检波器的输出就是伪码的自相关函数的绝对值。这两个值在加法器中相减，得到的输出电压经过环路滤波后送给压控振荡器作为控制电压 V_c，控制其振荡频率。

现在来考查这个控制电压的特性。由上面的分析可知，此控制电压是两个自相关函数的绝对值之差，它在图 10-22 中用粗实线画出。在理想跟踪状态下，接收伪码和本地伪码应该同相，即应有 $\tau=0$。此时，在控制电压特性曲线上应该工作在原点。若 $\tau>0$，即接收伪码相位超前，则控制电压 V_c 为正值，使压控振荡器的振荡频率上升；若 $\tau<0$，即接收伪码相位滞后，则控制电压 V_c 为负值，使压控振荡器的振荡频率下降。这样就使跟踪环路锁定在接收伪码的相位上。

在图 10-21 中，为了对接收信号解扩，用早相关器的本地伪码，加以延迟半个码片时间 $T_c/2$，使之和接收伪码同相，然后送到第三个相乘器，和接收信号相乘，进行解扩。

由图 10-21 可以看出，延迟锁定跟踪环的两个支路特性必须精确相同，否则合成的控制电压特性曲线可能偏移，使跟踪误差 τ 为 0 时，控制电压 V_c 不为 0。此外，当跟踪准确使控制电压值长时间为 0 时，跟踪环路有可能发生不稳定现象，特别是在有自动调整环路增益的一些较复杂的跟踪环路中。下面将介绍的 τ 抖动跟踪环克服了这些缺点。

2）τ 抖动跟踪环

τ 抖动跟踪环（τ-dither tracking loop）原理框图如图 10-23 所示。在这种方案中，只有一个跟踪环路。它采用时分制的方法，使早相关和迟相关共用这个环路，从而避免了两个支

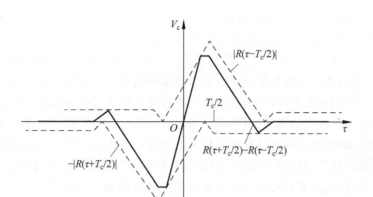

图 10-22 压控振荡器控制电压特性

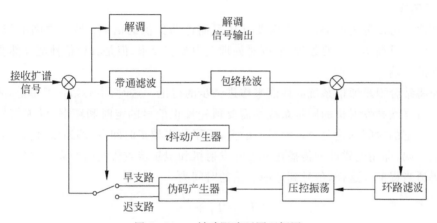

图 10-23 τ 抖动跟踪环原理框图

路的特性不一致的问题。此外,为了避免压控振荡器的控制电压长时间为 0,它在跟踪过程中,由 τ 抖动产生器使伪码产生器的时钟相位发生少许抖动,因而故意地产生少许误码,使跟踪误差 τ 值和控制电压 V_c 值在 0 附近抖动,而不会长时间为 0。由于抖动很小,对跟踪性能的影响可以忽略。对此方案就不做详细讨论了。

10.4 网同步技术

网同步是指通信网中各站之间时钟的同步。目的在于使全网各站能够互连互通,正确地接收信息码元。网同步在时分制数字通信和时分多址(TDMA)通信网中是一个重要的问题。对于广播一类的单向通信,以及一端对一端的单条链路通信,一般都是由接收设备负责解决和发送设备的时钟同步问题。这就是说,接收设备以发送设备的时钟为准,调整自己的时钟,使之和发送设备的时钟同步。

对于网中有多站的双向通信系统,同步则有不同的解决办法,可以分为两大类:第一类是全网各站具有统一时间标准,称为同步网;第二类是容许各站的时钟有误差,但是通过调整码元速率的办法使全网能够协调工作,称为异步网或准同步网。

开环法的主要优点是捕捉快,不需要反向链路也能工作,实时运算量小;其缺点是需要外部有关单位提供所需的链路参量数据，并且缺乏灵活性。对于网络特性没有直接的实时测量，就意味着网络不能对于意外的条件变化做出快速调整。

闭环法则不需要预先得知链路参量的数据。链路参量数据在减小捕捉同步时间上会有一定的作用，但是闭环法不需要像开环法要求的那样精确。在闭环法中，中心站需要测量来自终端站的信号的同步准确度，并将测量结果通过反向信道送给终端站。因此，闭环法需要一条反向信道传送此测量结果，并且终端站需要有根据此反馈信息适当调整其时钟的能力。这意味着，闭环法的缺点是终端站需要有较高的实时处理能力，并且每个终端站和中心站之间要有双向链路。此外，捕捉同步也需要较长的时间。但是，闭环法的优点是不需要外界供给有关链路参量的数据，并且可以很容易地利用反向链路来及时适应路径和链路情况的变化。还有另一种是码速调整法。

下面将对上述各种网同步方法分别给予简介。

1. 开环法

开环法又可以分为两类：一类需要利用反向链路提供的信息；另一类则不需要利用。后者由于没有反馈信息需要处理，所以对处理能力没有要求，但是其通信性能显然受链路特性稳定性的影响。

下面将结合卫星通信系统的性能来作进一步的讨论。这时，中心站在卫星上，终端站在地面。所有终端站发射机的同步系统都需要预先校正信号的定时和频率，以求信号用预定的频率在预定的时间到达卫星接收机。因此，为了预先校正时间，终端站发射机需要计算信号的传输时间，即用电磁波的传播速率去除发射机和卫星接收机间的距离，并将发射时间按计算结果适当提前。这样，信号到达中心站的时间为

$$T_a = T_t + \frac{d}{c} \tag{10-46}$$

式中：T_t 为实际发送开始时间；d 为传输距离；c 为光速。

类似地，为了预先校正发送频率，发射机需要考虑由于地面发射机和卫星接收机间相对运动产生的多普勒频移。为了能够正确接收，发送频率应为

$$f \approx \left(1 - \frac{V}{c}\right) f_0 \tag{10-47}$$

式中：V 为相对速度（距离缩短时为正）；f_0 为标称（nominal）发射频率。

实际上，无论是时间还是频率都不能准确地预先校正。即使是静止卫星，它相对于地面上的一个固定的接收点也有轻微移动。所以终端站和中心站上的参考时间和参考频率都不能准确地预测。时间预测的误差可以表示为

$$T_\varepsilon = \frac{r_\varepsilon}{c} + \Delta t \tag{10-48}$$

式中：r_ε 为距离估值的误差；Δt 为发射机处和接收机处参考时间之差。

频率误差可以表示为

$$f_\varepsilon = \frac{V_\varepsilon f_0}{c} + \Delta f \tag{10-49}$$

式中：V_ε 为发射机和接收机间相对速度的测量值误差或预测值的误差；Δf 为发射机和接收机参考频率间的误差。

误差 Δt 和 Δf 通常是由于参考频率的随机起伏引起的。发射机或接收机的参考时间通常来自参考频率的周期,故参考时间和参考频率的准确性有关。参考频率的起伏很难用统计方法表述,通常规定一个每天最大容许误差

$$\delta = \frac{\Delta f}{f_0} \tag{10-50}$$

对于廉价的晶体振荡器(crystal oscillator),δ 值的典型范围在 $10^{-5} \sim 10^{-6}$;对于高质量的晶体振荡器,δ 值在 $10^{-9} \sim 10^{-11}$;对于铷原子钟(rubidium atomic clock),δ 值为 10^{-12};对于铯(cesium)原子钟,δ 值为 10^{-13}。在规定每天最大容许误差的情况下,若无外界干预,则频率偏移可能随时间线性地增大

$$\Delta f(T) = f_0 \int_0^T \delta \, dt + \Delta f(0) = f_0 \delta \cdot T + \Delta f(0) \tag{10-51}$$

式中:$\Delta f(T)$ 为在时间 T 内增大的频率偏移;$\Delta f(0)$ 为初始($t=0$ 时)频率偏移;T 为时间。

然而,如果参考时间是按计算周期得到的,则积累的时间偏差 $\Delta t(T)$ 和参考频率的积累相位误差有关

$$\begin{aligned}
\Delta t(T) &= \int_0^T \frac{\Delta f(t)}{f_0} dt + \Delta t(0) \\
&= \int_0^T \delta \cdot t \, dt + \int_0^T \frac{\Delta f(0)}{f_0} dt + \Delta t(0) \\
&= \frac{1}{2} \delta \cdot T^2 + \frac{\Delta f(0) T}{f_0} + \Delta t(0)
\end{aligned} \tag{10-52}$$

由式(10-52)可以看出,若没有外界干预,参考时间误差可以随时间按平方律增长。对于发射机开环同步系统,通常这个不断增长的时间误差限定了外部有关单位在多长时间内必须给予一次校正;或者更新终端站内的关于中心站接收机的定时数据,或重新将中心站接收机和地球站发射机的参考时间设置到标称时间。由于误差按平方律增长,所以它不仅是频率误差问题,更是一个运行问题。

若发射机没有来自反向链路的信息,系统设计者能用式(10-51)和式(10-52)作为模型得出的时间和频率偏离,决定两次校正之间的最大时间间隔。参考时间和参考频率的重新校准是一项繁重的任务,应该尽可能少做。

若终端站已经接至中心站的反向链路,并能够将本地参考和输入信号参量作比较,则两次校准的时间间隔可以更长些。大型卫星控制站能够对静止卫星的轨道参量进行测量和模拟,距离精度达到十几米,与地面终端站的相对速度的精度达到几米每秒。这样,在用静止卫星作为中心站时,式(10-51)和式(10-52)中右端第一项通常可以忽略。于是,输入信号参量和由终端站参考时间和参考频率产生的参量之间的误差近似等于该两式中的 Δt 和 Δf。对下行链路测量的这两项误差可以用于计算对上行传输的校正。另一方面,若已知参考时间和参考频率是准确的,但是链路的路径有变动,例如终端站在运动或卫星不是静止时,对下行链路的同样测量也可以用于解决距离或速度不确定的问题。这种距离和相对速度的测量可以用于预先校正上行信号的定时和频率。

终端站能够利用对反向链路信号测量进行同步的方法,称为准闭环发射机同步法。准闭环法显然比纯开环法更适应通信系统的变动性。纯开环法要求对于所有重要的链路参量

预先有全面的了解，才能成功地运行，不能容忍链路有预料之外的变化。

2. 闭环法

闭环法需要终端站发送特殊的同步信号，用于在中心站决定信号的时间和频率相对于所需定时和频率的误差。中心站计算所得误差通过反向链路反馈给终端站发射机。若中心站具有足够的处理能力，则中心站可以进行实际的误差测量。这种测量可以是给出偏离的量和方向，也可以是只给出方向。这个信息可以被格式化后用反向链路送回终端站发射机。若中心站没有处理能力，则此特殊同步信号可以直接由反向链路送回终端站发射机。在这种情况下，解读返回信号就成为终端站发射机任务的一部分。如何设计如此特殊的同步信号，使之易于明确解读，是一项富有挑战性的任务。

这两种闭环系统的相对优缺点与有信号处理能力的地点以及信道使用效率有关。在中心站处理的主要优点是在反向链路上传送的误差测量结果可以是一个短的数字序列。当一条反向链路为大量终端站时分复用时，这样有效地利用反向链路是非常重要的。第二个优点是在中心站上的误差测量手段能够被所有连接到中心站的终端站共享，这相当于节省了系统的大量处理能力。在终端站处理的主要优点是中心站不需要易于接入，并且中心站可以设计得较简单，以提高可靠性。在卫星上的中心站就是一个典型例子（不过由于集成电路技术的进步，设计简单的要求越来越不重要）。在终端站处理的另一个优点是响应更快，因为没有在中心站处理带来的延迟。若链路的参量变化很快，这一点是很重要的。其主要缺点是反向信道的使用效率不高，以及返回信号可能难于解读这种情况发生在中心站不仅是简单地转发信号，而且还对码元作判决，再在反向链路上发送此判决结果。这种码元判决的能力可以大大改进终端站至终端站间传输的误差性能，但是它也使同步过程复杂化。因为在反向信号中含有时间和频率偏离的影响，即由码元判决产生的影响。例如，设一个终端站采用 2FSK 向中心站发送信号，中心站采用非相干解调，这时的判决将决定于信号的能量。中心站接收的信号可以用下式表示

$$s(t) = \begin{cases} \sin[(\omega_0 + \omega_s + \Delta\omega)t + \theta] & 0 \leqslant t < \Delta t \\ \sin[(\omega_0 + \Delta\omega)t + \theta] & \Delta t \leqslant t \leqslant T \end{cases} \tag{10-53}$$

式中：T 为码元持续时间；ω_0 为 2FSK 信号的一个码元的角频率；$(\omega_0 + \omega_s)$ 为 2FSK 信号另外一个码元的角频率；$\Delta\omega$ 为中心站接收信号的角频率误差；Δt 为中心站接收信号到达时间误差；θ 为任意初始相角。

现在，若中心站解调器的两个正交分量输出为

$$\begin{cases} x = \dfrac{1}{T}\displaystyle\int_0^T s(t)\cos\omega_0 t\, dt \\ y = \dfrac{1}{T}\displaystyle\int_0^T s(t)\sin\omega_0 t\, dt \end{cases} \tag{10-54}$$

则解调信号的能量为

$$\begin{aligned} z^2 &= x^2 + y^2 \\ &= \left(\frac{\sin[(\omega_s + \Delta\omega)\Delta t/2]}{(\omega_s + \Delta\omega)T}\right)^2 + \left(\frac{\sin[\Delta\omega(T - \Delta t)/2]}{\Delta\omega T}\right)^2 + \\ &\quad \frac{\cos(\Delta\omega\Delta t) + \cos[\Delta\omega T - (\omega_s + \Delta\omega)\Delta t] - \cos(\Delta\omega T) - \cos(\omega_s\Delta t)}{2\Delta\omega(\omega_s + \Delta\omega)T^2} \end{aligned} \tag{10-55}$$

对于时间误差 Δt 为 0 的特殊情况,式(10-55)变为

$$z^2 = \left[\frac{\sin(\Delta\omega T/2)}{\Delta\omega T}\right]^2 \tag{10-56}$$

对于频率误差为 0 的特殊情况,式(10-55)变为

$$z^2 = \left(\frac{T-\Delta t}{2T}\right)^2 + \left[\frac{\sin(\omega_s \Delta t/2)}{\omega_s T}\right]^2 \tag{10-57}$$

从式(10-56)和式(10-57)可以看出,存在任何时间误差、频率误差或者两者都存在,将使码元的位置偏离解调器正确积分的位置,造成在 2FSK 信号积分的两个积分器中,正确信号积分器得到的信号能量下降,部分能量移到另一个积分器中,因而导致误码率增大。

在这个 2FSK 系统的例子中,有一个预先校正频率的办法,这就是终端站发送一个连续的正弦波,其频率等于 2FSK 信号两个频率的平均值;然后中心站将收到的这个信号检测后转发回终端站。由于这时在中心站接收机中的判决应是"1"和"0"出现概率相等的码元,故将其转发回终端站时,将在反向(自中心站向终端站)链路中产生一个随机二进制序列。若原发送的连续正弦波没有频率误差,则终端站收到的序列中,两种符号概率相等。利用这种原理就能找到中心频率,从而在终端站上准确地预先校正频率。一旦找到正确的频率,终端站发射机再交替发送"1"和"0",以寻找正确的时机。这时,在半个码元时间内改变发送的时机,发射机就能找到给出最坏误码性能的时间。因为在中心站收到的码元位置和正确位置相差半个码元时,中心站 2FSK 接收机的两个检波器给出相等的能量,判决结果是随机的,故在反向链路上发回的二进制序列也将是随机的。终端站发射机可以用这种原理计算正确的定时。这种方法比用寻找误码性能最佳点更好。因为在任何设计良好的系统中,码元能量大得足够容许存在少许定时误差,所以即使定时不准,反向信号也可能没有误码。

3. 准同步传输系统复接的码速调整法

在 PDH 体系中低次群合成高次群时,复接设备需要将各支路输入低次群信号的时钟调整一致,再作合并,这称为码速调整。码速调整的方案有多种,包括正码速调整法(见图 10-24)、负码速调整法、正/负码速调整法、正/零/负码速调整法等。下面将以二次群的正码速调整方案为例,介绍其基本原理。

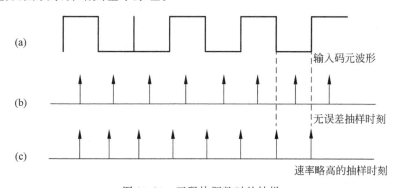

图 10-24 正码快调整时的抽样

在正码速调整法中,复接设备对各支路输入低次群码元抽样时采用的抽样速率比各路码元速率略高。这样,经过一段时间积累后,若不进行调整,则必将发生错误抽样,即将出现

一个输入码元被抽样两次的情况。出现重复抽样时，需减少一次抽样，或将所抽样值舍去。按照这种思路得出的二次群正码速调整方案如下。

在 ITU 建议中，8.448Mbps 二次群的复接帧结构见表 10-3。这时，共有 4 个输入支路，每路速率为 2.048Mbps，复接帧长为 848 位，每帧分成 4 组，每组 212 位。在第 I 组中，第 1 位至 10 位是复接帧同步码"1111010000"。若连续 4 帧在此位置上没有收到正确的帧同步码，就认为失去了帧同步。在失步后，若连续 3 帧在此位置上又正确地收到帧同步码，则认为恢复了同步。第 11 位用于向远端发送出故障告警信号；在发出告警信号时，其状态由"0"变为"1"。第 12 位为国内通信用；在跨国链路上它置为"1"。码速调整控制码 $C_{ji}(i=1,2,3)$ 分布在第 II、III 和 IV 组中，共计 12 位，每路 3 位。当某支路无须码速调整时，该支路的 3 位为"000"；当需要进行码速调整时，为"111"。并且当该支路的这 3 位不同时，建议对这 3 位采用多数判决。在第 IV 组中的第 5～8 位是用于码速调整的比特，它们分别为 4 个支路服务。当某支路无须码速调整时，该支路的这个比特将用于传输该支路输入的信息码；当某支路需要码速调整时，该支路的这个比特将用于插入调整比特，此比特在送到远端分接后将作为无用比特删除。按照表 10-3 画出的复接帧结构如图 10-25 所示。

表 10-3　8.448Mbps 二次群的复接帧结构

支路比特率/(kbps)	2048
支路数	4
帧结构	比特数
	（第 I 组）
帧同步码(1111010000)	第 1 位～10 位
向远端数字复用设备送告警信号	第 11 位
为国内通信保留	第 12 位
自支路来的比特	第 13 位～212 位
	（第 II 组）
码速调整控制比特 C_{j1}	第 1 位～4 位
自支路来的比特	第 5 位～212 位
	（第 III 组）
码速调整控制比特 C_{j2}	第 1 位～4 位
自支路来的比特	第 5 位～212 位
	（第 IV 组）
码速调整控制比 C_{j3}	第 1 位～4 位
用于码速调整的比特	第 5 位～8 位
自支路来的比特	第 9 位～212 位
帧长	848 位
每支路比特数	206 位
每支路最大码速调整速率	10kbps
标称码速调整比	0.424
C_{ji} 表示第 j 支路的第 i 个码速调整控制比特	

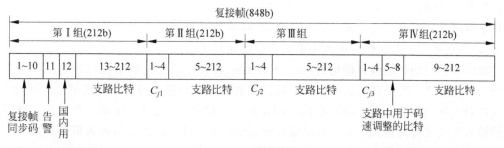

图 10-25 复接帧结构图

按照上述方案,在每个复接帧的 848 位中可以有 824 位用于传输支路输入信息码元,其他 24 位为开销,故平均每支路有效负荷为 206 位。因此,在以 8.448Mbps 速率传输二次群信号时,用于传输有效信号负荷的传输速率分到每条支路约为 2052.226kbps,它略高于一次群的标称速率 2048kbps。所以可以用正码速调整的方法进行调整。由于复接帧的重复速率为

$$\frac{8448\text{kbps}}{848\text{b}} \approx 9962 \text{ 帧每秒} \tag{10-58}$$

且每个复接帧中至多能够为每条支路插入一个调整比特,所以支路的最大码速调整速率约为 10kbps。在二次群中,以 2052.226kbps 的速率传输比特率为 2048kbps 的支路输入。所以,需要在每支路输入的码元序列中插入 4.226kbps 的码速调整比特。由于最高可能的插入速率是 9.962kbps,所以将比值

$$\frac{4.226}{9.962} = 0.424 \tag{10-59}$$

称为标称码速调整比。它表示平均有 42.4% 的码速调整比特位置需要插入调整比特,而剩余的 57.6% 位置上可以传输支路输入比特。

在上述码速调整法中,虽然没有使全网的时钟统一,但是用码速调整的方法也能够解决网同步的问题。这种方法所付出的代价是码速的额外开销。

10.5 本章小结

载波同步的目的是使接收端产生的本地载波和接收信号的载波同频同相。一般来说,对于不包含载频分量的接收信号,或采用相干解调法接收时,才需要解决载波同步问题。载波同步的方法可以分为导频法和直接法两大类。一般来说,后者使用较多。常用的直接法有平方环法和科斯塔斯环法。平方环法的主要优点是电路实现较简单;科斯塔斯环法的主要优点是不需要平方电路,因而电路的工作频率较低。无论使用哪种方法,都存在相位模糊问题。在提取载频电路中的窄带滤波器的带宽对于同步性能有很大影响。恒定相位误差和随机相位误差对于带宽的要求是矛盾的。同步建立时间和保持时间对于带宽的要求也是矛盾的。因此必须折中选用此滤波器的带宽。

位同步的目的是使每个码元得到最佳的解调和判决。位同步可以分为外同步法和自同步法两大类。一般而言,自同步法应用较多,外同步法需要另外专门传输码元同步信息,自同步法则是从信号码元中提取其包含的码元同步信息。自同步法又可以分为两种,即开环

码元同步法和闭环同步法。开环法采用对输入码元作某种变换的方法提取码元同步信息；闭环法则用比较本地时钟和输入信号的方法，将本地时钟锁定在输入信号上。闭环法更为准确，但是也更为复杂。码元同步不准确将引起误码率增大。

群同步的目的是能够正确地将接收码元分组，使接收信息能够被正确理解。群同步方法分为两类：第一类是在发送端利用特殊的编码方法使码组本身自带分组信息；第二类是在发送码元序列中插入用于群同步的群同步码。一般而言，大多采用第二类方法。群同步码的插入方法又有两种：一种是集中插入群同步码组；另一种是分散插入群同步序列。前者集中插入巴克码一类专门作群同步用的码组，它适用于要求快速建立同步的地方，或间断传输信息并且每次传输时间很短的场合。后者分散插入简单的周期性序列作为群同步码，它需要较长的同步建立时间，适用于连续传输信号之处，例如数字电话系统中。为了建立正确的群同步，无论用哪种方法，接收端的同步电路都有两种状态：捕捉态和保持态。在捕捉态时，确认搜索到群同步码的条件必须规定得很高，以防发生假同步；在保持态时，为了防止因为噪声引起的个别错误导致认为失去同步，应该降低判断同步的条件，以使系统稳定工作。除了上述两种方法外，还有一种同步法，称为起止式同步法，它也可以看作是一种异步通信方式。群同步的主要性能指标是假同步概率和漏同步概率。这两者是矛盾的，在设计时需折中考虑。

网同步的目的是解决通信网的时钟同步问题。这个问题关系着网中各站的载波同步、位同步和群同步。从网同步的原理看，通信网可以分为同步网和异步网（或准同步网）两大类。在同步网中，单向通信网，例如广播网，以及端对端的单条通信链路，一般由接收机承担网同步的任务。对于多用户接入系统，例如许多卫星通信系统，网同步则是整个终端站的事，即各终端站的发射机参数也要参与调整。终端站发射机同步方法可以分为开环和闭环两种。开环法的主要优点是捕捉快、不需要反向链路也能工作、实时运算量小；其缺点是需要外部提供所需的链路参量数据，并且缺乏灵活性。闭环法则不需要预先得知链路参量的数据，其缺点是终端站需要有较高的实时处理能力，并且每个终端站和中心站之间要有双向链路。此外，捕捉同步也需要较长的时间。在准同步网中，主要采用码速调整法解决网同步问题，PHD体系中就采用码速调整法。码速调整法包括正码速调整法、负码速调整法、正/负码速调整法和正/零/负码速调整法。

习题

10-1 试画出 7 位巴克码 1110010 识别电路，简述群同步的保护原理。

10-2 简述为何要构造群同保护电路？试说明此电路工作在不同状态时所起的作用。

10-3 设数字传输系统中的群同步码采用七位巴克码(1110010)，采用连贯式插入法。

(1) 画出群同步码识别器原理方框图；

(2) 若输入二进制序列为 01011100111100100，试画出群同步识别器中加法器输出波形。

10-4 设数字传输系统中的群同步码采用 7 位巴克码(1110010)，采用连贯式插入法。若输入二进制序列为 010111001111001000，试画出群同步识别器中加法器的输出波形。

10-5 画出 7 位巴克码"1110010"识别器,说明为抗群同步干扰而采取的措施,简述这种措施的工作原理。

10-6 画出 7 位巴克码"1110010"识别器,并说明假同步概率、漏同步概率与识别器判决门限关系。

10-7 画出 4 位巴克码"1101"识别器,若 4 位巴克码组前后均为"0",写出加法器全部输出。

第 11 章

差错控制编码

数字信号在传输过程中,由于受到干扰的影响,码元波形将变坏。接收端收到后可能发生错误判决。由乘性干扰引起的码间串扰,可以采用均衡的办法纠正。而加性干扰的影响则需要用其他办法解决。在设计数字通信系统时,应该首先从合理选择调制、解调方法及发送功率等方面考虑,使加性干扰不足以达到影响误码率要求的水平。在仍不能满足要求时,就要考虑采用本章所述的差错控制措施了。

11.1 概述

一些通用系统的误码率要求因用途而异,也可以把差错控制作为附加手段,在需要时加用。从差错控制角度看,按照加性干扰引起的错码分布规律的不同,信道可以分为三类——即随机信道(random channel)、突发信道(burst channel)和混合信道(mixed channel)。在随机信道中,错码的出现是随机的,而且错码之间是统计独立的。例如,由正态分布白噪声引起的错码就具有这种性质。在突发信道中,错码是成串集中出现的,即在一些短促的时间段内会出现大量错码,而在这些短促的时间段之间存在较长的无错码区间。这种成串出现的错码称为突发错码。产生突发错码的主要原因之一是脉冲干扰,例如电火花产生的干扰。信道中的衰落现象也是产生突发错码的另一个主要原因。我们把既存在随机错码又存在突发错码,且哪一种都不能忽略不计的信道称为混合信道。对于不同类型的信道,应该采用不同的差错控制技术。差错控制技术主要有以下 4 种。

(1) 检错(error detection)重发(retransmission):在发送码元序列中加入差错控制码元,接收端利用这些码元检测到有错码时,利用反向信道通知发送端,要求发送端重发,直到正确接收为止。所谓检测到有错码,是指在一组接收码元中知道有一个或一些错码,但是不知道该错码应该如何纠正。在二进制系统中,这种情况发生在不知道一组接收码元中哪个码元错了的时候。因为若知道哪个码元错了,将该码元取补即能纠正,即将错码"0"改为"1"或将错码"1"改为"0"就可以了,不需要重发。在多进制系统中,即使知道了错码的位置,也无法确定其正确取值。

采用检错重发技术时,通信系统需要有双向信道传送重发指令。

(2) 前向纠错(Forward Error Correction,FEC):这时,接收端利用发送端在发送码元序列中加入的差错控制码元,不但能够发现错码,还能将错码恢复其正确取值。在二进制码元的情况下,能够确定错码的位置,就相当于能够纠正错码。

采用 FEC 时,不需要反向信道传送重发指令,也没有因反复重发而产生的时延,故实时性好。但是为了能够纠正错码(而不是仅仅检测到有错码),和检错重发相比,需要加入更多的差错控制码元。故设备要比检测重发的设备复杂。

(3) 反馈(feedback)校验(checkout):这时不需要在发送序列中加入差错控制码元,接收端将接收到的码元原封不动地转发回发送端。在发送端将它和原发送码元逐一比较,若发现有不同,就认为接收端收到的序列中有错码,发送端立即重发。这种技术的原理和设备都很简单。但是需要双向信道,传输效率也较低,因为每个码元都需要占用两次传输时间。

(4) 检错删除(deletion):它和检错重发的区别在于,在接收端发现错码后,立即将其删除,不要求重发。这种方法只适用在少数特定系统中,在那里发送的码元中有大量多余度,删除部分接收码元并不影响应用。例如,在循环重复发送某些遥测数据时。又如,用于多次重发仍然存在错码时,这时为了提高传输效率不再重发,而采取删除的方法。这样做在接收端当然会有少量损失,但是却能够及时接收后续的消息。

以上几种技术可以结合使用。例如,检错和纠错技术结合使用。当接收端出现少量错码并有能力纠正时,采用前向纠错技术;当接收端出现较多错码没有能力纠正时,采用检错重发技术。

在上述四种技术中,除第(3)种外,其他方式的共同点都是在接收端识别有无错码。由于信息码元序列是一种随机序列,接收端无法预知码元的取值,也无法识别其中有无错码。所以在发送端需要在信息码元序列中增加一些差错控制码元,称它们为监督(check)码元。这些监督码元和信息码元之间有确定的关系,譬如某种函数关系,使接收端有可能利用这种关系发现或纠正可能存在的错码。

差错控制编码常称为纠错编码(error-correcting coding)。不同的编码方法有不同的检错或纠错能力。有的编码方法只能检错,不能纠错。一般情况下,付出的代价越大,检(纠)错的能力越强。这里所说的代价,就是指增加的监督码元,它通常用多余度来衡量。例如,若编码序列中平均每两个信息码元就添加一个监督码元,则这种编码的多余度为 1/3。或者说,这种码的编码效率(code rate,简称码率)为 2/3。设编码序列中信息码元数量为 k,总码元数量为 n,则比值 k/n 就是码率;而监督码元数 $(n-k)$ 和信息码元数量 k 之比 $(n-k)/k$ 称为冗余度(redundancy)。

从理论上讲,差错控制是以降低信息传输速率为代价换取传输可靠性的提高。本章的主要内容就是讨论各种常见的编码和解码方法。在此之前,先简单介绍一下用检错重发方法实现差错控制的原理。采用检错重发法的通信系统通常称为自动要求重发(Automatic Repeat-reQuest,ARQ)系统。最早的 ARQ 系统称作停止等待(stop-and-wait)系统,其工作原理示于图 11-1(a)中。在这种系统中,数据按分组发送。每发送一组数据后,发送端等待接收端的确认(Acknowledge Character,ACK)答复,然后再发送下一组数据。图 11-1(a)中的第 3 组接收数据有误,接收端发回一个否认(Negative Acknowledgment,NAK)答复。这时,发送端将重发第 3 组数据。所以,系统是工作在半双工(half-duplex)状态,时间没有得到充分利用,传输效率较低。在图 11-1(b)中给出一种改进的 ARQ 系统,它称为拉后(pullback)ARQ 系统。在这种系统中,发送端连续发送数据组,接收端对于每个接收到的数据组都发回确认(Acknowledgement)或否认(Negative Acknowledgment)答复(为了能够看清楚,图中的虚线没有全部画出)。例如,图中第 5 组接收数据有误,则在发送端收到第 5 组发回的否认答复后,从第 5 组开始重发数据组。在这种系统中,需要对发送的数据组和答复进行编号,以便识别。显然,这种系统需要双工信道。为了进一步提高传输效率,可以采用图 11-1(c)所示方案。这种方案称为选择重发(selective repeat)ARQ 系统,它只重发出错的数据组,因此进一步提高了传输效率。

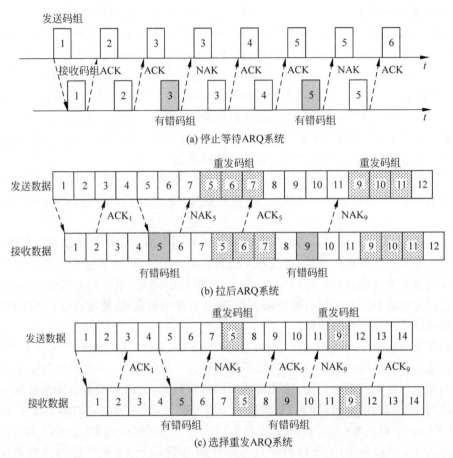

图 11-1 ARQ 系统的工作原理

ARQ 和前向纠错方法相比的主要优点:①监督码元较少,即能使误码率降到很低,码率较高;②检错的计算复杂度较低;③检错用的编码方法和加性干扰的统计特性基本无关,能适应不同特性的信道。

但是 ARQ 系统需要双向信道来重发,并且因为重发而使 ARQ 系统的传输效率降低。在信道干扰严重时,可能发生因不断反复重发而造成实际通信中断。所以在要求实时通信的场合,例如,电话通信,往往不允许使用 ARQ 法。此外,ARQ 法不能用于单向信道,例如广播网,也不能用于一点到多点的通信系统,因为重发控制难以实现。

图 11-2 示出 ARQ 系统原理方框图。在发送端,输入的信息码元在编码器中被分组编码(加入监督码元)后,除了立即发送外,还暂存于缓冲存储器(buffer)中。若接收端解码器检出错,则由解码器控制产生一个重发指令。此指令经过反向信道送到发送端。这时,由发送端重发控制器以控制缓冲存储器重发一次。接收端仅当解码器认为接收信息码元正确

时,才将信息码元送给收信者,否则在输出缓冲存储器中删除接收码元。当解码器未发现错码时,经过反向信道发出不需重发指令。发送端收到此指令后,即继续发送后一码组,发送端的缓冲存储器中的内容也随之更新。

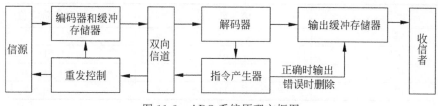

图 11-2　ARQ 系统原理方框图

11.2　纠错编码的基本原理

下面以实例说明纠错编码的基本原理。设有一种由 3 位二进制数字构成的码组,它共有 8 种不同的可能组合。若将其全部用来表示天气,则可以表示 8 种不同天气,例如:"000"(晴),"001"(云),"010"(阴),"011"(雨),"100"(雪),"101"(霜),"110"(雾),"111"(雹)。其中任一码组在传输中若发生一个或多个错码,则将变成另一个信息码组。这时,接收端将无法发现错误。

若在上述 8 种码组中只准许使用 4 种来传送天气,例如

$$\begin{cases}000=\text{晴}\\011=\text{云}\\101=\text{阴}\\110=\text{雨}\end{cases}\tag{11-1}$$

这时,虽然只能传送 4 种不同的天气,但是接收端却有可能发现码组中的一个错码,若"000"(晴)中错了一位,则接收码组将变成"100"或"010"或"001"。这 3 种码组都是不准使用的,称为禁用码组。故接收端在收到禁用码组时,就认为发现了错码。当发现 3 个错码时,"000"变成了"111",它也是禁用码组,故这种编码也能检测 3 个错码。但是这种码不能发现一个码组中的两个错码,因为发生两个错码后产生的是许用码组。

上面这种编码只能检测错码,不能纠正错码。例如,当接收码组为禁用码组"100"时,接收端将无法判断是哪一位码出错,因为晴、阴、雨三者错了一位都可以变成"100"。

要想能够纠正错误,还要增加多余度。例如,若规定许用码组只有两个:"000"(晴),"111"(雨),其他都是禁用码组,则能够检测两个以下错码,或能够纠正一个错码。例如,当收到禁用码组"100"时,若当作仅有一个错码,则可以判断此错码发生在"1"位,从而纠正为"000"(晴)。因为"111"(雨)发生任何一位错码时,都不会变成"100"这种形式。但是,这时若假定错码数不超过两个,则存在两种可能性:"000"错一位和"111"错两位都可能变成"100",因而只能检测出存在错码而无法纠正错码。

从上面的例子中,可以得到关于"分组码"的一般概念。如果不要求检(纠)错,为了传输4 种不同的消息,用两位的码组就够了,即可以用:"00""01""10""11"。这些两位码称为信息位。在式(11-1)中使用了 3 位码,增加的那位称为监督位。在表 11-1 中示出此信息位和

监督位的关系。这种将信息码分组，为每组信码附加若干监督码的编码称为分组码（block code）。在分组码中，监督码元仅监督本码组中的信息码元。

表 11-1 信息位与监督位

	信 息 位	监 督 位
晴	00	0
云	01	1
阴	10	1
雨	11	0

分组码一般用符号 (n,k) 表示，其中，n 是码组的总位数，又称为码组的长度（码长），k 是码组中信息码元的数目，$n-k=r$ 为码组中的监督码元数目，或称监督位数目。今后，将分组码的结构规定为具有如图 11-3 所示的形式。图中前 k 位为信息位，后面附加 r 个监督位。在式（11-1）的分组码中 $n=3,k=2,r=1$，并且可以用符号（3,2）表示。

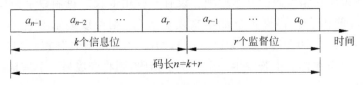

图 11-3 分组码的结构

在分组码中，把码组中"1"的数目称为码组的重量，简称码重（code weight）。把两个码组中对应位上数字不同的位数称为码组的距离，简称码距。码距又称汉明（Hammig）距离。例如，式（11-1）中的 4 个码组之间，任意两个的距离均为 2。把某种编码中各个码组之间距离的最小值称为最小码距（d_0）。例如，式（11-1）中编码的是最小码距 $d_0=2$。

对于 3 位的编码组，可以在三维空间中说明码距的几何意义。如前所述，3 位的二进制编码共有 8 种不同的可能码组。在三维空间中，它们分别位于一个单位立方体的各顶点上，如图 11-4 所示。每个码组的 3 个码元的值（a_1，a_2，a_3）就是此立方体各顶点的坐标。而上述码距的概念在此图中就对应于各顶点之间沿立方体各边行走的几何距离。由此图可以直观看出，式（11-1）中 4 个准用码组之间的距离均为 2。

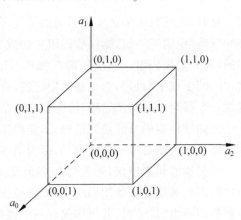

图 11-4 码距的几何意义

一种编码的最小码距 d_0 的大小直接关系着这种编码的检错和纠错能力。

（1）为检测 e 个错码，要求最小码距

$$d_0 \geqslant e+1 \tag{11-2}$$

这可以用图 11-5(a)简单证明如下：设一个码组 A 位于 O 点。若码组 A 中发生一个错码，则可以认为 A 的位置将移动至以 O 点为圆心，以 1 为半径的圆上某点，但其位置不会超出

此圆。若码组 A 中发生两位错码,则其位置不会超出以 O 点为圆心,以 2 为半径的圆。因此,只要最小码距不小于 3(例如图中 B 点),在此半径为 2 的圆上及圆内就不会有其他码组。这就是说,码组 A 发生两位以下错码时,不可能变成另一个准用码组,因而能检测错码的位数等于 2。同理,若一种编码的最小码距为 d_0,则将能检测(d_0-1)个错码。反之,若要求检测 e 个错码,则最小码距 d_0 应不小于($e+1$)。

(2) 为了纠正 t 个错码,要求最小码距

$$d_0 \geqslant 2t+1 \tag{11-3}$$

此式可用图 11-5(b)加以阐明。图中画出码组 A 和 B 的距离为 5。码组 A 或 B 若发生不多于两位错码,则其位置均不会超出半径为 2,以原位置为圆心的圆。这两个圆是不重叠的。因此,可以这样判决:若接收码组落于以 A 为圆心的圆上,就判决收到的是码组 A,若落于以 B 为圆心的圆上,就判决为码组 B。这样,就能够纠正两位错码。若这种编码中除码组 A 和 B 外,还有许多种不同码组,但任意两码组之间的码距均不小于 5,则以各码组的位置为中心,以 2 为半径画出的圆都不会互相重叠。这样,每种码组如果发生不超过两位错码都将能被纠正。因此,当最小码距 $d_0=5$ 时,能够纠正两个错码,且最多能纠正两个。若错码达到 3 个,就将落入另一圆上,从而发生错判。故一般来说,为纠正 t 个错码,最小码距应不小于($2t+1$)。

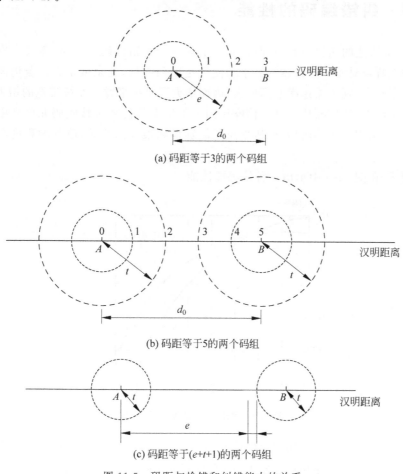

(a) 码距等于3的两个码组

(b) 码距等于5的两个码组

(c) 码距等于($e+t+1$)的两个码组

图 11-5 码距与检错和纠错能力的关系

（3）为纠正 t 个错码，同时检测 e 个错码，要求最小码距

$$d_0 \geqslant e+t+1 \quad e>t \tag{11-4}$$

在解释此式之前，继续分析图 11-5（b）所示的例子。图中码组 A 和 B 之间距离为 5。按照式（11-2）检错时，最多能检测 4 个错码，即 $e=d_0-1=5-1=4$，按照式（11-3）纠错时，能纠正两个错码。但是，两者不能同时做到，因为当错码位数超过纠错能力时，该码组立即进入另一码组的圆内而被错误地"纠正"了。例如，码组 A 若错了 3 位，就会被误认为是码组 B 错了 2 位造成的结果，从而被错"纠"为 B。这就是说，式（11-2）和式（11-3）不能同时成立或同时运用。所以，为了可以在纠正 t 个错码的同时，能够检测 e 个错码，就需要使某一码组（如码组 A）发生 e 个错误之后所处的位置与其他码组（如码组 B）的纠错圆圈的距离大于等于 1，如图 11-5（c）所示，否则将落在该纠错圆上，从而发生错误的"纠正"。由此图可以直观看出，要求最小码距满足式（11-4）。

这种纠错和检错相结合的工作方式简称纠检结合。这种工作方式是自动在纠错和检错之间转换的。当错码数量少时，系统按前向纠错方式工作，以节省重发时间，提高传输效率；当错码数量多时，系统按反馈重发方式纠错，以降低系统的总误码率。所以，它适用于大多数时间中错码数量很少，少数时间中错码数量多的情况。

11.3 纠错编码的性能

由 11.2 节所述的纠错编码原理可知，为了减少接收错误码元数量，需要在发送信息码元序列中加入监督码元。这样做的结果是使发送序列增长，冗余度增大。若仍需保持发送信息码元速率不变，则传输速率必须增大，因而增大了系统带宽。系统带宽的增大将引起系统中噪声功率增大，使信噪比下降。信噪比的下降反而又使系统接收码元序列中的错码增多。一般来说，采用纠错编码后，误码率总是能够得到很大的改善，改善的程度和所用的编码有关。

作为例子，在图 11-6 中示出一种编码的性能。

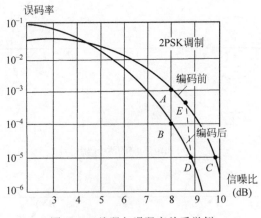

图 11-6　编码与误码率关系举例

由此图可以看到，在未采用纠错编码时，若接收信噪比保持 8dB，在编码前，误码率约为 10^{-3}（图中 A 点）。这样，不用增大发送功率就能降低误码率约一个半数量级。由图 11-6 还可

以看出,若保持误码率为 10^{-5}(图中 C 点)不变,未采用编码时,约需要信噪比 $E_b/n_0=9.8$dB。在采用这种编码时,约需要信噪比 8.8dB(图中 D 点)。可以节省功率 1dB。通常 1dB 为编码增益。

上面这两种情况付出的代价是带宽增大。

对于给定的传输系统,其传输速率 E_b/n_0 的关系为

$$\frac{E_b}{n_0} = \frac{P_s T}{n_0} = \frac{P_s}{n_0(1/T)} = \frac{P_s}{n_0 R_B} \tag{11-5}$$

式中: R_B 为码元速率。

若希望提高传输速率 R_B,由式(11-5)可以看出势必会使信噪比下降,误码率增大。假设系统原来工作在图中 C 点,提高速率后由 C 点升到 E 点。但是加用纠错编码后,仍可以将误码率降到原来的水平(图中 D 点)。这时付出的代价仍是带宽增大。

11.4 简单的实用编码

11.4.1 奇偶监督码

奇偶监督(parity check)码分为奇数监督码和偶数监督码两种,两者的原理相同。在偶数监督码中,无论信息位有多少,监督位只有一位,它使码组中"1"的数目为偶数,即满足下式条件

$$a_{n-1} \oplus a_{n-2} \oplus \cdots \oplus a_0 = 0 \tag{11-6}$$

式中: a_0 为监督位,其他位为信息位。

表 11-1 中的编码就是按照这种规则加入监督位的,这种编码能够检测奇数个错码。在接收端,按照式(11-6)求"模 2 和",若计算结果为"1"就说明存在错码,结果为"0"就认为无错码。

奇数监督码和偶数监督码相似,只不过其码组中的"1"的数目为奇数,即满足条件

$$a_{n-1} \oplus a_{n-2} \oplus \cdots \oplus a_0 = 1 \tag{11-7}$$

且其检错能力与偶数监督码一样。

11.4.2 二维奇偶监督码

二维(two dimensional)奇偶监督码又称方阵码。它是先把上述奇偶监督码的若干码组,每个写成一行,然后再按列的方向增加第二维监督位,如下所示。

$$\begin{bmatrix} a_{n-1}^1 & a_{n-2}^1 & \cdots & a_1^1 & a_0^1 \\ a_{n-1}^2 & a_{n-2}^2 & \cdots & a_1^2 & a_0^2 \\ \vdots & \vdots & \cdots & \vdots & \vdots \\ a_{n-1}^m & a_{n-2}^m & \cdots & a_1^m & a_0^m \\ c_{n-1} & c_{n-2} & \cdots & c_1 & c_0 \end{bmatrix} \tag{11-8}$$

式(11-8)中的 $a_0^1 a_0^2 \cdots a_0^m$ 为 m 行奇偶监督码中的 m 个监督位。$c_{n-1} c_{n-2} \cdots c_0$ 为按列进行第二次编码所增加得到的监督位,它们构成了一监督位行。

这种编码有可能检测偶数个错码。因为每行的监督位检测本行中的偶数个错码,但按

列的方向有可能由 $c_{n-1}c_{n-2}\cdots c_0$ 等监督位检测出来。有一些偶数错码不可能检测出来。例如，构成矩形的 4 个错码，譬如式(11-8)中 a_{n-2}^2、a_1^2、a_{n-2}^m、a_1^m 错了，就检测不出来。

这种二维奇偶监督码适于检测突发错码。因为突发错码常常成串出现，随后有较长一段无错区间，所以在某行中出现多个奇数或偶数错码的机会较多，而这种方阵码正适于检测这类错码。前述的一维奇偶监督码一般只适于检测随机错码。

由于方阵码只对构成矩形四角的错码无法检测，故其检错能力较强。一些实验测量表明，这种码可使误码率降至原误码率的 $1/100 \sim 1/10000$。

二维奇偶监督码不仅可以用来检错，还可以用来纠正一些错码。例如，当码组中仅在一行中有奇数个错码时，能够确定错码位置，从而将其纠正。

11.4.3 恒比码

在恒比码中，每个码组均含有相同数目的"1"(和"0")。由于"1"的数目和"0"的数目之比保持恒定，故得此名。这种码在检测时，只要计算接收码组中"1"的数目是否对，就知道有无错码。

恒比码的主要优点是简单，适于用来传输电传机或其他键盘设备产生的字母和符号，对于信源来的二进制随机数字序列，这种码就不适合使用了。

11.4.4 正反码

正反码是一种简单的能够纠正错码的编码，其中的监督位数目与信息位数目相同时，监督码元相同或者相反则由信息码中"1"的个数而定。例如，若码长 $n=10$，其中信息位 $k=5$，监督位 $r=5$，其编码规则为：①当信息位中有奇数个"1"时，监督位是信息位的简单重复；②当信息位有偶数个"1"时，监督位是信息位的反码。例如，若信息位为 11001，则码组为 1100111001；若信息位为 10001，则码组为 1000101110。

接收端解码方法：先将接收码组中信息位和监督位按"模 2"相加，得到一个 5 位的合成码组。然后，由此合成码组产生一个校验码组。若接收码组的信息位中有奇数个"1"，则合成码组就是校验码组；若接收码组的信息位中有偶数个"1"，则取合成码组的反码作为校验码组。最后，观察校验码组中"1"的个数，按表 11-2，进行判决及纠正可能发现错码。

表 11-2 校验码组和错码的关系

序　号	校验码组的组成	错码情况
1	全为"0"	无错码
2	有 4 个"1"和 1 个"0"	信息码中有 1 位错码，其位置对应校验码组中"0"的位置
3	有 1 个"1"和 4 个"0"	监督码中有 1 位错码，其位置对应校验码组中"1"的位置
4	其他组成	错码多于 1 个

例如，发送码组为 1100111001，接收码组中无错码，则合成码组应为 $11001 \oplus 11001 = 00000$，由于接收码组信息位中有奇数个"1"，所以校验码组就是 00000，按表 11-2 判决，结论是无错码；若传输中产生了差错，使接收码组变成 1000111001，则合成码组为 $10001 \oplus 11001 = 01000$，由于接收码组中信息位有偶数个"1"，所以校验码组应取合成码组的反码，即 10111，由于其中有 4 个"1"和 1 个"0"，按表 11-2 判断信息位中左边第 2 位为错码；若接收

码组错成 1100101001，则合成码组变成 11001⊕01001＝10000。由于接收码组中信息位有奇数个"1"，故校验码组就是 10000，按表 11-2 判断，信息位左边第 1 位为错码。

上述长度为 10 的正反码具有纠正一位错码的能力，并能检测全部 2 位以下的错码和大部分 2 位以上的错码。

11.5 线性分组码

从 11.4 节介绍的一些简单编码可以看出，每种编码所依据的原理各不相同，而且是大不相同，其中奇偶监督码的编码原理是利用代数关系式产生监督位。把这类建立在代数学基础上的编码称为代数码。在代数码中，常见的是线性码。在线性码中信息位和监督位是由一些线性代数方程联系着的，或者说，线性码是按照一组线性方程构成的。本节将以汉明（Hamming）码为例引入线性分组码的一般原理。

上述正反码中，为了能够纠正一位错码，使用的监督位数和信息位一样多，即编码效率只有 50%。那么，为了纠正一位错码，在分组码中最少要增加多少监督位才行呢？编码效率能否提高呢？从这种思想出发进行研究，便导致汉明码的诞生。汉明码是一种能够纠正一位错码且编码效率较高的线性分组码。下面就将介绍汉明码的构造原理。

先来回顾一下按照式(11-6)条件构成的偶数监督码。由于使用了一位监督位 a_0，它和信息位 $a_{n-1}\cdots a_1$ 一起构成一个代数式，如式(11-6)所示。在接收端解码时，实际上就是在计算

$$S = a_{n-1} \oplus a_{n-2} \oplus \cdots \oplus a_0 \tag{11-9}$$

若 $S=0$，就认为无错码；若 $S=1$，就认为有错码。现将式(11-9)称为监督关系式，S 称为校正子（syndrome，又称校验子、伴随式）。由于校正子 S 只有两种取值，故它只能代表有错和无错这两种信息，而不能指出错码的位置。不难推想，若监督位增加一位，即变成两位，则能增加一个类似于式(11-9)的监督关系式。由于两个校正子的可能值有 4 种组合：00、01、10、11，故能表示 4 种不同的信息。若用其中一种组合表示无错码，则其余 3 种组合就有可能用来指示一位错码的 3 种不同位置。同理，r 个监督关系式能指示一位错码的 (2^r-1) 个可能位置。

一般来说，若码长为 n，信息位数为 k，则监督位数 $r=n-k$。如果希望用 r 个监督位构造出 r 个监督关系式来指示一位错码的 n 种可能位置，则要求

$$2^r - 1 \geqslant n \text{ 或 } 2^r \geqslant k+r+1 \tag{11-10}$$

下面通过一个例子来说明如何具体构造这些监督关系式。

设分组码 (n,k) 中 $k=4$，为了纠正一位错码，由式(11-10)可知，要求监督位数 $r \geqslant 3$。若取 $r=3$，则 $n=k+r=7$。用 $a_6 a_5 \cdots a_0$ 表示这 7 个码元，用 S_1、S_2 和 S_3 表示 3 个监督关系式中的校正子，则 S_1、S_2 和 S_3 的值与错码位置的对应关系可以规定如表 11-3 所示。

表 11-3 校正子和错码位置的关系

$S_1 S_2 S_3$	错 码 位 置	$S_1 S_2 S_3$	错 码 位 置
001	a_0	101	a_4
010	a_1	110	a_5

续表

$S_1S_2S_3$	错 码 位 置	$S_1S_2S_3$	错 码 位 置
100	a_2	111	a_6
011	a_3	000	无错码

自然也可以规定成另一种对应关系，这不影响讨论的一般性。由表中规定可见，仅当一位错码的位置在 a_2、a_4、a_5 或 a_6 时，校正子 S_1 为 1；否则 S_1 为零。这就意味着 a_2、a_4、a_5 和 a_6 这 4 个码元构成偶数监督关系

$$S_1 = a_6 \oplus a_5 \oplus a_4 \oplus a_2 \tag{11-11}$$

同理，a_1、a_3、a_5 和 a_6 构成偶数监督关系

$$S_2 = a_6 \oplus a_5 \oplus a_3 \oplus a_1 \tag{11-12}$$

以及 a_0、a_3、a_4 和 a_6 构成偶数监督关系

$$S_3 = a_6 \oplus a_4 \oplus a_3 \oplus a_0 \tag{11-13}$$

在发送端编码时，信息位 a_6、a_5、a_4 和 a_3 的值决定于输入信号，因此它们是随机的。监督位 a_2、a_1 和 a_0 应根据信息位的取值按监督关系来确定，即监督位应使式(11-11)~式(11-13)中 S_1、S_2 和 S_3 的值为 0(表示编成的码组中应无错码)。

$$\begin{cases} a_6 \oplus a_5 \oplus a_4 \oplus a_2 = 0 \\ a_6 \oplus a_5 \oplus a_3 \oplus a_1 = 0 \\ a_6 \oplus a_4 \oplus a_3 \oplus a_0 = 0 \end{cases} \tag{11-14}$$

式(11-14)经过移项运算，解出监督位

$$\begin{cases} a_2 = a_6 \oplus a_5 \oplus a_4 \\ a_1 = a_6 \oplus a_5 \oplus a_3 \\ a_8 = a_6 \oplus a_4 \oplus a_3 \end{cases} \tag{11-15}$$

给定信息位后，可以直接按式(11-15)算出监督位，其结果如表 11-4 所示。

表 11-4 监督位计算结果

信息位 $a_6a_5a_4a_3$	监督位 $a_2a_1a_0$	信息位 $a_6a_5a_4a_3$	监督位 $a_2a_1a_0$
0000	000	1000	111
0001	011	1001	100
0010	101	1010	010
0011	110	1011	001
0100	110	1100	001
0101	101	1101	010
0110	011	1110	100
0111	000	1111	111

接收端收到每个码组后，先按照式(11-11)~式(11-13)计算出 S_1、S_2 和 S_3，再按照表 11-3 判断错码情况。例如，若接收码组为 0000011，按式(11-11)~式(11-13)计算可得：$S_1 = 0, S_2 = 1, S_3 = 1$。由于 $S_1S_2S_3$ 等于 011，故根据表 11-3 可知在 a_3 位有一错码。

按照上述方法构造的码称为汉明码。表 11-4 中所列的 (7,4) 汉明码的最小码距 $d_0 = 3$。

因此,根据式(11-10)和式(11-11)可知,这种码能够纠正一个错码或检测两个错码。由于码率 $k/n=(n-r)/n=1-r/n$,故当 n 很大、r 很小时,码率接近 1。可见,汉明码是一种高效码。

现在介绍线性分组码的一般原理。上面已经提到,线性码是指信息位和监督位满足一组线性代数方程式的码。式(11-14)就是这样一组线性方程式的例子。现在将它改写成

$$\begin{cases} 1 \cdot a_6 + 1 \cdot a_5 + 1 \cdot a_4 + 0 \cdot a_3 + 1 \cdot a_2 + 0 \cdot a_1 + 0 \cdot a_0 = 0 \\ 1 \cdot a_6 + 1 \cdot a_5 + 0 \cdot a_4 + 1 \cdot a_3 + 0 \cdot a_2 + 1 \cdot a_1 + 0 \cdot a_0 = 0 \\ 1 \cdot a_6 + 0 \cdot a_5 + 1 \cdot a_4 + 1 \cdot a_3 + 0 \cdot a_2 + 0 \cdot a_1 + 1 \cdot a_0 = 0 \end{cases} \quad (11\text{-}16)$$

式(11-16)中已经将"$\oplus$"简写成"$+$"。在本章后面,除非另加说明,这类式中的"$+$"都指模 2 加运算。式(11-16)可以表示成如下矩阵形式

$$\begin{bmatrix} 1110100 \\ 1101010 \\ 1011001 \end{bmatrix} \begin{bmatrix} a_6 \\ a_5 \\ a_4 \\ a_3 \\ a_2 \\ a_1 \\ a_0 \end{bmatrix} = \begin{bmatrix} 0 \\ 0 \\ 0 \end{bmatrix} \text{(模 2)} \quad (11\text{-}17)$$

式(11-17)还可以简记为

$$\boldsymbol{H} \cdot \boldsymbol{A}^{\mathrm{T}} = \boldsymbol{0}^{\mathrm{T}} \text{ 或 } \boldsymbol{A} \cdot \boldsymbol{H}^{\mathrm{T}} = \boldsymbol{0} \quad (11\text{-}18)$$

其中,$\boldsymbol{H} = \begin{bmatrix} 1110100 \\ 1101010 \\ 1011001 \end{bmatrix}$;$\boldsymbol{A} = [a_6 a_5 a_4 a_3 a_2 a_1 a_0]$;$\boldsymbol{0} = [000]$。

上角"T"表示将矩阵转置。例如,$\boldsymbol{H}^{\mathrm{T}}$ 是 $\boldsymbol{H}$ 的转置,即 $\boldsymbol{H}^{\mathrm{T}}$ 的第二行为 $\boldsymbol{H}$ 的第一列,$\boldsymbol{H}^{\mathrm{T}}$ 的第二行为 $\boldsymbol{H}$ 的第二列等。

将 $\boldsymbol{H}$ 称为监督矩阵(parity-check matrix)。只要监督矩阵 $\boldsymbol{H}$ 给定,编码时监督位和信息位的关系就完全确定了。由式(11-17)和式(11-18)都可以看出,$\boldsymbol{H}$ 的行数就是监督关系式的数目,它等于监督位的数目 r。$\boldsymbol{H}$ 每行中"1"的位置表示相应码元之间存在的监督关系。例如,$\boldsymbol{H}$ 的第一行 1110100 表示监督位 a_2 是由 $a_6 a_5 a_4$ 之和决定的。式(11-17)中的 $\boldsymbol{H}$ 矩阵可以分成两部分

$$\boldsymbol{H} = \begin{bmatrix} 1110 & \vdots & 100 \\ 1101 & \vdots & 010 \\ 1011 & \vdots & 001 \end{bmatrix} = [\boldsymbol{P} \boldsymbol{I}_r] \quad (11\text{-}19)$$

式中:$\boldsymbol{P}$ 为 $r \times k$ 阶矩阵;$\boldsymbol{I}_r$ 为 $r \times r$ 阶单位方阵。我们将具有 $[\boldsymbol{P} \boldsymbol{I}_r]$ 形式的 $\boldsymbol{H}$ 矩阵称为典型阵。

由代数理论可知,$\boldsymbol{H}$ 矩阵的各行应该是线性无关(lineardy independent)的,否则将得不到 r 个线性无关的监督关系式,从而也得不到 r 个独立的监督位。若一矩阵能写成典型阵形式 $[\boldsymbol{P} \boldsymbol{I}_r]$,则其各行一定是线性无关的。因为容易验证 $[\boldsymbol{I}_r]$ 的各行是线性无关的,故 $[\boldsymbol{P} \boldsymbol{I}_r]$ 的各行也是线性无关的。

类似于式(11-14)改变成式(11-17)那样，式(11-15)也可以改写成

$$\begin{bmatrix} a_2 \\ a_1 \\ a_0 \end{bmatrix} = \begin{bmatrix} 1110 \\ 1101 \\ 1011 \end{bmatrix} \begin{bmatrix} a_6 \\ a_5 \\ a_4 \\ a_3 \end{bmatrix} \tag{11-20}$$

或者

$$[a_2 a_1 a_0] = [a_6 a_5 a_4 a_3] \begin{bmatrix} 111 \\ 110 \\ 101 \\ 011 \end{bmatrix} = [a_6 a_5 a_4 a_3] \boldsymbol{Q} \tag{11-21}$$

其中，$\boldsymbol{Q}$ 为一个 $k \times r$ 阶矩阵。它为 $\boldsymbol{P}$ 的转置(transpose)，即

$$\boldsymbol{Q} = \boldsymbol{P}^{\mathrm{T}} \tag{11-22}$$

式(11-21)表示，在信息位给定后，用信息位的行矩阵乘矩阵 $\boldsymbol{Q}$ 就产生出监督位。

将 $\boldsymbol{Q}$ 左边加上一个 $k \times k$ 阶单位方阵，就构成一个矩阵 $\boldsymbol{G}$

$$\boldsymbol{G} = [\boldsymbol{I}_k \boldsymbol{Q}] = \begin{bmatrix} 1000 & \vdots & 111 \\ 0100 & \vdots & 110 \\ 0010 & \vdots & 101 \\ 0001 & \vdots & 011 \end{bmatrix} \tag{11-23}$$

$\boldsymbol{G}$ 称为生成矩阵(generator matrix)，因为由它可以产生整个码组，即有

$$[a_6 a_5 a_4 a_3 a_2 a_1 a_0] = [a_6 a_5 a_4 a_3] \cdot \boldsymbol{G} \tag{11-24}$$

或者

$$\boldsymbol{A} = [a_6 a_5 a_4 a_3] \cdot \boldsymbol{G} \tag{11-25}$$

因此，如果找到了码的生成矩阵 $\boldsymbol{G}$，则编码的方法就完全确定了。具有 $[\boldsymbol{I}_k \boldsymbol{Q}]$ 形式的生成矩阵称为典型生成矩阵。由典型生成矩阵得出的码组 $\boldsymbol{A}$ 中，信息位的位置不变，监督位附加于其后。这种形式的码称为系统码(systematic code)。比较式(11-19)和式(11-23)可见，典型监督矩阵 $\boldsymbol{H}$ 和典型生成矩阵 $\boldsymbol{G}$ 之间由式(11-22)相联系。

与 $\boldsymbol{H}$ 矩阵相似，也要求 $\boldsymbol{G}$ 矩阵的各行是线性无关的。因为由式(11-25)可以看出，任意码组 $\boldsymbol{A}$ 都是 $\boldsymbol{G}$ 的各行的线性组合。$\boldsymbol{G}$ 共有 k 行，若它们线性无关，则可以组合出 2^k 种不同的码组 $\boldsymbol{A}$，它恰是有 k 位信息位的全部码组。若 $\boldsymbol{G}$ 的各行有线性相关的，则不可能由 $\boldsymbol{G}$ 生成 2^k 种不同的码组了。实际上，$\boldsymbol{G}$ 的各行本身就是一个码组。因此，如果已有 k 个线性无关的码组，则可以用其作为生成矩阵 $\boldsymbol{G}$ 并由它生成其余码组。

一般来说，式(11-25)中 $\boldsymbol{A}$ 为一个 n 列的行矩阵。此矩阵的 n 个元素就是码组中的各码元，所以发送的码组就是 $\boldsymbol{A}$。此码组在传输中可能由于干扰引入差错，故接收码组一般来说与 $\boldsymbol{A}$ 不一定相同。若设接收码组为一 n 列的行矩阵 $\boldsymbol{B}$，即

$$\boldsymbol{B} = [b_{n-1} b_{n-2} \cdots b_1 b_0] \tag{11-26}$$

则发送码组和接收码组之差为

$$\boldsymbol{B} - \boldsymbol{A} = \boldsymbol{E}(\text{模 } 2) \tag{11-27}$$

它就是传输中产生的错码行矩阵

$$E = [e_{n-1}e_{n-2}\cdots e_1 e_0] \tag{11-28}$$

其中，$e_i = \begin{cases} 0 & \text{当}\ b_i = a_i \\ 1 & \text{当}\ b_i \neq a_i \end{cases}$ 时$(i = 0, 1, \cdots, n-1)$。

因此，若 $e_i = 0$，表示该接收码元无错；若 $e_i = 1$，则表示该接收码元有错。式(11-27)可以改写成

$$B = A + E \tag{11-29}$$

例如，若发送码组 $A = [1000111]$，错码矩阵 $E = [0000100]$，则接收码组 $B = [1000011]$。错误码矩阵有时也称为错误图样(error pattern)。

接收端解码时，可将接收码组 B 代入(11-18)中计算。若接收码组中无错码，即 $E = 0$，则 $B = A + E = A$。把它代入式(11-18)后，该式仍成立，即有

$$B \cdot H^{\mathrm{T}} = 0 \tag{11-30}$$

当接收码组有错时，$E \neq 0$，将 B 代入式(11-18)后，该式不一定成立。在错码较多时，已超过这种编码的检错能力时，B 变为另一许用码组，则式(11-30)仍能成立。这样的错码是不可检测的。在未超过检错能力时，式(11-30)不成立，即其右端不等于 0。假设这时式(11-30)的右端为 S，即

$$B \cdot H^{\mathrm{T}} = S \tag{11-31}$$

将 $B = A + E$ 代入式(11-31)，可得

$$S = (A + E)H^{\mathrm{T}} = AH^{\mathrm{T}} + EH^{\mathrm{T}} \tag{11-32}$$

由式(11-18)可知，$A \cdot H^{\mathrm{T}} = 0$，所以

$$S = E \cdot H^{\mathrm{T}} \tag{11-33}$$

式中：S 称为校正子。它与式(11-9)中的 S 相似，有可能利用它来指示错码的位置。

这一点可以直接从式(11-32)中看出，式中 S 只与 E 有关，而与 A 无关，这就意味着 S 和错码 E 之间有确定的线性变换关系。若 S 和 E 之间一一对应，则 S 将能代表错码的位置。

线性码有一个重要性质，就是它具有封闭性。所谓封闭性，是指一种线性码中的任意两个码组之和仍为这种码中的一个码组。这就是说，若 A_1 和 A_2 是一种线性码中的两个许用码组，则$(A_1 + A_2)$仍为其中的一个码组。这性质的证明很简单。若 A_1 和 A_2 是两个码组，则按式(11-18)有

$$A_1 \cdot H^{\mathrm{T}} = 0, \quad A_2 \cdot H^{\mathrm{T}} = 0 \tag{11-34}$$

将上两式相加，得出

$$A_1 \cdot H^{\mathrm{T}} + A_2 \cdot H^{\mathrm{T}} = (A_1 + A_2) \cdot H^{\mathrm{T}} = 0 \tag{11-35}$$

所以$(A_1 + A_2)$也是一个码组。由于线性码具有封闭性，所以两个码组若 A_1 和 A_2 之间的距离(即对应位不同的数目)必定是另一个码组的$(A_1 + A_2)$重量(即"1"的数目)。因此码的最小距离就是码的最小重量(除全"0"码组外)。

11.6 循环码

11.6.1 循环码原理

在线性分组中，有一种重要的码称为循环码(cyclic code)，它是在严密的代数学理论基

础上建立起来的。这种码的编码和解码设备都不太复杂,而且检(纠)错的能力较强。循环码除了具有线性码的一般性质外,还具有循环性。循环性是指任一码组循环位(即将最右端的一个码元移至左端,或反之)以后,仍为该码中的一个码组。在表 11-5 中给出一种(7,3)循环码的全部码组。由此表可以直观看出这种码的循环性。例如,表中的第 2 码组向右移一位即得到第 5 码组;第 6 码组向右移一位即得到第 7 码组。一般来说,若$(a_{n-1}a_{n-2}\cdots a_0)$是循环码的一个码组,则循环移位后的码组

$$(a_{n-2}a_{n-3}\cdots a_0 a_{n-1})$$
$$(a_{n-3}a_{n-4}\cdots a_{n-1}a_{n-2})$$
$$\vdots$$
$$(a_0 a_{n-1}\cdots a_2 a_1)$$

也是该编码中的码组。

表 11-5　一种(7,3)循环码的全部码组

码 组 编 号	信息位$(a_6 a_5 a_4)$	监督位$(a_3 a_2 a_1 a_0)$	码 组 编 号	信息位$(a_6 a_5 a_4)$	监督位$(a_3 a_2 a_1 a_0)$
1	000	0000	5	100	1011
2	001	0111	6	101	1100
3	010	1110	7	110	0101
4	011	1001	8	111	0010

在代数编码理论中,为了便于计算,把这样的码组中各码元当作是一个多项式(polynomial)系数,即把一个长度为 n 的码组表示成

$$A(x)=a_{n-1}x^{n-1}+a_{n-2}x^{n-2}+\cdots+a_1 x+a_0 \tag{11-36}$$

例如,表 11-5 中的任意一个码组可以表示为

$$A(x)=a_6 x^6+a_5 x^5+a_4 x^4+a_3 x^3+a_2 x^2+a_1 x+a_0 \tag{11-37}$$

其中,第 7 码组可以表示为

$$A(x)=1\cdot x^6+1\cdot x^5+0\cdot x^4+0\cdot x^3+1\cdot x^2+0\cdot x+1=x^6+x^5+x^2+1 \tag{11-38}$$

这种多项式中,x 仅是码元位置的标记,例如上式第 7 码组中 a_6、a_5、a_2 和 a_0 表示为"1",其他均为 0。因此实际并不关心 x 的取值。这种多项式有时称为码多项式。

下面介绍循环码的运算方法。

1. 码多项式的按模运算

在整数运算中,有模 n(modulo-n)运算。例如,在模 2 运算中,有

$$1+1=2\equiv 0 \quad (模2)$$
$$1+2=3\equiv 1 \quad (模2)$$
$$2\times 3=6\equiv 0 \quad (模2)$$

一般来说,若一个整数(integer)m 可以表示为

$$\frac{m}{n}=Q+\frac{p}{n} \quad p<n \tag{11-39}$$

式中:Q 为整数。

则在模 n 运算下,有

$$m \equiv p \quad (\text{模 } n) \tag{11-40}$$

这就是说,在模 n 运算下,一个整数 m 等于它被 n 除得的余数(remainder)。

在码多项式运算中也有类似的按模运算。若一任意多项式 $F(x)$ 被一 n 次多项式 $N(x)$ 除,得到商式 $Q(x)$ 和一个次数小于 n 的余式 $R(x)$,即

$$F(x) = N(x)Q(x) + R(x) \tag{11-41}$$

则

$$F(x) \equiv R(x) \quad (\text{模 } N(x)) \tag{11-42}$$

这时,码多项式系数仍按模 2 运算,即系数只取 0 和 1。例如,x^3 被 (x^3+1) 除,得到余项 1。所以有

$$x^3 \equiv 1 \quad (\text{模}(x^3+1)) \tag{11-43}$$

同理

$$x^4 + x^2 + 1 \equiv x^2 + x + 1 \quad (\text{模}(x^3+1)) \tag{11-44}$$

因为

$$
\begin{array}{r}
x \\
x^3+1 \overline{\smash{\big)} x^4 + x^2 + 1 } \\
\underline{x^4 \phantom{{}+x^2} + x } \\
x^2 + x + 1
\end{array}
$$

应当注意,由于在模 2 运算中,用加法代替了减法,故余项不是 $x^2 - x + 1$,而是 $x^2 + x + 1$。

在循环码中,若 $A(x)$ 是一个长为 n 的许用码组,则 $x^i \cdot A(x)$ 在按模 $x^n + 1$ 运算下,也是该编码中的一个许用码组,即若

$$x^i \cdot A(x) = A'(x) \quad (\text{模 } N(x) = x^n + 1) \tag{11-45}$$

则 $A'(x)$ 也是该编码中的一个许用码组。其证明很简单,因为若

$$A(x) = a_{n-1}x^{n-1} + a_{n-2}x^{n-2} + \cdots + a_1 x + a_0 \tag{11-46}$$

则

$$
\begin{aligned}
x^i \cdot A(x) &= a_{n-1}x^{n-1+i} + a_{n-2}x^{n-2+i} + \cdots + a_{n-1-i}x^{n-1} + \cdots + a_1 x^{1+i} + a_0 x^i \\
&\equiv a_{n-1-i}x^{n-1} + a_{n-2-i}x^{n-2} + \cdots + a_0 x^i + \\
&\quad a_{n-1}x^{i-1} + \cdots + a_{n-i} \quad (\text{模}(x^n+1))
\end{aligned} \tag{11-47}
$$

所以,这时有

$$A(x) = a_{n-1-i}x^{n-1} + a_{n-2-i}x^{n-2} + \cdots + a_0 x^i + a_{n-1}x^{i-1} + \cdots + a_{n-i} \tag{11-48}$$

式(11-48)中 $A'(x)$ 正是式(11-46)中 $A(x)$ 代表的码组向左循环移位 i 次的结果。因为原已假定 $A(x)$ 是循环码的一个码组,所以 $A'(x)$ 也必为该码中一个码组。例如式(11-38)中的循环码组为

$$A'(x) = x^6 + x^5 + x^2 + 1 \tag{11-49}$$

其码长 $n = 7$。现给定 $i = 3$,则

$$
\begin{aligned}
x^3 \cdot A(x) &= x^3(x^6 + x^5 + x^2 + 1) = x^9 + x^8 + x^5 + x^3 \\
&= x^5 + x^3 + x^3 + x \quad (\text{模}(x^7 + 1))
\end{aligned} \tag{11-50}
$$

其对应的码组为 0101110,它正是表 11-5 中第 3 组码。

由上述分析可见,一个长为 n 的循环码必定为按模 $x^n + 1$ 运算的一个余式。

2. 循环码的生成矩阵 G

由式(11-25)可知，有了生成矩阵 G，就可以由 k 个信息位得出整个码组，而且生成矩阵 G 的每一行都是一个码组。例如，在式(11-25)中，若 $a_6a_5a_4a_3=1000$，则码组 A 就等于 G 的第一行；若 $a_6a_5a_4a_3=0100$，则码组 A 就等于 G 的第二行等。由于 G 是 k 行 n 列的矩阵，因此若能找到 k 个已知码组，就能构成矩阵 G。如前所述，这 k 个已知码组必须是线性不相关的，否则给定的信息位与编出的码组就不是一一对应的。

在循环码中，一个 (n,k) 码有 2 个不同的码组。若用 $g(x)$ 表示其中前 $(k-1)$ 位皆为"0"的码组，则 $g(x),xg(x),x^2g(x),\cdots,x^{k-1}g(x)$ 都是码组，而且这 k 个码组是线性无关的。因此它们可以用来构成此循环码的生成矩阵 G。

在循环码中除全"0"，再没有连续 k 位均为"0"的码组，即"0"的长度最多只能有 $(k-1)$ 位。否则，在经过若干次循环移位后将得到一个 k 位信息位全为"0"，但监督位不全为"0"的一个码组。这在线性码中显然是不可能的。因此，$g(x)$ 必须是一个常数项不为"0"的 $(n-k)$ 次多项式，而且这个 $g(x)$ 还是这种 (n,k) 码中次数为 $(n-k)$ 的唯一的多项式。因为如果有两个，则根据码的封闭性，把这两个相加也应该是一个码组，且此码组多项式的次数将小于 $(n-k)$，即连续"0"的个数多于 $(k-1)$。显然，这是与前面的结论矛盾的，故是不可能的。称这唯一的 $(n-k)$ 次多项式 $g(x)$ 为码的生成多式。一旦确定了 $g(x)$，则整个 (n,k) 循环码就被确定了。

因此，循环码的生成矩阵 G 可以写成

$$G(x)=\begin{bmatrix} x^{k-1}g(x) \\ x^{k-2}g(x) \\ \vdots \\ xg(x) \\ g(x) \end{bmatrix} \tag{11-51}$$

例如，在表 11-5 所给出的循环码中 $n=7,k=3,n-k=4$。由此表可见，唯一的一个 $(n-k)=4$ 次码多项式代表的码组是第二码组 0010111，与它相对应的码多项式（即生成多项式）$g(x)=x^4+x^2+x+1$。将此 $g(x)$ 代入式(11-51)，得

$$G(x)=\begin{bmatrix} x^2g(x) \\ xg(x) \\ g(x) \end{bmatrix} \tag{11-52}$$

或

$$G(x)=\begin{bmatrix} 1011100 \\ 0101110 \\ 0010111 \end{bmatrix} \tag{11-53}$$

由于式(11-53)不符合式(11-51)所示的 $G=[I_kQ]$ 形式，所以它不是典型阵。不过，将它作线性变换，不难化成典型阵。

类似式(11-25)，可以写出此循环码组，即

$$A(x)=[a_6a_5a_4]G(x)=[a_6a_5a_4]\begin{bmatrix} x^2g(x) \\ xg(x) \\ g(x) \end{bmatrix}$$

$$= a_6 x^2 g(x) + a_5 x g(x) + a_4 g(x)$$

$$= (a_6 x^2 + a_5 x + a_4) g(x) \tag{11-54}$$

式(11-54)表明所有码多项式 $A(x)$ 都可被 $g(x)$ 整除,而且任意一个次数不大于 $(k-1)$ 的多项式乘 $g(x)$ 都是码多项式。需要说明一点,两个矩阵相乘的结果应该仍是一个矩阵。式(11-54)两个矩阵相乘的乘积是只有一个元素的一阶矩阵,这个元素就是 $A(x)$。为了简洁,式中直接将乘积写为此元素。

3. 如何寻找任一 (n,k) 循环码的生成多项式

由式(11-54)可知,任一循环码多项式 $A(x)$ 都是 $g(x)$ 的倍式,故它可以写成

$$A(x) = h(x) \cdot g(x) \tag{11-55}$$

而生成多项式 $g(x)$ 本身也是一个码组,即有

$$A'(x) = g(x) \tag{11-56}$$

由于码组 $A'(x)$ 是一个 $(n-k)$ 次多项式,故 $x^k A'(x)$ 是一个 n 次多项式。由式(11-45)可知, $x^k A'(x)$ 在模 $(x^n + 1)$ 运算下也是一个码组,故可以写成

$$\frac{x^k A'(x)}{x^n + 1} = Q(x) + \frac{A(x)}{x^n + 1} \tag{11-57}$$

式(11-57)左端分子和字母都是 n 次多项式,故商式 $Q(x) = 1$。因此,式(11-57)可以化成

$$x^n A'(x) = (x^n + 1) + A(x) \tag{11-58}$$

将式(11-55)和式(11-56)代入式(11-58),经过化简后得到

$$x^n + 1 = g(x)[x^k + h(x)] \tag{11-59}$$

式(11-59)表明,生成多项式 $g(x)$ 应该是 $(x^n + 1)$ 的一个因子。这一结论为寻找循环码的生成多项式指出了一条道路,即循环码的生成多项式应该是 $(x^n + 1)$ 的一个 $(n-k)$ 次因式。例如, $(x^7 + 1)$ 可以分解为

$$x^7 + 1 = (x + 1)(x^3 + x^2 + 1)(x^3 + x + 1) \tag{11-60}$$

为了求 $(7,3)$ 循环码的生成多项式 $g(x)$,需要从式(11-60)中找到一个 $(n-k) = 4$ 的因子。不难看出,这样的因子有两个,即

$$(x + 1)(x^3 + x^2 + 1) = x^4 + x^2 + x + 1 \tag{11-61}$$

$$(x + 1)(x^3 + x + 1) = x^4 + x^3 + x^2 + 1 \tag{11-62}$$

式(11-61)和式(11-62)都可作为生成多项式。不过,选用的生成多项式不同,产生出的循环组码也不同。用式(11-61)作为生成多项式产生的循环码即为表11-5中所列。

11.6.2　循环码的编解码方法

1. 循环码的编解码方法

在编码时,首先要根据给定的 (n,k) 值选定生成多项式 $g(x)$,即从 $(x^n + 1)$ 的因子中选一个 $(n-k)$ 次多项式作为 $g(x)$。

由式(11-54)可知,所有码多项式 $A(x)$ 都可以被 $g(x)$ 整除。根据这条原则,就可以对给定的信息位进行编码:设 $m(x)$ 为信息码多项式,其次数小于 k。用 x^{n-k} 乘 $m(x)$,得到的 $x^{n-k} m(x)$ 的次数必定小于 n。用 $g(x)$ 除 $x^{n-k} m(x)$,得到余式 $r(x)$,$r(x)$ 的次数必定小于 $g(x)$ 的次数,即小于 $(n-k)$。将此余式 $r(x)$ 加于信息位之后作为监督位,即将 $r(x)$

和 $x^{n-k}m(x)$ 相加,得到的多项式必定是一个码多项式。因为它必定能被 $g(x)$ 整除,且商的次数不大于 $(k-1)$。

根据上述原理,仍以 $(7,3)$ 码为例,编码步骤可以归纳如下。

(1) 用 x^{n-k} 乘 $m(x)$。这一运算实际上是在信息码后附加上 $(n-k)$ 个"0"。例如,信息码为 110,它相当于 $m(x)=x^2+x$。当 $n-k=7-3=4$ 时,$x^{n-k}m(x)=x^4(x^2+x)=x^6+x^5$,它相当于 1100000。

(2) 用 $g(x)$ 除 $x^{n-k}m(x)$,得到商 $Q(x)$ 和余式 $r(x)$,即

$$\frac{x^{n-k}m(x)}{g(x)}=Q(x)+\frac{r(x)}{g(x)} \tag{11-63}$$

例如,若选定 $g(x)=x^4+x^2+x+1$,则

$$\frac{x^{n-k}m(x)}{g(x)}=\frac{x^6+x^5}{x^4+x^2+x+1}=(x^2+x+1)+\frac{x^2}{x^4+x^2+x+1} \tag{11-64}$$

式(11-64)相当于

$$\frac{1100000}{10111}=111+\frac{101}{10111} \tag{11-65}$$

(3) 编出的码组为

$$A(x)=x^{n-k}m(x)+r(x) \tag{11-66}$$

在上例中,$A(x)=1100000+101=1100101$,它就是表 11-5 中的第 7 组码。

上述三步运算在用硬件实现时,可以用除法电路实现。除法电路主要由若干移位寄存器和模 2 加法器组成。上述 $(7,3)$ 循环码编码器的组成示于图 11-7 中。图中有 4 级移位寄存器,它们分别用 a、b、c、d 表示。此外,还有一个双刀双掷开关 S。当信息位输入时,开关 S 倒向下,输入信息位一方面送入除法器进行运算,另一方面直接输出。在信息位全部进入除法器后,开关倒向上,这时输出端接到移位寄存器,将其中存储的除法运算余项依次取出,同时断开反馈线。此编码器的工作过程示于表 11-6 中。用这种方法编出的码组中,前面是原来的 k 个(现在是 3 个)信息位,后面是 $(n-k)$ 个(现在是 4 个)监督位。因此它是系统分组码。

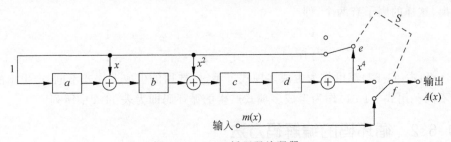

图 11-7　$(7,3)$ 循环码编码器

表 11-6　$(7,3)$ 循环码编码器工作过程

输入 m	移位寄存器 a、b、c、d	反馈 e	输出 f
0	0000	0	0
1	1110	1	1
1	1001	1	1 $\}f=m$
0	1010	1	0

续表

输入 m	移位寄存器 a、b、c、d	反馈 e	输出 f
0	0101	0	0
0	0010	1	1
0	0001	0	0
0	0000	1	1

（输出列标注：$f = e$）

由于微处理器和数字信号处理器的应用日益广泛,目前已多采用这些先进的器件和相应的软件代替硬件逻辑电路来实现上述编码。

2. 循环码的解码方法

接收端解码的要求有两个:检错和纠错。达到检错目的的解码原理十分简单。由于任意一个码组多项式 $A(x)$ 都应该能被生成多项式 $g(x)$ 整除,所以在接收端可以将接收码组 $B(x)$ 用生成多项式 $g(x)$ 去除。当传输中未发生错误时,接收码组与发送码组相同,即 $B(x) = A(x)$,故接收码组 $B(x)$ 必定能被 $g(x)$ 整除;若码组在传输中发生错误,则 $B(x) \neq A(x)$,$B(x)$ 被 $g(x)$ 除时可能除不尽而有余项,即有

$$B(x)/g(x) = Q(x) + r(x)/g(x) \tag{11-67}$$

因此,就以余项是否为零来判别接收码组中有无错码。

根据这一原理构成的检错解码器示于图 11-8 中。由图可见,解码器的核心是一个除法电路和缓冲移位寄存器,而且这里的除法电路与发送端编码器中的除法电路相同。若在此除法器中进行 $B(x)/g(x)$ 运算的结果,余项为零,则认为码组 $B(x)$ 无错。这时就将暂存于缓冲器中的接收码组送到解码器的输出端。若运算结果余项不等于零,则认为 $B(x)$ 中有错,但错在何位不知。这时就可以将缓冲器中的接收码组删除,并向发送端发出一个重发指令,要求重发一次该码组。

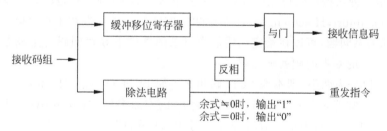

图 11-8 检错解码器原理方框图

需要指出,有错码的接收码组也有可能被 $g(x)$ 整除,这时的错码就不能检出了。这种错误称为不可检错误。不可检错误中的误码数必定超过了这种编码的检错能力。

在接收端为纠错而采用的解码方法自然比检错时复杂。容易理解,为了能够纠错,要求每个可纠正的错误图样必须与一个特定余式有一一对应关系。这里,错误图样是指式(11-28)中错码矩阵 E 的各种具体取值的图样,余式是指接收码组 $B(x)$ 被生成多项式 $g(x)$ 除所得的余式。因为只有存在上述一一对应的关系时,才可能从上述余式唯一地决定错误图样,从而纠正错码。因此,原则上纠错可按下述步骤进行。

① 用生成多项式 $g(x)$ 除接收码组 $B(x)$,得出余式 $r(x)$。

② 按余式 $r(x)$,用查表的方法或通过某种计算得到错误图样 $E(x)$。例如,通过计算

校正子 S 和利用类似表 11-3 中的关系，就可以确定错码的位置。

③ 从 $B(x)$ 中减去 $E(x)$，便得到已经纠正错码的原发送码组 $A(x)$。

这种解码方法称为捕错解码法。通常，一种编码可以有不同的几种纠错解码方法。对于循环码来说，除了用捕错解码法外，还有大数逻辑(majority logic)解码等算法。作判决的方法也有不同，有硬判决和软判决等方法。

上述解码运算都可以用硬件电路实现。由于数字信号处理器的应用日益广泛，目前已多采用软件运算实现上述解码。

11.6.3　截断循环码

在设计纠错编码方案时，信息位数 k、码长 n 和纠错能力常常都是预先给定的。但是，并不一定有恰好满足这些条件的循环码存在。这时，可以采用将码长截短的方法，得出满足要求的编码。

设给定一个 (n,k) 循环码，它共有 2^k 种码组，现使其前 $i(0<i<k)$ 个信息位全为"0"，于是它变成仅有 2^{k-i} 种码组，然后从中删去这 i 位全"0"的信息位，最终得到一个 $(n-i,k-i)$ 的线性码，将这种码称为截短循环码(truncated cyclic code)。截短循环码与截短前的循环码至少具有相同的纠错能力，并且截短循环码的编解码方法仍和截短前的方法一样。例如，要求构造一个能够纠正 1 位错码的 $(13,9)$ 码。这时可以由 $(15,11)$ 循环码的码组中选出前两信息位均为"0"的码组，构成一个新的码组集合。然后在发送时不发送这两位"0"。于是发送码组成为 $(13,9)$ 截短循环码。因为截短前后监督位数相同，所以截短前后的编码具有相同的纠错能力。原 $(15,9)$ 循环码能够纠正 1 位错码，所以 $(13,9)$ 码也能够纠正 1 位错码。

11.6.4　BCH 码

BCH 码是一种获得广泛应用的能够纠正多个错码的循环码，它是以 3 位发明这种码的人名(Bose,Chaudhuri,Hocguenghem)命名的。BCH 码的重要性在于它解决了生成多项式与纠错能力的关系问题，可以在给定纠错能力要求的条件下寻找到码的生成多项式。有了生成多项式，编码的基本问题就随之解决了。

BCH 码可以分为两类，即本原 BCH 码和非本原 BCH 码。它们的主要区别在于，本原 BCH 码的生成多项式 $g(x)$ 中含有最高次数为 m 的本原多项式(primitive polynomial)，且码长为 $n=2^m-1(m\geqslant3,$为正整数)；而非本原 BCH 码的生成多项式中不含这种本原多项式，且码长 n 是 (2^m-1) 的一个因子，即码长 n 一定除得尽 (2^m-1)。

BCH 码的码长 n 与监督位、纠错个数 t 之间的关系如下：对于正整数 $m(m\geqslant3)$ 和正整数 $t<m/2$，必定存在一个码长为 $n=(2^m-1)$，监督位为 $n-k\leqslant mt$，能纠正所有不多于 t 个随机错误的 BCH 码。若码长 $n=(2^m-1)/i(i>1)$，且除得尽 (2^m-1)，则为非本原 BCH 码。

前面已经介绍过的汉明码是能够纠正单个随机错误的码。可以证明，具有循环性质的汉明码就是能纠正单个随机错误的本原 BCH 码。例如，$(7,4)$ 汉明码就是 $g_1(x)=x^3+x+1$ 或 $g_2(x)=x^3+x^2+1$ 生成的 BCH 码，而用 $g_3(x)=x^4+x+1$ 或 $g_4(x)=x^4+x^3+1$ 都能生成 $(15,11)$ 汉明码。

在工程设计中，一般不需要用计算方法去寻找生成多项式 $g(x)$。因为前人早已将寻找到的 $g(x)$ 列成表，故可以用查表法找到所需的生成多项式。表 11-7 给出了码长 $n\leqslant127$

的二进制本原 BCH 码生成多项式系数，$n=255$ 的参数在其他文献中有记载。表 11-8 则列出了部分二进制非本原 BCH 码生成多项式系数。表中给出的生成多项式系数是用八进制数字列出的。例如，$g(x)=(13)_8$ 是指 $g(x)=x^3+x+1$，因为 $(13)_8=(1011)_2$，后者就是此 3 次方程 $g(x)$ 的各项系数。

表 11-7 $n\leqslant 127$ 的二进制本原 BCH 码生成多项式系数（八进制）

$n=3$			$n=63$		
k	t	$g(x)$	k	t	$g(x)$
1	1	7	57	1	103
$n=7$			51	2	12471
k	t	$g(x)$	45	3	1701317
4	1	13	39	4	166623567
1	3	77	36	5	1033500423
$n=15$			30	6	157464165347
k	t	$g(x)$	24	7	17323260404441
11	1	23	18	10	1363026512351725
7	2	721	16	11	6331141367235453
5	3	2467	10	13	472622305527250155
1	7	77777	7	15	5231045543503271737
			1	31	全部为 1
$n=31$			$n=127$		
k	t	$g(x)$	k	t	$g(x)$
26	1	45	120	1	211
21	2	3551	113	2	41567
16	3	107657	106	3	11554743
11	5	5423325	99	4	3447023271
6	7	313365047	92	5	624730022327
1	15	17777777777	85	6	130704476322273
			78	7	262300021661630115
			71	9	6255010713253127753
			64	10	120653402557077310045
			57	11	2352652525057050535177721
			50	13	5444651252331401242150142
			43	15	17721772213651227521220574343
			36	$\geqslant 15$	31460746665220750447645747217350
			29	$\geqslant 22$	4031144613676706036675301141176155
			22	$\geqslant 23$	1233760704047225224354456266376470430
			18	$\geqslant 27$	220570424456045547705230137622176043530
			8	$\geqslant 31$	70472640527510306514762242715677331302170
			1	63	全部为 1

在表 11-8 中的 (23,12) 码称为戈莱（Golay）码。它能纠正 3 个随机错码，并且容易解码，实际应用较多。此外，BCH 码的长度都为奇数。在应用中，为了得到偶数长度的码，并增大检错能力，可以在 BCH 码生成多项式中乘上一个因式 $(x+1)$，从而得到扩展 BCH 码

$(n+1,k)$。扩展 BCH 码相当于在原 BCH 码上增加了一个校验位，因此码距比原 BCH 码增加 1。扩展 BCH 码已经不再具有循环性。例如，广泛实用的扩展戈莱码$(24,12)$，其最小码距为 8，码率为 1/2，能够纠正 3 个错码和检测 4 个错码。它比汉明码的纠错能力强很多，付出的代价是解码更复杂，码率也比汉明码低。此外，它不再是循环码了。

表 11-8   二进制非本原 BCH 码生成多项式系数

n	k	t	$g(x)$	n	k	t	$g(x)$
17	9	2	727	47	24	5	43073357
21	12	2	1663	65	53	2	10761
23	12	3	5343	65	40	4	354300067
33	22	2	5145	73	46	4	354300067
41	21	4	6647133				

11.6.5   RS 码

RS 码是用其发明人的名字 Reed 和 Solomon 命名的。它是一类具有很强纠错能力的多进制 BCH 码。

若仍用 n 表示 RS 码的码长，则对于 m 进制的 RS 码，其码长需要满足下式

$$n = m - 1 = 2^q - 1 \tag{11-68}$$

式中：$q \geqslant 2$，为整数。

对于能够纠正 t 个错误的 RS 码，其监督码元数目为

$$r = 2t \tag{11-69}$$

这时的最小码距 $d_0 = 2t + 1$。

RS 码的生成多项式为

$$g(x) = (x + \alpha)(x + \alpha^2)\cdots(x + \alpha^{2t}) \tag{11-70}$$

式中：α 为伽罗华域 $GF(2^q)$ 中的本原元。

若将每个 m 进制码元表示成相应的 q 位二进制码元，则得到的二进制码的参数为

码长 $n = q(2^q - 1)$ （二进制码元）

监督码 $r = 2qt$ （二进制码元）

由于 RS 码能够纠正 t 个 m 进制错码，或者说，能够纠正码组中 t 个不超过 q 位连续的进制错码，所以 RS 码特别适用于存在突发错误的信道，例如移动通信网等衰落信道中。此外，因为它是多进制纠错编码，所以特别适合于多进制调制的场合。

11.7   卷积码

卷积码(Convolutional Code)是由伊利亚斯(P. Elias)发明的一种非分组。它与前面几节讨论的分组码不同，是一种非分组码。通常它更适用于前向纠错，因为对于许多实际情况它的性能优于分组码，而且运算较简单。

在分组码中，编码器产生的 n 个码元的一个码组，完全决定于这段时间中 k 比特输入信息。这个码组中的监督位仅监督本码组中 k 个信息位。卷积码则不同。卷积码在编码

时虽然也是把 k 比特的信息段编成 n 个比特的码组，但是监督码元不仅和当前的 k 比特信息段有关，而且还同前面 $m=(N-1)$ 个信息段有关。所以一个码组中的监督码元监督着 N 个信息段。通常将 N 称为编码约束(constraint)度，并将 nN 称为编码约束长度。一般来说，对于卷积码，k 和 n 的值是比较小的整数。将卷积码记作 (n,k,N)，码率则仍定义为 k/n。

11.7.1　卷积码的基本原理

图 11-9 示出卷积码编码器一般原理方框图。编码器由 3 种主要元件构成，包括 NK 级移存器、n 个模 2 加法器和一个旋转开关。每个模 2 加法器的输入端数目可以不同，它连接到一些移存器的输出端。模 2 加法器的输出端接到旋转开关上。将时间分成等间隔的时隙，在每个时隙中有 k 比特从左端进入移存器，并且移存器各级暂存的信息向右移 k 位。旋转开关每时隙旋转一周，输出 n 比特($n>k$)。

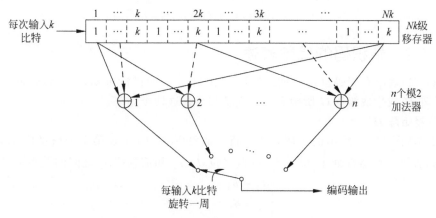

图 11-9　卷积码编码器一般原理方框图

下面我们将仅讨论最常用的卷积码，其 $k=1$。这时，移存器共有 N 级。每个时隙中，只有 1b 输入信息进入移存器，并且移存器各级暂存的内容向右移 1 位，开关旋转一周输出 n 比特。所以，码率为 $1/n$。在图 11-10 中给出一个实例。它是一个 $(n,k,N)=(3,1,3)$ 卷积码的编码器，其码率等于 $1/3$。将以它为例，作较详细的讨论。

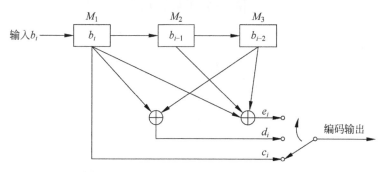

图 11-10　一种 $(3,1,3)$ 卷积码编码器方框图

设输入信息比特序列是 $\cdots b_{i-2}b_{i-1}b_ib_{i+1}\cdots$，则当输入 b_i 时，此编码器输出 $3b$，$c_id_ie_i$，输入和输出关系如下。

$$\begin{cases} c_i = b_i \\ d_i = b_i \oplus b_{i-2} \\ e_i = b_i \oplus b_i \oplus b_{i-2} \end{cases} \tag{11-71}$$

式中：b_i 为当前输入信息位；b_{i-1} 和 b_{i-2} 为移存器存储器前两信息位。

在输出中，信息位在前，监督位在后，如图 11-11 所示，故这种码是 11.5 节中定义过的系统码。在此图中，还用虚线示出了信息位 b_i 的监督位和各信息位之间的约束关系。这里的编码约束长度 $nN = 9$。

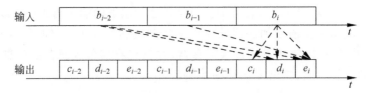

图 11-11　卷积码编码器的输入和输出举例

11.7.2　卷积码的代数表述

式(11-71)表示卷积码也是一种线性码。由 11.5 节中讨论可知，一个线性码完全由一个监督矩阵 $\boldsymbol{H}$ 或生成矩阵 $\boldsymbol{G}$ 所确定。下面就来寻找这两个矩阵。

1. 监督矩阵 $\boldsymbol{H}$

现在仍从图 11-10 给出的实例开始分析。假设图 11-10 中在第 1 个信息位 b_1，进入编码器之前，各级移存器都处于"0"状态，则监督位 d_i、e_i 和信息位 b_i 之间的关系可以写为

$$\begin{cases} d_1 = b_1 \\ e_1 = b_1 \\ d_2 = b_2 \\ e_2 = b_2 + b_1 \\ d_3 = b_3 + b_1 \\ e_3 = b_3 + b_2 + b_1 \\ d_4 = b_4 + b_2 \\ e_4 = b_4 + b_3 + b_2 \\ \cdots \end{cases} \tag{11-72}$$

式(11-72)可以写为

$$\begin{cases} b_1 + d_1 = 0 \\ b_1 + e_1 = 0 \\ b_2 + d_2 = 0 \\ b_1 + b_2 + e_2 = 0 \\ b_1 + b_3 + d_3 = 0 \\ b_1 + b_2 + b_3 + e_3 = 0 \\ b_2 + b_4 + d_4 = 0 \\ b_2 + b_3 + b_4 + e_4 = 0 \\ \cdots \end{cases} \tag{11-73}$$

在式(11-72)、式(11-73)及后面的式子中,为简便计,用"+"代替"⊕"。

将式(11-73)用矩阵表示时,可以写成

$$\begin{bmatrix} 11 \\ 101 \\ 00011 \\ 100101 \\ 10000011 \\ 100100101 \\ 00010000011 \\ 000100100101 \\ \cdots \end{bmatrix} \begin{bmatrix} b_1 \\ d_1 \\ e_1 \\ b_2 \\ d_2 \\ e_2 \\ b_3 \\ d_3 \\ e_3 \\ b_4 \\ d_4 \\ e_4 \end{bmatrix} = \begin{bmatrix} \boldsymbol{o} \end{bmatrix} \qquad (11\text{-}74)$$

与式(11-18)对比,可以看出监督矩阵为

$$\boldsymbol{H} = \begin{bmatrix} 11 & & & \\ 101 & & & \\ 000 & 11 & & \\ 100 & 101 & & \\ 100 & 000 & 11 & \\ 100 & 100 & 101 & \\ 000 & 100 & 000 & 11 \\ 000 & 100 & 100 & 101 \\ \cdots & & & \end{bmatrix} \qquad (11\text{-}75)$$

由此例可见,在卷积码中,监督矩阵 $\boldsymbol{H}$ 是一个有头无尾的半无穷矩阵。观察式(11-75)可以看出,这个矩阵的每3列的结构是相同的,只是后3列比前3列向下移了两行。例如,第4~6列比第1~3列低2行。此外,自第7行起,每两行的左端比上两行多了3个"0"。虽然这样的半无穷矩阵不便于研究,但是只要研究产生前9个码元(9为约束长度)的监督矩阵就足够了。不难看出,这种截短监督矩阵的结构形式如图11-12所示。由此图可见,$\boldsymbol{H}_1$ 的最左边是 n 列、$(n-k)N$ 行的一个子矩阵,且向右的每 n 列均相对于前 n 列降低 $(n-k)$ 行。

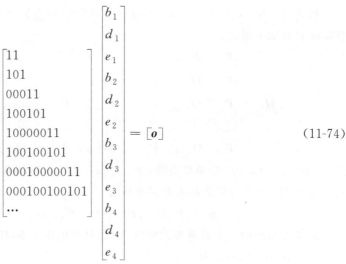

图11-12 截短监督矩阵结构示意图

此例中码的监督矩阵可以写成如下形式。

$$\boldsymbol{H}_1 = \begin{bmatrix} 11 \\ 101 \\ 00011 \\ 100101 \\ 10000011 \\ 100100101 \end{bmatrix} = \begin{bmatrix} \boldsymbol{P}_1 & \boldsymbol{I}_2 & & & & \\ \boldsymbol{P}_2 & \boldsymbol{O}_2 & \boldsymbol{P}_1 & \boldsymbol{I}_2 & & \\ \boldsymbol{P}_3 & \boldsymbol{O}_2 & \boldsymbol{P}_2 & \boldsymbol{O}_2 & \boldsymbol{P}_1 & \boldsymbol{I}_2 \end{bmatrix} \qquad (11\text{-}76)$$

式中 $\boldsymbol{I}_2 = \begin{bmatrix} 1 & 0 \\ 0 & 1 \end{bmatrix}$，为二阶单位方阵；$\boldsymbol{P}_i$ 为 2×1 阶矩阵，$i = 1,2,3$；$\boldsymbol{O}_2$ 为 2 阶全零方阵。

将式(11-76)和式(11-19)对比，可以发现它们的相似之处。一般来说，卷积码的截短监督矩阵具有如下形式。

$$\boldsymbol{H}_1 = \begin{bmatrix} \boldsymbol{P}_1 & \boldsymbol{I}_{n-k} & & & & & & \\ \boldsymbol{P}_2 & \boldsymbol{O}_{n-k} & \boldsymbol{P}_1 & \boldsymbol{I}_{n-k} & & & & \\ \boldsymbol{P}_3 & \boldsymbol{O}_{n-k} & \boldsymbol{P}_2 & \boldsymbol{O}_{n-k} & \boldsymbol{P}_1 & \boldsymbol{I}_{n-k} & & \\ \vdots & \vdots & \vdots & \vdots & \vdots & \vdots & & \\ \boldsymbol{P}_N & \boldsymbol{O}_{n-k} & \boldsymbol{P}_{N-1} & \boldsymbol{O}_{n-k} & \boldsymbol{P}_{N-2} & \boldsymbol{O}_{n-k} & \cdots & \boldsymbol{P}_1 & \boldsymbol{I}_{n-k} \end{bmatrix} \tag{11-77}$$

式中：$\boldsymbol{I}_{n-k}$ 为 $(n-k)$ 阶单位方阵；$\boldsymbol{P}_i$ 为 $(n-k) \times k$ 阶矩阵；$\boldsymbol{O}_{n-k}$ 为 $(n-k)$ 阶全零方阵。有时还将 $\boldsymbol{H}_1$ 的末行称为基本监督矩阵 $\boldsymbol{h}$

$$\boldsymbol{h} = [\boldsymbol{P}_N \boldsymbol{O}_{n-k} \boldsymbol{P}_{N-1} \boldsymbol{O}_{n-k} \boldsymbol{P}_{N-2} \boldsymbol{O}_{n-k} \cdots \boldsymbol{P}_1 \boldsymbol{I}_{n-k}] \tag{11-78}$$

它是卷积码的一个最重要的矩阵，因此只要给定了 $\boldsymbol{h}$，$\boldsymbol{H}_1$ 则也就随之决定了。或者说，从给定的 $\boldsymbol{h}$ 不难构造出 $\boldsymbol{H}_1$。

2. 生成矩阵 $\boldsymbol{G}$

由式(11-72)可知，此例中的输出码元序列可以写成

$[b_1 d_1 e_1 b_2 d_2 e_2 b_3 d_3 e_3 b_4 d_4 e_4 \cdots] =$

$[b_1 b_1 b_1 b_2 b_2 (b_2 + b_1) b_3 (b_3 + b_1) (b_3 + b_2 + b_1) b_4 (b_4 + b_2) (b_4 + b_3 + b_2) \cdots] =$

$$[b_1 b_2 b_3 b_4 \cdots] = \begin{bmatrix} 111 & 001 & 011 & 000 & 0 & \cdots \\ 000 & 111 & 001 & 011 & 0 & \cdots \\ 000 & 000 & 111 & 001 & 0 & \cdots \\ 000 & 000 & 000 & 111 & 0 & \cdots \\ 000 & 000 & 000 & 000 & 1 & \cdots \\ 000 & 000 & 000 & 000 & 0 & \cdots \\ 000 & 000 & 000 & 000 & 0 & \cdots \\ & & \cdots & & & \end{bmatrix} \tag{11-79}$$

此码的生成矩阵 $\boldsymbol{G}$ 即为式(11-79)最右矩阵

$$\boldsymbol{G} = \begin{bmatrix} 111 & 001 & 011 & 000 & 0 & \cdots \\ 000 & 111 & 001 & 011 & 0 & \cdots \\ 000 & 000 & 111 & 001 & 0 & \cdots \\ 000 & 000 & 000 & 111 & 0 & \cdots \\ 000 & 000 & 000 & 000 & 1 & \cdots \\ 000 & 000 & 000 & 000 & 0 & \cdots \\ 000 & 000 & 000 & 000 & 0 & \cdots \\ & & \cdots & & & \end{bmatrix} \tag{11-80}$$

它也是一个半无穷矩阵，其特点是每一行的结构相同，只是比上一行向右退后 3 列（因现在 $n = 3$）。

类似式(11-76)，也有截短生成矩阵

$$\boldsymbol{G}_1 = \begin{bmatrix} 111 & 001 & 011 \\ 000 & 111 & 001 \\ 000 & 000 & 111 \end{bmatrix} = \begin{bmatrix} \boldsymbol{I}_1 & \boldsymbol{Q}_1 & \boldsymbol{O} & \boldsymbol{Q}_2 & \boldsymbol{O} & \boldsymbol{Q}_3 \\ & & \boldsymbol{I}_1 & \boldsymbol{Q}_1 & \boldsymbol{O} & \boldsymbol{Q}_2 \\ & & & & \boldsymbol{I}_1 & \boldsymbol{Q}_1 \end{bmatrix} \tag{11-81}$$

式中: $\boldsymbol{I}_1$ 为一阶单位方阵; $\boldsymbol{Q}_i$ 为 1×2 阶矩阵。

与式(11-76)比较可见, $\boldsymbol{Q}_i$ 是矩阵 $\boldsymbol{P}_i^{\mathrm{T}}$ 的转置。

$$\boldsymbol{Q}_i = \boldsymbol{P}_i^{\mathrm{T}} \quad (i = 1, 2, \cdots) \tag{11-82}$$

一般来说,截短生成矩阵具有如下形式。

$$\boldsymbol{G}_1 = \begin{bmatrix} \boldsymbol{I}_k & \boldsymbol{Q}_1 & \boldsymbol{O}_k & \boldsymbol{Q}_2 & \boldsymbol{O}_k & \boldsymbol{Q}_3 & \boldsymbol{L} & \boldsymbol{O}_k & \boldsymbol{Q}_N \\ & & \boldsymbol{I}_k & \boldsymbol{Q}_1 & \boldsymbol{O}_k & \boldsymbol{Q}_2 & \boldsymbol{L} & \boldsymbol{O}_k & \boldsymbol{Q}_{N-1} \\ & & & & \boldsymbol{I}_k & \boldsymbol{Q}_1 & \boldsymbol{L} & \boldsymbol{O}_k & \boldsymbol{Q}_{N-2} \\ & & & & & & \boldsymbol{L} & \boldsymbol{M} & \boldsymbol{M} \\ & & & & & & & \boldsymbol{I}_k & \boldsymbol{Q}_1 \end{bmatrix} \tag{11-83}$$

式中: $\boldsymbol{I}_k$ 为 k 阶单位方阵; $\boldsymbol{Q}_i$ 为 $k \times (n-k)$ 阶矩阵; $\boldsymbol{O}_k$ 为 k 阶全零方阵。

并将式(11-83)中矩阵第一行称为基本生成矩阵

$$\boldsymbol{g} = [\boldsymbol{I}_k \boldsymbol{Q}_1 \boldsymbol{O}_k \boldsymbol{Q}_2 \boldsymbol{O}_k \boldsymbol{Q}_3 \boldsymbol{L} \boldsymbol{O}_k \boldsymbol{Q}_N] \tag{11-84}$$

同样地,如果基本生成矩阵 $\boldsymbol{g}$ 已经给定,则可以从已知的信息位得到整个编码序列。

以上就是卷积码的代数表述。目前卷积码的代数理论尚不像循环码那样完整严密。

11.7.3 卷积码的解码

卷积码的解码方法可以分为两类:代数解码和概率解码。代数解码是利用编码本身的代数结构进行解码,不考虑信道的统计特性。大数逻辑解码,又称门限(threshold)解码,是卷积码代数解码的最主要一种方法,它也可以应用于循环码的解码。大数逻辑解码对于约束长度较短的卷积码最为有效,而且设备较简单。概率解码(又称最大似然解码)则是基于信道的统计特性和卷积码的特点进行计算。首先由沃曾克拉夫特(Wozencraft)针对无记忆信道提出的序贯解码就是概率解码方法之一;另一种概率解码方法是维特比(Viterbi)算法。当码的约束长度较短时,它比序贯解码算法的效率更高、速度更快,目前得到广泛的应用。下面将仅介绍大数逻辑解码和维特比解码算法。

1. 大数逻辑解码

卷积码的大数逻辑解码是基于卷积码的代数表述运算的,其一般工作原理示于图11-13中。上面已经提到,卷积码是一种线性码。在11.5节中指出,线性码有可能用校正子指明接收码组中的错码位置,从而纠正错码。图11-13即利用此原理纠正错码。图中首先将接收信息位暂存于移存器中,并从接收码元的信息位和监督位计算校正子。然后,将计算得出的校正子暂存,并用它来检测错码的位置。在信息位移存器输出端,接有一个模2加电路,当检测到输出的信息位有错时,在输出的信息位上加"1",从而纠正。

这里的错码检测是采用二进制码的大数逻辑解码算法。它利用一组正交校验方程进行计算。这里的"正交"是有特殊定义的。其定义是:若被校验的那个信息位出现在校验方程组的每一个方程中,而其他的信息位至多在一个方程中出现,则称这组方程为正交校验方程。这样就可以根据被错码影响了的方程数目在方程组中是否占多数来判断该信息位是否

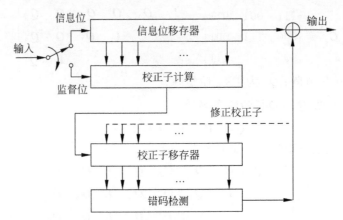

图 11-13 大数逻辑码一般工作原理

错了。下面将用一个实例来具体讲述这一过程。

在图 11-14 中画出一个 $(2,1,6)$ 卷积码编码器。其监督位和信息位的关系如下。

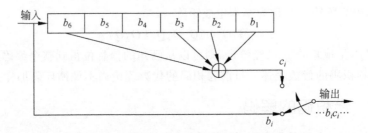

图 11-14 $(2,1,6)$ 卷积码编码器原理方框图

当输入序列为 $b_1b_2b_3b_4\cdots$ 时，监督位为

$$
\begin{cases}
c_1 = b_1 \\
c_2 = b_2 \\
c_3 = b_3 \\
c_4 = b_1 + b_4 \\
c_5 = b_1 + b_2 + b_5 \\
c_6 = b_1 + b_2 + b_3 + b_6 \\
\cdots
\end{cases}
\tag{11-85}
$$

参照式(11-9)，由式(11-85)容易写出监督关系式如下。

$$
\begin{cases}
S_1 = c_1 + b_1 \\
S_2 = c_2 + b_2 \\
S_3 = c_3 + b_3 \\
S_4 = c_4 + b_1 + b_4 \\
S_5 = c_5 + b_1 + b_2 + b_5 \\
S_6 = c_6 + b_1 + b_2 + b_3 + b_6
\end{cases}
\tag{11-86}
$$

式(11-86)中的 $S_i(i=1\sim6)$ 称为校正子，经过简单的线性变换后，可以得到如下正交校验方程组。

$$\begin{cases} S_1 = c_1 + b_1 \\ S_4 = c_4 + b_1 + b_4 \\ S_5 = c_5 + b_1 + b_2 + b_5 \\ S_2 + S_6 = c_2 + c_6 + b_1 + b_3 + b_6 \end{cases} \tag{11-87}$$

在式(11-87)中,只有信息位 b_1 出现在每个方程中,监督位和其他信息位均最多只出现一次。因此,在接收端解码时,考查 b_1、c_1 至 b_6、c_6 等 12 个码元,仅当 b_1 出错时,式(11-87)中才可能有 3 个或 3 个以上方程等于"1"。从而能够纠正 b_1 的错误。按照这原理画出的此(2,1,6)卷积码解码器原理方框图示于图 11-15 中。由此图可见,当信息位出现一个错码时,仅当它位于信息位移存器的第 6、3、2 和 1 级时,才使校正子等于"1"。因此,这时的校正子序列为 100111;反之,当监督位出现一个错码时,校正子序列将为 100000。由此可见,当校正子序列中出现第一个"1"时,表示已经检出一个错码。后面的几位校正子则指出是信息位错了,还是监督位错了。图中门限电路的输入为代表式(11-87)的 4 个方程的 4 个电压。门限电路将这 4 个电压(非模 2)相加。当相加结果大于或等于 3 时,门限电路输出"1",它除了送到输出端的模 2 加法器上纠正输出码元 b_1 的错码外,还送到校正子移存器纠正其中错误。

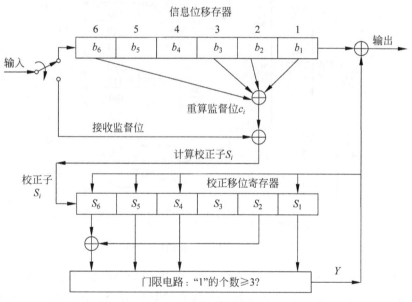

图 11-15 (2,1,6)卷积码解码器原理方框图

此卷积码除了能够纠正在约束长度中两位的随机错误外,还能纠正部分多于两位的错误。为了克服突发错误,可以采用更长的约束长度和在约束长度中能纠正更多错误。

2. 卷积码的几何表述

以上所述的大数逻辑解码是基于卷积码的代数表述之上的。卷积码的维特比解码算法则是基于卷积码的几何表述之上的。所以在介绍卷积码的解码算法之前,先引入卷积码的三种几何表述方法。

1) 码树图

现仍以图 11-10 中的 $(3,1,3)$ 码为例，介绍卷积码的码树图（code tree diagram）。图 11-16 画出了此码树图。将图 11-9 中移存器 M_1、M_2 和 M_3 的初始状态 000 作为码树的起点。现在规定：输入信息位为"0"，则状态向上支路移动；输入信息位为"1"，则状态向下支路移动。于是，就可以得出图 11-16 中所示的码树图。设现在的输入码元序列为 1101，则当第 1 个信息位 $b_1 = 1$ 输入后，各移存器存储的信息分别为 $M_1 = 1, M_2 = M_3 = 0$。由式(11-71)可知，此时的输出为 $c_1 d_1 e_1 = 111$，码树的状态将从起点 a 向下到达状态 b；此后，第二个输入信息位 $b_2 = 1$，故码树状态将从状态 b 向下到达状态 d。这时 $M_2 = 1, M_3 = 0$，由式(11-71)可知，$c_2 d_2 e_2 = 110$ 第三位和后继各位输入时，编码器将按照图中粗线所示的路径前进，得到输出序列：111 110 010 100…。此码树图还可以看到，从第四级支路开始，码树的上半部和下半部相同。这意味着，从第四个输入信息位开始，输出码元已经与第一位输入信息位无关，即此编码器的约束度 $N = 3$。

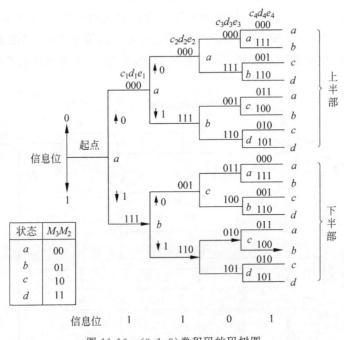

图 11-16　$(3,1,3)$ 卷积码的码树图

若观察在新码元输入时编码器的过去状态，即观察 $M_2 M_3$ 的状态和输入信息位的关系，则可以得出图中的 a、b、c 和 d 四种状态。这些状态和 $M_2 M_3$ 的关系也在图 11-16 中给出了。

码树图原则上还可以用于解码。在解码时，按照汉明距离最小的准则沿上面的码树进行搜索。例如，若接收码元序列为 111 010 010 110…，和发送序列相比可知第 4 和第 11 码元为错码。当接收到第 4～6 个码元"010"时，将这三个码元和对应的第 2 级的上下两个支路比较，它和上支路"001"的汉明距离等于 2，和下支路"110"的汉明距离等于 1，所以选择走下支路。类似地，当接收到第 10～12 个码元"110"时，和第 4 级的上下支路比较，它和上支路的"011"的汉明距离等于 2，和下支路"100"的汉明距离等于 1，所以走下支路。这样，就能够纠正这两个错码。一般来说,码树搜索解码法并不实用,因为随着信息序列的增长,码树分支数目按指数规律增长。在上面的码树图中,只有四个信息位,分支已有 $2^4 = 16$ 个。但是它为以后实用解码算法建立了初步基础。

2) 状态图

上面的码树图可以改进为下述的状态图(state diagram)。由上例的编码器结构可知,输出码元 $c_i d_i e_i$ 决定于当前输入信息位 b_i 和前两位信息位 b_{i-1} 和 b_{i-2}(即移存器 M_2 和 M_3 的状态)。在图 11-16 中,已经为 M_2 和 M_3 的四种状态规定了代表符号 a、b、c 和 d。所以,可以将当前输入信息位、移存器前一状态、移存器下一状态和输出码元之间的关系归纳于表 11-9 中。

表 11-9 移存器状态和输入输出码元的关系

移存器前一状态 M_3M_2	当前输入信息位 b_i	输出码元 $c_i d_i e_i$	移存器下一状态 M_3M_2
$a(00)$	0	000	$a(00)$
	1	111	$b(01)$
$b(01)$	0	001	$c(10)$
	1	110	$d(11)$
$c(10)$	0	011	$a(00)$
	1	100	$b(01)$
$d(11)$	0	010	$c(10)$
	1	101	$d(11)$

由表 11-9 可以看出,前一状态 a 只能转到下一状态 a 或 b,前一状态 b 只能转到下一状态 c 或 d,等等。按照表 11-9 中的规律,可以画出状态图如图 11-17 所示。在图 11-17 中,虚线表示输入信息位为"1"时状态转变的路线;实线表示输入信息位为"0"时状态转变的路线。线条旁的 3 位数字是编码输出比特。利用这种状态图可以方便地从输入序列得到输出序列。

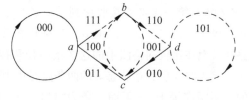

图 11-17 (3,1,3)卷积码状态图

3) 网格图

将状态图在时间上展开,可以得到网格图(trellis diagram),如图 11-18 所示。图中画出了 5 个时隙。在图 11-18 中,仍用实线表示输入信息位为"0"时状态转变的路线;虚线表示输入信息位为"1"时状态转变的路线。可以看出,在第 4 时隙以后的网格图形完全是重复第 3 时隙的图形。这也反映了此(3,1,3)卷积码的约束长度为 3。在图 11-19 中给出了输入信息位为 11010 时,在网格图中的编码路径。图中示出这时的输出编码序列是:111 110 010 100 001…。由上述可见,用网格图表示编码过程和输入输出关系比码树图更为简练。

有了上面的状态图和网格图,下面就可以讨论维特比解码算法了。

3. 维特比解码算法

维特比解码算法是维特比于 1967 年提出的。由于这种解码方法比较简单,计算快,故得到广泛应用,特别是在卫星通信和蜂窝网通信系统中应用。这种算法的基本原理是将接收到的信号序列和所有可能的发送信号序列比较,选择其中汉明距离最小的序列认为是当前发送信号序列。若发送一个 k 位序列,则有 2^k 种可能的发送序列。计算机应存储这些序

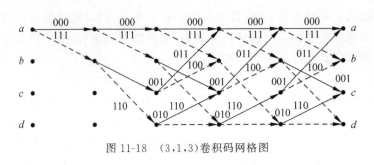

图 11-18　(3,1,3)卷积码网格图

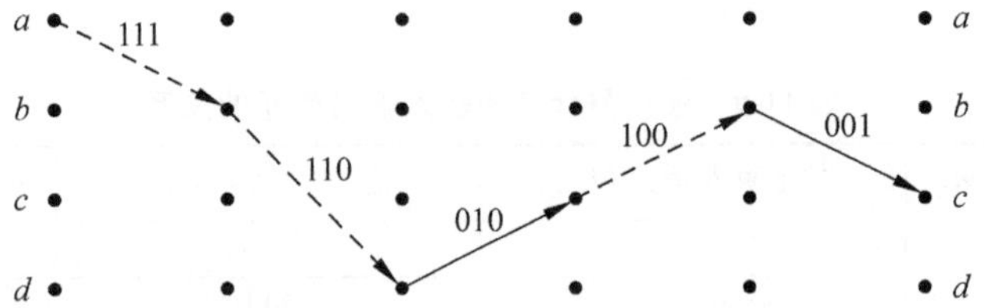

图 11-19　(3,1,3)卷积码编码路径举例

列，以便用作比较。当 k 较大时，存储量太大，使实用受到限制。维特比算法对此作了简化，使之能够实用。现在仍用上面(3,1,3)卷积码的例子来说明维特比算法的原理。

设现在的发送信息位为 1101，为了使图 11-9 中移存器的信息位全部移出，在信息位后面加入三个"0"，故编码后的发送序列为 111 110 010 100 001 011 000，并且假设接收序列为 111 010 010 110 001 011 000，其中第 4 和第 11 个码元为错码。

由于这是一个 $(n,k,N)=(3,1,3)$ 卷积码，发送序列的约束度 $N=3$，所以首先需考查 $nN=9b$。第一步考查接收序列前 9 位"111010010"。由此码的网格图 11-18 可见，沿路径每一级有 4 种状态 a、b、c 和 d。每种状态只有两条路径可以到达。故 4 种状态共有 8 条到达路径。现在比较网格图中的这 8 条路径和接收序列之间的汉明距离。例如，由出发点状态 a 经过三级路径后到达状态 a 的两条路径中上面一条为"000 000 000"和接收序列"111 010 010"的汉明距离等于 5；下面一条为"111 001 011"，它和接收序列的汉明距离等于 3。同样，由出发点状态 a 经过三级路径后到达状态 b、c 和 d 的路径分别都有两条，故总共有 8 条路径。在表 11-10 中列出了这 8 条路径和其汉明距离。现在将到达每个状态的两条路径的汉明距离作比较，将距离小的路径保留，称为幸存路径(surviving path)。若两条路径的汉明距离相同，则可以任意保存一条。这样就剩下 4 条路径了，即表中第 2、4、6 和 8 条路径。

表 11-10　维特比算法解码第一步计算结果

序号	路径	对应序列	汉明距离	幸存否	序号	路径	对应序列	汉明距离	幸存否
1	$aaaa$	000 000 000	5	否	5	$aabc$	000 111 001	7	否
2	$abca$	111 001 011	3	是	6	$abdc$	111 110 010	1	是
3	$aaab$	000 000 111	6	否	7	$aabd$	000 111 110	6	否
4	$abcb$	111 001 100	4	是	8	$abdd$	111 110 101	4	是

第二步将继续考查接收序列中的后继 3 位"110"。现在计算 4 条幸存路径上增加级后的 8 条可能路径的汉明距离。计算结果列于表 11-11 中。表中最小的总距离等于 2，其路径

是在 $abdc+b$，相应序列为 111 110 010 100。它和发送序列相同，故对应发送信息位 1101。按表 11-11 中的幸存路径计算出的网格图示于图 11-20 中。图中粗线路径是汉明距离最小（等于 2）的路径。

表 11-11　维特比算法解码第二步计算结果

序号	路径	原幸存路径的距离	新增路径段	新增距离	总距离	幸存否
1	$abca+a$	3	aa	2	5	否
2	$abdc+a$	1	ca	2	3	是
3	$abca+b$	3	ab	1	4	否
4	$abdc+b$	1	cb	1	2	是
5	$abcb+c$	4	bc	3	7	否
6	$abdd+c$	4	dc	1	5	是
7	$abcb+d$	4	bd	0	4	是
8	$abdd+d$	4	dd	2	6	否

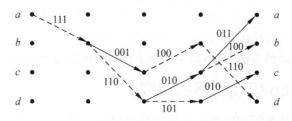

图 11-20　对应信息位"1101"的幸存路径网格图

上面提到过，为了使输入的信息位全部通过编码器的移存器，使移存器回到初始状态，在信息位 1101 后面加了一个"0"。若把这三个"0"仍然看作是信息位，则可以按照上述算法继续解码。这样得到的幸存路径网格图示于图 11-21 中。图中的粗线仍然是汉明距离最小的路径。但是，若已知这三个码元是（为结尾而补充的）"0"，则在解码计算时就预先知道在接收这 3 个"0"码元后，路径必然应该回到状态 a。而由图可见，只有两条路径可以回到 a 状态。所以，这时图 11-21 可以简化成图 11-22。

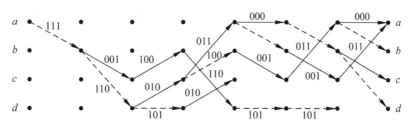

图 11-21　对应信息位"1101000"的幸存路径网格图

在上例中卷积码的约束度 $N=3$，需存储和计算 8 条路径的参量。由此可见，维特比解码算法的复杂度随约束长度 N 按指数形式 2^N 增长。故维特比解码算法适合约束度较小（$N\leqslant10$）的编码。对于约束度大的卷积码，可以采用其他解码算法，例如序贯解码（sequential decoding）、范诺（Fano）算法等。

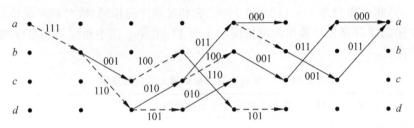

图 11-22　对应信息位"1101"及以"000"结束的幸存路径网格图

11.8　Turbo 码

Turbo 码，又称并行级连卷积码（Parallel Concatenated Convolutional Codes，PCCC），是由 C. Berrou 等人提出的。它巧妙地将卷积码和随机交织器结合在一起，实现了随机编码的思想，同时，采用软输出迭代译码来逼近最大似然译码。Turbo 码的发现标志着信道编码理论与技术的研究进入了一个崭新的阶段，它结束了长期将信道截止速率 R_0 作为实际容量限的历史。Turbo 码的提出，也更新了编码理论研究中的一些概念和方法，现在人们更喜欢基于概率的软判决译码方法，而不是早期基于代数的构造与译码方法。

11.8.1　Turbo 码编码器的组成

Turbo 码编码器是由两个反馈的系统卷积码编码器通过一个随机交织器并行连接而成，编码后的校验位经过删余阵，从而产生不同码率的码字。

图 11-23 所示的是典型的 Turbo 码编码器框图，信息序列 $u=\{u_1, u_2, u_3, \cdots, u_N\}$ 经过一个 N 位交织器，形成一个新序列 $u_1=\{u_1', u_2', u_3' \cdots, u_N'\}$（长度与内容没变，但比特位置经过重新排列）。$u$ 与 u_1 分别传送到两个分量码编码器（RSC1 与 RSC2），一般情况下，这两个分量码编码器结构相同，生成序列 X^{p1} 与 X^{p2}。为了提高码率，序列 X^{p1} 与 X^{p2} 需要经过删余器，采用删余（puncturing）技术从这两个校验序列中周期地删除一些校验位，形成校验位序列 X^p。X^p 与未编码序列 X^s 经过复用调制后，生成了 Turbo 码序列 X。例如，假定图 11-23 中两个分量编码器的码率均是 1/2，为了得到 1/2 码率的 Turbo 码，可以采用这样的删余矩阵：$P=[10,01]$，即删去来自 RSC1 的校验序列 X^{p1} 的偶数位置比特与来自 RSC2 的校验序列 X^{p2} 的奇数位置比特。

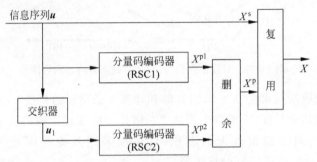

图 11-23　Turbo 码编码器结构框图

在 Turbo 码的生成中,交织器扮演着重要的角色。交织器虽然仅仅是在 RSC2 编码器之前将信息序列中的 N 个比特的位置进行随机置换,但它却起着关键的作用,在很大程度上影响着 Turbo 码的性能。通过随机交织,使得编码序列在长为 $2N$ 或 $3N$(不使用删余)比特的范围内具有记忆性,从而由简单的短码得到了近似长码。当交织器充分大时,Turbo码就具有近似于随机长码的特性。所以交织器的设计是 Turbo 码设计中的一个重要方面,不同交织器对 Turbo 码性能有着不同的影响。

在传统的信道编码中,所使用的交织器一直是分组交织器或卷积交织器,其目的主要是抗信道突发错误,即将信道或级联码内码译码器产生的突发错误随机化,把由于受到噪声干扰而导致具有相关性的数据恢复成相互独立的输入数据。而在 Turbo 码中,目前认为两个RSC 编码器之间的交织器除了具有上述功能外,还具有一个十分重要的核心作用就是改变码的重量分布,使得 Turbo 码的编码输出序列中,重量很轻的码字和重量很重的码字都尽可能少,即使"重量谱窄化(spectral thin)",从而控制编码序列的距离特性,使 Turbo 码的整体纠错性能达到用户所要求的误码率。

删余的目的是得到一定码率的码字,目的是在于尽量提高码率而达到小错误概率的传输。一般情况下,删余之后 Turbo 码的码率为 1/2、1/3。相对应的删余阵为 $\boldsymbol{P} = [1\,0,0\,1]$ 和 $\boldsymbol{P} = [1\,1]$。

11.8.2　Turbo 码的译码

由于 Turbo 码是由两个或多个分量码对同一信息序列经过不同交织后进行编码,对任何单个传统编码,通常在译码器的最后得到硬判决译码比特,然而 Turbo 码的译码算法不应限制在译码器中通过的是硬判决信息,为了更好地利用译码器之间的信息,译码算法所用的应当是软判决信息而不是硬判决信息。对于一个由两个分量码构成 Turbo 码的译码器是由两个与分量码对应的译码单元、交织器和解交织器组成,将一个译码单元的软输出信息作为下一个译码单元的输入,为了获得更好的译码性能,将此过程迭代数次,这就是 Turbo码译码器的基本工作原理。

Turbo 码译码器的基本结构如图 11-24 所示。它由两个软输入软输出(Soft Input and Soft Output,SISO)译码器 DEC1 和 DEC2 串行级连组成,交织器与编码器中所使用的交织器相同。译码器 DEC1 对分量码 RSC1 进行最佳译码,产生关于信息序列 $\boldsymbol{u}$ 中每一比特的似然信息,并将其中的"外信息"经过交织送给 DEC2,译码器 DEC2 将此信息作为先验信息,对分量码 RSC2 进行最佳译码,产生关于交织后的信息序列中每一比特的似然比信息,然后将其中的"外信息"经过解交织送给 DEC1,进行下一次译码。这样经过多次迭代,DEC1 或 DEC2 的外信息趋于稳定,似然比渐近值逼近于对整个码的最大似然译码,然后对此似然比进行硬判决,即可得到信息序列 $\boldsymbol{u}$ 的每一比特的最佳估值序列 $\hat{\boldsymbol{u}}$。

假定 Turbo 码译码器的接收序列为 $y = (y^{s}, y^{p})$,冗余信息 y^{p} 经解复用后,分别送给DEC1 和 DEC2。于是,两个软输出译码器的输入序列分别为。

$$\text{DEC1:}\ y_1 = (y^{s}, y^{1p})$$

$$\text{DEC2:}\ y_2 = (y^{s}, y^{2p})$$

为了使译码后的比特错误概率最小,根据最大后验概率译码(maximum a posterior,MAP)准则,Turbo 译码器的最佳译码策略是,根据接收序列 y 计算后验概率 $P(u_k) =$

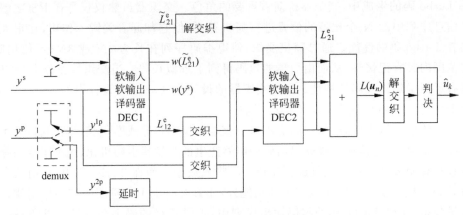

图 11-24　Turbo 码译码器的基本结构

$P(u_k \mid y_1, y_2)$。显然，这对于稍微长一点的码计算复杂度太高。在 Turbo 码的译码方案中，巧妙地采用了一种次优译码规则，将 y_1 和 y_2 分开考虑，由两个分量码译码器分别计算后验概率 $P(u_k \mid y_1, L_1^e)$ 和 $P(u_k \mid y_2, L_2^e)$，然后通过 DEC1 和 DEC2 之间的多次迭代，使它们收敛于 MAP 译码的 $P(u_k \mid y_1, y_2)$，从而达到最佳性能。这里，L_1^e 和 L_2^e 为附加信息，其中 L_1^e 由 DEC2 提供，在 DEC1 中用作先验信息，L_2^e 由 DEC1 提供，在 DEC2 中用作先验信息。关于 $P(u_k \mid y_1, L_1^e)$ 和 $P(u_k \mid y_2, L_2^e)$ 的求解，目前已有多种方法，它们构成了 Turbo 码的不同译码算法。

11.9　本章小结

信道编码的目的是提高信号传输的可靠性。信道编码的基本原理是在信号码元序列中增加监督码元，并利用监督码元去发现或纠正传输中发生的错误。在信道编码只有发现错码能力而无纠正错码能力时，必须结合其他措施来纠正错码，否则只能将发现为错的码元删除。这些手段统称为差错控制。

按照加性干扰造成错码的统计特性不同，可以将信道分为三类：随机信道、突发信道和混合信道。每种信道中的错码特性不同，所以需要采用不同的差错控制技术来减少或消除其中的错码。差错控制技术共有 4 种，即检错重发、前向纠错、检错删除和反馈校验，其中前 3 种都需要采用编码。

编码序列中信息码元数量 k 和总码元数量 n 之比 k/n 称为码率。而监督码元数 $(n-k)$ 和信息码元数 k 之比 $(n-k)/k$ 称为冗余度。

检错重发法通常称为 ARQ。和前向纠错方法相比，ARQ 的主要优点是：监督码元较少，检错的计算复杂度较低，能适应不同特性的信道。但是 ARQ 系统需要双向信道，并且传输效率较低，不适用于实时性要求高的场合，也不适用于一点到多点的通信系统。

一种编码的纠错和检错能力取决于最小码距。在保持误码率恒定的条件下，采用纠错编码所节省的信噪比称为编码增益。

纠错编码分为分组码和卷积码两大类。由代数关系式确定监督位的分组码称为代数码。在代数码中，若监督位和信息位的关系是由线性代数方程式决定的，则称这种编码为线性分组码。奇偶监督码就是一种最常用的线性分组码。汉明码是一种能够纠正 1 位错码的效率较高的线性分组码。具有循环性的线性分组码称为循环码。BCH 码是能够纠正多个随机错码的循环码。而 RS 码则是一种具有很强纠错能力的多进制 BCH 码。

在线性分组码中,发现错码和纠正错码是利用监督关系式计算校正子来实现的。由监督关系式可以构成监督矩阵。右部形成一个单位矩阵的监督矩阵称为典型监督矩阵。由生成矩阵可以产生整个码组。左部形成单位矩阵的生成矩阵称为典型生成矩阵。由典型生成矩阵得出的码组称为系统码。在系统码中,监督位附加在信息位的后面。线性码具有封闭性。封闭性是指一种线性码中任意两个码组之和仍为这种编码中的一个码组。

循环码的生成多项式 $g(x)$ 应该是 (x^n+1) 的一个 $(n-k)$ 次因子。在设计循环码时可以采用将码长截短的方法,满足设计对码长的要求。

BCH 码分为两类本原 BCH 码和非本原 BCH 码。在 BCH 码中,$(23,12)$ 码称为戈莱码,它的纠错能力强并且容易解码,故应用较多。为了得到偶数长度 BCH 码,可以将其扩展为 $(n+1,k)$ 的扩展 BCH 码。

RS 码是多进制 BCH 码的一个特殊子类。它的主要优点是:特别适合用于多进制调制的场合,适合在衰落信道中纠正突发性错码。

卷积码是一类非分组码。卷积码的监督码元不仅和当前的 k 比特信息段有关,而且还同前面 $m=(N-1)$ 个信息段有关。所以它监督着 N 个信息段。通常将 N 称为卷积码的约束度。

卷积码有多种解码方法,以维特比解码算法应用最广泛。

Turbo 码是一种特殊的链接码。由于其性能近于理论上能够达到的最好性能,所以它的发明在编码理论上是带有革命性的进步。

习题

11-1 在通信系统中,采用差错控制的主要目的是什么?其基本工作方式有哪几种?简述每一种的特点。

11-2 什么是分组码?分组码的检纠错能力与最小码距有什么关系?检纠错能力之间有什么关系?

11-3 设有 8 个码组"000000""001110""010101""011011""100011""101101""110110""111000",求它们的最小码距。

11-4 上题给出的码组用于检错能检验出几位错码?用于纠错能纠正几位错码?同时用于检错纠错,能检验并纠正出几位错码?

11-5 已知两个码组"0000"和"1111",用于检错能检验出几位错码?用于纠错能纠正几位错码?同时用于检错纠错,能检验并纠正出几位错码?

11-6 已知一个 $(7,4)$ 循环码的全部码组为

0000000	1000101	0001011	1001110
0010110	1010011	0011101	1011000
0100111	1100010	0101100	1101001
0110001	1110100	0111010	1111111

试写出该循环码的生成多项式 $g(x)$ 和生成矩阵 $G(x)$，并将 $G(x)$ 化成典型。

11-7 已知 $x^{15}+1=(x+1)(x^4+x+1)(x^4+x^3+1)(x^4+x^3+x^2+x+1)(x^2+x+1)$，试问由它可以构成多少种码长为 15 的循环码？并列出它们的生成多项式。

11-8 试证明 $x^{10}+x^8+x^5+x^4+x^2+x+1$ 为 $(15,5)$ 循环码的生成多项式。求出此循环码的生成矩阵，并写出消息码为 $m(x)=x^4+x+1$ 时的多项式。

11-9 已知 $k=1$，$n=2$，$N=4$ 的卷积码，其基本生成矩阵为 $\boldsymbol{g}=[11010001]$。试求该卷积码的生成矩阵 $\boldsymbol{G}$ 和监督矩阵 $\boldsymbol{H}$。

11-10 已知 $(2,1,5)$ 卷积码的生成序列为 $(35,23)$，画出它的编码器方框图，并写出生成矩阵。

11-11 已知一卷积码的参量为：$k=1$，$n=3$，$N=4$。其基本生成矩阵为 $\boldsymbol{g}=[111\ 001\ 010\ 011]$。试求该卷积码的生成矩阵 $\boldsymbol{G}$ 和截短监督矩阵，并写出输入码为 $[1001\cdots]$ 时的输出码。

11-12 已知一个 $(2,1,2)$ 卷积码编码器的输出和输入的关系为

$$c_1=b_1 \oplus b_2$$

试画出该编码器的电路方框图、码树图、状态图和网格图。

11-13 已知一个 $(3,1,4)$ 卷积码编码器的输出和输入的关系为

$$c_1=b_1$$
$$c_2=b_1 \oplus b_2 \oplus b_3 \oplus b_4$$
$$c_3=b_1 \oplus b_3 \oplus b_4$$

试画出该编码器的电路方框图和码树图。当输入信息序列为 10110 时，试求出其输出码序列。

11-14 已知一个 $(2,1,3)$ 卷积码编码器的输出与输入的关系为

$$c_1=b_1 \oplus b_2$$
$$c_2=b_1 \oplus b_2 \oplus b_3$$

当接收码序列为 100 010 000 0，试用维比特解码算法求出发送信息序列。

第 12 章

现代通信网

现代通信技术是现代通信网中最为重要的组成部分及内容,随着通信技术和计算机技术的发展,通信网络也得到了迅速的发展。信息的融合、技术的融合、网络的融合将是通信网络发展的趋势,而且,通信网络的发展将会更贴近人们的生活需要。本章主要针对现代通信网和现代通信中的一些新技术进行详细介绍。

掌握 IEEE 802.11 体系结构、4G(the 4th Generation mobile communication technology,第 4 代移动通信技术)移动通信系统中的主要通信技术、了解 NB-IoT(Narrow Bcond Internet of Things,窄带物联网)、智能通信核心技术、认知无线电技术以及空天地一体化信息网等这些新的现代通信技术。

12.1 网络融合

20 世纪 90 年代中期提出的"三网融合",就是将电信网、有线电视网和计算机网三大基础信息网络融合,建设为统一的全球信息基础设施(Global Information Infrastructure,GII),通过互连、互操作的三网资源的无缝融合,构成具有统一接入和应用接口的高效网络,使人们能在任何时间和地点享受多种方式的信息应用服务。

12.1.1 三网的定义

电信网:主要指公用电话网,其终端主要是电话机,是为实现点到点的双向语音通信而设计的网络。以 64kbps 语音编码、高质量通话服务(Quality of Service,QoS)为前提,是可控制、可管理的高效信令网,目前已光纤化和宽带化。

有线电视网:广播式传输,其终端主要是电视接收机。由于光纤传输在远距离信号传输时具有容量大、质量高、安全可靠等优点,所以有线电视干线网络选用光纤传输。

计算机网:主要信息是数据,其终端主要是计算机,实际是以计算机和计算机局域网为基础逐步互连、发展,日益扩张而形成的网中网。

在我国,电信网和计算机网主要由工业和信息化部监管,有线电视网由国家广播电影电视总局监管。

12.1.2 电信网

电信网是指公共交换电话网(Public Switched Telephone Network,PSTN)、综合业务

数字网（Integrated Services Digital Network，N-ISDN）、数字数据网（Digital Data Network，DDN）、帧中继（Frame Relay，FR）、异步传输模式（Asynchronous Transmission Mode，ATM）网等。

1. 公共交换电话网

程控数字交换的 PSTN 从 20 世纪 80 年代初开始建设，已形成了本地和长途 2 级结构，在 PSTN 中，目前一些通信主干线已实现光纤化，而用户网大多为铜线，一般用来传输 4kHz 的模拟语言信号或低速 9.6kbps 的数据，即使加上调制解调器最高也只能传输 56kbps 的数据信号，但 PSTN 覆盖面很广，连通全国的城市及乡镇。

2. 综合业务数字网

综合业务数字网（Integrated Services Digital Network，ISDN）是建立在电话网基础上的能够为用户提供数字、语音、图像传输的综合服务能力的数字化网络。它是一种电路交换网络，采用时分复用技术在物理层为用户提供透明的传输服务。ISDN 有两类：宽带综合业务数字网（Broad-band Integrated Services Digital Network，B-ISDN）和窄带综合业务数字网（Narrow-band Integrated Services Digital Network，N-ISDN）。宽带的通信数据传输速率可高达 622Mbps，而窄带的最高为 2.048Mbps。有些用户上网时用的就是 N-ISDN，其优点是上网的同时还可打电话，俗称"一线通"，但由于其带宽有限，已逐渐被非对称数字用户线（Asymmetric Digital Subscriber Line，ADSL）替代。

3. 数字数据网

DDN 是一种利用数字信道提供半永久性连接电路的数字数据传输网路，它能够为专线或专网用户提供中、高速数字点对点的传输服务。从用户角度来说，租用一条 DDN 点对点专线就相当于租用了一条高质量、高带宽、透明的双向数字线路，用户可以在其上利用任何类型的协议进行两点间的直接数据传输。

4. 帧中继

帧中继是比较新型的分组交换技术，它从 X.25 演变而来，但帧中继只涉及 OSI（Open System Interconnection，开放式系统互联）的最低二层。帧中继在物理层上采用统计复用技术，在数据链路上提供了面向连接的以帧为基础的交换。帧中继网络不负责差错恢复，只进行检错，帧出错时仅仅是简单地将其丢弃。错误恢复由端系统的高层协议实现。由于帧中继使用的系统开销较少，因此它的速率更快，最高可达 45Mbps。

5. 异步传输模式

ATM 是支持高速数据网建设、运行的关键设备，也是一种分组交换技术，ATM 中的分组称为信元，信元是固定长度为 53B 的小分组。ATM 可支持 25Mbps～2.4Gbps 的传输，ATM 所组成的网络不仅可传送语音，还可传送数据、图像，包括高速数据和活动图像，它能够为用户提供高速、面向连接的信元交换服务。

12.1.3 有线电视网络

我国有线电视 CATV（Community Antenna Television，社区公共电视天线系统）网络从 20 世纪 70 年代开始建设，目前已有 13000km 的国家光缆网络。我国有线电视网络已从闭路电视发展到光纤同轴混合（Hybrid Fiber Coaxial，HFC）网络，它是一种以模拟频分复用（Frequency Division Multiplexing，FDM）技术为基础，综合应用模拟和数字传输技术、光纤和同轴电缆技术、射频技术以及高度分布式智能技术的宽带接入网络,是 CATV 网和电信网、计算机网技术相结合的产物。目前,HFC 基本上采用星状总体型结构,由 3 部分组成:干线网、配线网和用户引入线,如图 12-1 所示。

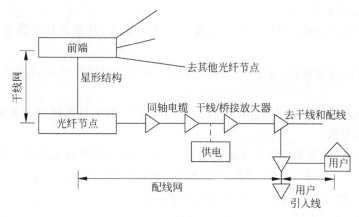

图 12-1 典型 HFC 结构图

1. 有线电视网络双向改造

有线电视网原先采取广播单向网络,只有下行链路。实现三网融合,必须对网络进行双向改造,即把原来单向的有线电视网络改成双向宽带的 HFC 网络。双向 HFC 网络可同时传送下行信号和上行信号,它有 3 种方式:空间分割、时间分割和频率分割。空间分割采用不同的线路分别传输上行信号和下行信号。例如,HFC 的光纤传输部分就是采用这种方式,它利用两条光纤来分别传输上行信号和下行信号。时间分割是利用一条线路在不同的时间内分别传送上行信号和下行信号,传送上、下行信号的时间由一个脉冲开关进行控制,在一个脉冲周期内传送下行信号,紧接着的另一个脉冲周期内传送上行信号。频率分割是用不同载波频率分别传送上行和下行信号。

根据上行和下行信号传输内容的不同,可采用不同的上行和下行信号频带,但上行和下行信号中间必须有一个大于 20MHz 的保护频带。

2. 有线电视网络数字化

数字电视具有清晰度高、收视频道多、互动性强等优点,是广播电视的发展趋势。

3. 交互式网络电视

交互式网络电视(Interactive Network TV,IPTV)是基于宽带互联网的一项以网络视频资源为主体,以电视机、计算机为显示端的媒体服务,是互联网业务和传统电视业务融合后产生的新业务。IPTV 可提供电视节目直播、视频点播、准视频点播、时移电视点播、电视网络冲浪等基本业务,还可提供如视频即时通信、电视短信、互动广告、在线游戏、在线购物等各种视频增值业务,特别是视频相关业务被人们普遍看好。

12.1.4 计算机网络

21 世纪的重要特征是数字化、网络化和信息化,它是一个以网络为核心的信息时代。计算机网络是以计算机技术与通信技术相互渗透密切结合而形成的一门交叉学科。计算机网络出现的历史不长,但发展很快,它的演变与发展可分为 4 个阶段:以主机为中心的联机终端系统；以通信子网为中心的主机互连；开放式标准化的、易于普及和应用的网络；计算机网络的高速化发展阶段。

1. 计算机网络的概念

典型的概念有以下 3 种。

（1）从应用观点分析：以相互共享资源方式连接起来，且各自具有独立功能的计算机系统的集合。

（2）从物理的观点分析：在网络协议控制下，由若干台计算机和数据传输设备组成的系统。

（3）从其他方面分析：利用各种通信手段，把地理分散的计算机互连起来，能够互相通信且共享资源的系统。

从 3 方面分析，计算机网络有不同的定义，但主要特性为互连和自治。因此，计算机网络可简单理解为互相连接的自治计算机的集合。所谓自治，即能独立运行，不依赖于其他计算机；所谓互连，即以任何可能的通信连接方式，如有线方式（铜线、光纤）或无线方式（红外、无线电、卫星）实现互连。

2. 计算机网络的功能

（1）数据通信：是计算机网络最基本的功能，也是实现其他功能的基础，如文件传输、IP 电话、E-mail、视频会议、信息发布、交互式娱乐、音乐等。数据通信功能包含以下几项具体内容：连接的建立和拆除、数据传输控制、差错检测、流量控制、路由选择、多路复用。

（2）资源共享：包括软件、硬件、数据（数据库）资源的共享。

（3）提高可靠性服务：利用可替代的资源，提供连接的高可靠服务。通过网络中的冗余部件可大大提高可靠性。

（4）节省投资：替代昂贵的大中型系统。

（5）分布式处理功能。

3. 计算机网络的组成

计算机网络有 3 个主要组成部分：若干个主机；一个通信子网；一系列的协议。

4. 计算机网络的分类

1）按地域范围（网络作用范围）分类

（1）局域网（Local Area Network，LAN）。

① 范围：较小，小于 20km；

② 传输技术：基带，10～1000Mbps，延迟低，出错率低（10^{-11}）；

③ 拓扑结构：总线，环形。

（2）城域网（Metropolitan Area Network，MAN）。

① 范围：中等，小于 100km；

② 传输技术：宽带/基带；

③ 拓扑结构：总线。

（3）广域网（Wide Area Network，WAN）。

① 范围：较大，大于 100km；

② 传输技术：宽带，延迟大，差错率高；

③ 拓扑结构：不规则，点到点。

2）按拓扑结构分类

拓扑结构一般指点和线的几何排列或组成的几何图形。计算机网络的拓扑结构是指一个网络的通信链路和节点的几何排列或物理布局图形。链路是网络中相邻两个节点之间的物理通路，节点指计算机和有关的网络设备，甚至是一个网络。按拓扑结构，计算机网络可分为星形、树形、总线型、环形、全连接、不规则 6 类，如图 12-2 所示。

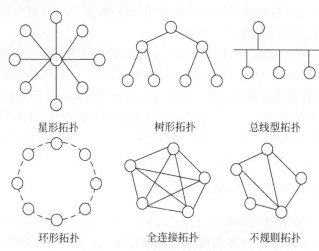

星形拓扑　　　　　　树形拓扑　　　　　　总线型拓扑

环形拓扑　　　　　　全连接拓扑　　　　　不规则拓扑

图 12-2　按网络拓扑结构对计算机网络的分类示意图

还可构造出一些复合型的网络拓扑结构。例如教育科研计算机网络可认为是不规则网、树形网和环形网的复合，其主干网为不规则结构，它连接的每一所大学，大多是树形结构或环形结构。

其他分类方式，如按通信传播方式分类，可分为点对点传输方式的网络和广播方式网络；按网络控制方式分类，可分为集中式计算机网络和分布式计算机网络；按传输信号分类，可分为数字网和模拟网。

12.2　无线通信网

12.2.1　无线局域网的基本概念

无线局域网（Wireless Local Area Networks，WLAN）是指应用无线通信技术将计算机设备互联起来，构成可以互相通信和实现资源共享的网络体系，是局域网技术与无线通信技术结合的产物。

一般局域网的传输介质大多采用双绞线、同轴电缆或光纤，这些有线传输介质往往存在铺设费用高、施工周期长、改动不方便、维护成本高、覆盖范围小等问题。无线局域网的出现使得原来有线网络所遇到的问题迎刃而解，它可以使用户在不进行传统布线的情况下任意对有线网络进行扩展和延伸。只要在有线网络的基础上通过无线接入点、无线网桥、无线网卡等无线设备就可以使无线通信得以实现，并能够提供有线局域网的所有功能。相对于有线局域网，WLAN体现出以下几点优势。

（1）可移动性。在无线局域网中，由于没有线缆的限制，只要是在无线网络的信号覆盖范围内，用户可以在不同的地方移动工作，而在有线网络中则做不到这点，只有在离信息插座很近的位置通过线缆的连接，计算机等设备才能接入网络。

（2）安装便捷。一般在网络建设中，施工周期最长、对周边环境影响最大的就是网络布线工程。而 WLAN 最大的优势就是免去或减少了网络布线的工作量，一般只需要合理的布放接入点位置与数量，就可建立覆盖整个建筑或地区的局域网络。

（3）组网灵活。无线局域网可以组成多种拓扑结构，可以十分容易地从少数用户的点对点模式扩展到上千用户的基础架构网络。

（4）成本优势。由于有线网络缺少灵活性，这就要求网络规划者要尽可能地考虑未来发展的需要，因此往往导致预设大量利用率较低的信息点。一旦网络的发展超出了设计规划，又要花费较多的费用进行网络改造。而无线局域网则可以尽量避免这种情况的发生。

与有线局域网比较时，WLAN 也有很多不足之处，例如，无线通信受外界环境影响较大，传输速率不高，并且在通信安全上也劣于有线网络。所以在大部分的局域网建设中，还是以有线通信方式为主干，以无线通信作为有线通信的一种补充，而不是一种替代。

12.2.2　IEEE 802.11 协议标准

IEEE 802.11 是美国电气和电子工程师协会（Institute of Electrical and Electronics Engineers，IEEE）在 1997 年 6 月颁布的无线网络标准，它是第一代无线局域网标准之一。该标准定义了物理层和媒体访问控制协议的规范，其物理层标准主要有 IEEE 802.11b、IEEE 802.11a 和 IEEE 802.11g。IEEE 802.11 系列标准对比如表 12-1 所示。

表 12-1　IEEE 802.11 系列协议标准对比表

	802.11	802.11b	802.11a	802.11g	802.11n	802.11ac
频率（GHz）	2.4	2.4	5	2.4	2.4 和 5	5
最大传输速率（Mbps）	1～2	11	54	54	300～600	1000
调制技术	DB/SK DQPSK	CCK	OFDM	OFDM	MIMO OFDM	MIMO OFDM
发布时间	1997 年	1998 年	1999 年	2003 年	2009 年	2012 年

1. IEEE 802.11b 协议标准

IEEE 802.11b 无线局域网的带宽最高可达 11Mbps，比之前的 IEEE 802.11 标准快 5 倍，扩大了无线局域网的应用领域。另外，也可根据实际情况采用 5.5Mbps、2Mbps 和 1Mbps 带宽，实际的工作速度在 5Mbps 左右，与普通的 10Base-T 规格有线局域网几乎是处于同一水平。IEEE 802.11b 使用的是开放的 2.4G 频段，不需要申请就可使用。既可作为对有线网络的补充，也可独立组网，从而使网络用户摆脱网线的束缚，实现真正意义上的移动应用。

IEEE 802.11b 无线局域网与 IEEE 802.3 以太网的原理很类似，都是采用载波侦听的方式来控制网络中信息的传送。不同之处是以太网采用的是 CSMA/CD（Carrier Sense Multiple Access/Collision Detection，载波侦听/冲突检测）技术，网络上所有工作站都侦听网络中有无信息发送，当发现网络空闲时，即发出自己的信息，如同抢答一样，只能有一台工作站抢到发言权，而其余工作站需要继续等待。一旦有两台以上的工作站同时发出信息，则网络中会发生冲突，冲突后这些冲突信息都会丢失，各工作站则将继续抢夺发言权。而

802.11b 无线局域网则引进了冲突避免技术,从而避免了网络中冲突的发生,可以大幅度提高网络效率。

2. IEEE 802.11a 协议标准

802.11a 协议标准是继在办公室、家庭、宾馆、机场等众多场合得到广泛应用的 802.11b 的后续标准。它工作在 5GHzU-NII 频带,物理层速率可达 54Mbps,传输层可达 25Mbps。可提供 25Mbps 的无线 ATM 接口和 10Mbps 的以太网无线帧结构接口,以及 TDD/TDMA 的空中接口并支持语音、数据、图像等业务。一个扇区可接入多个用户,每个用户可带多个用户终端。但是由于 802.11a 运用 5GHz 射频频谱,因此它与 802.11b 或最初的 802.11 协议标准均不能进行互操作。

3. IEEE 802.11g 协议标准

由于 802.11a 和 802.11b 所使用的频带不同,因此互不兼容。虽然有部分厂商也推出了同时配备二者功能的产品,但只能通过切换分网使用,而不能同时使用。为了提高无线网络的传输速率,又要考虑与 802.11、802.11a 的兼容性,IEEE 于 2003 年发布了 IEEE 802.11g 技术标准。IEEE 802.11g 可以看作是 IEEE 802.11b 的高速版,但为了提高传输速度,802.11g 采用了与 802.11b 不同的 OFDM 调制方式,使得传输速率提高至 54Mbps。

4. IEEE 802.11n 协议标准

IEEE 802.11n 协议标准是 IEEE 推出的最新标准。802.11n 通过采用智能天线技术,可以将 WLAN 的传输速率提高到 300Mbps 甚至 600Mbps。使得 WLAN 的传输速率大幅提高,这得益于将多输入多输出技术(Multiple-Input Multiple-Output,MIMO)与 OFDM 技术相结合而应用。这项技术不但极大地提升了传输速率,也提高了无线传输质量。

另外,802.11n 还采用了一种软件无线电技术,它是一个完全可编程的硬件平台,使得不同系统的基站和终端都可以通过这一平台的不同软件实现互通和兼容,这使得 WLAN 的兼容性得到极大改善。这意味着 WLAN 将不但能实现 802.11n 向前后兼容,而且可以实现 WLAN 与无线广域网络的结合。

5. IEEE 802.11ac 协议标准

从核心技术来看,802.11ac 是在 802.11a 协议标准之上建立起来的 包括将使用 802.11a 的 5GHz 频段。不过在通道的设置上,802.11ac 将沿用 802.11n 的 MIMO 技术,为它的传输速率达到 Gbps 量级打下基础,第一阶段的目标传输速率为 1Gbps,目的是达到有线电缆的传输速率。

802.11ac 每个通道的工作频宽将由 802.11n 的 40MHz,提升到 80MHz 甚至 160MHz,再加上大约 10% 的实际频率调制效率提升,最终理论传输速度将由 802.11n 最高的 600Mbps 跃升至 1Gbps。当然,实际传输率可能在 300~400Mbps,接近目前 802.11n 实际传输率的 3 倍(目前 802.11n 无线路由器的实际传输率为 75~150Mbps),足以在一条信道上同时传输多路压缩视频流。

此外,802.11ac 还将向后兼容 802.11 全系列现有和即将发布的所有标准和规范,包括即将发布的 802.11s 无线网状架构以及 802.11u 等。安全性方面,它将完全遵循 802.11i 安全标准的所有内容,使得无线连接能够在安全性方面达到企业级用户的需求。根据 802.11ac 的实现目标,802.11ac 未来将可以帮助企业或家庭实现无缝漫游,并且在漫游过程中能支持无线产品相应的安全、管理以及诊断等应用。

12.2.3 移动 Ad-Hoc 网络

在无线局域网中,按照网络结构分类主要有两种:一种就是类似于对等网的 Ad-Hoc 结构,另一种则是类似于有线局域网中星状结构的基础结构。

1. Ad-Hoc 结构

点对点 Ad-Hoc 结构就相当于有线网络中的多机直接通过网卡互联,中间没有集中接入设备,信号是直接在两个通信端点对点传输的。在有线网络中,因为每个连接都需要专门的传输介质,所以在多机互连中,每台计算机可能要安装多块网卡。而在 WLAN 中,没有物理传输介质,信号不通过固定的信道传输,而是以电磁波的形式发散传播的,所以在WLAN 中的对等连接模式中,各用户无须安装多块 WLAN 网卡,与有线网络相比,组网方式要简单许多。

Ad-Hoc 对等结构网络通信中因为没有信号交换设备,网络通信效率较低,所以仅适用于较少数量的计算机无线互连,如图 12-3 所示为计算机通过 Ad-Hoc 结构互联。

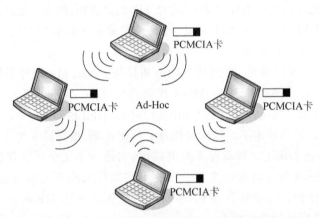

图 12-3　计算机通过 Ad-Hoc 结构互联

同时由于这一模式没有中心管理单元,所以这种网络在可管理性和扩展性方面受到一定的限制,连接性能也不是很好,而且各无线节点之间只能单点通信,不能实现交换连接,就像有线网络中的对等网一样。这种无线网络模式通常只适用于临时的无线应用环境,如小型会议室、SOHO 家庭无线网络等。

2. 基础结构

基于无线接入点 AP 的基础结构模式其实与有线网络中的星状交换模式相似,也属于集中式结构类型,其中的无线 AP 相当于有线网络中的交换机,起着集中连接和数据交换的作用。在这种无线网络结构中,除了需要像 Ad-Hoc 对等结构中在每台主机上安装无线网卡,还需要一个 AP 接入设备。这个 AP 设备就是用于集中连接所有无线节点,并进行集中管理的。当然,一般的无线 AP 还提供了一个有线以太网接口,用于与有线网络、工作站和路由设备的连接,如图 12-4 所示为基于无线 AP 的基础结构模式。

基础结构的无线局域网不仅可以应用于独立的无线局域网中,如小型办公室无线网络、SOHO 家庭无线网络,也可以以它为基本网络结构单元组建成庞大的无线局域网系统,如在会议室、宾馆、酒店、机场为用户提供的无线网络接入等。

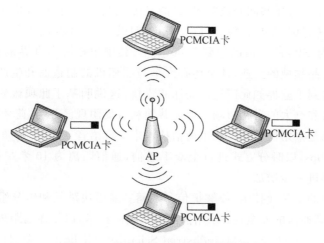

图 12-4　基于无线 AP 的基础结构模式

按网络的传输媒质来分类,无线局域网可以分为基于无线电的 WLAN 和基于红外线的 WLAN 两种方式。射频无线电波主要使用无线电波和微波,光波主要使用红外线。

1) 基于无线电的无线局域网

采用无线电波作为无线局域网的传输媒质是目前应用最多的。采用这种方式的无线局域网按照调制方式不同,又可分为窄带调制方式无线局域网和扩展频谱调制方式无线局域网。在窄带调制方式中,数据基带信号的频谱直接搬移到射频发射出去。在扩展频谱调制方式中,数据基带信号的频谱被扩展几十倍后再搬移到射频发射出去。

另一方面,无线局域网使用的频段主要是 S 频段(2.4~2.4835GHz),这个频段也称为工业科学医疗(Industrial Science and Medicine,ISM)频段,属于工业自由辐射频段,对发射功率控制有严格的要求,不会对人体健康造成伤害。

2) 基于红外线的无线局域网

基于红外线的无线局域网采用红外线作为传输媒质,有较强的方向性,由于它采用低于可见光的部分频谱作为传输媒质,使用不受无线电管理部门的限制。红外信号要求视距传输,并且窃听困难,对邻近区域的类似系统也不会产生干扰。

在实际应用中,由于红外线具有很高的背景噪声,受日光、环境照明等影响较大,一般要求的发射功率较高,红外无线局域网是目前"100Mbps 以上、性价比高的网络"的唯一可行的选择。

12.2.4　蓝牙技术

蓝牙是以公元 10 世纪统一丹麦和瑞典的一位斯堪的纳维亚国王的名字命名,它孕育着颇为神奇的前景。蓝牙技术实际上是一种短距离无线电技术,能够有效地简化掌上电脑、笔记本电脑和移动电话手机等移动通信终端设备之间的通信,也能够成功地简化以上这些设备与互联网之间的通信,从而使这些现代通信设备与互联网之间的数据传输变得更加迅速高效,为无线通信拓宽道路。

发明蓝牙技术的是瑞典电信巨人爱立信公司。由于这种技术具有十分可喜的应用前景,1998 年 5 月,五家世界顶级通信/计算机公司——爱立信、诺基亚、东芝、IBM 和英特尔经过磋商，联合成立了蓝牙共同利益集团，目的是加速其开发、推广和应用。此项无线通信技术公布后，便迅速得到了包括摩托罗拉、3Com、朗讯、康柏和西门子等一大批公司的一致拥护，至今加盟蓝牙 SIG 的公司已达到 2000 多个，其中包括许多世界最著名的计算机、通信以及消费电子产品领域的企业，甚至还有汽车与照相机的制造商和生产厂家。一项公开的技术规范能够得到工业界如此广泛的关注和支持，这说明基于此项蓝牙技术的产品将具有广阔的应用前景和巨大的潜在市场。蓝牙共同利益集团现已改为"蓝牙推广集团"。

蓝牙技术产品是采用低能耗无线电通信技术来实现语音、数据和视频传输的，其传输速率最高为每秒 1Mbps，以时分方式进行全双工通信，通信距离为 10 米左右，配置功率放大器可以使通信距离进一步增加。

蓝牙产品采用的是跳频技术，能够抗信号衰落；采用快跳频和短分组技术能够有效地减少同频干扰，提高通信的安全性；采用前向纠错编码技术，以便在远距离通信时减少随机噪声的干扰；采用 2.4GHz 的 ISM(Industrial Scientific Medical，工业、科学、医学)频段，以省去申请专用许可证的麻烦；采用 FM 调制方式，使设备变得更为简单可靠；蓝牙技术产品一个跳频频率发送一个同步分组，每组一个分组占用一个时隙，也可以增至 5 个时隙；蓝牙技术支持一个异步数据通道，或者 3 个并发的同步语音通道，或者一个同时传送异步数据和同步语音的通道。"蓝牙"的每一个语音通道支持 64kbps 的同步语音，异步通道支持的最大速率为 721kbps、反向应答速率为 57.6kbps 的非对称连接，或者 432.6kbps 的对称连接。

蓝牙技术产品与互联网之间的通信使得家庭和办公室的设备不需要电缆也能够实现互通互联，大大提高办公和通信效率。因此，"蓝牙"将成为无线通信领域的新宠，将为广大用户提供极大的方便而受到青睐。

12.2.5　ZigBee 技术

1. 技术概述

蜜蜂在发现花丛后会通过一种特殊的肢体语言来告知同伴新发现的食物源位置等信息，这种肢体语言就是 ZigZag 行舞蹈，是蜜蜂之间一种简单传达信息的方式。借此意义将 ZigBee 作为新一代无线通信技术的命名。在此之前，ZigBee 也被称为"HomeRF Lite""RF-EasyLink"或"fireFly"无线电技术，统称为 ZigBee。

ZigBee 技术是一种近距离、低复杂度、低功耗、低速率、低成本的双向无线通信技术。主要用于距离短、功耗低且传输速率不高的各种电子设备之间进行数据传输，以及典型的有周期性数据、间歇性数据和低反应时间数据传输的应用。ZigBee 是一个由多达 65000 个无线数传模块组成的无线数传网络平台，在整个网络范围内，每一个 ZigBee 网络数传模块之间可以相互通信，每个网络节点间的距离可以从标准的 75m 无限扩展。

与移动通信的 CDMA 网或 GSM 网不同的是，ZigBee 网络主要是为工业现场自动化控制数据传输而建立，因而，它必须具有简单、使用方便、工作可靠、价格低的特点。而移动通信网主要是为语音通信而建立，每个基站价值一般都在百万元人民币以上，而每个 ZigBee "基站"却不到 1000 元人民币。每个 ZigBee 网络节点不仅本身可以作为监控对象，例如其所连接的传感器能够直接进行数据采集和监控，还可以自动中转别的网络节点传过来的数据资料。除此之外，每一个 ZigBee 网络节点还可在自己信号覆盖的范围内，和多个不承担网络信息中转任务的孤立的子节点进行无线连接。

2. 技术特点

ZigBee 是一种无线连接,可工作在 2.4GHz(全球流行)、868MHz(欧洲流行)和 915MHz(美国流行)3 个频段上,分别具有最高 250kbps、20kbps 和 40kbps 的传输速率,它的传输距离在 10～75m 的范围内,并可以继续增加。作为一种无线通信技术,ZigBee 具有如下特点。

(1) 低功耗:由于 ZigBee 的传输速率低,发射功率仅为 1mW,而且采用了休眠模式,功耗低,因此 ZigBee 设备非常省电。据估算,ZigBee 设备仅靠两节 5 号电池就可以维持长达 6 个月到 2 年的使用时间,这是其他无线设备望尘莫及的。

(2) 成本低:ZigBee 模块的初始成本在 6 美元左右,估计很快就能降到 1.5～2.5 美元,并且 ZigBee 协议是免专利费的。对于 ZigBee 低成本也是一个关键的因素。

(3) 时延短:通信时延和从休眠状态激活的时延都非常短,典型的搜索设备时延 30ms,休眠激活的时延是 15ms,活动设备信道接入的时延为 15ms。因此 ZigBee 技术适用于对时延要求苛刻的无线控制(如工业控制场合等)应用。

(4) 网络容量大:一个星状结构的 ZigBee 网络最多可以容纳 254 个从设备和一个主设备,一个区域内可以同时存在最多 100 个 ZigBee 网络,而且网络组成方式灵活。

(5) 可靠:采取了碰撞避免策略,同时为需要固定带宽的通信业务预留了专用时隙,避开了发送数据的竞争和冲突。MAC 层采用了完全确认的数据传输模式,每个发送的数据包都必须等待接收方的确认信息。如果传输过程中出现问题可以进行重发。

(6) 安全:ZigBee 提供了基于循环冗余校验的数据包完整性检查功能,支持鉴权和认证,采用了 AES-128 的加密算法,各个应用可以灵活确定其安全属性。

ZigBee 模块是一种物联网无线数据终端,利用 ZigBee 网络为用户提供无线数据传输功能。该产品已广泛应用于物联网产业链中的 M2M 行业,如智能电网、智能交通、智能家居、金融、移动 POS 终端、供应链自动化、工业自动化、智能建筑、消防、公共安全、环境保护、气象、数字化医疗、遥感勘测、农业、林业、水务、煤矿、石化等领域。

12.2.6　窄带物联网技术——NB-IoT

物联网应用发展已经超过 10 年,但采用的大多是针对特定行业或非标准化的解决方案,存在可靠性低、安全性差、操作维护成本高等缺点。基于多年的业界实践可以看出,物联网通信能否成功发展的一个关键因素是标准化。与传统蜂窝通信不同,物联网应用具有支持海量连接数、低终端成本、低终端功耗和超强覆盖能力等特殊需求。这些年来,不同行业和标准组织制订了一系列物联网通信方面的标准,例如针对机器到机器应用的码分多址 (Code Division Multiple Access,CDMA)2000 优化版本,长期演进 R12 和 R13 的低成本终端 category0 及增强机器类型通信,基于全球移动通信系统的物联网增强等,但从产业链发展以及技术本身来看,仍然无法很好满足上述物联网应用需求。其他一些工作于免授权频段的低功耗标准协议(如 LoRA、Sigfox、Wi-Fi),虽然存在一定成本和功耗优势,但在信息安全、移动性、容量等方面存在缺陷。因此,一个新的蜂窝物联网标准需求越来越迫切。

在这个背景下,第 3 代合作伙伴计划(3rd Generation Partnership Program,3GPP)于 2015 年 9 月正式确定窄带物联网(Narrow-Band Internet of Things,NB-IoT)标准立项,全球业界超过 50 家公司积极参与,标准协议核心部分在 2016 年 6 月宣告完成,并正式发布基于 3GPP LTE R13 版本的第 1 套 NB-IoT 标准体系。随着 NB-IoT 标准的发布，NB-IoT 系统技术和生态链将逐步成熟，或将开启物联网发展的新篇章。

NB-IoT 系统预期能够满足在 180kHz 的传输带宽下支持覆盖增强（提升 20dB 的覆盖能力）、超低功耗（5W·h 电池可供终端使用 10 年）、巨量终端接入（单扇区可支持 50000 个连接）的非时延敏感（上行时延可放宽到 10s 以上）的低速业务（支持单用户上下行至少 160bps）需求。NB-IoT 基于现有 4G LTE 系统对空口物理层和高层、接入网以及核心网进行改进和优化，以更好地满足上述预期目标。

1. NB-IoT 网络架构

NB-IoT 系统采用了基于 4G LTE 演进的分组核心网网络架构，并结合 NB-IoT 系统的大连接、小数据、低功耗、低成本以及深度覆盖等特点对现有的 4G 网络架构和处理流程进行了优化。

NB-IoT 的网络架构如图 12-5 所示，包括：NB-IoT 终端、演进的统一陆地无线接入网络（Evolved Universal Terrestrial Radio Access Network，E-UTRAN）、eNodeB（LTE 中基站的名称）、归属用户签约服务器（Home Subscriber Server，HSS）、移动性管理实体（Mobility Management Entity，MME）、服务网关（Service gateway，SGW）、公用数据网网关（Public Data Network Gateway，PGW）、服务能力开放单元（Service Capibility Exposure Function，SCEF）、第三方服务能力服务器（Service Capability Server，SCS）和第三方应用服务器（Application server，AS）。和现有 4G 网络相比，NB-IoT 网络主要增加了业务能力开放单元来优化小数据传输和支持非 IP 数据传输。为了减少物理网元的数量，可以将 MME、SGW 和 PGW 等核心网网元合一部署，称为蜂窝物联网服务网关节点（CIoT Serving Gateway Node，C-SGN）。

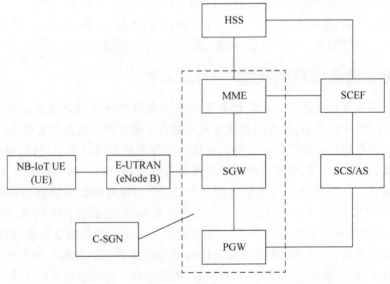

AS: 第三方应用服务器	E-UTRAN: 演进的统一陆地无线接入网络	PGW: 公用数据网网关
API: 应用程序接口		SCEF: 服务能力开放单元
C-SGW: 蜂窝物联网服务网关节点	MME: 移动性管理实体	SCS: 第三方服务能力服务器
	NB-IoT: 窄带物联网	SGW: 服务网关

图 12-5　NB-IoT 的网络构架

为了适应 NB-IoT 系统的需求,提升小数据的传输效率,NB-IoT 系统对现有 LTE 处理流程进行了增强,支持两种优化的小数据传输方案,包括控制面优化传输方案和用户面优化传输方案。控制面优化传输方案使用信令承载在终端和 MME 之间进行 IP 数据或非 IP 数据传输,由非接入承载提供安全机制;用户面优化传输方案仍使用数据承载进行传输,但要求空闲态终端存储接入承载的上下文信息,通过连接恢复过程快速重建无线连接和核心网连接来进行数据传输,简化信令过程。

2. NB-IoT 后续演进及未来发展

2016 年 6 月,3GPP 在完成基于 R13 的 NB-IoT 技术标准的同时,批准了 R14 NB-IoT 增强的立项,涉及定位、多播传输、多载波接入及寻呼、移动性等增强型功能以及支持更低功率终端,已于 2017 年 6 月完成标准化工作。

NB-IoT 中存在的软件下载等典型业务使用多播传输技术,对于提高系统资源使用效率有很大益处。但与传统 LTE 中主要支持多媒体广播多播的应用场景有所不同,其对传输可靠性要求更高。因此,R14 NB-IoT 需要重点解决带宽受限条件下的高可靠小区多播控制信道和单小区多播传输信道传输问题,无线侧基于特定重复模式或交织方式的高效重传是值得考虑的解决方案。另一方面还需研究与终端省电密切相关的、优化的多播业务传输控制信息更新指示。通过单小区多播控制信道和单小区多播传输信道的调度信息来发送控制信息更新指示,可以提高更新指示传输效率,并有助于降低终端功耗。R14 NB-IoT 还将引入多载波接入及寻呼功能,以便进一步提高窄带系统的容量。基于多载波部署,将会引入兼顾灵活性和信令开销的随机接入及寻呼资源配置方案,以及能够保证终端公平性及网络资源利用率最大化的载波选择以及重选算法。

随着 NB-IoT 标准体系逐步完善,3GPP 也将海量机器类型通信(massive Machine Type of Communication,mMTC)作为 5G"新无线"的典型部署场景之一,列入未来标准化方向。mMTC 将在连接密度、终端功耗及覆盖增强方面进一步优化。为了满足物联网的需求,NB-IoT 标准应运而生,中国市场启动迅速,中国移动、中国联通、中国电信都计划 2017 年上半年商用,并且已经开始实验室测试。在运营商的推动下,NB-IoT 网络将成为未来物联网的主流通信网之一,随着应用场景的扩展,NB-IoT 网络将会不断演进,以满足各种不同需求。

12.3 移动通信系统与关键技术

12.3.1 正交编码

在数字通信中,正交编码与伪随机序列都是十分重要的技术。正交编码不仅可以用作纠错编码,还可用来实现码分多址通信。伪随机序列在误码率测量、时延测量、扩频通信、通信加密及分离多径等方面有十分广泛的应用。

1. 正交编码

首先说明 4 个基本概念。

(1) 互相关系数。设长为 n 的编码中码元只取 $+1$、-1,x 和 y 是其中两个码组 $x = (x_1, x_2, \cdots, x_n)$,$y = (y_1, y_2, \cdots, y_n)$,其中 $x_i, y_i \in (+1, -1)$,则 x、y 间的互相关系数定

义为 $\rho(x,y)=\dfrac{1}{n}\sum\limits_{i=1}^{n}x_iy_i$，如果用 0 表示 $+1$，用 1 表示 -1，则 $\rho(x,y)=\dfrac{A-D}{A+D}$，其中 A 是相同码元的个数，D 为不同码元的个数。

（2）自相关系数。自相关系数定义为：$\rho_x(j)=\dfrac{1}{n}\sum\limits_{i=1}^{n}x_iy_{i+j}$，其中下标的计算按模 n 计算。

（3）正交编码。若码组 $\forall x,y\in C$（C 为所有编码码组的集合），满足 $\rho(x,y)=0$，则称 C 为正交编码，即，正交编码的任意两个码组都是正交的。

（4）超正交编码与双正交编码。若两个码组的互相关系数 $\rho<0$，则称这两个码组互相超正交。如果一种编码中任何两个码组间均超正交，则称这种编码为超正交编码；由正交编码及其反码便组成双正交编码。

2. 阿达玛矩阵

阿达玛矩阵的行、列都构成正交码组，在正交编码的构造中具有很重要的作用。因为它的每一行（或列）都是一个正交码组，而且通过它还很容易构成超正交码和双正交码。阿达玛矩阵的构成如下。

2 阶阿达玛矩阵

$$\boldsymbol{H}_2=\begin{bmatrix}1 & 1\\ 1 & -1\end{bmatrix}\tag{12-1}$$

4 阶阿达玛矩阵

$$\boldsymbol{H}_4=\begin{bmatrix}H_2 & H_2\\ H_2 & -H_2\end{bmatrix}\tag{12-2}$$

阿达玛矩阵的所有行之间互相正交，所有列之间互相正交。阿达玛矩阵经过行列交换后得到的矩阵仍然正交，沃尔什矩阵可以通过阿达玛矩阵按交变的次数排列顺序构成。

12.3.2 伪随机序列

1. m 序列

1）m 序列的产生

m 序列是最长线性反馈移位寄存器序列的简称，它是由带线性反馈的移位寄存器产生的周期最长的序列。举例说明如图 12-6 所示。

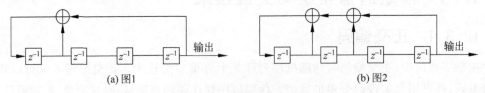

(a) 图1　　　　　　　　　　　　　　(b) 图2

图 12-6　线性反馈移位寄存器原理图

图 12-6(a)的初始状态为	图 12-6(b)的初始状态为
1000	1000
1100	1100

1110	0110
1111	1011
0111	0101
1011	0010
0101	0001
1010	1000
1101	
0110	
0011	
1001	
0100	
0010	
0001	
1000	

可以看到,图 12-6(a)的输出的周期为 15,除去全 0 外,图 12-6(a)的输出是周期最长的序列。我们希望使尽可能少的级数产生尽可能长的序列。一般来说,一个 n 级反馈移存器可能产生的最长周期为 $2^n - 1$。

2) m 序列的特征方程

移存器的结构用特征方程表示为

$$f(x) = c_0 + c_1 x + \cdots + c_n x^n = \sum_{i=0}^{n} c_i x^i \tag{12-3}$$

m 序列的递推方程

$$a_k = \sum_{i=1}^{n} c_i a_{k-i} \tag{12-4}$$

m 序列的母函数为

$$G(x) = a_0 + a_1 x + \cdots + a_n x^n + \cdots = \sum_{k=0}^{+\infty} a_k x^k \tag{12-5}$$

2. 用来构造 m 序列的几个有用的定理

定理 12-1　$f(x)G(x) = h(x)$,其中 $h(x)$ 为次数低于 $f(x)$ 的次数的多项式。

证明:

$$G(x) = \sum_{k=0}^{+\infty} a_k x^k = \sum_{k=0}^{+\infty} \sum_{i=1}^{n} c_i a_{k-i} x^{k-i} x^i$$

$$= \sum_{i=1}^{n} c_i x^i \sum_{k=0}^{+\infty} a_{k-i} x^{k-i}$$

$$= \sum_{i=1}^{n} c_i x^i \left(a_{-i} x^{-i} + \cdots + a_{-1} x^{-1} + \sum_{k=0}^{+\infty} a_k x^k \right)$$

$$= \sum_{i=1}^{n} c_i x^i (a_{-i} x^{-i} + \cdots + a_{-1} x^{-1}) + \sum_{i=1}^{n} c_i x^i G(x)$$

移项整理后,得到

$$\left(1 + \sum_{i=1}^{n} c_i x^i\right) G(x) = \sum_{i=1}^{n} c_i x^i (a_{-i} x^{-i} + \cdots + a_{-1} x^{-1})$$

由 $c_0 = 1$ 得到如下关系

$$f(x)G(x) = h(x)$$

可以看到,$h(x)$ 的次数小于 n。当电路给定后,$h(x)$ 只取决于初始状态。

定理 12-2 一个 n 级线性反馈移位寄存器的相继状态具有周期性,周期为 $p \leqslant 2^n - 1$。

证明:反馈寄存器状态取决于前一状态,因此只要产生的状态与前面某一时刻相同,则以后的状态肯定是循环的,因此具有周期性。移存器一共有 n 个,因此只有 2^n 种组合,因此经过它的周期最大为 2^n。而在线性结构中,全 0 状态的下一状态为 0,因此在长周期的序列中,寄存器状态不应该出现全 0,因此寄存器状态周期 $p \leqslant 2^n - 1$。

定理 12-3 若序列 $A = \{a_k\}$ 具有最长周期 $p = 2^n - 1$,则其特征多项式 $f(x)$ 应为既约多项式。

证明:用反证法。若 $f(x) = f_1(x) f_2(x)$,则 $G(x) = \dfrac{h(x)}{f(x)} = \dfrac{h_1(x)}{f_1(x)} + \dfrac{h_2(x)}{f_2(x)}$ 且有 $f_1(x), f_2(x)$ 的次数 n_1, n_2 满足 $n_1 + n_2 = n$。可将上述序列看成 2 个序列的和,因此周期分别为 p_1 和 p_2。根据定理 12-2,$p = \text{LCM}(p_1, p_2) \leqslant (2^{n_1} - 1)(2^{n_2} - 1) = 2^n - 2^{n_1} - 2^{n_2} + 1 \leqslant 2^n - 3 < 2^n - 1$ 不是最长序列。

定理 12-4 一个线性移位寄存器的特征多项式 $f(x)$ 若为既约的,则由其产生的序列 $A = \{a_k\}$ 的周期等于使 $f(x)$ 能整除的 $(x^p + 1)$ 最小正整数 p。

证明:

$$\frac{h(x)}{f(x)} = G(x) = \sum_{k=0}^{+\infty} a_k x^k$$

$$= a_0 + a_1 x + \cdots + a_{p-1} x^{p-1} + x^p (a_0 + a_1 x + \cdots) + x^{2p} (a_0 + \cdots) + \cdots$$

$$= (1 + x^p + x^{2p} + \cdots)(a_0 + a_1 x + \cdots + a_{p-1} x^{p-1})$$

$$= \frac{1}{1 + x^p}(a_0 + a_1 x + \cdots + a_{p-1} x^{p-1})$$

经整理后,得到

$$\frac{h(x)(1 + x^p)}{f(x)} = a_0 + a_1 x + \cdots + a_{p-1} x^{p-1}$$

因此,$f(x)$ 是 $(x^p + 1)$ 的因子,即周期为 p 的序列的 $f(x)$ 整除能 $(x^p + 1)$。反之,若 $f(x)$ 能整除 $(x^p + 1)$,令其商为 $b_0 + b_1 x + \cdots + b_{p-1} x^{p-1}$,则因为 $f(x)$ 为既约的,因此序列的长度与初始状态无关,取初始状态为 $000 \cdots 1$,周期为 p。

$$G(x) = \frac{h(x)}{f(x)} = \frac{1}{f(x)} = \frac{b_0 + b_1 x + \cdots + b_{p-1} x^{p-1}}{1 + x}$$

$$= (1 + x^p + x^{2p} + \cdots)(b_0 + b_1 x + \cdots + b_{p-1} x^{p-1})$$

在上述定理之后,还需要引入本原多项式的概念。若一个 n 次多项式满足如下条件。

(1) $f(x)$ 是既约的;

(2) $f(x)$ 可整除 $1+x^m$, $m=2^n-1$;

(3) $f(x)$ 除不尽 x^q+1, $q<m$。

则称 $f(x)$ 为本原多项式。由本原多项式产生的序列一定是 m 序列。

3. m 序列的性质

1) 均衡性

在 m 序列的一个周期中,"0""1"的数目基本相等。"1"比"0"多一个。

2) 游程分布

游程:序列中取值相同的那些相继的元素合称为一个"游程"。

游程长度:游程中元素的个数。

m 序列中,长度为 1 的游程占总游程数的一半;长度为 2 的游程占总游程的 1/4,长度为 k 的游程占总游程数的 2^{-k},且长度为 k 的游程中,连 0 与连 1 的游程数各占一半。

3) 移位相加特性

一个 m 序列 M_p 与其经任意延迟移位产生的另一不同序列 M_r 模 2 相加,得到的仍是 M_p 的某次延迟移位序列 M_s,即 $M_p \oplus M_r = M_s$。如果将 m 序列的所有移位码组构成一个编码,则该编码一定是线性循环码,由线性循环码的特性可以得到上述性质。

4) 自相关函数

周期函数 $s(t)$ 的自相关函数定义为 $R(\tau) = \dfrac{1}{T_0} \displaystyle\int_{-T_0/2}^{T_0/2} s(t)s(t+\tau)\mathrm{d}t$,式中 T_0 是 $s(t)$ 的周期。定义序列 $x=(x_1,x_2,\cdots,x_n)$ 的自相关函数为

$$R(j) = \frac{1}{n\tau_0} \sum_{i=1}^{n} \int_{(i-1)\tau_0}^{i\tau_0} s(t)s(t+j\tau_0)\mathrm{d}t = \frac{1}{n\tau_0} \sum_{i=1}^{n} x_i x_{i+j} \int_{(i-1)\tau_0}^{\tau_0} \mathrm{d}t = \frac{1}{n} \sum_{i=1}^{n} x_i x_{i+j}$$

$$= \frac{A-D}{n} = \frac{[x_i+x_j=0]\text{的数目} - [x_i+x_j=1]\text{的数目}}{n} \tag{12-6}$$

由 m 序列的性质,移位相加后还是 m 序列,因此 0 的个数比 1 的个数少 1 个。

所以,当 $j \neq i$ 时,$R(j) = -\dfrac{1}{n}$,$R(j) = \begin{cases} 1 & j=0 \\ -1/n & j=1,2,\cdots,n-1 \end{cases}$

$$R(\tau) = \begin{cases} 1 - \dfrac{p+1}{T_0} \mid \tau - iT_0 \mid & 0 \leqslant \mid \tau - iT_0 \mid \leqslant T_0/p, i=0,1,2\cdots \\ -1/p \end{cases} \tag{12-7}$$

5) 功率谱密度

对上述自相关函数进行傅里叶变换,得到 m 序列的功率谱密度。

$$P_s(\omega) = \frac{p+1}{p^2} \left[\frac{\sin(\omega T_0/p)}{\omega T_0/2p} \right]^2 \sum_{\substack{n=-\infty \\ n \neq 0}}^{\infty} \delta\left(\omega - \frac{2\pi n}{T_0}\right) + \frac{1}{p^2}\delta(\omega) \tag{12-8}$$

当 $T_0 \to \infty$,$m/T_0 \to \infty$,可以看到 m 序列的噪声功率谱密度为近似白噪声功率谱。

6) 伪噪声特性

如果对一个正态的白噪声进行采样,若取样值为"+",则记为 1;为"−",记为 0,则构

成一个随机序列,该随机序列有如下性质。

(1) 序列中 0、1 个数出现概率相等。

(2) 序列中长度为 1 的游程占 1/2,长度为 2 的游程占 1/4……且长度为 k 的游程中,0 游程与 1 游程个数相同。

(3) 该序列的噪声功率谱为常数。

可见,m 序列的性质与随机噪声相似,因此称为伪随机序列。

12.3.2　伪随机序列扩展频谱通信

1. 扩展频谱通信概述

扩展频谱通信是围绕提高信息传输的可靠性而提出的一种有别于常规通信系统的新调制理论和技术,它采用很宽的频带来传输窄带的信息信号,其主要特点是具有很强的抗干扰(人为干扰、窄带干扰、多径干扰等)性能和多址能力。

2. 定义

扩展频谱通信(以下简称扩频通信)是利用扩频信号传送信息的一种通信方式。扩频通信系统应具有下列特征。

(1) 扩频信号的频谱宽度远大于信息信号带宽。

(2) 传输信号的带宽由扩频信号决定,此扩频信号通常是伪随机(伪噪声)编码信号。

以上特征有时也称为判断扩频通信系统的准则。

3. 扩频通信系统

扩频通信的一般原理如图 12-7(a)所示。在发送端,信息信号是通过与信息码无关的扩频码所产生的扩频信号进行扩频以实现带宽扩展,再对载波进行调制(如 BPSK 或 QPSK、MSK 等),然后由天线发射出去。

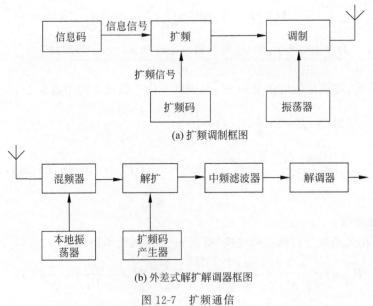

(a) 扩频调制框图

(b) 外差式解扩解调器框图

图 12-7　扩频通信

在接收端,对接收信号进行与发送端相反的变换,就可以恢复出传输的信息。在扩频接收机中,这个反变换就是信号的解扩和解调。一般都采用相关解扩(乘法与积分运算)技术。

视频

在如图 12-7(b)所示的外差式解扩解调器中,接收信号经混频后得到一个中频信号,再用本地扩频码进行相关解扩恢复成窄带信号,然后进行解调,还原出原来的信息。在接收的过程中,要求本地产生的扩频码与发端用的扩频码完全同步。

12.3.3　蜂窝通信系统

个人通信是人类通信的最高目标,它是用各种可能的网络技术以实现任何人、在任何时间、任何地点与任何人进行任何种类的信息交换。这种通信是全天候的,不受时间和地点的限制。移动通信的主要应用系统有无绳电话、无线寻呼、卫星通信、陆地蜂窝移动通信等,其中陆地蜂窝移动通信是当今移动通信发展的主流和热点。

蜂窝通信系统分为模拟蜂窝通信系统和数字蜂窝通信系统两种,模拟蜂窝通信系统是早期的移动通信系统,现在应用的都是数字蜂窝通信系统,称为第 2 代蜂窝系统。比较有代表性的数字蜂窝系统包括全球移动通信系统(Global System for Mobile Communication,GSM)、通用分组无线业务、码分多址,2.5G 和 3G 通信系统正在成为新的通信系统,蜂窝通信网络的发展如图 12-8 所示。

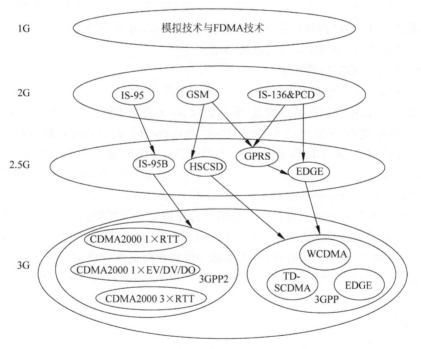

图 12-8　蜂窝通信网络的发展图

1. 第 1 代(1G)移动通信系统

1946 年,贝尔实验室制造出第 1 部移动通信电话。这是移动通信史的开端。20 世纪60 年代,AT&T 公司和 Motorola 公司开始研究移动通信技术,并在 1973 年由马丁·库伯研制出世界上第 1 部手机,正式面向用户应用。20 世纪 70 年代末,移动通信采用的接口为频分多址(Frequency Division Multiple Access,FDMA),所传输的无线信号为模拟量,是第1 代移动通信。由于受到传输带宽的限制,不能进行长途漫游,只能是一种区域性的移动通信。具有代表性的 1G 通信系统有美国的先进移动电话系统、欧洲的全入网移动通信系统、法国的 450 系统、北欧的 NMT-450 系统等。我国早期主要采用 TACS(Total Access Communications System,全入网通信系统技术)系统。1G 移动通信有很多不足之处,如容量有限、制式太多、互不兼容、保密性差、通话质量不高、不能提供数据业务、不能提供自动漫游等。

2. 第 2 代(2G)移动通信系统

2G 系统主要采用数字的时分多址(Time Division Multiple Access,TDMA)和 CDMA,提供数字化的语音业务及低速数据业务。它克服了模拟移动通信系统的弱点,语音质量、保密性能得到很大的提高,并可进行省内、省际自动漫游。具有代表性的 2G 系统有美国的 CDMA95 系统和欧洲的 GSM 系统。

GSM 是 1992 年欧洲标准化委员会统一推出的标准,它采用数字通信技术、统一的网络标准,使通信质量得以保证,并可开发出更多的新业务。GSM 移动通信网的传输速度为 9.6kbps。目前全球的 GSM 用户已超过 5 亿,覆盖了全球 1/12 的人口,GSM 在世界所占的比例已超过 70%。我国拥有 8000 万以上的用户,成为世界第一大运营网络。

3. 2.5G 移动通信系统

2.5G 移动通信技术是从 2G 迈向 3G 的衔接性技术,针对 2G 系统在数据业务上的弱点,2.5G 系统通过在 2G 网络中添加分组交换控制功能,可为用户提供一定速率的数据业务。从而成为介于 2G 和 3G 系统的过渡类型。

4. 第 3 代(3G)移动通信系统

第 3 代移动通信系统将无线通信与互联网多媒体通信结合,它能够处理图像、音乐、视频等多种媒体形式,提供包括网页浏览、电话会议、电子商务等多种信息服务。在室内、室外和运动的环境中能够分别支持至少 2Mbps、384kbps 以及 144kbps 的数据传输速率。CDMA 制式被认为是第 3 代移动通信技术的首选,目前的标准有欧洲的宽带码分多址(Wideband Code Division Multiple Access,WCDMA)、北美的 CDMA2000 和我国的时分同步码分多址(Time Division-Synchronous Code Division Multiple Access,TD-SCDMA)。

码分多址是数字移动通信进程中出现的一种先进的无线扩频通信技术,它能够满足市场对移动通信容量和品质的高要求,具有频谱利用率高、语音质量好、保密性强、掉话率低、电磁辐射小、容量大、覆盖广等特点,可大量减少投资和降低运营成本。CDMA 最早由美国高通公司推出,目前全球用户已突破 5000 万,我国北京、上海开通了 CDMA 电话网。国际电信联盟在 2000 年 5 月确定了 WCDMA、CDMA2000 和 TD-SCDMA 三大主流无线接口标准,写入 3G 技术指导性文件。

(1) WCDMA 支持者主要是以 CSM 系统为主的欧洲厂商,日本公司也参与其中,包括欧美的爱立信、阿尔卡特、诺基亚、朗讯、北电及日本的 NTT、富士通、夏普等公司。WCDMA 在 GSM/GPRS 网络的基础上进行演进,核心网基于 TDM、ATM 和 IP,并向全 IP 的网络结构演进,在网络结构上分为电路域和分组域,WCDMA 具有市场优势。

(2) CDMA2000 由美国高通北美公司主导提出,摩托罗拉和后来加入的韩国三星公司参与,三星公司现在成为主导者,目前使用 CDMA 的地区只有日本、韩国和北美等。所以 CDMA2000 的支持者不如 WCDMA 多。

(3) TD-SCDMA 标准是由我国制定的具有自主知识产权的 3G 标准,1999 年 6 月 29 日,中国原邮电部电信科学技术研究院(大唐电信)向国际电信联盟提出。该标准将智能无线、同步 CDMA 和软件无线电等当今国际领先技术融于其中,在频谱利用率、对业务支持、频率灵活性及成本等方面具有独特优势。全球 1/2 以上的设备厂商都宣布支持 TD-SCDMA 标准。它非常适用于 GSM,可不经过 2.5G 时代,直接向 3G 过渡。

目前,围绕 3G 技术体制进行讨论并发布统一标准的组织,主要有 3GPP 研究的 WCDMA 体制、3GPP2 研究的 CDMA2000 体制与中国无线电通信标准研究组研究的 TD-SCDMA 体制。

12.3.4　4G 通信中的多天线 MIMO-OFDM 技术

移动通信经历了从模拟制式到数字制式,从单纯的语音业务到数据传输业务的快速发展过程,以及从 2G 向 3G 及 4G 移动通信演进。4G 网络集成了不同的网络,具有全 IP、低成本、高效率、超高速率、多媒体应用、位置智能管理等特点。4G 网络的主要目标是使人们能无缝地在各种环境下完成任务、访问信息,并能随时随地与任何人及设备进行通信。

MIMO 技术是近年 4G 移动通信中一个重大突破,其显著特征是发送端和接收端配置有多副天线,所以也称为"多天线 MIMO"。它的核心思想是空时信号处理,即在常规时间维的基础上,通过使用多副收发天线来增加空间维度,从而实现空时多维信号处理,获得空间复用增益和空间分集增益。MIMO 系统传输的信息通过的是矩阵信道而非普通矢量信道,把多径信道作为有利因素加以利用,与发送、接收视为一个整体进行优化,为改善性能或提高速率提供了更大的可能。MIMO 技术充分利用空间资源,在不增加通信系统带宽和天线总发射功率的前提下,利用空间复用增益成倍提高信道容量,或利用空间分集增益提高信道传输可靠性降低误码率,有效对抗无线信道衰落的影响,大大提高了频谱利用率和信道容量。

空间复用可以提高频谱利用率或数据传输速率。将高速信源数据流按照发送天线数目串并变换为若干并行子数据流,独立进行编码、调制,然后分别从各发送天线发射出去。这些射频信号占用相同的频带,经过无线信道后相互混合。接收端按对应的译码算法分离独立的数据流并给出其估值。据发送端对输入串行数据流进行分路方式的不同,空间复用方案主要有采用分层空时编码(Layered Space Time Coding,LSTC)技术的 BLAST 系统(垂直 V-BLAST、对角 D-BLAST 和平行 H-BLAST)。

空间分集提高数据传输性能质量。来自多个信道的承载同一信息的多个独立的信号副本,相互补偿各自遭受的深衰落,在任一给定时刻至少保证有强度足够大的信号副本供使用,使数字系统误码率减小,模拟系统信噪比提高。接收分集使用多副接收天线,用适当方式对每副天线得到的信号副本进行合并,使组合后的有用信号能量最大化。发送分集使用多副发射天线,为在接收端将多根天线发送且混叠后的信号分离,在发送、接收端都要进行空间和时间上的空时编码处理,以增加信号在时间上的冗余度。所以发送分集增益的获得是以牺牲传输速率为代价的,较接收分集更难实现。基于发送分集的空时编码技术主要有空时分组码(Space Time Block Coding,STBC)和空时网格码(Space Time Trellis Coding,STTC)两大类,前者只有分集增益但编译码简单易于实现,后者可同时获得分集增益和编码增益,但译码复杂度随分集重数和发送速率的增加呈指数增长。

天线工程中的智能天线赋形波束技术是实现空间分集的强力手段,通过调整组合诸天线元激励的幅度、相位的天线阵列和相控阵技术,可形成期望方向的窄波束、扇区化、多渡束和零波束(自适应调零),天线的方向性可以增加作用距离、扩大覆盖范围、减轻时延扩展和平衰落以及抑制用户间干扰,进一步获得天线方向性增益和角度分集增益等。

可见，通过多副收发天线在同一频带传输的射频信号，经过无线信道后必定相互混合，要想在接收端能够有效分离出各路独立数据流，在收发两端必须采用合适的空时编码技术，把编码、调制和分集有机结合起来，达到既实现信息分离又获得分集增益和编码增益的目的。所以空时编码是多天线 MIMO 工程化的关键技术环节。上述 STBC、STTC 和分层空时码均要求在接收端已知信道的状态信息，故对信道估计有严格的要求。为此，有一种基于差分方式的在接收端无须知道信道状态信息的差分空时码。通常认为（发送）分集与空间复用是相互排斥的，但实用中却希望能在 MIMO 信道上通过高速矩阵传输同时达到较高的符号速率和分集增益。线性弥散码、非正交矩阵调制等方法迎合了该要求，它们是在空时编码的基础上，以牺牲一定正交性为代价，结合了空间复用和发送分集的一种空时映射方案。

空间复用技术通过增加系统的自由度，追求频谱效率的极大化，或说传输速率的极大化，但不适用低信噪比环境。空间分集技术追求分集增益极大化，或说传输性能质量的极大化，却会使传输速率损失。因此，MIMO 系统需要在编码处理中得到的分集好处与复用得到的速率好处之间权衡，这是数据传输速率、错误率和复杂度的折中，根据不同的目标要求采取相应的方案。例如按信道条件的权衡，当信道条件差时多用一些天线作分集，当信道条件好时用更多的天线作复用。在衰落系数连续 $l \geqslant m+n-1$ 个符号保持不变的慢衰落信道中（m、n 分别是发送、接收天线数目），极大化空间分集增益为 mn；极大化空间复用增益为 $\min(m,n)$，它也是信道所能提供的最大自由度数。

1. MIMO 系统的信道容量

设 MIMO 系统使用 n_t 副发送天线、n_r 副接收天线，第 i 副发送天线发射信号为 x_i，第 j 副接收天线收到的信号是 y_i，第 i 副发送天线到第 j 副接收天线之间的信道速率系数是 $h_{i,j}$，系统模型如图 12-9 所示。

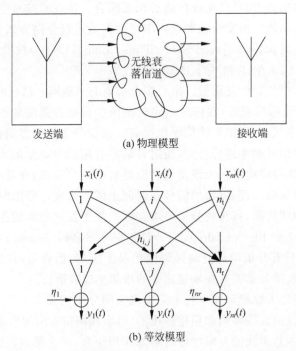

(a) 物理模型

(b) 等效模型

图 12-9 n_t 副发送天线、n_r 副接收天线的 MIMO 系统模型

单输入单输出(Single Input Single Output,SISO)系统就是常规通信系统,使用单根天线发送,单根天线接收,传输信道容量满足加性高斯白噪声的香农公式,为

$$C = \log_2 \left(1 + \frac{E_s}{N_0} \mid h \mid^2 \right) \tag{12-9}$$

单输入多输出(Single Input Multiple Output,SIMO)系统是单天线发送、多天线接收的系统,即接收分集系统。接收端采用最大比值合并时的传输信道容量,为

$$C = \log_2 \left(1 + \frac{E_s}{N_0} \sum_{j=1}^{n_r} \mid h_{j,1} \mid^2 \right) \tag{12-10}$$

接收端采用最佳选择合并时的传输信道容量,为

$$C = \log_2 \left(1 + \frac{E_s}{N_0} \max_j \sum_{j=1}^{n_r} \mid h_{j,1} \mid^2 \right) \tag{12-11}$$

多输入单输出(Multiple Input Single Output,MISO)系统是多天线发送、单天线接收的系统,即发送分集系统。传输信道容量为

$$C = \log_2 \left(1 + \frac{E_s}{n_t N_0} \sum_{i=1}^{n_t} \mid h_{1,i} \mid^2 \right) \tag{12-12}$$

MIMO 系统对于正交并行信道的传输容量为

$$C_n = n \cdot \log_2 \left(1 + \frac{E_s}{n N_0} \right) \tag{12-13}$$

这里 $n_t = n_r = n$、$h_{i,j} = 1 (i = j$ 时)、$h_{i,j} = 0 (i \neq j$ 时)。当 $n \rightarrow \infty$ 时,有 $C_n = E_s/(N_{01n2})$,信道容量与信噪比 E_s/N_0 呈线性增长,而不像香农公式那样以对数规律增长。注意:如不采用正交并行多信道,仅用一个信道,且总发射功率保持不变,那么信道容量将是 $C_n = \log_2 (1 + E_s/N_0)$,即依信噪比 E_s/N_0 成对数增长。因此,MIMO 系统将发射功率平均分配到 n 个统计独立信道,并以同一速率传输统计独立信号的简单方法,却可获得大得多的信道容量,无线电波恰好具备这种特性。需要强调说明的是:并非 MIMO 系统的传输容量突破了香农定理,而是 MIMO 系统使用了多条统计独立信道,对于每条信道香农定理仍然成立。只不过这些统计独立信道不是显性的,表面看上去是一个信道。MIMO 系统信道容量是 SISO 系统信道容量在矩阵信道下的扩展。理论分析证明,在非频率选择平坦衰落信道中,对于相同发射功率和传输带宽,MIMO 系统的信道容量是 SISO 系统的信道容量的 40 多倍,大约随收发天线对的数目呈线性增加,即可提供最小值 $\min(m, n)$ 线性增加的容量(m、n 分别为发送、接收天线数目)。

2. MIMO-OFDM 系统

OFDM 技术的实质是频率介集,利用串并变换和正交性将信道分成若干正交的窄子信道,从时域看,是展宽了信息符号的持续时间,变高速数据信号为并行低速子数据流;从频域看,是将频率选择信道变为平坦衰落信道,在小于信道相干时间的时间间隔内,信道可视为线性时不变。把 OFDM 技术和 MIMO 技术有机组合使用,通过 OFDM 调制把频率选择性衰落信道转换成一组并行非频率选择平坦衰落信道,再利用可显著提高平坦衰落信道容量的 MIMO 技术来提高系统的信道容量。

12.4 智能通信新技术

12.4.1 智能通信的概念

智能通信是指通过应用智能处理技术提供人性化的电信服务，主要用于解决远程教育中的人机交互问题。人性化的电信服务包括智能交换服务、智能目录服务、智能通信处理服务。

智能化是信息化的新动向、新阶段。通信的智能已成为目前通信研究的热点。智能通信业务将改变通信方法和商务处理，使人们应用通信更加方便、更加丰富。智能通信将逐渐融合到人们的生活中，可自由选择通信业务和设备，也将赋予人们通过技术和业务实现个性化的能力，以满足各种需求。

智能通信是一个崭新的研究课题，从概念到应用也面临着很多挑战，特别是许多关键技术需要突破。

12.4.2 智能通信技术基础及现实意义

1. 通信技术

1) 数字通信技术

在信道上传输的信号形式有模拟通信和数字通信。数字通信抗干扰能力强，有较好的保密性和可靠性，设备便于集成化、微型化。

2) 网络通信技术

网络通信包括电信网络、有线电视网络、计算机网络及其融合，下一代网络及 IP 技术。

① 电信网络——主要指公用电话网，其终端主要是电话机，是实现点到点的双向语音通信。

② 有线电视网络——是广播式传输、有条件接收的广播电视网，用于传输广播电视节目，其终端是电视接收机。

③ 计算机网络——是面向无连接的分组数据传输网，主要传输的是数据，其终端是计算机，实际上是以计算机局域网为基础，逐步互连、发展、日益扩张而形成的网中网。

以上三网融合，最终实现在传输层面，要互连互通；在业务层面，要相互交叉渗透；在技术层面，采用统一的 IP；在管制层面，趋于统一。可使计算机的交互性、通信的分布性、电视的真实性融为一体，从而为智能通信提供便利。

④ 下一代网络(Next Generation Networking，NGN)标志着新一代电信网络时代的到来。它实现了传统的以电路交换为主的 PSTN(Public Switched Telephone Network，公共交换电话网络)向以分组交换为主的 IP 电信网络的转变。NGN 是建立在 IP 技术基础上的新型公共电信网络，能容纳各种形式的信息，在统一的管理平台下，实现音频、视频、数据信号的传输和管理，提供各种宽带应用和传统电信业务，是一个真正实现宽带、窄带一体化，有源、无源一体化，传输接入一体化的综合业务网络。

⑤ 第 6 版 IP(IPversion6，IPv6)是互动智能通信的核心技术，随着互联网的日益普及和 IP 技术的迅速发展，特别是 IPv6 的成熟，以数据包和基于 IP 传输的数据、语音和视频融合业务已成为网络融合的主流。

3）移动通信技术

移动通信技术是指通信双方或至少一方处于运动中进行信息交换的通信方式。它经历了从模拟制式到数字制式、从语音业务到数据传输业务的快速发展历程，目前，已从 2G 向 3G 及 4G 发展。4G 网络集成了不同的网络，具有全 IP、低成本、高效率、更高速率、多媒体应用、位置智能管理等特点。4G 网络的主要目标是使人们能无缝地在各种环境下完成任务、访问信息，并能随时随地与任何人或设备进行通信。

4）通信服务

软件工程正从面向对象往面向"智体"的方向发展。软件计算模式正从传统的客户/服务器模式，向更加灵活的分布式浏览器/服务器模式转变。作为下一代软件架构，主要着眼于解决传统对象模型中无法解决的异构和耦合问题，可根据需求通过网络对松散耦合的粗粒度应用组件进行分布式部署、组合和使用。计算机软件正向着智能化、个性化方向发展。

2. 智能通信的意义和价值

互动智能通信，在通信过程中能实现人与人、人与机器、机器与机器之间的智能的、灵巧的、敏捷的和友好的互动通信，通过开放平台将通信应用和经营无缝整合，能够在恰当的时间，通过恰当的通信媒介，将员工、用户和业务流程连接到恰当的人员，从而实现他们之间的互动，使用户获得更加友好的人性化服务，使智能通信具有重要的意义。

（1）多媒体化。希望提供声、像、图、文并茂的交互式通信和多媒体信息服务，从而能以最有效的方式通过视、听等多种感知途径，迅速获取最全面的信息，促进了多媒体通信及由此开发出的可视电话、远程教育、远程医疗、网上购物、视频点播等多媒体服务。

（2）个性化。希望能随时、随地、随意地获得信息服务，个性服务不仅是指用户可在地球上的任何地方随时进行通信，随时上网，通过个人号码提供最大的移动可能性；还包括具有友好、和谐的人机交互界面，用户可按照个人的爱好和支付能力定制服务项目、网络带宽、服务质量等。

（3）人性化。随着通信网络在个人生活中的重要性的提高，要求更加人性化的电信服务，为此需要将人工智能的相关技术应用到电信服务中。

（4）智能化。为了提高大规模信息网互连协调运行与互动信息服务的智能水平，需要开发分布智能通信、互动智能通信的理论、方法和技术，在数字化通信的基础上，实现智能化通信。

智能通信的研究已全面展开，智能通信正面临着理论研究和技术开发的热潮，在 21 世纪智能通信将向着开放、集成、高性能、人性化和智能的方向发展，具有重要的意义和价值。

12.4.3　智能通信的基础设施 NGN

NGN（Next Generation Network，下一代网络）从字面上理解，是以当前网络为基点，建立在 IP 技术基础上的新型公共电信网络，能够容纳各种形式的信息，在统一的管理平台下，实现音频、视频、数据信号的传输和管理，提供各种宽带应用和传统电信业务，是一个真正实现宽带窄带一体化、有线无线一体化、有源无源一体化、传输接入一体化的综合业务网络。

1. NGN 的主要业务

除了提供现有电话业务和智能网业务外,还可提供与互联网应用结合的业务、多媒体业务等。通过提供开放的接口,引入业务网络的概念。业务开发商和网络提供商将来可按照一个标准的协议或接口分别进行开发,快速提供各种各样的业务。

提供的业务主要有如下 4 种:

(1) PSTN 的语音业务:基本的 PSTN/ISDN 语音业务、标准补充业务和智能业务;

(2) 与互联网相结合的业务:点击拨号、即时消息、同步浏览、个人通信管理;

(3) 多媒体业务:桌面视频呼叫/会议、协同应用、流媒体服务;

(4) 开放的业务接口:NGN 不仅能提供上述业务,更重要的是能提供新业务开发和接入的标准接口。

2. 支撑 NGN 的主要技术

NGN 需要得到许多新技术的支持,如采用软交换技术实现端到端业务的交换;采用 IP 技术承载各种业务,实现三网融合;采用 IPv6 技术解决地址问题,提高网络整体吞吐量;采用多协议标签交换实现 IP 层和多种链路层协议的结合;采用光传输和光交换网络解决传输和高带宽交换问题;采用宽带接入手段,解决"最后 1 公里"的用户接入问题。实现 NGN 的关键技术是软交换技术、高速路由/交换技术、大容量光传送技术和宽带接入技术,其中软交换技术是 NGN 的核心技术。

3. 支持软交换的主要协议

NGN 的特点是基于 IP 技术的多厂商、多技术、不同体系结构的复杂融合体,软交换技术在这样一个异构网络中起着极为重要的作用。协议是系统赖以生存的规则,如建立联系、交换数据以及终端会晤等,标准化协议是支持通信设备互连互通、提高通信设施效率、保障通信网络服务质量的关键因素。图 12-10 表示下一代网络通信设备之间,在互连互通过程中可能涉及的主要协议及其相互关系。

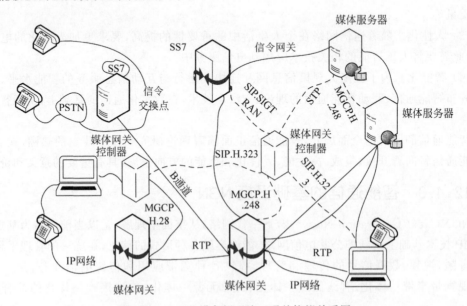

图 12-10 NGN 设备间互连互通的协议关系图

4. NGN 的发展趋势

NGN 具有广泛的内涵,其研究范围亦相当丰富,主要研究的内容有新业务及应用,网络传送的基础设施,网络体系架构,IP 网络技术,网络融合技术,互通和互操作,新型的控制、管理和运维机制,各网络单元,新的网络协议,网络安全体系和技术、测试技术等。

NGN 是比现有网络更好的网络,它将具有更高的传输速率,以更综合的方式支持多种业务,支持多种服务水平的服务质量,运行/维护/管理更简单、经济。NGN 的网络技术与业务,将有多种多样的接入和核心网服务于社会。由于网络技术的多样性,互通和互操作将成为今后的主要问题。NGN 将广泛用来提供宽带、高质量、安全的业务,新的通信软件将驱动个性化增值业务的发展,标准将在 NGN 中起到重要的作用。

12.4.4 智能通信核心技术——下一代互联网协议

IPv6 的英文全称是 Internet Protocol version 6,也称作下一代互联网协议。作为 NGN 的基础,其技术优势得到广泛的认可。特别是 IPv6 的成熟,以数据包和基于 IP 传输的数据、语音和视频融合业务已成为网络融合的主流。目前,通信网络的发展遵循着这样一个趋势,即由传统的面向语音传输的单一业务网向着新一代的面向数据、视频的综合业务网演进。

1. IPv6 的基本概念

IPv6 是由互联网工程任务组设计的,用来替代现行第 4 版 IP(IPv4)协议,是 IP 的 6.0 版本,也是 NGN 的核心协议,它在未来网络的演进中将对基础设施、设备服务、媒体应用、电子商务等多方面产生巨大的产业推动力。IPv6 对我国具有非常重要的意义,为我国经济增长带来直接贡献。

2. IPv6 的特点

IPv6 是为了解决 IPv4 存在的问题和不足而提出的,还在许多方面提出了改进,例如路由方面、自动配置方面。IPv6 由 IETF(The Internet Engineering Task Force,国际互联网工程任务组)的下一代互联网协议工作组于 1994 年 9 月首次提出,于 1995 年正式公布,再经研究修订后,于 1999 年确定开始部署。经过一个较长的 IPv4 和 IPv6 共存的时期,IPv6 最终完全取代 IPv4 在互联网上占据统治地位。对比 IPv4,IPv6 有如下特点:简化的报头和灵活的扩展、层次化的地址结构、自动配置、内置的安全特性、服务质量的满足、对移动通信更好的支持。

3. IPv6 的路由技术

IPv6 采用聚类机制,定义了非常灵活的层次寻址及路由结构,同一层次上的多个网络在上层路由器中表示为一个统一的网络前缀,这样可显著地减少路由器必须维护的路由表项。在理想情况下,一个核心主干网络路由器只需维护不超过 8192 个表项,这极大地降低了路由器的寻址和存储开销。

IPv6 协议所带来的一个特点是提供数据流标签,即流量识别。路由器可识别属于某个特定流量的数据包,并且这条信息第 1 次接收时即被记录下来,这个路由器下一次接收到同样的流量数据包后,路由器采用识别的记录情况,而不需查找路径选择表,从而减少了数据处理的时间。

多点传送路由是指目的地址是一个多点传送地址的信息包路由。在 IPv6 中,多点传送路由的问题与 IPv4 类似,只是功能有所加强,分别成为"互联网控制报文协议"和"开放式最短路径优先协议"的一部分,而不是 IPv4 中的单独协议,从而成了 IPv6 整体的一部分。为了路由多点传送信息包,IPv6 中创建了一个分布树(多点传送树)以到达组里的所有成员。

4. 移动 IPv6

1) 移动 IPv6 的概念

移动 IPv6 协议为用户提供可移动的 IP 数据服务,用户可在世界各地都使用同样的地址,很适合无线上网。IETF 于 1996 年制定了支持移动互联网设备的协议,称为移动 IP。协议有两种版本:基于 IPv4 的和基于 IPv6 的。

移动 IP 的主要目标是不管是连接本地链路还是移动到外地网络,移动节点总是通过本地地址寻址。移动 IP 在网络层加入了新的特性,在改变网络连接点时,运行在节点上的应用程序不用修改或配置仍然可用。这些特性使得移动节点总是通过本地地址通信。这种机制对于 IP 层以上的协议层是完全透明的。移动节点所在的本地链路称为移动节点的本地链路,移动节点的本地地址称为家乡地址。

2) 移动 IPv6 的工作机制

移动 IPv6 的操作包括:本地代理注册、三角路由、路由优化、绑定管理、移动检测和本地代理发现。移动 IPv6 的工作机制如图 12-11 所示,图中有 3 条链路和 3 个系统。链路 A 上有 1 个路由器提供本地代理服务,这个链路是移动节点的本地链路。移动节点从链路 A 移动到链路 B。链路 C 上有一个通信节点,它可以是移动的,也可以是静止的。

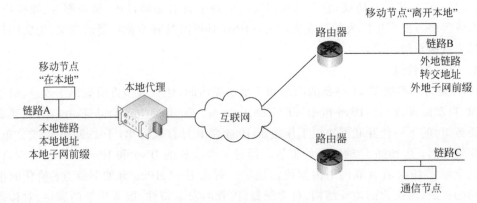

图 12-11　移动 IPv6 的工作机制图

当移动节点连接到外地链路时,除了本地地址外,还可通过一个或多个转交地址进行通信。转交地址是移动节点在外地链路时的 IP 地址。移动节点的本地地址和转交地址之间的关联称为"绑定"。移动节点的转交地址可自动配置。

移动 IPv6 的实现离不开本地链路上的本地代理。当移动节点离开本地时,要向本地链路上的一个路由器注册自己的一个转交地址,要求这个路由器作为自己本地的代理。本地代理需要用代理邻居来发现并截获本地链路上发往移动节点本地地址的数据包,然后通过隧道将截获的数据包发往移动节点的主转交地址。为了通过隧道发送截获的数据包,本地代理要把数据包进行 IPv6 封装,外部的 IPv6 报头地址假设为移动节点的主转交地址。

移动节点离开本地时,本地链路的一些节点可重新配置,导致执行本地代理功能的路由器被其他路由器代替。在这种情况下,移动节点可能不知道自己本地代理的 IP 地址。移动

IPv6 提供了一种动态本地代理地址处理机制,移动节点可动态发现本地链路上本地代理的 IP 地址,离开本地时,它在这个本地代理上注册转交地址。

移动 IPv6 还定义了一个附加的 IPv6 目的地址选项(本地地址选项)。作为发送方的移动节点通过在发送的数据包中携带本地地址选项,可把本地地址告诉作为接收方的通信节点,而转交地址对于移动 IPv6 以上层(如传输层)是透明的。

在 IPv6 中,移动节点能把自己的转交地址告诉每个通信节点,使通信节点和移动节点之间进行直接路由,避免了三角路由问题。由于未来互联网上会有大量的无线移动节点,因此,在路由效率上的大规模改善可能对互联网的可扩展性产生本质的影响。

1) IPv6 现有网络

从 1998 年开始,面向实用的全球性 IPv6 启动,目前比较有名的 IPv6 网有以下 8 个。

(1) 6Bone 是为了在互联网上推广 IPv6 的一个全球性测试平台,是世界上成立最早也是规模最大的全球性的 IPv6 示范网,用来测试 IPv6 实现的互相连接性,检测 IPv6 在实际环境中的工作情况。6Bone 于 1996 年 1 月由几个需要测试其原型系统之间互操作性的 IPv6 实施小组建成,6Bone 并不是一个独立于互联网的物理网络,而是利用隧道技术将各个国家和地区组织维护的 IPv6 网络通过运行在 IPv4 上的互联网连接在一起。

(2) 6REN 即 IPv6 研究与教育网,建立于 1998 年年底,是一个非官方协调的研究与教育网,提供产品级的 IPv6 连接,并作为一个 IPv6 工具、应用和程序开发的平台。该平台可免费参与并对所有提供 IPv6 业务的研究与教育网开放,也鼓励其他 IPv6 网络加入。

(3) 骨干网服务,从 1996 年起,美国开始了下一代互联网研究与建设。美国国家科学基金会设立了"下一代互联网"研究计划,支持大学和科研单位建立超高速骨干网服务,进行高速计算机网络及其应用的研究。1998 年,美国 100 多所大学联合成立,从事"下一代互联网"研究计划。并建设了另一个独立的高速网络实验床,并于 1999 年 1 月开始提供服务。

(4) Zama Network 在 2001 年年初成为美国首家提供商业 IPv6 业务的业务提供商。Zama 最初的目标是服务于北美与亚太地区之间的通信,并在东京建立一个节点。2001 年 3 月,该公司推出了 Smarter-Kit 业务,包括接入 Zama 的本地 IPv6 骨干网,并且客户可以从 Zama 接入 6Bone 和世界上其他基于 IPv6 的网络。

(5) Eur06IX。2002 年 1 月,欧洲启动了为期 3 年的 IPv6 研究和实施计划——Eur06 IX 实验网,它的目标是支持 IPv6 在欧洲迅速引入。该项目将研究和建设一个泛欧洲的纯 IPv6 网,叫做 Eur06 IX 测试床,它将提供用目前技术可获得的最先进服务和一系列基于 IPv6 的应用,这些服务与应用既可在 Eur06 IX 内供实验使用,也可供第三方实验用,它还研究在世界范围内建设下一代互联网所需的各种网络等级。它的基础设施将包括不同的网络等级。欧洲主要的电信商将携手建立一定数量的 IPv6 交换点,以支持 IPv6 在欧洲范围内的快速引入。

(6) 6NET。2002 年 1 月,欧洲同时启动 IPv6 研究计划 6NET 实验网。在 6NET 计划中,将至少有 11 个国家的研究和教育网络在速率高达 2.5Gbps 的链路上建立纯 IPv6 网络,目的是引入、测试新的 IPv6 服务和应用程序;测试将 IPv6 网络和现有 IPv4 体系结构综合在一起的过渡策略;对 IPv6 网络下的地址分配、路由和域名系统(DNS)操作进行评估;促进 IPv6 技术的快速发展。

(7) 我国 CERNET IPv6 实验床。CERNFT 国家网络中心于 1998 年 6 月加入 6Bone,

同年二月成为其骨干网成员。1999 年在国内教育网范围内组建了 IPv6 实验床，八大地区的网络中心全部加入，展开有关 IPv6 各种特性的研究与开发。实验床直接通达美国、英国和德国的 IPv6 网络，间接与几乎所有的 6Bone 成员互连。

（8）我国 6Tnet。2002 年 3 月，信息产业部电信研究院传输所与 BII 联合发起成立了"下一代 IP 电信实验网"，其目的在于利用 IPv6 以及最先进的网络设备，建设下一代电信演示网络。6Tnet 是我国规模最大的面向商用的 IPv6 实验网络平台，旨在研究和测试 IPv6 商业服务所需的各项功能，研究和开发集语音、数据、视频于一体的多种业务应用，并探讨其可行的业务模式，为 IPv6 在我国的商业化运作积累经验。

2）IPv6 的应用

IPv6 经历了 10 多年的发展，其标准化进程逐渐完成。目前，具有 IPv6 特性的网络设备、网络终端，以及相关的硬件平台，已加快了推出进度。

（1）3G 业务。3G 演变为全 IP 网络的趋势明显，每一个要接入互联网的移动设备都将需要 2 个唯一的 IP 地址来实现移动互联网连接，本地网络分配一个静态 IP 地址，连接点分配第 2 个 IP 地址用于漫游。通用分组无线业务和 3G 作为未来移动通信蓝图中的核心组成部分，对 IP 地址的需求量极大，只有 IPv6 才能满足这种需要。

（2）个人智能终端。个人电子设备的发展，从传呼机、手机、个人数码助理到智能手机的发展情况分析，有联网能力的集成数据、语音和视频的个人智能终端将会很快出现，再经过几年，其规模会很大，由此将产生对于 IP 地址的巨大需求，这将是过渡到 IPv6 的最大动因。

（3）家庭网络。家用宽带和数字用户线设备的增长是驱动家庭网络市场的因素，很多信息技术厂商都在进行家庭网络方面的项目。如个域网、蓝牙等新技术，已被开发用于移动和家庭用途，那些加入了处理器的设备，越来越具备和网络相联的条件。由于 IPv6 所拥有的巨大地址空间、即插即用的易于配置、对移动性的内在支持，使得 IPv6 在实际运行中非常适合拥有巨大数量的各种细小设备网络，而不是由价格昂贵的计算机组成的网络。随着成本的下降，IPv6 将在连接有各种简单装置的超大型网络中运行良好。

（4）在线游戏。游戏业是一个很大的产业，仅美国的游戏市场就达到 100 亿美元。在线游戏使得玩家能够和跨地域的玩伴展开竞赛，而不再是局限在一个房间里。

IPv6 在我国的部署，目前情况是教育先行，然后是运营商和政府。根据目前情况看，运营商实施 IPv6 倾向于自下而上地展开，从城域网接入延展到省级主干网、国家级主干网。IPv6 技术体系经历了 10 多年的发展，其标准化进程逐渐完成。目前，IPv6 的实验网已经遍布全球。

12.4.5　超宽带无线通信技术

超宽带（Ultra Wide Band，UWB）是 20 世纪 90 年代后发展起来的一种具有巨大发展潜力的新型无线通信技术，它的 10dB 信号带宽大于 500MHz 或相对信号带宽大于 0.2%，这只是从信号带宽的角度来加以定义。它有多种不同的实现方式，最初始典型的实现方式是采用冲激脉冲——以占空比极低的纳秒、亚纳秒级间歇窄脉冲串而不是正弦波作为信息载体，通过对 0.01～0.1ns 量级脉冲前后沿、幅度、位置等变量直接调制，使信号具有 GHz 量级的带宽。这种超宽带冲激无线电 UWB-IR 直接发射窄脉冲串，不再具有传统的射频、中频概念,其发射的信号既是基带信号(就传统无线电而言),又是射频信号(就通信频谱而言)。UWB信号的占用带宽由脉冲波形决定。

近年来涌现出新的 UWB 实现技术,最突出的是基于正交频分复用(Orthogonal Frequency Division Multiplexing,OFDM)的多频段调制方式,还可以采用常规窄带技术并行构造超宽带系统。UWB信号产生、信道特性、调制解调、信号同步和实际应用等各方面都与传统无线电有很大差别,在信号隐蔽性、系统处理增益、多径分辨能力、数据传输速率、体积和成本等方面具有独特的优势。下面介绍主要优点。

隐蔽安全性:发射占空比极低的窄脉冲串所需平均功率很小,能量又被分散在宽阔的频段里,发射功率谱密度极低,其信号电平甚至低于环境噪声,多被淹没在其他信号和噪声中,难以被非法用户检测到,低截获保密性好,另一方面又表现为对使用同频段其他传统通信设备基本无干扰,极利于频谱资源共享共存。

强抗干扰性:具有高出常规抗干扰扩谱系统处理增益 30dB 以上的超高处理增益(信号的射频带宽与信息带宽之比),在相同信息带宽条件下,UWB 系统具备超强抗干扰能力。

强多径分辨能力:最大多径传播时间差小于信息符号持续时间时,大量多径分量的交叠造成严重多径衰落,限制了通信质量和时间传输速率。UWB 的信息窄脉冲宽度远小于大部分多径传播距离,多径分量在时域上不易重叠,且脉冲多径信号很容易通过 Rake 技术分离、充分利用,可通过信噪比改善通信质量。在相同多径环境下,UWB 信号的多径衰落比常规正弦波信号小 10~30dB。

高传输速率:高达每秒数百兆比特。

空间容量大:可用射频信号传播范围之外的区域空间进行复用,常用空间容量度量。几个常见无线技术的空间容量分别是,IEEE 802.11b 的为 1kb/(s · m^2),蓝牙的为 3kb/(s · m^2),IEEE 802.11a 的为 83kb/(s · m^2),UWB 的为 1000kb/(s · m^2)。

穿透能力强:有很强的穿透障碍物的能力,能实现隔墙成像。

定位精确:纳秒级窄脉冲具有很高的测距精度,达厘米量级。

低功耗:为同类设备的 1/100~1/10。

设备架构简单造价低:无混频、上下变频环节,射频前端简单,易于采用软件无线电技术,数字化集成芯片化,成本大幅降低。

便于多功能一体化:UWB 无线系统易于将测距、定位、通信和雷达等多功能集成为一体机,综合发挥上述优点,可对地下、室内的物体精准定位测距成像。

但是 UWB 信号占用频谱很宽,不能以大功率发射,以免对其他电子系统造成干扰,因此主要用于中短程场合。

典型的超宽带收发信机功能框图如图 12-12 所示,它采用跳时脉冲位置调制(Pulse Position Modulation,PPM)。在发送端,基带信号和伪随机序列共同扩展窄脉冲发生器,将信息符号映射为脉冲的发射时延后经天线发射;在接收端,本地产生的伪随机脉冲序列与接收信号相关,然后经基带信号处理完成信号解调,得到原始信息。常见调制方式还有基于时域处理的跳时脉冲幅度调制、直接序列(Direct Sequence,DS)调制、伪混沌(Pseudo Chaotic,PC)调制、数字脉冲间隔(Digital Pulse Interval,DPI)调制、混合调制;基于频域处理的正交频分复用调制、时频多址、载波干涉调制(Carrier Interferometry,CI)等。

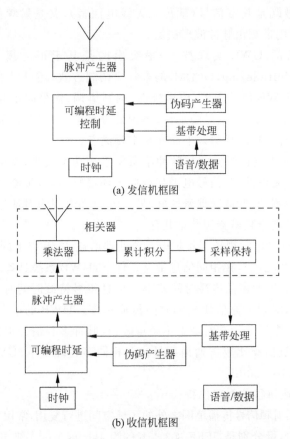

(a) 发信机框图

(b) 收信机框图

图 12-12　典型超宽带收发信机功能框图（PPM 调制）

12.4.6　认知无线电技术与发展趋势

1. 认知无线电的概念与特点

认知无线电（Cognitive Radio，CR）技术的核心思想是通信系统具备学习智能，能与周围环境交互信息，以感知和利用在该空间的可用频谱资源，并限制和降低冲突的发生。CR泛指任何具有自适应无线电频谱意识能力的技术，更确切的定义为基于与操作环境的交互而能动态改变其发射参数的技术，即具有环境感知和参数自我修正的功能。通信系统有了足够的人工智能，就能通过吸取过去的经验来对实际的情况进行适配的响应，过去的经验包括对死区、干扰和使用模式等的了解。这样 CR 就可能赋予无线电设备根据频带的可用性、位置和过去的经验来自主确定采用哪个频率的智能功能。CR 通过在宽频带上可靠地感知频谱环境资源，探测合法的授权用户（主用户）的出现，自适应地占用即时可用的本地频谱，同时在整个通信过程中不给主用户带来有害干扰。CR 技术涉及频谱感知、频分复用、动态频率选择和功率控制、频谱资源共享和分配等领域，由于无线信道状态和干扰是随时间变化的，所以 CR 设备必须具有较高的实时、快速、调整的灵活性。

2. 认知无线电原理

认知无线电原理如图 12-13 所示，由图可以看出，CR 设备对周围环境感知、探测、分析，这种探测和感知是全方位的，应对地形、气象等综合信息也有所了解。由此图也可以得出，

CR 是高智能设备,应包含一个智能收发器。有了足够的人工智能,它就能吸取过去的经验对实际情况进行响应。过去的经验包括对死区、干扰和使用模式等的了解。它的学习能力是使它从概念走向应用的真正原因。

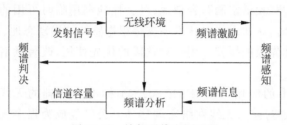

图 12-13　认知无线电原理图

当 CR 用户发现频谱空洞,使用已授权用户的频谱资源时,必须保证它的通信不会影响到已授权用户的通信,一旦该频段被主用户使用,CR 有两种应对方式:一是切换到其他空闲频段通信;二是继续使用该频段,改变发射频率或调制方案,避免对主用户的干扰。

目前在频谱政策管理部门的带动下,一些标准化组织先后制定了若干标准以推动 CR 技术在多种应用场景下的发展。例如 IEEE 802.22 工作组对基于 CR 的无线局域网络的空中接口标准,将分配给广播电视的 VHF/UHF 频带的空闲频道有效地利用起来。IEEE 802.16 工作组正在着手制定标准,致力于改进如策略、MAC 增强等机制,以确保基于 WiMAX 的免授权系统之间、授权系统之间的共存。CR 也称为频谱捷变无线电、机会频谱接入无线电,是基于机器学习和模式推理的认知循环模型来展开研究的。显然,CR 的研究正向认知无线网络渗透,包括网络协议的感知/识别/重配置等方面。CR 技术在实际工程中实现的前提条件是有适应的软件无线电平台。

3. 认知无线电的发展现状与趋势

当前,认知无线电技术已经得到了学术界和产业界的广泛关注。很多著名学者和研究机构都投入到认知无线电相关技术的研究中,启动了很多针对认知无线电的重要研究项目。例如:德国 Karlsruhe 大学的 F. K. Jondral 教授等提出的频谱池系统、美国加州大学 Berkeley 分校的 R. W. Brodersen 教授的研究组开发的 COVUS 系统、美国 Georgia 理工学院宽带和无线网络实验室 Ian F. Akyildiz 教授等人提出的 OCRA 项目、美国军方 DARPA 的 XG 项目、欧盟的 E2R 项目等。在这些项目的推动下,在基本理论、频谱感知、数据传输、网络架构和协议、与现有无线通信系统的融合以及原型开发等领域取得了一些成果。IEEE 为此专门组织了两个重要的国际年会 IEEE CrownCom 和 IEEE DySPAN 交流这方面的成果,许多重要的国际学术期刊也刊发关于认知无线电的专辑。目前,最引人关注的是 IEEE 802.22 工作组的工作,该工作组正在制定利用空闲电视频段进行宽带无线接入的技术标准,这是第一个引入认知无线电概念的 IEEE 技术标准化活动。

认知无线电的应用范围也越来越广泛,下面是 4 个典型的应用。

(1) 在 WRAN 中的应用。WRAN(Wireless Regional Area Network,无线区域网络)的目的就是使用认知无线电技术将分配给电视广播的 VHF/UHF 频带(北美为 54~862MHz)的频率用作宽带访问线路,将空闲频道有效地利用起来。IEEE 802.22 标准工作组于 2005 年 9 月完成了对 WRAN 的功能需求和信道模型文档,2006 年开始对各个公司提交的提案进行审议和合并,并于 2006 年 3 月形成了最终的合并提案作为编写标准的基础。

（2）在 UWB 中的应用。由于 UWB 具有传输速率高、系统容量大、抵抗多径能力强、功耗低、成本低等优点，被认为是下一代无线通信的革命性技术，而且是未来多媒体宽带无线通信中最具潜力的技术。认知无线电采用频谱感知技术，能够感知周围频谱环境的特性，通过动态频谱感知来探测"频谱空洞"，合理地、机会性地利用临时可用的频段，潜在地提高频谱的利用率。与此同时，认知无线电技术还支持根据感知结果动态地、自适应地改变系统的传输参数，以保证高优先级的授权主用户对频段的优先使用，改善频谱共享，与其他系统更好地共存。

（3）在 WLAN 中的应用。以 IEEE 802.11 标准为基础的无线技术已经成为目前WLAN 技术的主流，通过接入无线网络实现移动办公已经成为很多人生活方式的一部分。随着无线局域网的普及，频谱资源越来越紧张，某些工作频段的通信业务近乎达到饱和状态，无法满足新的业务请求；同时，某些其他频段比较空闲，能够提供更多的可用信道。在这样的背景下，认知无线电技术的出现和发展为解决以上问题带来了新的思路。认知无线电技术能通过不断扫描频谱段，获得这些可用信道的信道环境和质量的认知信息，自适应地接入较好的通信信道，这正是解决 WLAN 频段拥挤问题的方法。因此，认知无线电技术对于 WLAN 而言更具有吸引力。而且无线局域网具有工作区域小、工作地点灵活、无线环境相对简单等特点，更有利于认知无线电技术的实现。

（4）在 Ad-hoc 中的应用。一般的多跳 Ad-hoc 网络在发送数据包时会预先确定通信路由。认知无线电技术能够实时地收集信息并且自动选择波形，并向各方通知尚未使用的频率信息，适用于具有不可提前预测的频谱使用模式的应用场景。因此，当认知无线电技术应用于低功耗多跳 Ad-hoc 网络，能够满足分布式认知用户之间的通信需求。

由于认知无线电系统可根据周围环境的变化动态地进行频率的选择，而频率的改变通常需要路由协议等进行相应调整，因此，基于认知无线电技术的 Ad-hoc 网络需要新的支持分布式频率共享的 MAC 协议和路由协议。认知无线电未来会沿着以下 3 个方面发展。

（1）基本理论和相关应用的研究，为大规模应用奠定坚实的基础。其中比较重要的包括：认知无线电的信息论基础和认知无线电网络相关技术，例如：频谱资源的管理、跨层联合优化等。

（2）实验验证系统开发。目前，已经有多个实验验证系统正在开发中，这些系统的开发成功，将为验证认知无线电的基本理论、关键技术提供测试床，推动其大规模应用。

（3）与现有系统的融合。虽然目前认为认知无线电的应用不应该要求授权用户作任何改变，但如果授权用户和认知无线电用户协同工作，将会便于实现并提高效率。目前，已经有一些研究工作在考虑将认知无线电集成到现有无线通信系统的方法，并取得了一些初步成果。预计未来这方面将会有大量的需求。

12.4.7　空天地一体化信息网络

1. 空天地一体化信息网络概念
在过去半个世纪中，信息网络从最初的若干台计算机互联实现实验数据的共享发展到今天已经成为全球社会经济生活不可或缺的重要基础设施，满足人们获取信息、处理信息和分享信息的基本需求。随着信息技术的进步与业务需求的发展，传统地面信息网络也逐渐演化发展出无线自组织网络、移动互联网、物联网、网格、云、未来网络等各种各样不同的形式或分支,网络架构、协议体系与相关关键技术正不断发展演进。由于各类空间信息系统在信息获取、传输过程中具有不可替代的作用,未来信息网络发展必然要求突破当前以地面网络为主体的发展局面,形成未来空天地一体化信息网络。

空天地一体化信息网络是由多颗不同轨道上、不同种类、不同性能的卫星形成星座覆盖全球,通过星间、星地链路将地面、海上、空中和深空中的用户、飞行器以及各种通信平台密集联合,以 IP 为信息承载方式,采用智能高速星上处理、交换和路由技术,面向光学、红外多谱段的信息,按照信息资源的最大有效综合利用原则,进行信息准确获取、快速处理和高效传输的一体化高速宽带大容量信息网络,即天基、空基和陆基一体化综合网络。

2. 我国空天地一体化信息网络的定位与目标

目前全球在轨卫星数量超过 1000 颗,其中我国各类卫星超过 100 颗,包括各类专用卫星,如资源、测绘、环境、海洋、气象、通信、北斗导航定位系统、天链中继星,以及空间站等。随着对于空间信息与服务的迫切需求,我国空间信息系统正加紧建设,预计到 2020 年,在轨卫星数量将超过 200 颗。通过星间、星地链路将不同轨道、种类、性能的飞行器及相应的应用设施和应用系统连接在一起,按照空间信息资源的最大有效利用原则所组成的信息网络称为空天地一体化信息网络。

未来空天地一体化信息网络的发展将通过网络化打破各种信息系统分散独立"烟囱式"的发展局面,其中天基信息网络是发展的主体,地面互联网是其承载网,其发展方向是各种信息系统的综合。

(1) 实现三大卫星通信系统的综合:卫星固定通信、卫星移动通信、卫星广播;

(2) 实现三大卫星应用系统的综合:卫星通信、卫星对地观测、卫星导航定位;

(3) 实现三大通信领域的综合:空间通信,临近空间通信,地面通信;

(4) 实现三大通信类型的综合:人与人通信,人与物通信,物与物通信。

3. 主要问题与挑战

为实现未来空天地一体化信息网络,尤其是其主体天基信息网络,我们面临的主要问题事实上来自于两方面——技术层面、经济文化层面。

从技术层面而言,主要面临的挑战包括。

(1) 多年以来空间信息系统发展形成的复杂异构的网络环境:各类专用、通用网络协议,不同的物理层标准使得系统之间难以兼容,网络环境各不相同,通过协议体系的设计克服网络异构是技术上面临的首要挑战;

(2) 安全性、可靠性问题:如何保障资源的安全共享是实现一体化的关键;复杂网络环境面临的网络要素的不可靠问题,也需要通过网络管理功能的设计加以避免与克服;

(3) 空间通信中的特殊问题:空间传输中面临较大的路径损耗;较长的通信时延(GEO(Geostationary Earth Orbit,地球同步轨道)卫星单向至少有 128ms 的时延);尽管空间节点轨迹可以预测,但是 LEO 卫星节点高速运动,通信链路、网络拓扑面临高度动态的特性;受信道质量、节点轨道变化的影响,可能出现较长的中断;空间节点处理能力严重受限等,这些问题都不同于传统地面网络,需要专门应对。

相较于技术层面的问题,更难以突破的或许是经济文化层面的问题。此前,我们已经指出,空间信息系统发展出现的条块分割相互独立的现象有其发展的必然性。无论国内还是国外,从长远来看,各类专用卫星系统依然会掌握在不同的运营机构或行业单位手中。不同的主体对空间信息系统有不同的需求,如何平衡网络运营商、资源提供者和用户之间的利益关系是能否实现真正意义上的空天地一体化信息网络的核心问题。

4. 实现形式

根据以上对网络架构和主要问题与挑战的分析,通过水平联邦网络架构以实现未来空天地一体化信息网络,打破信息共享的各种壁垒,实现空间信息的高效充分共享。事实上,通过联邦网络形式实现复杂网络互联在地面未来网络研究中同样也是当前关注的焦点,美国 GENI、欧盟 FIRE 项目都在考虑通过联邦技术研究除 TCP/IP 外可能的未来网络形式,并建立了多个联邦网络测试床。

对于空间信息的获取,由于负责信息获取的卫星系统大部分都运行在低椭圆轨道(Low Elliptic Orbit,LEO)轨道,以 1~2 小时为周期围绕地区运动,一般信息传输主要集中在卫星飞过地面站上空的窗口期,通信时间通常为 10 分钟或更短。传统的信息共享发生在数据回传处理之后,有较长时间的延迟。因此,为了保证信息的时效性,天地一体化信息网络架构设计中一个普遍关注的问题在于通信覆盖问题。通过设备保障不中断的信息传输是未来空天地一体化信息骨干网络具体实现形式的主要设计目标,目前主要包含以下三种。

(1) 联邦地面站网络。各国机构、公司、企业甚至高校在全球范围已建立了大量地面站设施,通过地面站间的联邦互联,能够提供更多数据回传窗口,提高信息获取的实时性。需要明确的是,这一方案不同于 NASA 的近地网络,由于近地网络中的大部分地面站都属于 NASA 所有,因此实现地面站互联较为简单,联邦地面站网络强调不同机构间地面站的协作。其优势在于可以充分调动现有地面站资源,降低建设成本和周期。其主要问题在于该方案不适用于国家安全等应用场景。图 12-14 是一个基于 IP 和 VPN 的联邦地面站网络的示意图。

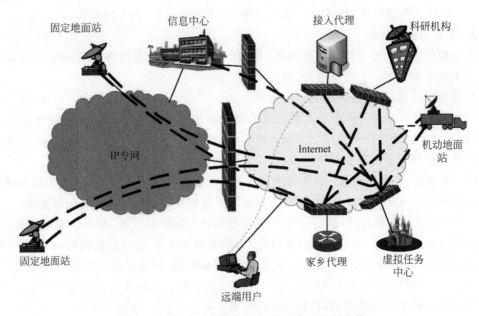

图 12-14 基于 IP 网络和 VPN 的联邦地面站网络

（2）带星间链路的 GEO 数据中继实现联邦天基信息网络。美国 NASA 的 TDRSS、日本 JAXA 的 DRTSS 和欧盟 ESA 的 EDRS 等在一定程度上都属于这一实现方式。如同实现地面覆盖一样，空间中的 3 颗地球同步轨道（Geostationary Earth Orbit，GEO）卫星同样可以保障非常高的可用性，但无法覆盖两极地区，当然可通过增加高椭圆轨道（High Elliptic Orbit，HEO）卫星实现全球无缝覆盖。相对于地面站方案，由于 GEO 与 LEO 轨道之间距离的增长，可实现的通信速率将大大下降。INMARSAT4 提供的 LEO 卫星数据传输设备仅支持最高 475kbps 的速率，与 LEO 卫星与地面站之间 10Mbps 甚至更高的通信速率差距较大。但其优势在于可自主建设，不受地面设站限制的影响，通过统一的由若干颗 GEO＋HEO 组成的天基骨干网络可较快速地实现全天候的信息获取能力。

（3）联邦卫星机会传输网络。目前提出的利用 LEO 卫星相互之间的联邦机制，将 LEO 自身的通信资源进行共享，通过 LEO 卫星的星间链路利用机会传输提高卫星数据传输概率的联邦卫星方案。与前两种方案不同，在未来小卫星模块化技术进一步成熟的条件下，该方案或许是一种能够实现完全分布式自动化管理、无须专门机构运营的自组织天基信息网络的方案。但是，由于资源共享完全自愿、成本自担，当联邦卫星数量达不到一定数量时，就有较大的失败风险。

考虑到我国空间信息获取共享的迫切需求与现有基础，方案（2）或与方案（1）的结合可能是实现我国未来天地一体化信息骨干网络的主要形式。

5．关键技术

根据以上分析，横向联邦天地一体化信息网络涉及的关键技术包括。

（1）星间链路技术，是实现空间信息系统互联互通的关键技术，有无线电和激光两种形式，无线电技术较为成熟，但是通信带宽较窄，频谱资源面临枯竭；激光通信的通信速率高，但技术还未完全成熟，有待进一步完善。星间链路必须保障可靠的高动态接入，此外，还需要多波束天线提高 GEO 中继卫星系统的系统容量。

（2）网络协议体系，是实现天地一体化信息网络的核心。考虑到空间信息系统多采用专用通信协议（如 CCSDS 建议的系列协议等），地面网络目前主要以 TCP/IP 协议体系为主，各种网络具有复杂异构的特性，要实现天地一体化，必须考虑协议体系保障复杂异构网络的互联互通；同时，考虑空间通信中面临的各项挑战，未来天地一体化信息网络协议体系还必须克服节点资源严重受限、大动态、较长时延、可能的中断等不同于传统地面网络的各种问题。

（3）资源构件虚拟化技术：联邦网络中资源的共享依赖于资源构件的虚拟化，包括网络设备核心功能的分解与组件化，同时这些核心组件或服务应抽象为统一的层次化 API 接口，从而保证跨网络功能、资源的发现与调用。

（4）联邦网络安全与管理技术：资源共享是发展天地一体化信息网络的主要任务，联邦机制是实现共享的主要手段，安全可控是其主要保障。通过有效的网络管理机制实现高效的资源发现、请求、授权、计价、释放是联邦网络的核心管理功能。

未来空天地一体化信息网络发展的目标是通过空天地一体化的手段实现高效的信息获取、传输、处理和共享，当前的主要任务是建设能够联通各种空间信息系统的天基骨干信息网络。就可实现的功能与作用而言，与当前地面互联网一样，空天地一体化信息网络将会成为未来国民经济建设的一项重要基础设施。

12.5　本章小结

本章主要讲述现代通信网，主要从三网融合、无线通信网、移动通信系统与关键技术以及智能通信新技术四个方面进行了介绍。首先对电信网、有线电视网和计算机网三大基础信息网络融合，即三网融合的概念作了详细介绍。之后，对日常生活中主要用到无线通信网络，如移动 Ad Hoc 网络、蓝牙技术、ZigBee 技术以及物联网无线技术都进行了详细介绍，同时也让大家了解日常网络中用到的一些 IEEE 802.11 协议体系。不管是过去的移动通信还是未来的移动通信，正交编码、伪随机序列以及扩展频谱通信都是整个移动通信系统中应用最为广泛的技术。本章也对 4G 通信中所应用的多天线 MIMO-OFDM 技术从原理到实现过程作了相应介绍。最后，主要介绍了智能通信概念以及一些智能通信新技术，包括下一代互联网协议(IPv6)、超宽带技术、认知无线电技术以及近些年提出的空天地一体化信息网技术，让大家了解到这些技术都有可能成为未来通信的发展方向。

习　题

12-1　什么是通信网？人们常说的"三网"指的是什么？

12-2　通信网的基本结构主要有哪些？

12-3　相对于有线网来说，无线网络有哪些优势？

12-4　IEEE 802.11 协议系体系中，哪几个协议是在 5GHz 频率下工作的？它们分别用到了什么调制技术？最大传输速率可以达到多少？

12-5　作为一种无线通信技术，ZigBee 为什么会广泛应用到物联网中？它具有哪些特点？

12-6　简单绘制出 NB-IoT 的网络框架图。

12-7　4G 移动通信系统中用到了哪些主要的通信技术？

12-8　下一代互联网协议(IPv6)主要用来解决什么问题？它主要的应用范围有哪些？

12-9　什么是认知无线电？它具有哪些特点？

12-10　什么是空天地一体化信息网络？横向联邦天地一体化信息网络涉及的关键技术有哪些？

第 13 章

5G 及新时代通信技术

对于第 5 代移动通信的技术形态和业务场景,工业界和学术界都在不断进行探索。目前,业界在 5G 相关信息上已经达成广泛共识:不同于前四代移动通信技术,5G 移动通信系统不是简单地以某个单点技术或者某些业务能力来定义,5G 将是一系列无线技术的深度融合,它不仅关注更高速率、更大带宽、更强能力的无线空口技术,而且更关注新型的无线网络架构,5G 将是融合多业务、多技术,聚焦于业务应用和用户体验的新一代移动通信网络。在 5G 通信商用的同时,业界的研究人员已开始了关于 6G 移动通信技术发展与应用的研究与探讨。

13.1 5G 移动通信系统

13.1.1 5G 概述

1. 什么是 5G

5G 是第 5 代移动电话行动通信标准,也称第 5 代移动通信技术,也是 4G 的延伸。从某种程度上看,5G 无线通信技术本质便是在 2G、3G 和 4G 无线通信技术等诸多技术的基础优势发展而来的,并充分利用无线互联网网络,成为一项较为完善和科学的无线通信技术。5G 网络的峰值理论传输速度可达每秒数 Gb,是 4G 网络传输速度的数百倍。举例来说,一部 1Gb 的电影可在 8s 之内下载完成。

随着我国通信网络的逐渐普及和发展,4G 技术已经得到全面的发展和推广,而 5G 通信技术作为概念性的技术,在 2001 年便被日本 NTT 公司被提出,但是在我国,5G 概念则在 2012 年被提出。

伴随 5G 技术的诞生,用智能终端分享 3D 电影、游戏以及超高画质(Ultra High Definition,UHD)节目的时代已到来。

2. 5G 的研发进展

2013 年 5 月 13 日,三星公司宣布已率先开发出了首个基于 5G 核心技术的移动传输网络,并在 2020 年之前进行 5G 网络的商业推广。

2016 年 8 月 4 日,诺基亚公司与电信传媒公司贝尔公司再次在加拿大完成了 5G 信号的测试。在测试中,诺基亚公司使用了 73GHz 范围内的频谱,数据传输速度也达到了现有 4G 网络的 6 倍。

　　三星公司计划于 2020 年实现该技术的商用化，全面研发 5G 移动通信核心技术。随着三星公司研发出这一技术，世界各国的第 5 代移动通信技术的研究将更加活跃，其国际标准的出台和商用化也将提速。

　　2017 年 8 月 22 日，德国电信公司联合华为公司在商用网络中成功部署基于最新 3GPP 标准的 5G 新空口连接，该 5G 新空口承载在 Sub 6GHz(3.7GHz)，可支持移动性、广覆盖以及室内覆盖等场景，速率直达 Gbps 级，时延低至毫秒级；同时采用 5G 新空口与 4G LTE 非独立组网架构，实现无处不在、实时在线的用户体验。

　　2017 年 12 月 21 日，在国际电信标准组织 3GPP RAN 第 78 次全体会议上，5G NR 首发版本正式发布，这是全球第一个可商用部署的 5G 标准。

　　2018 年 6 月 14 日，3GPP 全会(TSG♯80)批准了第 5 代移动通信技术标准(5G NR)独立组网功能冻结。加之 2017 年 12 月完成的非独立组网 NR 标准，5G 已经完成第一阶段全功能标准化工作，进入了产业全面冲刺新阶段。此次 SA 功能冻结，不仅使 5G NR 具备了独立部署的能力，也带来全新的端到端新架构，赋能企业级客户和垂直行业的智慧化发展，为运营商和产业合作伙伴带来新的商业模式，开启一个全连接的新时代。

　　2018 年 7 月 6 日，在瑞典的爱立信公司实验室，爱立信公司携手英特尔公司以及早期 5G 服务供应商，完成了 3.5GHz 频段的端到端的非独立组网(Non-Stand Alone，NSA)标准 5G 数据呼叫。

　　2018 年 9 月 12 日，移动电信设备制造商爱立信公司表示，已与美国移动运营商 T-Mobile US 签署价值 35 亿美元、为期多年的供货协议，以支持 T-Mobile US 的 5G 网络部署，这是爱立信公司获得的最大的 5G 订单。

　　2018 年 10 月 19 日，爱立信公司携手 Qualcomm 将 28GHz 加入 5G 商用频段。

　　2018 年 12 月 7 日，工业和信息化部许可中国电信、中国移动、中国联通自通知日至 2020 年 6 月 30 日在全国开展第 5 代移动通信系统实验。其中，中国电信获得 3400～3500MHz 共 100MHz 带宽的 5G 实验频率资源；中国联通获得 3500～3600MHz 共 100MHz 带宽的 5G 实验频率资源；中国移动获得 2515～2675MHz、4800～4900MHz 频段的 5G 实验频率资源，其中 2515～2575MHz、2635～2675MHz 和 4800～4900MHz 频段为新增频段，2575～2635MHz 频段为中国移动现有的 TD-LTE 频段。2019 年 3 月 31 日前，中国联通方面将在全国范围内逐步停止使用 2555～2575MHz 频率，中国电信方面将逐步停止使用 2635～2655MHz 频率，前述频率将由工信部收回。

13.1.2　5G 的场景与应用

　　从 1G 到 4G，移动通信的核心是人与人之间的通信，个人的通信是移动通信的核心业务。但是 5G 的通信不仅仅是人的通信，随着物联网、工业自动化、无人驾驶被引入，通信从人与人之间的通信开始转向人与物的通信，直至机器与机器的通信。第 5 代移动通信技术(5G)是目前移动通信技术发展的最高峰，也是人类希望不仅改变生活，而且改变社会的重要力量。

1. 5G 的三大场景

　　国际标准化组织 3GPP 定义了 5G 的三大场景。其中，eMBB (Enhanced Mobile Broadband，增强移动宽带)指 3D/超高清视频等大流量移动宽带业务，mMTC(massive

Machine Type of Communication,海量机器类通信)指大规模物联网业务,URLLC(Ultra-Reliable Low-Latency Communications,超高可靠超低时延通信)指如无人驾驶、工业自动化等需要低时延、高可靠连接的业务。

通过 3GPP 的三大场景定义可以看出,对于 5G,世界通信业的普遍看法是它不仅应具备高速度,还应满足低时延这样更高的要求。这不仅要解决一直速度问题,把更高的速率提供给用户;而且对功耗、时延等提出了更高的要求,这已经完全超出了我们对传统通信的理解,把更多的应用能力整合到 5G 中。这对通信技术和解决方案提出了更高要求。

2. 5G 的六大基本特点

1) 高速度

相对于 4G,5G 要解决的第一个问题就是高速度。网络速度提升,用户体验与感受才会有较大提高,网络才能在面对 VR/超高清业务时不受限制,对网络速度要求很高的业务才能被广泛推广和使用。因此,5G 第一个特点就定义了速度的提升。

其实,和每一代通信技术一样,确切说 5G 的速度到底是多少是很难的,一方面峰值速度和用户的实际体验速度不一样,不同的技术不同的时期速率也会不同。对于 5G 的基站峰值要求不低于 20Gbps,当然这个速度是峰值速度,不是每一个用户的体验。随着新技术使用,这个速度还有提升的空间。

这样的速度意味着用户可以每秒钟下载一部高清电影,也可能支持 VR 视频。这样的高速度给未来对速度有很高要求的业务提供了可能。

2) 泛在网

随着业务的发展,网络业务需要无所不包,广泛存在。只有这样才能支持更加丰富的业务,才能在复杂的场景上使用。泛在网有两个层面的含义,一是广泛覆盖,二是纵深覆盖。

广泛是指我们社会生活的各个地方,需要广覆盖,以前高山峡谷就不一定需要网络覆盖,因为生活的人很少,但是如果能覆盖 5G,可以大量部署传感器,进行环境、空气质量甚至地貌变化、地震的监测,这就非常有价值。5G 可以为更多这类应用提供网络。

纵深是指在我们生活中虽然已经有网络部署,但是需要进入更高品质的深度覆盖。我们今天家中已经有了 4G 网络,但是家中的卫生间可能网络质量不太好,地下停车库基本没信号,现在是可以接受的状态。而 5G 的到来,可把以前网络品质不好的卫生间、地下停车库等都用很好的 5G 网络广泛覆盖。

在一定程度上,泛在网比高速度还重要,只是建一个少数地方覆盖、速度很高的网络,并不能保证 5G 的服务与体验,而泛在网才是 5G 体验的一个根本保证。在 3GPP 的三大场景没有讲泛在网,但是泛在的要求是隐含在所有场景中的。

3) 低功耗

5G 要支持大规模物联网应用,就必须要有功耗的要求。这些年,可穿戴产品有一定发展,但是遇到很多瓶颈,最大的瓶颈是体验较差。以智能手表为例,需要每天充电,甚至不到一天就需要充电。所有物联网产品都需要通信与能源,虽然今天通信可以通过多种手段实现,但是能源的供应只能靠电池。通信过程若消耗大量的能量,就很难让物联网产品被用户广泛接受。

如果能把功耗降下来,让大部分物联网产品一周充一次电,甚至一个月充一次电,就能大大改善用户体验,促进物联网产品的快速普及。eMTC 基于 LTE 协议演进而来,为了更加适合物与物之间的通信，也为了降低成本，对 LTE 协议进行了裁剪和优化。eMTC 基于蜂窝网络进行部署，其用户设备通过支持 1.4MHz 的射频和基带带宽，可以直接接入现有的 LTE 网络。eMTC 支持上下行最大 1Mbps 的峰值速率。而 NB-IoT 构建于蜂窝网络，只消耗大约 180kHz 的带宽，可直接部署于 GSM(Global System for Mobile Communications，全球移动通信系统)网络、UMTS(Universal Mobile Telecommunications System，通用移动通信系统)网络或 LTE(Long Term Evolution，长期演进)网络，以降低部署成本、实现平滑升级。

NB-IoT 其实基于 GSM 网络和 UMTS 网络就可以进行部署，它不需要像 5G 的核心技术那样重新建设网络，但是，虽然它部署在 GSM 和 UMTS 的网络上，还是一个重新建设的网络，而它的能力是大大降低功耗，也是为了满足 5G 对于低功耗物联网应用场景的需要，和 eMTC 一样，是 5G 网络体系的一个组成部分。

4) 低时延

5G 的一个新场景是无人驾驶、工业自动化的高可靠连接。人与人之间进行信息交流时，140ms 的时延是可以接受的，但是如果这个时延用于无人驾驶、工业自动化就无法接受。5G 对于时延的最低要求是 1ms，甚至更低，这就对网络提出了严酷的要求。而 5G 可以满足这些新领域应用的要求。

无人驾驶汽车，需要中央控制中心和汽车进行互联，车与车之间也应进行互联。在高速度行动中，一个制动，需要瞬间把信息送达汽车并做出反应，100ms 左右的时间内，车就会冲出几十米，这就需要在最短的时延中，把信息送到车，进行制动与车控反应。

无人驾驶飞机更是如此。例如数百架无人驾驶编队飞行，极小的偏差就会导致碰撞和事故，这就需要在极小的时延中，把信息传递给飞行中的无人驾驶飞机。工业自动化过程中的一个机械臂的操作，如果要做到极精细化，保证工作的高品质与精准性，也是需要极小的时延，最及时地做出反应。这些特征，在传统的人与人通信，甚至人与机器通信时，要求都不那么高，因为人的反应是较慢的，也不需要机器那么高的效率与精细化。而无论是无人驾驶飞机、无人驾驶汽车还是工业自动化，都是高速度运行，还需要在高速中保证及时信息传递和及时反应，这就对时延提出了极高要求。

要满足低时延的要求，需要在 5G 网络建构中找到各种办法，减少时延。边缘计算这样的技术也会被采用到 5G 的网络架构中。

5) 万物互联

传统通信中，终端是非常有限的，固定电话时代，电话是以人群为定义的。而手机时代，终端数量有了巨大爆发，手机是按个人应用来定义的。到了 5G 时代，终端不是按人来定义，因为每人可能拥有数个，每个家庭可能拥有数个终端。

2018 年，中国移动终端用户已经达到 14 亿，这其中以手机为主。而通信业对 5G 的愿景为每一平方公里，可以支撑 100 万个移动终端。未来接入到网络中的终端，不仅是今天的手机，还会有更多千奇百怪的产品。可以说，生活中每一个产品都有可能通过 5G 接入网络。眼镜、手机、衣服、腰带、鞋子都有可能接入网络，成为智能产品。家中的门窗、门锁、空气净化器、新风机、加湿器、空调、冰箱、洗衣机都可能进入智能时代，也通过 5G 接入网络，家庭将成为智慧家庭。

而社会生活中大量以前不可能联网的设备也会进行联网工作，更加智能。汽车、井盖、电线杆、垃圾桶这些公共设施，以前管理起来非常难，也很难做到智能化。而 5G 可以让这些设备都成为智能设备。

6) 重构安全

安全问题似乎并不是 3GPP 讨论的基本问题,但是它也应该成为 5G 的一个基本特点。

传统的互联网要解决的是信息速度、无障碍的传输,自由、开放、共享是互联网的基本精神,但是在 5G 基础上建立的是智能互联网。智能互联网不仅要实现信息传输,还要建立起一个社会和生活的新机制与新体系。智能互联网的基本精神是安全、管理、高效、方便。安全是 5G 之后的智能互联网第一位的要求。假设 5G 建设起来却无法重新构建安全体系,那么会产生巨大的破坏力。

如果无人驾驶系统很容易攻破,就会像电影上展现的那样,道路上汽车被黑客控制,智能健康系统被攻破,大量用户的健康信息被泄露,智慧家庭被攻破,家中安全根本无保障。这种情况不应该出现,出了问题也不是修修补补可以解决的。

在 5G 的网络构建中,在底层就应该解决安全问题,从网络建设之初,就应该加入安全机制,信息应该加密,网络并不应该是开放的,对于特殊的服务需要建立起专门的安全机制。网络不是完全中立、公平的。举一个简单的例子:网络保证上,普通用户上网,可能只有一套系统保证其网络畅通,用户可能会面临拥堵。但是智能交通体系需要多套系统保证其安全运行,保证其网络品质,在网络出现拥堵时,必须保证智能交通体系的网络畅通。而这个体系也不是一般终端可以接入实现管理与控制的。

3. 5G 的应用场景

与前几代移动网络相比,5G 网络的能力将有飞跃发展。例如,下行峰值数据速率可达 20Gbps,而上行峰值数据速率可能超过 10Gbps。此外,5G 还将大大降低时延及提高整体网络效率:简化后的网络架构将提供小于 5ms 的端到端延迟。那么 5G 给我们带来的是超越光纤的传输速度(Mobile Beyond Giga)、超越工业总线的实时能力(Real Time World)以及全空间的连接(All-Online Everywhere),5G 将开启充满机会的时代。

另外,5G 为移动运营商及其客户提供了极具吸引力的商业模式。为了支撑这些商业模式,未来网络必须能够针对不同服务等级和性能要求,高效地提供各种新服务。运营商不仅要为各行业的客户提供服务,更需要快速有效地将这些服务商业化。Huawei Xlabps 发布的白皮书将会探讨最能体现 5G 能力的十大应用场景:(1)云 VR/AR;(2)车联网;(3)智能制造;(4)智能能源;(5)无线医疗;(6)无线家庭娱乐;(7)联网无人机;(8)社交网络;(9)个人 AI 辅助;(10)智慧城市。

13.1.3　物联网与 5G 的关系

近几年来,有几个不同的概念描述 ICT(Information Communication Technology,信息和通信技术)行业的一个重要领域,即物联网(Internet of Things,IoT),信息物理融合系统(Cyber-Physical Systems,CPS)和机器类通信(Machine to Machine,M2M),但这些概念各有侧重。

(1) 物联网(IoT),又称为"万物互联"(Internet of Everything,IoE),强调了互联网连接的所有对象(包括人和机器)都拥有唯一的地址,并通过有线和无线网络进行通信。

(2) 信息物理融合系统(CPS)强调通过通信系统对计算过程和物理过程(诸如传感器、人和物理环境)的集成。特别是该物理过程在数字化(信息)系统中可以被观察、监视、控制和自动化处理。嵌入式计算和通信能力是信息物理融合系统的两个关键技术。现代化的电网就可以被视为一个典型的 CPS 系统。

（3）机器类通信（M2M）用来描述机器之间的通信。尽管数字处理器在不同的层次嵌入到工业系统中的历史已经有很多年，但新的通信能力将会在大量的分布式处理器之间实现连接，并使得原本的本地数字监控和控制提升到更广泛的系统级别，甚至是全球的范围。4G 和 5G 就可以提供这些通信能力。不仅如此，当所有的目标被无线技术和互联网连接，并且当计算和存储也分布在网络中时，信息物理融合系统（CPS）与物联网（IoT）的区别就消失了。

因此，无线移动通信是物联网（IoT）的重要赋能者。特别是 5G 将赋能新的物联网用例（例如低时延和高可靠性需求的用例），以及其他无线通信系统尚未涉足的经济领域。

在万物互联的场景下，机器类通信、大规模通信、关键性任务的通信对网络的速率、稳定性、时延等提出更高的要求，包括自动驾驶、AR、VR、触觉互联网等新应用对 5G 的需求十分迫切。面向未来，人们对移动互联网大流量应用的需求及万物互联的需求十分巨大，现有的无线网络性能无法满足这些需求，供给与需求之间的缺口将推动着现有的无线网络继续升级，最终推动 5G 时代的到来。

物联网将是 5G 发展的主要动力，业内认为 5G 是为万物互联设计的。到 2021 年，将有 280 亿部移动设备实现互联，其中 IoT 设备将达到 160 亿部。未来十年，物联网领域的服务对象将扩展至各行业用户，M2M 终端数量将大幅激增，应用无所不在。从需求层次来看，物联网首先是满足对物品的识别及信息读取的需求，其次是通过网络将这些信息传输和共享，随后是联网物体随着量级增长带来的系统管理和信息数据分析，最后改变企业的商业模式及人们的生活模式，实现万物互联。未来的物联网市场将朝向细分化、差异化和定制化方向改变，未来的增长极可能超出预期。如果说物联网连接数至 2020 年将达到 500 亿，那么有可能这仅仅是一个起点，未来物联网连接数的规模将接近十万亿。

2016 年起，窄带物联网逐步引起大家的关注，NB 逐渐成了窄带物联网的代名词。GSMA 发布报告《5G 未来中的移动物联网》，指出以 NB-IoT/eMTC 为代表移动物联网（Mochine IoT，M-IoT）是未来 5G 物联网战略的组成部分。5G 的革命性不仅仅在于它涵盖更多应用场景和更复杂的技术，还在于其有更强的包容性，因此 5G 的核心之一是能够支持、兼容多种接入技术，如卫星、Wi-Fi、固网和 3GPP 其他技术实现互操作，这也为 NB-IoT、eMTC 成为 5G 组成部分创造了条件。

因此，为满足物联网低成本的需求，先以 NB-IoT/eMTC 促进产业链成熟、降低成本，再通过 NB-IoT/eMTC 的演进逐渐平滑过渡到 5G mMTC 上应该是未来的选择。

13.1.4 5G 面临的挑战

相比于前几代技术，5G 在技术成熟度、标准化和产业化等方面还面临巨大的挑战。

1. 技术不成熟

目前 5G 新技术似乎层出不穷，颇有一种"乱花渐欲迷人眼"的景象，但是最后胜出的肯定是成本和效益取得最优的方案。5G 性能的提升最终主要依赖于空间资源的深度复用和网络功能的深度智能化。

近期讨论的 5G 热点技术包括：大规模天线（Massive MIMO）技术，超密集组网（Ultra-

Dense Network,UDN)技术,软件定义网络(Software Defined Network,SDN),网络功能虚拟化(Network Function Virtualization,NFV)技术,全双工技术,新型多址方式(SCMA、F-OFDM、MUSA 等),毫米波通信,等等。

其中,大规模 MIMO(多输入多输出)的适用场景的信道模型还不清晰。全双工技术仍需在大规模组网的条件下进行深入的验证;SDN 技术在无线接入网络中面临资源分片和信道隔离、切换等技术的挑战;新型波形(FBMC、SCMA、MUSA、PDMA)等技术的真实性能和增益还有待进一步仿真验证。

2. 频谱短缺

5G 要达到 20Gpbs 的需求,必须采用更多频谱资源才能满足。国际移动通信系统(IMT)给中国划分的频率总计 687MHz,其中时分双工(TDD)总计 345MHz,频分复用(FDD)总计 342MHz。根据中国 IMT 2020(5G)推进组的预测,到 2020 年我国频谱需求为1350～1810MHz,通信频谱短缺非常严重。在国际方面,ITU-R WP(ITU 5G 工作组)测算了世界范围的频谱需求,全世界到 2020 年的频谱需求为 1340～1960MHz。

频谱作为一种不可再生的资源,已经非常紧张,为了拓展更多频谱资源,一方面需要政府机构科学规划频谱资源,为 5G 开辟新的频谱;另一方面需要用新技术去提升频谱使用效率。

现有的低频段已经非常拥挤,因此拓展高频资源是 5G 现实的选择,爱立信公司认为,从 1GHz 到 100GHz 的频谱都有可能应用到 5G 系统中。

根据移动通信的发展规律,5G 将具有超高的频谱利用率和能效,在传输速率和资源利用率等方面将得到显著提高。

3. 技术融合的障碍

5G 不依赖于某个单点技术,将是一个多技术融合的多业务网络。这包括,多种接入技术,多个业务网络和多种网络架构的融合。5G 在技术融合的过程中,还需要兼容传统网络,如何做到传统网络和 5G 的共存? 5G 的语音通信如何考虑,IMS(IP Multimedia Subsystem,IP 多媒体子系统)是否还存在? 现有的多制式、多接入方式和多终端芯片存在多大挑战? 复杂的场景、网络架构和接入方式,如何降低全网能耗,降低终端能耗? 如何去解决 4G、3G 网络中的信令风暴顽疾? 这些都需要在 5G 的技术融合中进行深入探讨。

4. 能耗的挑战

5G 会带来用户流量的激增(1000 倍数据流量),而不能带来运营"剪刀差"的扩大,这意味着每 bit 成本要显著降低(1/1000),相应的设备比特能耗效率就要提升 1000 倍,这对 5G 的网络架构、空口传输、核心网数据分发和网络管理等技术带来了挑战。

5. 终端设备的挑战

作为多技术融合的系统,5G 必然要求终端设备支持更多不同的无线制式,因此低成本多模终端的研发是现实挑战。由于 5G 速率比 4G 速率大幅提升,而且支持更多设备类型,因此,也给终端的待机时间、散热工艺和电池技术等的研发带来挑战。

6. 业务适配的挑战

5G 要支持的业务繁多,而且各种业务的需求千差万别,在设计上存在诸多悖论。例如,既满足低速海量连接,又满足高速移动场景;既满足超低时延需求,又满足突发业务场景。如何制定统一的通信协议来满足业务灵活性,这些都将面临极大挑战。

13.2　5G 新型多址技术

新型的多址方案允许通过在功率和码域中复用用户来使频谱超载，导致非正交接入，其中同时服务的用户的数量不再被正交资源的数量绑定。这种方法使连接的设备的数量增加2、3 倍，并且同时获得高达 50％ 的用户和系统吞吐量的增益。候选方案是非正交多址（Non-Orthogonal Multiple Access，NOMA）、稀疏码多址（Sparse Code Multiple Access，SCMA）和交织分多址（Interleave-Division Multiple Access，IDMA）。所有方案可以与开环和闭环 MIMO 方案良好地组合，可以实现 MIMO 空间分集增益。如果在有大量 MTC（Machine-Type Communication，机器类型通信）时使用，SCMA 和 IDMA 可以通过无授权接入过程进一步减少信令开销。

上行链路多址信道的信息理论实际容量可以仅来自多个用户的传输在时间和频率上的相同资源上发生，并且在接收机侧使用连续干扰消除或联合检测。对于下行链路广播信道，利用非线性预编码策略把向多个用户的传输叠加，是可以达到理论容量的，但是在这复杂性和在发射机侧对信道状态信息的非常精确的要求通常被认为是不可行的。在下行链路中对多个用户的路径损耗有不同的情况，结合在接收机侧的连续干扰消除使用叠加的传输是有益的。本节讨论的所有方案旨在利用实际移动通信系统的上行链路和下行链路中的非正交接入的这些潜在益处。更确切地说，NOMA 直接使用叠加编码和 SIC 接收机，而不是与频率选择性调度组合，在某种程度上依赖于发射机处的信道状态信息（Channel State Information，CSIT）。备选选项（名为 SCMA）允许对具有不同级别的 CSIT 的系统的灵活使用。称为 IDMA 的第三选项的目的在于改进 CDMA 的扩展码，以提供进一步的编码增益，并且使用具有合理复杂度的接收机，如迭代接收机。这种方案可以在具有或不具有最优功率和速率分配的情况下工作，因此适合于不具有 CSIT 的系统。

13.2.1　非正交多址

NOMA 的主要思想是利用功率域，以便在相同的资源上复用多个用户，并且在接收端依靠诸如 SIC（Successive Interference Cancellation，串行干扰消除）的高级接收机分离多路复用的用户。它基本上是结合高级调度，直接实现重叠编码与 SIC 理论的思想。NOMA 假定 OFDM 作为基本波形，并且可以应用于 LTE 之上，但是基本思想不限于特定波形。CSIT 的所需范围相当有限，即关于 SNR 的一些信息足以进行适当的速率和功率分配，并且不需要像 MIMO 预编码所需要的详细或短期 CSITO。这使得 NOMA 甚至适用于开环传输模式，诸如，例如高速移动下的开环 MIMOO 主要目标场景是上下行的经典宽带业务，但是 NOMA 可以在提供一些低速率 SNR 反馈的任何场景中工作。为了说明基本思想，本节的重点将放在下行。

图 13-1 给出了发射机和接收机的下行 NOMA 的基本原理图，并且在图 13-2 中给出了两个用户的不同的可实现容量区域。由于叠加和 SIC，具有发射功率 P_1、P_2 和信道系数 h_1、h_2 的两个用户系统的可实现速率 R_1 和 R_2 变为如下公式所示，这里假设 $|h_1|^2/N_{0,1} > |h_2|^2/N_{0,2}$，有

$$R_1 = \mathrm{lb}\left(1 + \frac{P_1 |h_1|^2}{N_{0,1}}\right), \quad R_2 = \mathrm{lb}\left(1 + \frac{P_2 |h_2|^2}{P_1 |h_2|^2 + N_{0,2}}\right) \tag{13-1}$$

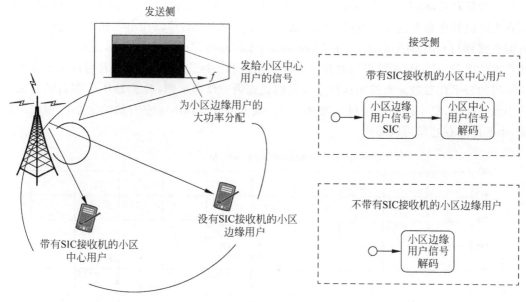

图 13-1　发射机和接收机在下行链路中的 NOMA 基本原理图

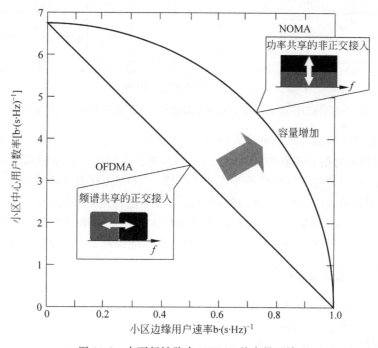

图 13-2　在下行链路中 NOMA 的容量区域

可以看出,每个 UE(User Equipment,用户设备)的功率分配极大地影响用户吞吐量性能,并因此影响用于每个 UE 的数据传输的调制和编码方案(Modulation and Coding Scheme,MCS)。通过调整整个功率分配比 P_1/P_2,基站(Base Station,BS)可以灵活地控制每个 UE 的吞吐量。在小区中具有几个用户并且每个用户具有不同信道条件的实际系统中,一个挑战是如何对叠加在特定时间/频率资源上的用户进行分组,以便最大化吞吐量。

当用户数量和可能的资源增加时，用户分组的最佳调度将变得不可行，因此需要优化方案，而在实际设置中会有这种分组的有效算法。如图 13-3 所示，可以在小区和小区边缘吞吐量方面观察到与 OFDMA（Orthogonal Frequency Division Multiple Access，正交频分多址）相比获得的增益。NOMA 可以同时提高小区吞吐量和小区边缘吞吐量，并且可以通过在调度中使用的公平性参数 α 来控制这两个测量的优先级。作为示例，对于 1Mb/s 左右的目标小区边缘吞吐量，总小区吞吐量可以增加 45%，或者对于 55Mb/s 左右的给定小区吞吐量目标，小区边缘吞吐量可以加倍。

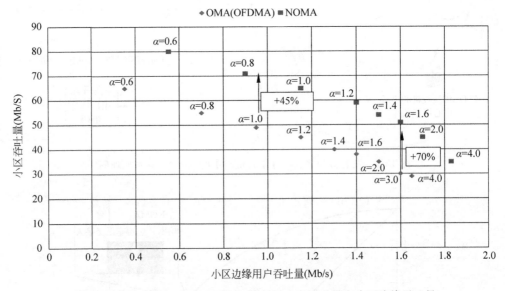

图 13-3　与 OFDMA 相比，NOMA 增加了小区吞吐量和小区边缘吞吐量

NOMA 支持更多的终端同时接入网络，在进行用户信号功率复用时，无须知道或根本不依赖每个用户及时的信道状态信息 CSI 的反馈，能在信道状态很差的高速移动场景中获得很好的性能，可以组建更好的移动节点回程网络。NOMA 在发送端首次采用功率复用技术，在基站应用相关算法，对大范围内的用户信号功率进行差异补偿，即不同用户分配不同的发射信号功率。NOMA 技术通过对功率域有较大范围信道增益差异的多用户发射信号的叠加，将多用户信道增益差异转换为复用增益，极大地提高了多址接入的性能。

13.2.2　稀疏码多址

稀疏码多址是非正交码和功率域复用方案，其中数据流或用户在下行链路（Down Link，DL）或上行链路（Up Link，UL）中复用在相同的时间/频率资源上。信道编码比特映射到稀疏多维码字，并且由一个或几个所谓的层组成的不同用户的信号被叠加并且承载在 OFDMA 波形上，如图 13-4 所示。因此，层或用户在码和功率域中重叠，如果层的数量高于码字长度，则系统过载。与 CDMA 相比，SCMA 应用更先进的扩展序列，通过码本的优化来提供更高的编码增益和附加的成形增益。为了实现高吞吐量增益，需要接近最优检测的高级接收机，如基于消息传递算法（Message Passing Algorithm，MPA），其通常被认为太复杂而无法实现。然而，由于码字的稀疏性，可以显著减少复杂性，例如受到低密度奇偶校验（Low-density Parity-check，LDPC）解码器的启发，在 CSIT 可用的情况下，可以适当地适配功率和速率,因此也可以实现多址信道容量区域。与 NOMA 类似,SCMA 对 CSIT 的要求相当宽松,不需要全信道信息,仅需要信道质量以便支持 SCMA 叠加,使得它也能够应用于开环 MIMO 中。由于在如 NOMA 中的功率域叠加和在 CDMA 中的码域叠加的组合,SCMA 可以非常灵活地应用于基于调度的 DL 以及基于非调度的 UL。然而,SCMA 需要比 SIC 更复杂的接收机。

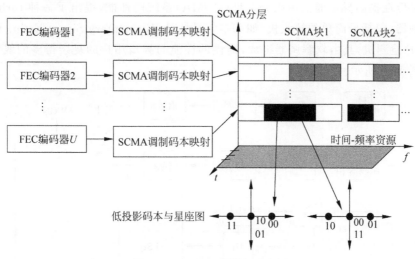

图 13-4　SCMA 发射机示意图

在图 13-5 中,针对 SCMA 的可能应用场景,显示了大量部署传感器和制动器的场景的仿真结果。对于非延迟敏感的应用,对于失败的分组允许多达三次重传,比较了 LTE 基线和对于 SCMA,增益是由于没有 LTE 的动态请求和授权过程的基于竞争的传输,以及物理资源的 SCMA 重载。根据包大小,增益范围从在 125B 有效负载的大约 2 倍到在 20B 有效负载的 10 倍,LTE 基线是具有 4×2 MIMO 的 LTE 版本 8 系统,假设 20MHz 带宽运行在 2.6GHz。

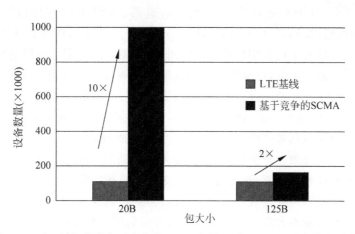

图 13-5　在 1% 包故障率下大容量 MTC 容量(以每 MHz 的设备数量计算)

在使用全缓冲业务,且假定用户速度为 3～50kb/s 的不同宏小区 MIMO 设置中,多用户 SCMA(Multi-User SCMA,MU-SCMA)相对于 OFDMA 的相对小区平均吞吐量和小区边缘吞吐量增益,在空间复用(Spatial Multiplexing,SM)模式时为 $23\%\sim39\%$,以及在使用 Alamouti 码的发射分集模式时为 $48\%\sim72\%$。这些结果证实了 MU-SCMA 提高吞吐量和高质量的用户体验的能力,其独立于用户的移动性能和它们的速度。

13.2.3 交织分多址

IDMA 旨在提高异步通信中码分多址(CDMA)系统的性能,提出了一种 turbo 类型的多用户检测器,包括最简单的接收机,如基本信号估计(Elementary Signal Estimator,ESE)或软 RAKE 检测机,其由软解调器组成,提供的性能与异步用户的复杂得多的线性接收机相当。如图 13-6 所示。

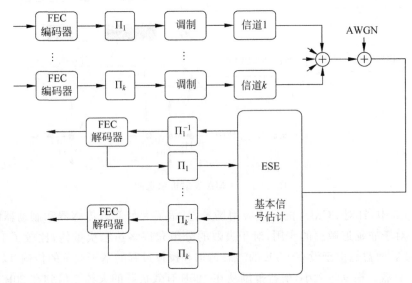

图 13-6　IDMA 系统的框图

与 CDMA 类似,IDMA 通过应用低速率信道码(在图中示为"FEC(Forward Error Correction,前向纠错)编码器")来对信号进行某种扩展。它与 CDMA 的主要区别在于信道码不包含重复码,并且对于所有用户可以是相同的,而用户的区别由不同的交织器 Π_k 来实现,它们通常是系统的一部分,以解耦编码和调制。扩展可以在时间上或频域中进行,如果假定多载波波形或 FDMA 的组合或 OFDMA,则频域可能是优选的。

由于使用迭代接收机而不是 SIC,IDMA 对异步性和次最佳速率和功率分配是"顽健"的,因此它特别适合于包括非调度通信的上行。由于在频域中的扩展,即使没有频率选择性调度,也可以利用频率分集。作为特殊情况,如果使用适当的速率和功率分配,IDMA 可以类似于 NOMA。在这种情况下,迭代接收机降级为 SIC 接收机。

由于机器类型通信(包括具有非常短消息的传感器)的预期增长,确保完全同步用户并将 CSIT 反馈到 BS 可能不太现实。对于用于长分组的同步和自适应传输,以及对于短分组没有 CSIT 的非同步传输,需要一个解决方案可以提供良好的折中。由于对异步性的顽健性,这种共存场景可以由 IDMA 有效地支持。这里所示的结果考虑了共存情形,其中非严格同步的用户在特定频率资源中传输,而其他频率资源用于同步用户,FDMA 假定为其中上行链路用户在频域中分离的基线,则两个方案的实现速率是相同的。

13.3　5G 的新波形

波形是无线通信物理层最基础的技术。OFDM 作为 4G 的基础波形,各个子载波在时域相互正交,它们的频谱相互重叠,因而具有较高的频谱利用率,得到了广泛的应用,特别是在对抗多径衰落、低实现复杂度等有较大优点,但也存在一些不足:由于信道的时间色散会破坏子载波的正交性,从而造成符号间干扰和载波间干扰,OFDM 需要插入循环前缀(Cycle Prefix,CP)以对抗多径衰落(减小符号间干扰和载波间干扰),可是这样却降低了频谱效率和能量效率。OFDM 对载波频偏的敏感性高,具有较高的峰均比(Peak-to-Average Power Ratio,PAPR),需要通过类似 DFT(Discrete Fourier Transform,傅里叶变换)预编码之类的方法来改善 PAPR。OFDM 采用方波作为基带波形,载波旁瓣较大,在各载波不严格同步时,相邻载波之间的干扰比较严重;另外由于各子载波具有相同带宽,各子载波之间必须正交等限制,造成频谱使用不够灵活。

图 13-7 是 OFDM 的系统框图,信号在发送端需要经过 OFDM 调制(Inverse Fast Fourier Transform,IFFT,快速傅里叶逆变换)和插入 CP;在接收端需要进行去 CP 和进行 OFDM 解调(Fast Fourier Transform,FFT,快速傅里叶变换)。

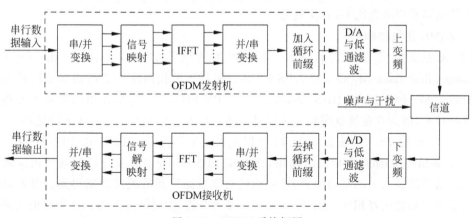

图 13-7　OFDM 系统框图

由于无线信道的多径效应,符号间会产生干扰,为了消除符号间干扰(Inter-Symbol Interference,ISI),需要在符号间插入保护间隔,插入保护间隔的一般方法是在符号间置零,即发送第 1 个符号后停留一段时间(不发送任何信息),接下来再发送第 2 个符号,这样虽然减弱或消除了符号间干扰,但是会破坏子载波间的正交性,导致子载波之间的干扰(Inter-Carrier Interference,ICI)。为了既消除 ISI,又消除 ICI,OFDM 系统中的保护间隔采用 CP 来充当,而 CP 是系统开销,不传输有效数据,降低了频谱效率。尽管如此,在时频同步的情况下,OFDM 是一项非常优秀的技术。

未来 5G 需要支持物联网业务,而物联网将带来大量的连接,需要低成本的通信解决方案,因此并不需要采用严格的同步。而 OFDM 放松同步增加了符号间隔,以及子载波之间的干扰,导致系统性能下降。因此 5G 需要寻求新的多载波波形调制技术。

当前业界研究了多种新波形技术,如 FBMC、UF-OFDM 和 Filter-OFDM 等,相对于

OFDM，这些新波形不需要严格的同步，可以有效地降低带外能量泄露，适合物联网小包业务传输。

由于 5G 需要满足多种场景与业务的需求，当前没有一种波形可以适用所有场景，不同的业务和场景需要设计合理的波形，未来 5G 需要灵活、弹性的空口，将根据场景和业务自适应地选择合适的波形。

新波形技术由于子带具有更少的带外能量泄漏，不仅可以提升频谱效率，还可以支持碎片化频谱接入和异步海量终端接入，因此适用于广域覆盖、低功耗大连接、低时延高可靠场景。

13.3.1 基于滤波器组的多载波技术

滤波器组多载波技术（Filter-Bank Based Multi-Carrier，FBMC）属于频分复用技术，通过一组滤波器对信道频谱进行分割以实现信道的频率复用。FBMC 系统在发送端通过合成滤波器组来实现多载波调制，接收端通过分析滤波器组来实现多载波解调。合成滤波器组和分析滤波器组由一组并行的成员滤波器构成，其中各个成员滤波器都是由原型滤波器经载波调制而得到的调制滤波器。

相比正交频分复用（OFDM），FBMC 显著减少了带外泄漏，适合动态频谱共享的场景。由于 FBMC/OQAM 不需要循环前缀（CP）保护，因此比 OFDM 频谱效率更高，FBMC 对上行接入信道同步要求也比 OFDM 更低。

1. FBMC 系统结构

FBMC 系统的实现方式有两种，基于频率滤波器的多载波技术（the Frequency Spreading Filter Bank Multicarrier，FS-FBMC）和基于多相网络的滤波器多载波技术（the Poly-Phase Network Filter Bank Multicarrier，PPN-FBMC）。这里介绍后者基于多相网络的多载波技术，因为其在接收端和发送端对于减小额外的滤波操作有着明显的优势。

如图 13-8 的 FBMC 系统的框图可以看出，在发送端，IFFT 和 PPN（Poly-Phase Network，多相结构）组成合成滤波器组，接收端 PPN 和 FFT 组成分析滤波器组。两个模块中用到的滤波器均为调制滤波器，可以通过对原型滤波器的载波调制得到。收发端两组滤波器实现的功能正好相反，它们的原型函数互为共轭，在时间上互为相互翻转的关系。多相信号进入发送端，首先进行预处理，然后经过合成滤波器组模块进行 IFFT 变换和 PPN 处理。在接收端，经过分析滤波器组对信号进行与发送端相逆的处理，经过处理后接收，实现了信号的收发。FBMC 系统在收发端新增的滤波器模块，利用滤波器将子载波分为不同相位，打破 OFDM 技术需要保证相邻载波正交的局限性，使 FBMC 成为继 OFDM 技术以来性能高度提升的多载波技术。

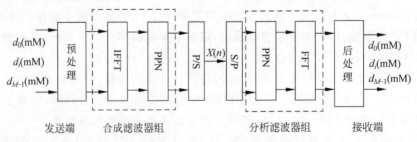

图 13-8 FBMC 系统框图

2. OFDM 系统与 FBMC 系统的异同

OFDM 与 FBMC 系统结构比较图如图 13-9 所示。可以看到,在接收端,多载波技术的核心思想都是将信道按照既定的规则进行划分为很多的小的子信道,所以无论是哪种系统,信号进入处理之前首先都进行了 S/P(Serial/Parallel)处理,即将信号进行串并转换分割为许多小的子信道。OFDM 系统接下来进行 IFFT 变换和 CP 的添加工作,然后再进行 P/S 的转换后通过信道发送。而 FBMC 系统是利用滤波器组做 IFFT 和 PPN 变换,然后通过 P/S 后经过信道发送。在接收端,其过程正好与发送端相反,OFDM 系统进行 CP 操作和 FFT 变换,FBMC 系统进行 PPN 和 FFT 变换,信号的串并变换不再赘述。当然,5G 滤波器组的快速实现算法,也是 FBMC 的重要研究内容之一。

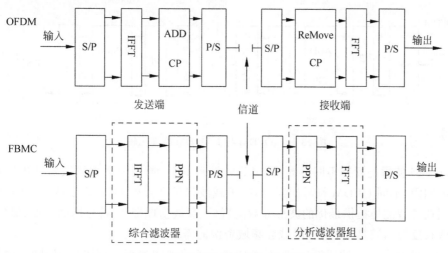

图 13-9　OFDM 系统与 FBMC 系统比较

13.3.2　F-OFDM

5G 支持丰富的业务场景,每种业务场景对波形参数的需求各不相同。(1)低时延业务:要求极短的时域符号周期与传输时间间隔,子载波带宽比较宽。(2)海量连接业务:数据量低,连接数高,频域上需要比较窄的子载波物理带宽,而时域上,符号周期与传输时间间隔可以足够长,不需要考虑码间串扰/符号间干扰,不需要引入保护间隔/循环前缀。

传统的 OFDM 带外泄漏高(需要 10% 的保护带),同步要求严格,整个带宽只支持一种波形参数,无法满足 5G 低时延和海量连接的需求,5G 的基础波形需要根据业务场景来动态地选择和配置波形参数,同时又能兼顾传统 OFDM 的优点。

可变子载波带宽的非正交接入技术(Filtered-OFDM,F-OFDM)是基于子带滤波的 OFDM,是未来 5G 的候选波形,它将系统带宽划分成若干子带,子带之间只存在极低的保护带开销,每种子带根据实际业务场景需求配置不同的波形参数,各子带通过 Filter 进行滤波,从而实现各子带波形的解耦。

F-OFDM 可以同时根据移动通信应用场景,以及业务服务需求支持不同的波形调制、多址接入技术和帧结构,支持 5G 按业务需求的动态软空口参数配置。

F-OFDM 的原理如图 13-10 所示,相比于 OFDM,F-OFDM 的发射机在每个 CP-

OFDM 的头部增加子带滤波器,不需要对现有的 CP-OFDM 系统做任何修改,在每个子带上分别滤波,每个子带上都有独立的子载波间隔、CP 长度里 TTI(Tranmission Time Interval,调度周期)配置;在临近的子带之间有很小的保护带开销;F-OFDM 的接收机,相比 OFDM 在去 CP 前增加了子带滤波器。

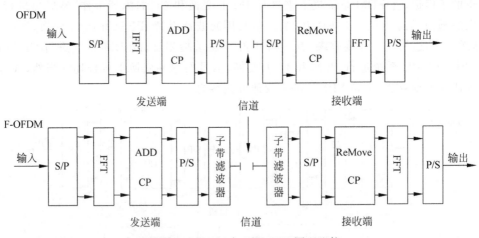

图 13-10　OFDM 与 F-OFDM 原理比较

F-OFDM 使得配置有不同参数的 OFDM 波形共存,通过子载波滤波器来生成具有不同子载波间距、不同 OFDM 符号周期、不同子载波保护间隔的 OFDM 子载波分组,从而可以为不同业务智能地提供最优的波形参数配置(子载波物理带宽、符号周期长度、保护间隔、循环前缀长度等),满足 5G 系统时域和频域资源的需求。

F-OFDM 优化了滤波器设计,把不同带宽的子载波间的保护间隔做到最低,这样不同带宽的子载波之间,即使不成交也不需要保护带宽,相比 OFDM 节省 10% 的保护带宽,因此,F-OFDM 在频域和时域上已经没有复用空间。可以考虑从码域和空域资源上进一步复用。

13.3.3　UF-OFDM

阿尔卡特朗讯公司在 2014 年展示了基于通用滤波的正交频分复用(Universal Filtered-Orthogonal Frequency-Division Multiplexing,UF-OFDM)新波形技术,该波形可以灵活地应用到物联网和 M2M 系统。

UF-OFDM 是融合和扩展了 OFDM 和单载波频分多址接入(Single Carrier Frequency Division Multiple Access,SC-FDMA)技术,可以提供更高的性能,适用于突发小包数据,以及时延敏感业务。表 13-1 对 OFDM、UF-OFDM 和 FBMC 技术进行了对比。

表 13-1　OFDM、UF-OFDM 和 FBMC 技术比较

属　　性	OFDM	FBMC	UF-OFDM
时频同步的敏感度	高	低	低
是否适用于碎片化频谱利用	低	高	高
是否适用于小包传输(开销比例比较低)	高	低	高

续表

属　　　性	OFDM	FBMC	UF-OFDM
MIMO 技术的移植性	高	低	高
复杂度	低	中	低、中
自适应性(如子载波间隔和调制编码等)	中	中	高

　　FBMC 中,滤波器处理的对象是单个子载波,而 UF-OFDM 滤波器的处理对象为一组子载波,通过在发射机中增加了一组状态可变的滤波器,可以改善频谱成型,并能灵活地提供符号之间的保护间隔。

　　此外,FBMC 难以移植 MIMO 技术,而 UF-OFDM 则可以和 MIMO 很好地结合。图 13-11 是 UF-OFDM 收发机原理图。

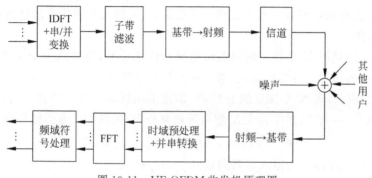

图 13-11　UF-OFDM 收发机原理图

　　在 UF-OFDM 的发射机中,每个子带的符号首先经过 IDFT 调制变换到时域,之后再将时域信号通过滤波器进行线性滤波操作,然后再发送到射频前段 RF(Radio Frequency,射频)。因为每个 UF-OFDM 子带都会单独滤波,所以会包括由滤波器滤波所导致的拖尾部分,通过设定恰当的滤波器长度,这部分拖尾能够实现避免 ISI 的功能。

13.4　5G 新编码技术与终端直通通信技术

　　5G 包括以人为中心和以机器为中心的通信。这两类场景有着不同的需求,以人为中心的通信追求高性能和高速率,相应的终端用户的数据速率要达到 10Gbps,基站的数据速率要达到 1Tbps;以机器为中心的通信追求低功耗、低时延,相应的传感器速率为 $10\sim100$bps,而工业控制类应用对时延的要求特别高,需要达到 10^{-4} s。

　　面对 5G 的核心需求,传统链路自适应技术已经无法予以满足,而新的编码调制与链路自适应技术可以显著地提高系统容量、减少传输延迟、提高传输可靠性、增加用户的接入数目。回顾无线通信技术的发展,调制技术经历了从模拟调制到数据调制(QPSK、16QAM、64QAM、128QAM、256QAM…)。编码技术经历了从 BCH 码、卷积码到 Turbo 码。未来调制和编码技术如何演进,这成为 5G 中必须考虑的问题。其中 Polar 码是当前 5G 的热点。

13.4.1 极化码

2007 年,基于信道极化理论,一种全新的编码方式——极化码(Polarization code)被 Erdal Arikan 提出。Polar 码是一种线性分组码,不仅在理论上被证明了性能可以达到香农极限,而且具有编码与译码复杂度低的特点,故在现在引起了广泛的研究。在 polar 码的码长为 N 时,对应的编码与译码的复杂度都是 $O(N\log N)$。信道的极化理论可以分成两个重要过程:信道合并与信道拆分。信道合并指的是在编码时把多条单信道经过一定的法则合并在一起,信道拆分指的是在接收端把综合在一起的信道重新拆分成多个单信道。通过研究发现,在经过信道的合并和拆分后,信道将会被分成两部分,一部分信道是全噪信道,指的是这些信道性能很差,不包含信息只包含噪声;另一部分信道是无噪信道,这部分信道只包含信息而不包含噪声,通过这两个过程就实现了信道的极化,则可以选择无噪信道来传输信息比特位,而全噪信道可以用来传输约定比特数据,达到无差错传输信息的目的。

1. 信道合并

信道合并指的是将 N 个独立的通信信道进行线性变换,合并成一个完整信道,而整个通信系统的信道容量却未发生变化,信道合并的具体过程如图 13-12 所示。

如图 13-12 所示,将 N 个独立的 B-DMC 信道采用逐级合并的方法合并成了一个完整的信道 $W^N: X^N \longrightarrow Y^N$,其中,$u \in X$ 服从等概率分布,该整体信道的转移概率为

$$W^N(y_1^N \mid u_1^N) = W^N(y_1^N \mid u_1^N \boldsymbol{G}_N) \tag{13-2}$$

式中,$\boldsymbol{G}_N$ 为生成矩阵,u_1^N 为输入序列向量,$x_1^N = u_1^N \boldsymbol{G}_N$。

整个 W_N 信道是从单个 B-DMC 信道开始构建,即从第 1 层开始递归,只有一个 B-DMC 信道 W,满足 $W_1 = W$,而递归信道的第 2 层由两个 B-DMC(Binary-Discrete Memoryless Channel,二进制对称信道)信道合并而成,即 W_2,具体如图 13-13 所示。

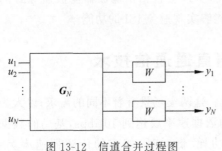

图 13-12 信道合并过程图

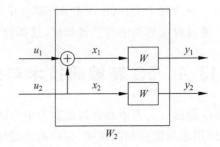

图 13-13 两个一元信道的联合

可以看出该信道的转移概率为

$$
\begin{aligned}
W_2(y_1, y_2 \mid u_1, u_2) &= W(y_1 \mid u_1 \oplus u_2)W(y_2 \mid u_2) \\
&= W^2([y_1, y_2] \mid [u_1 \oplus u_2, u_2]) \\
&= W^2(y_1^2 \mid u_1^2 \boldsymbol{G}_2)
\end{aligned} \tag{13-3}
$$

信道的第 3 层是基于信道第 2 层 W_2 而来,形成 W_4,形成过程如图 13-14 所示,是由两个独立的 W_2 信道合并成信道 $W_4: X^4 \to Y^4$。

从图 13-14 可知,该信道的转移概率为

$$W_4(y_1^4 \mid u_1^4) = W_2(y_1^2 \mid u_1 \oplus u_2, u_3 \oplus u_4) W_2(y_3^4 \mid u_2, u_4)$$

$$= W(y_1 \mid u_1 \oplus u_2 \oplus u_3 \oplus u_4) W(y_2 \mid u_3 \oplus u_4) W(y_3 \mid u_2 \oplus u_4) W(y_4 \mid u_4)$$

$$= W^4(y_1^4 \mid u_1^4 \boldsymbol{G}_4) \tag{13-4}$$

最后根据两个相互独立的 W_2 信道合并成 W_4 信道的方法,可以由两个相互独立的 $W_{N/2}$ 信道合并成 $W_N:X^N \rightarrow Y^N$ 信道,如图 13-15 所示。

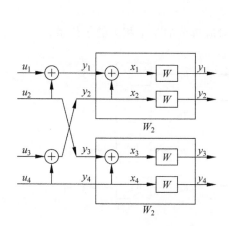

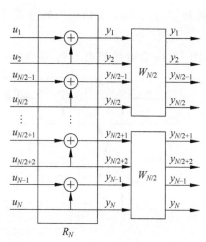

图 13-14　4 条信道相互联合　　　　图 13-15　基于 $W_{N/2}$ 信道的 W_N

该信道的转移概率为

$$W_N(y_1^N \mid u_1^N) = W^N(y_1^N \mid u_1^N \boldsymbol{G}_N) \tag{13-5}$$

其中,$\boldsymbol{G}_N$ 是生成矩阵。

2. 信道拆分

由 N 个独立的 B-DMC 信道合并而成的整体信道 W^N,可以被拆分为 N 个互相关联的信道 $\{W_N^{(i)}:1 \leqslant i \leqslant N\}$。由链路法则,得到 $W(u_1^N; y_1^N) = W(u_i; y_1^N u_1^{i-1})$,可知整个通信系统的信道容量未发生变化。

$$\begin{aligned} I(u_1^N; y_1^N) &= \sum_{i=1}^{N} I(u_i; y_1^N \mid u_1^{i-1}) \\ &= \sum_{i=1}^{N} \{ I(u_i; y_1^N, u_1^{i-1}) - I(u_i; u_1^{i-1}) \} \\ &= \sum_{i=1}^{N} I(u_i; y_1^N u_1^{i-1}) \end{aligned} \tag{13-6}$$

根据以上描述,假设信道 W^N 的输入向量 u_1^N 服从等概率分布,发送 0 和 1 的概率相等,则可以把信道 W^N 拆分成 N 个信道 $W_N^{(i)}:X \rightarrow Y^N \times X^{i-1}$,$1 \leqslant i \leqslant N$,根据转移概率可以构造分开的信道。

$$W_N^{(i)}(y_1^N, u_1^{i-1} \mid u_i) = \sum_{u_{i+1}^N \in x^{N-i}} \frac{W(y_1^N, u_1^N)}{W(u_i)}$$

$$= \sum_{u_{i+1}^N \in x^{N-i}} \frac{1}{2^{N-1}} W_N(y_1^N \mid u_1^N)$$

$$= \sum_{u_{i+1}^N \in x^{N-i}} \frac{1}{2^{N-1}} W(y_1 \mid u_1) W(y_2 \mid u_2) \cdots W(y_N \mid u_N) \tag{13-7}$$

其中，$x_1^N = u_1^N \boldsymbol{G}_N$，$1 \leqslant i \leqslant N$，该表达式表示当 u_i 为输入信号时，(y_1^N, u_1^{i-1}) 为输出信号的概率，则 $W_N^{(i)}$ 表示第 i 个信道的转移概率，通过这种信道模型可以分析得到极化码的译码方法。

以图 13-14 合并的信道为例，图 13-16 是其对应拆分的 4 个相关的子信道。

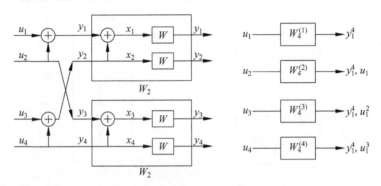

图 13-16　4 条信道合并与拆分过程

3. 信道极化

假设 $W' = W_2^1 : u_1 \to y_1^2$，$W'' = W_2^2 : u_2 \to (y_1^2, u_1)$，对于二进制输入信道有

$$I(W') + I(W'') = 2I(W) \tag{13-8}$$

$$I(W') \leqslant I(W) \leqslant I(W'') \tag{13-9}$$

而对于特殊的 BEC 信道（Binary Erasure Channel，二进制擦除信道），满足以下等式

$$I(W') = \varepsilon^2 \tag{13-10}$$

$$I(W'') = 2\varepsilon - \varepsilon^2 \tag{13-11}$$

例如在 $\varepsilon = 0.5$ 时，$I(W') = 0.25$，$I(W'') = 0.75$。

可见，在经过信道合并之后，一条信道变得更好，另一条变得更差。当有 N 条信道（N 为 2 的指数，便于联合）经过不断联合，有的信道会变成非常好的信道，而有的信道会变成非常差的信道。如图 13-17 所示，信道向 0 或者 1 收敛，$I(W)$ 主要分布在 0 或者 1 附近，这样信道就发生了极化，我们可以选择在 $I(W) \approx 1$ 的信道上传输用户数据，而在 $I(W) \approx 0$ 的信道上传输事先约定的固定数据，从而大大减小误码率。

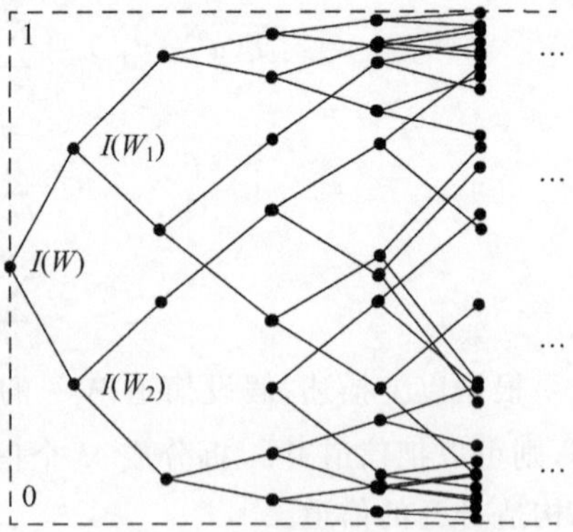

图 13-17　信道容量变化示意图

4. 信道编码

设 $\boldsymbol{A}$ 表示用来发生数据的信道集合，则 $\boldsymbol{A}^c$ 表示与 $\boldsymbol{A}$ 相对的信道集合，用来发送设定

的数据，u_1^N 表示 $(u_1, u_2, \cdots, u_N)$，则极化码编码过程如下所示。

在 $N=2$ 时，有

$$\begin{cases} x_1 = u_1 + u_2 \\ x_2 = u_2 \end{cases} \tag{13-12}$$

即

$$\begin{bmatrix} x_1 & x_2 \end{bmatrix} = \begin{bmatrix} u_1 & u_2 \end{bmatrix} \begin{bmatrix} 1 & 0 \\ 1 & 1 \end{bmatrix} \tag{13-13}$$

在 $N=4$ 时，有

$$\begin{bmatrix} x_1 & x_2 & x_3 & x_4 \end{bmatrix} = \begin{bmatrix} u_1 & u_2 & u_3 & u_4 \end{bmatrix} \begin{bmatrix} 1 & 0 & 0 & 0 \\ 1 & 0 & 1 & 0 \\ 1 & 1 & 0 & 0 \\ 1 & 1 & 1 & 1 \end{bmatrix} \tag{13-14}$$

下面分析怎么得到极化码生成矩阵 G_N，设 $A = [A_{ij}]_{m \times n}$，$B = [B_{ij}]_{r \times s}$，则定义它们的 Kronecker 积为

$$A \otimes B = \begin{pmatrix} A_{11}B & \cdots & A_{1n}B \\ \vdots & \ddots & \vdots \\ A_{m1}B & \cdots & A_{mn}B \end{pmatrix} \tag{13-15}$$

由 $N=2$ 的生成矩阵

$$F = \begin{pmatrix} 1 & 0 \\ 1 & 1 \end{pmatrix} \tag{13-16}$$

得到

$$F^{\otimes 2} = \begin{bmatrix} 1 & 0 & 0 & 0 \\ 1 & 1 & 0 & 0 \\ 1 & 0 & 1 & 0 \\ 1 & 1 & 1 & 1 \end{bmatrix} \tag{13-17}$$

可以发现，与 $F^{\otimes 2}$ 相比，G_4 实际上是对 $F^{\otimes 2}$ 的每一行进行了顺序颠倒，而变化的顺序就是码位倒序，比如 $(u_1, u_2, u_3, u_4) \rightarrow (u_1, u_3, u_2, u_4)$，而码位倒序矩阵则为

$$B_4 = \begin{bmatrix} 1 & 0 & 0 & 0 \\ 0 & 0 & 1 & 0 \\ 0 & 1 & 0 & 0 \\ 0 & 0 & 0 & 1 \end{bmatrix} \tag{13-18}$$

即生成矩阵 $G_4 = B_4 F^{\otimes 2}$。

因此，以此类推，在 $N = 2^n$ 时，$G_N = B_N F^{\otimes n}$，其中 $F = \begin{pmatrix} 1 & 0 \\ 1 & 1 \end{pmatrix}$，$B_N$ 为码位倒序矩阵，从而

$$x_1^N = u_1^N G_N \tag{13-19}$$

当 $i \in A$，可以发送 u^i 来传输数据，而当 $i \in A^c$，因为信道性能较差，则可以根据约定任意发送，例如全部发送 0，在接收时直接判断为 0。

5. 信道译码

极化码的译码采取 SC(Successive Cancellation,串行抵消)译码,首先考虑极化码参数 (N,K,A,u_{A^c}),其中 N 表示极化码长度,K 表示需要传输信息的信道数量,A 表示传输信息的具体信道标号集合,u_{A^c} 表示在空余信道上传输的码元数值,则有

$$\hat{u}_i = \begin{cases} u_i & \text{如果 } i \in A^c \\ h_i(y_1^N, \hat{u}_1^{i-1}) & \text{如果 } i \in A \end{cases} \tag{13-20}$$

其中 $h_i: y^N \times x^{i-1} \to x, i \in A$,具体计算结果如式所示。

$$h_i(y_1^N, \hat{u}_1^{i-1}) = \begin{cases} 0 & \text{如果 } \dfrac{W_N^i(y_1^N, \hat{u}_1^{i-1} \mid 0)}{W_N^i(y_1^N, \hat{u}_1^{i-1} \mid 1)} \geqslant 1 \\ 1 & \text{其他} \end{cases} \tag{13-21}$$

下面讨论怎么计算 $W_N^i(y_1^N, \hat{u}_1^{i-1} \mid 0)$ 或者 $W_N^i(y_1^N, \hat{u}_1^{i-1} \mid 1)$。

对于任意的 $n \geqslant 0, N = 2^n, 1 \leqslant i \leqslant N$,有

$$W_{2N}^{(2i-1)}(y_1^{2N}, u_1^{2i-2} \mid u_{2i-1}) = \sum_{u_{2i}} \frac{1}{2} W_N^i(y_1^N, u_{1,o}^{2i-2} \oplus u_{1,e}^{2i-2} \mid u_{2i-1} \oplus u_{2i}) \\ W_N^i(y_{N+1}^{2N}, u_{1,e}^{2i-2} \mid u_{2i}) \tag{13-22}$$

$$W_{2N}^{(2i)}(y_1^{2N}, u_1^{2i-1} \mid u_{2i}) = \frac{1}{2} W_N^i(y_1^N, u_{1,o}^{2i-2} \oplus u_{1,e}^{2i-2} \mid u_{2i-1} \oplus u_{2i}) \\ W_N^i(y_{N+1}^{2N}, u_{1,e}^{2i-2} \mid u_{2i}) \tag{13-23}$$

可见,长度为 $2N$ 的第 i 个码元的概率可以通过长度为 N 的序列来计算,这样不断递归,最终可以化为长度为 1 的 B—DMC 信道计算出结果。

下面举个例子来简要说明极化码的编码与译码过程。

如图 13-18 所示,码元长度为 4,传输信息的信道数为 2,在 $u_3 \to y_1^4, u_1^2, u_4 \to y_1^4, u_1^3$ 两条信道上传输,而 $(0,0)$ 是约定的在空余信道上传输的比特。假设发送信息序列为 $(0,1)$ 则 $(u_1, u_2, u_3, u_4) = (0,0,0,1)$,则 $(x_1, x_2, x_3, x_4) = (1,1,1,1)$,假设发送信息采用 BPSK 调制,则发送符号 $(-1,-1,-1,-1)$,假设 $SNR = 1\text{dB}$,在接收端收到数据 $(-0.4237, -1.0501, -0.4326, -1.1628)$,而具体译码的过程如图 13-19 所示。

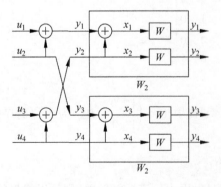

图 13-18 参数为 $(4,2,(3,4),(0,0))$ 的极化码

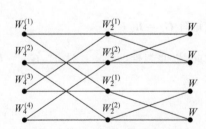

图 13-19 4 条信道拆分译码图

因为 $u_1 \to y_1^4, u_2 \to y_1^4, u_1$ 发送信道已知,故直接译码为 $(0,0)$,继续计算得

$$W_4^3(y_1^4, u_1^2 \mid u_3) = \sum_{u_4} \frac{1}{2} W_2^2(y_1^2, u^1 \oplus u^2 \mid u_3 \oplus u_4) W_4^2(y_3^4, u^2 \mid u_4) \tag{13-24}$$

$$W_4^3(y_1^4, u_1^2 \mid 0) = 0.0727 \tag{13-25}$$

$$W_4^3(y_1^4, u_1^2 \mid 1) = 0.0011 \tag{13-26}$$

故 $h_i(y_1^4, \hat{u}_1^{3-1}) = 0$,即 u_3 判决为 0。

同理计算

$$W_4^4(y_1^4, u_1^3 \mid u_4) = \sum \frac{1}{2} W_2^2(y_1^2, u^1 \oplus u^2 \mid u_3 \oplus u_4) W_2^2(y_3^4, u^2 \mid u_4) \tag{13-27}$$

$$W_4^4(y_1^4, u_1^3 \mid 0) = 4.3346 e^{-0.06} \tag{13-28}$$

$$W_4^4(y_1^4, u_1^3 \mid 1) = 0.0727 \tag{13-29}$$

故 $h_i(y_1^4, \hat{u}_1^{4-1}) = 1$,即 u_4 被判决为 0,从而实现了正确译码。

13.4.2　终端直通通信技术

终端直通(Device-to-Device,D2D)作为面向 5G 关键候选技术之一,在依托未来移动通信技术的超高速率、超大带宽、超大规模接入能力和超大数据处理能力等特征的基础上,通过发挥自身的核心技术优势,将在 5G 移动通信运用中充分彰显自身优势。

D2D 通信技术是指两个对等的用户节点之间直接进行通信的一种通信方式。在由 D2D 通信用户组成的分散式网路中,每个用户节点都能发送和接收信号,并具有自动路由(转发消息)的功能。网路的参与者共用它们所拥有的一部分资源,包括信息处理、存储以及网路连接能力等。这些共用资源向网路提供服务和资源,能被其他用户直接访问而不需要经过中间实体。在 D2D 通信网路中,用户节点同时扮演服务器和客户端的角色,用户能够意识到彼此的存在,自组织地构成一个虚拟或者实际的群体。

1. D2D 通信技术的优势

(1)大幅度提供频谱利用率:在该技术的应用下,用户通过 D2D 进行通信连接,避开了使用蜂窝无线通信,因此不使用频带资源。而且,D2D 所连接的用户设备可以共享蜂窝网络的资源,提高资源利用率。

(2)改善用户体验:随着移动互联网的发展,相邻用户进行资源共享,小范围社交以及本地特色业务等,逐渐成为一个重要的业务增长点。D2D 在该场景的应用是可以提高用户体验。

(3)拓展应用:传统的通信网需要进行基础设置建设等,要求较高,设备损耗或影响整个通信系统。而 D2D 的引入使得网络的稳定性增强,并具有一定灵活性,传统网络可借助 D2D 进行业务拓展。

2. 5G 中的 D2D 通信主要应用场景

(1)本地业务。

① 社交应用:D2D 通信技术最基本的应用场景就是基于邻近特性的社交应用。通过 D2D 通信功能,可以进行如内容分享、互动游戏等邻近用户之间数据的传输,用户通过 D2D 的发现功能寻找邻近区域的感兴趣用户。

② 本地数据传输:利用 D2D 的邻近特性及数据直通特性实现本地数据传输,在节省频

谱资源的同时,扩展移动通信应用场景。如基于邻近特性的本地广告服务可向用户推送商品打折促销、影院新片预告等信息,通过精确定位目标用户使得效益最大化。

③ 蜂窝网络流量卸载:随着高清视频等大流量特性的多媒体业务日益增长,给网络的核心层和频谱资源带来巨大挑战。利用 D2D 通信的本地特性开展的本地多媒体业务,可以大大节省网络核心层及频谱的资源。例如,运营商或内容提供商可以在热点区域设置服务器,将当前热门的媒体业务存储在服务器中,服务器以 D2D 模式向有业务需求的用户提供业务;用户也可从邻近的已获得该媒体业务的用户终端处获得所需的媒体内容,从而缓解蜂窝网络的下行传输压力。另外,近距离用户之间的蜂窝通信可切换到 D2D 通信模式,以实现对蜂窝网络流量的卸载。

(2) 应急通信。D2D 通信可以解决极端自然灾害引起通信基础设施损坏导致通信中断而给救援带来障碍的问题。在 D2D 通信模式下,两个邻近的移动终端之间仍然能够建立无线通信,为灾难救援提供保障。另外,在无线通信网络覆盖盲区,用户通过一跳或多跳 D2D 通信可以连接到无线网络覆盖区域内的用户终端,借助该用户终端连接到无线通信网络。

(3) 物联网增强。在 2020 年全球范围内将会存在大约 500 亿部蜂窝接入终端,而其中大部分将是具有物联网特征的机器通信终端。如果 D2D 通信技术与物联网结合,则有可能产生真正意义上的互联互通无线通信网络。车联网中的 V2V(Vehicle-to-Vehicle)通信就是典型的物联网增强的 D2D 通信应用场景。基于终端直通的 D2D 由于在通信时延、邻近发现等方面的特性,使得其应用于车联网和车辆安全领域具有先天优势。

3. 5G 通信网中应用 D2D 技术存在的问题

(1) 传统蜂窝网络需要全面修改和升级。要想在 5G 通信网中应用 D2D 技术,首先要确保其不会与 D2D 通信技术产生冲突。然而,传统蜂窝网络比较封闭,无法支持 D2D 通信的有效应用。因此对传统蜂窝网络进行全面的修改与升级非常有必要,其中包括元件升级、控制平面修改、数据平面修改等,是一项极大的工程,必须要有足够先进的技术支持和大量的资金投入。

(2) 频谱资源共享造成的干扰。由于近年来频谱资源的大量减少,使得其已经非常匮乏。固然,D2D 技术在 5G 通信网中的应用可以有效解决频谱资源不足的问题,依靠设备之间的直接连接进行通信,大幅提高了频谱资源的利用率。但频谱资源的共享,可能会对用户的通信造成干扰,从而影响用户通信体验。

(3) 通信高峰造成的通信问题。与当前广泛应用的 4G 网络相比,5G 网络在传输速度、效率等方面都有所提升,尤其是对延迟、资源使用率和可扩展性等提出了较高要求。为了保证 5G 通信网的通信质量,需采取建设超密集异构网络来提升网络的覆盖密度,增加覆盖区域。这种方案虽然在一定程度上扩宽了 5G 通信网的覆盖范围,也对通信质量的提高有着一定的作用。但是当大量用户同时通过 D2D 设备连接入网时,很可能造成 5G 网络通信延迟大幅提升,对用户的实际使用造成影响。

13.5 大规模多输入多输出系统

提升无线网络容量的方法有很多种,主要包括提升频谱效率、提高网络密度、增加系统带宽和业务分流等,其中多天线技术获得越来越多的关注。大规模多输入多输出(Massive

Multi-input Multi-output,Massive MIMO)通过充分利用空间资源,可以大幅提高频谱效率和功率效率,成为 5G 中的关键技术。

13.5.1 Massive MIMO 概要

Massive MIMO 又称为 Large-scale MIMO,通过在基站侧安装几百上千根天线,实现大量天线同时收发数据,通过空间复用技术,在相同的时频资源上,同时服务更多用户,从而提升无线通信系统的频谱效率。

大规模天线阵列可以很好地抑制干扰,提升小区内及小区间的干扰抑制增益,提高了系统容量,改善基站覆盖范围。

Massive MIMO 中,基站的天线数量庞大,基站在同一个时频资源上同时服务于若干个用户。在天线的配置方式上,可以集中配置在单基站上,形成集中式的大规模 MIMO;也可以分布式地配置在多个节点上,形成分布式的大规模 MIMO。

Massive MIMO 的物理层研究包括:基站天线架构设计、基站端预编码、基站端信号检测、基站端信道估计、控制信道性能改进。

13.5.2 单用户 MIMO

假设有 n_t 个发射(Tx)天线和 n_r 个接收(Rx)天线的,信道为窄带时不变 MIMO 信道,在符号时间 m 处的接收信号可以由下面描述。

$$y[m] = H_x[m] + n[m] \tag{13-30}$$

其中,$x \in C^{n_t}$ 发送信号,受限于 $Tr(E[xx^H]) \leqslant P$,$y \in C^{n_r}$ 接收信号,$n \sim CN(0, N_0 I_{n_t})$ 表示具有噪声方差 N_0 的复高斯白噪声,$H \in C^{n_r \times n_t}$ 是信道矩阵。信道 H 的可实现速率可以用每信道使用的比特数来测量,它的上界是输入 x 和输出 y 之间的交互信息。

$$C = \max_{Tr(E[xx^H]) \leqslant P} I(x;y) = \max_{K_x: T_r[K_x] \leqslant P} \log \left| I_{n_r} + \frac{1}{N_0} HK_x H^H \right| \tag{13-31}$$

其中,$K_x = QPQ^H$ 是 $x \sim CN(0, K_x)$ 的协方差知阵;Q 是单导向矩阵,$P = \mathrm{diag}(p_1, \cdots, p_k)$。

当在发射机侧已知信道时,最佳策略是将 Q 分配给 H 的右奇异向量 V,同时通过注水进行功率分配 P。另一方面,当 H 的元素是独立同分布的 $CN(0,1)$,并且信道在发射机处时为止,则最佳 K_x 是

$$K_x = \frac{P}{n_t} I_{n_t} \tag{13-32}$$

在这种情况下,MIMO 信道的容量被简化为

$$C = \log \left| I_{n_r} + \frac{P}{n_t N_0} HH^H \right| = \sum_{i=1}^{n_{\min}} \log \left(1 + \frac{P}{n_t N_0} \lambda_i^2 \right) \tag{13-33}$$

其中,$n_{\min} = \min(n_t, n_r)$,$\lambda_i$ 是 H 的奇异值,$SNR = \frac{P}{N_0}$。

现在关注方形信道 $n = n_t = n_r$,并定义

$$C_{nn}(SNR) = \sum_{i=1}^{n} \log \left(1 + SNR \frac{\lambda_i^2}{n} \right) \tag{13-34}$$

现在假设天线的数量变大，即 $n \sim \infty$，则 $\lambda_i / \sqrt{n}$ 的分布成为确定性函数

$$f^*(x) = \begin{cases} \dfrac{1}{\pi}\sqrt{4-x^2} & 0 \leqslant x \leqslant 2 \\ 0 & \text{其他} \end{cases} \tag{13-35}$$

对于增加的 n，每个空间维度的归一化容易 $C(\text{SNR}) = C_{nn}(\text{SNR})/n$ 变为

$$C(\text{SNR}) = \frac{1}{n}\sum_{i=1}^{n}\log\left(1 + \text{SNR}\,\frac{\lambda_i^2}{n}\right) \xrightarrow{n \to \infty} \int_0^4 \log(1 + \text{SNR} \cdot x)f^*(x)\mathrm{d}x \tag{13-36}$$

这个积分的闭合形式解是

$$C(\text{SNR}) = 2\log\left(\frac{1 + \sqrt{4\text{SNR}+1}}{2}\right) - \frac{\log e}{4\text{SNR}}(\sqrt{4\text{SNR}+1} - 1)^2 \tag{13-37}$$

最后，当 $n \to \infty$ 时，$n \times n$ 点对点 MIMO 链路的容量可以近似为

$$\lim_{n \to \infty}\frac{C_{nn}(\text{SNR})}{n} = C(\text{SNR}) \to C_{nn}(\text{SNR}) \approx NC(\text{SNR}) \tag{13-38}$$

现在假设 $n_r \gg n_t$，H 的元素为 $i.i.d.\,CN(0,1)$。当 n_r 变得非常大时，H 的列 $H = [h_1,\cdots,h_{n_1}]$ 接近正交，即

$$\frac{H^H H}{n_r} \approx I_{n_t} \tag{13-39}$$

通过插入该近似值，具有或不具有 CSIT 的 MIMO 链路的容量可以近似为

$$C = \log\left|I_{n_r} + \frac{P}{n_t N_0}HH^H\right| = \log\left|I_{n_t} + \frac{P}{n_t N_0}H^H H\right|$$

$$\approx \sum_{i=1}^{n_t}\log\left(1 + \frac{P\,|h_i|^2}{n_t N_0}\right) \approx n_t\log\left(1 + \frac{Pn_r}{n_t N_0}\right) \tag{13-40}$$

因此，对于 $n_r \gg n_t$，MF 接收机是渐近最优解。类似地，当 $n_r \gg n_t$ 且 H 的元素是独立同分布的 $CN(0,1)$，H 的列 $H^r = [h_1,\cdots,h_{n_r}]$ 变得接近正交，即

$$\frac{HH^H}{n_t} \approx I_{n_r} \tag{13-41}$$

然后，没有 CSIT 的速率表达式简化为

$$C = \log\left|I_{n_r} + \frac{P}{n_t N_0}HH^H\right| \approx n_r\log\left(1 + \frac{P}{N_0}\right) \tag{13-42}$$

因此，没有获得具有 n_t 个发射天线的阵列增益。这是由于在发射机处缺乏信道信息。因此，功率从所有 n_t 个天线均匀地发出。

因为 H 的行是渐近正交的，所以 n_r 个主导奇异向量渐近地等价于 H 的归一化行，因此可以将发射协方差矩阵 $\boldsymbol{K}_x$ 近似为（对于高 SNR，假设相同的功率负载）

$$\boldsymbol{K}_x = \boldsymbol{V}\boldsymbol{P}\boldsymbol{V}^H \approx \frac{P}{n_t n_t}H^H H \tag{13-43}$$

其中，矩阵 $\boldsymbol{V}$ 对应于 H 的右奇异向量。因此，在发射机处使用 MF 预编码器是渐近最优解。在这种情况下，具有完全 CSIT 的速率表达式可以简化为

$$C = \log\left|I_{n_r} + \frac{1}{N_0}H\boldsymbol{K}_x H^H\right| \approx n_r\log\left(1 + \frac{Pn_t}{n_r N_0}\right) \tag{13-44}$$

这就提供了 n_t/n_r 的阵列增益。

13.5.3 多用户 MIMO

1. 上行信道

假设一个时不变上行链路信道具有 K 个单天线用户和具有 $n_r \gg K$ 个接收天线的单个 BS,使得在符号时间 m 处的接收信号向量表示为

$$y[m] = \sum_{k=1}^{K} h_k x_k[m] + n[m] = Hx[m] + n[m] \tag{13-45}$$

其中,x_k 是用户 k 的 Tx 符号,每个用户功率约束为 $E[\parallel x_k \parallel^2] \leqslant P_k$; $y \in C^{n_r}$ 是 Rx 信号 $n \sim CN(0, N_0 I_{n_r})$ 表示复高斯噪声,$h_k = \sqrt{a_k \overline{h_k}} \in C^{n_r}$ 是用户 k 的信道向量,其中 a_k 是大规模衰落因子,$\overline{h_k}$ 是归一化信道。多用户 MIMO 的总容量表达式等于没有 CSIT 的单用户(Switch User,SU)MIMO 的容量,即

$$C_{\mathrm{sum}} = \log \left| I_{n_r} + \sum_{k=1}^{K} \frac{P_k}{N_0} h_k h_k^H \right| = \log \left| I_{nr} + \frac{1}{N_0} H K_x H^H \right| \tag{13-46}$$

其中,$H = [h_1, \cdots, h_k]$ 及 $K_x = \mathrm{diag}(P_1, \cdots, P_k)$。

假设 $n_r \gg K$,并且归一化的信道向量的 $\overline{h_k}$ 元素是独立同分布的 $CN(0,1)$,那么

$$\frac{H^H H}{n_r} \approx A_K \tag{13-47}$$

其中 $A_k = \mathrm{diag}(a_1, \cdots, a_k)$,然后合速率可以近似为

$$C_{\mathrm{sum}} = \log \left| I_{nr} + \frac{1}{N_0} H K_x H^H \right| = \log \left| I_K + \frac{1}{N_0} K_x H^H H \right|$$

$$\approx \sum_{k=1}^{K} \log \left(1 + \frac{P_k a_k \parallel \overline{h_k} \parallel^2}{N_0} \right) \approx \sum_{k=1}^{K} \log \left(1 + \frac{n_r P_k a_k}{N_0} \right) \tag{13-48}$$

并且匹配滤波器接收器再次是渐近最优解。

2. 下行信道

由于用户之间的总功率约束,下行的情况有些不同。假设一个时不变下行链路信道,有 K 个单天线用户和 n_t 个发射天线的单个 BS,使得 $n_t \gg K$,在符号时间 m 处的用户 k 处的接收信号向量是

$$y_k[m] = h_k^H x[m] + n_k[m] = h_k^H u_k \sqrt{P_k} d_k[m] + \sum_{i=1, i \neq k}^{K} h_i^H u_i \sqrt{P_i} d_i[m] w_k[m]$$

$$\tag{13-49}$$

其中,$x \in C^{n_t}$ 是 Tx 信号向量,受功率约束 $E(Tr[xx^H]) = \sum_{k=1}^{K} P_k \leqslant P$; $u_k \in C^{n_t}$ 是归一化的预编码器。$\parallel u_k \parallel$ 是归一化数据符号,$E[\mid d_k \mid^2] = 1$; $y \in C^{n_r}$ 是 Rx 信号 $n \sim CN(0, N_0 I_{n_r})$ 表示复高斯噪声,$h_k = \sqrt{a_k \overline{h_k}} \in C^{n_r}$ 是用户 k 的信道向量,并假设在发射机处已知。下行链路和速率的最大化可以通过双上行链路重组来表示,其中发射机和接收机的角色被反转。总和速率最优解是从约束优化问题获得的

$$\max_{q_k} \log \left| I_{nt} + \frac{1}{N_0} \sum_{k=1}^{K} q_k h_k h_k^H \right| \tag{13-50}$$

其中，q_k 是双上行链路功率，定义为上述双上行链路重组的上行链路功率，这样下行链路和双上行链路功率之间的总功率保持 $\sum_{k=1}^{K} q_k = \sum_{k=1}^{K} p_k = p$。当 $n_t \gg K$ 时，式(13-50)的目标简化为

$$\max_{q_k} \log \left| I_k + \frac{1}{N_0} K_x HH^H \right| \approx \max_{q_k} \sum_{k=1}^{K} \log \left(1 + \frac{n_t q_k a_k}{N_0}\right) \tag{13-51}$$

当 $n_t \gg K$ 时，用户间干扰消失，所以双上行链路功率分配和下行链路功率分配相同，即 $p_k = q_k \, \forall K$。结合上述关系，可以用简单的注水原理找到最佳功率分配

$$p_k^* = \max\left(0, \mu - \frac{N_0}{n_t a_k}\right) \tag{13-52}$$

其中，最佳水位 μ 必须满足功率约束 $\sum_{k=1}^{K} p_k \leqslant p$。

13.5.4　Massive MIMO 应用场景

Massive MIMO 在 5G 中的应用场景分为两类：热点高容量场景和广域大覆盖场景。

热点高容量包含局部热点和无线回传等场景；广域大覆盖包含城区覆盖和郊区覆盖等场景。其中局部热点主要针对大型赛事、演唱会、商场、露天集会、交通枢纽等用户密度高的区域；无线回传主要解决基站之间的数据传输问题。特别是宏站与 Small Cell 之间的数据传输问题；城区覆盖分为宏覆盖和微覆盖（例如高层写字楼）；郊区覆盖主要解决偏远地区的无线传输问题。

热点高容量场景中，Massive MIMO 和高频段通信可以很好地结合，从而解决低频段的 Massive MIMO 天线尺寸大和高频段通信的覆盖能力差的问题。

广域覆盖的基站部署对天线阵列尺寸限制小，这使得在低频端应用大规模天线阵列成为可能，在这种情况下，大规模天线还能够发挥其高赋型增益、覆盖能力强等特点去提升小区边缘用户性能，使得系统达到一致性的用户体验。

5G 将会大量采用宏站和 Small Cell 协同的方式，宏基站对 Small Cell 小区进行控制和调度，多数用户由微小区的 Massive MIMO 提供服务，微小区无法服务的用户由宏站提供服务。

Massive MIMO 系统的部署，集中式天线和分布式天线都会有使用场景，在分布式场景中，重点需要考虑多根天线分布在区域内的联合处理及信令传输问题。

13.5.5　大规模 MIMO 实现的基本形式

大规模 MIMO 的一个主要限制的方面与硬件的约束有关。显然，RF 硬件复杂度随着系统中有源天线元件的数目 n_t 而缩放。这被认为是理所当然的，并且在大规模 MIMO 的背景下不能避免。然而，根据在数字频率/时间或模拟时域中进行预编码和波束成形的程度，大规模 MIMO 实现的复杂性可以大大不同。预编码在这里指对每个天线和系统带宽的每个子部分使用单独的相移，而波束成形是指在整个系统带宽上使用公共的相移。在本节

中,给出了大规模 MIMO 硬件实现的可能的基本形式。

为了利用大规模 MIMO 信道的所有自由度,并从中提取所有增益,需要对每个天线单元和每个子载波引入信道相关的个体相移。如图 13-20 所示,频率选择性预编码应当在数字基带中进行。基带链的数量表示为 $L \geq M$,其中 M 表示所有用户的 MIMO 流的数量。使用预编码来处理 L 个波束的波束间干扰。注意,可以通过一次矩阵乘法同时执行波束成形和预编码,矩阵乘法将预编码矩阵与数字 BF 矩阵组合。在该设置中,基带链的数量等于 RF 链的数量,即 $L=n_1$。在图 13-20 中,不同的信号处理模块指的是在数模转换(DAC)之前使用离散傅里叶逆变换(IDFT)和引入循环前缀(CP)。显然,这种方法非常复杂和昂贵,因为基带信号处理链的数量必须等于发射天线的数量,并且需要每个子载波上的每个信道系数的 CSI。这将意味着大量的导频和信道估计和反馈开销,除非在 TDD 中可以使用信道互易性。

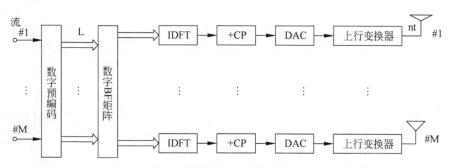

图 13-20   采用数字预编码的大规模 MIMO OFDM 发射机

通过在整个系统带宽上使用相移,即通过在模拟域中应用波束成形,可以显著减少实现的复杂性和成本,如图 13-21 所示。这里为了服务多达 M 个不同的流,仅使用 M 个不同的基带信号处理链,并且对于每个流,发射天线之间可配置的相移可以在 RF 电路中引入。由于用于模拟波束成形的相移的搜索时间应该被缩短,所以只有非常有限的一组不同的相移配置可用。这具有积极的效果,因为只将优选相移配置的索引从接收机反馈到发射机,这样 CSI 反馈大大减少。同时,模拟波束成形的方法意味着从不同天线发送的信号不能像在数字的频率选择性预编码的情况下那样完全相干地对准(建设性地或破坏性地)。这使得阵列

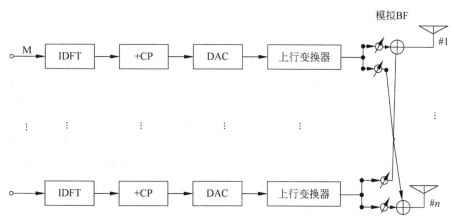

图 13-21   采用模拟 BF 的大规模 MIMO OFDM 发射机

增益不像在数字预编码情况下那样大，并且还引入了流动用户之间的一定程度的残留干扰。此外，在传播信道是高频率选择性的情况下，在整个系统带宽上使用所有相同的相移显然不是最佳的情况。

由于这些原因，在大规模 MIMO 的情况下更适合的预编码和波束成形的方法是使用混合波束形成的方法，即其中在数字基带中执行一定程度的频率选择性预编码以及在模拟 RF 电路中应用进一步的波束成形，这种方法如图 13-22 所示。这里，M 个流在数字基带中，并且基于每个子载波被预编码为每个户载波有 L 个不同的信号。以处理模拟波束之间的残留干扰，并且提取附加的波束成形增益。然后使用模拟波束形成来映射这些信号到 n_i 个发射天线。在这种情况下，仅需要 L 个基带信号处理链。在这种情况下的性能明显是在完全数字预编码和完全模拟波束成形情况之间的折中。

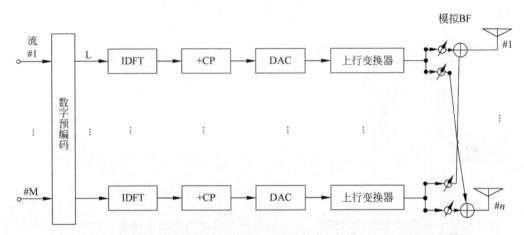

图 13-22　采用数字预编码和模拟束波成形的混合的大规模 MIMO OFDM 发射机

这种方法更适合用于频率选择信道，但是模拟波束成形部分的有限灵活性仍然留下一些残留的流动用户干扰。此外，现在 CSI 的反馈是完全数字预编码和完全模拟波束成形方法之间的折中。

13.6　5G 的毫米波通信技术

13.6.1　毫米波概述

5G 在传输速率上应当实现比 4G 快十倍以上，即 5G 的传输速率可实现 1Gbps。无线传输增加传输速率大体上有两种方法，其一是增加频谱利用率，其二是增加频谱带宽。相对于提高频谱利用率，增加频谱带宽的方法更简单、直接。现在常用的 5GHz 以下的频段已经非常拥挤，为了寻找新的频谱资源，各大厂商想到的方法就是使用毫米波技术。

通常将 30～300GHz 的频域（波长为 1～10mm 的电磁波）称为毫米波，它位于微波与远红外波相交叠的波长范围，因而兼有两种波谱的特点。毫米波通信就是指以毫米波作为传输信息的载体而进行的通信。由于毫米波波长短，因而传输损耗较大，但是单位面积上发送机和接收机可以配置更多天线，获得更大波束成形增益，以此补偿额外的路径损耗。

1. 使用毫米波的原因

毫米波带来了大带宽和高速率。基于 Sub-6GHz 频段的 4G LTE 蜂窝系统可以使用的最大带宽是 100MHz,数据速率不超过 1Gbps。而在毫米波频段,移动应用可以使用的最大带宽是 400MHz,数据速率高达 10Gbps 甚至更多。美国联邦通信委员会在 2015 年率先规划了 28GHz、37GHz、39GHz 和 64~71GHz 四个频段作为美国 5G 毫米波推荐频段,这四个频带也能在多路径环境中顺利运作,并且能用于非可视距离(Non-Line of Sight,NLoS)通信。透过高定向天线搭配波束成形与波束追踪功能,毫米波便能提供稳定且高度安全的联结。

毫米波是实现 5G 超高速率的杀手铜。毫米波通信具有高传输速率、可短距高频应用等特点,但也有其局限,如信号衰减快、绕射能力弱、易受阻挡、覆盖距离短等。即使通过自由空间传输,信号的衰减也会随着频率的增大而增加,因此毫米波的可用路径长度很短,只有 100~200m。毫米波相比于传统 6GHz 以下频段,天线的物理尺寸相对较小。这是因为天线的物理尺寸正比于波段的波长,而毫米波波段的波长远小于传统 6GHz 以下频段,相应的天线尺寸也比较小。毫米波技术通过提升频谱带宽来实现超高速无线数据传播,从而成为 5G 通信中关键技术之一。

2. 毫米波的特点

毫米波有以下优点。

(1)极宽的带宽。通常认为毫米波频率范围为 26.5~300GHz,带宽高达 273.5GHz。超过从直流到微波全部带宽的 10 倍。即使考虑大气吸收,在大气中传播时只能使用 4 个主要窗口,但这 4 个窗口的总带宽也可达 135GHz,为微波以下各波段带宽之和的 5 倍。这在频率资源紧张的今天无疑极具吸引力。

(2)波束窄。在相同天线尺寸下,毫米波的波束要比微波的波束窄得多,因此能分辨相距更近的小目标或更为清晰地观察目标的细节。

(3)探测能力强。可以利用宽带广谱能力来抑制多径效应和杂乱回波。有大量频率可供使用,有效地消除相互干扰。在目标径向速度下可以获得较大的多普勒频移,从而提高对低速运动物体或振动物体的探测和识别能力。

(4)保密性好。毫米波通信的这个优点来自两个方面。一是由于毫米波在大气中传播受氧、水气和降雨的吸收衰减很大,点对点的直通距离很短,超过这个距离,信号就会变得十分微弱,这就增加了敌方进行窃听和干扰的难度。二是毫米波的波束很窄,且副瓣低,这又进一步降低了其被截获的概率。

(5)传输质量高。由于高频段毫米波通信基本上没有干扰源,电磁频谱极为"干净",因此,毫米波信道非常稳定可靠,其误码率可长时间保持在 10^{-12} 量级,可与光缆的传输质量相媲美。

(6)全天候通信。与激光相比,毫米波的传播受气候的影响要小得多,可以认为具有全天候特性。毫米波对降雨、沙尘、烟雾和等离子的穿透能力却要比大气激光和红外强得多。这就使得毫米波通信具有较好的全天候通信能力,保证持续可靠工作。

(7)元件尺寸小。和微波相比,毫米波元器件的尺寸要小得多,因此,毫米波系统更容易小型化。除了优点之外,关于毫米波也存在一些问题,主要集中在毫米波的天然缺点:信号衰耗大、易受阻挡、覆盖距离短、对仪器精密度要求极高等。毫米波不容易穿过建筑物或者障碍物，并且可以被树叶和雨水吸收。这也是 5G 网络将会采用小基站的方式来加强传统的蜂窝塔的原因。毫米波通信系统中，信号的空间选择性和分散性被毫米波高自由空间损耗和弱反射能力所限制，又由于配置了大规模天线阵，很难保证各天线之间的独立性。因此，在毫米波系统中天线的数量要远远高于传播路径的数量，所以传统的 MIMO 系统中独立同分布的瑞利衰落信道模型不再适用于描述毫米波信道特性。已经有大量的文献研究小尺度衰落的场景，在实际通信过程中，多径传播效应造成的多径散射簇现象和时间扩散和角度扩散之间的关系也应当被综合考虑。

3. 毫米波天线

（1）喇叭天线。角锥形喇叭一般的开口波导可以辐射电磁波，但由于口径较小，辐射效率和增益较低。如果将金属波导开口逐渐扩大、延伸，就形成了喇叭天线。喇叭天线因其结构简单、频带较宽、易于制造和方便调整等特点，而被广泛应用于微波和毫米波段。在毫米波治疗仪中也普遍采用。

（2）微带天线。微带天线或印刷天线最早是在厘米波段得到广泛应用，随后扩展到毫米波段。这类扩展并不是按波长成比例的缩尺，不是完全的仿效，而是有着新的概念和新发展。但是毫米波微带天线有两个关键问题，一是传输线的损耗变大，二是尺寸公差变得很严格。

（3）漏波天线。这类天线是电磁波沿着开放式结构传输时由于一些不连续结构而辐射能量的，所以称为漏波天线。

4. 毫米波应用场景

毫米波的潜在应用包括毫米波成像（mm-wave imaging）、亚太赫兹（sub-THz）化学探测器，以及在天文学、化学、物理、医学和安全方面的应用。重要频率包括 90GHz、140GHz，以及 300GHz 以上或者叫做太赫兹（THz）区域。对于 60GHz 频带，由于氧气的吸收，使得它适合于短距离网络应用。而其他频带，如 90GHz，是长距离成像的理想选择。

（1）汽车雷达。成像领域的一个很重要的应用是工作于 24GHz 和 77GHz 的汽车雷达。今天仅有非常昂贵的汽车装备了毫米波雷达技术。该技术可以在低能见度的情况下帮助汽车驾驶，尤其是在大雾的天气，以及自动巡航控制和未来高速公路的自动驾驶。

（2）用于医学应用的毫米波成像。毫米波技术的另一个潜在应用是无源毫米波成像（passive mm-wave imaging）。仅通过检测物体在毫米波频带的热量辐射，物体的图像就可以像光学系统一样呈现出来。需要一组接收机或者是移动的终端天线来不停地扫描感兴趣的区域。

13.6.2 波束赋形技术

从天线阵列的不同功用来看，天线阵列基本上可以分为三大类：利用多天线的分集（diversity）效果、利用多天线来增强信号的能量和利用多天线形成的多个并行信道同时进行多个数据流的发送，即空间复用（Spatial Multiplexing）。从天线阵列的角度来看，波束赋形（Beam Forming）可以归到第二类中。波束赋形技术利用天线之间的相关性，根据电磁波在自由空间中不同方向上的传播规律，通过数字信号处理调整不同天线阵元上发射信号的相位和幅度，形成指向性的波束，使得多天线发射的能量主要集中在一定方向范围以内，目标接收天线处可以得到增强的信号，而其他方向上的该信号强度被削弱，从而提高目标方向的接收信号强度,并降低对其他方向的干扰。

波束赋形主要是通过信号处理,通过对各个阵列中的天线单元(Antenna Element)赋予不同的复数权重(调节幅度和相位),使得天线阵列发送的信号可以根据需要形成理想的波束。下面介绍两类波束赋形及其原理:基于信号入射方向的波束赋形和基于特征值的波束赋形。

1. 基于信号入射方向的波束赋形

对于入射的无线信号,它包含了期望的信号能量的同时也叠加了噪声和干扰,例如,来源于别的信号源或者反射体的信号能量。这些信号可以依靠信号的入射角度来加以区分。而入射方向(Direction Of Arrival,DOA)的估计技术在信号处理领域也非常成熟,一般常用的有 MUSIC、ESPRIT 及最大似然估计(Maximum Likelihood Estimation,MLE)等。

假设一个均匀的线阵,各个天线单元间距为 d,信号的入射角为 θ,那么两个相邻的天线单元在接收信号上的时延 $\tau = \dfrac{d}{c}\sin\theta$,两个天线单元的信号之间就相差 $\exp(-j2\pi d\sin\theta/\lambda)$,$\lambda$ 为无线信号载波波长。从而整个阵列的阵列响应向量就是

$$a_\theta = [\exp(-j2\pi d\sin\theta/\lambda)\cdots\exp(-j2\pi(N-1)d\sin\theta/\lambda)]^T \tag{13-53}$$

式中,N 代表阵列内的天线单元数。注意,除非特殊说明,向量都为列向量。根据阵列响应向量可以确定波束赋形的权向量。W 是权向量,它的选择需要满足的准则是增加期望信号的天线增益,同时能够最小化干扰信号方向的增益。

例如,选择一个 3 天线单元的均匀线阵列,$d = \lambda/2$,间距半波长,根据 DOA 估计,入射的有用信号方向为 $\theta_1 = 0$,而另外两个干扰信号的入射方向分别为 $\theta_2 = \pi/3$,$\theta_3 = \pi/6$。假设波束赋形权向量 $W = [W^1 W^2 W^3]^T$,W 需要满足以下准则

$$W * [a(\theta_1) \quad a(\theta_2) \quad a(\theta_3)] = [1 \quad 0 \quad 0] \tag{13-54}$$

根据式(13-54)可以计算得到权向量 W。

基于 DOA 的波束赋形是完全基于信号的物理方向,从而调整天线的波瓣,对准信号的入射方向。对于无线通信领域而言,尤其是在城市环境下的无线信道,存在大量的反射与折射的无线传播路径,而很少有直射的无线传播路径。因此,在实用中很少采用该类型的波束赋形。这一类型赋形更多适用于雷达、声纳等设备。

2. 基于特征值的波束赋形

基于特征值的波束赋形其实在物理上的解释没有像基于 DOA 波束赋形那么直观,更多地需要从数学推导来加以说明。从理论上来说,它利用了天线阵列中每个天线单元的信道脉冲响应来找到一组权向量,最终达到某些指标的最大或最小化。例如,可以要求在信号信噪比(SNR)最大化的情况下来求这组权向量,也可以要求最小均方误差(Mean Square Error,MSE)最小化来求得这组权向量。下面以最大化信噪比为例来解释基于特征值的波束赋形,假设有 L 个信号源,每个信号源由 K 个多径部分组成,那么下行的信道向量可以表示成如下形式

$$h_{DL}(t) = \sqrt{\frac{P}{LK}} \sum_{i=1}^{LK} e^{j(\varphi_i + 2\pi f_i)} a(\theta_i) \tag{13-55}$$

式中,P 为信道功率,i 是信号第 i 个多径部分的随机相位,f_i 是多普勒频移,θ_i 则是信号发出的角度。按照波束赋形的准则,选取权值来优化阵列增益,使得在接收端的信号 SNR

或者 SINR 最大化,把第 K 个用户收到的功率表示成

$$P_k = W_K^H R_D L^S U M W_K \tag{13-56}$$

其中

$$R_{DL}^{SUM} = \sum_{i=1}^{LK} R_i = \sum_{i=1}^{LK} E(h_i(t) h_i^H(t)) \tag{13-57}$$

式(13-5)表示所有平均信道相关矩阵之和,因此整个最大化问题就可以表述成一个条件极值问题,如下

$$最大\ \mathrm{SNR} = \frac{P_K}{\sigma^2} = \frac{W_K^H R_{DL}^{SUM} W_K}{\sigma^2},满足$$

$$\| W_K \|^2 = 1 \tag{13-58}$$

解这个问题可以用拉格朗日乘子法,得到的该问题的解 R_{DL}^{SUM} 是矩阵的最大特征值所对应的特征向量(归一化的)。所以该波束赋形问题实际上就转换成了得到下行信道的相关矩阵,然后基于该矩阵计算主特征向量。

相比较于基于 DOA 的波束赋形技术,由于这种基于特定参数最大化准则的技术,没有物理信道的局限性,因此,可以较好地应用于无线通信系统,用来改善用户信号的接收质量,从而增大覆盖区和提高信道容量。

13.6.3　同时同频全双工技术

新型 5G 通信技术的发展在很多方面都向传统技术发起了挑战,在众多技术中,同频全双工类型通信技术在对 5G 通信技术的提升尤为明显,同频全双工类型的通信技术也被认为是具有极大发展潜力的技术。在新型的 5G 通信技术开发中,通过同频全双工类型通信技术的运用,能对通信系统中的无线频谱资源的利用进行优化,而这一方面技术的发展变革也是 5G 通信有别于传统通信技术的一个特点。

同时,同频全双工(Co-frequency Co-time Full Duplex,CCFD)的典型工作特征如图 13-23 所示,近端设备与远端设备的无线业务相互传输发生在同样的时间、相同的频率带宽上。同频同时全双工技术允许接收机和发送机同时同频发送和接收数据,减少传统双工模式中的频率或时隙资源的开销,这与现有的时分双工和频分双工体制相比,理论频率效率可以提升 1 倍,从而显著提高系统吞吐量和容量,因此成为 5G 潜在的关键技术之一。

但是同频同时全双工技术的应用仍在面临不小的挑战。假设基站采用同时同频全双工模式,而由于终端硬件复杂度的限制,用户采用传统的半双工模式。全双工基站在发送下行用户信息的同时,同时同频接收所调度的上行用户的发送信息。此时,全双工基站会对本地接收机产生非常强烈的自干扰。另外,上行用户也会对下行用户造成同信道干扰。如果采用比较好的用户调度算法,可以调度相隔尽量远的上行和下行用户,以减小同信道干扰。在理论分析的时候,同信道干扰也可以忽略不计。但是,全双工基站端很强的自干扰信号非常影响全双工系统的性能,必须经过一定的干扰消除技术,才能保障全双工系统的有效运行。因此,同时同频全双工系统的应用关键在于干扰的有效消除。在目前的全双工系统自干扰消除研究中,根据干扰消除的主被动方式,可以分为被动干扰和主动干扰。被动干扰是指全双工基站发送和接收天线之间有一定距离,信号传播时会由于信道衰落自然产生一定的衰减。主动干扰消除是指人为采取措施进行干扰抑制。根据干扰消除位置的不同,主动干扰

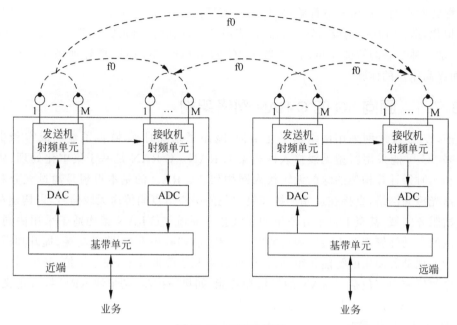

图 13-23　CCFD 原理

又分为射频/模拟干扰消除技术、数字干扰消除技术。有研究表明,在实验室环境中,目前的干扰消除技术已经可以在 Wi-Fi 频段降低多达 110dB 的干扰。在通信频段,普遍可以消除 60dB 的干扰。尽管在蜂窝系统中,干扰情况还会变得复杂多变,但同时同频全双工系统在点对点场景中表现出的巨大潜力已经引起业界的广泛关注和研究,相信通过理论的完善及硬件上的深入发展,同时同频全双工技术将在 5G 的成功应用中发挥重要角色。

13.7　新型网络架构

5G 网络的构建需要达到超高速率、大吞吐量、超高可靠性、超低延时等指标,来为用户提供最佳的体验。在整个网络的部署当中,5G 网络的部署应该具有以下特性。

(1) 具有灵活的网络架构以及多种接口来支持不同面向多种业务的接入;

(2) 在链路性能上能够用多跳的方式进行网络覆盖以及实现基站的 Mac 层和用户的直通;

(3) 整个网络能够根据环境以及业务需求来自组织、自配置、智能化地将网络最优化。

5G 核心网的关键技术以及网络架构中探讨到:通过采用全 IP 方式以及纳米核心网的新型网络架构能够进行网关的无缝切换。为了满足 5G 网络能够随时随地接入网络的要求,对于 5G 网络构建的重要指标是能够灵活扩展,因此采用扁平化 IP 网络架构,通过分布云的移动核心信息传递功能,分布式软件架构和逻辑网关以及网络虚拟化等技术,将垂直的网络架构演进成分布式水平网络架构。从另一层面来看,通用扁平化架构就是将无线接口技术与核心网的演进相分离,从而借助接口实现“即插即用”的效果,即多种无线接入技术融合到统一的核心网当中,从而使网络具有更好的灵活性以及拓展性。5G 核心网中涉及的主要技术有 SDN(software defined network,软件定义网络),集中式网络控制器将从网络分离后数据转发平面上的流量分配给网络元件,实现拓扑感知、路由决策。另一个技术是网络功能虚拟化,即:将核心网设备转移到高新能服务器,同时将网元功能移植到虚拟平台。

5G 是一种全新的智能型网络,与当前 4G 网络相比,5G 能够更好地满足多种业务需求,全面提高用户的体验。

13.7.1 面向 5G 的 C-RAN 网络架构

目前,LTE 接入网采用网络扁平化架构,减小了系统时延,降低了建网成本和维护成本。未来 5G 可能采用新型无线接入网构架 C-RAN。C-RAN 是基于集中化处理、协作式无线电和实时云计算构架的绿色无线接入网构架。C-RAN 的基本思想是通过充分利用低成本高速光传输网络,直接在远端天线和集中化的中心节点间传送无线信号,以构建覆盖上百个基站服务区域,甚至上百平方公里的无线接入系统。C-RAN 架构适于采用协同技术,与核心网的移动性管理及连接管理功能融合优化,能够减小干扰,降低功耗,提升频谱效率,同时便于实现动态使用的智能化组网,集中处理有利于降低成本,便于维护,减少运营支出。目前业界的研究内容包括 C-RAN 的架构和功能,如集中控制、基带池 RRU 接口定义、基于 C-RAN 的更紧密协作,如基站簇、虚拟小区等。

1. 5G C-RAN 的需求

未来 5G 网络需要支持多种业务和应用场景,主要有。

(1) 更高带宽、更低时延的增强移动宽带 EMBB(Enhanced Mobile Broadband)业务;

(2) 支持海量用户连接的物联网 MMTC(Massive Machine-Type Communication)业务;

(3) 超高可靠性、超低时延的工业物联网等垂直行业应用 URLLC(Ultra Reliable and Low Latency Communication)。

5G 的实现及部署,一方面得益于技术上的演进创新,例如网络架构、空口技术等的不断演进创新,另一方面也对运营商的网络运营和管理提出了更高的要求。传统运营商已逐步意识到,随着 5G 的来临,传统运营商需要向综合平台运营商转型。如何提供一个能够面向各类应用、高效、灵活、低成本、易维护、开放、便于创新的网络平台,将是运营商在 5G 时代竞争力的核心所在。

从无线接入网的角度看,支持未来 5G 网络存在如下需求:

(1) 灵活的无线资源管理需求;

(2) 空口协调和站点协作需求;

(3) 功能灵活部署及边缘计算的需求;

(4) 增强网络自动化管理的需求。

2. 5G C-RAN 的概念

中国移动研究院在 2009 年提出的集中化的、协作化的、"云"化的无线接入网(Centralized Cooperative and Cloud Radio Access Network,C-RAN)是一种基于集中化处理(Centralized Processing)、协作式无线电(Collaborative Radio)和实时云计算架构(Real-time Cloud Infrastructure)的一种无线接入网架构,面向 5G 需求而言,其基本定义为:基于分布式拉远基站,云接入网 C-RAN 将所有或部分的基带处理资源进行集中、形成一个基带资源池并对其进行统一管理与动态分配,在提升资源利用率、降低能耗的同时,通过对协作化技术的有效支持而提升网络性能。

如图 13-24 所示,基本 C-RAN 架构包括:

(1) 由远端无线射频单元(Radio Remote Unit,RRU)和天线组成的分布式无线网络;

(2) 高带宽、低延迟的光传输网;

(3) 是由高性能通用处理器和实时虚拟技术组成的集中式基带资源池,即多个 BBU(Band Processing Unit)集中在一起,由云计算平台进行实时大规模信号处理,从而实现了BBU 池。

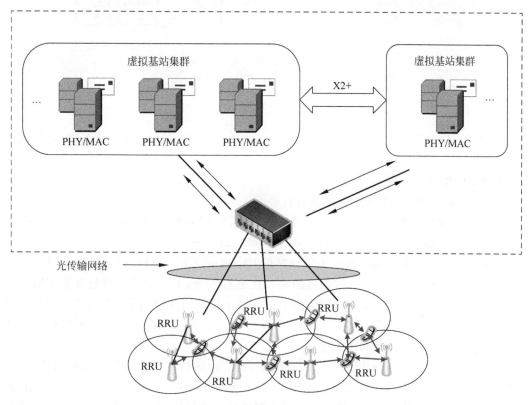

图 13-24 基本 C-RAN 架构

目前,C-RAN 已经成为 5G 的基础架构,以 C-RAN 为中心(起点)融合云计算技术构建新型的 Cloud-Based 5G 网络架构可大幅度提升网络数据处理能力、转发能力和整个网络系统容量,而基于云计算的大数据处理,通过对用户行为和业务特性的感知,实现业务和网络的深度融合,可以使 5G 网络更加智能化。

图 13-25 所示是一种以 C-RAN 为中心的 5G 网络架构,融合了异构网、分布式天线系统、CoMP、下一代绿色蜂窝网等技术。在 RRM 算法、信号处理协议设计,以及覆盖改善上需要进步突破。

将云计算技术引入到 C-RAN 中,给 5G 蜂窝网络架构带来巨大影响,并且未来 5G 架构将会诞生灵活的无线接入云、智能开放的控制云、高效低成本的转发云。总而言之,通过近些年的研究,C-RAN 的概念也在不断演进,尤其是针对 5G 高频段、大带宽、多天线、海量连接和低时延等需求,通过引入集中和分布单元(Centralized Unit/Distributed Unit,CU/

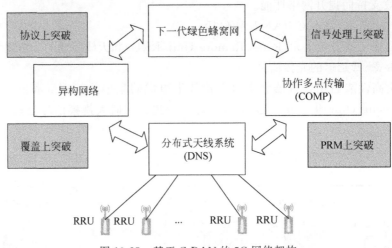

图 13-25　基于 C-RAN 的 5G 网络架构

DU)的功能重构及下一代前传网络接口(Next-generation Fronthaul Interface,NGFI)前传架构,5G C-RAN 概念需要与时俱进。

3. 5G C-RAN 的演进

基于 5G 的 C-RAN 架构的主要演进有两点:

(1) 在无线资源虚拟化中引入网络功能虚拟化(Network Function Virtualization, NFV)和软件定义网络(Software Defined Network,SDN);

(2) 5G 网络中 BBU 功能进一步切分为 CU(Central Unit)和 DU(Distributed Unit)。

CU 和 DU 功能的切分以处理内容的实时性进行区分:CU 设备主要包含非实时性的无线高层协议栈功能,同时也支持部分核心网功能下层和边缘应用业务的部署;而 DU 设备主要处理物理层功能和实时性需要的功能。考虑节省 RRU 和 DU 之间的传输资源,部分物理层功能也可上移至 RRU 实现。

从具体的实现方案上,CU 设备采用通用平台实现,这样不仅可支持无线网功能,也具备了支持核心网功能和边缘应用的能力,DU 设备可采用专用设备平台或"通用＋专用"混合平台实现,支持高密度数学运算能力。引入网络功能虚拟化 NFV 框架后,在管理编排器 MANO(Management and Orchestration)的统一管理和编排下,配合网络 SDN 控制器和传统的操作维护中心(Operating and Maintenance Center,OMC)功能组件,可实现包括 CU/DU 在内的端到端灵活资源编排能力和配置能力,满足运营商快速按需的业务部署需求。

在 4G 网络中,C-RAN 相当于 BBU、RRU 2 层架构;在 5G 系统中,相当于 CU、DU 和 RRU 3 层架构。5G C-RAN 基于 CU/DU 的两级协议架构、NGFI 的传输架构及 NFV 的实现架构,形成了面向 5G 的灵活部署的两级网络云构架,将成为 5G 及未来网络架构演进的重要方向。与传统 4G C-RAN 无线网络相比,5G C-RAN 网络依然具有集中化、协作化、云化和绿色节能四大特征,只是具体内涵有一些演进。

(1) 集中部署。传统 4G C-RAN 集中化是一定数量的 BBU 被集中放置在一个大的中心机房。随着 CU/DU 和 NGFI 的引入,5G C-RAN 逐渐演变为逻辑上两级集中的概念,第一级集中沿用 BBU 放置的概念,实现物理层处理的集中,这对降低站址选取难度、减少机房数量、共享配套设备(如空调)等具有显而易见的优势。可选择合适的应用场景,有选择地进行小规模集中(比如百载波量级);第二级集中是引入 CU/DU 后无线高层协议栈功能的集中,将原有的 eNodeB 功能进行切分,部分无线高层协议栈功能被集中部署。

(2)协作能力。对应于两级集中的概念。第一级集中是小规模的物理层集中,可引入 CoMP、D-MIMO 等物理层技术实现多小区/多数据发送点间的联合发送和联合接收,提升小区边缘频谱效率和小区的平均吞吐量。第二级集中是大规模的无线高层协议栈功能的集中,可借此作为无线业务的控制面和用户面锚点,未来引入 5G 空口后,可实现多连接、无缝移动性管理、频谱资源高效协调等协作化能力。

(3)无线云化。云化的核心思想是功能抽象,实现资源与应用的解耦。无线云化有两层含义:一方面,全部处理资源可属于一个完整的逻辑资源池。资源分配不再像传统网络那样是在单独的基站内部进行,基于 NFV 架构,资源分配是在"池"的层面上进行,可以最大限度地获得处理资源的复用共享(例如:潮汐效应),降低整个系统的成本,并带来功能的灵活部署优势,从而实现业务到无线端到端的功能灵活分布,可将移动边缘计算(Mobile Edge Computing,MEC)视为无线运化带来的灵活部署方式的应用场景之一。另一方面,空口的无线资源也可以抽象为一类资源,实现无线资源与无线空口技术的解耦,支持灵活无线网络能力调整,满足特定客户的定制化要求(例如:为集团客户配置专有无线资源实现特定区域的覆盖)。因此,在 C-RAN 网络里,系统可以根据实际业务负载、用户分布、业务需求等实际情况动态实时调整处理资源和空口资源,实现按需的无线网络能力,提高新业务的快速部署能力。

(4)绿色节能。利用集中化、协作化、无线云化等能力,减少了运营商对无线机房的依赖,降低配套设备和机房建设的成本和整体综合能耗。也实现了按需的无线覆盖调整和处理资源调整,在优化无线资源利用率的条件下提升了全系统的整体效能比。

13.7.2 超密度异构网络

5G 网络是一种利用宏站与低功率小型化基站(Micro-BS、Pico-BS、Femto-BS)进行覆盖的融合了 Wi-Fi、4G、LTE、UMTS 等多种无线接入技术混合的异构网络。随着蜂窝范围的逐渐减小,频谱效率得到了大幅提升。随着小区覆盖面积的变小,最优站点的位置可能无法得到,同时小区进一步分裂的难度增加,所以只能通过增加站点部署密度来部署更多的低功率节点。超密度异构网络是指在宏蜂窝网络层中布放大量微蜂窝、微微蜂窝、毫微微蜂窝等接入点来满足数据容量增长要求。超密度异构网络的思想是在基站的覆盖区域内,部署各类低功率的节点,由于小区半径的缩小,从而使频谱资源的空间复用带来频谱效率的提升。在超密度异构网络中,网络节点与终端的距离更近,从而带来功率效率和频谱效率的双重提升,以及业务在各种不同接入方式和覆盖层次的灵活转换。

超密度异构网络可以使功率效率、频谱效率得到大幅提升,但是也不可避免地引入了一些问题。从物理层这个角度看,需要多速率接入要求,如低速的传感器网络到高速率的多媒体服务。从异构网络这个角度,超密度异构网络需要一种能够具有可扩展的帧结构的空中接口来满足不同频段频率的接入。超密度异构网络还需要根据终端的使用情况以及终端所处的环境进行大量的预测,并在网络状态、信道环境、需求量突变前进行有效的前摄管理。

未来 5G 网络架构必然是异构多层的,支持全频段接入,因此低频段提供广域覆盖能力,高频段提供高速无线数据接入能力成为一种必然的选择,目前,5G 的各个组织已经形成了这样一个共识：6GHz 以下的低频为 5G 的优选/选频段，6GHz 以上的频段作为 5G 的候选频段，低频段主要解决覆盖问题，高频段将主要用于提升流量密集区域的网络系统容量。

高低频混合组网的模式，必然诞生宏微协同的网络架构，因此宏站用低频解决基础覆盖，小站用高频承担热点覆盖和高速传输，成为 5G 立体分层网络（HetNet）的特点。5G 网络需要支持海量数据接入，随着多种设备接入 5G 系统，节点间距离减少，网络节点部署密度越发密集，网络拓扑更加复杂，技术上带来巨大的挑战。传统技术是通过小区分裂的方式提升频谱效率，随着小区覆盖范围的变小，需要增加低功率节点数量来提升系统容量，5G 系统中节点的部署密度将超过现在的 10 倍以上，从而形成超密度异构网络，超密集网络拉近了终端与节点间的距离，使得网络频谱效率大幅度提高，扩展了系统容量。5G 超密集网络部署，打破了传统的扁平单层宏网络覆盖，使得多层立体异构网络 HetNet 应运而生，如图 13-26 所示。

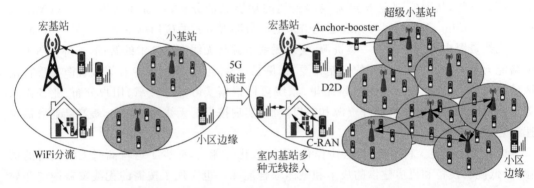

图 13-26　5G HetNet 架构

显然，超密集组网是解决未来 5G 网络数据流量爆炸式增长的有效解决方案。据预测，在未来无线网络宏基站覆盖的区域中，各种无线接入技术（Radio Access Technology，RAT）的小功率基站的部署密度将达到现有站点密度的 10 倍以上，形成超密集的异构网络。在超密集组网场景下，基站与终端用户间的路径损耗提升了网络吞吐量。在 5G HetNet 架构中，超密度小基站成为核心技术，随着超密度小基站的大量部署，未来 5G 网络中宏站处理的网络业务流量占比将逐步下降，而小基站（包括室内小基站和室外小基站）承载流量占比将得到飞速攀升。

13.8　6G 通信前景与展望

5G 实现了通信性能的大幅度提升并逐步商用，但在全方位、立体化的覆盖方面还有所欠缺，比如在空、天及海洋通信方面存在不足，在信息速度、广度和深度上难以满足人类更深层次的智能通信需求。

在未来第 6 代移动通信系统（the Sixth Generation Mobile Communication System，6G）中，网络与用户被看作一个统一整体。用户的智能需求将被进一步挖掘和实现，并以此为基准进行技术规划与演进布局。基于人工智能（Artificial Intelligence，AI）的各类系统部署于云平台、雾平台等边缘设备，并创造数量庞大的新应用。6G 的早期阶段将是 5G 进行扩展和深入,以 AI、边缘计算和物联网为基础,实现智能应用与网络的深度融合,实现虚拟现实、虚拟用户、智能网络等功能。进一步,在人工智能理论、新兴材料和集成天线相关技术的驱动下,6G 的长期演进将产生新突破,甚至构建新世界。

6G 的特征为全覆盖、全频谱、全应用。全覆盖是指 6G 将实现人、机、物协同通信和超密集连接,并向天地融合发展,以实现全覆盖,应用边际持续扩大,覆盖亟须更深更广;全频谱是指在深耕低频段、超低频段的同时,6G 将向毫米波、太赫兹和可见光等高频发展;全应用是指 6G 将面向全社会、全行业和全生态实现全应用,正在与人工智能、大数据深度交叉融合,有可能颠覆现有技术途径。

13.8.1 6G 移动通信技术的发展前景

1. 6G 将进入太赫兹频段

目前,我国三大运营商的 4G 主力频段位于 $1.8\sim2.7\text{GHz}$ 之间的一部分频段,而国际电信标准组织定义的 5G 的主流频段是 $3\sim6\text{GHz}$,属于毫米波频段。到了 6G,将迈入频率更高的太赫兹频段,这个时候也将进入亚毫米波的频段。太赫兹(THz)频段是指 $100\text{GHz}\sim10\text{THz}$,是一个频率比 5G 高出许多的频段。从通信 1G(0.9GHz)到现在的 5G(3GHz 以上),使用的无线电磁波的频率在不断升高。因为频率越高,允许分配的带宽范围越大,单位时间内所能传递的数据量就越大。不过,频段向高处发展的另一个主要原因在于,低频段的资源有限。随着用户数和智能设备数量的增加,有限的频谱带宽就需要服务更多的终端,这会导致每个终端的服务质量严重下降。而解决这一问题的可行的方法便是开发新的通信频段,拓展通信带宽。

2. 6G 网络将呈现"致密化"

影响基站覆盖范围的因素比较多,如信号的频率、基站的发射功率、基站的高度等。就信号的频率而言,频率越高则波长越短,信号的绕射能力越差,损耗也越大,并且这种损耗会随着传输距离的增加而增加,基站所能覆盖到的范围会随之降低。6G 信号的频率已经在太赫兹级别,而这个频率已经进入分子转动能级的光谱了,很容易被空气中的水分子吸收,所以在空气中传播的距离不像 5G 信号那么远,6G 需要更多的基站"接力"。5G 使用的频段要高于 4G,在不考虑其他因素的情况下,5G 基站的覆盖范围自然要比 4G 的覆盖范围小。到了频段更高的 6G,基站的覆盖范围会更小。因此,5G 的基站密度要比 4G 高很多,而在 6G 时代,基站密集度将变得更加致密。

3. 6G 将使用空间复用技术

由于 6G 将要使用的是太赫兹频段,当信号的频率超过 10GHz 时,其主要传播方式就不再是衍射。对于非视距传播链路来说,反射和散射才是主要的信号传播方式。同时,频率越高,传播损耗越大,覆盖距离越近,绕射能力越弱。这些因素都会大大增加信号覆盖的难度。为此,6G 将使用空间复用技术,6G 基站将可同时接入数百个甚至数千个无线连接,其容量将可到 5G 基站的 1000 倍。不只是 6G,处于毫米波段的 5G 也是如此。而 5G 则是通过 Massive MIMO 和波束赋形这两个关键技术来解决此类问题的。Massive MIMO 通过增加发射天线和接收天线的数量,即设计一个多天线阵列,来补偿高频路径上的损耗。在 MIMO 多副天线的配置下可以提高传输数据数量,而这用到的便是空间复用技术。在发射端,高速率的数据流被分割为多个较低速率的子数据流,不同的子数据流在不同的发射天线上以相同频段发射出去。由于发射端与接收端的天线阵列之间的空域子信道数量不同，接收机能够区分出这些并行的子数据流，而不需付出额外的频率或者时间资源。这种技术能够在不占用额外带宽、消耗额外发射功率的情况下增加信道容量，提高频谱利用率。不过，MIMO 的多天线阵列会使大部分发射能量聚集在一个非常窄的区域。天线数量越多，波束宽度越窄。这一点的有利之处在于，不同的波束之间、不同的用户之间的干扰会比较少，因为不同的波束都有各自的聚焦区域，这些区域都非常小，彼此之间少有交集。但是，基站发出的窄波束不是 360 度全方向的，为了保证波束能覆盖到基站周围任意一个方向上的用户，通过波束赋形技术复杂的算法对波束进行管理和控制，使之变得像"聚光灯"一样。这些"聚光灯"可以找到手机的位置，然后更聚焦地对其进行信号覆盖。5G 采用的是 MIMO 技术提高频谱利用率，而 6G 所处的频段更高，MIMO 未来的进一步发展很有可能为 6G 提供关键的技术支持。6G 也将探索采用频谱共享的方式，采用更智能、分布更强的动态频谱共享接入技术，即基于区块链的动态频谱共享。区块链在 6G 中，使用去中心的分布式账本来记录各种无线接入信息，将可进一步激发新技术创新，甚至改变未来 6G 使用无线频谱的方式。

4. 6G 将采用地面无线与卫星通信集成技术

将卫星通信技术、平流层通信技术与地面技术融合，这样的融合技术一旦研制成熟，意味着此前大量未被通信信号覆盖的地方，如无法建设基站的海洋、难以铺设光纤的部分偏远地区，今后都有可能收发信号，信号覆盖范围将进一步扩大，有望实现全球无缝覆盖，让网络信号抵达任何一个偏远的乡村，让深处山区的病人能接受远程医疗，让孩子们能接受远程教育。同时，在全球卫星定位系统、电信卫星系统、地球图像卫星系统和地面网络的联动支持下，地空全覆盖网络还能帮助人类预测天气、快速应对自然灾害等。我国于 2018 年 12 月发射的"鸿雁""虹云"星座低轨实验卫星，可看作全空域覆盖的前期探索。除此之外，6G 时代也可能迎来基站小型化的发展趋势，已有公司正在研究"纳米天线"，如同将手机天线嵌入手机一样，将采用新材料的天线紧凑集成于小基站里，以实现基站小型化和便利化，让基站无处不在。

13.8.2　AI 在 6G 技术中的应用

虽然，AI 在 6G 的应用是大势所趋，但是简单地把 AI 当作 6G 里的一种与移动通信简单叠加的技术是不正确的。只有深入挖掘用户的需求，放眼智能、通信与人类未来的相互关系，才能揭示 6G 移动通信的技术趋势。

图 13-27 给出了 6G 业务需求框架。6G 所承载的业务进一步演化为真实世界和虚拟世界这两个体系。真实世界体系的业务后向兼容 5G 中的 eMBB、mMTC、uRLLC 等典型场景，实现真实世界万物互联的基本需求。虚拟世界体系的业务是对真实世界业务的延伸，与虚拟世界的各种需求相对应。6G 创造的虚拟世界能够为每个用户构建 AI 助理（AI Assistant，AIA），并采集、存储和交互用户的所说、所见和所思。虚拟世界体系使人类用户的各种差异化需求得到了数字化抽象与表达，并建立每个用户的全方位立体化模拟。具体而言，虚拟世界体系包括 3 个空间：虚拟物理空间（Virtual Physical Space，VPS）、虚拟行为空间（Virtual Behavior Space，VBS）、虚拟精神空间（Virtual Spiritual Space，VSS）。VPS 基于 6G 兼容的典型场景的实时巨量数据传输，构建真实物理世界（如地理环境、建筑物、道路、车辆、室内结构等）在虚拟世界的镜像，并为海量用户的 AIA 提供信息交互的虚拟数字

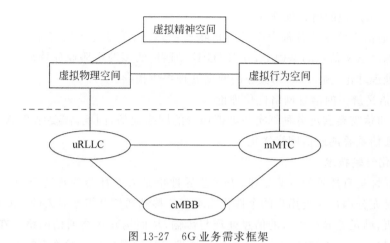

图 13-27 6G 业务需求框架

空间。VPS 中的数据具有实时更新与高精度模拟的特征,可为重大体育活动、重大庆典、抢险救灾、军事行动、仿真电子商务、数字化工厂等应用提供业务支撑。VBS 扩展了 5G 的 mMTC 场景。依靠 6G 人机接口与生物传感器网络,VBS 能够实时采集与监控人类用户的身体行为和生理机能,并向 AIA 及时传输诊疗数据。AIA 基于对 VBS 提供数据的分析结果,预测用户的健康状况,并给出及时有效的治疗解决方案。VBS 的典型应用支撑是精准医疗的普遍实现。基于 VPS、VBS 与业务场景的海量信息交互与解析,可以构建 VSS。由于语义信息理论的发展以及差异需求感知能力的提升,AIA 能够获取用户的各种心理状态与精神需求。这些感知获取的需求不仅包括求职、社交等真实需求,还包括游戏、爱好等虚拟需求。基于 VSS 捕获的感知需求,AIA 为用户的健康生活与娱乐提供完备的建议和服务。例如,在 6G 支持下,不同用户的 AIA 通过信息交互与协作,可以为用户的择偶与婚恋提供深度咨询,可以对用户的求职与升迁进行精准分析,可以帮助用户构建、维护和发展更好社交关系。

13.8.3 6G 使能技术

虚拟世界体系业务的虚实结合、实时交互等网络特点,给当前的 5G 网络带来了巨大的挑战。为支撑 6G 这些应用需求,需要从基础理论和支撑技术出发,开展广义信息论、个性化传输技术和意念驱动网络技术的研究。

1. 广义信息论

为了支持 AI 的语义感知与分析,6G 不仅要采集与传输数字信息,也要处理语义信息,这就要求突破经典信息论的局限,发展广义信息论,构建语义信息与语法信息的全面处理方案,这也是实现人机智能交互的理论基础。面向 6G 的广义信息论的研究内容包括以下 3 个方面。

1)融合语法与语义特征的信息定量测度理论

与基于概率测度的经典信息论不同,广义信息论需要对语义信息进行主观度量,构建融合语法与语义特征的联合测度理论。首先,以模糊数学为工具,对 6G 移动业务的用户体验、感受评价等语义信息进行隶属度建模与测度。其次,进一步扩展经典信息量的概率度量方法,建立广义信息量的主客观联合度量模型。

2）基于语义辨识的信息处理理论

6G 移动通信需要支持各种类型的人机物通信，通信质量与效果有显著的主观体验差异。在定量测度语义信息的基础上，针对 6G 移动通信的多源广播业务特征，研究基于语义辨识的信息处理理论，为 6G 移动业务的数据处理提供指导。

3）基于语义辨识的信息网络优化理论

6G 移动通信需要满足各种真实与虚拟场景的网络通信，因此，需要结合 AI 理论，研究真实与虚拟通信重叠的通信网络优化。

2. 个性化传输技术

生物多样性是自然界的普遍规律，需求差异性也是人类社会的普适定律。1G～5G 移动通信并没有充分满足人类用户的个性化需求，6G 移动通信则需要对人的主观体验进行定量建模与分析，满足差异性需求的信息处理与传输，从而构建智能通信网络。在这方面，极化编码传输、Massive MIMO、基于 AI 的信号处理等技术都是具有竞争力的前沿技术。

1）面向 6G 的极化码传输理论与技术

（1）面向个性化的极化码构造：尽管 5G 移动通信的信道编码标准已经确定采用极化码，但极化码的编码构造与译码算法还存在很大的优化空间。由于极化码是基于差异化原理进行编码的，非常适合未来 6G 移动通信灵活多变的业务需求，因此，需要进一步对极化码的设计构造理论展开研究，以及对高性能低复杂度编译码算法展开研究。

（2）极化编码 MIMO 系统的设计与优化：为了构建 VPS 空间，6G 需要支持超高速数据传输，极化编码 MIMO 系统具有显著的性能优势，可以满足未来数据传输的需求。因此，有必要针对 MIMO 系统的两种典型结构——空间复用/预编码与空间调制，进行极化传输的优化方案研究。

（3）极化多址接入系统的设计与优化：多址接入是移动通信系统的标志性技术，可以预见，非正交多址接入（Non-Orthogonal Multiple Access，NOMA）将成为 5G/6G 移动通信的代表性多址接入技术。将极化编码引入非正交多址系统，需要深入分析 NOMA 的系统结构，从广义极化的观点出发，优化信道极化分解方案。针对 6G 移动通信业务需求，设计与优化极化编码多用户通信的构造准则。

2）基于 6G 技术的 Massive MIMO 技术

6G 将面临真实与虚拟共存的多样化通信环境，业务速率、系统容量、覆盖范围和移动速度的变化范围将进一步扩大，传输技术将面临性能、复杂度和效率的多重挑战。针对 6G 无线信号的传输特征，Massive MIMO 的研究包括以下内容。

（1）多域信号联合调制与解调技术：通过 AI 的引入提供了额外的信号处理域，人类用户的业务数据与 AI 提供的业务数据具有深层相关性。利用多维相关性进一步挖掘空间维度，设计多域信号的联合调制与解调方案，提升链路传输效率。

（2）广义 MIMO 联合设计及优化技术：在 AI 的辅助下，研究基于深度学习的多用户多入多出（Multiple User MIMO，MU-MIMO）波束成形技术，具有通用性与普适性。AI 可以提供准确可靠的信道估计与业务源的先验信息，基于这些信息，能够快速调整 MU-MIMO 的波束，提高链路传输效率。另外，针对 Massive MIMO 接收机，AI 也可以辅助实现基于深度学习的检测算法，优化整个接收机性能。

3）人工智能信号处理技术

6G 移动通信是多用户、多小区、多天线、多频段的复杂传输系统,信号接收与检测是高维优化问题。最优的最大似然(Maximum Likelihood, ML)或最大后验(Maximum A Posteriori, MAP)检测是指数复杂度算法,性能优越但难以普遍应用。深度学习理论另辟蹊径,通过大量离线训练,获得高性能的深度神经网络模型,从而逼近 ML/MAP 检测。针对 6G 无线信号特征,基于深度学习的信号处理包括如下研究内容。

(1)基于深度学习的信道估计技术:AI 为 6G 移动通信中的应用深度学习开辟了新的技术路径。AI 可以在虚拟物理空间中对人类用户所经历的无线信道与传播环境进行大数据分析与智能预测,进一步深入研究基于卷积神经网络(Convolutional Neural Networks, CNN)或长短期记忆网络(Long Short-Term Memory, LSTM)模型的空-时-频三位信道估计算法,从而为移动终端的接收检测提供更加准确可靠的信道估计。

(2)基于深度学习的干扰检测与抵消技术:面对未来 6G 的复杂多小区场景,干扰检测与抵消是非常关键的技术。在虚拟物理空间中,AI 可以对多小区场景的各种干扰进行大数据分析与智能预测,从而快速准确地估计与重建干扰信号。进一步研究 CNN、LSTM 等经典神经网络模型,设计自适应的干扰抵消深度学习算法,可以大幅度提高链路接收性能。

13.9　本章小结

业界对未来的 5G 系统的研究已形成广泛共识:未来 5G 将支持海量的数据连接,灵活适配多种空口技术,支持超高速率的传输。本章首先从 5G 的概念、5G 的需求场景、5G 与 IoT 的关系以及 5G 未来所面临的挑战几个角度出发,重点介绍 5G 的业务场景和技术指标,让读者能够对 5G 的研究形成全貌的认识;再从 5G 移动通信系统研究时所出现候选的 5G 空口关键技术和网络关键技术两个方面进行了介绍,即对 5G 新型多址技术、5G 的新波形、5G 新编码技术、5G 的大规模 Massive MIMO 系统以及 5G 毫米波技术和新型网络构架等方面进行了重点阐述。另外,国际移动通信标准化组织 3GPP 最终确定了 5G 增强移动宽带场景的信道编码技术方案,其中,中国华为公司主推的 Polar 码成为控制信道的编码方案,我们对 Polar 码进行了详细介绍,Polar 码构造的核心是通过信道极化处理,在编码侧采用一定的方法使各个子信道呈现出不同的可靠性,当码长持续增加时,一部分信道将趋向于容量近于 1 的完美信道(无误码),另一部分信道趋向于容量接近于 0 的纯噪声信道,选择在容量接近于 1 的信道上直接传输信息以逼近信道容量,是目前唯一能够被严格证明可以达到香农极限的方法。在本章的最后,对 6G 移动通信的发展进行了展望。6G 的特征为全覆盖、全频谱、全应用。6G 将实现人、机、物协同通信和超密集连接,并向天地融合发展,以实现全行业的覆盖与使用。另外,6G 将向毫米波、太赫兹等高频方向发展,它将会与人工智能、大数据等技术深度融合,实现新一代的通信技术。

习题

13-1　何谓 5G? 5G 的愿景是什么?

13-2　5G 有哪些关键能力及技术特点?

13-3 简述 5G 的应用场景。

13-4 对比分析非正交多址（NOMA）、稀疏码多址（SCMA）以及交织分多址（IDMA）三种多址技术的异同。

13-5 为什么 5G 要使用毫米波通信技术？毫米波通信有哪些特点？

13-6 选择一个 3 天线单元的均匀线阵列，$d = \lambda/2$，间距半波长，根据 DOA 估计，入射的有用信号方向为 $\theta_1 = 0$，而另外两个干扰信号的入射方向分别为 $\theta_2 = \pi/3$，$\theta_3 = \pi/6$。假设波束赋形权向量 $W = [W^1 W^2 W^3]^T$，W 需要满足以下准则

$$W * [a(\theta_1) \quad a(\theta_2) \quad a(\theta_3)] = [1 \quad 0 \quad 0]$$

计算权向量 W。

13-7 什么是同时同频全双工技术？为什么 5G 选用同时同频全双工技术？

13-8 5G 新型网络架构有哪些特点？

13-9 面向 5G 的 C-RAN 网络架构有什么新的变化？主要体现在哪些方面？

13-10 简述超密度异构网络的优势。

13-11 与 4G 移动通信技术相比，5G 移动通信多了哪些新的关键技术？5G 通信具有哪些优势？

13-12 6G 移动通信未来的发展趋势是什么？有哪些应用场景？

参 考 文 献

请扫描下方二维码阅读参考文献。

附　　录

请扫描下方二维码阅读附录。